钼 冶 金

（修订版）

向铁根　编著

杨伯华　主审

中南大学出版社

内 容 提 要

全书共分 12 章，按章叙述了概论、钼冶金原料及工艺、钼酸铵的制取、钼湿法冶金的综合利用、钼的精细化学品、金属钼粉的制取、钼粉冶成形、钼制品烧结、钼的特殊成形和异型制品、掺杂钼的生产、环境保护和安全生产。本书是根据 20 世纪 50 年代以来所搜集的国内外发表的文献、资料和生产中积累的经验总结编写而成，详细地介绍了金属钼、钼合金和钼的各种化合物的基本性质，各生产工序的基本原理、工艺过程、采用的主要设备，对原辅材料质量和产品质量的技术要求，在生产过程中影响产品质量的因素及处理方法。本书主要供直接从事钼冶金工业的生产人员阅读，亦可作为本专业的技术人员、高校学生的参考书。

修订版前言

《钼冶金》一书自 2002 年 5 月出版后，又于 2005 年 2 月进行了第二次印刷，初版至今已有 7 年多的时间了。在这 7 年多的时间里，钼冶金行业中出现不少的新工艺、新设备和新产品；由于钼价的飞涨，促使了低品位矿的开发利用，其他行业留下的含钼废渣中回收钼工艺的不断出现，促使二次资源大量的应用；钼冶金过程中还出现了不少的节能减排、循环经济、可持续发展成功的新工艺和新设备。这次修订时，已将上述新工艺和新设备内容增加到本书中。

在本书修订过程中，得到了教授级高级工程师赵宝华先生，戴煜博士，高级工程师卢国普、刘建中、林来法先生、罗茵女士以及冷明锋、宋志龙、李剑胜、黄长清、彭卫文、颜武华先生提供的有关资料；特别得到了教授级高级工程师、国际钨协原主席、中国钨业协会会长周菊秋先生的再次支持，在此一并致谢。

向铁根

2009 年 9 月 18 日

序一

钨钼制品高级技师向铁根先生在 20 世纪 80 年代初曾获湖南省政府科技成果二等奖和冶金部科技成果四等奖，90 年代初又获湖南省科学技术委员会"巨龙计划"三等奖，曾在国内外学术会议和各种期刊上发表学术论文 10 多篇。《钼冶金》一书是他为我国有色冶金工业编写的一部全面介绍钼湿法冶金和粉末冶金技术及产品的专著。

钼冶金工艺虽然有多种多样，但所有的工艺不仅流程长，而且各工序的控制条件都要求严格。《钼冶金》一书全面介绍了钼冶金的基本原理和工艺过程、主要设备、原辅材料及产品的技术要求，还阐述了怎样处理生产过程中可能出现的问题。在详细阐述了钼的经典工艺流程、设备和常规产品外，还用了大量的篇幅介绍了其他新的工艺流程、设备和钼的其他新产品，供钼业工作者借鉴、参考，开拓新思路。

作者在从事 30 多年的生产实践和钨钼新产品研制中，积累了丰富的实践经验，舍弃了多年的休闲时间，刻苦钻研、收集和阅读了大量的资料，攻读了多部冶金专著，且理论与实践相结合，将其理论知识和宝贵的实践经验整理成书，具有很好的实用性，为钼冶金和从事钼业的人们奉献了一笔难得的财富，为中国钼业的发展做了一件有益的工作。

我相信本书为发展我国钼业的生产和科研工作事业，会发挥积极的作用。

中国有色金属工业协会副会长、中国钨业协会会长　**周菊秋**
2002 年 1 月 22 日于北京

序一作者简介： 周菊秋先生，教授级高级工程师。曾任株洲硬质合金厂厂长、中国稀有稀土金属集团公司副总经理、国际钨协（ITIA）主席，成为担任此职务的第一位中国人。现任中国有色金属工业协会副会长、中国钨业协会会长。在钨行业中享有崇高的声望。国际钨协执委会曾评价周菊秋先生"用其知识和智慧带领我们度过了艰难而具有挑战性的岁月"，"并在其中发挥了举足轻重的作用"。

序二

　　资料表明，中国钼资源储量仅次于美国，位居世界第二；同时，中国也是世界上钼产品出口量最大的国家之一。但是，20世纪80年代以来，钼精矿、钼焙砂、钼铁等矿产品和炉料产品一直是我国钼出口的主要品种，深加工高附加值产品所占比例很小。最近几年，国内钼冶金及加工企业呈现了迅速发展之势，出口品种比例也发生了一些可喜的变化，展现出一派蓬勃发展的喜人景象。尽管中国钼工业产品早已进入西方市场参与竞争，并经历了各种复杂环境变化的严峻考验，中国加入WTO仍使我们面临着更深层次的、多方面的竞争和挑战。利用一切市场经济手段，延伸钼产品的加工深度，快速调整产品结构，稳定和提高产品质量，不断降低产品成本，已成为我国钼冶金工业立足于世的当务之急。在这种情况下，向铁根先生总结几十年从事钼冶金生产科研工作的丰富经验，广泛收集资料，博采厚积，编写出版《钼冶金》一书，无疑对推动我国钼工业发展将起积极作用。

　　向铁根先生在20世纪70年代后半期就亲身参与了我国第一批高温钼产品的试验研究并取得成功，在随后的几十年中又参加了一系列钼冶金领域的重要的科学研究和技术攻关项目，在近十年中又参与我国某大型钨钼加工企业技改项目的筹划，具有非常丰富的生产科研实践经验；同时，他又勤于钻研、善于学习，善于带着生产实践中的具体问题向学者求教，到试验研究中去寻找答案。几十年如一日，孜孜不倦。本书的完稿和出版，实在是他一生勤奋的写照。

　　该书从指导钼冶金企业生产实践的角度出发，对钼精矿的氧化焙烧、湿法提取、还原制粉、粉冶制品的生产以及为了有效地组织生产所涉及的氢气等重要原辅材料的制取、净化、质量保障等关键要素及环节都进行了详尽的论述。涉及内容非常广泛，收集资料系统翔实；其中不少部分还是作者本人亲自参加的试验研究及生产实践的科学总结。该书在集中介绍钼冶金主体工艺和产品的同时，还侧重总结介绍了近年来发展较快的新产品和领域，较系统地介绍了高温钼、钼合金、稀土钼、钼的复合材料、金属陶瓷等方面的研究成果和应用情况。总之，该书是一本实践性很强的好书，特别适宜于作为从事钼冶金生产的初、中级工程技术人员进行生产技术管理、新产品开发时的技术理论参考书，亦可作为工人技术培训时的参考教材。

我们感谢向先生辛勤而有意义的工作，同时也希望全国钼行业从事教学、科研、生产、经营的同仁、专家、学者们能写出更多更好的新书来，以此推动我国钼金属工业的高速发展。

中国有色金属工业协会钼业分会常务副会长　**卢景友**

2002 年 1 月 28 日于西安

作 者 简 介

向铁根先生，1946 年 7 月生于湖南株洲，株洲硬质合金厂钨钼制品高级技师。从事钨钼制品生产和新产品研究 30 多年。1979—1981 年期间，参与研制高温钼课题，其中钼的液 – 液掺杂方法属世界首创。1982 年"电真空照明用高温钼（GHM）丝研究"获湖南省人民政府科技成果二等奖、冶金部科技成果四等奖。1983 年参与新建了一条高温钼丝生产线，解决了国内特种灯泡行业引出线脆断的一大难题，取得了较大的经济效益和社会效益。"高温钼丝开发"项目在 1993 年获湖南省科委颁发的湖南省企业科技进步"巨龙计划"三等奖。将液 – 液掺杂技术用于研制汽车灯丝钨条，取得了很大的进展。20 世纪 90 年代，主要从事本厂钨钼系统深度加工技术改造准备工作，撰写了《株洲硬质合金厂钨钼系统深度加工技术改造预可行性报告》。近 20 年内，独著或合著有关钨钼制品论文 10 多篇在国内外学术会议或期刊上发表。

主 审 简 介

杨伯华先生，1958 年 10 月生于湖南攸县，1982 年中南工业大学本科毕业，高级工程师。现任株洲硬质合金厂厂长，中国钨业协会副会长，中国有色金属工业协会常务理事。多篇论文曾在国内外学术会议或期刊上发表，研究成果曾获中国有色金属总公司二等奖。

目　　录

第一章 概 论

第一节 钼的简史

18 世纪以前,人们把钼误认为是铅。在很多个世纪中,人们认为辉钼矿(MoS_2)和石墨是相同的东西。

钼在它被发现前就得到了应用,在 14 世纪日本就用含钼的钢制造马刀;在 16 世纪,辉钼矿曾像石墨一样被当作铅笔使用。

元素钼是舍勒在 1778 年发现的,他用硝酸分解辉钼矿时得到钼酸,并获得了钼盐,同年制出了氧化钼。1781 年,瑞典人哥耶利穆用碳还原三氧化钼获得金属钼。P. J. Hjelm 在 1782 年得到纯金属,并命名为钼。

1893 年莫依沙赫用电炉加热碳和二氧化钼的混合物,才得到含钼量在 92% ~96% 的铸态金属钼。

19 世纪初,别尔齐利乌斯用氢还原三氧化钼得到了更纯的金属钼。

钼的生产和发展是与军事工业和钢铁工业的发展密切相关的。也可以说由于军事工业的需要,促使了钢铁工业的发展;钢铁工业的需要,又促使了钼的生产和发展,以致逐步推广到各行各业的开发和应用。

在 19 世纪末发现钢中添加钼后,钼钢的性质和同样成分的钨钢性质相似。在 1900 年成功地研究出了钼铁生产工艺后,使钼钢的生产能在 1910 年迅速发展。因为当时发现了钼钢能满足炮钢材料需要的特殊性能，此后，钼成为耐热和防腐的各种结构钢的重要成分，也是有色金属镍和铬合金的重要成分。

20 世纪初，钼仍是以某些化合物在工业上应用，其中有作为磷试剂用的钼酸铵，作为颜料用的钼蓝。

金属钼的工业生产以及在电气工业上的广泛应用，大约与金属钨是同一年代（1909 年）开始的。因为生产这两种致密金属的粉末冶金法和压力加工工艺已研究成功，完全可应用于生产。

在第二次世界大战期间，美国的克莱麦克斯钼业公司研究出真空电弧熔炼法，用这种方法得到了重 450 ~ 1000 kg 的钼锭，从此打开了用钼作结构材料的道路。粉末冶金法不断发展，在 20 世纪 50 年代已能生产重 180 kg 以上的坯料。

20 世纪 50 年代后，钼的研究工作主要是积极探索耐热钼基合金的成分和生产工艺。从某种意义上讲，是战争的武器材料需要促进了对钼的认识、研究和发展，然后才被逐步利用到电子、化工、高温等领域。

我国在 1914 年就开始采掘钼矿，但由于帝国主义的掠夺和国内的落后、黑暗，一直到 1949 年前，没有钼的冶炼工业。中华人民共和国成立后，我国的钼冶炼工业从无到有，1953 年 9 月 26 日，以郑良永先生为首的试制小组，在上海灯泡厂当时简陋的条件下，拉出了中国第一根钨丝；1954 年又拉出了第一根钼丝。

20 世纪 50 年代末，我国开始兴建钼冶金工业，当时新建的长江冶炼厂九车间（现为株洲硬质合金集团有限公司的钨钼分厂）就是我国第一个大规模的钨钼冶炼车间。60 年代末至 70 年代初，我国的钼冶金工业又增加了很多新厂并开始向深度加工发展。

20 世纪 60 年代以来，钼冶金的工艺研究一方面走向超高纯的研究，另一方面满足某些性能而人为地掺杂一些其他元素。掺杂方法由固 - 固相掺杂进入到固 - 液相掺杂，为了追求微量元素掺杂的均匀性，在 70 年代末至 80 年代初，株洲硬质合金厂与上海钢研所联合，成功地研究出钼的液－液相掺杂工艺，钼的液－液相掺杂工艺属于世界首创，使掺杂钼的均匀性提高到一个新的阶段。

80 年代中期以来，我国开始大量引进国外的先进技术和设备，如钨钼丝材加工设备 Y370 轧机、对焊机、多模拉丝机及检测设备、多膛焙烧炉生产线、钼化工生产技术和设备、HAPPER 和 ELINO 钼粉生产线，使我国的钼冶金工业跨上一个新的台阶，缩短了与世界水平的差距。经过短短的 50 多年的发展，中国的钼工业从探矿、开采、选矿、湿法冶炼、粉末冶金、压力加工和钼产品的应用都具有一定的水平，在全世界已享有一定的地位。

我国烧结的钼制品已超过 500 kg 以上，不对焊喷镀钼丝单重已超过 30 kg，对焊钼丝已超过 50 kg，轧制钼板的宽度已超过了 600 mm，钼板箔的质量已达到了世界水平。我国钼冶金和压力加工设备的研制和生产已接近世界先进水平。随着钼丝和钼板生产水平的提升，可以说基本结束我国过去钼初级产品出口、深加工产品进口的局面。这就标志着我国在钼压力加工行业的产品很快将会取代进口产品，并逐步转向出口的阶段。

第二节　钼的物理性质

钼是稀有高熔点金属，属于元素周期系中第五周期（第二长周期）的 VIB 族。钼是一种银白色金属，外形似钢。钼的熔点高，蒸气压很低，蒸发速度也较小。它的延伸性能比钨好，易于压力加工，可以加工成很薄的箔材和很细的丝材。钼的硬度和强度极限比钨低，热膨胀系数与玻璃接近。它的主要物理性质如下：

原子序数	42

稳定同位素及其所占百分比，%

　　　　92(14.84)；94(9.25)；95(15.92)；

　　　　96(16.67)；97(9.55)；98(24.14)；100(9.63)

相对原子质量	95.94
自由原子的电子层结构	$1s^2 2s^2 2p^6 3s^2 3p^6 3d^{10} 4s^2 4p^6 4d^5 5s^1$
原子体积，cm^3/mol	9.42
相对密度，g/cm^3	10.2
晶体结构	体心立方
晶格常数，nm	0.31467~0.31475
熔点，℃	(2895±10K)2622±10
沸点，℃	(5077K)4804
升华热，kJ/mol	
绝对零度	650±3.8
298K	664.5
蒸发热，kJ/mol 沸点时	589.66±20.9
熔化热，kJ/mol	27.6±2.9

蒸气压和蒸发速度

温度，K	蒸发速度，$g/cm^2 \cdot s$	蒸气压，Pa
	（真空度约为 1.33×10^{-1} Pa）	
1000	1.37×10^{-24}	1.01×10^{-19}
1200	2.44×10^{-19}	1.97×10^{-14}
1400	1.29×10^{-15}	1.13×10^{-10}
1600	7.60×10^{-13}	7.09×10^{-8}
1800	1.06×10^{-10}	1.05×10^{-6}
2000	5.34×10^{-9}	5.58×10^{-4}
2200	1.30×10^{-7}	1.43×10^{-2}

2400	1.80×10^{-6}	2.05×10^{-1}
2600	1.57×10^{-5}	1.87
2800	1.04×10^{-4}	12.8

比热, $W/(g \cdot K)$

20 ℃	0.245
100 ℃	0.260
1400 ℃	0.314

热传导率, $W/(m \cdot K)$

| 20 ℃ | 146.5 |
| 1000 ℃ | 98.8 |

电阻率, $\Omega \cdot cm$

0 ℃	5.2
27 ℃	5.78
727 ℃	23.9
1127 ℃	35.2
1330 ℃	41.1
1730 ℃	53.1
2327 ℃	71.8

电阻温度系数, $1/℃$ 0.0047

电子逸出功, eV   4.37

热中子俘获面, b   2.7

辐射能, W/cm^2

730 ℃	0.55
1330 ℃	6.3
1730 ℃	19.3
2330 ℃	70

硬度 HB, MPa

烧结钼条   1470 ~ 1568

经过锻打钼条	1960～2254
2 mm 厚的钼板	2352～2450
退火态钼丝	1372～1813

抗拉强度极限，MPa

钼丝(与直径大小有关，延伸率2%～5%)	1372～1568
经过退火的钼丝(延伸率20%～25%)	784～1176
单晶钼丝(延伸率30%)	343

弹性模量，MPa

丝材 D，0.5～1.0 mm 的钼丝	$2.79 \times 10^{5} \sim 2.94 \times 10^{5}$

屈服点，MPa(未经退火的钼丝)   400～600

热膨胀系数，1/K

0 ℃～20 ℃	5.3×10^{-6}
25 ℃～700 ℃	$(5.8 \sim 6.2) \times 10^{-6}$
塑-脆转变温度，℃(大变形，90%以上)	-40～+40

第三节　钼的化学性质

钼在常温下的空气中是稳定的；当温度在 400 ℃ 发生轻微氧化(可看到氧化色)；500 ℃～600 ℃时，金属钼迅速氧化成三氧化钼；600 ℃～700 ℃时，金属钼迅速氧化成三氧化钼挥发；高于700 ℃时，水蒸汽将钼强烈氧化成 MoO_2。

钼一直到它的熔化温度都不会和氢发生任何化学反应。但钼在氢气中加热时，能吸收一部分氢气生成固溶体，例如在 1000 ℃时，100 g 金属钼能吸收 0.5 cm^3 氢，在 300 ℃时氢被细颗粒钼粉所吸收。

低于 1500 ℃以下，钼与氮不发生反应；高于 1500 ℃时，钼与氮发生化学反应生成氮化物。假如氮的压力低，到 2400 ℃都还看不到反应。氮与钼的作用与温度及氮压力有关。

碳、碳氢化合物和一氧化碳从 800 ℃ 开始，就与钼相互作用而生成碳化钼（Mo_2C）。二氧化碳在 700 ℃ 以上时，使钼氧化。

氟与钼在室温下迅速反应，60 ℃ 生成具有挥发性的氟化钼 MoF_6，当有氧存在时生成 Mo_2F_2 或 MoF_4。

在 230 ℃ 以下，钼对干燥氯有很强的耐腐性；250℃ 时氯与钼才能相互作用，钼易被湿氯腐蚀，生成具有挥发性的氯化钼 $MoCl_5$。

在 450 ℃ 以下，钼对干燥溴有很强的耐腐性；湿溴在空气中与钼发生反应，550 ℃ 以上与钼发生反应。

碘与钼在 500 ℃ ~ 800 ℃ 开始发生化学反应。

当有水分存在时，全部卤素在室温下均对钼起作用。

硼与钼在加热的情况下相互作用。

硫蒸气高于 440 ℃，而硫化氢则需高于 800 ℃ 才能与钼发生反应生成二硫化钼（MoS_2），含硫气体在 700 ℃ ~ 800 ℃ 也能氧化金属钼。

硅与钼在温度高于 1200 ℃ 时，相互作用生成二硅化钼（$MoSi_2$），当温度一直升到 1500 ℃ 时，二硅化钼在空气中都非常稳定。

钼在 1430 ℃ 的铋溶液中 2 h，钼无明显腐蚀。

钼在 1200 ℃ ~ 1600 ℃ 的锂溶液中溶解度甚微。

在 900 ℃ ~ 1200 ℃ 的钠溶液中，钼有良好的耐腐性；1500 ℃ 浸 100 h 后发现钼晶界腐蚀；在 700 ℃ 钠溶液中含氧为 0.5% 时，钼开始腐蚀。

在 1205 ℃ 的钾溶液中，钼具有耐腐性；在含微量氧的钾溶液中，1043 ℃ 的溶解度也甚微。

在 1040 ℃ 的液态铷中，钼浸 500 h 未发现被腐蚀。

钡与钼在 1000 ℃ 生成 $MoBa_2$。

铅与钼在 1093 ℃ 以下，钼具有良好的耐腐性。

汞与钼在 600 ℃ 以下，钼具有良好的耐腐性。

在常温下，钼在盐酸和硫酸中是稳定的；但加热到 80 ℃ ~ 100 ℃ 时，钼就稍许溶解。硝酸和王水在常温下能缓慢地溶解金属钼，加热时溶解速度加快。

钼在氢氟酸中是稳定的，但在氢氟酸和硝酸混合液中迅速溶解。当硝酸、硫酸、水的体积比为 5∶3∶2 时组成的混合液可以作为钼的溶解剂。缠绕钨线圈的钼芯就是用这种混合液溶解的。

钼在硝酸或王水中溶解缓慢。

金属钼在过氧化氢中溶解并生成过氢酸——H_2MoO_6 和 $H_2Mo_2O_{11}$。

钼在常温的碱溶液中是稳定的，在热碱溶液中稍被腐蚀。熔融碱能强烈地氧化金属钼，如有氧化剂存在，钼的氧化程度更为剧烈，生成钼酸盐。

第四节　钼的氧化物

氧化物　钼能生成一系列的氧化物，最稳定的氧化物为三氧化钼(MoO_3)和二氧化钼(MoO_2)。此外，还能生成若干的中间氧化物，该系列氧化物相应的成分是 Mo_nO_{3n-1}(Mo_9O_{26}，Mo_8O_{23}、Mo_4O_{11})。因为钼的外层电子结构为 $4d^5 5s^1$，所以它的化合物主要为 +6 价，此外还有 +2，+3，+4，+5 等价态。

三氧化钼　三氧化钼(MoO_3)是生产金属钼不可缺少的中间化合物，在生产中具有重大的意义。它可由金属钼或它的低价氧化物氧化时生成；或氧化焙烧辉钼矿矿物(MoS_2)得到。三氧化钼是略带浅绿的白色粉末，加热变黄，密度为 4.69 g/cm^3，熔点为 795 ℃，沸点为 1155 ℃；在 800 ℃ ~1000 ℃ 的蒸气中，主要以聚合分子(MoO_3)$_3$ 的形式存在，温度高于 600 ℃ 显著升华；它的生成热为 745 ±6.3 kJ/mol，在 800 ℃ ~900 ℃ 下可被氢还原成金属钼。三氧化钼为两性氧化物，其酸性比三氧化钨弱，它能与碱及某些强酸反应。20℃时，三氧化钼在水中的溶解度为 0.4~2 g/L，溶液呈酸性（pH = 4~4.5）。三氧化钼与酸、碱的反应如下：

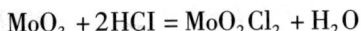

与酸作用：$MoO_3 + H_2SO_4 = MoO_2SO_4 + H_2O$

$MoO_3 + 2HCl = MoO_2Cl_2 + H_2O$

$MoO_3 + 2HNO_3 = MoO_2(NO_3)_2 + H_2O$

与碱作用：$2MeOH + MoO_3 = Me_2MoO_4 + H_2O$（$Me^+$代表$K^+$，$Na^+$，$NH_4^+$）

三氧化钼在碱和氨的水溶液中溶解并生成钼酸盐；它和三氧化钨相互间不生成固溶体。

二氧化钼（MoO_2）是在450℃~470℃用氢还原三氧化钼得到的深褐色粉末，密度为 6.34 g/cm³，生成热为 590 kJ/mol。二氧化钼实际上不溶于水、碱和非氧化性酸的水溶液，硝酸可将MoO_2氧化成MoO_3。二氧化钼结晶呈金红石型晶格，晶格常数为 $a = 0.486$ nm 和 $c = 0.279$ nm。

中间氧化物 中间氧化物是用氢还原MoO_3，或使MoO_2氧化，或在惰性（氮）气氛中加热MoO_3和MoO_2混合物，按一定配比的MoO_3和钼粉均可生成中间氧化物。Mo_4O_{11}呈蓝-紫色，Mo_8O_{23}和Mo_9O_{26}呈蓝-黑色。Mo_4O_{11}微溶于水、硫酸、盐酸以及稀碱溶液。

第五节 钼酸和钼酸盐

正钼酸 MoO_3 与 H_2O 形成正钼酸 H_2MoO_4（$MoO_3 \cdot H_2O$），亦存在 $MoO_3 \cdot 2H_2O$ 和 $MoO_3 \cdot 0.5H_2O$。$MoO_3 \cdot 2H_2O$ 在 33℃ 以下稳定，高于 33℃ 分解为 $MoO_3 \cdot H_2O$，在 120℃ 时进一步分解为 MoO_3。钼酸具有两性，和 MoO_3 一样，既可溶于酸，又可溶于碱。

钼酸在水中的溶解度与温度的关系见表 1-1，在盐酸中与溶液 pH 值关系见表 1 – 2。

表 1 – 1   钼酸在水中的溶解度   （以 MoO_3 计）

温度/℃	18	30	36.8	45	52	60	70	80
溶解度/$g \cdot L^{-1}$	0.106	0.257	0.382	0.365	0.417	0.421	0.466	0.518

$MoO_3 \cdot 2H_2O$ $MoO_3 \cdot H_2O$

表 1 – 2   钼酸在盐酸中的溶解度   （以 MoO_3 计）

pH 值	0.265	0.67	1.10	1.72	2.46	3.09	4.73	6.40
溶解度/$g \cdot L^{-1}$	4.42	1.68	0.412	0.312	0.66	1.416	1.712	1.64

当酸作用于钼酸盐溶液时，便析出体积庞大的白色含水三氧化钼沉淀。低于 33 ℃ 时，含两个水分子的水化合物 $MoO_3 \cdot 2H_2O$（$H_2MoO_4 \cdot H_2O$）是稳定的；单水水化物 $MoO_3 \cdot H_2O$ 或 H_2MoO_4 在 61 ℃ ~ 120 ℃ 之间是稳定的，高于 120 ℃ 便发生脱水而生成 MoO_3，但钼酸能溶于强矿物酸中。

钼的同多酸盐的通式可用 $nMe_2O \cdot mMoO_3$ 表示，一般将 $n:m = 1:2$ 的盐称作重钼酸盐（二钼酸盐），$n:m = 3:7$ 及 5:12 的称作仲钼酸盐，$n:m = 1:3$ 和 $n:m = 1:4$ 的称作偏钼酸盐，$n:m = 1:10$ 的称作十钼酸盐，$n:m = 1:16$ 的称作十六钼酸盐。现已知有下列各种钼酸盐：

$Me_2O \cdot MoO_3 \cdot nH_2O$	正钼酸盐
$Me_2O \cdot 2MoO_3 \cdot nH_2O$	重钼酸盐
$3Me_2O \cdot 7MoO_3 \cdot nH_2O$	仲钼酸盐
$5Me_2O \cdot 12MoO_3 \cdot nH_2O$	仲钼酸盐
$Me_2O \cdot 3MoO_3 \cdot nH_2O$	偏钼酸盐
$Me_2O \cdot 4MoO_3 \cdot nH_2O$	偏钼酸盐

Me$_2$O·10MoO$_3$·nH$_2$O 十钼酸盐

Me$_2$O·16MoO$_3$·nH$_2$O 十六钼酸盐

钼的同多酸盐在25℃和85℃下MoO$_3$－NH$_3$－H$_2$O系中，不同条件将析出单钼酸铵｛正钼酸铵[(NH$_4$)$_2$MoO$_4$]｝、二钼酸铵（重钼酸铵）[(NH$_4$)$_2$Mo$_2$O$_7$]、仲钼酸铵[(NH$_4$)$_6$Mo$_7$O$_{24}$·4H$_2$O]或3(NH$_4$)$_2$7MoO$_3$·4H$_2$O及八钼酸铵(亦称8/3钼酸铵)[(NH$_4$)$_6$Mo$_8$O$_{27}$·3H$_2$O]等化合物。仲钼酸铵加热到245℃或将钼酸铵溶液中和到pH=2~3得四钼酸铵（亦称多钼酸铵或无水八钼酸铵）[(NH$_4$)$_4$Mo$_8$O$_{26}$]，MoO$_3$－NH$_3$－H$_2$O系在25℃和85℃的等温线(A·琴纳德等)见图1－1和图1－2。

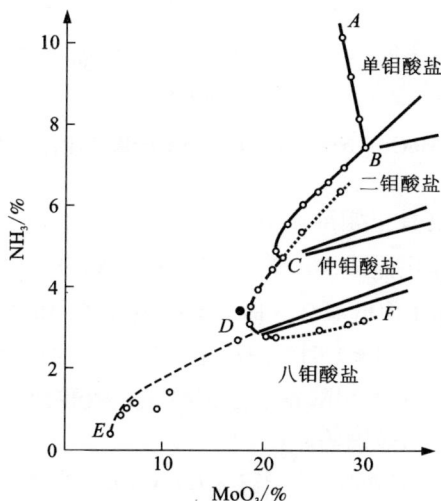

图1－1　MoO$_3$－NH$_3$－H$_2$O系25℃的等温线(A·琴纳德等)

聚钼酸盐 钼酸可与各种数目MoO$_3$分子结合，生成聚钼酸，其成分可用通式表示：xH$_2$O·yMoO$_3$(式中$y>x$)。中和碱金属钼酸盐或在钼酸盐溶液中溶解MoO$_3$均可得到聚钼酸盐。当溶液

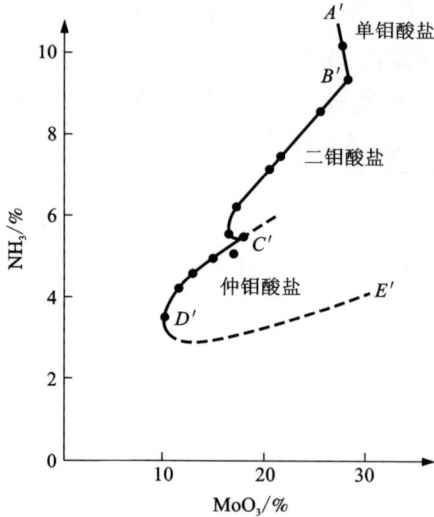

图 1 - 2   MoO$_3$ - NH$_3$ - H$_2$O 系 85℃的等温线(A·琴纳德等)

pH≥6.5 时，仅有正钼酸阴离子 MoO$_4^{2-}$ 存在；pH = 6.5 ~ 2.5 之间，发生聚合作用生成 Mo$_7$O$_{24}^{6-}$、Mo$_8$O$_{26}^{2-}$、MoO$_{20}^{4-}$ 和其他成分的聚合阴离子；在 pH 值低于 2.5 时，生成阳离子(MoO$_2^{2+}$ 和成分更为复杂的阳离子)；pH < 1 时，阳离子在溶液中占绝对优势。

正钼酸盐包括正钼酸钠、正钼酸铵、钼酸钡、钼酸钙、正钼酸铁、钼酸铅、钼酸铜等。

正钼酸钠(Na$_2$MoO$_4$)   当 Na$_2$O：MoO$_3$ > 1 时，溶液中结晶出正钼酸钠，它是一种白色鳞片结晶。溶于水和碱，10 ℃ ~ 100 ℃ 温度范围内，析出含两个水分子的正钼酸钠(Na$_2$MoO$_4$·2H$_2$O)；低于 10 ℃时，则含 10 个水分子；100 ℃ 失去水，无水正钼酸钠(Na$_2$MoO$_4$)的熔点为 627 ℃，密度为 3.28 g/cm^3。正钼酸钠在水中的溶解度见表 1 - 3。

表 1 - 3   正钼酸钠不同温度下在水中的溶解度

温度/℃	0	4	9	10	15.5	32	51.5	100
溶解度,无水盐%	30.63	33.85	38.16	39.28	39.27	39.82	41.27	45.57

$Na_2MoO_4 \cdot 10H_2O$ $Na_2MoO_4 \cdot 2H_2O$

钼酸钡($BaMoO_4$) 它由钼酸和氯化钡或硫酸钡经溶解结晶后生成。它是一种白色或淡绿色的粉末,不溶于水、醇,微溶于酸类,密度为 4.6 ~ 4.9 g/cm^3,熔点为 1480 ℃。它对金属有优异的密着性能。

钼酸钙($CaMoO_4$) 在自然界中钼酸钙常以钼酸钙矿矿物形式存在。钼酸钙是一种粉末状的盐,将氯化钙加入钼酸盐水溶液可沉淀出来。高于 450 ℃时,氧化钙与钼酐直接作用也可生成钼酸钙,它的密度为 4.28 g/cm^3,熔点为 1520 ℃,在 1 kg 水中的溶解度于 20 ℃时为 0.0058 g,在 100 ℃时为 0.235 g。钼酸钙在 1200 ℃的高温下也不发生热离解作用,在紫外线照射下发出一种黄色的荧光。钼酸钙是工业上的重要产品,可作为添加剂加入钢中,同时又是生产钼铁的原料。

正钼酸铁[$Fe_2(MoO_4)_3 \cdot nH_2O$] 它是将氯化铁或硫酸铁加到钼酸钠溶液中得到的黄色沉淀物;其固体氧化物(Fe_2O_3 和 MoO_3)在 500 ℃ ~ 600 ℃温度下相互作用时,也同样生成 $Fe_2(MoO_4)_3$,颜色由黄色变为棕色。钼酸铁在自然界中以钼华状态存在。只有当溶液的 pH 值≈3.5 时,才能获得相当于 $Fe_2(MoO_4)_3 \cdot nH_2O$ 分子式的沉淀。如 pH 值高,沉淀中含有氢氧化铁则呈褐色;如 pH 值低,沉淀物则含有钼酸。加热温度高于 800 ℃时,钼酸铁分解成 Fe_2O_3 和 MoO_3。Fe_2O_3 和 MoO_3 在 700 ℃共热时,如原混合物中有多余的三氧化钼存在,则生成 $Fe_2(MoO_4)_3$。从钼酸盐溶液中不能沉淀出二价铁钼酸盐 $FeMoO_4$,因为 Fe^{2+} 离子能还原 $(MoO_4)^{2-}$ 离子,但在隔绝空气中加热到 500 ℃ ~ 600 ℃的条件下，氧化物 FeO 和 MoO₃混合物也可生成 FeMoO₄。

钼酸铅(PbMoO₄)   钼酸铅是白色微溶于水的盐，在自然界中常以钼酸铅矿物形式存在。钼酸铅可从碱金属钼酸盐溶液中沉淀出来；也可在 500 ℃ ~ 600 ℃温度下加热 PbO 和 MoO₃的混合物得到；密度 6.92 g/cm³，熔点 1065 ℃。新沉淀析出的钼酸铅能溶于硝酸和氢氧化钠中，赤热的钼酸铅在这些溶剂和醋酸中的溶解度很小。

钼酸铜(CuMoO₄)   在 500 ℃ ~ 700 ℃温度区间加热 CuO 和 MoO₃混合物可得到黄绿色粉末状的无水钼酸铜。在 850 ℃时，钼酸铜熔化并分解。将含铜的盐加入钼酸钠水溶液中，沉淀出黄绿色的碱性钼酸铜。根据沉淀的条件不同，可析出相当于分子式 CuO·3CuMoO₄·5H₂O 的沉淀，亦可析出成分接近于 2CuMoO₄·Cu(OH)₂ 的沉淀。

钼酸铵   在 25 ℃和 85 ℃下 MoO₃ – NH₃ – H₂O 系中，不同的条件将析出单相钼酸铵（正钼酸铵）[(NH₄)₂MoO₄]、二钼酸铵（重钼酸铵）[(NH₄)₂Mo₂O₇]、仲钼酸铵 [(NH₄)₆Mo₇O₂₄·4H₂O] 及八钼酸铵（亦称 8/3 钼酸铵）[(NH₄)₆Mo₈O₂₇·4H₂O] 等化合物。仲钼酸铵加热到 245 ℃或将钼酸铵溶液中和到 pH = 2 ~ 3 时得四钼酸铵（亦称多钼酸铵或无水八钼酸铵）[(NH₄)₄Mo₈O₂₆]。

二钼酸铵[(NH₄)₂Mo₂O₇]（**重钼酸铵**）   在水中的溶解度大，且随溶液中游离 NH₃ 浓度而变。二钼酸铵在空气中加热，则将按以下顺序分解：

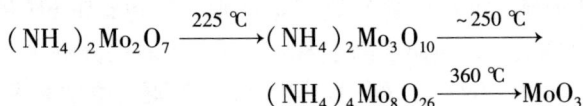

$$(NH_4)_2Mo_2O_7 \xrightarrow{225\,℃} (NH_4)_2Mo_3O_{10} \xrightarrow{\sim 250\,℃}$$

$$(NH_4)_4Mo_8O_{26} \xrightarrow{360\,℃} MoO_3$$

仲钼酸铵 [(NH₄)₆Mo₇O₂₄·4H₂O] 或 [3(NH₄)₂O·7MoO₃·4H₂O]   一般认为第二个分子式比较正确。仲钼酸铵系当 NH₃：

MoO_3 等于或稍大于 6:7 时，从氨溶液中结晶出的盐。蒸发溶液（把铵除去）或中和溶液（化合部分铵）都可以达到这一比例。仲钼酸铵在空气中是稳定的，它的水溶液呈弱酸性，在 20 ℃水溶液中的溶解度为 300 g/L，在 80 ℃～90 ℃水溶液中的溶解度为 500 g/L。在 150 ℃ 时开始分解并析出氨，转化为四钼酸铵 $(NH_4)_2O \cdot 4MoO_3$。加热到 350 ℃时，氨全部被除掉剩下 MoO_3。仲钼酸铵是最常见的商品和生产三氧化钼的原料。仲钼酸铵在空气中加热按以下顺序分解：

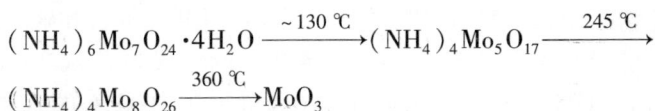

$$(NH_4)_6Mo_7O_{24} \cdot 4H_2O \xrightarrow{\sim 130\,℃} (NH_4)_4Mo_5O_{17} \xrightarrow{245\,℃}$$

$$(NH_4)_4Mo_8O_{26} \xrightarrow{360\,℃} MoO_3$$

四钼酸铵$[(NH_4)_2Mo_4O_{13}]$ 或 $[(NH_4)_2O \cdot 4MoO_3]$ 用酸中和钼酸铵溶液使其 pH=2～3 时，便析出四钼酸铵。pH=2～3 时，四钼酸铵的溶解度（换算成 MoO_3）为 0.5～1.0 g/L。

八钼酸铵（亦称 8/3 钼酸铵） 溶解度小。

钼酸钠 二钼酸钠（$Na_2Mo_2O_7 \cdot 6H_2O$）、三钼酸钠（$Na_2Mo_3O_{10} \cdot 7HO$）、四钼酸钠（$Na_2Mo_4O_{13} \cdot 7H_2O$）、仲钼酸钠（$Ma_6Mo_7O_{24} \cdot 22H_2O$）等均属钠的同钼酸盐，都易溶于水。24 ℃时上述四种盐在 1 kg 水中溶解度分别达 270，93，85，35 g（以 MoO_3 计）。

杂多酸和杂多酸盐 钼与钨一样与磷酸、砷酸、硅酸和硼酸都有形成络合物的倾向。属于此类化合物中常见的一种盐是磷钼酸铵 $(NH_4)_3[P(Mo_3O_{10})_4] \cdot 6H_2O$。

这种溶解度很小的盐是将含钼酸铵的硝酸溶液倒入含有硝酸的磷酸铵溶液中沉淀出来的。这一反应广泛用于磷酸的定量和定性的化学分析上。

钼蓝 钼酸或钼酸盐的酸性溶液在还原剂（SO_2，H_2S，Zn，葡萄糖等）作用下呈深蓝色，这种颜色与反应生成的所谓钼蓝有关。根据不同的沉淀条件，析出的不定型的沉淀物可具有各种成分：$Mo_8O_{23} \cdot xH_2O$，$Mo_4O_{11} \cdot xH_2O$ 等。钼蓝多以胶体存在于溶液中，并很容易被表面活化物质所吸收，如植物纤维吸附钼蓝之后都呈现蓝色。生成钼蓝的化学反应也广泛用于化学分析上。

钼的硫化物　钼与硫能生成三种硫化物——MoS_3、MoS_2 和 Mo_2S_3，不过只有 MoS_2 和 MoS_3 具有实用价值。MoS_2 在自然界以辉钼矿形式存在，它是制取钼的主要原料；它的熔点为 1180 ℃，不溶于水，也不溶于氨水、苏打及还原性无机酸溶液中；在空气中加热至 450 ℃ ~550 ℃时可氧化成 MoO_3。在隔绝空气的条件下，加热高价硫化物、用硫的蒸气作用于钼粉、将三氧化钼与苏打和硫一起熔融可以获得人造的二硫化钼。二硫化钼的生成热在 805 ℃时为 323.5 kJ，1005 ℃时为 334.4 kJ。在温度高于 1000 ℃的真空下，MoS_2 离解生成金属钼和硫蒸气，有 CaO 存在下被氢还原得到金属钼。三硫化钼在自然界中存在很少。硫化氢通过加热的酸性钼酸铵溶液时，沉淀出高价硫化物 MoS_3。三硫化钼呈深棕色，易溶于在硫化铵和各种硫化碱中生成硫代钼酸盐，硫代钼酸盐易溶于水，并以鲜红色的晶体从溶液中结晶析出，这些晶体能被各种酸分解生成三硫化钼。三硫化钼在亚硫酸铵或亚硫酸钠溶液中溶解，生成含钼磺酸盐 $(NH_4)_2MoS_4$ 和氧化磺酸盐 $(NH_4)_2MoO_x \cdot S_{4-x}$。磺酸钼盐易溶于水，当溶液酸化时，分解为三硫化钼。沉淀三硫化钼的化学反应不仅用于钼的化学分析，从溶液中提取钼的工艺也利用这个反应，这一特点可用在化学分析中测定钼和钨钼的分离。

钼的氯化物　钼可生成一系列氯化物和氧氯化合物。其中的一些化合物性质见表 1-4。

在高于 500 ℃时，氯气作用于金属钼或二硫化钼可以得到五氯化钼。用氢还原 $MoCl_5$ 或将氯化物热解可得低价氯化物。在湿空气和水中，五氯化钼会水解生成氧氯化合物 MoO_2Cl_2、$MoOCl_3$。在高于 500 ℃时，氯和三氧化钼相互作用生成易挥发的氧氯化合物 MoO_2Cl_2。在 500 ℃ ~600 ℃时，加热 MoO_3 和 NaCl 混合物并

可得到 MoO_2Cl_2。

表 1–4　钼氯化物和氧氯化物的某些性质

化合物	颜　色	在 各 种 温 度 下 的 行 为	生成热/$(kJ \cdot mol^{-1})$
$MoCl_5$	黑紫色	194 ℃熔化，268 ℃沸腾，在气相中分解生成 $MoCl_4$（气态）	529.4
$MoCl_4$	棕　色	在固态中高于 130 ℃分解生成 $MoCl_3$（固）和 $MoCl_5$（气），在 330 ℃~630 ℃区间内 $MoCl_4$ 是构成气态的主要成分	479.6
$MoCl_3$	红褐色	高于 530 ℃在固相中分解成 $MoCl_2$（固）和 $MoCl_4$（气）	393.4
$MoCl_2$	黄　色	高于 730 ℃在固相中分解成钼和 $MoCl_4$（气）	288.8
MoO_2Cl_2	黄白色	在 1.47 MPa 下，于 170 ℃时熔化，156 ℃时固体氧氯化物上面的压力等于 0.98 MPa	724.0
$MoOCl_4$	绿　色	104 ℃熔化，大约在 180 ℃沸腾	642.4

第六节　钼的应用范围

　　钼的熔点高，高温强度、高温硬度和刚性都很大，抗热耐震性能和在各种介质中的抗腐蚀性能很强，导热，导电性能良好。钼合金还能满足某些有特殊要求的工艺性能。钼是钢铁工业不可缺少的极为重要的添加剂。钼的化工产品是石油工业、金属防腐、颜料化工不可缺少的原料。这些特点决定了钼和钼合金以及钼的化工产品，在各个工业部门都有广阔的用途。

　　据 2008 中国国际钨钼业发展高层论坛的资料报道，2007 年世界钼的各品种消费量是建筑钢占 34%、不锈钢占 28%、工具钢（高速钢）占 10%、超合金钢 5%、铸铁占 7%、化学品占 10%、金属钼占 6%。钼主要用于钢铁工业，占年消费量的 84%，其次钼的化学品、金属钼、钼合金广泛地用于现代技术的很多领域中，其中最主要的行业所用的产品如下：

钢铁工业 钼主要用作钢的添加剂。钢中添加钼可使钢具有均匀的微晶结构，降低共晶分解温度，扩大热处理温度范围和淬火温度范围，并能影响钢的淬火硬化深度，还能提高它的硬度和韧性、抗蠕变性能和耐腐蚀性能。含 0.3% 的钼钢比含 1% 的钨钢的高温强度更好。铁中添加钼可使生铁合金化，可使铁的晶粒细化，还可提高它的高温性能、耐磨性能和耐酸性能。钼作为钢铁行业的添加剂，一般可钼铁和钼酸钙加入；熔炼特殊精密钢时，才用用金属钼条加入。钢中含钼量低于 1% 时，用工业氧化钼块；当钢中钼含量高于 1% 时，常用钼铁。耐热合金和耐腐蚀合金中都添加了 1%～20% 的钼，钼含量高耐腐蚀性越好，作此种添加剂一般使用金属钼。

金属压力加工行业 钼合金的高温硬度和高温强度都很高，热物理性能很好，这就决定了它用于制作钢或合金热加工的工具材料。钼合金顶头是穿制无缝不锈钢管的重要工具，它的穿管寿命比工具合金钢顶头长 100 倍以上。添加钼的模具可用于挤压钢型和其他合金型材。钼压铸模和钼芯棒是压铸铜、铝、锌的最好元件，它的造价可能是工具钢的 20 倍，但它的消压铸模耗成本只有工具钢的六分之一。TZM 合金芯棒在压铸汽车化油器铝底座十万多模次后，仍然保持原始的形状和满意的洁净表面，TZM 芯棒可以避免热裂和铸件黏结有关质量问题。在精炼锌的设备上采用 Mo-30W 合金制造压铸机的泵、嘴子、活门、搅拌器热电偶管套的零件，具有非常好的稳定性。钼丝是电火花线切割机的电极丝，放电性能稳定，可切割各种钢材和硬质合金，加工形状极为复杂和精度要求很高的零件。

电光源、电真空行业 钼的熔化温度很高，在高温下还能保持较高的强度和良好的导电性，因此在电光源和电真空行业得到广泛的应用。如用作电灯泡中支撑钨丝的钩子，真空电子管的栅极、发射管和二极整流管阴极，封装在石英玻璃的导电杆等。它所使用的钼产品是钼杆、钼丝、高温钼丝、钼板、汽车灯的反光罩和钼箔带等。由于钼的硬度高，导电、导热性能好，在电弧作用下抗烧蚀性能强，价格也很低，因而用钼做触点材料，顺利地取代了铂。此外，钼和水银浸润性能好，与水银不发生反应，因此可确保它用作水银开关的电极。由于钼和硅的热膨胀系数接近，因此，钼是硅整流器托盘的很好材料。太阳能电池用钼箔做硫化镉的载体材料，在载体的塑性和挠性同时增加的情况下，和玻璃载体相比，它的重量减少了80%。钼铼合金是真空或其他仪表的远景材料。钼铼合金发热体广泛地用于氢气闸流管和二极管，在这些管子中它的多次断路稳定性比纯钼、纯钨发热体高得多。钼铼合金用于超高频放大器能量输入端材料、各种仪表的扭力元件、拉力元件、弹性悬挂元件，表现出很好的效果。

镀膜行业 用于真空溅射靶的钼板最大规格现已达到 1706 mm × 1437 mm × 15 mm，单重约为 380 kg；最长规格现为 2306 mm × 206 mm × 21 mm。溅射靶材主要应用于平面显示、半导体、太阳能电池、机械、汽车、玻璃、装饰、医疗等行业。钼靶具有耐玻璃腐蚀、耐高温和导电率好的优点，因此，成为太阳能电池膜层中首选的背电极材料。

冶金工业 用于高温炉、真空炉和气氛炉的发热体、支承架的结构件、隔热屏、底盘、导轨、舟皿和高温器皿，高温炉水冷电极头。钨丝和钼丝配合可作热电偶。所使用的钼产品是钼丝、高温钼丝、TZM 结构材料、舟皿、坩埚、热电偶套管、钼板和钼带、硅钼棒等。

建材工业 在建材工业中常以钼代铂。钼在熔融的玻璃中抗腐蚀性能特别好，同时钼和熔融玻璃之间的反应产物是无色的。

钼可作为熔化玻璃的电极，其中包括熔点为1360℃的光学玻璃和生产玻璃纤维。钼电极棒和钼流口是生产保温材料硅酸铝纤维必不可少的元件。

机械工业　　钼和钼合金也可用作耐磨涂层材料，机械零件上喷镀一层钼后，在高载荷摩擦条件下，可增强它的耐磨性。如用于内燃机气缸中的活塞环，汽车的齿轮、制动鼓轮、轴承等。另外、还可采用钼喷镀法来修复机床零件。二硫化钼润滑性能优于石墨，它在 $-45℃ \sim 400℃$ 温度范围内均可正常使用。所使用的钼产品是喷镀钼粉和喷镀钼丝、二硫化钼和二硒化钼等。由于TZM钼合金的弹性模量和屈服强度高，它是在 $800℃ \sim 1000℃$ 工作中良好的弹簧材料。

宇航、军事工业　　用于火箭、导弹部件，如喷嘴、鼻锥等，发动机的燃气轮片，冲压发动机喷管、火焰导向器及燃烧室等。用液体燃料的火箭发动机上广泛使用金属钼和钼合金（如 Mo-0.5Ti-0.08Zr）作燃烧室、喉部管套筒、飞行器前缘、火箭鼻锥、方向舵。宇宙飞船发射和返回通过大气层时，由于速度非常快，暴露于空气中的部件温度高达 $1482℃ \sim 1646℃$ ，因而常采用钼做蒙皮、喷管、火焰挡板、翼面及导向叶片等。用高强度细钼丝做高温工作下（如航空喷气发动机零件）的纤维强度复合材料中的加强纤维。钼铜合金还可制作电真空触头、导电散热元件、仪器仪表元件，以及使用温度稍低的火箭、导弹高温部件及其他武器中的零部件，如增程炮、固体动密封和滑动摩擦的加强肋等。

核工业　　钼具有热中子捕获截面较小，有持久强度，对核燃料的性能稳定和抵抗液体金属的腐蚀等特性，故广泛采用钼舟皿处理核燃料和用于作核反应堆的结构材料，如隔热屏等。许多欧洲国家和美国的设计规定，核反应堆应用钼和TZM合金做液体碱金属工作介质中的弹簧材料和燃料包壳元件。

石油化工　　三氧化钼、二氧化钼、仲钼酸铵和三硫化钼在化学和石油工业中可用作催化剂。钼催化剂广泛用于合成氨、石油化工、加氢脱硫、加氢精制、烃类脱氢、烃类的气相氧化、丙烯氨氧化等过程。钼催化剂视用途不同，含钼为 6% ~9%。从 20 世纪 50 年代以来，石油化学工业能获得迅速发展的主要原因之一，就是新型催化剂的研制成功和广泛应用。据统计，现代化学工业中的化学反应，约有 80% 都与催化剂有关。钼系的催化剂在石油炼制、石油化工、高分子材料合成、合成氨的生产中都起着重要作用。例如，石油炼制中加氢精制是催化重整原料预处理脱硫、氮、氧的重要过程，所用钼系催化剂的质量直接影响催化过程，而催化重整是近代大规模生产优质无铅高辛烷值汽油所必需的。腈纶纤维的主要原料丙烯腈纶是用丙烯氨氧化法制成的，该过程使用的都是钼系催化剂。在合成氨工业使用的钴钼系列 CO 变换催化剂，能耐高含量的 H_2S 和高的水气比，不仅活性高，而且活性温度宽，已经广泛应用于生产。

防腐化工 缓蚀剂是指向腐蚀介质中加入微量或少量的溶剂，能使金属材料在该介质中的腐蚀速度降低甚至停止，同时还保护金属材料原来的物理机械性能和化学性质。工业实际用的缓蚀剂常为两种或两种以上缓蚀剂的复合剂，在复合组分间常具有协同作用。钼酸盐（钠）的缓蚀作用主要与在钢表面形成钝化膜有关，钼的杂多酸盐的效果比钼酸钠还好些。随着工业的发展，钢铁、有色金属及其合金的应用日益广泛，与此同时大气、海水、土壤以及工业上应用的酸、碱和盐对材料的腐蚀也愈来愈严重，据统计，全世界每年被腐蚀掉的金属约占当年产量的 10%。美国 1984 年因腐蚀带来的直接损失达 1680 亿美元，比 1977 年（700亿美元）增加一倍多。

我国不同工业部门因腐蚀带来的损失分别为 2% ~11%，仅全国煤炭业因钢材腐蚀带来的损失每年就达数十亿元，1988 年全国钢材、有色金属等腐蚀约损失 300 亿元。

钼的杂多酸制取的润滑剂，在机械摩擦表面可形成一种薄膜，这种薄膜具有相当好的抗卡和抗磨性能，还可防止钢材表面氧化。

颜料化工 颜料是一个大宗精细化学产品，有无机的和有机的之分。无机颜料历史悠久，近百年来，钼酸钠是制造颜料色淀的必要原料，每吨色淀用钼盐一般为几十到几百公斤。钼橙（铅钼铬红橙），在 20 世纪 20 年代就开发为无机合成颜料，80 年代就有 3000 多个品种，世界总产量达 400 万 t，主要用于塑料、涂料和油墨。由于钼酸盐容易被还原生成钼蓝，所以钼的化合物可以作丝、毛、棉织物及毛皮的染料，因此在染料和清漆生产中广泛使用钼酸钠。简称钼黄的钒钼铋黄颜料，被认为是一种"新奇的樱草型黄颜料"，它是一种新型的无机颜料，与铬黄和镉黄颜料相比，具有无毒、无污染等优越性。含钼量为 1%～10% 的钼黄具有无毒、鲜艳、耐老化的特点，是一种很好的颜料。

除上述彩色颜料外，钼酸盐系防锈颜料还是能防止金属发生腐蚀的一类颜料，是现代无机颜料中的一个重要类别。钼酸盐防锈颜料为白色，具有较好的着色力和遮盖力，不仅常用作底漆，还可用作面漆。这类颜料释放的钼酸根 MoO_3 离子吸附于钢铁金属表面，跟亚铁子形成复合物。由于空气中氧的作用，使亚铁离子转变为高铁离子，所形成的该复合物是不溶性的，故在金属表面生成一层保护膜，致使金属钝化，起到防腐作用。

包核钼酸盐防锈颜料是三氧化钼水浆缓缓加入载体粒度为 0.2～10 μm 的碳酸钙水浆中，反应温度为 70 ℃，还可以采用碳酸钙核心，将磷酸盐和钼酸盐用共沉淀法，按适当的比例包覆在载体颗粒上制成颜料。

碱式钼酸锌防锈颜料是填充氧化锌的钼酸锌，适用于溶剂涂料，但不适用于乳胶漆，其性能完全能达到纯钼酸盐防锈颜料的水平。另一种填充型颜料——碱式钼酸锌钙防锈颜料，是以碳酸钙为填料的包核颜料,可用于乳胶漆、水性漆、电泳漆和聚氨酯等涂料体系。这些漆都具有无公害的特点。

钼的杂多酸和耐热黏合剂合成的一种钙钛型氧化物新涂料,用于加热灶具(烘烤箱、脱油罩等)的内壁时,可净化煎烤时加热时所分散的油污,显示出良好的净化活性。

钼的杂多酸加到多孔的载体上形成一种高效脱臭剂用来脱除密闭厂房或污水处理厂中有臭味空气中的 NH_3、H_2S 和硫醇等,也可用于铜钼选矿厂 Na_2S、$(NH_4)_2S$ 加药台和添加量大的浮选机给料处。

农业　微量的钼可刺激植物生长,尤其对豆科植物的作用更为显著,施加微量钼肥能使大豆增产10%~15%,水稻增产20%~25%。因此,钼的化合物(主要以钼酸铵的形式)也可用于生产化肥。美国肥料监督协会建议,平均每施 1000 kg 常用化肥应当加入 0.2 kg 硼、0.5 kg 锰、0.5 kg 铜、1 kg 铁和 0.005 kg 钼,可以更好地达到提高单产的效果。

其他用途　由于钼具有低的热膨胀系数,而且无磁性,钼基合金也用于特殊的仪器和仪表中。

钼的杂多酸制成黄色的颜料常用作高速公路或公路的路标、道标,在夜间灯光反射下标志显示发光,十分清晰,灯灭后依然黑暗。

钼杂多酸还用来从放射性原料中回收铯。在 75 ℃下加热 30 min,将反应产物与水混合,加热至沸点过滤可得出钼铯酸溶液,铯回收率为98.6%。也用作离子交换材料的回收。

钼的化合物亦用作阻燃剂和抑烟剂。钼酸钡主要用于搪瓷产品的密着剂。

钼杂多酸,特别是12-磷钼酸广泛用作固体燃料电池,这种电池高效节能。钼钨酸可以制成具有传递电子络合物的阴极。银钼钨酸可以制造非晶质电池。

参 考 文 献

1 ［苏］A·H·泽列克曼，O·E·克列，Γ·B·萨姆索诺夫.稀有金属冶金学.冶金工业出版社，1982 年 9 月

2 ［苏］H·H·莫尔古诺娃等.钼合金.冶金工业出版社，1984 年 3 月

3 ［苏］A·H·节里克曼.钨钼冶金学.重工业出版社，1956 年 2 月

4 李洪桂主编.稀有金属冶金学.冶金工业出版社，1990 年 5 月

5 稀有金属手册(下册).冶金工业出版社，1995 年 12 月

6 有色金属提取冶金手册——稀有高熔点金属.冶金工业出版社，1999 年 1 月

7 程志强等.庆祝我国第一根钨丝诞生三十周年.钨钼科技，1983 年第 4 期

8 郑良永.创办"钨钼科技服务所"的建议.钨钼科技，1984 年第 3 期

第二章 钼冶金原料及工艺

第一节 钼资源分布

钼的资源 钼是分布量很少的一种元素，它在地壳中的丰度
为 $3 \times 10^{-4}\%$。据美国地质调查局 USGS，Mineyal Commodity
Summaries，2008 年 1 月报道，2007 年全球钼储量、储量基础分布
情况见表 2-1。

表 2-1 2007 年全球钼储量、储量基础分布情况

国家或地区	储量（万 t 金属钼）	储量基础（万 t 金属钼）
中国	330	830
美国	270	540
智利	110	250
亚美尼亚	20	40
加拿大	45	91
伊朗	5	14
哈萨克斯坦	13	20
吉尔吉斯斯坦	10	18
墨西哥	13.5	23
蒙古	3	5
秘鲁	14	23
俄罗斯	24	36
乌兹别克斯坦	6	15
全球总计	863.5	1905

　　我国钼矿资源丰富，钼矿资源储量据国土资源部信息中心提供的最新资料统计，2006 年全国钼矿产资源区为 315 个，已查明的储量为 178.17 万 t，基础储量为 381.01 万 t 金属钼，资源量843.20 t，资源储量为 1094.21 万 t 金属钼。2006 年我国钼矿资源储量见表 2-2。

表 2-2　2006 年中国钼矿资源储量情况（万 t 金属钼）

地区	矿区数	储量	基础储量	资源量	查明资源储量
全国	315	178.17	381.01	843.20	1094.21
北京	8	2.14	2.84	4.49	7.33
河北	8	3.13	13.85	56.42	70.27
山西	7	—	—	9.98	9.98
内蒙古	20	2.15	35.87	41.89	47.76
辽宁	26	7.66	10.40	15.37	25.77
吉林	10	28.15	109.71	143.95	153.66
黑龙江	11	0.91	2.80	24.63	27.43
江苏	4	—	—	0.43	0.43
浙江	10	0.3	0.69	1.94	2.63
安徽	10	0.97	1.24	2.18	3.42
福建	19	2.04	2.98	20.17	23.15
江西	43	1.0	2.40	30.38	32.78
山东	5	17.73	22.19	56.84	79.03
河南	13	59.62	98.44	274.14	372.58
湖北	19	0.08	0.27	2.78	3.05
湖南	18	5.43	9.12	13.32	22.44
广东	20	0.01	1.75	44.99	46.74
广西	5	—	—	2.52	2.52
海南	3	0.12	0.18	1.26	1.44

地区	矿区数	储量	基础储量	资源量	查明资源储量
四川	8	0.82	0.94	1.60	2.54
贵州	12	0.12	0.18	2.12	2.3
云南	9	0.25	0.40	6.43	6.83
西藏	4	0.23	5.81	20.98	26.79
陕西	9	44.87	58.85	49.95	108.80
甘肃	8	—	—	3.54	3.54
青海	1	—	7.53	7.53	—
新疆	5	—	0.10	3.37	3.47

　　目前世界有很大比例的钼产量来自铜矿副产品, 铜矿副产品钼主要是来自西方国家。我国钼产量是以原生钼矿为主, 来自铜矿副产品的钼产量较少, 约占钼产量的 3%。作为铜矿副产品回收钼的生产主要分布在智利、北美和南美洲的 20 多座铜矿。世界较大的副产品钼生产者主要是智利科达尔科公司、美国菲尔普斯·道奇公司、肯尼科特公司等。美国目前仍能维持生产原生钼的仅有 3 座矿, 即菲尔普斯·道奇公司位于科罗拉多州的亨德森矿、汤普森·克里克公司位于爱达荷州的汤普森·克里克矿以及钼公司位于新墨西哥州的奎斯塔矿, 其中菲尔普斯·道奇公司的亨德森矿产量最大。

　　我国现已探明的具有品质高、储量大、开采价值高的有陕西金堆城钼矿、河南栾川钼矿。已大量开采的有陕西金堆城钼矿其矿石含钼量稍低于河南栾川钼矿。河南栾川钼矿石中含钼量约 0.10%, 它的储量排国内第一位, 现已正在进行大量开采。2007 年钼精矿的产量为 147440 t(折合含钼 45% 的标准量), 折合纯钼 6.63 万 t。我国钼的生产主要集中在陕西省、河南省和吉林省。已探明的河北丰宁鑫源钼矿的储量也较大, 具有开采价值。辽宁杨家杖子钼矿过去是我国钼精矿生产的主要基地之一，钼矿石中含钼量为 0.12%，开采历史悠久，驰名中外。其次还有浙江省青田钼矿区，矿石品位高，钼平均品位达 0.21%，部分矿区达 3%～5%。

现已探明并开始开采的有福建武夷山钼矿，就个矿而言，其储量排在前十名，它的矿石中含钼量为 0.25%，属于富矿。福建古田钼矿属于一个极为富矿，它的矿石中含钼量为 1.0%，经破碎手选后可达 2.0%。武夷山钼矿和古田钼矿的储量、品质具有很好的开采价值。据有关资料报道，钼矿石中的钼含量达到 0.06%就具有开采价值。

其次在我国的吉林、安徽、浙江、云南、贵州、内蒙古、江西等省份也有储量较大可供开采的钼矿。由于近年的矿产品的价格飙升，在矿产品的开采中发现从湖南的张家界经花垣、贵州、云南延伸至缅甸，形成了一条断断续续的钼矿带，但矿中含钼品位较低。

湖南是我国矿产资源较丰富的省份，素来享有"有色金属之乡"的美名。按截至 1987 年底保有储量，湖南省的钼矿资源居全国第九位。钼矿产地有 40 多处，其中有中型和小型矿床 10 多处。钼矿常与钨、锡、铋、铜、镍等矿种相伴。矿石中钼品位变化较大。一般以辉钼矿形式存在，仅有花垣渔塘铅锌矿田例外，其钼含量在 15%～20%之间，已得到工业利用。湖南的钼矿主要分布于湘东南地区，集中于桂阳、郴州、宜章、汝城、桂东等县，郴州地区集中全省储量的四分之三。其次是在湘西北的慈利、大庸等县，为沉积型钼矿分布区。此外，在湘中的新化、桃江及湘东的浏阳、衡山、醴陵等县，也有一些矿点和一个小型矿床分布。

胶硫钼矿主要分布在湘西北下寒武系黑色岩层中的沉积型镍钼矿中，如慈利和大庸等地。在矿石中呈胶状碎屑，并与多种镍矿物一起产出，它们的富集形式很多。

第二节 钼冶金原料

钼的矿物 已知的钼矿约有 20 余种，辉钼矿（MoS_2）、硒钼矿（$MoSe_2$）、铁辉钼矿（$FeMo_5S_{11}$）、硫钼铜矿（$CuMo_2S_5$ 或 $CuS \cdot 2MoS_2$）、硫钼锡铜矿（Cu_6SnMoS_8）、钼华（MoO_3）、钼铋矿（Bi_2MoO_6）、斜水钼铀矿 [（UO_2）$MoO_4 \cdot 4H_2O$]、褐钼铀矿 [U（MoO_4）$_2$]、紫钼铀矿 [UMo_5O_{12}（OH）$_{10}$]、铁钼华 [Fe_2（MoO_4）$_3 \cdot 8H_2O$]、钼酸铅矿（彩钼铅矿或黄铅矿）[$PdMoO_4$]、钼酸钙矿（$CaMoO_4$）、镁钼铀矿 [$MgO \cdot 8UO_2 \cdot 8MoO_4 \cdot 18 \sim 21H_2O$]、多水铀矿（黑钼铀矿）[$H_4U$（$UO_2$）$_3$（$MoO_4$）$_7 \cdot 14H_2O$]、钙钼铀矿 [Ca（$UO_2$）$_3$（$MoO_4$）$_3$（OH）$_2 11H_2O$]、水钼铀矿（黄钼铀矿）[（$UO_2$）$Mo_2O_7 \cdot 3H_2O$]、钠钼铀矿 [$Na_2$（$UO_2$）$_5$（$MoO_4$）$_5$（OH）$_2 \cdot 8H_2O$] 或 [$Na_2$（$UO_2$）$_4$（$MoO_4$）$_4$（OH）$_2 \cdot 12H_2O$]、钨钼铅矿 [Pb（W，Mo）$O_4$]、胶硫钼矿（$MoS_2$）和钼酸铁矿（$Fe_2O_3 \cdot 3MoO_3 \cdot 7H_2O$）。这些钼矿中具有工业价值的矿石只有四种，即辉钼矿、钼酸钙矿、钼酸铁矿和钼酸铅矿。其中又以辉钼矿的工业价值为最高，分布最广，约有 99% 的钼呈辉钼矿状态存在，它占世界开采量的 90% 以上。钼酸钙和钼酸铁矿是辉钼矿经过长年累月氧化的产物，它们往往分布在辉钼矿的表面层，当发现有钼酸钙矿和钼酸铁矿存在时，便表明在矿体的下部可能有辉钼矿存在。这四种钼矿的基本性能如下：

（1）辉钼矿是一种质软并带有金属光泽的铅灰色矿物，外观与石墨相似，呈鳞片状或薄板状的晶体，具有层状六角形晶格，见图 2-1。它的密度为 4.7 ~ 4.8 g/cm^3，莫氏硬度为 1.0 ~ 1.5，在空气中加热到 400 ℃ ~ 500 ℃ 时，二硫化钼开始氧化生成三氧化钼（MoO_3），加热到 720 ℃ 左右的蒸气压达 0.08 kPa。在隔绝空气的条件下，加热到 1300 ℃ ~ 1350 ℃，辉钼矿矿物部分地离解；加热到

1650 ℃ ~1700 ℃ 开始熔
化分解。辉钼矿能被硝
酸和王水分解。

（2）钼酸钙矿的颜
色从白到灰，在紫外光
照射下发出浅黄至白色
荧光。密度 4.35 ~4.52
g/cm³，硬 度 为 4.5 ~
5.0。它在自然界中常见
到的是一种次生矿，即
由辉钼矿氧化生成的产
物，因此钼酸钙矿常以
薄层形式覆盖在辉钼矿
上。钼酸钙矿作为原生
矿比较少见，它常含有
杂质钨，因为钼酸钙矿
和钨酸钙矿形成的类质
同相。

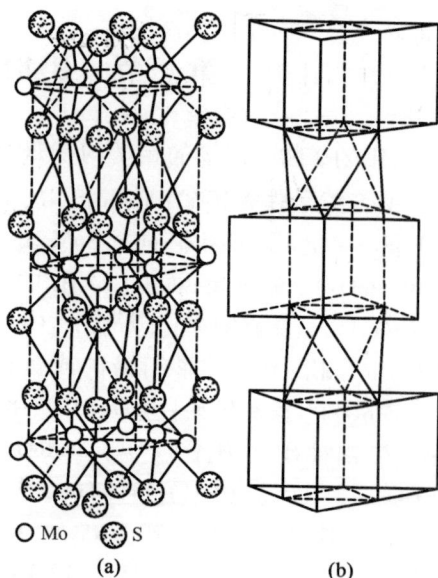

○ Mo　◉ S
(a)　　　(b)

图 2-1　辉钼矿晶体的晶格

(a)离子中的排列；(b)同一晶格多面体坐标
形式——三角梭锥晶系（钼离子在三角锥的
中间，硫离子在三角锥顶角）

（3）钼酸铅矿根据它所含的杂质不同，其颜色有黄色、鲜红
色、橄榄绿色或浅灰色。它的密度为 6.8 g/cm³，硬度为 2.5 ~
3.0。它产于铅矿床的氧化带，目前，在工业上的使用价值不大。

（4）钼酸铁矿是辉钼矿风化时生成的一种次生矿，常与辉钼
矿一起在辉钼矿矿床氧化带出现。钼酸铁矿矿物成分是变化的，
因此有时可以用下列通式表示：$x\mathrm{Fe_2O_3} \cdot y\mathrm{MoO_3} \cdot z\mathrm{H_2O}$。钼酸铁矿
也是提取钼的重要原料。在最大的美国科罗拉多的克莱马克斯矿
中约有 25% 的钼是以钼酸铁状态存在于矿床上部。

（5）胶硫钼矿是一种非晶质的 $\mathrm{MoS_2}$ 矿物，粉晶 X 射线衍射分
析没有反应出现，但稍经加热（甚至只需有 100 ℃ 加温很短时间）

即转变为六方晶系的辉钼矿，风化后易变成蓝钼矿。

辉钼精矿　辉钼矿主要集中在斑岩型和矽卡岩型钼矿床中，主要伴生矿物有白钨矿、黑钨矿、锡石、黄铁矿、黄铜矿、砷黄铁矿等，在辉钼矿中还有以类质同相形成存在一定数量的铼。铼的含量与矿床性质有关，一般斑岩铜矿中辉钼矿含铼达0.01% ~ 0.1%，而其他矿床中的辉钼矿含铼仅为0.001% ~ 0.01%。钼矿床中的主要脉石为石英、长石、石榴石、方解石等，矿床中的钼品位对斑岩钼矿而言仅为0.1% ~ 0.4%，对斑岩铜矿而言仅为0.1% ~ 0.01%。工业生产用的辉钼精矿是从含千分之几的矿石中经破碎、浮选得来的，原矿通过这样的处理可获得含二硫化钼85% ~ 90%的精矿。辉钼精矿的物理要求：颜色为铅灰色，粒度 -80目，化学成分见表2-3、表2-4和表2-5。

表2-3　国内外部分钼矿山生产的钼精矿的化学成分/%

钼矿名称	Mo	SiO$_2$	Cu	Pb	CaO	P	As	Sn	Bi	W
中国1a	46.63	12.5	0.15	0.08	1.40	<0.01	<0.01	<0.01	0.053	
中国1b	51.61	6.38	0.15	0.07	0.57	<0.01	<0.01	<0.01	0.048	
中国1c	54.27	4.20	0.12	0.06	0.27	<0.01	<0.01	<0.01	0.040	
中国2	45.18	10.8	0.20	0.23	3.27	<0.01	<0.01	<0.01		
中国3	47.68	8.94	0.29	0.05	2.40	<0.01	<0.01	<0.01		0.14
中国4	48.81	5.15	0.20	0.60	2.60	0.027	0.06	0.01		
中国5	50.68	6.60	0.13	0.20	0.07	<0.01	<0.01	<0.01		
中国6	45.50	0.0 ~ 1.3	0.20	0.026	微	0.02	<0.01	<0.013	7.00	0.30
美国克莱马克斯矿	54.00	4.50	0.18	0.04	0.06	<0.01	<0.01	<0.01		
加拿大恩达斯科矿	56.88	2.68	0.15	0.04	0.05	<0.01	<0.01	<0.01		
智利丘基卡马迈矿	56.23	2.0	0.1 ~ 0.3	0.04	0.05	<0.01	<0.01	<0.01		
前苏联科翁拉德矿	51.00	6.50	0.30	0.08	1.00	<0.01	<0.01	<0.01		

表 2-4 国内某厂使用标准的和低品位辉钼矿技术要求

牌 号	化 学 成 分 不大于/%							
	Mo (≮)	SiO₂	As	Sn	P	Cu	Pb	CaO
KMo47-A	47	11.0	0.04	0.04	0.04	0.25	0.25	2.70
KMo47-B	47	7.50	0.20	0.07	0.05	0.80	0.65	2.40
KMo45-A	45	13.0	0.05	0.05	0.05	0.28	0.30	3.00
KMo45-B	45	8.50 ·	0.22	0.07	0.07	1.20	0.70	2.60
低品位辉钼矿	≥35	≤13.0	≤0.25	≤0.20	≤0.15	≤1.50	≤8.00	≤2.5

注：钼精矿以干矿品位计算，油水含量不大于6%，其中水分含量不大于4%，粒度要求200目标准筛通过量不小于60%，精矿中不得混入外来杂物。

表 2-5 辉钼精矿化学成分技术要求 （GB3200-89）

牌 号	化 学 成 分 不大于/%									
	Mo≮	SiO₂	As	Sn	P	Cu	Pb	CaO	WO₃	Bi
KMo53-A	53	6.50	0.01	0.01	0.01	0.15	0.15	1.50	0.05	0.05
KMo53-B	53	5.00	0.05	0.05	0.02	0.20	0.30	2.00	0.25	0.10
KMo51-A	51	8.00	0.02	0.02	0.02	0.20	0.18	1.80	0.06	0.06
KMo51-B	51	5.50	0.10	0.06	0.03	0.40	0.40	2.00	0.30	0.15
KMo49-A	49	9.00	0.03	0.03	0.03	0.22	0.20	2.20		
KMo49-B	49	6.50	0.15	0.06	0.04	0.60	0.60	2.00		
KMo47-A	47	11.0	0.04	0.04	0.04	0.25	0.25	2.70		
KMo47-B	47	7.50	0.20	0.07	0.05	0.80	0.65	2.40		
KMo45-A	45	13.0	0.05	0.05	0.05	0.28	0.30	3.00		
KMo45-B	45	8.50	0.22	0.07	0.07	1.20	0.70	2.60		

注：牌号中的"A"表示单一钼矿浮选产品；"B"表示多金属矿综合回收浮选产品。

由于辉钼精矿的产地不同，各厂家的生产条件和用途不尽相同，所以对辉钼精矿的要求也有所区别，因此，辉钼精矿也有不同的标准。表2-3是国内外部分钼矿山生产的辉钼精矿化学成分标准，表2-4是国内某厂规定使用标准的和低品位的辉钼矿具体技术要求，表2-5是国家标准规定辉精矿的化学成分应符合的技术要求。

钼冶金的二次资源 前面已经说过，已知钼矿有20余种，但具有开采价值和当前大量用于钼冶金生产的是辉钼矿和伴生于铜矿中的回收钼矿。如某铜矿渣中化学分析各种元素成分组成是 Mo：0.19%、SiO_2：33.19%、Al_2O_3：3.62%、MgO：1.47%、Fe：39.25%、CaO：8.32%、Cu：0.94%、Zn：1.30%、Ag：<5.0%、S：0.49%。铜矿的产量很大，因此，在铜矿中回收钼也可以作为钼资源的主要来源。

钼是不可再生的资源，由于钼的用途和用量的日益增加，资源日益减少，为了节约钼的资源，充分利用钼的二次资源是很必要的。二次资源种类繁多，可以大概归纳为伴生于其他矿物中从其尾矿或烟尘、废液中回收钼；从其低品位钼矿中提取钼；从废催化剂中回收钼；从废钼丝、块或钼合金材料中回收钼；从处理钼制品的酸、碱液或烟尘中回收钼等。

（1）从伴生于其他矿物的尾矿或烟尘、废液中回收钼。如铀矿，某矿中的成分为 Mo：0.36%、U：0.13%、As：0.28%、P：0.06%、SiO_2：54.2%、Fe_2O_3：9.90%、MgO：5.33%、Re：0.0008%。铀－钼－钒沉淀物的成分为 Mo：33.4%、U：1.42%、V：0.85%、CaO_2：7.6%、SiO_2：1.20%。钼铅矿的成分为 Mo：15.6%、Pb：54.0%、Zn：0.48%、Fe：0.55%、SiO_2：6.21%、CaO：5.52%。还有从钨钼铅矿、胶硫钼矿和其他伴生矿中都可以回收钼的资源。表2-6中是某矿尾渣经钼铅混合浮选—摇床—酸洗闭路试验所得的钼铅粗精矿主要元素分析结果。

表2-6 钼铅粗精矿主要元素分析结果/%

成分	Mo	Pb	Cu	S	P	Fe	Al_2O_3	CaO	SiO_2
含量	3.53	7.37	0.033	7.63	0.36	3.20	0.28	1.12	7.62
成分	Au(g/t)		Ag(g/t)		As		Sn		Ba
含量	0.21		18.7		0.0003		0.01		22.00

（2）从废催化剂中回收钼及其他元素。我国有 15%～20% 的钼用于化工产品，如催化剂、抗磨剂、润滑脂、颜料等，其中催化剂的用量呈显著增长。含钼催化剂是石油化工生产中常用的加氢脱硫的优良催化剂，在使用过程中因时间过长而失去作用。据统计，我国每年有 2000 多吨的废料，含钼为 5%～20%，这是一种为数不小的钼资源，因此必须利用回收。

由于催化剂的用途不同而在制取催化剂的成分也不同，因此，使用过后的废催化剂的成分也各不相同，如下所示：

加氢精制、加氢脱硫催化剂，含 6%～12% Mo；1%～4% Co；0.5%～4% Ni；1%～20% V；5%～8% S；5%～25% 碳氢化合物，载体为 Al_2O_3。

加氢催化剂含 5%～15% Mo；20%～38% Al；1%～5% Ni；1%～5% Co。

加氢脱硫催化剂含 1%～10% Mo；1%～15% V；1%～12% Ni；2%～12% S；1%～40% 碳氢化合物，约 20% 油，其他为 Al_2O_3 及化合态氧。

废催化剂含 4%～10% Mo；10%～22% V；2%～4% Co；1%～2% Ni。

重油脱硫催化剂含 3%～12% Mo；0.5%～12% V；0%～3% Ni；0%～3% Co。

（3）废钼丝、块中回收钼。用于发热体的钼丝、电火花加工的线切割钼丝、用过后残留钼电极、钼顶头、钼圆片、溅射靶等等的残留钼都是很好回收的钼二次资源。

（4）从钼基合金钼中回收钼。由于特钢用钼量很大，部分特钢中的钼含量也很高，在特钢中回收钼是一种重要的二次资源利用方法。还有钨钼合金如钼基钨靶和钼与其他元素的合金中都可以回收钼。

（5）从烟尘或废渣中回收钼。钼精矿焙烧时一般都要损失 ≥

2%的钼,钼热开坯时也会有3%~4%的钼被损失,钼酸铵的煅烧也会有一些损失。这都是由于钼在高温中氧化成三氧化钼而挥发,如从排风的烟尘中将其回收,也是一种很好的二次钼资源。钼喷镀时,会有很多钼粉不会黏附在被镀物表面,而形成渣料,即使被镀到表面,也会有一部分被精加工后进入废渣。将其废渣回收也是一种较好的二次资源利用方式。

(6)从废酸、碱液中回收钼。钼在压力加工中,有些产品要求在中间进行表面处理,这种处理方法往往用酸或碱清洗其表面,因此,在这些酸或碱液中会留下不少钼的化合物。灯泡及电子管工业对所用钼元件需用 $H_2SO_4 + HNO_3$ 进行表面处理,得到的废酸液含钼浓度可达 125g/L。这些溶液也可作为二次资源从中回收钼。

第三节 钼湿法冶金的任务及工艺流程

冶金过程按其冶炼方法可以分为两大类:火法冶金和湿法冶金。所有在高温下进行的冶金过程都属于火法冶金过程;而在水溶液中进行的冶金过程都属于湿法冶金过程。例如焙烧、烧结、熔炼、吹炼、熔盐电解等过程都是火法冶金过程;而浸出、净化、水溶液电解或电积等过程则都是湿法冶金过程。对于某一个金属的冶炼过程来说,则常由不同的几个过程组成,其中既包括火法冶金过程,也包括湿法冶金过程。例如钼冶金由矿石制成金属钼产品,其中就包括火法冶金和湿法冶金两个过程,甚至重复出现这两个过程,例如火法冶金转入湿法冶金,再由湿法冶金转入粉末冶金的过程来制取金属钼。

钼湿法冶金的基本任务 湿法冶金亦称"水法冶金",是在溶液中冶金过程的总称。包括浸出、固液分离、萃取、离子交换、净化、结晶、置换沉淀、水溶液电解等。适用于处理金属含量低和组分比较复杂的原料。广泛用于有色冶金生产。钼湿法冶炼是将钼的硫化物处理成工业氧化物(其中包括火法氧化焙烧和湿法氧化,为了叙述方便,火法氧化焙烧也放在本章范围里),然后经过净化提纯制取纯钼化合物,并综合回收其他有用物质。

钼湿法冶炼的主要工艺流程　根据钼湿法冶炼的任务要求,辉钼矿湿法冶炼的基本工艺流程见图 2 - 2,图 2 - 3 是某厂的辉钼精矿湿法冶炼的实际操作工艺流程图。图 2 - 4 是焙砂酸洗、多次浸出、萃取回收钼酸的工艺流程图,图 2 - 5 是经典工艺生产钼酸铵及碱压煮、离子交换回收钼的工艺流程图。

由于世界钼资源的日益减少,为避免焙烧钼精矿中产生的烟尘公害,并回收金属铼,可采用适用于工业生产的、低品位钼精矿生产工艺,其流程图见图 2 - 6。

由于近几年的钼资源价格惊人地上涨,低品位钼矿也开始具有开采的价值,很多中小企业纷纷采用不同的方法从低品位钼矿中提取钼,由此出创造出不少的新方法和新工艺,有的甚至直接从矿石中提取钼,但因其生产条件简陋,其产品质量不能达到标准,只能作为钼湿法冶金再次提纯的原料。

第四节　钼粉末冶金的历史及工艺流程

粉末冶金基本原理　粉末冶金是制备金属粉末或合金粉末,并将金属粉末(或金属粉末和非金属粉末的混合物)按一定的形状进行成形,然后在低于熔点(当包含数种金属粉末时产生局部熔化)的温度下烧结固化,即烧结成金属制品、金属坯材料、复合材料以及各种类型制品的制造工艺技术。粉末冶金法又称为金属陶瓷法。

粉末冶金的特点　粉末冶金方法能制造熔炼法所不能得到或难以得到的而具有特殊性能的结构材料、功能材料和复合材料。

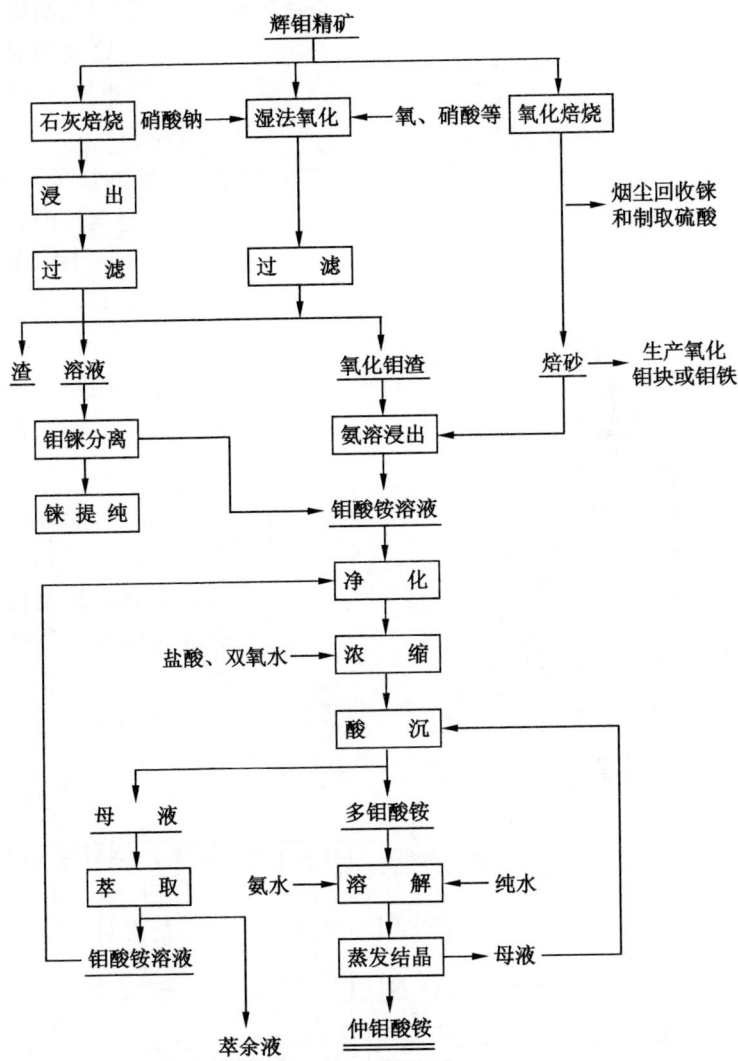

图 2-2 辉钼矿湿法冶炼的基本工艺流程图

辉钼精矿

焙 烧 　 氧压煮

浸 出 ← 滤饼 ← 过滤洗涤

过 滤 　 滤 液

滤 渣 　 滤 液 　 沉 硅

酸分解 　 净 化 　 萃 铼

过 滤 　 浓 缩 　 铼余液 　 含铼液

粗钼酸 　 过 滤 　 酸 沉 　 萃 钼 　 反萃铼

氨浸出 　 中 和 　 过 滤 　 含钼液 钼余液 　 浓缩脱色

滤液 滤渣 　 过 滤 　 滤 液 多钼酸铵 　 反萃钼 中 和 　 冷却结晶

弃 去 　 滤 液 　 二次酸沉 　 溶 解 　 过 滤 　 二次脱色

　 过 滤 　 过 滤 　 浓 缩 　 冷却结晶

二次钼酸 废酸液 　 蒸 发 　 冷 却 　 离子交换

氨中和 　 结 晶 　 结 晶 　 氨中和

浓 缩 　 合 批 　 硫酸镁 　 冷冻结晶

氯化铵 ← 过 滤 ← 冷却结晶 仲钼酸铵 　 铼酸铵 ← 干 燥

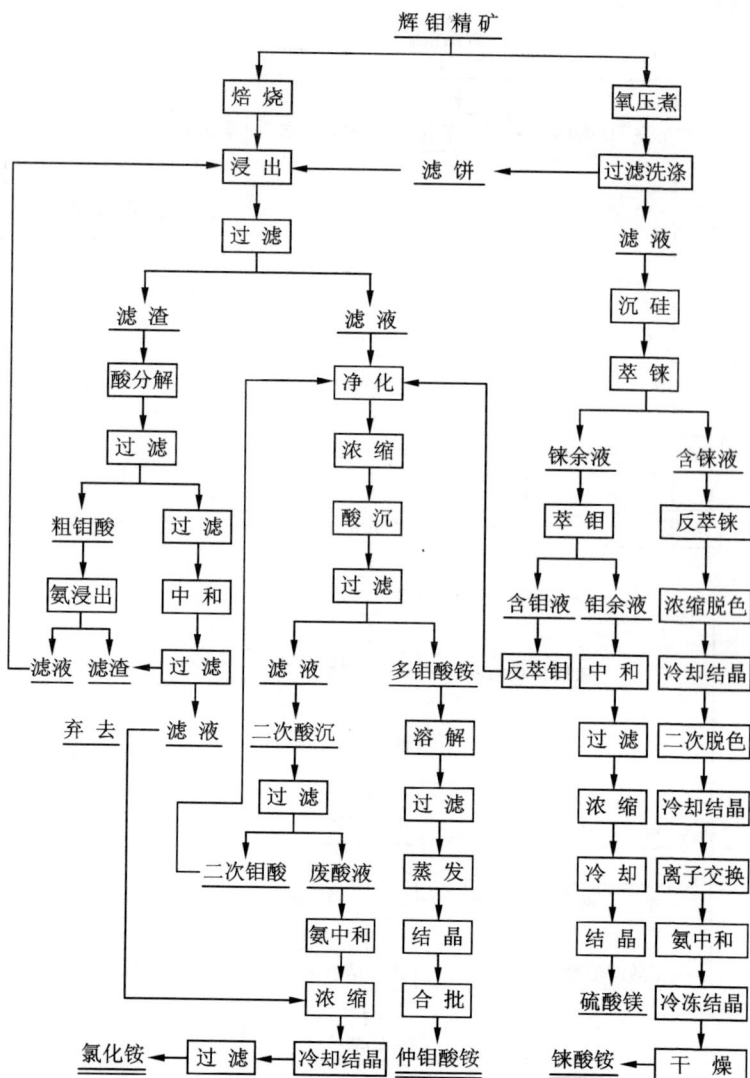

图 2－3　某厂辉钼精矿湿法冶炼实际操作工艺流程图

輝钼精矿(MoS₂)

↓

焙 烧 → SO₂↑

↓

硝酸、水 → 焙砂(MoS₂)

↓

酸 洗

酸洗滤饼 ← 液氨、水 → 酸洗液

一次浸出 → 萃 取

液氨、水 → 一次氨浸渣 → 钼酸铵溶液 ← 硫化铵 → 含钼液 → 萃余液

二次浸出 → 溶液 → 净 化 → 净化渣 → 送废水处理

液氨、水 → 二次氨浸渣 → 浓 缩 → 回收处理

三次浸出 → 酸 沉 → 母液

溶液 ← 三次渣外卖 → 液氨、水 → 多钼酸铵

溶 解

↓

蒸发结晶 → 干燥过筛

分 离 → 母液 → 四钼酸铵

仲钼酸铵

↓

干燥过筛

↓

合批包装

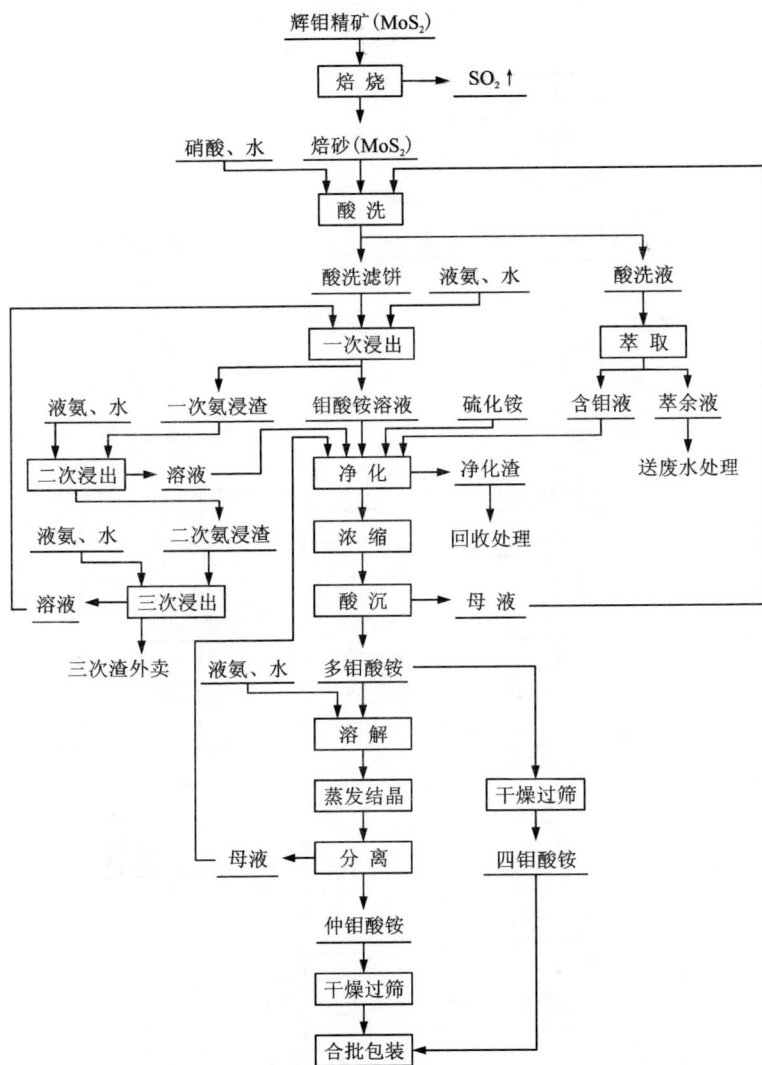

图 2-4 焙砂酸洗多次浸出萃取回收钼酸的工艺流程图

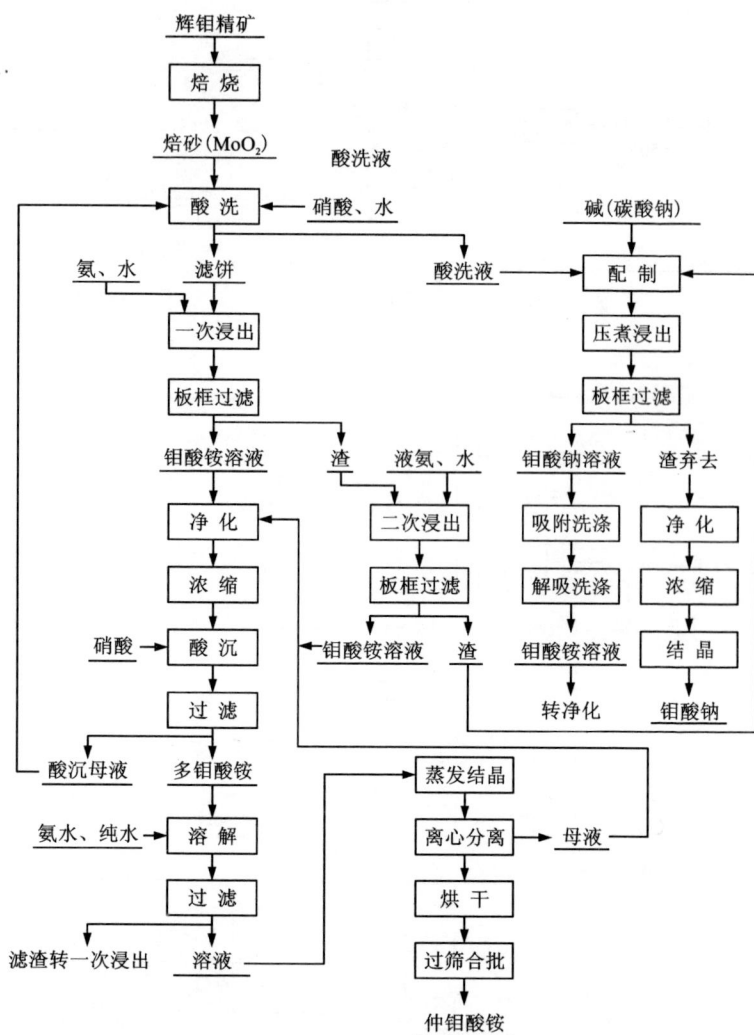

图 2 – 5 经典工艺生产钼酸铵及碱压煮离子交换回收钼流程图

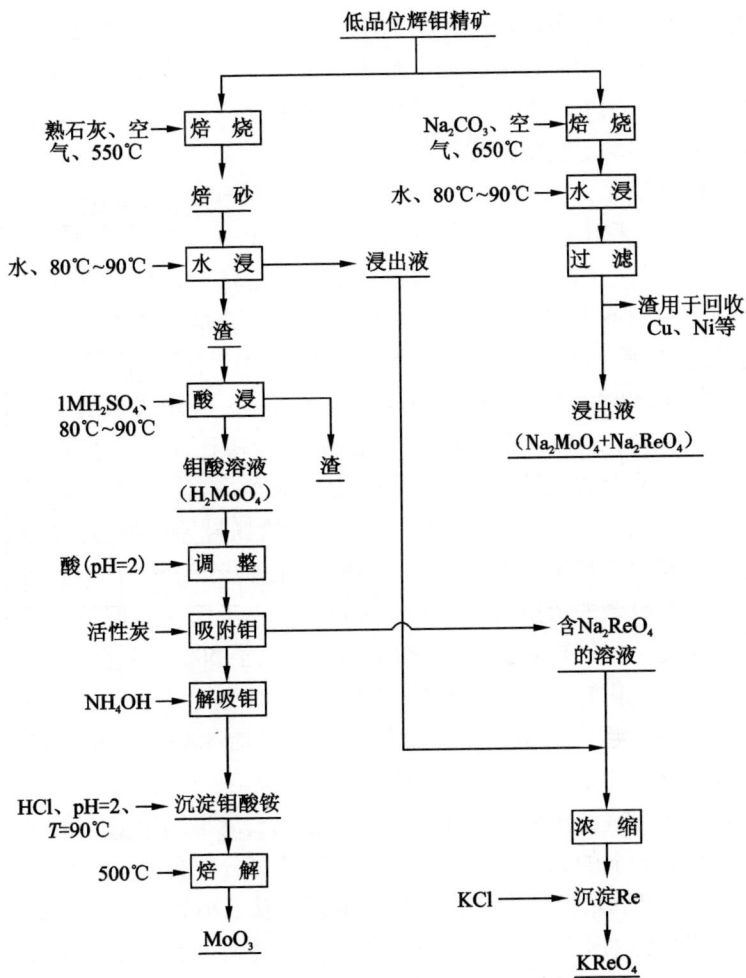

图 2−6　从低品位钼精矿中制取高纯 MoO₃ 和 KReO₄ 的工艺流程图

　　粉末冶金方法能控制制品的孔隙度,如生产多孔材料;能利用金属和金属、金属和非金属的组合效果,生产各种性能的特殊材料,如钨－铜假合金型的电触头材料、金属和非金属组成的摩擦材料等;能生产各种复合材料,如生产硬质合金和金属陶瓷、弥散复合材料、纤维强化材料。

　　粉末冶金方法生产的某些材料与熔炼法相比,它的优越性在于:高合金粉末冶金材料的性能好,避免了成分的偏析,保证合金具有均匀的组织和稳定的性能;粉末冶金法制造的机器零件是一种无切削或少切削的工艺,节约了金属,降低了成本。通常能用熔炼法制造的制品,也能用粉末冶金法生产制造。特别是需要大量的生产时,从质量和价格考虑,比铸件、锻件及切削加工件都非常有利,因此,粉末冶金工艺的应用范围还在日益扩大。

　　粉末冶金方法的不足之处是:粉末成本高,粉末冶金制品的大小和形状受到一定的限制,烧结零件的韧性差,等等。但是,随着粉末冶金技术的发展,这些问题正在逐步解决。

　　粉末冶金的历史　　人类发明火以后,逐步懂得了把黏土压成硬块并用火烧制成器皿。粉末冶金法起源于5000年前,古埃及用风箱把氧化铁粉在炭中加热,制成海绵状还原铁,然后把这种多孔隙的铁趁热锻造、锤打成器件。公元前800—前600年前,铁器就很普及了。重达6 t的德里柱,就是在公元前300年用粉末冶金法制造的还原铁。铂的熔点非常高,最早印第安人的祖先就用粉末冶金的方法,以从矿石中用水洗法分离出来的天然铂粒为原料,以低熔点的合金作为黏结剂,做成了铂的器具。17世纪到19世纪,使用的金、银、铂器具,主要是使用粉末冶金法制造出来的。1826年就有人先在常温下把铂粉装入铸铁圆筒形模内,用钢制模冲在螺旋加压机中加压,然后在高温下进行烧结,得到了致密的白金块。这种方法成为了后来在粉末冶金中比较明显的三个主要的基本工序,即制粉、成形和烧结。

粉末冶金制品种类繁多,按其历史发展是首先是由钨开始的难熔金属及其合金制品,如用粉末冶金法在 1909 年就生产出电灯泡钨丝,其次是生产碳化钨,如 1923 年生产出硬质合金。硬质合金的出现使机械加工向前迈进了一大步,称为机械工业的革命。在 20 世纪 30 年代,用粉末冶金法制取了多孔的含油轴承,在汽车、航空领域中得到了广泛的应用。到 40 年代,制造了金属陶瓷和弥散强化材料。80 年代,由于对烧结机械零件已提出更加苛刻的强度要求,发展了用特殊钢粉烧结机械零件的工艺,因此改进了以前的粉末冶金工艺,发展了一种叫烧结锻造(预型锻造)的方法。用烧结锻造方法生产出来的制品密度能达到理论密度的 100%,实质上已制成无孔隙制品,其强度比铸锻件更高,这主要是由于其组织的晶粒度小和晶界夹杂比铸造锻件少。这种方法可不经切削加工即由粉末做成制品,具有较好的经济价值,特别适合大批量生产形状复杂的制品。

科学的发展,人为制造(如用等离子喷射法可得到持续 10000 ℃以上)的高温足以能使高熔点金属(如钨和钼等)熔化掉,但难于替代粉末冶金方法。因此,金属钼和钼合金的生产基本上都是采用粉末冶金工艺。

钼的粉末冶金基本工艺流程虽然也是包括在制粉、成形、烧结三大工序之内,但具体工艺很多。如在制粉方法中,大体上归纳为两大类(即机械法和物理化学法),但具体的方法又受多种多样的因素影响,如制粉所采用的原料、设备、还原剂、添加元素、添加元素的不同添加方法、工艺制度;对粉末的成分、粒度、形状等等不同的要求而采用的不同工艺路线等;在成形工艺中也有采用的设备、压制压力、成形剂、一次成形或多次成形的不同,以及调浆成形、注射成形、软模成形、钢模成形等不同的方法;在烧结工艺中也存在有采用的烧结设备、烧结温度、加热方式(直接加热、间接加热)、烧结气氛、升温速度、保温时间、降温

速度、冷却时间的不同；还有采用成形和烧结于一体的热压、热
等压等的不同。因具体的生产工艺繁多，不能一一列举，现只将
钼粉末冶金典型的工艺流程绘制如下，见图 2－7。

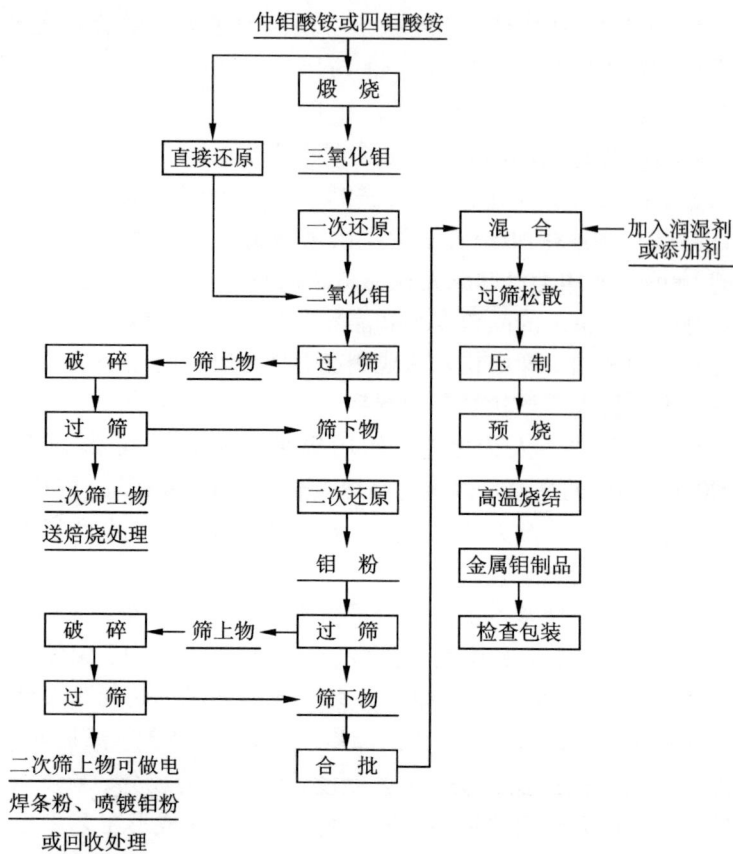

图 2－7　钼粉末冶金基本工艺流程图

参 考 文 献

1 黄培云. 粉末冶金原理. 冶金工业出版社, 1982 年 11 月

2 〔苏〕A·H·泽里克曼, O·E·克列因, Г·B·萨姆索诺夫著. 稀有金属冶金学. 冶金工业出版社, 1982 年 9 月

3 〔日〕松山芳治, 三谷裕康, 铃木寿. 粉末冶金学. 科学出版社, 1978 年 4 月

4 有色金属提取冶金手册编辑委员会. 有色金属提取冶金手册——稀有高熔点金属. 冶金工业出版社, 1999 年 1 月

5 稀有金属手册编辑委员会编著. 稀有金属手册(下册). 冶金工业出版社, 1995 年 12 月

6 徐润泽. 粉末冶金结构材料学. 中南工业大学出版社, 1998 年 12 月

7 湖南金属矿物. 中南工业大学出版社, 1992 年 10 月

8 彭如清. 2007 年中国钼精矿产量飙升. 中国钼业, 2008 年第 3 期

第三章　钼酸铵的制取

第一节　辉钼精矿的焙烧

对辉钼精矿的处理目前工业上广泛采用氧化焙烧 – 湿法处理联合工艺，其优点是工艺比较成熟，气 – 固两相接触表面更新好，容易掌握，设备容易解决；缺点是流程长，设备多，金属直接收率低，三废处理困难，劳动条件差。

焙烧　焙烧是在物料熔点以下加热，改变其化学组成和物理性质，以便于下一步处理的冶金过程。根据焙烧在冶金过程中的作用，可分为氧化焙烧、还原焙烧、硫酸化焙烧、氯化焙烧等。按焙烧设备和方法，又可分为（在单层或多层炉中的）不动层焙烧和（在沸腾焙烧炉中的）沸腾焙烧。按照焙烧后的产物的物理状态不同，又可分为粉末焙烧和烧结焙烧。粉末焙烧的产物称为焙砂，烧结焙烧后的产物称烧结块。

辉钼精矿氧化焙烧的目的　辉钼精矿氧化焙烧的目的就是要将二硫化钼中的钼与硫分离开来，使不溶于氨水的二硫化钼经过焙烧后转化为易溶于氨水的三氧化钼。

辉钼精矿氧化焙烧的机理　二硫化钼氧化焙烧成三氧化钼为强放热过程，总反应式为：

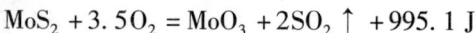

$$MoS_2 + 3.5O_2 = MoO_3 + 2SO_2 \uparrow + 995.1 \text{ J}$$

辉钼矿氧化成钼的低价物或钼的氧化物时，在 SO_2 分压较低的情况下，随着氧分压的提高，将依以下次序进行：

$$MoS_2 \rightarrow Mo_2S_3 \rightarrow MoO_2 \rightarrow MoO_3$$
或　$$MoS_2 \rightarrow Mo_2S_3 \rightarrow Mo \rightarrow MoO_2 \rightarrow MoO_3$$

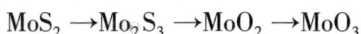

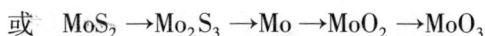

在 SO_2 分压较高的情况下（923 K 时，当 $p_{SO_2} > 10^{-10}$ MPa 时），随着系统中氧分压的提高，MoS_2 将被氧化成 MoO_2 和 MoO_3，而在生产条件下，一般 p_{SO_2} 均大于 0.01 MPa，故氧化过程反应式为：

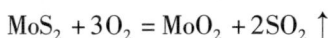

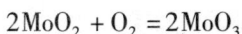

$$MoS_2 + 3O_2 = MoO_2 + 2SO_2 \uparrow$$
$$2MoO_2 + O_2 = 2MoO_3$$

辉钼矿氧化成三氧化钼的氧化过程大致分为以下四个阶段进行：

第一阶段，空气中的氧分子向辉钼矿颗粒的表面扩散，供给辉钼矿氧化时所需的氧，扩散速度取决于空气的流速和温度等。

第二阶段，空气中的氧分子扩散到辉钼精矿颗粒表面后，在辉钼矿的表面原子的力场下，对空气中的氧产生吸附。

第三阶段，吸附的氧与二硫化钼发生反应，生成反应物三氧化钼或二氧化钼以及二氧化硫气体。

第四阶段，反应物的二氧化硫的脱附解吸，由里向表扩散，再由相界面（即固体与气体的接触面）向空气中扩散。

上述四个阶段为辉钼矿氧化反应的全过程，它是连续进行、不可分割的。它的速度随着氧的浓度及流速的增加、扩散距离的缩短、温度的升高而加快。辉钼精矿在氧化焙烧过程中要进行一系列的化学反应，除二硫化钼氧化成三氧化钼外；还有三氧化钼与辉钼矿之间的相互作用；伴生元素（铁、铜、锌等）硫化物氧化生成氧化物和硫酸盐；三氧化钼与杂质氧化物、硫化物、硫酸盐相互作用生成钼酸盐。

MoO_3 和 MoS_2 相互间的反应：在隔绝空气的条件下，辉钼精矿在氧化过程中，由于过烧生成的烧结块内部，在 550 ℃ ~600 ℃ 时按如下反应在烧结块中生成二氧化钼：

$$MoS_2 + 6MoO_3 \rightarrow 7MoO_2 + 2SO_2$$

其他硫化物杂质的氧化：辉钼精矿在 550 ℃～600 ℃氧化焙烧时，伴生其中的硫化铁、硫化铜、硫化锌都与氧发生反应生成氧化物和部分地生成硫酸盐，其反应式如下：

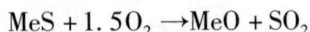

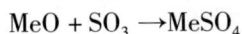

$$MeS + 1.5O_2 \rightarrow MeO + SO_2$$

$$2SO_2 + O_2 \rightarrow 2SO_3$$

$$MeO + SO_3 \rightarrow MeSO_4$$

高于 450 ℃～500 ℃便有相当的一部分硫酸铁离解；硫酸铜高于 600 ℃～650 ℃离解；硫酸锌高于 700 ℃也离解。精矿中还有碳酸钙杂质，焙烧过程中除生成硫酸铜、硫酸铁、硫酸锌外，还生成硫酸钙：

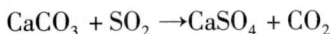

$$CaCO_3 + SO_2 \rightarrow CaSO_4 + CO_2$$

当钼精矿中有铼存在时，在焙烧过程中也生成铼的氧化物而进入烟尘：

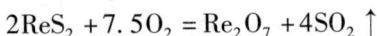

$$2ReS_2 + 7.5O_2 = Re_2O_7 + 4SO_2 \uparrow$$

MoO_3 与杂质氧化物、碳酸盐、硫酸盐相互作用，在 550 ℃～600 ℃下，三氧化钼与一系列元素的氧化物、碳酸盐和硫酸盐相互作用生成钼酸盐：

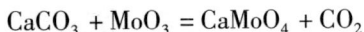

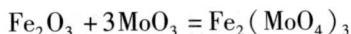

$$CaCO_3 + MoO_3 = CaMoO_4 + CO_2$$

$$CuO + MoO_3 = CuMoO_4$$

$$CuSO_4 + MoO_3 = CuMoO_4 + SO_3 (SO_2、O_2)$$

$$ZnO + MoO_3 = ZnMoO_4$$

$$PbO + MoO_3 = PbMoO_4$$

$$Fe_2O_3 + 3MoO_3 = Fe_2(MoO_4)_3$$

上面列举的钼酸盐中，钼酸钙和钼酸铅在氨水中溶解度很小，如果它们存在焙烧矿中，将明显地降低钼的浸出率。钼酸铜和钼酸锌在氨溶液中溶解；钼酸铁在氨水中能缓慢分解。

几种硫化物的燃点和氧化反应热效应如表 3-1 所示。辉钼精矿的氧化焙烧整个 Mo – S – O 系的主要反应及其平衡常数见表 3 – 2。

表 3 – 1　几种硫化物的燃点和氧化反应热效应

反　　应	热效应/（J·mol^{-1}）	硫化物燃点/℃*
$MoS_2 \rightarrow MoO_3$	955. 1	365 ~ 465**
$2Cu_2S \rightarrow 4CuO$	1060. 9	465***
$2NiS \rightarrow 2NiO$	910. 4	665
$2ZrS \rightarrow 2ZrO$	888. 7	615
$FeS_2 \rightarrow 1/3Fe_3O_4$	790. 9	360

注：* 粒度 <0. 063 mm；** 365 ℃是粒度 <0. 063 mm 时的燃点，465 ℃是粒度在 0. 09 ~ 0. 127 mm 时的燃点；*** 粒度为 0. 09 ~ 0. 127 mm 时的燃点。

表 3 – 2　Mo – S – O 系的主要反应及其平衡常数 K_p

反　　应	K_p	lg K_p (p/MPa)		
		673 K	850 K	923 K
1. $MoS_2 + 3.5O_2 = MoO_3 + 2SO_2$	$P_{SO_2}^2/P_{O_2}^{3.5}$	75. 08	57. 25	52. 10
2. $MoS_2 + 3O_2 = MoO_2 + 2SO_2$	$P_{SO_2}^2/P_{O_2}^3$	66. 32	51. 15	46. 67
3. $MoO_2 + 0.5O_2 = MoO_3$	$P_{O_2}^{-0.5}$	8. 76	6. 20	5. 43
4. $Mo + O_2 = MoO_3$	$P_{O_2}^{-1}$	37. 11	27. 69	24. 87
5. $Mo_2S_3 + 3O_2 = 2Mo + 3SO_2$	$P_{SO_2}^3/P_{O_2}^3$	41. 30	33. 54	31. 40
6. $2MoS_2 + O_2 = Mo_2S_3 + SO_2$	P_{SO_2}/P_{O_2}	17. 30	13. 47	12. 20
7. $Mo_2S_3 + 5O_2 = 2MoO_2 + 3SO_2$	$P_{SO_2}^3/P_{O_2}^5$	115. 35	88. 92	81. 15
8. $SO_2 = 0.5S_2 + O_2$	$P_{O_2}P_{S_2}^{-0.5}/P_{SO_2}$	—	− 18. 83	− 17. 17
9. $MoS_2 + 6MoO_3 = 7MoO_2 + 2SO_2$	$P_{SO_2}^2$	13. 76	14. 50	14. 10
10. $5MoS_2 + MoO_2 = 3Mo_2S_3 + SO_2$	P_{SO_2}	− 14. 93	− 11. 03	− 10. 07
11. $Mo_2S_3 + 3MoO_2 = 5Mo + 3SO_2$	$P_{SO_2}^3$	70. 00	− 49. 53	− 43. 20

辉钼精矿在氧化过程中，发生的化学反应实际上是不可逆的。矿物表面被氧化生成的氧化膜所覆盖，氧和二氧化硫两种气体通过氧化膜向相反的方向扩散，它的扩散速度由氧化膜的结构所决定。在 400 ℃时生成的氧化膜是致密的，在 550 ℃ ~600 ℃时氧化膜是多孔松散的。因此，在 550 ℃ ~600 ℃的反应速度最快，在 600 ℃时矿物的氧化速度大约为 0.009 mm/min。

根据以上数据表明，二硫化钼的焙烧在工业规模下有可能自热进行，甚至还要采取适当的散热措施，才能保证不过热。焙烧温度过高，一方面造成物料损失太大；另一方面因 MoO_3 与钼酸盐的共晶温度低，物料的局部熔化会使物料烧结成块，不仅不利于操作，更重要的是被烧结的物料内部不能充分氧化，含硫量和 MoO_2 高；同时烧结过程中 MoO_3 与其他金属氧化物的反应增加，有可能使各种钼酸盐的含量增加；故一般温度不宜超过 600 ℃；但过低则反应速度慢，因此它的焙烧温度范围较窄，所以在焙烧过程中要有良好的通风条件和加强热交换时的温度控制。

辉钼精矿的焙烧设备　焙烧炉是在高温下用以焙烧矿石，或在焙烧矿石的同时利用排出的炉气制备各种工业用气体的设备。焙烧炉的类型很多，有竖炉、反射炉、回转炉、机械（耙动）炉、沸腾炉等。焙烧炉广泛用于化工和冶金工业部门的生产。

辉钼精矿的焙烧设备可以采用反射炉、马弗炉、多膛炉、回转炉、沸腾炉等。表 3 - 3 是辉钼矿氧化焙烧的主要设备及工艺特点。

反射炉焙烧辉钼精矿　反射炉有一个用于加热的燃烧室和 4 ~ 5 个用于操作的工作门。加热燃料可用煤、重油，也可以用煤气。图 3 - 1 是以长焰加热的焙烧辉钼精矿反射炉的剖面图。

把辉钼精矿由第 1 操作口加入，每平方米炉床加精矿 30 ~ 40 kg，铺成料层厚度 50 ~ 60 mm。精矿逐步由温度 450 ℃左右的第 1 号操作口往温度 650 ℃ ~ 670 ℃的第 4 ~ 5 号操作口转移。焙烧的一般工艺规程如表 3 - 4。

表 3 - 3　辉钼精矿氧化焙烧的主要设备及工艺特点

工艺设备	产品含硫量/%	1t 钼耗标准煤/kg	铼挥发率/%	烟尘率/%	烟气 SO_2 浓度/%	回收率/%	其　他
反射炉	≤0.1	2000 ~ 2200	不能回收		<1.0	94 ~ 97	古老的方法，目前在我国还使用
多膛炉	≤0.1	70 ~ 90	40 ~ 60	10 ~ 20	0.8 ~ 3	约99	床能力（按钼计）100 kg/m^2·d，为当前主要的工业方法，产品适于炼钢，亦适于湿法处理制取钼化工产品或钼材
回转炉	≤0.1	400 ~ 500			0.5 ~ 4	约98	用于工业生产，寿命约3 ~ 4 个月
沸腾炉	2 ~ 2.5 *	0	约90	约40	3 ~ 5	>98	床能力 1200 ~ 3000 kg/m^2·d，工业生产规模，产品主要用于湿法制化工产品
石灰烧结			>98 **			97 ~ 98	小规模生产处理含铼高的矿

注：* 主要为 SO_4^{2-}；** 以回收 $Ca(ReO_4)_2$。

表 3 - 4　反射炉焙烧辉钼精矿工艺规程

与操作口位置相应区域	1	2	3	4 ~ 5
焙烧时间/h	2	2	2	2
炉气温度/℃	<450	500 ~ 560	600 ~ 650	650 ~ 670
物料含硫量/%	30 ~ 35	22 ~ 25	8 ~ 10	0.3
耙动次数/次	3 ~ 4	6 ~ 8	12 ~ 15	15 ~ 20

在第 1、2 号操作口区域内，主要是除去钼精矿中的水分和浮选时带进的有机物（浮选剂），而精矿中的硫是在温度 650 ℃ ~ 700 ℃ 的第 3、第 4 ~ 5 号操作口区域内除掉的。

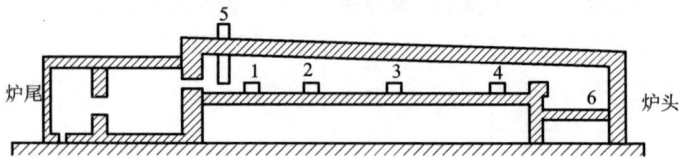

图3－1　焙烧辉钼精矿用的反射炉示意图
1，2，3，4—操作门；5—加料口；6—燃烧室

　　反射炉焙烧钼精矿的加料、出料以及焙烧过程中的翻料都是人工操作的。辉钼精矿的氧化是从颗粒表层开始，逐渐向内层扩展。由于氧化焙烧过程是放热反应，精矿上层可能达到熔点而结块。为加速氧化和防止结块生成，炉料处在3和4区域时，最好不停地进行翻料。在焙烧结束时的区域内，焙烧粉中的含硫量降低至0.1%～0.2%，这时三氧化钼的挥发率达2%～2.5%。为了回收挥发物，需要采用布袋收尘器或电收尘器。

　　反射炉加料前首先要用柴火烘炉，新炉烘三天，旧炉烘一天。然后用重油加热，事先将油嘴、油管疏通，油温保持在60℃～80℃。燃烧室温达到350℃～400℃时喷重油加热，当炉膛温度达到500℃～600℃时，加入辉钼精矿进行焙烧。在加料时要停开抽风机，以减少钼的损失。

　　反射炉的优点是：结构简单、投资少、投产快，适合于小厂自力更生、土法上马的要求；其缺点是：热利用率低、燃料消耗量高、烟尘中不能回收铼、劳动强度大。

　　马弗炉焙烧辉钼精矿　辉钼精矿在马弗炉内的焙烧与反射炉内焙烧相似，不同的是燃烧气体与马弗炉相接触而不与焙烧气氛相混合，因此，不会冲淡焙烧气氛，同时也避免了焙烧矿以及在收尘器内所回收的灰尘，被燃料的灰尘玷污的可能性。

　　多膛炉焙烧辉钼精矿　多膛炉早已用于焙烧黄铁矿以及硫化

铜、硫化锌精矿。在这种炉子里的炉料和气体逆流接触，所以混合良好。另外，炉料从一层炉床撒落到另一炉床时，在飘浮状态进行激烈氧化，故氧化反应进行得充分。反应生成的热量完全可满足焙烧过程的需要。

　　当前国内外采用多膛炉焙烧辉钼精矿比较广泛。多膛炉一般有 8~16 层，炉床和炉壁均以不同的异型耐火砖砌成，炉壳是一个由钢板制作的大圆筒，炉子的直径大小可以根据不同的生产量来确定，目前最大的炉子直径达 7.24 m。转轴与耙臂是空心的，用以通空气冷却，防止转轴和耙臂在高温下变形。转轴的转速是可调节的，一般转速为 0.67~1.0 r/min，用调整转速来保证物料在炉内停留 7~8 h，使物料有充分的氧化和脱硫的时间。每层都有下料口与其下面的一层相连通，单数层的下料口与双数层的下料口相错开，若单数层的下料口在炉子边缘，则双数层在炉子中央，以防炉料短路；炉子每层对面有一个操作门，便于清炉、更换耙臂耙齿和观察炉内情况；每层还有空气阀供氧和炉气排出口排除废气，各层的废气汇合于一个总烟道中，经收尘后排入烟筒。多膛炉焙烧的简单工艺流程见图 3-2，多膛炉结构见图 3-3。

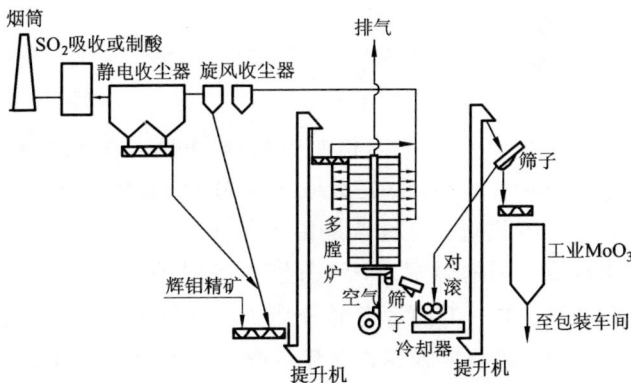

图 3-2　多膛炉焙烧的简单工艺流程图

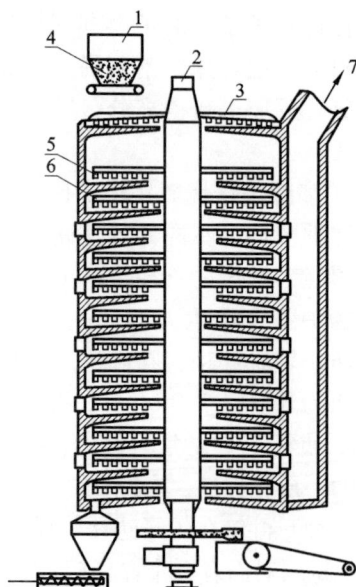

图 3 - 3　多膛炉结构示意图

1—料仓；2—回转轴；3—干燥层；4—精矿；
5—耙齿；6—空气冷却的耙臂；7—送制酸厂

焙烧时，精矿由炉顶加入，以 12 层的多膛炉为例，在第 1、2 层及第 3 层的一部分，主要是挥发物料中的浮选剂和部分 MoS_2 的氧化，在第 3 ~ 5 层主要为精矿氧化成 MoO_2，及部分 MoO_2 进一步氧化成 MoO_3，6 ~ 8 层主要是进行 MoO_2 氧化成 MoO_3，第 9 层以后则进一步脱硫，使硫含量由 1% 左右降至 0.1% 以下。为了更好地调节各层的温度，空气分别由各层进入，其作用是：一方面提供氧气；另一方面带走部分热量，以防止过热。在最底下几层，由于物料含硫量较少，发热量有限，要维持足够的温度就必须加热。各层物料、炉气走向及温度分布见图3 -4。表 3 - 5 是国外某两厂多膛炉中各层物料成分。

多膛炉大多数是采用煤气燃烧加热。因为煤气便于输送，炉温容易控制，而且清洁卫生。也可采用重油燃烧加热，但不能直接往炉膛内喷雾。因为重油的黏度大、燃点高，不成雾状时，造成温度过高，导致三氧化钼的挥发损失和物料黏结；另外，重油是靠高压空气吹散成雾状的，油嘴出口风力很大，也会造成物料的飞扬损失。所以，用重油加热必须增设重油燃烧室，然后才能将火焰吸入炉内。用煤气加热不需要燃烧室，煤气喷嘴安装在每层炉的周围，调节温度很方便。某些工厂钼精矿成分及多膛炉内的温度分布见表 3-6。

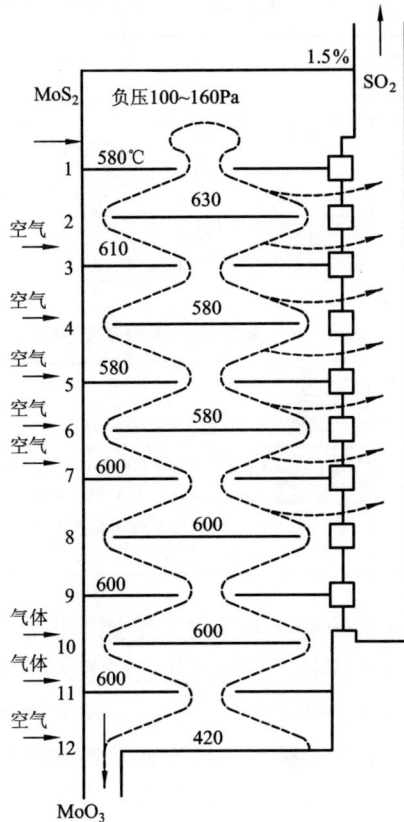

图 3-4　辉钼精矿多膛炉焙烧的物料、炉气走向及分布

多膛炉焙烧辉钼精矿的单位生产率为 $80 \sim 120 \ \mathrm{kg/m^2 \cdot d}$，铼的挥发率为 $50\% \sim 60\%$，燃料的消耗量：按燃料的发热量计约相当于浮选剂及精矿氧化所发热量的 $11\% \sim 15\%$。

表3-5　12层多膛炉中各层物料成分/%

物料成分	多膛炉层数												备注
	1	2	3	4	5	6	7	8	9	10	11	12	
MoS_2	100	84.2		49.1		10.6		0.6		0.1		0.07	兰格洛斯厂
MoO_2		9.2		32.4		63.3		22.2		0.5			
MoO_3		6.6		18.5		26.2		77.2		99.4		~100	
MoO_2	8.5	10.5	9.7	12.8	17.7	25.0	36.5	43.7	33.8	15.5			恩达斯科厂
S	28.6	28.4	28.3	26.1	22.5	18.8	10.4	6.1	0.5	0.1	0.08	0.06	

表3-6　某些工厂钼精矿成分及多膛炉内的温度分布/℃

工厂	精矿成分/%	炉型		炉膛层次											
		直径	层数	1	2	3	4	5	6	7	8	9	10	11	12
A	63~64Mo	D6.5m	12	580	630	610	580	580	580	600	600	600	600	600	420
B	0.05Cu	D4.9m	10	483	538	593	649	649	649	593	649	571	538		
B	2.6~2.9水	D5.5m	12	538	649	615	649	649	649	649	649	626	649	571	538
C		D6.0m	8	337	710	770	739	731	685	675	508				

多膛炉焙烧与反射炉焙烧相比,其优点是:生产能力大,物料机械化搅拌,当物料从上层落入下层时,物料在空中能与空气充分接触,氧化激烈,从而保证了物料良好脱硫效果,产品质量较高,能全面满足钢铁工业及钼材加工的要求。

其缺点是:由于每层都有废气的排出口,当物料由上层落入下层时,微细颗粒容易与废气一同排出;因此,烟尘量较大,一般可达10%~18%,这样会使实收率降低;此外,若温度控制不好,超过三氧化钼的升华温度(795℃)时,不但造成三氧化钼的挥发损失,而且还会使炉料烧结,造成下料口堵塞而必须清炉,增加劳动强度;还有铼的挥发较低,设备结构复杂,SO_2浓度较低(1.5%左右),难以制酸而形成公害。

多膛炉焙烧收尘一般为两级多管旋风收尘后接电收尘系统,收尘率为98.5%~99%,多管收尘器温度控制在170℃~400℃

之间。烟气中的 SO_2 可用来制酸，也可用水溶液淋洗后，含 SO_2 的水溶液与石灰石进行中和后排空。

回转炉焙烧辉钼精矿 回转炉是采用不衬耐火材料的钢制炉管，炉管安置在一个 $1:100$ 的倾斜度，用耐火砖砌成的留有长圆洞的炉体中转动，在靠近尾的下面有一个加热燃烧室，其热气沿着炉管外与炉体中的长圆洞间的空隙由炉尾流向炉头，进入烟道排入空间。辉钼精矿由螺旋加料器均匀地加入炉管内，先经 $250\ ℃\sim300\ ℃$ 区域的预热干燥，再进入 $600\ ℃\sim650\ ℃$ 区域的氧化焙烧脱硫，在窑内经过 $5\sim8\ h$ 不停的翻动和氧化，焙烧成三氧化钼粉后进入料仓，见图 $3-5$。

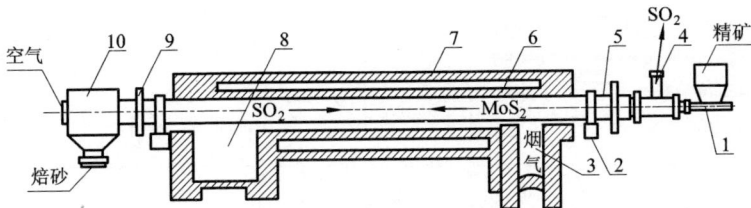

图 $3-5$ 回转炉结构示意图

1—螺旋送料器；2—托轮；3—烟道；4—SO_2 出口；5—窑体；6—耐火砖；
7—保温材料；8—燃烧室；9—传动齿轮；10—料仓

焙烧辉钼精矿的回转炉采用靠近炉尾间接加热的根据是：由于辉钼精矿的反应是放热反应，所放出的大量热量足以保证反应时的自发进行，只需在开始时加热，使各种硫化物达到着火点；终了时加热去硫，激烈的氧化反应过程中不需要加热。回转炉与反射炉和多腔炉相比，还有一个特殊的优点，即物料在炉管内不断地运动着，能与空气中的氧气充分接触，不仅能使物料充分反应好，还可避免受热不均匀而产生结块的现象；由于采取间接加热，排出的燃料废气与炉内排出的二氧化硫气体和其他挥发物可以不走同一烟道，这样，减少了回收气体的体积，提高了回收气体的浓度和纯度，有利于环保和有用物质的回收；由于炉管内不衬耐火砖，有利于热传导，炉体内有耐火砖和保温砖保温，热量损失少，整个节能效果好。表 3 - 7 是不同规格的回转炉焙烧辉钼精矿的主要工业指标。回转炉的主要问题是炉管使用寿命一般仅 3 ~ 4 个月。

表 3 - 7　辉钼精矿氧化焙烧回转炉的主要参数及工业指标

项　　目	炉　管　尺　寸				
	D500 mm ×9960 mm	D650 mm ×12500 mm	D700 mm ×1500 mm	D800 mm ×13500 mm	D1100 mm ×18000 mm
炉管钢板厚/mm	15	16	20		
保温层长度/mm	7700				
炉体受热长度/mm	60 ~ 80				
炉体倾斜度	1:100	a = 35′	1:100	2:100	
传动功率/kW	2.2			加热 170,常用 90	
转速/(r·min⁻¹)	1.5	0.64	0.5 ~ 1.5	0.9	0.5
炉内温度/℃　头	520 ~ 630		~ 450		
中	640 ~ 680	650 ~ 680	500 ~ 680	600 ~ 680	650
尾	600 ~ 630		250 ~ 780		(炉外 800)
加料速度/(kg·h⁻¹)	50	72 ~ 90	70	80 ~ 90	190
产品含硫/%	0.07	<0.1	0.07		<0.07
煤耗/(kg·t⁻¹)	430	—	500	电耗 1500kW/ht	
回收率/%	98.2	—	98.5	98	
烟气含 SO₂/%	4.09	0.5 ~ 1.0			

　　为了解决回转炉炉管的寿命问题，现在有很多工厂将回转炉炉管外加热改为炉管内加热，炉管的钢管外径已达 1800 mm，炉管内衬耐火砖后还有 1400 mm 的内径，炉管长度已达 32000 mm（炉管的具体尺寸可视生产规模而定）。这种回转炉可采用燃油或可燃气体直接在炉管内喷射燃烧加热，也可以采用燃煤加热的热风送入炉管内，使物料在炉管内进行氧化反应，生成氧化物。

用这种回转炉来进行钼精矿的焙烧，不仅产量高而质量好，它的炉管寿命比钢管外加热的炉管提高了十倍以上，钼回收率达98.0%。回转窑排出的尾气含有低浓度SO_2，可采用液碱吸收废气中的SO_2，生成亚硫酸钠副产品，使尾气达标排空。

沸腾炉焙烧辉钼精矿　　沸腾焙烧这种方法在化学工业和冶金工业中广泛应用于焙烧硫化物精矿。焙烧过程中，空气从下向上流动，向上流动的气流使炉料颗粒处于沸腾状态或所谓的流化状态。颗粒的沸腾状态由气流速度而决定。当气流速度低于最小某临界速度时，颗粒层基本处于不动状态；当气流速度达到某一临界速度时，料层开始膨胀，气流中的颗粒剧烈地运动，其外观像沸腾的液体；当气流超过最大临界速度时，颗粒处于飘浮状态而被气流带走。

焙烧辉钼精矿的沸腾炉的炉身是由耐火砖砌成，底部有空气分布板，空气经过分布板的风帽进入炉内，精矿通过加料器进入炉内，精矿在空气流的作用下形成沸腾层，沸腾层的高度由卸料门的高度来决定，一般高度为 1~1.5 m，为导出沸腾层多余的热量，在沸腾层内设有水冷却器，见图 3-6。

启动沸腾焙烧炉时，首先用热空气将辉钼精矿加热到点火温度(500 ℃~510 ℃)，在炉内用焙烧矿造成沸腾层；然后用精矿接通沸腾炉内供料系统(每平方米炉床大约送料 50~60 kg/h)。落到床层上的精矿立即燃烧，料层内温度开始上升，在 15~30 min 内即可达到焙烧温度的最高值(560 ℃~570 ℃)。然后用自动温控系统来保持这个温度。

随着精矿均匀不断地加入落到沸腾炉的炉床上，当沸腾的高度逐渐增加达到出料口高度时，焙烧粉便开始不断从炉内排出。精矿应始终是适量而均匀地加入，加入量和排出量要保持平衡，生产才能正常进行。如果加入量大于排出量，那么就会"死炉"，即沸腾不起来而停产。

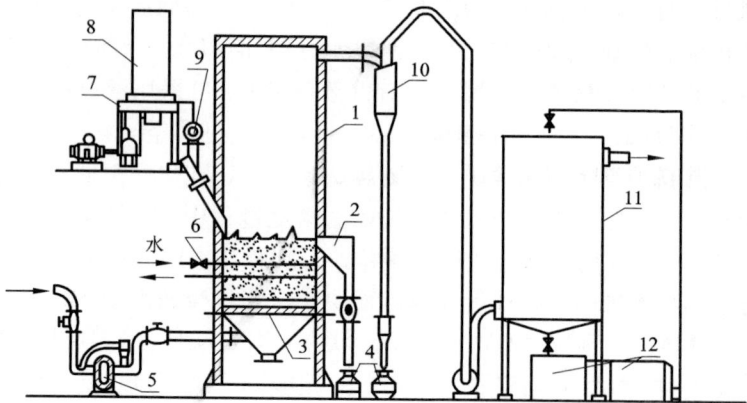

图 3 - 6　辉钼精矿沸腾焙烧设备示意图

1—炉身；2—卸料门；3—空气布板；4—焙砂仓和烟尘仓；5—空压机；6—水冷器；
7—加料器；8—料仓；9—闸门；10—旋风收尘器；11—湿式电收尘；12—矿浆贮槽

在生产过程中，精矿中有一部分细颗粒会被炉气带走，带走的量取决于精矿颗粒的组成。除尘系统包括旋风除尘器和湿法电除尘，其中旋风除尘率达 85% ~90%，由于部分矿尘氧化不完全（70% ~80%），含有 8% ~10% 的 S，所以矿尘可以在造粒器中造粒后返回焙烧。

更理想的是对原辉钼精矿预先造粒，也可以对未完全氧化的矿尘及将要焙烧的高度分散的精矿造粒，焙烧这些未造粒矿时炉灰排出量为 60% ~70%，焙烧时造粒粒度为 0.2 ~3 mm。在造粒器中造粒时，要加入膨润土作为黏合剂，配比为 5% ~6% 的膨润土和 11% ~14% 的水，其余为精矿和返炉矿尘。在沸腾层装入湿造粒精矿焙烧时，炉气带尘量最高约为 38%。袋滤器或干式电除尘器收集的细粒矿尘（约占总量的 40%）可与焙砂混合，旋风除尘收集的未完全氧化的矿尘应返回造粒机内造粒。

均匀地向炉内供给精矿，是保证规定的精矿焙烧制度的重要条件。料层内的温度通过自动调节加料量来保持一定的范围，实践证明，控制好加料量，炉温可控制在给定温度 ±2.5 ℃ 的范围内。在正常情况下，多余的热量可由装在沸腾床层中的冷却水管通冷水导出。

用沸腾炉焙烧辉钼精矿的优点是：生产能力为 1200 ~ 1300 $kg/m^2 \cdot d$，比多膛炉高出 15 ~ 20 倍；沸腾层内的热交换条件好，炉内温度均匀，固体颗粒彼此接触少，生成各种钼酸盐的可能性小，焙砂氨浸时浸出率高；焙烧过程可以实现完全自动化；铼的挥发率高(90%)和烟尘 SO_2 浓度高，有利于回收。它的缺点是：焙烧粉中含硫高(2% ~ 2.5%，其中 1.5% ~ 2% 是硫酸盐)。因为在沸腾过程中，绝大部分碳酸钙杂质与 SO_3 反应生成 $CaSO_4$，由于含硫量高，所以沸腾炉焙烧粉不宜用于冶炼钼铁。用多膛炉焙烧时，碳酸钙与 MoO_3 接触转变成 $CaMoO_4$，因此，在铁合金工厂里，一般都是采用多膛焙烧炉。

钼精矿加入石灰焙烧　为解决辉钼精矿在焙烧过程中所挥发的 SO_2 烟尘公害和铼的回收问题，在氧化焙烧时加入石灰。在熟石灰[$Ca(OH)_2$]存在的条件下，焙烧辉钼矿促使钼和共生的铼氧化成钼酸钙和高铼酸盐，其反应方程式为：

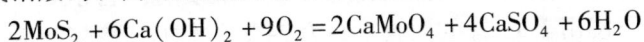

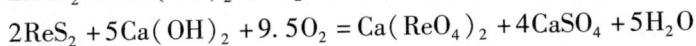

$$2MoS_2 + 6Ca(OH)_2 + 9O_2 = 2CaMoO_4 + 4CaSO_4 + 6H_2O$$
$$2ReS_2 + 5Ca(OH)_2 + 9.5O_2 = Ca(ReO_4)_2 + 4CaSO_4 + 5H_2O$$

精矿中的硫转化成硫酸钙，因此，使该反应过程排除了对大气的污染。可以用稀硫酸浸出法溶解钼酸钙，反应方程式如下：

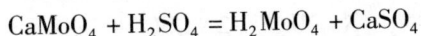

$$CaMoO_4 + H_2SO_4 = H_2MoO_4 + CaSO_4$$

浸出后留下的硫酸钙和不溶解的残渣，用过滤法排除，通过沉淀以钼酸铵或钼酸钙的形式从滤液中回收钼。焙烧温度对钼回收率的影响见表 3 - 8。

表3-8   焙烧温度与装料比对钼回收率的影响

石灰与 钼精矿比	石灰超过化学 计算量/%	焙烧温度 /℃	钼回收率 /%
0.875	20	500	79
0.875	20	550	99
0.875	20	600	99
0.500	—	550	51
0.750	0	550	94
0.875	20	550	99
1.000	40	550	98
1.500	100	550	98

从表3-8中可以看出，在石灰与钼精矿装料比为0.875，焙烧温度从500℃提高到550℃时，钼的回收率从79%提高到99%。当石灰与精矿装料比从0.5提高到0.875时，钼的回收率从51%提高到99%，超过0.875后则回收率而保持不变。当石灰与精矿装料比为0.875，在550℃下焙烧1 h，钼的最大回收率为99%，这时装料比相当于石灰超过化学计算20%。

铼变成可水溶解的高铼酸钙，焙砂在酸浸前，先用水在80℃~90℃下浸出1 h，铼的回收率约为74%。本工艺焙烧一般在回转炉内进行。

钼精矿加碳酸钠焙烧　加碳酸钠（Na_2CO_3）焙烧辉钼矿（MoS_2）时导致生成钼酸钠和高铼酸钠，反应方程式如下：

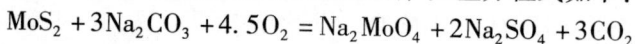

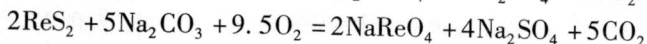

$$MoS_2 + 3Na_2CO_3 + 4.5O_2 = Na_2MoO_4 + 2Na_2SO_4 + 3CO_2$$

$$2ReS_2 + 5Na_2CO_3 + 9.5O_2 = 2NaReO_4 + 4Na_2SO_4 + 5CO_2$$

这样的工艺过程适宜于处理低品位的钼精矿，因为该过程能选择性地将钼和铼转入水可溶的钠盐中，而将杂质留在残渣里。此外，精矿中存在的硫转入硫酸钠中，所以，该过程没有 SO_2 生成。高温放热过程使反应产生自热，一旦反应，便可达到要求温度。焙烧温度对钼回收率的影响见表3-9。

表3-9　焙烧温度与装料比对钼回收率的影响

碳酸钠与精矿之比	碳酸钠超过化学计算量/%	焙烧温度/℃	钼回收率/%
1.05	0	570	93
1.05	0	600	96
1.05	0	630	97
1.05	0	650	100
1.05	0	700	100
0.95	—	650	94
1.05	0	650	100
1.10	10	650	100

从表3-9中可以看出,当焙烧的温度从570℃上升到650℃时,钼回收率从93%提高到接近100%。在碳酸钠与精矿配料比为1.05、焙烧温度为650℃、焙烧时间为1 h的条件下,获得了接近100%的最大回收率。在焙烧温度为650℃时,焙烧时间从0.5 h延长到1 h的条件下,钼的回收率从71%提高到接近100%。在当碳酸钠与精矿配料比从0.95上升到1.05时,钼的回收率从94%提高到接近100%。在碳酸钠与精矿装料比为1.05时,获得了接近100%的最大回收率。

在加碳酸钠焙烧的过程中,铼转入高铼酸钠($NaReO_4$),它与钼酸钠一样,是水可溶解的物质,可用炭吸附分离钼后提取铼。

辉钼精矿焙烧烟气的收尘和处理　由多膛炉或沸腾炉出来的烟尘一般含1%~3%的SO_2(沸腾炉要高一些),50~250 mg/m³ Re_2O_7,此外还含一些烟尘。此两种烟气一般首先进行旋风多管收尘,它能回收其中80%~85%的烟尘,再进行电收尘,两者总收尘率达98%左右。为回收其中铼,一般在干式电收尘后进行淋洗及湿式电收尘。淋洗液在系统中循环富集。循环到含 80~100 g/L H_2SO_4，0.1~0.5 g/L Re 时送往回收铼。

由于制取硫酸要求烟气含 $SO_2 \geq 3\%$，多膛炉的烟气一般难以达到制酸要求，因此，一般通过 $Ca(OH)_2$ 或 $Al_4(OH)_6(SO_4)_3$ 吸收后，使 SO_2 降到 0.05% 以下再放空。

为了提高 SO_2 浓度使之达到制酸的要求，可将烟气通入另一炉内进行二次焙烧，使其中氧进一步与辉钼精矿反应，亦可加强焙烧炉的冷却（如淋水等）以减少炉内空气用量，使烟气含 SO_2 可达 3%~3.5%。为回收气体中所含的硫，专门建一个小型的硫酸车间，从经济上来说是不合算的，但对于大型企业（每年焙烧 6000~8000 t 辉钼精矿）来说，可以考虑建一个硫酸车间。对于小型企业，需研究其他消除有害气体的处理方案。

重油的技术要求 采用反射炉焙烧辉钼精矿，用煤气做加热燃料虽然比较方便，但成本较高，采用重油比用煤做燃料操作轻便得多。但大型的多膛炉焙烧不宜用重油或煤，原因是温度难以控制，产品质量不能保证。反射炉焙烧辉钼矿用的重油技术条件如下：

恩氏黏度 80 ℃ ≯15.5；

闪点（开始）温度不低于 120 ℃；

凝固点不高于 25 ℃；

灰分含量 ≤0.30%；

水分含量 ≤2.0%；

硫分含量 ≤2.0%；

机械杂质 ≤2.5%。

产品（焙砂）技术要求 物理要求，钼焙砂应呈淡黄色或草绿色，无味。氧化好的夹心和熔融烧结块，实收率 96%~98%（按金属钼计算）。化学成分应符合表 3-10 的要求。

表 3 – 10　钼焙砂化学成分技术要求

元素名称	Mo	不溶钼	W	Mg, Cu	P, Sn, As	Fe_2O_3	Ca	SiO_2
含量/%	≥50	≤4.5	≤0.5	≤1.0	≤0.07	≤2.5	≤1.5	≤5.0

影响氧化焙烧过程的因素　在原辅材料既定的情况下，影响辉钼精矿焙烧产品质量的主要因素有焙烧温度、料层厚度、炉内压力、物料搅拌速度、焙烧时间和炉内空气压力及流速等。

（1）焙烧温度是影响焙砂质量好坏的主要因素。在 400 ℃时，辉钼矿仅失去铅灰色而变暗；在 500 ℃时，辉钼矿表面形成一层 MoO_3 的薄膜，表面比较光滑，在这个温度下形成的 MoO_3 薄膜比较致密，起着扩散阻力作用。在 600 ℃时，辉钼矿表面的氧化膜松散，并形成粗针状的 MoO_3 晶体，气体扩散是很快的，不过在这种温度下，当辉钼矿内层还没有完全氧化透时，MoO_3 与 MoS_2 的界面处有褐色的中间层——MoO_2。二氧化钼中间层的形成，是 MoO_3 与 MoS_2 两者间相互作用的结果。随着焙烧的继续进行，氧气经过疏松多孔的 MoO_3 外部薄膜扩散到 MoO_2 表面又继续氧化成 MoO_3。

辉钼精矿氧化焙烧所生成的三氧化钼，在 650 ℃时开始显著升华。MoO_3 的熔点是 795 ℃，在这个温度时，MoO_3 会熔化并剧烈挥发，所以焙烧温度不应超过 650 ℃，更不允许达到 795 ℃，因为挥发的 MoO_3 会被炉气带走，造成钼的损失。

硫化物氧化反应放出的大量热，足以保证反应的自动进行，只要在开始时加热，使各种硫化物着火燃烧和在激烈反应以后加热去残硫，并不需要在操作过程中另外加热。

焙烧温度对焙砂中的含硫量有很大的关系，焙烧温度高的优点是：①焙砂中的含硫量会低些，这是因为温度高硫化物的燃烧反应激烈一些。如果生产的焙砂是用来炼钼铁，要求含硫低于

0.05%以下。②会使硫化物表面形成的氧化膜呈疏松多孔的粗结晶结构，这就有利于氧气由表及里和生成物二氧化硫由里及表的扩散，从而加快了反应速度。③硫酸盐易于分解，例如硫酸铜在700 ℃以上就会离解成氧化铜（CuO）和三氧化硫气体。④若辉钼精矿含铼量高，为了回收铼，也可将温度提高一些，让铼呈 Re_2O_7 与 CaO、CuO、FeO 相互作用生成不易挥发的高铼酸盐，如：$CaO + Re_2O_7 = Ca(ReO_4)_2$。⑤当精矿中的铝、硅、铁含量高时，也可将焙烧温度适当提高一些，因为 Al_2O_3、SiO_2、Fe_2O_3 的熔点较高，不易生成熔融烧结块。若有很好的收尘设备，可将焙烧温度适当地提高一些。但温度太高的缺点是：①当精矿中的含铜高时，焙烧温度过高，钼酸铜（$CuMoO_4$）易与 MoO_3 形成低熔共晶体。②含钼量高的精矿，它的焙烧温度也不宜过高，因为温度高，MoO_3 升华而造成钼的损失大。因此，焙烧温度一定要控制适宜为好。

（2）料层厚度直接影响着物料与空气充分接触。炉床上料层不宜过厚，一般反射炉加精矿 30～40 kg/m²，多膛炉 60～70 kg/m²。如果料层太厚，空气由表面向底层扩散距离远、阻力大、时间长，底层物料得不到反应所需的氧气，同时反应生成的二氧化硫气体由里及表的扩散同样是困难的，从而导致反应速度慢。另外，料层厚使物料表层与底层温度不均匀。要想把料层厚的物料烧好，得到不可溶钼含量低的焙砂，就必须提高温度，但提高温度会带来不利的一面，那就是表面三氧化钼挥发严重，降低了钼的实收率。再者，在同样的温度下，料层厚的焙烧时间就需要增长。

（3）炉内压力影响着空气的流速，为了要使物料反应不断得到充分的氧气和及时带走反应生成的二氧化硫气体，就必须加快空气的流速，也就是保持炉内一定的负压，这一方面有利于反应物向生成物方向移动，另一方面也改善了操作条件，有利于操作者的健康。但负压不能太大，负压（抽力）大了，虽然有利于反应，但颗粒细的物料容易被炉气带走，增加钼的损失；负压太小了，炉内的二氧化硫有害气体抽不出去，会往外冒，恶化操作条件。一般炉内负压只要保证反应生成物二氧化硫气体能及时排出就可以了。炉内的空气压力可以用调整排风机的风量来控制。

（4）物料搅拌也称翻料，就是将静止物料的位置进行互换。反射炉是用人工耙动的办法，将上层物料翻到下层，下层物料翻到上层。翻料是为了增加物料与空气接触的机会，使物料受热均匀，不至于使表层长期过热，造成钼的挥发损失。翻料能加快反应速度，缩短焙烧时间。因此，在反应激烈时或料层较厚时都应该增加翻料次数。激烈反应阶段过后，可以减少翻料次数，让物料在低温下自行氧化。翻料时应将团块打碎。多膛炉的物料搅拌是由耙臂所带动的耙齿均匀耙动，物料由上层掉到下层的空间中，它与空气充分接触，也是反应最激烈的时候。所以，在设计多膛炉时，炉层之间的距离要适当高一点。

（5）焙烧时间也影响着焙砂的质量，辉钼精矿的粒度一般都在 1 mm 以下，炉床内的料层也有一定的厚度，物料在氧化反应过程中，空气中氧由表及里和反应生成的二氧化硫气体由里及表的扩散，必须经过一定的距离和克服一定的阻力，因此就需要一定的时间。当精矿粒度粗、料层厚、温度低时，焙烧时间就需要长一些。若焙烧时间短了，焙砂中的硫含量就高，不可溶钼含量也就高。一般焙烧时间应为 7 ~ 8 h。

第二节　辉钼精矿的湿法氧化

氧化焙烧法适宜于处理合格的辉钼精矿，其产出的焙砂可直接用于炼钢或净化提纯制取纯三氧化钼。但它对铼的总回收率低，且有 SO_2 烟尘污染。特别是处理低品位的辉钼精矿，其焙砂纯度差，不能直接用于炼钢，也不便湿法净化；由于某些杂质过多，在焙烧过程中物料容易烧结而不利于操作，因此，在 20 世纪 50 年代就开始研究用湿法氧化。辉钼矿在碱性或酸性介质中加压氧化的工艺已在株洲硬质合金厂应用于生产，它是用粒径细小的辉钼精矿粉与水混合，然后一起加入高压釜中，在加温加压下通入氧气（或空气）进行氧化分解，直接沉淀析出钼酸的方法。

辉钼精矿的湿法氧化　实质上是在水溶液中利用适当的氧化剂使辉钼精矿中的硫氧化成 SO_4^{2-} 进入水相，钼则氧化成 MoO_4^{2-}（在碱性介质中）或 H_2MoO_4（在酸性介质中）进入水相或固相，与此同时，铼则几乎全部进入水相。湿法氧化法与经典的焙烧法相比较，它排除了二氧化硫气体对空气的污染；同时还可以处理低品位辉钼矿，可综合回收各种有价金属。

图 3 - 7 ~ 图 3 - 9 是在 100 ℃、150 ℃ 及 200 ℃ 条件下 Mo - S - H_2O 系的电位 - pH 图。根据热力学计算，用某些氧化剂氧化时，反应的平衡常数见表 3 - 11。

表 3 - 11　某些氧化剂湿法氧化辉钼矿的平衡常数

反　　　应　（$\lg K$）	100 ℃	150 ℃	200 ℃
$MoS_2 + 12H_2O + 18Fe^{3+} = MoO_4^{2-} + 2SO_4^{2-} + 24H^+ + 18Fe^{2+}$	100. 88	102. 02	102. 26
$MoS_2 + 12H_2O + 18Fe^{3+} = H_2MoO_4 + 2SO_4^{2-} + 22H^+ + 18Fe^{2+}$	181. 50	118. 90	118. 65
$MoS_2 + 12H_2O + 18Fe^{3+} = H_2MoO_4 + 2HSO_4^- + 20H^+ + 18Fe^{2+}$	124. 77	126. 80	128. 46
$MoS_2 + 12H_2O + 9Cl_2 = MoO_4 + 2SO_4^{2-} + 24H^+ + 18Cl^-$	197. 50	155. 70	120. 80
$MoS_2 + 12H_2O + 9Cl_2 = H_2MoO_4 + 2HSO_4^- + 20H^+ + 18Cl^-$	221. 08	180. 79	146. 91
$MoS_2 + 3H_2O + 4.5O_2 = MoO_4^{2-} + 2SO_4^{2-} + 6H^+$	178. 80	148. 40	122. 90
$MoS_2 + 3H_2O + 4.5O_2 = H_2MoO_4 + 2HSO_4^- + 2H^+$	200. 17	173. 50	149. 02
$MoS_2 + 3H_2O + 9ClO^- = MoO_4^{2-} + 2SO_4^{2-} + 9Cl^- + 6H^+$	308. 16	272. 36	245. 68
$MoS_2 + 9MnO_2 + 16H_2SO_4 = H_2MoO_4 + 9Mn^{2+} + 18HSO_4^- + 6H_2O$	203. 80	177. 80	157. 10

辉钼精矿的湿法氧化方法有硝酸氧化法、高压氧酸浸法、高压氧碱浸法、次氯酸钠浸出法和电氧化法。

湿法处理各种矿石要求粒度要细，否则分解率低，例如，氧

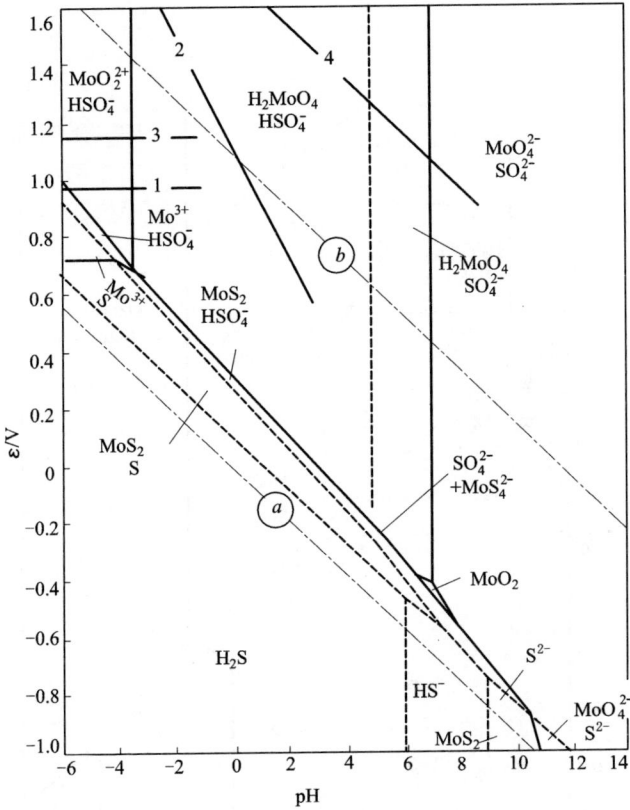

图 3 – 7 　 MO – S – H₂O 系电位 – pH 图(100 ℃)

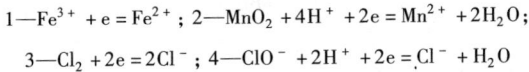

图 3 – 7 　 **MO – S – H$_2$O 系电位 – pH 图(100 ℃)**

1—$Fe^{3+} + e = Fe^{2+}$; 2—$MnO_2 + 4H^+ + 2e = Mn^{2+} + 2H_2O$;

3—$Cl_2 + 2e = 2Cl^-$; 4—$ClO^- + 2H^+ + 2e = Cl^- + H_2O$

压煮处理辉钼矿，要求精矿粒度至少要 – 80 目，最好 – 100 目。粒度 >80 目，分解率 <80% ；粒度 < – 80 目，分解率可达95% ~ 98% 。

硝酸氧化法　辉钼矿在加热 25% ~ 50% 浓度的硝酸中能迅

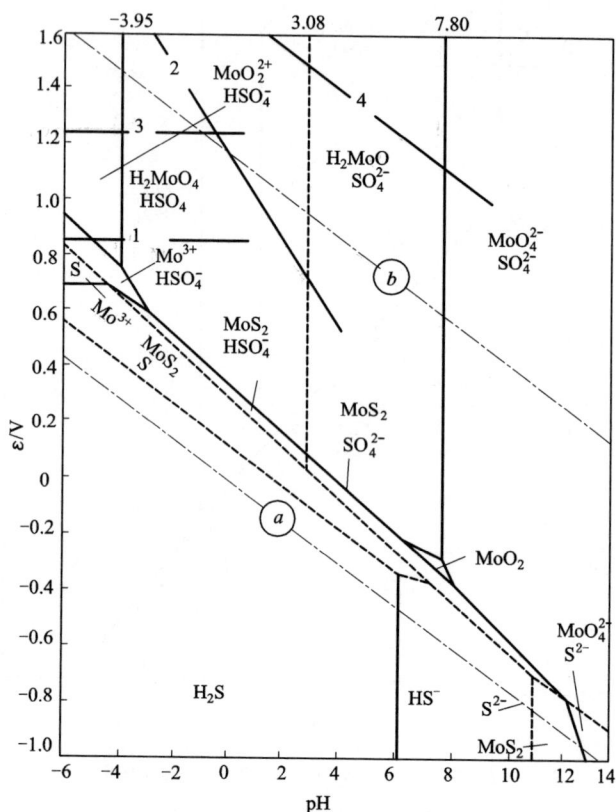

图 3 - 8 MO - S - H₂O 系电位 - pH 图(150 ℃)

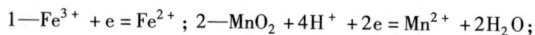

$1—Fe^{3+} + e = Fe^{2+}$; $2—MnO_2 + 4H^+ + 2e = Mn^{2+} + 2H_2O$;

$3—Cl_2 + 2e = 2Cl^-$; $4—ClO^- + 2H^+ + 2e = Cl^- + H_2O$

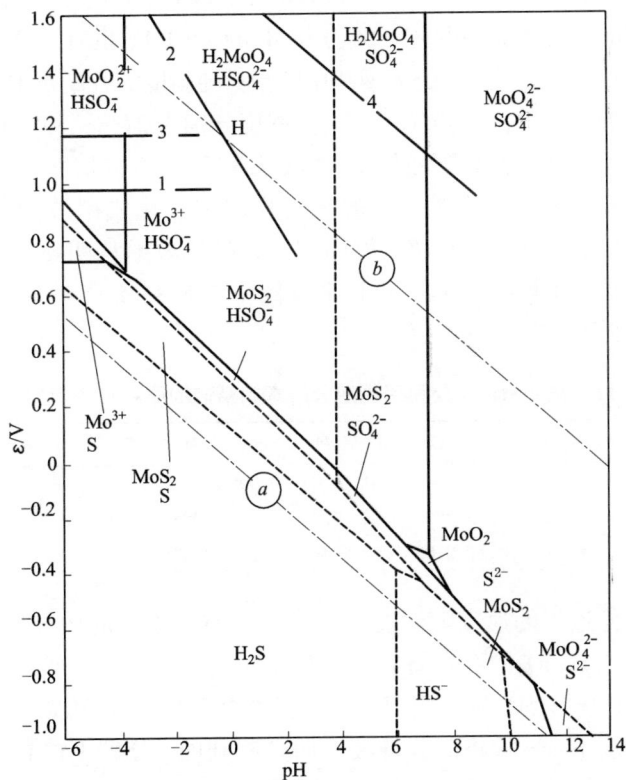

图 3 - 9 **MO - S - H$_2$O 系电位 - pH 图(200 ℃)**

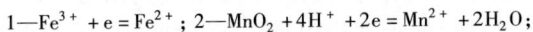

1—$Fe^{3+} + e = Fe^{2+}$; 2—$MnO_2 + 4H^+ + 2e = Mn^{2+} + 2H_2O$;

3—$Cl_2 + 2e = 2Cl^-$; 4—$ClO^- + 2H^+ + 2e = Cl^- + H_2O$

速进行下列反应：

$$MoS_2 + 6HNO_3 = H_2MoO_4 + 2H_2SO_4 + 6NO$$

所生成的 H_2MoO_4 约80%进入渣相，20%左右进入液相，钼在液相中的形态主要为 $MoO_2(SO_4)$ 和 $Mo_2O_5(SO_4)$，也有一部分以胶体形态存在于溶液中，进入液相中的钼量随温度的升高及 HNO_3 浓度的增加而减少，如90 ℃当 HNO_3 浓度分别为27% ~30%和54%时，溶液中的钼浓度分别为12~15 g/L 和2.5~3 g/L。

分解过程中重金属、铁的硫化物均被氧化成硝酸盐进入溶液，铼几乎全部进入溶液，故固相的钼品位较原料明显提高，莫利斯坎德(Molyscand)公司工业条件下的原料及产品成分如表3-12所示。

表 3-12   Molyscand 公司用硝酸分解辉钼精矿的原料及中间产品成分

物 料	Mo	Fe	Cu	Bi	Pb	Re	Mg	Si	Al	As	H₂SO₄
精矿/%	46	4	3	0.01	0.08	0.005					
母液/(g·L⁻¹)	23	10.6	8.1	0.02	0.03	0.01	0.5	0.03	0.4	0.01	312.5
工业 MoO₃/%	59.5	0.11	0.03	0.02	0.016	痕	0.09	3.04	0.8		0.06

氧化过程的速度随温度的升高及 HNO_3 浓度的增加而增加，同时发现 H_2SO_4 的存在有利于提高反应速度。例如，当溶液中含10% ~12% H_2SO_4 时，则 HNO_3 浓度可由35%降至30%，而保持反应速度不变，故将部分母液返回是有利的。分解1 t含48% ~50%钼的精矿，所需硝酸的理论用量大约等于3.16 t(浓度60%的硝酸)，实际用量与分解的具体条件有关。如果分解过程在封闭的系统中进行，而且包括从析出的氮的氧化物中回收硝酸，则硝酸的总用量将远低于理论用量。在这种情况下，同时也排除了向大气中排放安全环保所不允许的氮的氧化物。假如使气体在封闭的系统中循环并向系统引进氧气，便可显著地降低硝酸用量。因为在这种情况下，氧的作用主要是使反应产生的 NO 又转化为

HNO_3，后者进入溶液中可继续参与和辉钼矿的化学反应。分解过程有氧参加，可使精矿的分解率大大提高，同时还使硝酸用量比理论计算值显著地减少，其反应为：

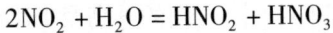

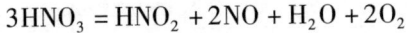

$$2NO + O_2 = 2NO_2$$
$$2NO_2 + H_2O = HNO_2 + HNO_3$$
$$3HNO_3 = HNO_2 + 2NO + H_2O + 2O_2$$

硝酸氧化过程可在不锈钢搅拌槽中进行，当生产规模较大时，亦可在一系列塔式设备中连续进行，每日处理 2.5 t 精矿的设备系统如图 3 - 10 所示。装置由两组分解精矿的柱形压煮器和氮的氧化物利废系统组成。辉钼精矿由料仓通过给料器送入混料器。硝酸由贮槽也送入混料器中。矿浆送入通入空气的压煮反应器，并将用蒸气加热到 130 ℃ ~ 135 ℃ 的温度，过程中析出的气体在气罐中冷却，进入热交换器和硝酸再生塔中进行再生，利用水吸收得 HNO_3。经过压煮处理后得的产品送入矿浆槽，由此送去洗涤和过滤，母液中含有 MoO_3 10 ~ 15 g/L，用 Fe^{3+} 沉淀钼酸铁后送去回收铼。

硝酸氧化法的优点是：

(1)免除了氧化焙烧工序，避免了产生废气对空气的污染；

(2)可以回收几乎全部的铼，铼在硝酸 - 硫酸母液中富集，并在以后的有机溶剂萃取中被提取出来；

(3)不生成有害的废弃物，因为硝酸 - 硫酸母液结晶出来的硫酸铵的混合物可以做肥料；

(4)提供了硝酸溶液重复使用的可能性；

(5)在返回液中有硫酸时可以减少硝酸的消耗。

辉钼精矿高压氧酸浸法　将辉钼精矿经硝酸催化氧压煮，使二硫化钼转化为易溶于氨水的钼酸沉淀和硫酸，使钼精矿中的铼及可溶于硫酸的杂质进入压煮液中，从而达到钼与铼、硫及其他可溶性杂质分离。辉钼精矿在水介质中硝酸催化氧压煮是三个相

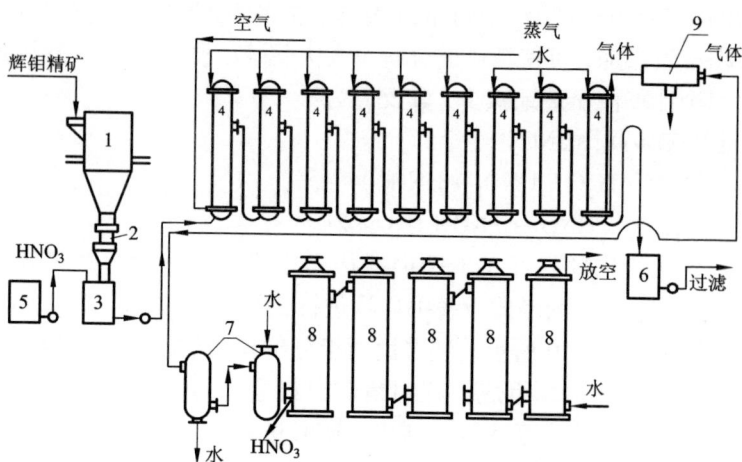

图 3 − 10 硝酸氧化辉钼精矿连续装置

1—料仓；2—给料器；3—混料器；4—反应塔；5—硝酸储槽；
6—矿浆槽；7—热交换器；8—硝酸再生塔；9—气罐

（液 - 固 - 气）的放热反应过程，其反应如下：

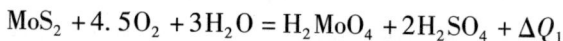

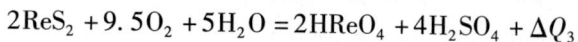

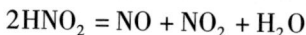

$$MoS_2 + 4.5O_2 + 3H_2O = H_2MoO_4 + 2H_2SO_4 + \Delta Q_1$$

$$MoS_2 + 9HNO_3 + 3H_2O = HMoO_4 + 9HNO_2 + 2H_2SO_4 + \Delta Q_2$$

$$2ReS_2 + 9.5O_2 + 5H_2O = 2HReO_4 + 4H_2SO_4 + \Delta Q_3$$

$$2ReS_2 + 19HNO_3 + 5H_2O = 2HReO_4 + 4H_2SO_4 + 19HNO_2 + \Delta Q_4$$

$$2HNO_2 = NO + NO_2 + H_2O$$

$$2NO + O_2 = 2NO_2 + 1233.1 \text{ J}$$

$$3NO_2 + H_2O = 2HNO_3 + NO + 484.5 \text{ J}$$

在反应过程中生成的钼酸少部分溶于硫酸液中：

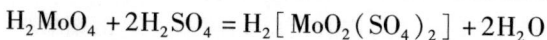

$$H_2MoO_4 + 2H_2SO_4 = H_2[MoO_2(SO_4)_2] + 2H_2O$$

除少量的钼在强酸介质中呈阴离子形态进入压煮液外，91%
左右的钼以三氧化钼水合物固体存在，铼绝大部分以可溶性高铼酸或其盐进入压煮液。铁、铜、铝、镁等以硫酸盐，部分磷、砷、硅以阴离子形态进入压煮液。

高压氧浸出是在钢制衬钛、钛蛇管加热和冷却密闭的高压釜中进行的。高压釜的基本结构如图3-11所示。

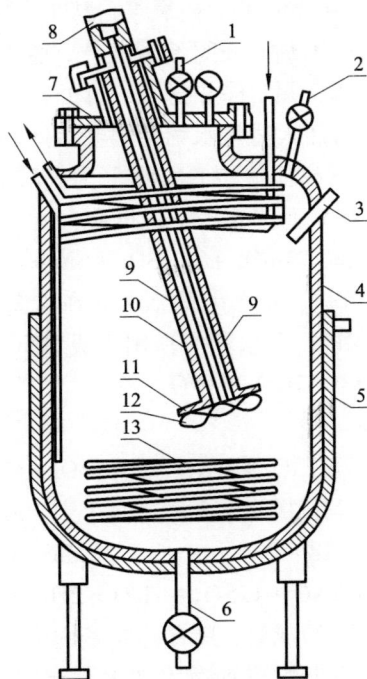

图3-11　辉钼精矿高压氧浸法用高压釜基本结构

1—加料管；2—通氧管；3—测温管；4—釜体；5—冷却水套；
6—卸料管；7—盖；8—传动器；9—入气口；10—搅拌器外套；
11—吸入矿浆口；12—搅拌桨叶；13—冷却蛇形管

在实际生产过程中，按精矿：洗水 = 1:(1.5 ~ 2.0)的固液比，将精矿和洗水加入釜内，再按精矿中每kg钼含量加入0.2 ~ 0.3 kg硝酸，通入氧气，使釜内压力达到196 kPa(2 kg/cm²)时停止送氧，然后开蒸气给矿浆加热。当釜内的温度达到 100 ℃以上，压力达到 1.77 ~ 1.96 MPa(18 ~ 20 kg/cm²)，出现压力稍有下降时，再向釜内大量送氧气，压煮反应开始激烈进行。调节进氧压力，控制进氧速度，使釜内压力不超过 3.92 MPa(40 kg/cm²)，温度 180 ℃ ~ 220 ℃，直到釜内不消耗氧气，温度下降时，表明反应终止。待温度降到 150 ℃后，关闭蛇管蒸气，通水冷却料浆。待釜内温度降至 100 ℃以下后，停止送氧，打开排气阀降压。釜内压力降至零后，往釜内加入适量水稀释料浆后卸料。

在有硝酸存在下高压氧浸，实际上为硝酸分解的一种形式。矿浆在 160 ℃ ~ 200 ℃下首先按下式反应：

$$MoS_2 + 6HNO_3 = H_2MoO_4 + 2H_2SO_4 + 6NO$$

使部分 MoS_2 氧化，而产生的 NO 又在设备的上部空间与高压氧 (0.65 ~ 1.2 MPa) 和水蒸汽作用生成 HNO_3：

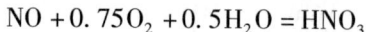

$$NO + 0.75O_2 + 0.5H_2O = HNO_3$$

故总反应式为：

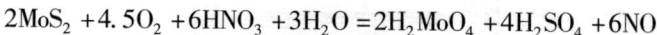

$$2MoS_2 + 4.5O_2 + 6HNO_3 + 3H_2O = 2H_2MoO_4 + 4H_2SO_4 + 6NO$$

因此，在实际操作中，当釜内温度达到 100 ℃以上，压力达到 1.77 ~ 1.96 MPa(18 ~ 20 kg/cm²)，当 $MoS_2 + 6HNO_3 = H_2MoO_4 + 2H_2SO_4 + 6NO$ 和 $2NO + 1.5O_2 + H_2O = 2HNO_3$ 反应完成后，就会出现压力稍有下降的现象，只有再向釜内大量送氧气，压煮反应才能再激烈进行。上蛇形管通冷却水是有利于 NO 生成 HNO_3 返回料液；下蛇形管是加热或反应剧烈、釜内压力急剧上升时，通水冷却降压保证安全和出料前通冷却水降低料浆温度用的。

产品(钼酸滤饼)技术要求　钼酸滤饼呈白色或灰白色，含水量≤45%，不溶钼≤1%。

辉钼矿高压氧气浸出的特点是无 SO_2 烟尘污染，钼、铼回收率高，能处理不合格精矿；但耐腐蚀的设备材料难以解决，容易发生安全事故，投资较高，副产品 H_2SO_4 的浓度最高仅 75% 左右，难以进一步提高。

用硝酸钠替代硝酸的高压氧酸浸法　由于硝酸在运输、储存和加入高压容器时都容易挥发，不仅在使用中容易发生安全事故，而且还容易造成环境污染。因此，在生产中采用固体硝酸钠替代液体硝酸。配料比按精矿：硝酸钠：洗水 = 400 kg：100 ~ 105 kg：650 ~ 700 L 进行配料，当料浆加入后送蒸气加热，釜内温度达到 110 ℃ ~ 130 ℃，压力达到 1. 5 ~ 1. 8 MPa，温度和压力再不上升时才开始送氧。釜内反应温度控制在 188 ℃ ~ 220 ℃，反应的控制压力在 2. 8 MPa 以下，最高压力不超过 2. 92 MPa。返回洗水酸度 2 ~ 3 N。高压氧浸出的 MoS_2 氧化率为 95% ~ 99%；铼浸出率≈100%；每公斤钼消耗的 $NaNO_3$ 为 0. 2 ~ 0. 3 kg；消耗氧约 2 kg。由于高压氧浸的钼进入固相仅 75% ~ 80%，产出的母液的 H_2SO_4 浓度 2 ~ 3 N，为了提高压煮液中酸的浓度、钼和铼的富集，所以将 90% 的母液返回贮槽作为下批压煮精矿调浆水。直到压煮液酸度为 5 ~ 6 N 时，转入回收钼和铼。采用 $NaNO_3$ 作催化剂的高压氧分解工艺与焙烧工艺生产 1 t 仲钼酸铵的主要原辅材料的单耗对比见表 3 - 13。

表 3 - 13　氧压煮工艺与焙烧工艺生产 1 t 仲钼酸铵的单耗对比/t[*]

工艺	钼精矿	氧气	硝酸钠	重油	盐酸	氨水	$(NH_4)_2S$	活性炭	单耗值[**]	钼回收率/%[***]
氧压煮	1. 25	100 瓶	0. 30		1. 34	2. 85		0. 04	0. 93	94
焙　烧	1. 38			0. 77	1. 38	3. 50	0. 04		1. 00	85

注：* 表中成本是对焙烧工艺而言，压煮用的 $(NH_4)_2S$ 除杂和萃取剂的消耗未包括在内；** 单耗值以焙烧工艺为 1. 00 计算；*** 钼回收率采用的钼精矿品位为 47%。

从表 3 - 13 中可以看出，采用氧压煮工艺生产仲钼酸铵比采用焙烧工艺生产仲钼酸铵有明显的经济效益。

辅助材料技术要求　用于硝酸、硝酸钠氧压煮湿法氧化工艺所需的主要辅助材料的技术要求,硝酸钠见表 3 - 14、工业浓硝酸见表 3 - 15,工业稀硝酸见表 3 - 16、氧气见表 3 - 17。

表 3 - 14   硝酸钠技术要求(GB 4553—84)/%

指　标 名　称	NaNO₃ ≥	NaCl ≤	NaNO₂ (以干基计) ≤	NaCO₃ ≤	水分 ≤	水不 溶物 ≤	Fe ≤	松装度过 4 目筛余物 ≤
1 类 1 级	99.2	0.40	0.02	0.10	2.0	0.08	0.005	10.0
1 类 2 级	98.3	—	0.15	—	2.0	—	—	10.0
2 类 1 级	99.2	0.40	0.02	0.10	2.0	0.08	0.005	—
2 类 2 级	98.3	—	0.15	—	2.0	—	—	—

外观:白色细小结晶,允许带浅灰色、浅黄色。

表 3 - 15   工业浓硝酸技术要求(GB/T337.1—2002)/%

级别	硝酸(HNO₃)含量	亚硝酸(HNO₂)含量	硫酸含量	灼烧残渣含量
98 酸	≥98.0	≤0.5	≤0.08	≤0.02
97 酸	≥97.0	≤1.0	≤0.10	≤0.02

工业硝酸是透明、无色或淡黄色,有独特的窒息性气味的腐蚀性液体,遇潮气或受热分解而成有刺鼻臭味的二氧化氮。

表 3 - 16   工业稀硝酸技术要求(GB/T337.2—2002)/%

项　　　目	68 酸	62 酸	50 酸	40 酸
硝酸(HNO₃)含量　≥	68.0	62.0	50.0	40.0
亚硝酸(HNO₂)含量　≤	0.2	0.2	0.2	0.2
灼烧残渣含量　≤	0.2	0.2	0.2	0.2

表 3 - 17　氧气的技术要求 (GB 3863—83)

指标名称	氧含量/vol%	游离水/(mL·瓶$^{-1}$)	露点/℃
一　　类	99.5	—	-43
二类一级	99.5	100	—
二类二级	99.2	100	—

注：氧气是无色、无味、无嗅、无毒、不燃的气体，是强氧化剂，能助燃。它与可燃性气体按一定比例混合后容易爆炸。压缩氧气与油脂接触，温度超过燃点时可发生自燃。氧气在室内聚集，其体积浓度超过23%时，有发生火灾的危险。

辉钼精矿高压氧碱浸法　在高压容器中将苛性钠和钼精矿配制成矿浆，并在高温下通入高压氧，使辉钼矿中的钼以钼酸钠形式转入溶液，其反应式如下：

$$MoS_2 + 6NaOH + 4.5O_2 = Na_2MoO_4 + 2Na_2SO_4 + 3H_2O$$

铼也与钼进入溶液，钼铼用萃取法分离回收，某些杂质如铁等形成氢氧化物进入沉淀。在碱性条件下，高压氧分解辉钼矿的经济技术指标见表 3 - 18。

表 3 - 18　碱性条件下高压氧分解辉钼矿经济技术指标

编号	温度/℃	NaOH用量*	氧分压/MPa	时间/h	钼回收率/%	铼回收率/%	规　模
1	130	1.03	2.0	6 ~ 7			工业规模
2	180 ~ 200	—	1.8 ~ 2.0**	6	>99.0	>98	工业规模
3	160	1.00	2.5**	2	>97.6		原料含45% Mo

注：* NaOH用量的单位为理论量的倍数；** 为总压力。

本工艺的特点是温度和压力均低于用硝酸作催化剂高压氧浸出；回收率高；设备的材质容易解决；并能处理含 5.8% ~ 6.3% 的 Mo、6% ~ 9% 的 Cu、12% ~ 17% 的 Fe、21% ~ 27% 的 S、26%

的 SiO_2 的低品位辉钼矿。但消耗的 NaOH 量大，反应时间长。当反应时间进行到总分解时间的 1/3 时，分解率已接近 80%，剩下的 2/3 时间只有 18% ~19% 的分解率。如采用分解 – 浮选工艺，即在较短时间内使大部分辉钼矿分解后，再将 MoS_2 的残渣进行浮选回收其中的钼，所得到的精矿再返回分解，钼精矿中 Mo、Re 浸出率大于 96%，回收率均大于 98%。

次氯酸钠浸出法　将辉钼矿在 40 ℃ 的温度下与 NaClO 溶液作用，发生的主要反应为：

$$MoS_2 + 9ClO^- + 6OH = MoO_4^{2-} + 2SO_4^{2-} + 9Cl^- + 3H_2O$$

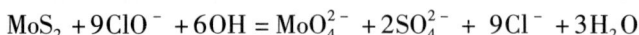

与此同时亦发生 NaClO 的分解和其他硫化物的氧化等副反应：

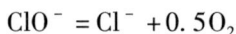

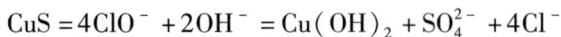

$$ClO^- = Cl^- + 0.5O_2$$

$$CuS = 4ClO^- + 2OH^- = Cu(OH)_2 + SO_4^{2-} + 4Cl^-$$

$$3ClO^- = ClO_3^- + 2Cl^-$$

这些副反应使 NaClO 利用率降低，更重要的是产生其他阳离子（如 Cu^{2+}），它进一步与 MoO_4^{2-} 形成钼酸盐沉淀，使钼浸出率降低。

许多学者的研究表明，CO_3^{2-} 的存在能抑制 NaClO 的分解，温度低于 40 ℃ 能抑制其他硫化物的氧化，同时 pH =9 时的 MoS_2 的氧化速度最快，故一般的浸出条件为：温度 ≤40 ℃、NaClO 浓度 20 ~40 g/L、pH =9 左右、CO_3^{2-} 浓度约 10 g/L，在上述条件下对含 5% ~23% Mo 的矿而言，浸出率达 96% ~98%。

NaClO 浸出法的优点是反应温度低，选择性强，如条件控制恰当则其他硫化物很少浸出，因而宜于处理低品位复杂矿。

由于 NaClO 浸出法具有高选择性，前苏联工作者曾研究用 NaClO 溶液将低品位钼矿进行地下浸出。试验表明，当矿石粒度为 10 ~60 mm 时，7 ~9 g/L 的 NaOCl 浸出 55 d，浸出率达 37% ~59%。用粒度小于 10 mm 的矿堆浸，喷淋 NaClO 溶液，经过 150

d，钼浸出率达95%。浸出液含钼大于0.5 g/L时，可用离子交换法回收。

电氧化法　将辉钼矿悬浮于NaCl溶液中，通以直流电则阳极产生Cl_2，Cl_2进一步与水作用生成$HClO$（或ClO^-）：

$$Cl_2 + H_2O = HClO + HCl$$

$HClO$再按（$MoS_2 + 9ClO^- + 6OH^- = MoO_4^{2-} + 2SO_4^{2-} + 2SO_4^{2-} + 9Cl^- + 3H_2O$）与$MoS_2$反应作用，使其氧化，钼铼氧化进入溶液，再用萃取法分离回收。半工业试验的指标为：钼铼浸出率90%~97%，电能消耗21.8~24.3 kW·h/kg Mo。

高压氧酸浸法的安全操作　用高压氧酸浸法处理钼精矿时，整个系统都处于受压状态。因此，该系统的压力表、安全阀、测温仪表、超压自动断氧装置和排空管道阀门等设施必须配备齐全，并且保证灵敏可靠。在工作状态下，整个系统严禁敲击，更不允许采用带压紧螺丝和进行其他修理。釜内升压和排气降压都必须缓慢进行，整个操作必须按工艺规程进行，发现压力迅速上升时，应立即降压处理，防止爆炸，生产现场必须严禁烟火。

第三节　钼焙砂酸洗

酸洗的目的：一是将焙砂中的部分（如K、Na、Ca、Mg、Fe、Zn、Cu、Pd等）杂质在浸出前用酸除去而进入溶液中，减少滤饼浸出后钼酸铵溶液中的杂质含量，便于溶液的净化；二是使焙砂中钼的低价氧化物氧化成高价氧化物，以此提高钼的浸出率。

钼焙砂的酸洗液可采用盐酸溶液，也可采用硝酸溶液。由于有酸洗时盐酸对不锈钢设备的腐蚀比硝酸严重，同时采用酸沉时采用硝酸酸沉有利于后续产品的质量，酸洗时采用的酸沉母液可返回做酸洗液，很多厂家采用硝酸溶液用于钼焙砂的酸洗。

钼焙砂硝酸酸洗过程中的主要化学反应式如下：

$$3MoO_2 + 2HNO_3 + 2H_2O = 3H_2MoO_4 \downarrow + 2NO$$

$$MoS_2 + 8HNO_3 = H_2MoO_4 \downarrow + 5NO \uparrow + H_2O + 2H_2SO_4 + 3NO_2 \uparrow$$

$$FeMoO_4 + 4HNO_3 = H_2MoO_4 \downarrow + Fe(NO_3)_3 + NO_2 \uparrow + H_2O$$

$$K_2MoO_4 + HNO_3 = H_2MoO_4 \downarrow + 3KNO_3$$

$$NaMoO_4 + HNO_3 = H_2MoO_4 \downarrow + 2NaNO_3$$

$$ZnMoO_4 + 2HNO_3 = H_2MoO_4 \downarrow + Zn(NO_3)_2$$

$$CuMoO_4 + 2HNO_3 = H_2MoO_4 \downarrow + Cu(NO_3)_2$$

$$PbMoO_4 + 2HNO_3 = H_2MoO_4 \downarrow + Pb(NO_3)_2$$

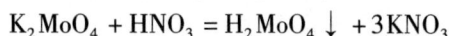

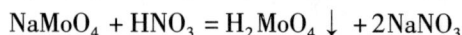

酸洗设备　酸洗使用的主要设备如下：

酸洗槽：可采用锥底、夹套加热、容积 2~3 m^3 的酸洗槽；功率 3.0~7.5 kW，搅拌速度 80~100 r/min；如采用硝酸酸洗工艺，可用搪瓷或耐酸不锈钢材质，最好用衬钛材料；如采用盐酸酸洗只能用搪瓷材质。酸洗搅拌槽示意图见图 3-12。

过滤器：可采用立式全自动压滤机，压力可达到 1.5 MPa，可节省劳动力，但设备投资昂贵；或采用全塑板框压滤机，压力可达到 2.0~2.5 MPa，滤饼脱水率高，投资小。要求滤饼脱水后含水率 <30%。选用的压滤机压力越大，滤饼的含水量则越低。立式压滤机的工作原理示意图见图 3-13，全塑板框压滤机示意图见图 3-14。

扬液器：容积 1.5~2.0 m^3，耐酸不锈钢材质。

硝酸高位贮槽：容积 2~3 m^3，铝或衬四氟材质。

硝酸贮槽：容积 40~60 m^3，铝或衬四氟材质。

酸洗液溶液贮槽：容积 20~30 m^3，耐酸材质或钢制衬胶。

水环式真空泵：功率 50~75 kW，耐硝酸材质，以后酸性工序真空共用。

酸洗工艺过程　按固液比将酸沉母液、纯水和一定量的硝酸加入酸洗槽内，在不断搅拌下加入焙砂，加热升温，控制好温度和 pH 值、酸洗时间，然后过滤，并用热水在压滤机中洗滤饼

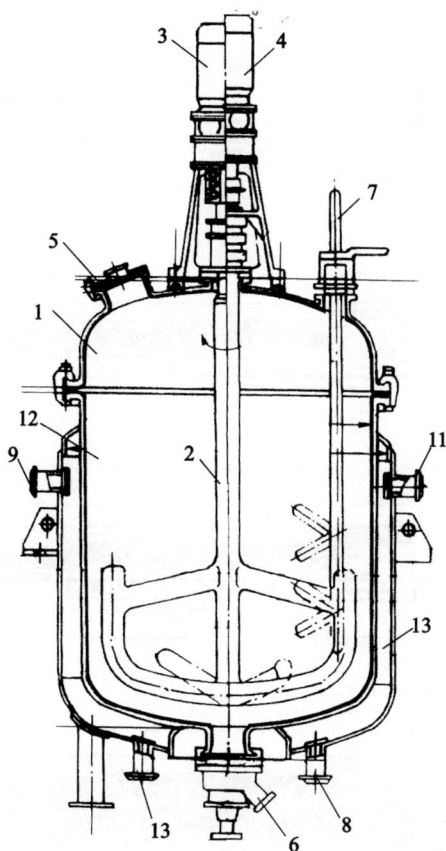

图 3 – 12　酸洗搅拌槽

1—槽盖；2—搅拌器；3—填料式密封主轴；
4—机械式密封主轴；5—进料口；6—出料口；
7—测控温度计；8—冷却水进口；9—冷却水出口；
10—蒸汽冷凝水出口；11—蒸汽进口；
12—槽体；13—夹套

1. 过滤

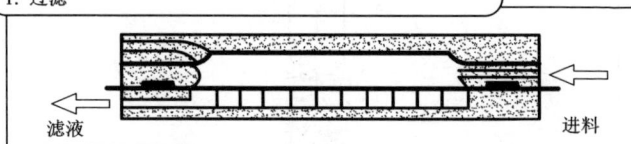

滤液　　　　　　　　　　　　　　　　　　　　进料

2. 隔膜挤压

挤压介质

滤液

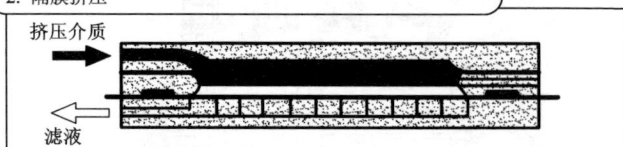

3. 滤饼洗涤（可选）

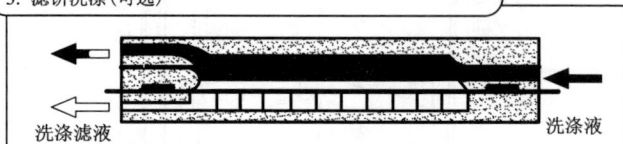

洗涤滤液　　　　　　　　　　　　　　　　洗涤液

4. 二次隔膜挤压（可选）

挤压介质

洗涤滤液

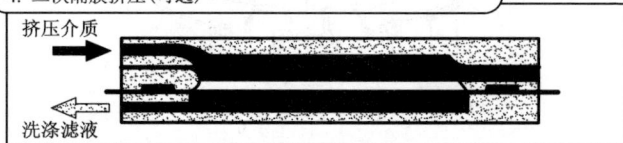

5. 滤饼干燥

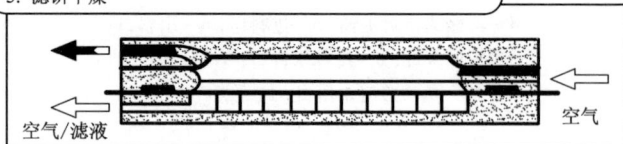

空气/滤液　　　　　　　　　　　　　　　　空气

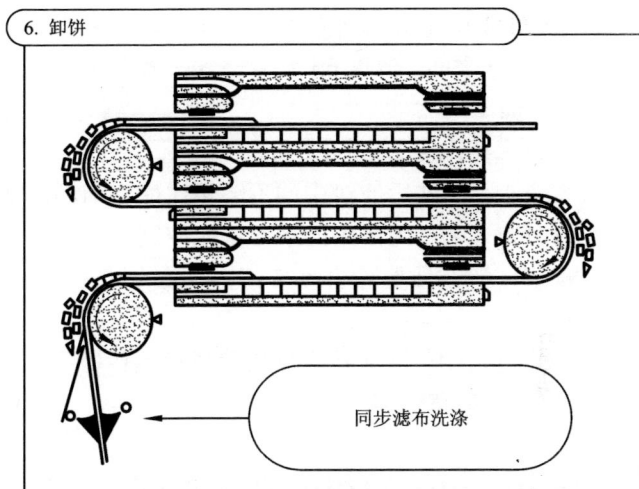

图 3-13 立式压滤机工作原理图

1—溶液过滤；2—隔膜挤压滤渣；3—用水洗涤滤饼；4—二次挤压滤饼；

5—滤饼用压缩空气吹干；6—自动卸出滤饼，并同步进行滤布洗涤

6. 卸饼

同步滤布洗涤

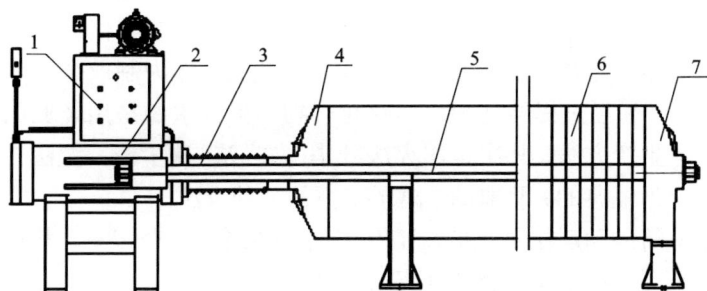

图 3-14 全塑板框压滤机

1—电控箱；2—液压站；3—油缸总成；4—压紧板；

5—主梁；6—滤板；7—止推板

一次。

溶液（酸沉母液和纯水）：钼焙砂 = 2 : 1，补加浓硝酸，将 pH 值控制为 0.5 ~ 1.0 之间，温度 60 ℃ ~ 65 ℃，搅拌时间 2 h 后过滤分离，热水洗涤。

工业硝酸技术要求见表 3 – 15 和表 3 – 16。

酸洗技术要求：酸洗后滤饼中的不溶钼比酸洗前的焙砂要降低大约 5 个百分点左右，滤饼中的水含量应控制在 30% 以下，滤饼中的 K、Na、Mg 等杂质要除去 80% 以上，酸洗母液中的钼含量应低于 5 g/L。

在酸洗操作过程中，特别是在补加硝酸过程中，一定要配戴好胶手套和劳保用品，防止硝酸灼伤。

第四节　钼焙砂和钼酸滤饼的氨浸出

辉钼精矿无论是用氧化焙烧、加石灰焙烧或加碱焙烧出来的焙砂，还是用湿法加酸或加碱氧化出来的滤渣（钼酸滤饼），它们除主要含三氧化钼外，还含有钙、铁、铜、铅、锌等的钼酸盐及钙、铜的硫酸盐，以及三氧化二铁、二氧化硅、二氧化钼和未氧化的辉钼矿等杂质。作为制取纯钼化合物，或作为制取金属钼原料，都必须经过提纯处理。纯钼化合物的提纯主要是用经典的湿法冶金生产方法，其次是用火法升华（蒸发法）法生产。湿法提纯中又分为经典的、萃取的、离子交换的三种方法。

从焙砂和湿法氧化的滤渣生产仲钼酸铵参见图 2 – 3 某厂辉钼精矿湿法冶炼实际操作工艺流程图。

浸出　亦称"浸取"，是以液体（溶剂）分离固体混合物的操作。将固体浸在选定的溶液中，利用固体中各组分在溶液中的不同溶解度，使易溶的组分溶解为溶液，即可与固体残渣分离。

钼湿法冶炼的钼焙砂和钼酸滤饼提纯的第一步是氨浸出。钼的氨浸出是利用三氧化钼易溶于氨水中而生成钼酸铵溶液的原理，将钼焙砂或滤渣置于氨水溶液中浸出其中的钼，使钼生成钼酸铵溶液与浸出渣分离，达到提纯钼的目的。

氨浸出的主要反应　焙砂或滤渣在氨浸过程中，MoO_3 生成 $(NH_4)_2MoO_4$ 进入溶液：

$$MoO_3 + 2NH_4OH = (NH_4)_2MoO_4 + H_2O$$

铜、锌、镍的钼酸盐和硫酸盐也分别被浸出：

$$MeMoO_4 + 4NH_4OH = [Me(NH_3)_4]MoO_4 + 4H_2O$$

$$MeSO_4 + 6NH_4OH = [Me(NH_3)_4](OH)_2 + (NH_4)_2SO_4 + 4H_2O$$

钼酸亚铁、钼酸铁与 NH_4OH 反应时生成覆盖膜 $Fe(OH)_2$ 或 $Fe(OH)_3$，故反应缓慢。二价铁部分以铁氨络合物进入溶液：

$$FeMoO_4 + 2NH_4OH = (NH_4)_2MoO_4 + Fe(OH)_2$$

$$Fe(OH)_2 + 4NH_4OH = [Fe(NH_3)_4](OH)_2 + 4H_2O$$

$CaSO_4$ 与浸出液中的 MoO_4^{2-} 生成 $CaMoO_4$ 沉淀：

$$CaSO_4 + MoO_4^{2-} = CaMoO_4 \downarrow + SO_4^{2-}$$

$CaMoO_4$ 不与 NH_4OH 反应，但 CO_3^{2-} 存在时，能发生以下反应：

$$CaMoO_4 + (NH_4)_2CO_3 = CaCO_3 + (NH_4)_2MoO_4$$

根据 $CaCO_3$ 及 $CaMoO_4$ 的溶度积计算，25℃时以上反应的平衡常数 $K = 0.614$，CO_3^{2-} 的存在还有利于使 $Fe(OH)_2$ 变成 $FeCO_3$。钼酸铁溶于氨水时，只有少量的氢氧化亚铁生成铁的络合物进入溶液，而大部分铁以氢氧化亚铁形态存在，这种氢氧化亚铁呈胶态，很难沉降，以薄膜的形式包裹着焙砂颗粒，阻碍三氧化钼的溶解，若焙砂中的两价铁含量高，则浸出渣中的可溶钼也会高。焙砂中的 MoS_2、MoO_2 不溶于氨水，进入残渣。氨浸过程一般在室温或 40℃～50℃下进行，氨浓度为 8%～10%，固∶液约 1∶(3～4)，NH_3 用量为理论量的 120%～140%，浸出结束后保持母液中游离氨 25 ~ 30 g/L，浸出率为 80% ~ 95%，渣率为 15% ~ 25%（最高可达 40%），渣含钼达 5% ~ 25%。

为提高钼的浸出率，可采取以下两个措施：

第一个措施，在浸出过程中适当地加入 $(NH_4)_2CO_3$。由于 CO_3^{2-} 的作用，使 Ca^{2+} 或 $Fe(OH)_2$ 均转化成碳酸盐，或碱式碳酸盐，一方面防止生成 $CaMoO_4$、$FeMoO_4$ 沉淀，另一方面减少了胶态 $Fe(OH)_2$ 对矿粒的包裹作用。前苏联钼冶金工作者在处理沸腾炉产出的钼焙砂时，加入 $(NH_4)_2CO_3$ 后，使浸出率由 83% ~ 85% 提高至 93% ~ 96%。

第二个措施，焙砂先用酸或 $HCl + NH_4Cl$ 处理，其作用主要是用盐酸将某些金属杂质溶解，使难以浸出的钼酸盐，如 $CaMoO_4$、$FeMoO_4$ 等，预先转化成 MoO_3 或多钼酸铵。焙砂预先用 $HCl + HN_4Cl$ 处理的条件为，90 ℃ 保温 1.5 ~ 2 h，处理过程中 HCl 浓度为 40 ~ 50 g/L，NH_4Cl 浓度为 100 g/L，固液比为 1:3，处理后的焙砂氨浸率由 85% 增至 98%。预处理过程中钼损失约 0.5%。预处理所用的 $HCl + NH_4Cl$ 溶液主要为下工序中和结晶的母液。

非金属杂质磷和砷的分离 焙砂中若含 P、As 较高时，可将 $MgCl_2$ 加入氨浸液中，其反应过程是：

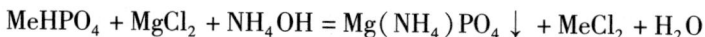

$$MeHPO_4 + MgCl_2 + NH_4OH = Mg(NH_4)PO_4\downarrow + MeCl_2 + H_2O$$

由于氨浸体系中存在大量的 $NH_3 \cdot H_2O$，所以足以防止 $Mg(NH_4)PO_4$ 水解，使平衡式 $Mg(NH_4)PO_4 + H_2O = MgHPO_4 + NH_4OH$ 向左进行。同样，砷在过程中也发生下列反应：

$$MeHAsO_4 + MgCl_2 + NH_4OH = Mg(NH_4)AsO_4\downarrow + MgCl_2 + H_2O$$

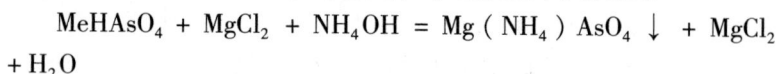

另外，溶液中可能进入的少量 Si^{4+} 也被除去：

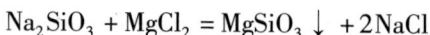

$$Na_2SiO_3 + MgCl_2 = MgSiO_3\downarrow + 2NaCl$$

上述三个反应的产物：$Mg(NH_4)PO_4$、$Mg(NH_4)AsO_4$ 和

$MgSiO_3$ 均因在碱溶液中溶解度较小而进入渣相,与钼的氨溶液分离。

$MgCl_2$ 的加入量必须严格控制,量少时难以达到除杂效果;量多时会引起产品中杂质 Mg 的升高,影响最终产品质量。

浸出设备 浸出使用的主要设备如下:

浸出槽:钢制夹套加热锥底,容积为 $2 \sim 3 m^3$,功率 $3.0 \sim 7.5$ kW,搅拌速度为 $80 \sim 100$ r/min,浸出搅拌槽与酸洗搅拌槽相似,参见图 3 - 12。

过滤器:全塑板框压滤机,要求压力可达到 $2.0 \sim 2.5$ MPa,滤饼脱水后含水率在 $18\% \sim 30\%$ 之间。

扬液器:容积 $1.5 \sim 2.0$ m^3,钢制衬胶材质。

钼酸铵溶液贮槽:容积为 $20 \sim 30$ m^3,钢制衬胶材质。

液氨贮槽:耐压 $2.5 \sim 3.0$ MPa,容积为 $40 \sim 60$ m^3,锰钢材质。

氨水高位槽:钢制衬胶或不锈钢材质,容积 $2 \sim 3$ m^3。

水环式真空泵:功率 $50 \sim 75$ kW,以后碱性工序真空共用。

浸出工艺过程 在实际中的工业生产工艺见表 3 - 19。按表 3 - 19 所列的固液比往浸出槽中加入稀钼酸溶液或水以及氨水,在不断搅拌下加入钼焙砂或钼酸滤饼。浸出时间从加完料算起。在搅拌过程中,测量料浆的 pH 值,当 pH 值不到时补加氨水,使料浆的 pH 值调到 $8.5 \sim 9.0$ 为止。停止搅拌后,使溶液静置澄清。待料浆澄清后开动真空泵,先用虹吸管吸出上清液。槽内沉淀的浸出渣,再按工艺要求进行第二次和第三次浸出。最后将槽内沉淀的浸出渣加热至 80 ℃,打开放料阀,将浸出渣浆放入扬液器中,压入压滤机内。放完渣浆后,槽内加入 $500 \sim 600$ L 水,用于淋洗滤饼。浸出渣压干后,取样分析,集中堆放。所有的浸出液合并转净化。最后的洗水压至稀钼酸铵溶液贮槽。溶液或水及氨水的加量,要以溶液比重和 pH 值为准,因此固液比可根据原辅材料质量的好坏而变动。

表 3 – 19　焙砂或钼酸滤饼浸出工艺

浸　出 次　数	固液比，kg∶L∶L 料∶稀溶液或水∶氨水	温度 /℃	pH 值	搅拌时间 /min	溶液比重 /(g·cm⁻³)
第一次	1∶(0.7~0.8)∶(1.2~1.4)	70	8.5~9	30~40	1.18~1.22
第二次	1∶(1.5~1.7)∶(0.17~0.2)	70~75	8.5~9	30~40	1.05 以上
第三次	1∶(1.5~1.7)∶0.05	75~80	8.5~9	20~30	1.05 以下
滤　饼	1∶(1.0~1.2)∶0.05	75~80	8.5~9	20	

氨水的技术要求　工业氨水为无色透明或略带微黄色液体。工业氨水应符合表 3 – 20 的规定。

表 3 – 20　工业氨水技术要求

指标名称	色度/号	氨(NH_3)含量/%	残渣含量/(g·L⁻¹)
一级	≤80	≥25	≤0.3
二级	≤80	≥20	≤0.3

注：有必要时也可增加 Fe，Na 各≤0.10 g/L。

浸出液的技术要求　浸出液应当是不浑浊、清亮透明的液体。密度在 1.05 g/cm³ 以上，MoO_3 含量在 140~190 g/L，渣中可溶钼小于 6%。

影响浸出率的因素　首先应当了解没有气体参加反应的浸出五个步骤。没有气体参加反应的浸出过程属固相与液相之间的多相反应，浸出剂必须扩散通过两相间的扩散层及矿料外围的固态生成物才能与矿粒进行反应，因此如生成固态产物的浸出过程，应经历以下五个步骤：

（1）浸出剂（溶解剂）向固体矿粒表面扩散（外扩散）；

（2）浸出剂被固体矿粒表面吸附；

（3）被吸附的浸出剂进一步扩散通过生成物膜（内扩散）；

（4）浸出剂与固体矿粒发生化学反应；

（5）反应生成物在固体矿粒表面解吸，并扩散至溶液中去（内扩散）。

上述各步骤中最慢的步骤成为过程的控制性步骤，通常浸出过程可能是浸出剂（或生成物）通过外扩散控制或者是通过固膜的扩散控制（内扩散控制）或者化学反应控制，也可能为其中的两个步骤的混合控制。

浸出过程的控制步骤不同，则各种参数（如温度、搅拌速度、浸出剂浓度等）对浸出速度的影响程度亦不同，同时表征其浸出率与时间关系的动力学方式、表观活化能亦各不相同。通过实测某浸出过程的动力学方程及表观活化能等特征，可判断该浸出过程属何过程控制，并进而有针对性地找出强化措施。要使浸出率高，那么焙烧粉中的三氧化钼的溶解速度越快，而且溶解得越完全越好。下面就以当控制步骤为生成物的外扩散时溶解速度的数学式来加以分析。

$$\frac{\mathrm{d}s}{\mathrm{d}t} = \frac{D \times F \times (C_\mathrm{n} - C_\mathrm{p})}{\delta}$$

式中：$\dfrac{\mathrm{d}s}{\mathrm{d}t}$——溶解速度，即单位时间内发生反应的物质量；

D——扩散系数；

F——固体溶质的表面积；

C_n——固体矿粒表面生成物的浓度；

C_p——整个矿粒中生成物的浓度；

δ——固体溶质表面生成物的扩散层厚度。

从上式中我们清楚看出，要使溶解速度$\dfrac{\mathrm{d}s}{\mathrm{d}t}$增大，就必须使$D$、

F 和 $(C_n - C_p)$ 的值增大，使 δ 减小，就此我们从以下几方面来讨论。

1. 焙砂粒度的影响

由于溶解反应是在固体与溶剂的相界面进行，因此，焙砂粒度愈细，或物料疏松多孔，其表面积 (F) 就愈大，从而焙砂与溶剂的接触面积也就愈大，使溶剂与焙砂发生反应的机会就愈多，所以其溶解速度就愈快。但是，焙砂粒度太细，在搅拌过程中造成料浆黏度增加，导致扩散阻力增大，使溶解速度反而减小。这种细颗粒焙砂应是在焙烧过程中形成的，不是用碚砂经机械加工而得到的。

2. 液固比的影响

实际上就是矿浆浓度的影响，矿浆浓度是以矿浆中固体的质量分数表示的。矿浆浓度低，也就是液固比大，相当于较少的焙砂与较多的溶剂作用，焙砂的浸出速度就快。溶解过程的速度决定于固体溶质表面生成物的浓度 C_n（也称饱和浓度）和生成物在整个溶液中的浓度 C_p 之差。该浓度差越大，生成物向整个溶液中的扩散速度就愈快，使溶解速度增加。

当 $C_p = 0$ 时，也就是溶解才开始时，溶解速度为最快，因为 $(C_n - C_p)$ 的差值最大。

当随时间的逐渐增加，C_p 也慢慢增大，直至 $C_n = C_p$ 时，则溶解速度等于零，也就是反应处于平衡状态。

所以，$(C_n - C_p)$ 被称为溶解动力，只有当存在这种浓度差时，溶解才能进行。从上述分析得知，溶解固体溶质时，液固比大一点为好，但液固比太大时，浸出液中的金属含量就低，提取单位重量金属所处理的浸出液体积就大，这是不经济的。一般要求，第一次浸出时的溶液密度应在 $1.18 \sim 1.23$ g/cm^3（其 MoO_3 含量大于 $140 \sim 190$ g/L），第二次浸出在 1.05 g/cm^3 以上，当浸出时的溶液密度低于 1.05 g/cm^3 时，可以作下次氨浸出时的离子水使用。

3. 浸出温度的影响

扩散速度的快慢，取决于扩散系数的大小，而扩散系数与温度的关系是：

$$D = 7.4 \times 10^{-8} (xM)0.5T/0.6mv$$

式中：D——d 在温度为 T 时，溶质在溶剂的稀溶液中的扩散系数，cm^2/s；

M——溶剂的分子量；

T——绝对温度，K；

m——溶液的黏度，厘泊；

v——溶质在正常沸点时的分子容积，cm^3/mol；

x——溶剂的综合参数。

从上式可知，扩散系数正比于溶解过程的温度。温度升高，分子获得能量增加，分子运动的速度加快，同时还可使溶液的黏度降低，分子扩散的阻力就减小，扩散速度增大。不过，在浸出过程中温度的提高受着溶剂沸点的限制，并非越高就越好。例如，所用的氨水随温度的升高，氨气的挥发速度也会加快。造成体系中 pH 值下降，对浸出不利。在反应过程中温度应控制在 50 ℃ ~ 60 ℃ 为宜。在反应结束后放料时，可适当加温，以利于过滤。

4. 搅拌速度的影响

浸出在与焙砂接触的表面上发生反应时，扩散层的厚度与搅拌速度成反比。

$$\delta = \frac{k}{2un}$$

式中：δ——饱和层厚度；

k——常数；

u——搅拌速度；

n——指数，一般取 0.6。

搅拌会产生具有高速的涡流，这种涡流能降低扩散层的厚度。但搅拌不能消除扩散层，因为靠近固体表面的饱和层溶液与晶体之间有着牢固的附着力，当整个液体已处于剧烈的紊流时，而固体表面溶液还仍然处于层流。虽然增加搅拌速度可以减小饱和层厚度，加快反应速度，但搅拌过快会降低设备的利用系数。

5. 浸出剂浓度的影响

一般来说，溶剂的浓度大，也就是它的含量高，浸出速度加快。因为在一定温度下，在反应物分子总数中，活化分子所占的百分比是一定的。又因为单位体积内活化分子的数目和单位体积内反应物分子的总数成正比，也就是和反应物的浓度成正比，当反应物(溶剂)的浓度增大时，单位体积内的活化分子数也就增大，这样单位时间内活化分子的有效碰撞次数就增加，所以反应速度就增加。但浸出时浓度过高，也就是氨水用量过多，浸出后尚有一部分溶剂剩余下来未被充分利用，造成浸出剂消耗量增大，这不仅不经济，而且还会增加杂质进入溶液的量。

6. 浸出时间的影响

浸出时间增加，则浸出率增加，但时间过长，浸出率将改变不大而又影响生产周期，时间一般在 30~45 min。

7. 焙砂质量的影响

若焙砂中存在有不溶或难溶于氨水的钼酸钙、钼酸铅和未氧化好的二硫化钼、二氧化钼以及熔融烧结块等，将影响焙砂质量。还有焙砂中的铁含量高，尤其是两价铁在浸出过程中形成的氢氧化亚铁呈胶状很难沉降，以薄膜的形式包裹着焙砂的颗粒，阻碍三氧化钼的继续溶解；有氢氧化亚铁的存在，滤饼也很难抽干。当焙砂中有这些不溶和难溶物质，以及铁含量高时，氨浸渣中的含钼量就高，焙砂的浸出率降低。

浸出渣中的可溶钼含量　焙烧粉浸出渣中可溶钼≤8%，钼酸滤饼浸出渣中的可溶钼≤6%。

第五节　钼、铼溶剂萃取

溶剂萃取　是一种利用物质在互不混溶的两相中的不同分配特性进行分离的方法。通常是利用与水不混溶的有机溶剂，借助萃取的作用，使一种或几种组分进入有机相，而另外一些组分仍留在水相中，从而达到分离和富集的目的。

溶剂萃取法具有选择性好、生产量大、设备简单、操作简便、安全快速、易于实现连续化、自动化控制，以及回收率高、成本低等特点。但是该法的不足之处是，使用的萃取剂价格大多比较昂贵，有机溶剂较易挥发并有一定的毒性。尽管如此，该法一直受到广泛的重视。

溶剂萃取分离方法自出现以来，现已广泛用于分析化学、无机化学、放射化学、湿法冶金以及化工制备等领域。随着科研和生产的发展，该法正以更快的速度继续发展。

近年来，液膜分离技术发展很快，已用来从矿浸取液或废水中分离金属离子等。实际上，应用液膜分离金属离子的过程就是一个萃取与反萃取的过程。

目前萃取法已在钼冶金中得到广泛应用，特别是用以从分解辉钼矿的母液中回收钼和铼。

钼、铼溶剂萃取工艺流程　为了分离钼铼，溶剂萃取的原则流程见图 3-15 和图 3-16，但也可先用低浓度叔胺（N_{235}）萃铼，然后用高浓度叔胺萃钼。例如：压煮母液含 8～11 g/L Mo，0.1～0.2 g/L Re，1.8～2.5 mol/L H_2SO_4，用 2.5% N235-10% 仲辛醇-煤油在相比（O/A）=1∶5 下先萃铼，用氨水反萃铼，加入 KCl 制成高铼酸钾产品。萃铼后的水相用20% N_{235}-10%-仲

辛醇 – 煤油在相比(O/A) = 1∶5 的条件下萃钼,用氨水反萃钼得
到钼酸铵溶液。

在萃取过程中,随着溶液中欲被萃取的金属元素不同,往往
采用不同萃取剂。主要采用的萃取剂有如下几种:

1. 胺类萃取剂萃取

用叔胺萃钼(Ⅵ)表明,钼的分配比与料液的 pH 值有关,料
液中的含钼量为 10 g/L 和铼 1 g/L,在 25 ℃,用 10% Alamine 336
– 2% 2 – 乙基己醇 – 煤油萃钼(Ⅵ)的结果见表 3 – 21;在 25 ℃,
相比 1 用 10% Alamine 336 – 2% 2 – 乙基己醇 – 煤油萃钼(Ⅵ)的
结果见表 3 – 22。这与在弱酸性钼能生成聚合阴离子 $Mo_8O_{26}^{4-}$ 等
有关。实际上当平衡 pH < 1 时,由于生成部分 MoO_2^{2-} 而使钼的
分配比降低。

表 3 – 21 用 10% Alamine 336 – 2% 2 – 乙基己醇 – 煤油萃钼(Ⅵ)的结果
(25 ℃)(乔斯·科卡)

相比	料液 pH = 1			料液 pH = 2			料液 pH = 3			料液 pH = 4		
	平衡浓度/(g·L⁻¹)			平衡浓度/(g·L⁻¹)			平衡浓度/(g·L⁻¹)			平衡浓度/(g·L⁻¹)		
	[Mo]	[Mo]	pH	[Mo]	[Mo]	pH	[Mo]	[Mo]	pH	[Mo]	[Mo]	pH
(O/A)	(水)	(有)		(水)	(有)		(水)	(有)		(水)	(有)	
4/1	0.000	2.500	2.6				0.861	0.035	6.0	0.990	0.002	6.4
7/3	0.000	4.268	2.2	0.500	4.071	5.4	0.703	0.127	6.0	0.850	0.064	6.4
3/2	0.001	6.666	2.0	0.520	6.320		0.645	0.237	6.0	0.735	0.177	5.7
1/1	0.001	9.999	1.5	0.530	9.470		0.464	0.536	5.9	0.618	0.382	5.5
2/3	0.004	14.994	1.3	0.548	14.178		0.375	0.937	5.7	0.542	0.687	5.5
3/7	0.019	23.289	1.2	0.607	21.917		0.321	1.584	5.4	0.497	1.215	5.5
1/4	0.066	39.736	1.1	0.891	36.436		0.297	1.584	5.4	0.493	2.008	5.0

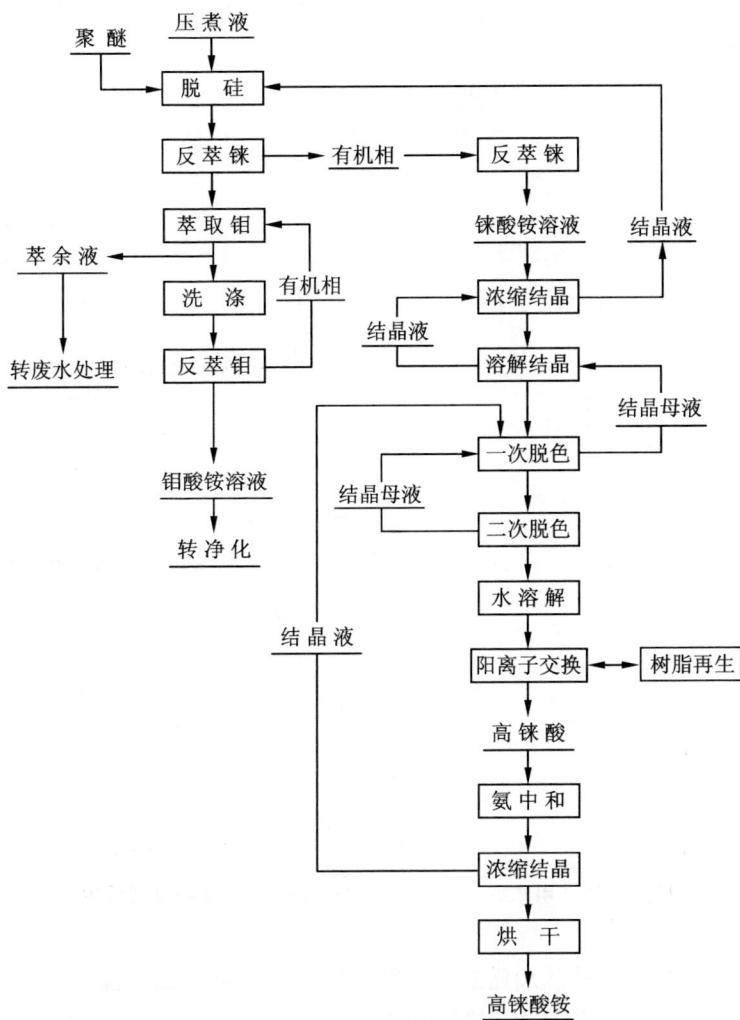

图 3-15 铼酸铵生产工艺流程图

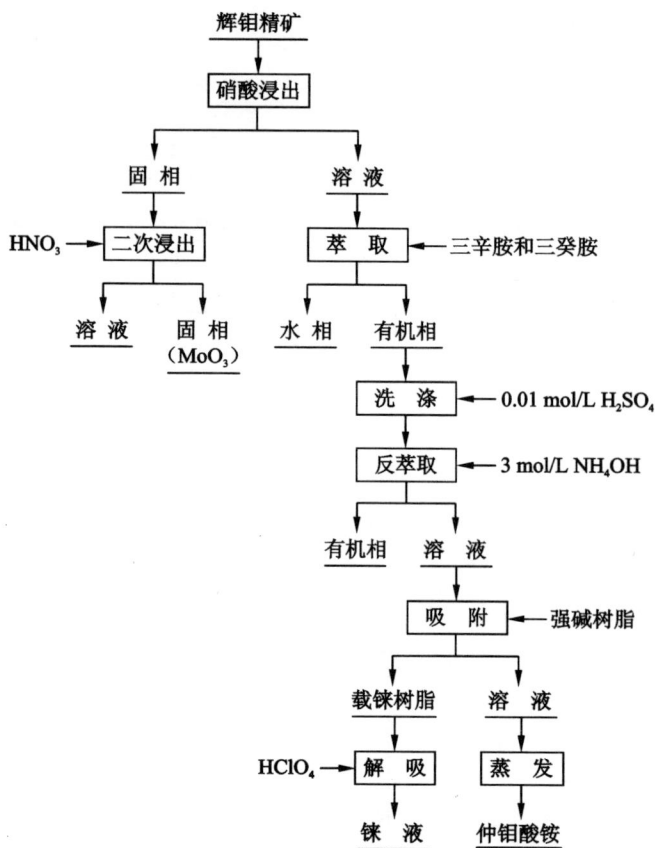

图 3-16 用萃取和离子交换联合法分离钼铼的原则流程

用叔胺或季胺盐从加压氧分解辉钼矿的母液中分离钼铼 母液中含有原料中几乎 100% 的铼和 15%~20% 的钼, 以及约 400 g/L H_2SO_4。母液中的铼和钼主要以 $Mo_8O_{26}^{4-}$、$MoO_2(SO_4)_2^{2-}$、ReO_4^- 等形态存在, 不同胺类萃取剂和硫酸浓度对萃取钼铼的影响见表 3-23 和表 3-24。从表中可以看出, 在较宽的硫酸浓度范围内,叔胺或季胺均能有效地萃取铼,但钼的萃取随硫酸浓度增大而明显降低。

表3-22 用10% Alamine 336-2% 2-乙基己醇-煤油萃钼(Ⅵ)的结果(25℃,相比1)(乔斯·科卡)

料液浓度 /(g·L⁻¹)		平衡浓度 /(g·L⁻¹)			料液浓度 /(g·L⁻¹)		平衡浓度 /(g·L⁻¹)		
pH	[Mo]	[Mo](水)	[Mo](有)	pH	pH	[Mo]	[Mo](水)	[Mo](有)	pH
1.0	10	0.001	9.999	1.5	2.0	10	0.530	9.470	5.3
1.0	9	0.005	8.995	1.6	3.0	10	6.112	3.888	5.6
1.0	8	0.004	7.996	1.5	4.0	10	6.658	3.342	5.6
1.0	7	0.002	6.998	1.5	5.0	10	8.129	1.872	5.6
1.0	6	0.000	6.000	1.6					

表3-23 不同胺类萃取钼铼的结果

萃取剂	相比 O/A	溶剂载钼量 /(g·L⁻¹)	萃取率,%	
			Mo	Re
Aliquat 336(季胺)	2	10.3	60.6	>99
Alamine 304(叔胺)	2	7.9	46.2	>99
XLA-3 (伯胺)	2	7.4	43.3	>99

注:有机相5%不同萃取剂-芳香族稀释剂(闪点47.2℃):料液(g/L)34 Mo、0.24 Re、380 H_2SO_4。

表3-24 料液中硫酸浓度对萃取钼铼的影响

料液中 H_2SO_4 浓度 /(g·L⁻¹)	萃取率/%	
	Mo	Re
100	99.3	98.3
300	89.0	98.3
600	14.0	98.3

注:萃取剂 Alamine 304;萃取时间1 min;有机相4% Alamin 304-5 十三醇-煤油;料液(g/L)8.0 Mo,0.05 Re;相比(O/A)=4。

用叔胺和强碱阴离子树脂联合法从硝酸分解辉钼矿的母液中回收钼铼　按照图 3－13 的工艺流程图，处理母液含（g/L）：Mo 23，Re 0.01，Cu 8.1，Fe 10.6，H_2SO_4 312.5。采用 20% 三辛胺和三癸胺混合物－10% 十三醇煤油有机相萃取，在相比为 1 时，钼和铼的分配比分别为 7.30 和 100 以上。在混合澄清槽进行 4 级逆流萃取后，钼的萃取率为 99%，铼的萃取率为 100%。负载有机相用 0.01 mol/L 的 H_2SO_4 2 级洗涤除去共萃取的铜、铁，然后用 3 mol/L 的 NH_4OH 3 级反萃钼铼。反萃液通过强碱阴离子交换柱，铼被吸附，用过氯酸解吸铼。吸附铼后的溶液进行蒸发结晶回收仲钼酸铵，其纯度达 99.94%，含量最高的杂质是铁（0.01%）。

用 N1923－TBP 从 Na_2MoO_4 溶液中除磷砷　磷砷的萃取受 N1923（伯胺）浓度、钼浓度和介质酸度的影响。在 pH=5.5~7.0 的平衡体系中能有效地分离磷砷（见图 3－17）。

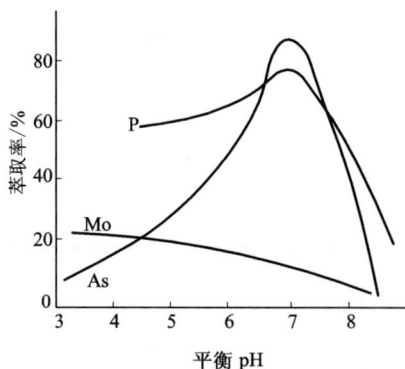

图 3－17　水相平衡 pH 对从 Na_2MoO_4
溶液中分离磷砷的影响

料液：40 g/L Mo；0.262 g/L P；0.024 g/L As；
有机相：1% RNH_2－10% TBP－煤油，萃取温度 18 ℃

1. P204 萃取

在弱酸性中，钼（Ⅵ）能以 MoO_2^{2+} 存在，故适用于酸性磷型萃取剂萃钼：

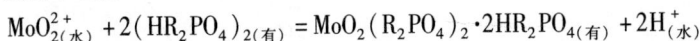

$$MoO_{2(水)}^{2+} + 2(HR_2PO_4)_{2(有)} = MoO_2(R_2PO_4)_2 \cdot 2HR_2PO_{4(有)} + 2H_{(水)}^+$$

pH 过高，钼能以 $Mo_7O_{24}^{6-}$ 等阴离子存在，不利于萃取；pH 过低也不利于萃取反应进行，故一般以平衡 pH = 2 为宜（见图 3 – 18）。溶液中的 Fe^{3+} 会与 MoO_2^{2+} 同时萃取，而 Cu^{2+} 即使在 2 g/L 时也不会被萃取。

用 P_2O_4 从硝酸介质中萃钼、铁、铝的结果见图 3 – 19。从图中看出，在低酸和高酸下均可有效地萃取钼。

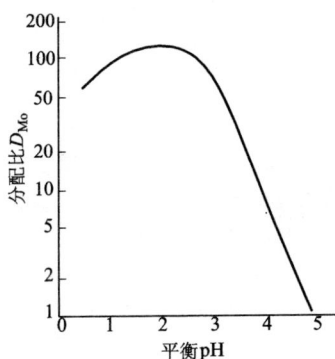

图 3 – 18　用 0.1 mol/L P_2O_4 – 煤油
萃钼时平衡 pH 与分配比的关系

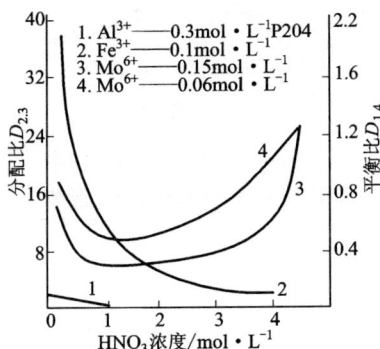

图 3 – 19　HNO_3 浓度对 P_2O_4
萃钼、铁铝的影响

2. Kelex100 萃取

用 Kelex100 可从硫酸介质中萃取分离钼、铜（见图 3 – 20）。从图中看出，在平衡 pH = 0.5 ~ 2.0 范围内优先萃取钼，而随平衡 pH 增大至 4，则优先萃取铜。

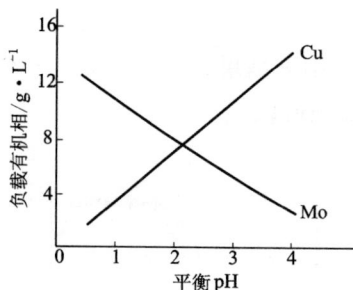

图 3 – 20　用 Kelex100 – 煤油
萃取时平衡对分离钼铜的影响

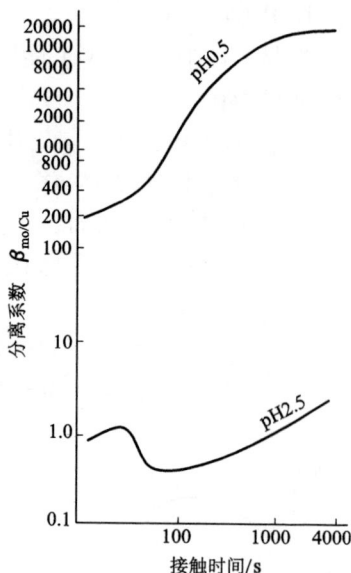

图 3 – 21　用 Kelex100 – 煤油萃
取时接触时间对钼铜分离的影响

料液：5 g/L Cu，5 g/L Mo；

有机相：0. 5 mol/L Kelex100 – 煤油；

相比：（A/O）= 3∶1

　　萃取接触时间对铜分离的影响见图 3 – 21。从图看出，在平
衡 pH = 0. 5 时，随接触时间增加，Mo/Cu 的分离系数提高。为了
更好地分离铜，负载的有机相用 150 ~ 200 g/L H₂SO₄ 洗去铜。除
铜后再用 NaOH 反萃钼，得到 Na₂MoO₄ 溶液。

　　3. 中性磷型萃取剂萃取

　　（1）用 TBP 和 TOPO 从盐酸、硝酸、硫酸溶液中萃钼。

　　用 TBP 和 TOPO 从酸中萃钼的主要反应如下：

$$H_2MoO_{4(水)} + 3TBP_{(有)} = H_2MoO_4 \cdot 3TBP_{(有)}$$

$$H_2MoO_{4(水)} + TOPO_{(有)} = H_2MoO_4 \cdot TOPO_{(有)}$$

$$MoO_2 \cdot X_{2(水)} + TBP_{(有)} = MoO_2X_2 \cdot 2TBP_{(有)} \quad (X = Cl \ 或 \ NO_3)$$

$$MoO_2 \cdot X_{2(水)} + 2TOPO_{(有)} = MoO_2 \cdot X_2 \cdot 2TOPO_{(有)}$$

$$MoO_2SO_{4(水)} + 2TOPO_{(有)} = MoO_2SO_4 \cdot 2TOPO_{(有)}$$

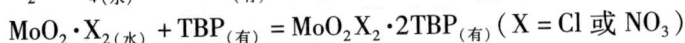

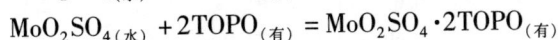

不同条件下用 TBP 和 TOPO 萃钼的结果见表 3 – 25。从表中看出，TOPO 从较高浓度的盐酸中萃钼效果最好。

（2）用 DBBP 或其混合萃取剂从加压氧分解辉钼矿的母液中萃取钼铼。

用 DBBP（丁基膦酸二丁酯）萃铼。从表 3 – 26 中看出，铼被选择性萃取，而钼只有少量萃取，负铼有机相用水反萃。

用 DBBP – 204 混合萃取钼铼。在此萃取体系中，DBBP 能萃取铼，而钼阳离子能被 DBBP – P_2O_4 协萃。采用 6 级逆流萃取，2 级水洗和 3 级 NH_4OH 反萃的结果见表 3 – 27。

用 DBBP – P_2O_4 – 胺混合萃取剂萃钼铼，加胺的优点可抑制铁被 P_2O_4 萃取，因而提高有机相对钼铼的容量。

表 3 – 25　TBP – 苯和 TOPO – 苯从无机酸中萃钼（Ⅵ）的结果

初始萃取剂浓度 /(mol·L^{-1})	初始水相酸度 /(mol·L^{-1})	分　　配　　比			
		10 ℃	20 ℃	30 ℃	40 ℃
1.60(TBP)	0.05(HCl)	0.86	0.80	0.73	0.68
0.03(TBP)	5.00(HCl)	0.30	0.24	0.19	0.15
1.60(TBP)	0.10(HNO$_3$)	0.23	0.19	0.17	0.16
0.02(TOPO)	0.05(HCl)	3.34	2.70	1.85	1.04
0.02(TOPO)	3.00(HCl)	110.0	81.1	66.1	47.6
0.10(TOPO)	0.05(HNO$_3$)	2.86	2.14	1.75	1.07
0.10(TOPO)	10.0(HNO$_3$)	0.22	0.20	0.19	0.18
0.02(TOPO)	0.05(H$_2$SO$_4$)	1.08	0.90	0.81	0.66
0.02(TOPO)	3.00(H$_2$SO$_4$)	2.33	1.00	0.56	0.23

表 3 - 26　用 DBBP 萃取钼铼的结果

相比 (O/A)	Mo/($g \cdot L^{-1}$)		Re/($g \cdot L^{-1}$)		H_2SO_4 浓度
	水　相	有机相	水　相	有机相	/($g \cdot L^{-1}$)
10.0	15.14	0.67	1.79	14.07	205.9
5.0	17.89	0.80	3.57	27.78	205.9
1.0	21.01	0.88	16.67	125.83	208.8
0.5	21.38	1.02	25.71	213.58	208.8
0.2	21.65	1.20	77.38	335.60	208.8
0.1	21.74	1.50	101.19	413.30	208.9
料液	21.89				210.8

注: 有机相 25% DBBP - 乙苯。

表 3 - 27　用 DBBP - P_2O_4 萃取钼铼的结果

物　料	Mo/($g \cdot L^{-1}$)	Re/($g \cdot L^{-1}$)	H_2SO_4/($g \cdot L^{-1}$)	SO_4^{2-}/($g \cdot L^{-1}$)
料　液	22.40	130.0	210.0	
萃余液	0.03	1.0	138.0	
水洗液	1.41	15.0	13.2	
反萃液	44.72	25.76		0.59

用 N - 235 萃取钼、铼的实践

基本原理和目的　以 ReO_4^- 和 $MoO_2(SO_4)_2^{2-}$ 阴离子形态溶解于压煮液中铼、钼能被 N - 235 选择萃取而与含大量杂质的压煮液完全分离。ReO_4^- 比 $MoO_2(SO_4)_2^-$ 对 N - 235 有稍强的亲和力,能优先被萃取。因此钼铼萃取采用低浓度(2.5%) N - 235 萃取铼,再用高浓度(20%) N - 235 萃取钼,分别进行萃取与反萃取,以达到提取、分离、富集铼钼,制取铼酸铵与钼酸铵溶液的目的。其萃取反应式如下:

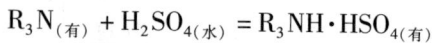

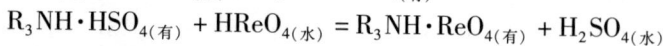

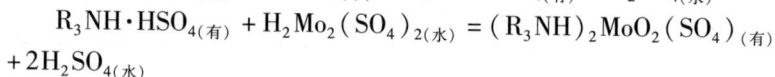

$$R_3N_{(有)} + H_2SO_{4(水)} = R_3NH \cdot HSO_{4(有)}$$
$$R_3NH \cdot HSO_{4(有)} + HReO_{4(水)} = R_3NH \cdot ReO_{4(有)} + H_2SO_{4(水)}$$
$$R_3NH \cdot HSO_{4(有)} + H_2Mo_2(SO_4)_{2(水)} = (R_3NH)_2MoO_2(SO_4)_{(有)}$$
$$+ 2H_2SO_{4(水)}$$

其反萃取反应式如下：

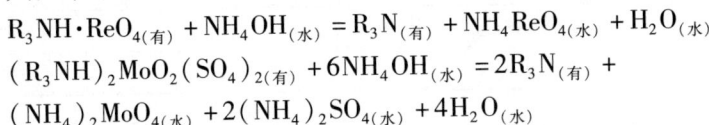

$$R_3NH \cdot ReO_{4(有)} + NH_4OH_{(水)} = R_3N_{(有)} + NH_4ReO_{4(水)} + H_2O_{(水)}$$

$$(R_3NH)_2MoO_2(SO_4)_{2(有)} + 6NH_4OH_{(水)} = 2R_3N_{(有)} +$$

$$(NH_4)_2MoO_{4(水)} + 2(NH_4)_2SO_{4(水)} + 4H_2O_{(水)}$$

低浓度 N-235 萃铼钼是竞争萃取的过程，伴随萃取的杂质较少，萃取后的有机相不需洗涤，高浓度 N-235 萃钼后的有机相要用稀氨水洗涤，以除去伴随萃取的硫酸及少量杂质。不然钼的反萃过程氨水消耗量大，易乳化，分相困难，两相夹带严重。为保证有机相有良好的流动性和在循环中组成稳定，有机相由三种试剂组成，其作用和配比见表 3-28。

钼、铼萃取工艺 萃取槽允许两相最大对流量 3.6 L/min，控制各溶液的流速范围见表 3-29，工艺条件计算参数见表 3-30，各工序萃取级数见表 3-31。

表 3-28 钼铼萃取有机相配比（体积）组成

试剂名称	作　　　用	萃铼有机相	萃钼有机相
N-235	萃取剂	2.5%	20%
仲辛醇	溶解 N-235 萃合物——助溶剂	40%	10%
煤　油	改善流动性——稀释剂	57.5%	70%

注：仲辛醇在有机相中对萃钼有抑制作用，萃钼有机相中不可过高。

表 3-29 钼铼萃取流速工艺

溶液名称	脱硅液	萃铼有机液	反铼氨水	萃铼有机相	洗水	反钼氨水
流速 （mL/min）	1600~2400	350~450	25~35	1000~1200	200~250	200~250

表 3-30 工艺条件计算参数

项目	脱硅液流量	萃铼有机相含铼量	萃钼有机相含钼量	反铼液反铼量	反钼液含钼量	洗水碱度
指标	1.6~2.4 L/min	1 g/L	15 g/L	10 g/L	100 g/L	1.6~1.8N

表 3 – 31　各工序萃取级数

工　序	萃　铼	萃　钼	洗　涤	反　铼	反　钼
级　数	9	7	1	2	2

工艺条件计算公式：

$$\text{萃铼有机相流量(L/min)} = \frac{\text{脱硅液流量(L/min)} \times \text{脱硅液含铼量(g/L)}}{\text{萃铼有机相含铼量(g/L)}}$$

$$\text{萃钼有机相流量(L/min)} = \frac{\text{脱硅液流量(L/min)} \times \text{脱硅液含钼量(g/L)}}{\text{萃钼有机相含钼量(g/L)}}$$

$$\text{反铼氨水流量(L/min)} = \frac{\text{脱硅液流量(L/min)} \times \text{脱硅液含铼量(g/L)}}{\text{反铼液含铼量(g/L)}}$$

$$\text{反钼氨水流量(L/min)} = \frac{\text{脱硅液流量(L/min)} \times \text{脱硅液含钼量(g/L)}}{\text{反钼液含钼量(g/L)}}$$

$$\text{洗水配制：氨水加入量(L)} = \frac{\text{洗水体积(L)} \times \text{洗水碱度(N)}}{\text{氨水碱度(N)}}$$

水加入量(L) = 洗水体积(L) – 氨水加入量(L)

采取从脱硅液中先萃铼，然后萃钼，萃铼负有相与萃钼负有相分别用氨水反萃取，制得铼酸铵与钼酸铵溶液。

原料技术要求　脱硅液含 Re 0.13 ~ 0.20 g/L，Mo 9 ~ 12 g/L，酸度 5 ~ 6 N。

辅助材料技术要求

工业 N – 235：叔胺浓度 > 95%。

工业仲辛醇：浓度 > 95%。

磺化煤油：符合国家标准。

工业氨水：见表 3 – 20。

钼铼萃取设备　萃取系统(以日处理 60 ~ 80m³ 溶液量计算) 所用设备：

聚氯乙烯板制 10 级钼萃取槽 1 台。萃取槽内分为 10 级，5 级萃取、2 级洗涤、2 级反萃、1 级有机相再生。外形尺寸：5300

mm×2250 mm×2100 mm；混合室500 mm×500 mm×750 mm，澄清室1500 mm×500 mm×750 mm；聚氯乙烯板制箱体尺寸：5000 mm×2000 mm×750 mm；聚氯乙烯箱体底距地面高于1000 mm；每级澄清室带有观察孔，便于观察溶液分层情况；底板和边板厚度为20 mm，中间隔板厚度为15 mm；箱顶加有活动塑料盖板；电机功率3.0 kW，皮带轮传动，搅拌转速为200～500 r/min可调。聚氯乙烯板制萃取箱平面和具体设计要求，见图3-22聚氯乙烯板制10级钼萃取槽示意图。

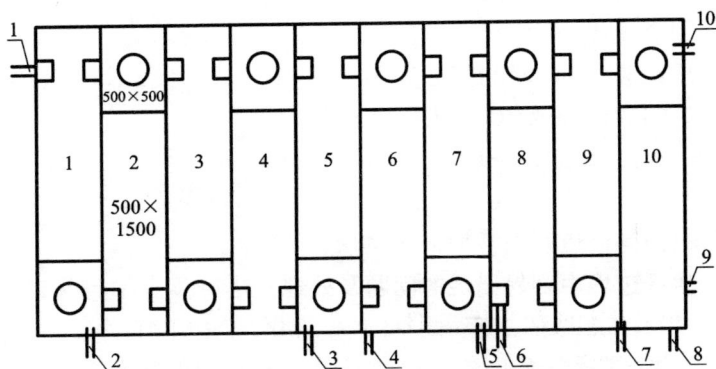

图3-22　聚氯乙烯板制10级钼萃取槽示意图

1—萃余液出；2—有机相进；3—萃溶液进；4—洗水出；5—洗水进；
6—反萃液出；7—反萃液进；8—再生废液出；9—有机相出；10—再生液进

钢制或塑料容积3m³脱硅槽1台。

聚氯乙烯板制脱硅液过滤器 φ1500 mm 1台。

脱硅液容积3 m³高位槽2台。

有机相容积3 m³高位槽1台。

聚氯乙烯板制2 m³洗水配置槽1台。

聚氯乙烯板制洗水过滤器 φ1000 mm 1台。

反萃液容积 1 m³ 配置槽 1 台。

聚氯乙烯板制 φ1200 mm × 800 mm 桶 6 个。

钛质和硬橡胶潜水式扬程 10 m,电机功率 0.5 kW 溶液泵 2 台。

不锈钢制钼酸铵溶液储槽容积 30 m³ 1 台。

聚氯乙烯板制萃余液储槽容积 10 m³ 1 台。

技术要求 各溶液的流速控制和各界面稳定,两相澄清好。萃余液和返回空有相夹带少,要求达到:

铼余液含 Re≤0.005 g/L

钼余液含 Mo≤0.5 g/L

反铼液含 Re≥10 g/L,Mo≤20 g/L

反钼液含 Mo≥100 g/L

萃铼负有相含 Re0.8~1 g/L

萃钼负有相含 Mo>15 g/L

返回铼钼负有相含均 Re,Mo≤0.02 g/L

生产过程中容易出现的问题及处理方法

(1)有机相浓稠、流动性差、产生乳化、分相不好,槽内液面升高。这些主要是气温低带来的影响。室内应进行保温或给投入的溶液预热或降低各溶液的流速,降低设备生产能力,延长分相时间。

(2)萃取液不合格,铼、钼含量超标:主要原因是萃取相比不合适或流速不稳定,或反萃水流量小,或返回有机相夹带水相严重。应核实工艺,适当增加有机相或降低脱硅液流速,或排除喷嘴造成流速不稳定的故障,或检查反萃水相的流速并予以校正,或检查返回有机相夹带水相的情况,抽出有机相助清室内沉积的水相。

(3)混合室液面低于溢流口:原因是分相界面波动大,混合相搅拌时间长而乳化。应稳定分相界面,一般能够自然恢复正常。长时间液面长不上,造成有机相单相流动时,应人为地向混合室加入水相，以分散或挤出乳化相，或多次停止运转一段时间，使混合室乳化现象消除。

（4）萃钼有机相洗涤澄清室出现沉淀物。原因是洗水流速过大，碱度高，局部中和严重。应将洗水断流一段时间，再适当降低洗水流速；或检查洗水碱度，如碱度过高，加水稀释至工艺要求的碱度。

（5）澄清室分相界面不稳定、水相澄清区逐渐缩小。澄清室分相界面不稳定主要是助清室积水抽出过多，而水相澄清区逐渐缩小的主要原因是助清室的积水过多，封住了底部连通口，抬高了澄清室的液面。因此，应适当地控制助清室内沉积的水相。

（6）萃钼有机相反萃时乳化，夹带水严重。原因是萃钼有机相酸度高，或洗后有机相夹带水，在反萃时产生沉淀物。应适当增大洗水流速，保证洗涤后的有机相 pH = 4～5，适当抽出有机相助清室内的水相。

（7）钼酸铵溶液（反钼液）澄清出现结晶。原因是反钼液的pH 值降至 6～7，或溶液含钼过高。应向澄清室加入适量的氨水，手工搅拌澄清室，使结晶溶解，水相 pH = 8.5～9 时，适当增大反萃氨水的流速。冬天室内保温，可提高钼酸铵的溶解度。

第六节　钼溶液离子交换

利用离子交换剂与溶液中的离子发生交换反应的方法，广泛应用于各种溶液的分离、富集和提纯。利用离子交换工艺设备简单，操作简便，树脂具有再生能力，可以反复使用，其生产环境好，但溶液量大，时间较长。利用离子交换的工艺方法也可以分离、富集和提纯含钼溶液。近几年来，离子交换工艺已在我国钼湿法冶金行业中开始得到推广应用。

钼离子交换法净化钼酸铵溶液　半工业规模的钼离子交换法

净化钼酸铵溶液工艺有两种：一种是采用 $D400$ mm $\times 2500$ mm 交换柱，通过 732 型强酸性阳离子交换树脂和活性炭对重金属杂质及碱土金属杂质有强的选择性，处理钼焙砂氨浸液，并起脱色作用。随着 pH 增高，操作容量增加；流速以 5 cm/min 为宜，过高则杂质增加；交换后的溶液制取仲钼酸铵，负载树脂用 NH_4OH 溶液淋洗除杂质。主要工艺指标是在溶液 pH = 8.5 ~ 9、密度 1.11 ~ 1.12 g/cm^3、温度 < 40 ℃时，总回收率 > 99.5%，直接回收率 > 98%。另一种是采用 $D307$ mm $\times 2000$ mm 交换柱，被处理的钼焙砂氨浸液依次通过 5 个交换柱，其中 1$^#$、2$^#$装 122$^#$阳离子交换树脂，3$^#$ ~ 5$^#$装 110$^#$树脂。122$^#$树脂能有效地吸附 Cu（NH_3），而 110$^#$树脂能有效地吸附镁、锰等杂质。交后液经离子交换处理后送去生产仲钼酸铵。树脂吸附杂质到一定程度后，用 1 mol/L 的盐酸淋洗去杂，再用 1 mol/L 的 NH_4OH 再生。交换时流速为 4 cm/min，淋洗时流速为 6.6 cm/min。主要的工艺指标是交换前的溶液密度 1.17 g/cm^3，pH = 8.0 ~ 8.5。仲钼酸铵含 Fe < 8 $\times 10^{-6}$，Si < 6 $\times 10^{-6}$，Mg < 30 $\times 10^{-6}$，Cu < 3 $\times 10^{-6}$，回收率由经典净化工艺的 88.5% 提高到 92.4%，盐酸消耗量为经典的 1/2。

用 AH – 80 – 7$_{\Pi}$ 从硝酸分解辉钼矿的母液中回收钼　母液成分中（g/L）Mo：15.6，Fe：14.2，SO_4^{2-}：65 ~ 67，HNO_3：205，中和到一定 pH 后流过 NO 型的离子交换柱，到流出液含 Mo 1 ~ 1.4 g/L，此时树脂含 Mo 达 115 ~ 136 g/L，钼的吸附率达 92.7% ~ 92.8%。负载树脂用 pH = 2.5 ~ 3.0 的水淋洗去铁后，再用 10% ~ 15% 的 NH_4OH 溶液解吸，得到含钼 60 ~ 155 g/L 的钼酸铵溶液。解吸后的树脂用 50 ~ 60 g/L HNO_3 转型为 NO 型。含钼 1 ~ 1.4 g/L 的流出液用 NH_4OH 中和至 pH = 7 ~ 8，使其中 Fe^{3+} 成 $Fe(OH)_3$ 沉淀，上清液再用 AH – 80 – 7$_{\Pi}$ 吸附回收钼，最后流出液含钼 30 mg/L，过程总回收率为 99.4% ~ 99.6%。

从含钼的废液中回收钼　其回收方法有如下几种。

（1）用弱碱性阴离子交换树脂 AH-1 从四钼酸铵结晶母液中回收钼。当母液中含（g/L）Mo：0.5~1.5，Cl⁻：35~40，SO_4^{2-}：7，Ca：2.0，Fe+Al：6.8，pH=2.5~3.0 时，先用 AH-1 吸附，然后用 5%~10% NH_4OH 溶液解吸，得解吸液含 Mo 60~120 g/L，总回收率为 95%~96%。

（2）用阴离子交换树脂回收仲钼酸铵酸沉淀母液中的钼。大孔型的 304A 树脂的交换容量或交换速度均比 201 好，同时在 pH 为 2.0~4.0 范围内，pH 对交换容量影响不大，每克树脂的饱和容量达 716~728 mg，每克干树脂的操作容量约 350 mg。饱和树脂用 5.6% NH_4OH 解吸，解吸含 Mo 90~100 g/L。用本工艺处理铀系统钼中毒树脂解吸液（含 Mo 2 g/L 左右），得类似结果。

（3）用磷酸型阳离子交换树脂从强酸性的电子元件酸洗废液中回收钼。当废液含（g/L）Mo：106.3，HNO_3：440，H_2SO_4：335 时，经稀释后流经交换柱，共 5 个柱，前 4 个装 H⁺ 型阳离子交换树脂，第 5 柱为再生。所用树脂为 Kφ-7，Kφ-1 M 和 Cφ-5，但 Kφ-7 对 2~3 g/L 的溶液选择性差。在负荷为 0.1~1.5/h 的条件下，Kφ-1 M 和 Cφ-5 的吸附率达 99.8%~99.9%，饱和树脂用 10%~12% NH_4OH 解吸，解吸液体积相当于树脂体积，解吸液含 Mo 量 60~160 g/L，蒸发结晶所得的仲钼酸铵含 Ca，Mg，Al，Zn，As，K+Na 均小于 10⁻⁵。

（4）用 W-305C 螯合型弱碱性阴离子交换树脂回收仲钼酸铵结晶母液和辉钼精矿氧压煮母液中的钼。在溶液含 Mo 为 4~8 g/L，$(NH_4)SO_4$ 为 50~200 g/L，pH=2~2.5 的条件下，每克干树脂的饱和交换容量为 248 mg，用 6% NH_3 溶液解吸，解吸率 99% 以上，解吸液含钼量达 100~120 g/L。

（5）从 NaOH 高压氧浸出后所得的浸出液中回收钼。当溶液中含（g/L）Mo：5.13，P：0.001，As：0.004，Si：0.011，SO_4^{2-}：10.9 时，在交换柱为 D145 mm×960 mm，用 D296 试验表明，pH

由 3 升至 6.5 时，1 mL 湿树脂的饱和容量由 76.8 mg 降为 48.4 mg，穿透容量为 55.4 mg 降为 38.7 mg。用 201×7 试验表明，在 pH 为 8~10 时，穿透容量为 40~38 mg。在酸性溶液中，201×7 不吸附钼，在碱性液中交换时，95%~100% 的杂质 P，As，SiO_2 随交后液排出，负载树脂用 5 mol/L 的 NH_4Cl + 2 mol/L 的 NH_4OH 解吸，解吸液中含有（g/L）Mo：62.3，As：0.003，P：0.001，SiO_2：0.006，SO：37.4。

钼离子交换树脂选择及其性质   各种树脂从不同溶液中吸附钼或除杂的性质及某些基础数据如下：

（1）处理含 Na_2MoO_4 0.025 mol/L 的溶液，用 HNO_3 调 pH 值，采用乙烯吡啶树脂牌号为：AH－23，AH－40，AH－25，AH－251，AB－231。这些树脂对钼的动力学总交换容量在 pH = 1~5 出现最大值。凝胶型乙烯吡啶树脂 AH－23，AH－40 的动力学总交换容量小于大孔型 AH－251 和 AB－231，在 pH = 1~5 时 AH－251 和 AB－231 每克干树脂对钼的动力学总交换容量分别达到 5.5~7.9 和 7.3~8.4 mmol，相当于大孔径强碱性阴树脂 AB－17－10п 的 1.5~1.7 倍。而 AH－23 和 AH－40 每小时每克干树脂对钼的动力学总交换容量仅 0.65~1.3 和 2.5~3.5 mmol。在 HNO_3 浓度超过 1 mol/L 时，上述树脂对钼的交换容量均接近 0。对负载的乙烯吡啶树脂用 10% NH_4OH 溶液解吸，解吸液体积为树脂体积 3~4 倍，而 AB－17－10п 解吸液仅 10~12 g/L。对硝酸的化学稳定性好，强度大。适宜于在酸性介质，特别是 NO 介质中工作。能有效分离 Mo 和 Fe，当溶液含 Mo 为 5 g/L，Fe：10 g/L，H_2SO_4：0.5 mol/L，HNO_3：1 mol/L 时，则钼全部被吸附，不吸附铁。

采用 AB－17－6п（相当于我国的 D201）处理含 Na_2MoO_4 0.025 mol/L 的溶液，在 pH = 9，钼的形态为 MoO_4^{2-}，pH = 3 时，吸附前后离子均为四钼酸根或 $HMo_8O_{26}^{3-}$；当 pH = 5 时，随着吸附

的饱和，除原有的仲钼酸根 $Mo_7O_{26}^{6-}$ 外，还出现了 $Mo_8O_4^{2-}$；当 pH =7 时，吸附物仍为 MoO_4^{2-}，但随着吸附的进行，流出液的 pH 升高，可能是与 H^+ 形成 H_2MoO_4。

（2）处理（NH_4）$_2MoO_4$ 溶液，采用呋喃树脂 ΦAH－3，ΦA－C，ΦA－T，ΦA－M1，ΦA－M2，AH－2Φ。当 pH = 4 ~ 4.5 时，1 g 干树脂的交换容量见表 3－32。

表 3－32　pH =4 ~ 4.5 时 1 g 干树脂的交换容量/mg

树脂牌号	ΦAH－3	ΦA－C	ΦA－T	ΦA－M1	ΦA－M2	AH－2Φ
对（NH_4）$_2MoO_4$溶液	350	116	292	283	306	220
对（NH_4）$_2MoO_4$+48g/L SO_4^{2-} 溶液	174	60	277	254	151	63

对 ΦA－T 而言，当 pH =3 ~5 时，交换容量最高，当溶液中有竞争吸附阴离子存在时，则交换容量降低，其中 ΦA－T 树脂降低较少，当 SO_4^{2-} 为 50 g/L 时，交换容量为不含 SO_4^{2-} 时的 95%；NO_3^- 为 50 g/L，为不含 NO_3^- 的 62%，可视为粒扩散控制。在 ΦA－C，ΦA－M1 中的表观平均扩散系数为 AH－2Φ 的 2 ~3 倍。

采用胺代乙烯树脂，牌号为：AH－44，AH－47，AH－45(2 甲基胺)，并与 AH－251 对比，AH－44，AH－47，AH－45 每 1 g 干树脂的总交换容量分别为 3.7, 4.4, 4.05 mmol 比 AH－251 高 50% 左右。三种树脂对钼的动力总交换容量随 pH 而变，如图 3－23 所示。从图可知，在 pH－3 出现最高值，主要是由于在此 pH 下钼成比电荷小的 $Mo_8O_{26}^{4-}$，其交换容量大与大孔型 AH－251 接近。

采用胺代乙烯树脂，牌号为 AH－44，AH－47，AH－45(2 甲基胺)，AH－251 对比，吸附的钼易被 10% NH_4OH 解吸。用 10% NH_4OH 解吸 AH－47 的曲线见图 3－24。

采用胺代乙烯树脂，牌号为 AH－44，AH－47，AH－45，AH－251 对钨的吸附，pH =7 左右呈现最大值见图 3－25。对比图 3－23 和图 3－24 可知，在 pH =3 ~ 5 时，树脂对钼、钨吸附性能差异大,因此可借以分离钨钼。胺代吡啶树脂对钨、钼的分离系数比苯乙烯二乙烯苯树脂大 10～15 倍。当溶液中 W∶Mo = 1∶1 用 AH – 44 吸附钼的吸附率为 100%,而钨仅为 4%。

(3)处理含 Mo:1.4 g/L,SO_4^{2-}:8～11 g/L,pH = 3 的沉淀钼酸钙后的母液,采用大孔型 AH – 80 – 10п,AH – 80 – 7п(常代用的是 AH – 1)。大孔型 AH – 80 – 10п,AH – 80 – 7п 的动力学总交换容量为 AH – 1 的 3～4 倍,且易被 10%～15% 的氨水解吸,因此可用 AH – 80 – 10п、AH – 80 – 7п 代常用的 AH – 1。

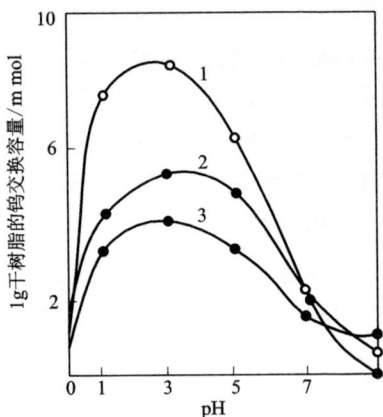

图 3 – 23 AH – 47,AH – 44,AH – 45 对钼的吸附性能
1—AH – 47;2—AH – 44;3—AH – 45

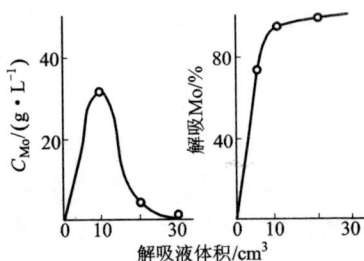

图 3 – 24 负载钼的 AH – 47 用 10% NH₄OH 解吸的解吸曲线

(4)处理含 Mo 量为 60～100 g/L 的钼焙砂氨浸液,用 H_2SO_4 中和到所需 pH = 2。

Na_2MoO_4 溶液含 Mo 0.5 g/L,用 H_2SO_4 中和至所需的 pH 值,并加 Na_2SO_4 控制 SO_4^{2-} ≥0.5 mol/L。采用乙烯吡啶大孔径阴离子树脂 вп – 1п×10/25,用含钼 0.5 g/L 的溶液 5 mol 与 1 g 树脂长期静态接触,提钼的吸附率(a)及分配比(D)(钼在树脂浓度比)

与 pH 关系见图 3 – 26。用含 Mo98 g/L 氨浸液测提树脂对钼的交换容量与 pH 关系见图 3 – 27。随着溶液 pH 增加，杂质 Fe，Cu 的吸附量增加，当 pH 为 0.8 ~ 1.1 时，饱和树脂中未发现铜，而 1 g 干树脂含铁仅为 1 ~ 2 mg。负载树脂用氨水解吸时，pH = 6，20 ℃接触 200 min 解吸率仅 1%；60 ℃，pH = 6，200 min 则

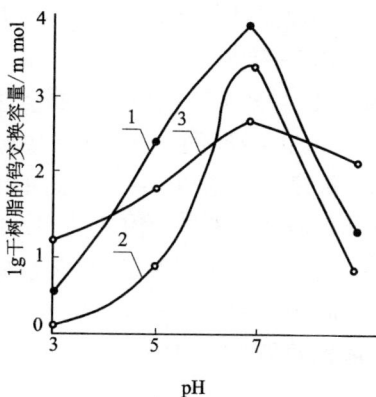

图 3 – 25 AH – 47，AH – 45，AH – 44 对钨的吸附性能

1—AH – 47；2—AH – 45；3—AH – 44

解吸率达 99.2%，pH = 7，60 ℃，200 min 解吸率达 99.9%，所吸入 SO_4^{2-} 的解吸速度亦随温度升高而增加。

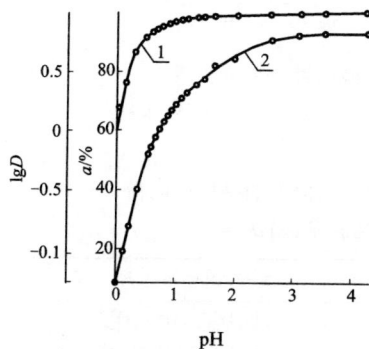

图 3 – 26 钼的提取率 a 和分配比 D 的对数与 pH 关系

1—提取率 a；2—分配比 D 的对数

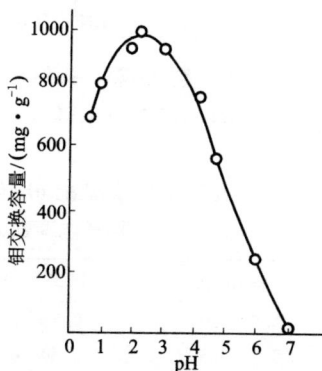

图 3 – 27 树脂对钼的交换容量与 pH 关系

(5)处理含钼 50 g/L 的 Na_2MoO_4 溶液用 HNO_3 调 pH,并加适量 $NaNO_3$ 控制 NO_3^- 浓度,采用含磷酸基团的两性树脂:AHKφ - 1(骨架为乙烯吡啶,凝胶型)、Aφи - 21(聚苯乙烯,大孔径),Aφи - 22(同 Aφи - 21)并与 Kφ - 7、Bπ1 - п 对比,交换容量与酸度关系见图 3 - 28。图中说明,可直接用两性树脂从硝酸分解母液中吸附钼。溶液的 pH 与吸附钼的离子的平均比电荷(离子电荷数/离子钼原子数)关系见表 3 - 33。经过 8 h 后,大孔径型树脂的饱和率达 85% ~ 90%,凝胶型树脂仅为 35%,用三倍树脂体积的稀 NH_4OH 解吸,Aφи - 21、Bπ1 - п 解吸完全。

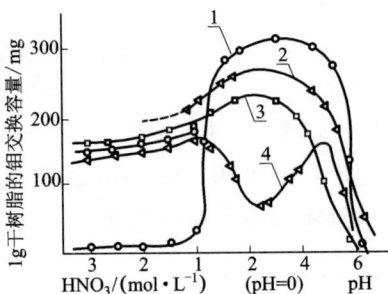

图 3 - 28　各种树脂的交换容量与酸度关系

1—Bπ - 1п; 2—Aφи - 22; 3—Aφи - 21; 4—AHKφ - 1; 5—Kφ - 7

表 3 - 33　溶液的 pH 与吸附钼的离子的平均比电荷
(离子电荷数/离子钼原子数)关系

平衡 pH 值	平均比电荷	吸附离子形态
5.5 ~ 5.0	0.83 ~ 0.89	$Mo_7O_{24}^{6-}$, $HMo_7O_{24}^{5-}$
5.0 ~ 4.5	0.69 ~ 0.58	$HMo_7O_{24}^{5-}$, $H_2MoO_{24}^{4-}$
4.5 ~ 4.0	0.58 ~ 0.49	$H_2MoO_{24}^{4-}$, $Mo_8O_{26}^{4-}$
4.0 ~ 3.0	0.49 ~ 0.40	$Mo_8O_{27}^{4-}$, $HMo_8O_{26}^{3-}$
3.0 ~ 2.0	0.40 ~ 0.38	主要为 $HMo_8O_{26}^{3-}$

第七节 钼酸铵溶液的净化

净化的目的 净化是往浸出过滤后的钼酸铵溶液中加硫化铵溶液，使钼酸铵溶液中的重金属杂质离子生成硫化物沉淀下来，过滤除去，以达到提高产品质量的目的。

加硫化铵净化的基本原理 利用某些杂质的硫化物在碱性溶液中的溶度积很小的特点，例如硫化铜（CuS）的溶解度为 9.1×10^{-23} mol/L，硫化铁（FeS）的溶解度为 6×10^{-10} mol/L。向浸出液中加入硫化铵或硫化钠，使之成为硫化物沉淀，以达到与钼分离的目的。净化过程中，一般不采用加硫化钠，因为带入 Na^+ 离子后使产品的钠超标。净化过程主要反应为：

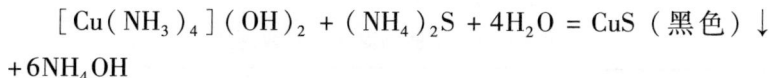

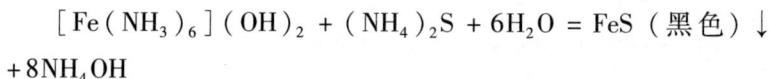

$$[Cu(NH_3)_4](OH)_2 + (NH_4)_2S + 4H_2O = CuS（黑色）\downarrow + 6NH_4OH$$

$$[Fe(NH_3)_6](OH)_2 + (NH_4)_2S + 6H_2O = FeS（黑色）\downarrow + 8NH_4OH$$

其他二价重金属离子也能生成 MeS 沉淀，二价的铜、铁、铅以及砷、锑基本上可沉淀完全。由于 $Ni(NH_3)_4^{2+}$、$Zn(NH_3)_4^{2+}$ 的络合稳定常数较大（见表 3-34），同时其硫化物溶度积又较大，故除镍、锌的效果较差。

$(NH_4)_2S$ 的加入量应略高于沉淀铜、铁的理论需要量。但加量过大会生成钼的磺酸盐，降低产品纯度。

在净化过程中，除铜、铁以外的两价重金属杂质所生成的沉淀物和沉淀物的颜色如下：

$$Al^{+3}$$
$$Cr^{+3}$$
$$Bi^{+3}$$
$$Mn^{+2}$$
$$Zn^{+2}$$ $\xrightarrow{\quad S^{2-} \quad}$
$$Co^{+2}$$
$$Ni^{+2}$$
$$Pb^{+2}$$
$$Cd^{+2}$$

$Al(OH)_3$	白色
$Cr(OH)_3$	灰绿色
Bi_2S_3	暗褐色
MnS	肉色（或淡绿色）
ZnS	白色
CoS	黑色
NiS	黑色
PbS	黑色
CdS	黄色

三价铝（Al^{+3}）离子和三价铬离子（Cr^{+3}）的硫化物在水溶液中强烈水解，因此，它们不能以硫化物的形态存在于沉淀中，而是以氢氧化物的形态存在于沉淀中。

表 3-34　某些络离子的络合常数

络离子生成反应	K	$\lg K$
$Cd^{2+} + 4NH_3 = Cd(NH_3)_4^{2+}$	3.36×10^8	8.52
$Co^{2+} + 4NH_3 = Co(NH_3)_4^{2+}$	1.18×10^7	7.07
$Cu^{2+} + 4NH_3 = Cu(NH_3)_4^{2+}$	1.07×10^{14}	14.03
$Ni^{2+} + 4NH_3 = Ni(NH_3)_4^{2+}$	2.95×10^9	9.47
$Zn^{2+} + 4NH_3 = Zn(NH_3)_4^{2+}$	5.0×10^{10}	10.70

加活性炭净化的基本原理　当浸出液中含有一些不能生成硫化物沉淀的钾钠和有机物杂质时，就得用活性炭吸附的办法加以净化。活性炭吸附杂质的原理是在固体活性炭的内部，一个分子的作用力（引力）平均分配在周围的分子之间，成为饱和平衡状态；但是，在固体的表面上一个分子的吸引力有一个方向没有得到饱和平衡，这个引力伸出到空间，就能够吸住液相中或气相中

其他物质的一个分子。根据这个原理可知，吸附是在活性炭表面进行的，所以活性炭的表面积越大，它吸附的杂质就越多。

在净化中用活性炭吸附杂质，是属于物理吸附。吸附剂活性炭与被吸附的杂质不起化学反应，因此不改变它们的原来的性质。吸附作用在开始时是很大的，后来因固体活性表面已有很多分子吸附着杂质，空位减少，吸附速度就下降，直至停止。这些被吸附的杂质分子并不是长期而牢固地留在活性炭表面，而由于热的骚动，可以使它们脱离活性炭表面的杂质分子，重新回到溶液中。活性炭的再生就是利用它这一性质。

活性炭一般是很细的粉末，活性炭粒度愈细，表面积就愈大，但使用起来易飞扬，因此，在使用中一方面造成活性炭损失大，二方面造成环境不卫生。为了克服这个缺点，最好使用制团造粒的活性炭，这种经过制团造粒的活性炭疏松多孔，其表面积同样非常大。

净化设备　浸出用的主要设备如下：

净化槽：钢制夹套加热锥底容积为 $2 \sim 3 \ m^3$，功率 $3.0 \sim 7.5$ kW，搅拌速度为 $80 \sim 100 \ r/min$，浸出搅拌槽与酸洗搅拌槽相似，参见图 $3-12$。

过滤器：过滤面积 $\phi1200 \ mm$，不锈钢或塑料材质。

扬液器：容积 $1.5 \sim 2.0 \ m^3$，不锈钢材质。

净化液贮槽：容积为 $20 \sim 30 \ m^3$，钢制衬胶材质。

原料、辅助材料技术要求

（1）浸出钼酸铵溶液密度 $\geqslant1.05$。

（2）工业氨水技术条件见表 $3-20$（氨含量 $\geqslant25\%$）。

（3）化学纯硫化钠见表 $3-35$。

（4）双氧水（过氧化氢）应符合表 $3-36$ 的技术要求。

表3-35 化学纯硫化钠技术要求

项目	$Na_2S \cdot 9H_2O$ 含量 $\geqslant$/%	澄清度试验	水不溶物 $\leqslant$/%	铵盐 (NH) $\leqslant$/%	碘氧化物 (以 $Na_2S_2O_35H_2O$ 计) $\leqslant$/%
指标	96.0	合格	0.005	0.003	1.0

注：硫化钠或硫化铵的比重为1.18~1.20。

表3-36 工业用过氧化氢技术要求

名 称 指 标	27.5% 过氧化氢合格品	35.0% 过氧化氢合格品
过氧化氢（H_2O_2）(m/m)$\geqslant$/%	27.5	35.0
游离酸（以 H_2SO_4 计）$\leqslant$/%	0.08	0.08
不挥发物$\leqslant$/%	0.10	0.10
稳定度$\geqslant$/%	93.0	93.0

注：(1) 外观为无色透明液体；(2) 过氧化氢含量指标为出厂时保证值，在符合标准贮存运输的条件下，6个月内过氧化氢含量降低不大于8%。

净化工艺过程 将浸出的钼酸铵溶液放入净化槽，开蒸气加热至80℃~90℃，然后加氨水调至溶液 pH=8~8.5（钼酸滤饼的浸出液加入槽后，开始搅拌，同时加入活性炭，搅拌20~30 min 取样自检，使溶液呈浅黄色）。在不断搅拌下慢慢地、分多次加入硫化铵溶液。净化完毕后，停止搅拌，待溶液静置澄清后，开真空泵，虹吸出上清液过滤，最后将净化渣放出过滤。

在净化过程中，经多次加入硫化铵溶液搅拌均匀后，取少量溶液过滤，在比色管中自检。若溶液呈蓝色，一种可能是硫化铵加入量不足，可继续加入适量的硫化铵，另一种可能是溶液中有钼蓝存在，可加适量双氧水将低价钼氧化成高价钼，其蓝色即可消失；若溶液无色透明，则硫化铵加入适量；若溶液呈黄色则是硫化铵加入过量，可加入适量未净化的浸出液进行调整。也可取少量净化液过滤在试管中，加入1%硝酸铅溶液2~3滴进行检查，若溶液出现黑褐色沉淀（PbS），则硫化铵加入过量，可补加适量的未净化的浸出液进行调整；若溶液中出现白色沉淀物（$PbMoO_4$），则硫化铵加入适量。

净化渣抽干后用沸水淋洗，回收渣中钼酸铵溶液。净化液压至净化液贮槽待浓缩，净化渣洗水压至稀钼酸铵溶液贮槽，净化渣集中堆放。

技术要求　净化液过滤后为无色透明液体，溶液中铜铁含量≤0.003 g/L。

影响净化效果的因素　影响净化效果的因素主要有以下几方面：

(1)净化前溶液的温度。反应温度过低对净化不利，因为加入硫化铵后形成的硫化物细小颗粒不易凝聚，溶液产生浑浊，渣与液不分离；同时，体系温度过低则反应速度慢，不利于净化操作控制。温度的适当升高，不仅会使反应速度加快，而且还可以增加胶体微粒的运动速度和相互碰撞的机会，使胶体微粒的稳定性降低，从而聚结成大颗粒沉降下来，使沉淀与液体容易分离，便于过滤。但反应温度过高，一方面造成氨的大量挥发，使反应体系 pH 值偏低，也不利于净化；另一方面会使硫化物溶解度增大，体系杂质离子增高，同时硫的水解更趋于完全，同样对净化不利。净化前溶液的温度要控制在 80 ℃ ~90 ℃为好。

(2)净化前溶液的 pH 值。加沉淀剂硫化铵前，必须加氨水调节溶液 pH 值至 8.5 ~9.0，若 pH 值过低，虽然有利于杂质离子氨络合物的离解，但此时硫在体系中的水解程度加大，硫化铵和硫化钠会发生水解，其水解反应如下：

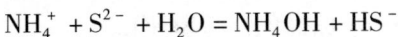

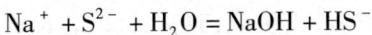

$$NH_4^+ + S^{2-} + H_2O = NH_4OH + HS^-$$

$$Na^+ + S^{2-} + H_2O = NaOH + HS^-$$

硫化铵水解后，硫离子的浓度降低了，这样就增加了硫化铵的用量，不利于净化，且钼会以仲钼酸盐的形式沉淀，造成钼的损失。另外，大部分重金属杂质的硫化物只有在碱性溶液中才能沉淀完全，所以溶液的 pH 不能过低。但溶液中的 pH 值过高，则不利于杂质离子氨络合物离解，增加酸沉负担。因此，净化过程中 pH 值应控制在 8.0 ~ 8.5 之间。

（3）沉淀剂硫化铵的用量。若硫化铵或硫化钠加得太多，就会生成暗红色的硫代钼酸铵或硫代钼酸钠，其反应式为：

$$(NH_4)_2MoO_4 + 4(NH_4)_2S + 4H_2O = (NH_4)_2MoS_4 + 8NH_4OH$$
$$(NH_4)_2MoO_4 + 4Na_2S + 4H_2O = (Na_4)_2MoS_4 + 8NaOH$$

当净化溶液中有这种硫代钼酸铵或硫代钼酸钠存在时，在酸沉 pH 值等于 2.5 ~ 3.0 的时候，就有三硫化钼的棕红色沉淀生成。

$$(NH_4)_2MoS_4 + 2HCl = MoS_3\downarrow + 2NH_4Cl + H_2S\uparrow$$

由于三硫化钼是不溶于氨水的，因此，在结晶工序将粗结晶溶解过滤时会除去一部分，而造成钼的损失，但三硫化钼很细，在过滤时不能全部滤掉，还有一部分通过透滤而带入溶液，在结晶时进入仲钼酸铵产品，使产品中的硫含量增高，若沉淀剂硫化钠加量不够，溶液中还有一部分重金属杂质离子未生成硫化物沉淀下来，会影响产品质量。

为了保证产品质量，若要加硫化钠时，就必须适当控制硫化钠的加入量。判断硫化钠加量是否适当的方法是：将净化后的溶液用过滤纸过滤放比色管中，溶液带蓝色（是铜氨络合物，而不是钼蓝的情况下）表示硫化钠未加到量；溶液呈黄色，加硝酸铅进去又生成棕褐色沉淀时，表示硫化钠加量过多。硫化钠与硝酸铅的化学反应是：

$$Na_2S + Pb(NO_3)_2 = PbS\downarrow（棕褐色）+ 2NaNO_3$$

若溶液无色透明，加硝酸铅进去生成白色沉淀时，表示硫化钠加量适当，其化学反应如下：

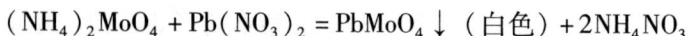

$$(NH_4)_2MoO_4 + Pb(NO_3)_2 = PbMoO_4\downarrow（白色）+ 2NH_4NO_3$$

　　若硫化钠加量太多，必须加未净化的浸出液进去，若没有未净化的浸出液，可加进一些杂质，最好是可溶性的铜盐，例如硫酸铜、硝酸铜或氯化铜等，使溶液中过剩的硫离子与铜离子反应生成硫化铜沉淀下来。

　　若加硫化钠后，溶液的蓝色还是不消失，这种蓝色就是低价钼形成的钼蓝，在溶液中加双氧水，使低价钼氧化成高价钼，则蓝色可以消失。

　　(4)搅拌时间。搅拌是为了加进去的硫化钠均匀地扩散到溶液的各个部分去，与杂质离子反应生成沉淀。搅拌时间太短会使硫化钠分布不均匀，造成净化效果不好，因此，搅拌时间要适当长一些。

　　(5)加硫化铵或硫化钠的速度。加硫化钠的速度太快，容易造成硫化钠在溶液中局部过饱和，生成大量细小的晶核，使沉淀很细，溶液难以澄清和过滤。其次，如硫化钠加得太快，也容易造成硫化钠加量过量，所以硫化钠应该缓慢地加入。

　　(6)净化剂的选择。当溶液中含一些不能生成硫化物沉淀的无机物和有机物杂质时，就不能加硫化钠，而只能加活性炭把这些杂质吸附后除去。例如，溶液呈酱色时，加入活性炭将溶液中无机物或有机物的杂质吸附后，就可使溶液澄清。有时净化前溶液中既有不与硫离子生成沉淀的杂质，又有能与硫离子生成硫化物沉淀的重金属杂质，在这种情况下，活性炭和硫化钠两种净化剂要配合使用，才能达到净化的目的。如单独用活性炭吸附杂质时，操作温度越低越好，因为用活性炭吸附杂质，是属于物理表面吸附，当温度高时，分子运动加剧，分子间引力就减弱，使活性炭已被吸附的杂质容易解吸，脱离活性炭的表面，重入溶液当中。

第八节　钼酸铵溶液的浓缩

浓缩的目的　将净化后的钼酸铵溶液加热沸腾,使溶液中一部分水分蒸发,氨气挥发,以缩小溶液体积,增加溶液含钼浓度,降低溶液碱度以提高酸沉的产量,降低盐酸消耗,另外使溶液中胶状杂质聚集沉淀,以便过滤除去,提高产品质量。浓缩就是通过加热蒸发提高溶液浓度的过程。

基本原理　在温度低于溶液沸点时,有一部分高速运动的分子从液面克服其他分子的引力而飞出液面。当溶液达到沸点时,不但液体表面的分子跑出多,而且液体内部摆脱分子间引力的分子,形成气泡跑出液面也多。这样溶液中低沸点的氢氧化铵和水分子就不断气化变成氨气和水蒸汽而被赶跑,故可使溶液的浓度提高而碱性降低。

在高温下,溶液中细小胶状的沉淀物聚集成大颗粒沉淀而被过滤时除去,因此溶液通过浓缩也能除去一部分杂质。

要提高溶液的浓度,唯一方法就要使溶液中的水分子变成水蒸汽而挥发。液体变成气体有两种方式,就是蒸发和沸腾。众所周知,液体的分子是无规则地运动着的,而各个分子的运动速度是大小不相同的。因此,无论在什么温度下,总是有一些高速度的分子克服液面其他分子的引力从液面飞出。这就是蒸发只发生在液体的表面,而在任何温度下都能蒸发的原因。由于蒸发速度太慢,不能满足生产周期的要求,要提高液体的汽化速度,就必须提高液体的温度,使溶液达到沸点而产生沸腾。沸腾是从液体内部进行气化的,在沸点温度时,不但液体表面的分子跑出多,而且液体内部的分子也容易摆脱分子间的引力跑出液面也增多。另外,还因为气体在液体中的溶解度随着温度的升高而减小,溶液中的游离氨、氧气、二氧化碳气体等,以气泡形式跑到液面破裂后进入空气中,以气化的水蒸汽为载体将它们一同带走,所以,液体在沸腾状况下挥发最快。

浓缩设备 浓缩用的主要设备如下:

浓缩槽:容积为 3~5 m³,搅拌速度为 80~100 r/min,功率 4.5~7.5 kW,夹套加热,不锈钢材质,浓缩槽与酸洗搅拌槽相似。

过滤器:过滤面积 φ1200 mm,不锈钢或塑料材质。

扬液器:容积 1.5~2.0 m³,不锈钢材质。

净化液贮槽:容积为 20~30 m³,钢制衬胶材质。

二效浓缩器:该设备是取代浓缩槽的溶液浓缩设备,二效浓缩器见图 3-29。

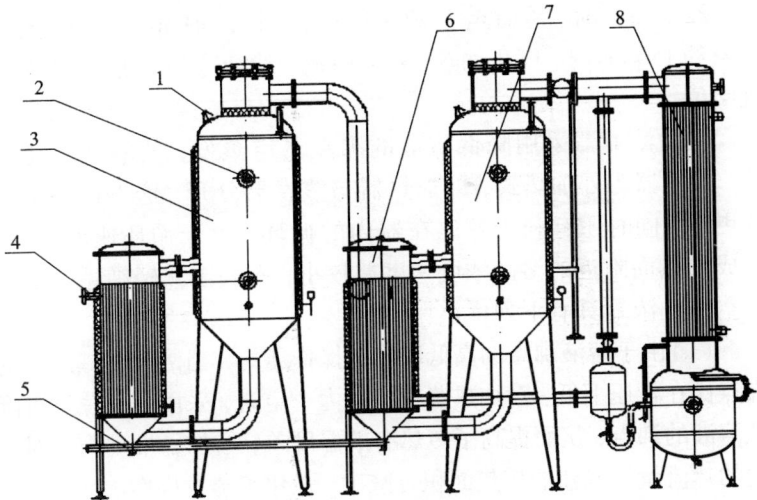

图 3-29 二效浓缩器示意图

1—射灯;2—观察镜;3—一效蒸发器;4—一效加热器;
5—进出液口;6—二效加热器;7—二效蒸发器;8—冷凝回收器

二效浓缩器的蒸发能力 1000 kg/h；蒸发压力 0.09 ~ 0.15 MPa；蒸发温度：一效 80 ℃、二效 60 ℃；真空度：一效 0.05 MPa、二效 0.08 MPa；溶液比重：1.1 ~ 1.3；加热面积 20 m²；冷却面积 18 m²；蒸气消耗 800 kg/h；真空管口 DN65；外形尺寸（mm）：长 5500 mm × 宽 1100 mm × 高 3800 mm。

浓缩工艺过程　将净化过滤后的钼酸铵溶液加入带蒸气加热的蒸发槽内，开蒸气加热溶液至沸腾，调节好蒸气阀使沸腾状态保持稳定，使溶液中的一部分水分蒸发出去，氨气挥发，提高溶液密度。蒸气压力不超过 294 kPa，沸腾后蒸气压力不超过 98 kPa（1 kg/cm²），以防冒槽。若净化液密度较低，可开动搅拌，加快蒸发速度。经常测量浓缩液密度，检查槽内溶液减少情况，及时补充净化液，以防浓缩密度过大造成结晶。当溶液密度达到 1.2 ~ 1.22 g/cm³ 时，冷时至 1.22 ~ 1.24 g/cm³，pH 值为 7.0，或游离氨约 15 g/L 时，停止加热，然后过滤，滤液冷却至 45 ℃转入酸沉岗位。

二效浓缩器采用降低溶液的沸点真空蒸发，使溶液快速浓缩，蒸发器为外加热式，即加热器与蒸发器分开，这不仅易于清洗更换，同时还有利于液体在器内的循环，由于循环速度提高，造成加热面附近的溶液浓度梯度差较小，有利于减轻结垢。采用真空蒸发浓缩具有下列优点：

（1）由于溶液沸点的高低取决于操作压力，当溶液在减压下的沸点比在常压下低，对加热蒸气的压力一定时，采用真空蒸发可降低溶液的沸点，从而提高了传热有效温度差，增加了推动力。对一定的热流量蒸发器的传热面积可减少，强化了蒸发操作。

（2）对加热源的要求可降低，提供了可利用低压蒸气或废热蒸气作热源的可能性。

（3）由于操作压力低于常压，溶液沸点下降可减少或防止热敏性物料的分解，可以浓缩不耐高温的溶液，宜用于处理热敏性溶液。

（4）由于降低了溶液沸点，可减少蒸发器的热损失。

二效浓缩器工作过程是蒸汽进入一效加热室将料液加热，同时在真空的作用下，从喷管喷入一效蒸发室，料液从弯道回到加热室，再次受热又喷入蒸发室形成循环，料液喷入蒸发室时成雾状，水分迅速被蒸发，蒸发出来的第二次蒸汽进入二效加热室给二效料液加热，二效蒸发室蒸发出来的蒸汽（第二次）进入冷却器，用自来水冷却成冷凝水，流入受水器经排水泵排出。就这样往复多次，料液里的水不断被蒸发掉，浓度得以提高，直到浓缩到所需的比重后由出液口出液。冷却水经冷却器热交换，水温升至 30～40 ℃后送入厂用总水管或送入冷却塔循环使用。

二效浓缩器由一效加热室、蒸发室、二效加热室、蒸发室、冷却器、受水器及连接管件等构成，整套设备采用优质不锈钢材料，加热器和法兰、蒸发室为 316L 材质，其他为 304 材质。

二效浓缩器依据排水形式可分为自动排水型和手动排水型。自动排水型其二效加热室的冷凝水经连接管件连接至受水器，当受水器液位至一定位置时由泵自动抽出，而一效加热器冷凝水则通过排出管经疏水器排出。手动排水型是在二效冷却器下部增设有受水器，当受水器液位至一定位置时，手动打开受水器阀门排放冷凝水，一效加热器的冷凝水排放同自动排水型。

加热室内部为列管式，双层保温，上下通过喷口弯头连通蒸发室，上部孔盖供清洗列管时用，一效加热室装有蒸汽压力表、安全阀，以确保生产安全。

一、二效蒸发室为双层结构，隔热保温，正面设有视镜，供操作者观察料液的蒸发情况，背后人孔便于更换品种时清洗室内，并设有真空表、温度表，方便观察掌握室内真空度和料液温度。冷却器为双管程列管式，下部回收器用于接受冷凝水，定期排出。回收器位于冷却器下部，由加热室排入的剩余蒸汽和冷凝水经汽水分离器分离，蒸汽由上部管道进入二效加热室或抽入冷却器冷却，冷凝水经管流入下层定期排出。

二效浓缩器开车前要检查确认各连接管密封完好，各阀门开启正常。检查确认各控制部分(含电气、仪表)正常。然后开启真空设备，真空表压达到0.04(MPa)，后开启进料阀，料液先进一效，当料液升到蒸发室下视镜处，关闭一效进料阀，开启蒸气阀升温加热，同时开启二效进料阀给二效进料，至二效蒸发室下中视镜一半处，关闭二效进料阀，至料液达到同等位置时关闭进料阀，开启冷却器冷却水阀门对蒸发气体进行冷却，开始正常浓缩工作。根据各项蒸发速度，进行补料至原来的位置。手动排水时，各效受水器冷凝水升至视镜1/2处时关闭气水分离器侧两阀门(放气阀、放水阀)，打开各效排水阀排尽后复原；当受水器冷凝水液位升至玻璃管1/2处时，关闭受水器上两阀门(放气阀、放水阀)，打开下端排水阀排尽后复原。停止运转时要关闭配电箱总电源。为保持一效加热室管子内壁清洁，一效必须进水自行清洗10分钟左右，停机排水。生产同品种设备清洗时，一效加热室的蒸气压力保持在0.09 MPa/cm^2左右为正常，若蒸气压力有显著升高时，说明在管壁形成了结垢，影响了传热，此时打开一效加热室孔盖，用圆钢刷刷除结垢即可恢复生产，一效十天需清刷一次，二效半年清刷一次。换品种清洗用10%的烧碱溶液沸煮半小时后，再刷洗设备内部即可。CIP清洗视生产需要而定，设备可进行CIP原位清洗。在蒸发室顶部装有旋转形CIP喷头。清洗一效部分工作时，将进料泵接至CIP清洗罐(或接至自来水管)，开启清洗阀门，关闭出液阀门，等清洗液至一效蒸发室下中视镜一半处时，视需要打开进气阀门加热，开启真空系统，让清洗液循环，至合适时关闭真空，打开出液阀门，排出清洗液。最后再打开进液阀门，泵入清水，将罐内冲洗干净即可。清洗二效原理同上。

二效浓缩器的真空度不足，是由于冷却水压力不够或进水管太小，应加足冷却水流量，加大进水管。产生泡沫，是由于进液时带有泡沫，蒸气不稳定或真空不够引起，应打开一效、二效放空阀。

二效浓缩器采用外加热自然循环与负压蒸发方式，蒸发速度快，浓缩比重可达 $1.3\ g/cm^3$。二效同时蒸发，二次蒸汽得到使用，既节省了锅炉的投资，又节约能源消耗，耗能量与其他蒸发器相比降低50%。物料在密封中无泡沫状态下进行浓缩，不易跑料，减少污染，当天物料当天浓缩完毕，不易结焦，清洗方便，打开加热器上下盖即可清洗，并节约劳动力，清洗时一人可以操作，正常工作时无须专人守护。

技术要求 浓缩热溶液密度 $1.20 \sim 1.22\ g/cm^3$，冷溶液 $1.22 \sim 1.24\ g/cm^3$。

影响蒸发速度的因素 主要有以下四个方面：

(1)蒸发面积的大小。蒸发面积大，蒸发速度快；蒸发面积小，蒸发速度慢。故蒸发设备都设计成大直径，低高度。

(2)蒸汽压力的大小。蒸汽压力大，溶液温度上升快，易于沸腾，蒸发速度加快；蒸汽压力小则结果相反。

(3)液面气压的大小。液体在一定的外部压强下，只有在一定的温度下才能沸腾。在这个温度下的饱和蒸气压等于液面压强。如果外部压强增加，必须升高温度才能使饱和蒸气压等于液面压强，所以沸点升高；若外部压强减小，则沸点降低。为了减小外部气体的压强，降低溶液的沸点，加快气化速度，最好采用真空浓缩，至少也应采用抽风机排风，这样既降低了外部压强，又使气化所产生的气体及时带走。

(4)液体搅拌的速度。液体内部易气化的分子跑到液面是通过气泡的形式达到的，液面的气泡破裂得越快，其气化的速度就越快，因此，开动搅拌可使分子的运动速度加快，易于克服分子间的引力而跑出液面。

第九节　酸沉析出多钼酸铵

酸沉的目的　用盐酸中和钼酸铵溶液，使之生成多钼酸铵结晶从溶液中沉淀析出，与溶解于母液中的杂质分离。

基本原理　用盐酸中和钼酸铵溶液，溶液呈阴离子形态的钼水解成多钼酸铵沉淀，而呈阳离子形态的其他金属杂质便生成氯化物进入母液，其反应式如下：

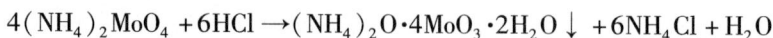

$$4(NH_4)_2MoO_4 + 6HCl \rightarrow (NH_4)_2O \cdot 4MoO_3 \cdot 2H_2O \downarrow + 6NH_4Cl + H_2O$$

钼酸铵中和结晶工艺条件主要包括 pH 值、无机酸种类、温度及钼酸铵溶液的原始浓度等。

酸沉工艺过程　将浓缩过滤后的钼酸铵溶液放入酸沉槽内，每槽酸沉浓缩液不超过 1500 L。测量溶液温度和密度，酸沉前控制溶液温度在 40 ℃ ~ 45 ℃ 之间，如低于 40 ℃，开蒸气加热至40 ℃ ~ 45 ℃；高于 45 ℃，开冷却水将温度降至 40 ℃ ~ 45 ℃。开动搅拌，加入盐酸，溶液未发浑前，加酸速度可快些，溶液发浑出现结晶后，减慢加酸速度，并检测溶液的 pH 值，当 pH = 1.5 ~ 2.5 时停止加酸。当 pH 值保持在 1.5 ~ 2.5 之间不变时，立即放料过滤，并用与酸沉最终 pH 值相同的氯化铵或硝酸铵溶液淋洗两次，因为这种溶液对粗钼酸铵的溶解度低得多，而且使粗钼酸铵不结块。在酸沉过程中，最高反应温度不得超过 60 ℃，如超过，应开冷却水降至 60 ℃。在酸沉过程中，如溶液出现钼蓝，应加适量双氧水将低价钼氧化成高价钼，使钼蓝消失。

酸沉出来的多钼酸铵是以四钼酸铵为主的，含三钼酸铵、七钼酸铵和十钼酸铵多种成分的混合物。而四钼酸铵又有水合型、无水 α 型、无水 β 型和微粉型的几种晶形。其中水合型是不稳定的，在酸沉结晶时，由于工艺条件的变化容易转变为无水型。生产中如不对工艺条件进行专门有效的控制，生产出来的大多是 α

型或几种晶形的混合物。

无水 α 型四钼酸铵分子式为 $(NH_4)_2Mo_4O_{13}$，含钼 61.12%，其演变过程复杂，在 262 ℃ ~277 ℃时，反应生成十钼酸铵：

$$10[(NH_4)_2O \cdot 4MoO_3] \rightarrow 4[(NH_4)_2O \cdot 10MoO_3] + 12NH_3 \uparrow + 6H_2O$$

在 334 ℃ ~336 ℃十钼酸铵分解成三氧化钼：

$$(NH_4)O_2 \cdot 10MoO_3 \rightarrow 10MoO_3 + 2NH_3 \uparrow + H_2O$$

无水 β 型四钼酸铵在 325 ℃ ~358 ℃时，分解成三氧化钼：

$$(NH_4)_2O \cdot 4MoO_3 \rightarrow 4MoO_3 + 2NH_3 \uparrow H_2O$$

在上述温度范围内分解速度较高，且始终不变。

β 型四钼酸铵生产是以原钼酸铵工艺为基础，只需增加转型工艺或改变烘干方式即可。先转型后烘干可得 100% 的 β 型四钼酸铵，若仅控制烘干方式，先烘干后转型，则只可得到含 β 型 80% 以上的四钼酸铵，其余为 α 型四钼酸铵。

β 型四钼酸铵结构呈片状，片与片之间有较大的空隙，无明显的破碎颗粒；未转型的钼酸铵呈无规则块状结构，边缘不规则，有明显的破碎颗粒。

辅助材料

工业双氧水见表 3 - 36。工业浓硝酸见表 3 - 15；工业稀硝酸见表 3 - 16；工业盐酸见表 3 - 37。

酸沉设备 酸沉用的主要设备如下：

酸沉槽：夹套加热，容积 2 ~ 3 m³，电机功率 4.5 ~ 7.5 kW，搅拌速度 80 ~ 100 r/min，搪瓷或耐酸不锈钢材质。

过滤器：ϕ1200 mm × 800 mm，耐酸不锈钢或塑料材质。

离心机：SS - 800 型三足式，上部卸料，耐酸不锈钢材质，见图 3 - 30。

扬液器：容积 1.5 ~ 2.0 m³，耐酸不锈钢材质。

硝酸高位槽：容积 3 ~ 6 m³，如采用硝酸酸沉，应用铝制材料。

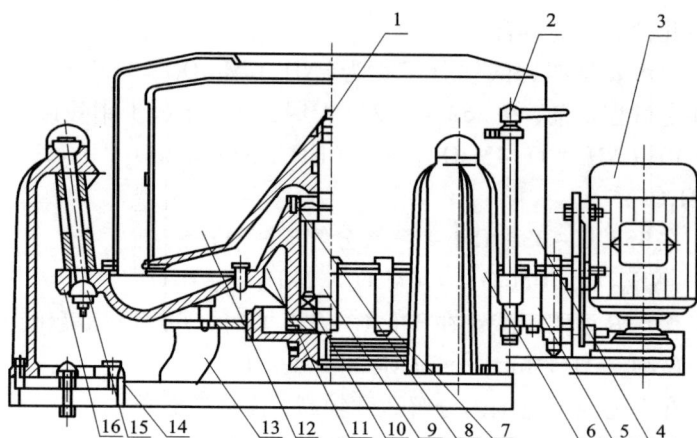

图 3 - 30　间歇式离心机示意图

1—油杯；2—刹车装置；3—电机；4—机壳；5—底盘；6—机脚；
7—压紧螺丝；8—单列向心球轴承；9—主轴；10—向心推力球轴承；
11—轴承座；12—转鼓；13—出液；14—机座；15—摆杆；16—摆杆弹簧

表 3 - 37　工业盐酸技术标准

名　　称	标　　准		
	H - 31	H - 33	H - 35
总酸度（以 HCl 计）≥/%	31.00	33.00	35.0
铁 ≤/%	0.010	0.010	0.010
硫酸盐（以 SO_4）≤/%	0.007	0.007	0.007
砷 ≤/%	0.00002	0.00002	0.00002

注：外观为无色或浅黄色透明液体。

技术要求　以四钼酸铵为主的多钼酸铵应为粒度均匀松散的白色块状颗粒，其形貌见图 3 - 31。四钼酸铵经 110 ℃烘干 3 h 后，它的形貌发生了很大变化，变成针状和薄片状的混合物，图 3 - 32 为 110 ℃烘干 3 h 后薄片状的四钼酸铵，图 3 - 33 为 110 ℃烘干 3 h 后针状和薄片状混合的四钼酸铵。表 3 - 38 是某厂的 8 批多钼酸铵的实际结果，技术要求的化学成分应符合表 3 - 39 的要求。

表 3-38　某厂的几批多钼酸铵的实际结果/10^{-6}

批号	Mo/%	水/%	K	P	Fe	Al	Si	Mn	Mg	Ni	Ti	V	Co	Pb	Bi	Sn	Cd	Sb	Cu	Ca	W	Na	S
1	52.40	10.66	72	<5	12	6	6	<3	3	3	<15	<15	<3	<1	<1	<1	<1	<10	3	<10	<500	<20	7
2	53.56	10.02	68	<5	6	6	6	<3	3	3	<15	<15	<3	<1	<1	<1	<1	<10	3	<10	5000	<20	<7
3	49.73	15.44	76	<5	10	6	6	<3	3	3	<15	<15	<3	<1	<1	<1	<1	<10	3	<10	<500	15	<7
4	52.05	12.84	220	<5	12	6	12	3	3	3	<15	<15	<3	<1	<1	<1	<1	<10	3	<10	<500	<20	<7
5	52.39	12.84	260	<5	9	6	9	3	3	3	<15	<15	<3	<1	<1	<1	<1	<10	3	<10	<500	<20	<7
6	52.90	10.32	390	<5	7	6	10	<3	3	3	<15	<15	3	<1	<1	2	<1	<10	3	<10	<500	<20	<7
7	52.17	12.07	400	<5	6	6	6	<3	3	3	<15	<15	9	<1	<1	1	<1	<10	3	<10	<500	<20	<7
8	52.27	11.81	260	<5	10	6	6	<3	3	3	<15	<15	10	<1	<1	<1	<1	<10	3	<10	<500	<20	<7

注:从 4 批后结果中的钾、硅和其他个别元素含量有升高,是由于返回的母液中这几个元素有增加的原因。

表 3 – 39　　多钼酸铵的杂质含量要求(≤)/%

成分	水分	Fe	Si	Mg	Ca	W	P	K	Ca
指标	12	0.0007	0.001	0.001	0.10	0.0005	0.01~0.035	高纯0.010	工业0.020

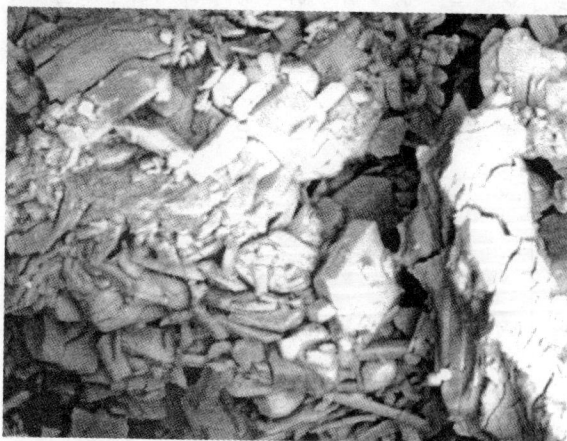

图 3 – 31　以四钼酸铵为主的多钼酸铵形貌　×800

影响酸沉的因素　主要有以下几个方面：

1. 几种酸类的影响

钼酸铵溶液除用盐酸中和酸沉外，还可用硝酸或硫酸来中和酸沉。用 H_2SO_4 酸沉有 3 个缺点：①因为 H_2SO_4 中含有大量的金属杂质(如 Pb 等)；②用 H_2SO_4 酸沉后，在钼酸铵产品中势必含有大量的 SO_4^{2-} 离子，无法保证 SO_4^{2-} ≤0.01% 的要求；③成本过高。因此，目前生产厂家一般采用工业硝酸(浓度 98%、密度 1.15 g/cm^3)或工业盐酸(浓度 36.5%、1.18 g/cm^3)来进行钼酸铵的酸沉过程。采用盐酸或低浓度硝酸来进行钼酸铵的酸沉，虽然钼的回收率高于硝酸，但出现钼蓝时就必须加入适量的双氧水(H_2O_2)，如加双氧水过量，就会导致产品发黄。盐酸还会与不

图 3−32　经 110 ℃烘干后的薄片状四钼酸铵　×5000

图 3−33　经 110 ℃烘干后针状和薄片状混合的四钼酸铵　×5000

锈钢离心机的 Fe 或 Cr 发生反应，生成 Fe^{2+} 或 Cr^{2+}，与 Cl^- 结合形成氧氯化物而呈现变色和腐蚀设备。而用浓硝酸对不锈钢腐蚀性极小，如发现变色现象，只要将 pH 值控制在 2.0 以上就可以了。

　　2. 温度的影响

　　中和酸沉一般在热溶液中进行。在低温下，有利于晶核生成但不利于结晶的长大，故在低温沉淀时，一般是得到细小的结晶。提高温度，可降低溶液的黏度，增大传质系数，加快结晶的速度；温度高时溶解度大，晶核形成慢，晶核数量少，结晶颗粒就粗。结晶颗粒粗的表面积小，可减少杂质的吸附。吸附是放热的，提高温度后，杂质的吸附也会减少。适当的温度既有利于中和沉淀，又能提高产品质量；但是，温度不宜过高，过高时会使沉淀的溶解度增加，使进入母液中的钼含量增加。另外，多钼酸铵（粗结晶）与母液分离后，在较高的温度下，颗粒与颗粒的接触面互溶在一起，造成粗结晶结块很不松散。根据生产实践经验，中和酸沉前溶液温度控制在 40 ℃ ~ 45 ℃（夏低冬高），最高反应温度控制在 60 ℃ ~ 62 ℃ 为好。

　　3. 溶液浓度（密度）的影响

　　溶液浓度大，也就是溶液中的钼含量高，这样沉淀离子的聚集速率就大，形成的晶核数量多，而且极细，所以难以长大，得到的只能是细小的沉淀，杂质含量也高。相反，溶液的浓度小，也就是溶液中含钼量低，则沉淀离子的聚集速率小，原因是离子之间的距离远，这样，晶核容易长大，可得到较粗的沉淀。浓度低的溶液虽然可得到好的沉淀，但使沉淀产量降低，增加母液体积与钼的损失。为了保证产量和质量，要求酸沉前的溶液密度为 1. 22 ~ 1. 24 g/cm^3。

　　4. 加酸速度的影响

　　加酸速度太快，或没有进行充分搅拌时，在溶液中沉淀物的周围容易产生局部过饱和，生成大量细小的晶核，使结晶很难长大，易成乳状。在快速沉淀时，先吸附在沉淀表面的杂质离子来不及离开，后到的沉淀离子又迅速在沉淀物表面沉积起来，这样容易产生包夹现象，致使沉淀中杂质含量增高。一般而言，加酸速度在出现沉淀以前可以快，在出现沉淀之后，加酸速度就要根据当时的具体情况而适当减慢。

　　5. 酸沉前溶液的 pH 值的影响

　　加酸前钼酸铵溶液最好是弱碱性，pH 值为 7 ~ 7.5 为好，保持溶液中有少量的游离氨，因为在加酸中和沉淀时，有利于二水四钼酸铵[$(NH_4)_2O \cdot 4MoO_3 \cdot 2H_2O$]的形成，使沉淀颗粒粗，沉降速度快。酸沉前溶液碱度不要太高，否则，酸沉时酸的用量大，使成本增高。若溶液呈弱酸性，这表明溶液中有少量的氢离子存在，当加酸沉淀时生成的沉淀物不是多钼酸铵复盐，而绝大部分可能是钼酸，沉淀颗粒细，沉淀速度慢，难于过滤，而且细沉淀吸收的杂质也多，另外，由于溶液碱度低，其中的游离氨很少，甚至没有，使反应过程中生成的电解质氯化铵减少。因为增加溶液中的电解质，就增加了溶液中异性离子的浓度，而给带电的沉淀微粒创造了吸引异电离子的有利条件。这样一来，微粒原来带的电荷就减少了，或者中和了，而使溶液中的微粒迅速聚结而沉降下来。

　　6. 搅拌速度的影响

　　搅拌能加强溶液的湍流，有助于溶质分子的扩散，可加速结晶的长大，获得粗颗粒沉淀。充分的搅拌可以避免加酸时造成局部过饱和发生，从而获得颗粒粗细均匀的沉淀。中和沉淀搅拌槽的搅拌速度一般应在 100 ~ 150 r/min。

　　7. 最终 pH 值的影响

　　最终 pH 值是溶液中钼酸根离子（MoO_4^{2-}）沉淀完全不完全的关键条件。要使它沉淀较完全，就必须适当地加过量的沉淀剂

（即稍多加点盐酸）。其理由：一是由于同离子效应，二是增加了反应物的浓度促使反应向生成物方向转移。但盐酸过量，会导致沉淀的再溶解，反而沉淀不完全。根据生产的实践经验，在生产原料正常的情况下，最终 pH 一般控制在 1.5 左右。在这样的 pH 值下也不可能使溶液中的钼百分之百地沉淀下来，因此，一次酸沉母液还需进行二次酸沉冷却沉降，或用离子交换法等回收其中的钼。

选择最终 pH 值的范围，要根据原料中杂质含量是否影响产品质量而定。如果某种杂质会影响产品的质量，那么就选择一个 pH 值，使这种杂质不能沉淀下来。例如，钼酸铵溶液中钨含量高时，因为钨的开始沉淀的 pH 值为 2.0，所以，酸沉最终 pH 值就不能降到 1.5，而只能控制在 pH = 3～2.5，钨与钼比，酸度越高它沉淀越完全。

为了防止磷以磷钼酸铵的形式在酸沉中进入产品，对于含磷高的溶液在酸沉时最终 pH 值应控制在 2.0～2.5 为佳。

再有，最终 pH 值不同，所生成沉淀物的组成也不同，例如：

pH 值	生成的多钼酸盐
6.0	$(NH_4)_2O \cdot 2MoO_3 \cdot xH_2O$
4.5	$5(NH_4)_2O \cdot 12MoO_3 \cdot xH_2O$
2.9	$(NH_4)_2O \cdot 3MoO_3 \cdot xH_2O$
1.5	$(NH_4)_2O \cdot 4MoO_3 \cdot 2H_2O$
1.25	$(NH_4)_2O \cdot 8MoO_3 \cdot 4H_2O$
1.0	$(NH_4)_2O \cdot 10MoO_3 \cdot xH_2O$
<1.0	$MoO_3 \cdot H_2O$ 即 H_2MoO_4

8. 沉淀与母液接触时间的影响

最终 pH 值达到后，若不立即放出过滤，让母液与沉淀长时间搅拌接触，会使不稳定的二水四钼酸铵脱水，变成无水四钼酸铵 $[(NH_4)_2O \cdot 4MoO_3]$，使原结晶结构被破坏，而得到是细小的难过滤的沉淀物。另外,沉淀物与母液接触的时间越长,沉淀吸附的杂质就越多。

酸沉中不正常现象的产生原因与处理方法 在生产过程中,经常会遇到一些不正常的情况,其产生原因和处理方法如下:

(1)酸沉过程中颜色的改变。如果在加酸前的溶液是透明的,加酸进去后的溶液渐渐变蓝,这是由于盐酸中有二氯化锡等还原剂存在,使六价钼还原成二价钼,生成了钼蓝(Mo_5O_{11})。在这种情况下,可加适量的双氧水,使蓝色消失。如果双氧水过量,沉淀出来的多钼酸铵是黄色,这是因为双氧水与钼酸铵溶液作用生成一种过钼酸铵盐[$(NH_4)_2MoO_6$]的结果。如果不是钼蓝或加双氧水过量,酸沉母液和沉淀呈各种颜色,可从其他一些杂质的盐酸盐和钼酸盐的颜色去加以初步鉴别。例如:

氯化镍	$NiCl_2 \cdot 6H_2O$	绿色结晶
氯化铜	$CuCl_2 \cdot 2H_2O$	绿色结晶
氯化亚铁	$Fe_2Cl_2 \cdot 4H_2O$	绿色结晶
氯化钴	$CoCl_2 \cdot 6H_2O$	红色结晶
氯化锰	$MnCl_2 \cdot 4H_2O$	玫瑰色结晶
氯化铁	$FeCl_3 \cdot 6H_2O$	黄褐色(块状)
硅钼酸	$H_8[Si(Mo_2O_7)_6] \cdot nH_2O$	黄色结晶,极易溶于水
磷钼酸铵	$(NH_3)_3PO_4 \cdot 12MoO_3 \cdot 6H_2O$	鲜黄色,不溶于水和各种酸

(2)酸沉母液不清,甚至呈牛奶状态,这主要是加酸太快,或酸沉温度太低的原因引起。如果只是母液不太清,悬浮物有少量的细颗粒沉淀沉不下去,可加点氨水把悬浮的细沉淀溶解,待母液变清后,再慢慢地加酸进去进行沉淀,仍然可得到粗的多钼酸铵沉淀。如果整个一槽都变成了牛奶状态,在这种情况下除非用氨水全部溶解清后再进行沉淀,否则是无法挽回的。

第十节 溶解蒸发结晶

溶解蒸发结晶的目的   是将多钼酸铵溶于氨溶液中，制成正钼酸铵溶液，然后蒸发浓缩，使氨挥发，钼呈仲钼酸铵析出，与溶解在结晶母液中的杂质分离，达到进一步提高产品质量的目的。

基本原理   多钼酸铵溶于氨溶液中后，形成正钼酸铵，而正钼酸铵在过剩氨溶液中是稳定的，但通过蒸发驱氨后，钼就会呈仲钼酸铵或二钼酸铵结晶析出。其反应式如下：

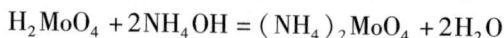

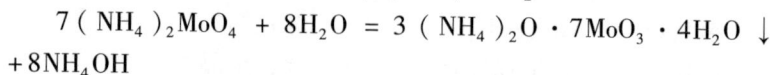

$$(NH_4)_2O \cdot 4MoO_3 \cdot 2H_2O + 6NH_4OH = 4(NH_4)_2MoO_4 + 5H_2O$$

$$H_2MoO_4 + 2NH_4OH = (NH_4)_2MoO_4 + 2H_2O$$

$$7(NH_4)_2MoO_4 + 8H_2O = 3(NH_4)_2O \cdot 7MoO_3 \cdot 4H_2O \downarrow + 8NH_4OH$$

$$NH_4OH = NH_3 \uparrow + H_2O$$

多钼酸铵溶于氨溶液时，多钼酸铵表面的分子在溶剂分子的引力下，逐渐离开多钼酸铵（溶质）的表面，再均匀地扩散到整个溶液当中去。要使溶质分子能够离开固体表面，必须克服溶质分子间的引力，因而要吸收一定的热量，这就是固体物质溶解时吸热的原因。当溶质溶解于氨溶液时，有一部分溶质和氨溶液中的分子发生化合反应，生成一种不稳定的水合物的分子而放热。若水合物放出的热量超过溶质分散到溶剂中所需吸收的热量时，那么整个溶解过程就表现为放热反应。在氨溶液中溶解多钼酸铵是属于放热反应。开始时只将氨溶液加热到 60 ℃ ~ 70 ℃，然后加料溶解，随着物料的不断加入，溶液温度也不断升高，最高反应温度要比溶解前溶剂的温度高出 15 ℃ ~ 20 ℃。

在溶解过程中，其他杂质也相应的生成氢氧化物沉淀下来，在溶液过滤时大部分被除去，例如：

$$Ca^{2+} + 2OH^- = Ca(OH)_2 \downarrow$$
$$Mg^{2+} + 2OH^- = Mg(OH)_2 \downarrow$$
$$Fe^{3+} + 3OH^- = Fe(OH)_3 \downarrow$$
$$Fe^{2+} + 2OH^- = Fe(OH)_2 \downarrow$$

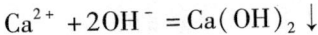

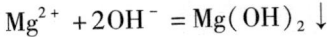

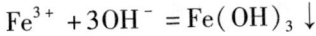

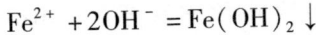

粗钼酸铵中的硅酸盐溶解后，其硅在 pH = 7 左右(溶解最终 pH 是 6.8~7.0)可生成硅酸沉淀下来，但铜不生成沉淀物，而是生成铜氨络合物进入溶液。在结晶前加入乙二胺四乙酸，是为了使溶液中的金属杂质离子与乙二胺四乙酸生成络合物而进入结晶母液，提高产品质量。

工艺过程　按多钼酸铵∶水∶氨水 = 1∶0.4∶(0.5~0.55)的固液比，首先往溶解结晶槽中加蒸馏水和氨水，加热至70℃~80℃，开动搅拌，再加入多钼酸铵溶解；加料速度不宜太快，需等加进去的料基本溶解完后，才可继续加料；溶液密度控制在 1.40~1.45 g/cm³ 之间。溶解完后的溶液必须过滤，再将过滤后的溶液进行煮沸蒸发结晶。在结晶过程中出现溶液浑浊不清是由结晶粒度太细而引起的，应当采用补加氨水来溶解掉这些细晶，使粒度变粗，溶液澄清。当母液密度降至 1.24~1.26 g/cm³ 时放下过滤，当仲钼酸铵结晶抽干后再装入间歇式离心机内进行分离，仲钼酸铵按每桶(袋)100 kg 分装好，母液返回酸沉。

溶解蒸发结晶设备　主要用的设备如下：

搅拌槽：溶解、蒸发、结晶可在同一个容积为 2~3 m³ 搅拌槽内进行，夹套加热，容积 2~3 m³，电机功率 4.5~7.5 kW，搅拌速度 80~100 r/min，不锈钢材质。

过滤器：φ1200 mm×800 mm，材质可用不锈钢或塑料。

离心机：SS-800 型三足式，上部卸料，耐酸不锈钢材质，见图 3-30。

扬液器：容积 1.5~2.0 m³，耐酸不锈钢材质。

氨水过滤器：φ1200 mm×300 mm，材质可用不锈钢或塑料。

氨水高位槽：容积 3 ~ 6 m³，材质可用不锈钢或塑料。

纯水高位槽：容积 3 ~ 6 m³，材质可用塑料。

纯水制备：纯水制备量 2 ~ 8 m³/h，软化水 10 ~ 40 m³/h，视生产规模而定。软化水符合《锅炉软化水标准》（GB1576—1999），硬度≤0.03 me/l，纯水水质电导率≤0.2 μs/(25 ℃)。

辅助材料

（1）工业氨水技术要求（见表 3 - 19），经双层滤布过滤。

（2）络合剂：乙二胺四乙酸，AR 级。

技术要求

（1）结晶率 70% ~ 75%，钼含量 54% ~ 56%；

（2）仲钼酸铵松装密度合批前 1.0 ~ 1.16 g/cm³，合批后 1.0 ~ 1.40 g/cm³（GB 3460—82 的松装密度要求是 0.6 ~ 1.4 g/cm³）；

（3）仲钼酸铵结晶合批后无块状物，无机械杂质，外观纯白色，呈颗粒松散的晶体粉末；

（4）仲钼酸铵的水分≯3%。仲钼酸铵的形貌会随其水含量的变化而变化。刚结晶出来的仲钼酸铵棱角分明、平面平整，见图 3 - 34；但经过三天自然常温风干后，它的棱角已不明显、平面也不平整了，还可隐约看到裂纹，见图 3 - 35；经三个月以上的自然常温风干后，它的颗粒已明显碎裂成小颗粒的堆集，见图 3 - 36。

影响溶解结晶的因素　主要有以下几个方面。

1. 液固比的影响

溶解时的液固比大，溶解速度就快，多钼酸铵溶解很完全。液固比大，溶液浓度就低，易于过滤。液固比太大，溶液的含钼量就很低，蒸发结晶需要的时间就长，氨气就挥发得多，结晶过程中可能会使粒度变细，要补加氨水。如果液固比太小，溶解时容易达到饱和状态，使多钼酸铵溶解得少，溶液密度也很高，过滤困难，但结晶速度快，蒸发时间短。根据多年的生产实践经

图 3 - 34　当天结晶的仲钼酸铵形貌　×100

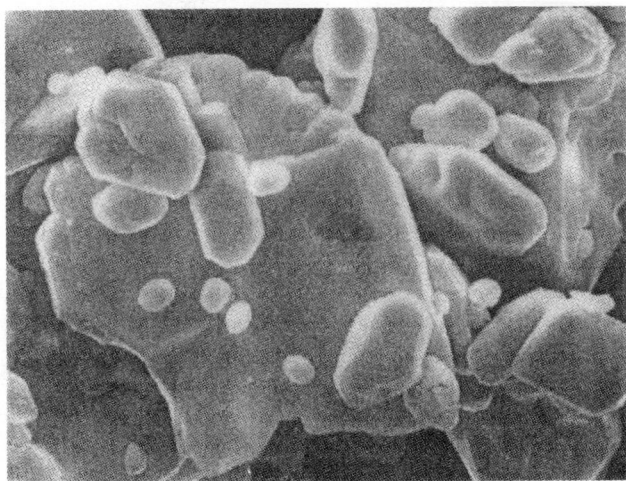

图 3 - 35　风干三天后的仲钼酸铵的形貌　×670

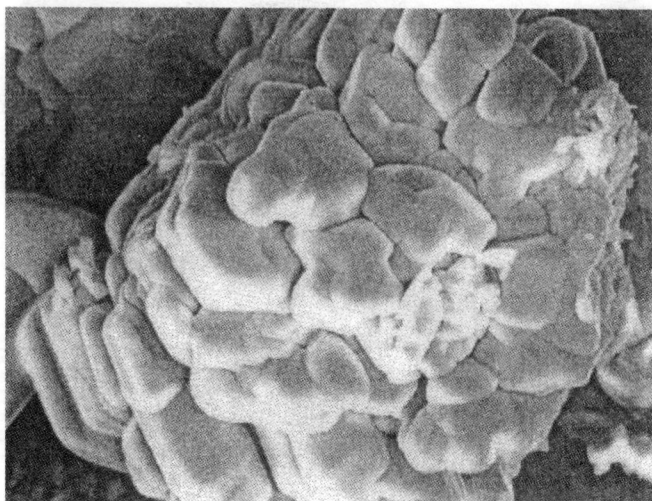

图 3 - 36　风干三个月后的仲钼酸铵形貌　×530

验，若没有结晶母液时，多钼酸铵：水：氨水 = 1 kg：(0.7 ~ 0.8)
L：(0.5 ~ 0.55) L；若有结晶母液，多钼酸铵：母液：氨水 = 1 kg：
(1.0 ~ 1.1) L：(0.35 ~ 0.45) L 较为适宜，溶液的密度为 1.40 ~
1.50。要求氨水含氨量在 20%，密度为 0.92 g/cm^3。

2. 氨水用量的影响

氨水用量多就碱度大，溶解度也大，多钼酸铵溶解快也溶解
得多。溶液的碱度大，形成的晶核少，所以结晶粒度粗；若氨水
用量少，结果则相反，而且，在结晶过程中由于氨含量不够，会
使颗粒度变细。生产实践表明，溶解后的钼酸铵 pH 值 6.8 ~
7.0，含氨量（游离氨）3 ~ 4 g/L 为好。

3. 溶解温度的影响

一般情况下溶质在一定的溶剂中溶解，其溶解速度和溶解量

是随着温度的升高而增加，但这不是绝对的。溶解的温度太高，会使氨气大量挥发，更主要的是如果溶质溶解时是放热反应，温度升高就会使一部分溶质从溶液中结晶出来。溶解多钼酸铵是放热反应，所以，溶解前溶液的温度控制在 60 ℃ ~70 ℃ 为适宜。

4. 蒸汽压力的影响

蒸汽压力大，水分气化快，晶体成长快，结晶颗粒粗，而且松散。由于结晶速度快，离子来不及按一定的晶格排列而形成晶体，离子是杂乱无章的简单堆积；蒸汽压力大，结晶率也高。蒸汽压力小，蒸发时间长，氨气挥发多，溶解度减少，所以晶核易生成，而且数量多。蒸发结晶时间长，晶体成长速度慢，另外，还由于长时间的搅拌作用，颗粒与颗粒之间的相互摩擦使结晶粒度细，而且结构致密，并且结晶率也低。所以蒸汽压力要在 1.5 ~2.5 kg/cm^2 为好。

5. 结晶母液多少的影响

结晶母液留得多，会使结晶率和实收率降低，因为有相当一部分的钼在母液中未能结晶出来，但产品质量要好些，这是由于一些能溶于氨溶液中的金属杂质大部分进入母液了。如果原辅材料杂质含量高，结晶率可以降低一些，另外，母液采取不返回使用。若结晶母液留得少，其结果则相反。没有结晶母液参与溶解结晶时，结晶率应控制在 70% ~75% 之间；有结晶母液参与溶解结晶时，结晶率应控制在 85% ~90% 之间为好。

第十一节　钼酸铵干燥与合批

钼酸铵干燥、合批目的　钼酸铵干燥就是要除去四钼酸铵或仲钼酸铵中的一部分物理水，使产品不易结块，水分达到技术要求的目的。钼酸铵合批是使粗细不匀、化学成分稍有差异的单批四钼酸铵或仲钼酸铵混合，达到粒度均匀，化学成分基本一致、松散而无块状，单批重量较大的目的。

干燥从加热方式可分为蒸汽加热和电加热两种；从物料运动可分为静止干燥和翻动干燥两种。

蒸汽加热一般是在装有抽风的烘箱或干燥室内用蒸汽盘管加热，钼酸铵置于盘子内进行干燥。

电加热干燥可直接用电阻丝加热，也可用远红外线加热或微波加热方式等各种形式的烘箱或干燥机。

钼酸铵干燥可用热风循环箱干燥、远红外线辐射干燥或微波干燥等三种加热干燥方法。

热循环烘箱干燥是利用蒸汽或电为热源，用逆流风对热交换器对流换热的方式加热空气，热空气层流经过烘盘与物料进行热传递。新鲜空气从进风口进入烘箱内，与被烘的物料进行热交换后所蒸发的水蒸汽混合，形成湿热空气从排气口提出，使烘箱内保持相对的湿度，从而使物料达到干燥的目的。如果强制使大部分热风仍在箱内循环，减少上下温差，可以达到增强传热，节约能源的目的。

红外线和可见光一样，都是电磁波，只是波长不同而已。红外线波长范围在 $0.75 \sim 1000 \, \mu m$ 之间，波长大于 $2.5 \, \mu m$ 的红外线称为远红外线。根据斯蒂芬·波尔茨曼定律可知：远红外辐射传热量与绝对温度成正比，而对流传热量与温度差成反比。因此，远红外线辐射直接从辐射源以光速辐射到被加热物体表面，能量损失小，加热速度快，从而大大提高传热效率和干燥速度。远红外线辐射到物体表面时，大部分会物体表面反射，其余部分辐射入物体，而射入物体的远红外线，其中一部分透过物体，余下部分物体吸收，产生激烈的分子和原子共振现象，转变为热能，使物体温度升高。据测算，远红外线可节能 20% ~45%，节省时间 40% ~60%，节省用地 50%。由于采用乳白石英玻璃远红外加热器，以在原基础上节电 20% 左右。

　　微波加热干燥，微波加热与传统加热不同，它不需要由表及里的热传导，而是通过微波在物料内部的能量耗散来直接加热物料。根据物料性质(电导率、磁导率、介电常数)的不同，微波可以直接而有效地在整个物料内部产生热量。微波在冶金中的应用具有以下传统加热方式无法比拟的优点，参见附录五"微波烧结技术"。

　　工艺过程　钼酸铵干燥应根据所使用的设备进行不同的操作。如采用管式或网带式连续干燥，就应根据不同的工艺进行控制连续加料；如采用料盘静止干燥，就要控制好料层厚度和干燥时间。物料的卸出也是根据不同的设备采用不同方法卸出。钼酸铵合批是将水分、松装密度、化学成分不同的单批仲钼酸铵按计算配比，加入混合器内。每批加料量的体积为混合器容积的 50% 左右，加完料后将加料盖好拧紧，松开刹车把，启动混合器运转混合达到规定的时间。停止运转后卸出，通过筛后分装入料桶中。

　　干燥、过筛和合批设备　采用的主要设备性能和技术要求如下：

　　热循环干燥烘箱有蒸汽和电热远红外线加热两种；使用温度 50 ℃ ~ 140 ℃ 之间，可用蒸汽(压力在 0.02 ~ 0.8 MPa)加热；使用温度在 50 ℃ ~ 300 ℃ 之间，可用电热远红外线加热。

　　钼酸铵干燥还可采用蒸汽烘干室。蒸气烘干室适用温度 50 ℃ ~ 140 ℃，蒸汽压力 0.2 ~ 0.8 MPa，风机 1.8 kW。

　　采用烘箱或采用烘干室，都需要将物料均匀分装在盘子内，手工进行装卸料。如采用链板式远红外干燥机则可进行自动化和自动控制。

　　DLY - 1 型单面链板式远红外干燥机是具有物料链板输送，上层自动进料，下层自动出料，分为三层干燥，温度自动控制并数字显示，辐射距离和运转速度可调等性能的干燥机。链条宽度 665 mm，料层厚度 10 ~ 30 mm 可调，干燥温度 50 ℃ ~ 260 ℃ 连续可调，干燥时间 20 ~ 80 min，链板输送速度 0.3 ~ 4.0 m/min 连续可调，加热功率 30～100 kW，电机功率 1.85～2.5 kW。DLY-1型单面链板式远红外干燥机如图 3-37 所示。

微波干燥炉有自动进出料的管式炉和盘子装料的箱式（卧式）炉两种，采用管式或箱式炉及炉型的尺寸可按生产规模而定。

干燥后的钼酸铵过筛主要是除去机械杂质和松散粉末，可采用一般普通的 40 目左右的振动筛。

一般采用摇摆混合器或双锥混合器，后续的粉冶工序中还要多次进行混合。摇摆混合器采用不锈钢制内衬聚氯乙烯板制成，见图 3-38。

技术要求

1. 混合后的仲钼酸铵应呈粒度均匀的白色结晶。

2. 仲钼酸铵应无肉眼可见的夹杂物，应通过 40 目过筛。

3. 松装密度合批前 1.0～1.16 g/cm³，合批后 1.0～1.40 g/cm³，（GB 3460—1982 的松装密度要求是 0.6～1.4 g/cm³）。

4. 仲钼酸铵根据用途不同，分为 MSA-1、MSA-2、MSA-3三个牌号，各种牌号的化学成分应符合 GB 3460—1982 技术要求，见表 3-40。

表 3-40　仲钼酸铵化学成分技术要求（≤）/10^{-6}

牌　号	Si	Al	Fe	Cu	Mg	Ni	Mn	P	K	Na	Ca
MSA-1	6	6	6	3	6	3	5	5	100	10	8
MSA-2	10	6	8	5	6	5	6	6	800	30	10
MSA-3	20	20	50	—	20	10	—	10			

牌　号	Pb	Bi	Sn	Sb	Cd	Ti*	V*	Co*	W*	S*
MSA-1	5	—	5	—	—	15	15	3	1000	100
MSA-2	5	—	5	—	—	—	—	3	—	100
MSA-3	6	6	6	6	6					

注：杂质含量是对三氧化钼而言，不是以钼酸铵为基体计算的；从 Ti*～S* 四个元素是生产厂家的内部特别要求。

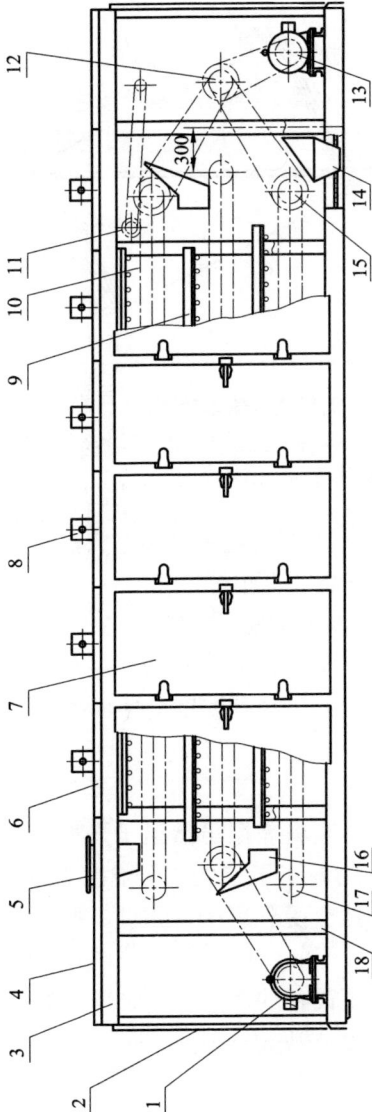

图 3-37 DLY-1型链板单面输送远红外干燥机

1—驱动装置（Ⅱ）；2—门；3—机架；4—顶盖；5—进料斗及料层厚度调节装置；6—保温顶盖；7—保温门；
8—排气筒；9—远红外线管加热装置；10—链板输送装置；11—翻料装置；12—中间链轮组；13—驱动装置（Ⅰ）；
14—出料斗；15—主动链轮组；16—中间卸料斗及刮料板；17—被动链轮组；18—保温盖

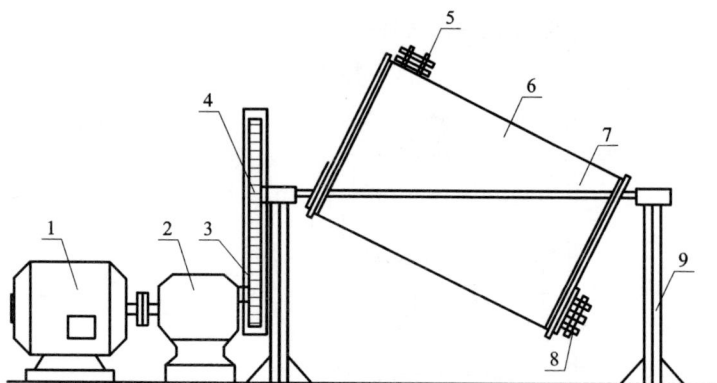

图 3 - 38   摇摆混合器示意图

1—电动机；2—减速机；3—齿轮；4—防护罩；5—进料口；
6—筒体；7—转动轴；8—卸料口；9—支架

影响钼酸铵干燥的因素   主要有温度高低、料层厚度、时间的长短、干燥的方式、进排气量的大小等。

钼酸铵干燥主要是用较高的温度使它的水分蒸发出去，因此，温度的高低基本上决定了干燥时间的长短。一般说来，温度高就会干燥快，反之则慢。但是过高的温度会使四钼酸铵的晶形难于控制，而且对设备和能源都会产生不良的影响，所以，干燥温度应视产品和设备来定。

干燥时料层的厚度越厚，物料表层虽然已干燥好，但最底层所蒸发的水蒸汽难于挥发，物料上下层的水分含量就会不一致；但料层太薄，干燥的产量必然会受到影响。因此，干燥时要控制好料层的厚度。

干燥时间的长短，决定了设备的产量。但干燥的时间长短以要由温度的高低、料层的厚度来决定，因此，这三者之间的关系必须调整好。

干燥的方式是指物料在干燥时是静止的还是翻动的，物料在干燥时处于静止状态,就会产生上下层干燥的速度和均匀性的差别,如果翻动的这种差别就可以基本上消除。

排气量的大小是指干燥过程中通风量的大小。在干燥时,如果通风量大,所产生的水蒸汽可及时排除出去,那么干燥的湿度小,干燥就快些;但是它的热量损失和物料的损失也会增加。

以上的各种因素都是在相互影响和相互制约着,要全面考虑才能制订出一个比较可行的工艺方案。

影响合批质量的因素 在合批过程中,有如下方面可影响合批质量。

1. 装料量

例如,容积为 1 m^3 的混合器,每次混合料最好不超过 700 kg。如果加料太多,混合器内的空间很小,使物料没有活动的余地,也就是说,各部分的物料不能互换位置,老是停留在原处,这样不能达到物料混合均匀的目的。混合器内物料装得少,其空部就大,混合效果就好。

2. 合批的时间

仲钼酸铵合批在装料量不变的情况下,混合时间越长,物料就越均匀,松装密度也就越高。其原因是:混合时间长,物料互换位置的次数多,颗料与颗粒之间相互碰撞与摩擦次数增多,使颗粒的棱角被磨掉,大部分变成了球形颗粒,减少了颗粒堆集时的拱桥效应,所以,仲钼酸铵合批后它的松装密度增加而且均匀。混合动转时间短,物料混合不均匀,但它的松装密度比混合时间长的要小。根据经验证明,混合时间 30 ~ 60 min 即可。

3. 仲钼酸铵的含水量

为了使合批效果好,要求仲钼酸铵的含水量小。太湿的仲钼酸铵是混合不好的,因为干物料流动性能好,易于互换位置,湿物料黏附性强,流动性能差,难于互换位置。所以,单批仲钼酸铵水分含量一定要在3%以下。另外,成团块的物料也混合不好,所以在加料时要将块状打散。

  4. 合批筒的转速

  合批筒的转速要适宜，转速太快，物料会随筒体的惯性产生共转，物料达不到合批的目的；如转速太慢，筒体内的物料也会随筒体壁上慢慢滑移，同样达不到合批的目的。因此，合批筒的转速一般应设计在 10 r/min 左右为宜。

第十二节 直接从纯钼酸铵溶液中析出钼化合物

  直接从净化后的钼酸铵溶液中析出钼化合物，可分为蒸发结晶法和中和结晶法的两种方法。

  从纯钼酸铵溶液中析出钼化合物是将正钼酸铵溶液中和到 pH = 6 ~ 2.5，或蒸发除去部分氨，则 MoO_4^{2-} 将聚合成 $Mo_2O_7^{2-}$、$Mo_7O_{26}^{4-}$、$Mo_8O_{26}^{4-}$（或 $Mo_4O_{13}^{2-}$），并形成相应的铵盐析出。在生产实践中，常用蒸发结晶析出仲钼酸铵 $(NH_4)_6Mo_7O_{24} \cdot 4H_2O$ 或二钼酸铵 $(NH_4)_2Mo_2O_7$，用中和法析出四钼酸铵 $(NH_4)_2 \cdot Mo_4O_{13}$ [或八钼酸铵 $(NH_4)_4Mo_8O_{26}$]。

  蒸发结晶法 蒸发结晶的设备与仲钨酸铵的蒸发结晶设备相似，见图 3 - 39。

  在 $(NH_4)_2MoO_4$ 溶液中随着 NH_3 的排除，析出仲钼酸铵：

$$7(NH_4)_2MoO_4 = (NH_4)_6Mo_7O_{24} \cdot 4H_2O + 8NH_3$$

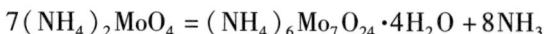

  蒸发过程中应保持游离氨 4 ~ 6 g/L，并不断搅拌以防过热，这样便可避免生成酸性较强的钼酸盐（含氨量较少），否则析出含氨更少的细晶粒钼酸盐。

  蒸发前的溶液密度为 1.09 ~ 1.12 g/cm³（120 ~ 140 g/L MoO_3），在带蒸气加热套耐腐的搅拌槽中，蒸发至密度 1.2 ~ 1.23 g/cm³，静置过滤，然后滤液再蒸发至密度 1.38 ~ 1.40 g/cm³（含 400 g/L MoO_3），冷却结晶过滤。此时有 50% ~60% 的

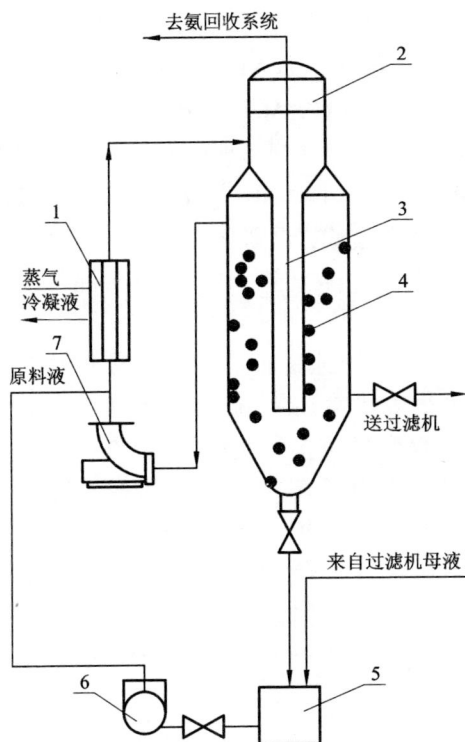

图3-39　连续蒸发结晶器

1—外加热器；2—蒸发室；3—中心管；4—结晶室；5—母液槽；6—泵；7—循环泵

钼成仲钼酸铵析出。为了提高回收率，母液要再次结晶2~3次，最后析出的产品如纯度较差，可返回处理。

蒸发结晶的缺点是周期长，后几批产品纯度不够。

在蒸发结晶过程中，当控制适当条件，亦可得到二钼酸铵结晶：

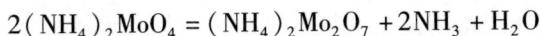

$$2(NH_4)_2MoO_4 = (NH_4)_2Mo_2O_7 + 2NH_3 + H_2O$$

中和结晶法　将 $(NH_4)_2MoO_4$ 溶液中和，则随溶液 pH 值的不同，将析出不同成分的多钼酸盐。用硝酸或硝酸盐将钼酸铵净化液中和至 pH = 6 ~ 2.5，析出四钼酸铵 $(NH_4)_6Mo_4O_{13}$ 或四钼酸铵的聚合物 $(NH_4)_4Mo_8O_{26}$，$(NH_4)_6 6Mo_{12}O_{39}$，$(NH_4)_{12}Mo_{24}O_{78}$。例如当溶液含 280 ~ 300 g/L MoO_3，在 55 ℃ ~ 65 ℃ 下中和至 pH = 2 ~ 3，则 96% ~ 97% 的钼呈八钼酸铵或四钼酸铵析出：

$$8(NH_4)_2MoO_4 + 12HCl = (NH_4)_4Mo_8O_{26} \cdot 4H_2O + 12NH_4Cl + 2H_2O$$

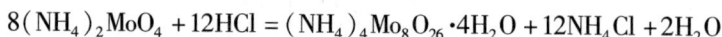

结晶完成后立即过滤，否则含两个水分子的盐长时间与母液接触就能变成无水四价盐。这种转变将导致晶粒变细，细小的沉淀物难以过滤。

四钼酸铵沉淀物的纯度很高，因为碱和碱金属离子杂质，镍、锌、铜离子杂质和砷、磷、硫的化合物杂质等都留在弱酸性溶液中。但它却含数量较多的氯离子（0.2% ~ 0.4%），这些氯离子不易被水洗掉。为了清除氯离子，聚钼酸盐沉淀需要重新结晶。为此，可在 70 ℃ ~ 80 ℃ 下将其重新溶于 3% ~ 5% 的氨水中，直至饱和（密度 1.41 ~ 1.42 g/cm³）为止，待溶液冷却至 15 ℃ ~ 20 ℃，则 50% ~ 60% 的钼以仲钼酸铵 $[3(NH_4)_2O \cdot 7MoO_3 \cdot 4H_2O]$ 结晶形式从溶液中析出。结晶母液可返回使用，当杂质富集较多时再进行处理。

用中和结晶法所得到的仲钼酸铵纯度高，其杂质含量与钼之比（%）为：

Sb，Pb，Bi，Cd < 0.0001；Zn，Mg，As，P，S，Ni，Cr，Ca < 0.001；Si，Al < 0.003；Fe < 0.005。

分离四钼酸铵之后，在酸性母液中，还剩有原含量 3% ~ 4% 的钼（相当于 6 ~ 10 g/L）。将该母液酸化到 pH = 2 并长时间静置，可从溶液中析出各种成分的聚钼酸盐非晶沉淀。将这些沉淀送去净化处理，清除杂质。剩下的尾母液中大约还有 1 g/L 的钼，这部分尾母液中的钼将用离子交换的吸附方法加以回收。

用硫化物沉淀 – 中和结晶法处理 $(NH_4)_2MoO_4$ 溶液的杂质分布见表 3 – 41。

表3-41　用硫化物沉淀-中和法处理(NH₄)₂MoO₄溶液的杂质分布

物料名称	杂质占原始量的比例/%									
	Zn	Sn	Sb	As	P	S	Fe	Co	Pb	Cu
原始(NH₄)₂MoO₄溶液	100	100	100	100	100	100	100	100	100	100
硫化物沉淀后的溶液	86	16~41	91~95	95~97	88~95	95	2~4	40~70	0.1~0.85	0.3~0.5
沉淀八钼酸铵后的溶液	85	12~36	80~91	86~93	77~94	93	2~4	35~70	*	*
八钼酸铵	0.004 ~0.07	0.5 ~2.6	0.03 ~0.2	0.14 ~1.6	0.1 ~10	0.82	0.2 ~0.4	2~8		
八钼酸铵重结晶后母液	0.004 ~0.005	0.2 ~1.7	0.2 ~0.9	0.06 ~1.0	0.4 ~5.0	0.5 ~0.6	0.1 ~1.0	1.4 ~1.6		
仲钼酸铵	0.0016 ~0.002	0.2 ~0.9	0.08 ~0.3	0.04 ~0.14	0.45 ~0.7	0.2 ~0.3	0.04 ~0.08	0.2 ~0.7		

注: * Cu、Pb沉淀很完全,故在后续工序中检测不出。

　　用焙烧－湿法净化处理焙砂生产仲钼酸铵的总回收率与精矿的成分及操作条件、管理水平有关，一般为 90%～95%。产品的成本主要由辉钼精矿构成，占总成本 92% 以上。因此提高回收率是降低成本的关键。

参 考 文 献

1　［苏］A·H·泽里克曼，O·E·克列因，Г·B·萨姆索诺夫. 稀有金属冶金学. 冶金工业出版社，1982 年 9 月

2　李洪桂. 稀有金属冶金学. 冶金工业出版社，1990 年 5 月

3　有色金属提取冶金手册编辑委员会. 有色金属提取冶金手册——稀有高熔点金属. 冶金工业出版社，1999 年 1 月

4　稀有金属手册编辑委员会编著. 稀有金属手册（下册）. 冶金工业出版社，1995 年 12 月

5　肖飞燕. 从废催化剂中回收钼的研究. 中国钼业，2000 年第 2 期

6　朱振中等. 从废催化剂中回收钼生产新工艺的研究. 中国钼业，1998 年第 2 期

7　李培佑等. 从废催化剂中回收钼工艺流程研究. 中国钼业，1999 年第 2 期

8　J. M. Juneia 等. 从低品位辉钼矿中提取钼和铼. 钼业文集（2），中国钼业编辑部，1998 年 8 月

9　顾珩，李洪桂. 辉钼矿湿法浸出新工艺研究. 中国钼业，1997 年第 5 期

10　A. H. зпикман. 沸腾炉焙烧钼精工艺研究. 钼业文集（2），中国钼业编辑部，1998 年 8 月

11　［苏］JⅠ·N·克列亚奇科，N·Π·列夫顿诺夫，A·M·乌曼斯基. 钨钼新工艺. 李汉广，左铁铺校. 中南矿冶学院科技情报科，1983 年 10 月

12　黄法宪. 杂质在钼酸铵形成中的行为及处理方法的研究. 钼业经济技术，1991 年第 3 期

13   宋满玉. 浅淡湿法生产钼酸铵的工艺控制. 中国钼业, 1998 年第 6 期

14   桂林等. 钼酸铵酸沉工艺条件的控制. 中国钼业, 1999 年第 1 期

15   荆春生等. β 型四钼酸铵的研究及生产. 中国钼业, 1999 年第 4 期

第四章　钼湿法冶金的综合利用

第一节　氨浸渣的处理

焙烧粉在氨水溶解过程中,三氧化钼生成钼酸铵溶液,焙烧粉中不溶和难溶于氨水的钼酸盐,如 $CaMoO_4$,$FeMoO_4$,$PbMO_4$ 等仍留在氨浸渣中,其钼的含量达 10% ~25%。将氨浸渣中的不溶和难溶于氨水的钼变成可溶性钼,并且从渣中回收出来,主要有以下三种方法。

(1)苏打烧结法。在 700 ℃ ~750 ℃ 的条件下,各种钼酸盐均与苏打作用生成可溶性钼酸钠,例如:

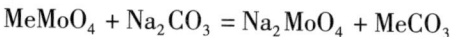

$$MeMoO_4 + Na_2CO_3 = Na_2MoO_4 + MeCO_3$$

在有氧化剂硝酸钠或空气存在下,MoO_2、MoS_2 氧化并与苏打作用生成钼酸钠。

(2)苏打高压浸出法。浸出温度约为 180 ℃ ~200 ℃,相应压力为 1.2 ~1.5 MPa。当渣中 MoO_2、MoS_2 较高时,宜加适量氧化剂。

(3)酸分解法。将氨浸渣中的不溶和难溶于氨水的钼酸盐,用浓度 20% ~30% 的盐酸分解为易溶于氨水的钼酸沉淀。然后用氨水溶解钼酸,其滤液转入主工艺流程浸出岗位。

氨浸渣酸分解的基本原理　氨浸渣用盐酸分解是将不溶于和难溶于氨水的钼酸盐分解为易溶于氨水的钼酸。其主要反应式是:

$$CaMoO_4 + 2HCl = H_2MoO_4 \downarrow + CaCl_2$$
$$PbMoO_4 + 2HCl = H_2MoO_4 \downarrow + PbCl_2$$

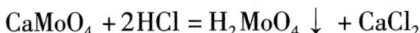

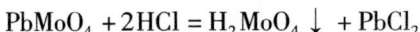

除大部分钼生成钼酸沉淀外，还有少量的钼生成各种氧氯化钼进入母液。

$$CaMoO_4 + 4HCl = MoO_2Cl_2 + CaCl_2 + 2H_2O$$
$$CaMoO_4 + 5HCl = H(MoO_2Cl_3) + CaCl_2 + 2H_2O$$
$$CaMoO_4 + 6HCl = MoOCl_4 + CaCl_2 + 3H_2O$$

为了降低分解母液中的钼含量，分解后还需用氨水中和，使母液中的钼呈钼酸沉淀下来。

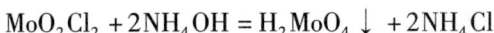

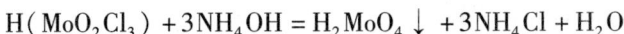

$$MoO_2Cl_2 + 2NH_4OH = H_2MoO_4 \downarrow + 2NH_4Cl$$
$$H(MoO_2Cl_3) + 3NH_4OH = H_2MoO_4 \downarrow + 3NH_4Cl + H_2O$$
$$MoOCl_4 + 4NH_4OH = H_2MoO_4 \downarrow + 4NH_4Cl + H_2O$$

工艺过程 按氨浸渣∶盐酸∶水 = 1.0 kg∶1.2 L∶(0.85 ~ 1.0) L 的固液比往分解槽中加水和盐酸，并将其加热至 80 ℃ ~ 85 ℃；开动搅拌机往分解槽中慢慢加入氨浸渣；加完料后在 90 ℃ ~ 100 ℃ 的温度下分解 1 h；加氨水中和，中和 pH 控制在 0.8 ~ 1.0，中和时加氨水不宜过快，以免槽内反应剧烈引起冒槽；当 pH 值保持在 0.8 ~ 1.0 稳定不变时，将料浆放出过滤，母液过滤完后，其滤饼(粗钼酸)用氨渣∶酸性水 = 1.0 kg∶(0.35 ~ 0.4) L 与中和终点 pH 值一致的冷酸性水在过滤器上进行洗涤；在放料过滤时，母液取样分析含钼量；滤饼抽干转氨浸工序，滤液压至沉降池进行冷却沉淀。

氨浸渣设备

搪瓷耐酸夹套搅拌槽：容积 2 m³、搅拌速度 80 r/min。

钢制衬胶过滤器：过滤面积 1.5 m²/台。

钢制衬胶扬液器：容积 1.5 m³。

PMK₃ 水环式真空泵。

技术要求 中和后的分解母液含 Mo≤1.5/L；粗钼酸粒度粗

且抽得干。

影响酸分解质量的因素

1. 固液比的影响

液固比大，固体物料表面饱和溶液层中溶解物质的浓度与整个溶液中溶解物质的浓度差值就大，生成物向整个溶液中的扩散速度就快，使化学反应速度增加，分解率提高。液固比小，也就是水加得少，其结果与液固比大相反。另外，若水加得少，在盐酸用量保持不变时，会使生成的氯化物浓度增加，这就阻碍了分解反应的向右进行，也会使分解率降低。根据生产的实践证明，氨浸渣：水 = 1 : 1.2 较为适合。

2. 酸度的影响

根据化学反应式来看，增加反应物盐酸的浓度（盐酸度高）有利于钼酸盐的分解和分解率的提高，但是酸度过高，又会使钼酸沉淀的溶解度增大，生成的杂多酸络合物增加，使分解母液中的钼含量增加。另外，如果酸度过高，分解后还有一部分盐酸剩余下来，未被充分利用，在中和时，氨水用量要增加，这都是不经济的，因此，加料分解前稀盐酸溶液的浓度应控制在 15% ~ 18%，湿氨浸渣（kg）与盐酸（L）的比例为 1 : (0.8 ~ 1.0)。

3. 分解温度的影响

分解反应温度也是影响分解率的一个重要因素。温度低、反应慢、分解时间长；同时生成的钼酸沉淀细，沉不清，难过滤，而且吸附的杂质多。温度高与温度低的情况相反。加料前溶液的温度控制在 80 ℃ ~ 85 ℃，分解过程中保持 90 ℃ ~ 95 ℃ 为好。

4. 分解时间的影响

任何固体溶质的溶解，溶剂向溶质表面的扩散，被溶解的生成物由饱和层向整个溶液中扩散，都是需要一定时间的，所以分解的时间长的要比分解时间短的分解率要高些。根据生产实践证明，分解 1 h 就可以了。

5. 中和 pH 的影响

中和是把溶解于母液中的钼沉淀下来,如果 pH 值控制不当,就达不到此目的。若 pH 值大(氨水加过量)、钼酸沉淀又反溶于母液;若 pH 值太小(氨水加量少),母液中的钼没中和沉淀下来。氨水的过量和不足,都会引起母液含钼量高。从生产实践中得知,中和 pH 值控制在 0.8~1.0,可使分解母液中含钼量降至 1 g/L 左右。

6. 氨浸渣中杂质铁、锌、锡的影响

当氨浸渣中有这些杂质的钼酸盐时,使酸分解过程中生成还原剂氯化亚铁($FeCl_2$)、氯化锌($ZnCl_2$)、氯化锡($SnCl_2$),它们可将一部分高价钼还原成低价钼,使料浆成蓝色,使中和时 pH 值试纸颜色看不清;低价钼在中和时也难以沉淀。这样就导致母液中的含钼量增高。

氨浸渣纯碱直接浸出 在一定条件下,氨浸渣中钼酸盐与碱液反应如下:

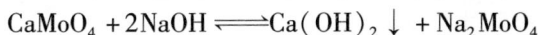

$$CaMoO_4 + Na_2CO_3 \Longrightarrow CaCO_3 \downarrow + Na_2MoO_4$$

$$CaMoO_4 + 2NaOH \Longrightarrow Ca(OH)_2 \downarrow + Na_2MoO_4$$

NaOH 和 Na_2CO_3 除了与 $CaMoO_4$、$Fe(MoO_4)_3$ 发生化学反应外,还可与其他物质作用,但对 MoS_2 和 MoO_2 作用不大。

浸出工艺过程 将氨浸渣经 100 ℃~150 ℃ 烘干,浸出用的烧碱、纯碱、氨水均为化学纯,浸出温度为 90 ℃~95 ℃,浸出固:液 =1:3,浸出时间为 3 h,整个过程都在连续搅拌之中。将称量的氨浸渣加入热碱溶液中,待反应结束后,分离出上清液,并对尾渣进行水洗抽滤,尽可能减少对钼的吸附,尾渣残留钼一般在 1.8% 左右。浸出液密度为 1.1 g/cm^3,pH 值为 12.0,用硝酸将 pH 值调至 1.0,大部分钼以钼酸形式沉淀下来。沉淀分离后,用 20% 的氨水溶解,将 pH 值调至 8.5~9.0,密度为 11.3~1.14 g/cm^3。净化处理后,清液在搅拌条件下,酸中和 pH 值至 1.5~

2.0，钼以四钼酸铵形式沉淀下来。固液分离后，沉淀物在 60 ℃~70 ℃温度下烘干。成品为二水四钼酸铵，色质青白，钼含量为58.99%，化学成分符合技术要求。

第二节 粗钼酸氨浸出

粗钼酸氨浸出的主要任务是将钼酸用氨水溶解制取钼酸氨溶液。

粗钼酸氨浸出的基本原理 钼酸易溶于氨水而生成钼酸氨溶液，其主要反应是：

$$H_2MoO_4 + 2NH_4OH = (NH_4)_2MoO_4 + 2H_2O$$

酸分解过程中生成的杂多酸也可被氨水破坏，而使钼从杂多酸中分离出来。

$$H_8[Si(Mo_2O_7)_6] + 24NH_4OH = 12(NH_4)_2MoO_4 + H_2SiO_3 + 15H_2O$$

由上面反应式中不难看出，只有在氨水过量，也就是碱度较大的情况下，杂多酸才能被破坏。

工艺过程 按湿粗钼酸：洗液（或水）：氨水 = 1.0 kg：(2.0 ~ 2.5) L：(0.7 ~ 0.8) L 的固液比往浸出槽中加洗液或水，然后加热至 70 ℃ ~ 80 ℃；开动搅拌，加入氨水，同时将粗钼酸加入槽内，加完料后其 pH 值控制在 8.5 ~ 9.0；搅拌 15 ~ 20 min；停止搅拌，澄清过滤，滤液压送至焙烧粉浸出岗位稀溶液贮槽；滤饼（尾渣）按粗钼酸：水 = 1 kg：(1.5 ~ 2.0) L 的比例在过滤器上加沸水分两次进行洗涤，洗液压至贮槽作下批粗钼酸浸出用；滤饼抽干滤液后铲出，分析钼含量，滤饼可作农肥。

主要设备

钢制夹套浸出槽：容积 2 m³/个，搅拌速度 80 r/min。

钢制衬胶矩形过滤器：过滤面积 3 m²。

钢制衬胶扬液器：容积 1.5 m³。

钢制衬胶氨水贮槽：容积 5 m³。

钢制衬胶稀溶液贮槽：容积 5 m³。

技术要求 第一次浸出液比重为 1.06～1.08；最终尾渣含可溶钼≤1.0%。

影响最终渣中钼含量的因素

（1）若粗钼酸滤饼没有用稀酸水洗涤，滤饼中的杂质尤其是铁没有被洗去，或粗钼酸中有较多的硅钼酸时，在氨浸出过程中形成胶状的氢氧化铁和硅酸，造成过滤困难，尾渣很难抽干，使尾渣中的可溶钼增高。因此酸分解滤饼（粗钼酸）在抽得快干的时候，要用氨浸渣：酸性水（pH 值分解母液的 pH 值相同）= 1.0：0.4 的弱酸性水进行洗涤。

（2）液固比应适当增大一点，一般粗钼酸：尾渣洗涤液：氨水 = 1.0 kg：(2.3～2.5) L：(0.7～0.8) L，溶液 pH 为 8.5～9.0，溶液比重为 1.06～1.08 为好。

（3）为了破坏一些沉淀的胶体性质，易于澄清，加快过滤，浸出温度应适当控制高一点，可控制在 80 ℃左右。

（4）由于钼酸易溶于氨溶液，搅拌时间不宜过长，搅拌 15～20 min 就可以了。否则使料浆黏度增大，难以澄清，不好过滤。

（5）尾渣过滤快要抽干的时候，要用粗钼酸：水 = 1.0 kg：2.4L 的沸水，在过滤时进行洗涤，以便把尾渣中吸附的可溶钼洗下去。如果洗水太少，尾渣中的可溶钼难以洗干净；洗水太多，虽然可把尾渣中的可溶钼洗得更干净，但下批浸出洗水用不完。

第三节 酸沉母液中回收钼

用萃取法从酸沉母液中回收钼用酸性氧压煮分解辉钼矿所得的滤饼，经氨浸后的钼酸铵溶液中的磷、砷、硅用硫化沉淀净化一般是无法除去的, 在酸沉过程中生成杂多酸或同杂多酸进入母液, 故酸沉母液一般含钼在 $5 \sim 6$ g/L, 为了充分利用钼资源和降低生产成本, 采用 N - 235 萃取法提取酸沉母液中钼, 用氨水反萃取制得钼酸铵溶液, 然后转入净化来生产钼酸铵。

萃取过程的基本原理 pH 在 $2.0 \sim 2.5$ 的酸沉母液中的钼, 一般呈 Mo_8O 和磷、砷、硅杂多酸根 $[PMo_{12}O_{40}]^{3-}$, $[AsMo_{12}O_{40}]^{3-}$, $[SiMo_{12}O_{40}]^{4+}$ 阴离子形态存在, 它们容易被 N - 235 萃取。萃后钼的有机相用氨水进行反萃, 使有机相中的钼被反萃进入水相或钼酸铵溶液。

酸沉母液中回收钼的萃取反应式如下:

有机相的酸化:

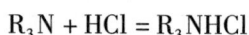

$R_3N + HCl = R_3NHCl$

钼的萃取:

$(NH_4)_4Mo_8O_{26} + 4R_3NHCl = (R_3NH)_4Mo_8O_{26} + 4NH_4Cl$

$(NH_4)_3[PMo_{12}O_{40}] \cdot nH_2O + 3R_3NHCl = (R_3NH)_3[PMo_{12}O_{40}] + 3NH_4Cl + nH_2O$

$(NH_4)_3[AsMo_{12}O_{40}] \cdot nH_2O + 3NR_3NHCl = (R_3NH)_3[AsMo_{12}O_{40}] + 3NH_4Cl + nH_2O$

$(NH_4)_4[SiMo_{12}O_{40}] \cdot nH_2O + 4R_3NHCl = (R_3NH)_4[SiMO_{12}O_{40}] + 4NH_4Cl + nH_2O$

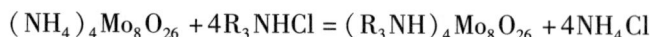

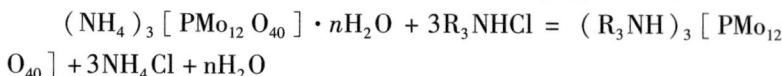

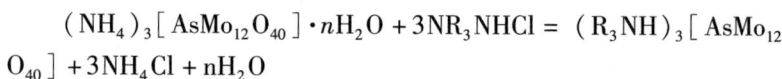

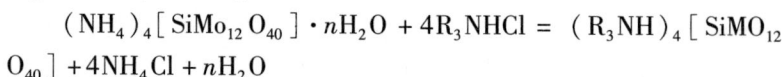

萃取原液是经净化除杂后钼酸铵溶液, 然后加酸沉淀多钼酸铵后的母液, 其杂质含量很少, 而且扫萃液还要进一步净化除磷、砷、硅, 所以萃钼有机相用 20% 的氨水进行反萃取, 其萃钼有机相的反萃取化学反应式如下:

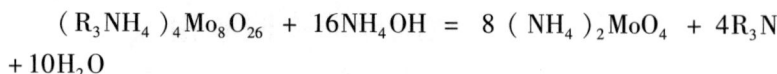

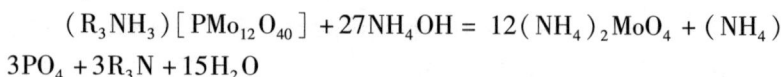

$(R_3NH_4)_4Mo_8O_{26} + 16NH_4OH = 8(NH_4)_2MoO_4 + 4R_3N + 10H_2O$

$(R_3NH_3)[PMo_{12}O_{40}] + 27NH_4OH = 12(NH_4)_2MoO_4 + (NH_4)3PO_4 + 3R_3N + 15H_2O$

$$(R_3NH_3)[AsMo_{12}O_{40}] + 27NH_4OH = 12(NH_4)_2MoO_4 + (NH_4)_3AsO_4 + 3R_3N + 15H_2O$$

$$(R_3NH)_4[SiMo_{12}O_{40}] + 26NH_4OH = 12(NH_4)_2MoO_4 + (NH_4)_2SiO_3 + 4R_3N + 15H_2O$$

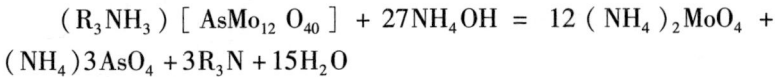

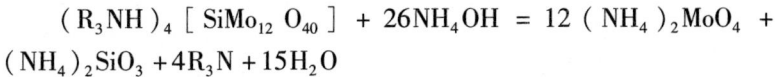

萃取过程中，硅、磷、砷生成杂多酸根离子也一起被萃取，故反萃取时出现乳化现象。在反萃取的钼酸铵溶液中，加入密度为 1.2 g/cm^3 的 $MgCl_2$ 溶液使溶液中磷、砷、硅生成相应的磷酸铵镁、砷酸铵镁和硅酸镁沉淀，溶液得以净化提纯，其化学反应式如下：

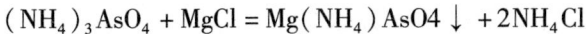

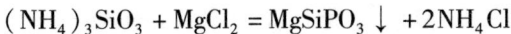

$$(NH_4)_3PO_4 + MgCl_2 = Mg(NH_4)PO_4\downarrow + 2NH_4Cl$$

$$(NH_4)_3AsO_4 + MgCl = Mg(NH_4)AsO4\downarrow + 2NH_4Cl$$

$$(NH_4)_3SiO_3 + MgCl_2 = MgSiPO_3\downarrow + 2NH_4Cl$$

工艺过程 萃取按 20% N-235+10% 仲辛醇+70% 煤油的体积比配制有机相。酸沉母液的最大流速 0.33 L/s(1.2 m^3/h)，有机相流速 0.069L/s(250 L/h)，盐酸流速 $4.2\times10^{-3}\sim5.0\times10^{-3}$ L/s(50~60 L/h)，两相接触时间 1~1.5 min，两相分相时间 4~5 min，两级并流萃取，原液 pH 值在 2.0~3.5。反萃用 20% 的氨水进行两级反萃取，反萃氨水流速 $1.4\times10^{-2}\sim1.7\times10^{-2}$ L/s(50~60 L/h)，两相接触时间 5~6 min，两相分相时间 30 min。反萃取液的钼含量 >100 g/L。

技术要求 各种溶液的流速要控制稳定，澄清室分相界面稳定，两相澄清良好，萃余液、反萃钼液、有机相互无夹带现象。萃余液含 Mo <0.5 g/L，pH=2~3；反钼液含 Mo≥12 g/L，pH=8.5~9.0。

萃取设备

塑料酸母液贮槽：容积 5 m^3。

塑料有机相高位槽：容积 1 m^3。

塑料萃取余液贮：容积 5 m^3。

塑料串联四级萃取槽。

塑料提取泵。

钢制衬胶扬液器：容积 2 m³。

故障及其处理

（1）有机相流动性差。萃取与反萃取过程中，有机相乳化、分相不好，主要原因是气温低造成的。因此，室内应保持温度 25 ℃ 以上，酸沉母液预热至 40 ℃ 左右，降低溶液流速，降低设备处理能力，延长分相时间。

（2）萃余液钼含量超标。处理的方法是：当萃余液 pH > 3 时，增加盐酸流量；pH < 1.5 时减少盐酸流量；pH = 1.5 ~ 3 时，增加有机相流量，或减少酸母液流量。

（3）钼反萃取有机相乳化，原因是氨水流量不够，反萃不完全，或负载有机相流量过大。处理方法是增大氨水流量，或降低负载有机相流量。

（4）钼酸铵溶液澄清室出现结晶，原因是反钼液 pH < 6，溶液含钼过高。处理方法是往澄清室内加入适量氨水，手工搅拌澄清室，使结晶物溶解。当反萃液 pH = 8.5 以上时，适当增加有机相流速。冬天提高室内温度，降低钼酸铵溶液黏度。

第四节 用离子交换法从酸性废液中回收钼

在预处理和酸沉工序中产生大量的含钼酸性废液，采取加酸沉降钼和加沉降剂沉降钼的方法来回收钼虽然简便易行，但辅助材料用量大，回收成本高，增加了排放液中污染物的含量，还要增加回收工序才能得到钼的成品。利用离子交换剂与溶剂中的离子发生交换进行分离的方法，可进行痕量元素富集和高纯物质的制备，设备简单和操作方便。

离了交换树脂的选择 用 D36mm 玻璃管填充树脂进行交

换，松装体积346 mL，流速2 mL/s，过量吸附后，加入400 mL7%的氨水进行解吸，测定解吸液 Mo 含量。根据钼氧聚合离子在不同酸性条件下聚合度的变化，选择大孔径弱碱性阴离子树脂301。它从酸洗、酸沉母液中吸附钼的实际工作交换容量，比强碱性阴离子牌号为 201×7 的树脂大1~2倍。用 D300 mm×400 mm 交换柱3只，双柱串联流程、单柱分段解吸，根据生产情况可间隙处理也可连续处理，能满足年产400 t 钼酸铵的含废母液的钼回收需要。

交换点的选择 确定交换点可在酸沉母液中滴加氨水调节 pH=5~7，滴入几滴硝酸铅观察沉淀混浊度就可以判定。在正常操作下，当交后液中含钼≥0.1 g/L 时，就应终止吸附操作而转入解吸。

解吸剂的选择 解吸剂的选择与解吸后所得的产品质量和环保要求有关。用氢氧化钠作解吸剂，所得的解吸液不会影响生产钼酸钠的质量，也不会增加氨氮排放量而造成环境污染；而用氨水作解吸剂时，所得的解吸液用来生产钼酸铵，对产品色泽，以及 P，Si，W 等指标难于控制，而且还会增加氨氮排放量。解吸剂的浓度一般根据解吸过程的要求来确定，主要保证解吸液 pH≥9，否则可能出现解吸不完全或局部出现结晶堵塞树脂层、解吸过程的流速不稳定、解吸液浓度过低的问题。为了提高解吸液的浓度，减少杂质含量，解吸剂加入后应浸泡树脂30 min，然后分2段解吸，由解吸液流出起至密度达 1.1 g/L（NaOH）或 1.06 g/L（NH₄OH）分开来作循环Ⅰ段解吸剂，后部分解吸液转入主流程生产产品。

采用离子交换法从含钼酸洗、酸沉母液回收钼，回收率可达94%以上，比采用加酸沉降钼和加沉降剂沉降钼的方法提高1.5%左右。

第五节　钼酸铵生产中的废液处理

在钼酸铵生产中，必然会产生一些废液需要处理。含有硫酸的废水可用石灰中和处理后达到排放标准；用萃取方法回收酸沉母液中的钼，再用氨水中和萃余液，浓缩结晶后可制取氯化铵作为化肥。

废硫酸萃余液的处理　它的主要任务是将萃余液用石灰中和，使其达到环保排放标准。用石灰乳中和废硫酸萃余液过程中主要化学反应如下：

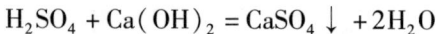

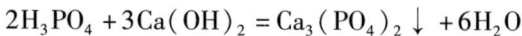

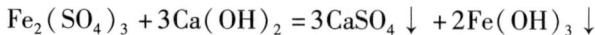

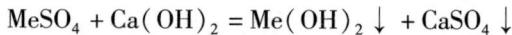

$$H_2SO_4 + Ca(OH)_2 = CaSO_4 \downarrow + 2H_2O$$
$$2H_3AsO_4 + 3Ca(OH)_2 = Ca_3(AsO_4)_2 \downarrow + 6H_2O$$
$$2H_3PO_4 + 3Ca(OH)_2 = Ca_3(PO_4)_2 \downarrow + 6H_2O$$
$$Fe_2(SO_4)_3 + 3Ca(OH)_2 = 3CaSO_4 \downarrow + 2Fe(OH)_3 \downarrow$$
$$MeSO_4 + Ca(OH)_2 = Me(OH)_2 \downarrow + CaSO_4 \downarrow$$

式中 Me 为两价的重金属离子。

石灰乳中未溶解的碳酸钙，与各种酸反应生成相应的钙盐和水，并放出二氧化碳。

工艺过程　首先将石灰制成石灰乳，然后将萃余液与石灰乳同时放入中和槽，并调好两种料液的流速，流速以中和到 pH = 6 ~ 7 为宜，中和槽内料浆 pH < 6 时，应加大石灰乳流速，pH > 7 时，应加大萃余液流速。萃余液连续中和，中和好的料浆连续排出，直至中和完为止。

故障的处理　制浆槽和中和槽底部沉积物多了造成搅拌不动时，应该把沉积物掏出来再继续生产。中和槽内料浆 pH < 6 时，应加大石灰乳流速；pH > 7 时，应加大萃余液流速。

技术要求　中和后的料液 pH = 6 ~ 7，其他有害元素达到环保排放标准。

用低温酸沉母液的萃余液生产化肥　将低温酸沉母液萃取回收钼后的萃余液用氨水中和过滤，使其酸性变成碱性和除去大部分重金属杂质，然后蒸发浓缩结晶，制取质量较高的氯化铵化肥。

基本原理　向酸母液中加氨水，发生酸碱反应，生成水和氯化铵，重金属离子生成氢氧化物沉淀，它们的化学反应如下：

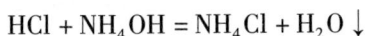

$$HCl + NH_4OH = NH_4Cl + H_2O \downarrow$$

$$FeCl_2 + 2NH_4OH = 2NH_4Cl + Fe(OH)_2 \downarrow$$

$$FeCl_3 + 3NH_4OH = 3NH_4Cl + Fe(OH)_3 \downarrow$$

$$ZnCl_2 + 2NH_4OH = 2NH_4Cl + Zn(OH)_2 \downarrow$$

$$PbCl_2 + 2NH_4OH = 2NH_4Cl + Pb(OH)_2 \downarrow$$

另外，还有一些杂质的氢氧化物沉淀 pH 值较高，但在有氢氧化铁存在的情况下，即使 pH 值较低，也可与氢氧化铁共沉淀下来。

生产钼酸铵所产生的废液，也可以用 HT 吸附剂的离子交换法来回收废液中的钼，利用吸附后的母液来生产氯化铵。其过程是用氨水将母液中和至 pH = 7，再蒸发、浓缩、冷却结晶出 NH_4Cl。

工艺过程　打开萃余液贮槽阀门，将萃余液放入中和槽内。加热 70 ℃ ~ 80 ℃，开动搅拌，打开氨水阀门，放氨水中和萃余液 pH = 7 ~ 7.5。打开中和槽放料阀，将中和液过滤，中和过滤后的氯化铵溶液应清亮无沉淀物，pH = 7 ~ 7.5。滤渣弃去，滤液压至贮槽。将中和液放入浓缩结晶槽，打开蒸汽加热，启动抽风机，打开搅拌进行浓缩结晶。经常观察溶液体积减少和沸腾情况，并及时向槽内补加氯化铵溶液和调节蒸汽大小。当浓缩液中出现大量结晶时，停止加热，向槽子夹套内通水冷却料浆。料浆冷却至室温后，放料过滤。氯化铵抽干后，滤液压至贮槽，氯化铵结晶物用编织袋包装，每袋净重 50 kg。

设备及工具

搪瓷中和槽: 容积 2 m^3。

衬钛浓缩蒸发结晶槽: 容积 2 m^3。

钢制衬胶氯化铵溶液贮槽: 容积 5 m^3。

玻璃钢圆形过滤器: 面积 1.5 m^2。

玻璃钢长方形过滤器: 面积 3 m^2。

钢制衬胶扬液器: 容积 2 m^3。

技术要求　氯化铵应呈白色或稍带蓝色和浅黄色的结晶。

故障的处理　浓缩时溶液冒槽, 应立即停止加热, 或向槽内加冷溶液。槽内结晶物太多和母液太浓变干造成搅拌停止时, 必须加稀氯化铵溶液或水, 并加热使结晶物部分溶解后方可开动搅拌。

第六节　从其他尾矿渣中回收钼

钼原料主要是从辉钼矿和铜矿中获取外, 还可以从其他尾矿渣中回收一些钼的原料, 在资源日益减少的情况下, 利用从其他尾矿渣中回收钼是完全必要的。下面介绍从低品位钼矿物原料或其他副产品中综合回收钼的回收方法及主要指标。

从钼铀矿回收钼　钼铀矿中含 Mo: 0.36%、U: 0.13%、Re: 0.0008% 等其他元素。可采用在 145 ~ 150℃, 压力为 (1.86 ± 0.14) MPa, 在碱性介质 (Na_2CO_3) 中进行高压氧浸, L/S = 1.6。含 Mo、Re、U 的浸出液先用烷基磷酸双脂萃铀, 再用胺类萃取钼、铼。Mo 浸出率 78% 左右, U 和 Re 浸出率 90%。

从铀 - 钼 - 钒沉淀物回收钼　矿中含 Mo: 33.4%、U: 1.42%、V: 0.85% 等其他元素。可用 105 g/L H_2SO_4 浸出, L/S = 10, 常压下浸出 1 h, 浸出液通 SO_2 使其中 Fe^{3+} 还原成 Fe^{2+}, 再用螯合型树脂吸附钼, 交后液中和至 pH = 1.5 后用阴离子交换树脂吸附。Mo、U、V 浸出率均大于 99%，阳离子交换树脂吸附钼，吸附率约 99%，铀、钒不吸附。

从钼铅矿回收钼　用 Na_2S 浸出，钼进入 Na_2MoO_4 溶液，铅成 PbS 入渣。浸出条件：90 ℃ ~95 ℃，L/S =2.5 h，浸出液蒸发结晶得粗钼酸钠，钼的总回收率 83.8%，铅回收率 94.7%。

从含钼白钨矿回收钼　可用 600 ℃ ~650 ℃ 焙烧 1 h 后，经苏打高压浸出，可提高浸出率，然后在溶液中回收钼。

从含钼、铅尾矿中回收钼　将含钼、铅尾矿经 750 ℃ 焙烧 2 h 后，焙砂中的 Mo 为 3.28%、Pb 为 7.14%，采用矿量 30% 的碳酸钠为碱浸剂，液固比 =2:1，浸出温度为 80 ℃，浸出时间为 1 h，浸出渣水洗 3 次。其反应式为：

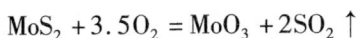

$$MoS_2 +3.5O_2 = MoO_3 +2SO_2 \uparrow$$
$$MoO_3 + Na_2CO_3 = Na_2MoO_4 + CO_2$$

尾渣内 Mo 为 0.11%，Pb 为 7.14%。Mo 浸出率为 96.65，Pb 不浸出，使钼铅成功地分离。如采用一定量的助浸剂，可以降低碳酸钠消耗，从而降低浸出成本。

第七节　从废催化剂中回收钼

钼资源有 10% 是用于化工产品，如催化剂、抗磨剂、润滑脂、颜料等，其中催化剂的用量呈显著增长。含钼催化剂是石油化工生产中常用的加氢脱硫的优良催化剂，在使用过程中会因时间过长而失去作用。据统计，我国每年有 2000 多吨的废料，含钼为 5% ~20%，这是一种为数不小的钼资源，因此必须利用回收。钼化工产品主要是用于催化剂，用于合成氨、石油化工、加氢脱硫、加氢精制、烃类脱氢、烃类的气相氧化、丙烯氨氧化等过程的钼催化剂，由于用途不同，所以含钼量也不同，不同的催化剂的含钼量为 6% ~9%。从废催化剂中回收钼的方法很多，如有氨浸法、氯化焙烧法、加碱焙烧法等。

因废催化剂废料中 SiO_2 含量高，NaOH 与 SiO_2 反应会生成水玻璃，很难过滤，影响生产效率。用 NaOH 浸出，钼的浸出率低，氨水易挥发，因此，一般采用纯碱浸出。用纯碱浸出含钼、镍废催化剂的工艺过程：废催化剂的活性成分为 MoO_3，载体为 SiO_2。碱浸的化学反应如下：

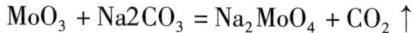

$$MoO_3 + Na2CO_3 = Na_2MoO_4 + CO_2 \uparrow$$

纯碱加入量直接影响钼的浸出率，用量不足，钼的浸出率低，用量过大，中和时必然增加硝酸的用量。在当 $Na_2CO_3 : Mo = 3 : 1$（mol）时，钼的浸出率达 95%，因此，$Na_2CO_3 : Mo = 2 \sim 3 : 1$（mol）为宜，浸出温度控制在 80℃ ~ 90℃为好，浸出时间 1.5 ~ 2.0 h 为宜。冷却后经过滤洗涤，洗水返回下次浸出再用，尾渣含钼 0.88%，钼的浸出率为 96%。溶液经除杂沉钼得到钼酸铵。尾渣打中的镍用浓硫酸中和反应就可把 NiO 溶解回收。

含钼、钴废催化剂回收钼、钴，采用焙烧和氨浸工艺流程。回收载体为 Al_2O_3 的含钼、钴废催化剂中的钼、钴，首先采用破碎后经 -100 目过筛，所得的粉末经 750 ℃焙烧 1 小时，使废催化剂中的钼完全氧化成 MoO_3，采用固：含氨液 = 1 : 3，浸出温度为 60℃，在搅拌中浸出 4 小时，浸出率可达 95.5%。此工艺钼回收率高，浸出时间短，还可以回收钴等贵金属，Al_2O_3 也可以综合利用。

含 Mo、Ni 废催化剂加碱氧化焙烧回收钼的工艺流程。回收含 Mo、Ni 废催化剂首先是将废催化剂破碎，经 -120 目过筛后，按废催化剂粉末：碳酸钠 = 1 : 0.15 ~ 0.55 的比例混合，在 700 ℃ ~ 800 ℃的温度下焙烧 1 ~ 2 h，焙砂冷却后按固：液 = 1 : 3 加水搅拌浸出，静置 24 h 后，取出上清液，滤渣可用于回收 Ni，将上清液加热到 60 ℃ ~ 70 ℃，加入浓硫酸，将 pH 值调到 8.5 ~ 9.0 时过滤，滤饼用 70 ~ 80℃热水洗涤后弃去。滤液和洗水合并，用浓硫酸将 pH 值调到 2.5~3.0，然后转入后续工序进行回收钼。钼的总回收率可大于 85%。

硫化物形式存在的钼系催化剂氧化焙烧 – 碱浸法回收钼的工艺流程，是将废催化剂在一定温度下氧化焙烧，焙烧后的废催化剂用碱浸出，钼进入溶液后用酸沉法回收钼，得到较纯的钼盐。此种方法的优点在于焙烧过程不添加任何试剂，对焙烧设备的腐蚀小，操作条件温和，环境污染小，钼回收率高，在焙烧过程中散发的热量还可加以回收利用。其主要缺点是焙烧温度要求严格，焙烧温度过高会导致钼的挥发，焙烧不充分会导致钼的浸出率较低。

废催化剂酸浸回收钼的工艺流程：酸浸—氨中和—碱浸—净化—蒸发结晶—烘干—产品钼酸钠。该工艺省去了高压设备及焙烧工序，钼的浸出率达到 98.5%，且工艺短、设备简单、产品成本低、质量稳定。具体方法是将废催化剂按 1:3 固液比，在搅拌下投入到盐酸中，并一同加入催化剂重量 10% 的工业硝酸中，然后加热升温至 85℃~90℃ 恒温浸出 2 h，过滤后用热水将滤渣洗涤 2~3 次，然后将滤渣在 70℃~80℃ 的氨水溶液中浸出 1 h，吸干后弃之，氨洗液去氨中和即可得到产品。

由于用途不同，废催化剂的成分各不相同，处理方法也不相同。如以下几种催化剂的处理方法是：

（1）加氢精制、加氢脱硫催化剂，含 Mo：6%~12%、Co：1%~4%、Ni：0.5%~4%、V：1%~20%、S：5%~8% 和 5%~25% 碳氢化合物，载体为 Al_2O_3。先在 400℃~900℃ 焙烧，然后用浓度 20%~50% 的 H_2SO_4 浸出，温度 >80℃，最终 pH = 2.5~3。当含钒高时，加入还原剂以防止生成钒酸铝沉淀；浸出液先用 P_{204} + DBBP + 煤油萃钒，然后用 10% 的 H_2SO_4 反萃钒；萃余液用 Alamine336（75 g/L）+ DBBP（50 g/L）+ 煤油萃钼，然后再用 4 mol/L 的 NH_4OH 溶液中反萃钼；从萃钼的萃余液再萃取 Ni、Co，

用结晶法回收 $Al_2(SO_4)_3$。

(2)加氢催化剂,含 Mo:5%~15%、Al:20%~38%、Ni:1%~5%、Co:1%~5%。第一种方法是在 100 ℃~200 ℃下用理论量 H_2SO_4 浸出,同时通压力为 0.1MPa 左右的 H_2S,则 92%~99% 的铝 $Al(SO_4)_3$ 进入溶液,99% 的 Mo、Ni、Co 呈硫化物进渣。第二种方法是渣在 200 ℃,氧分压 1.46 MPa 下进行高压氧浸出,90% 左右的钼以 $MoO_3 \cdot xH_2O$ 形态入渣,从渣中回收钼。大部分 Ni、Co 入溶液。溶液经阳离子交换树脂(Amberlite RI 120)吸附除 Ni、Co 后回收浸出。

(3)加氢脱硫催化剂,含 Mo:1%~10%、V:1%~15%、Ni:1%~12%、S:2%~12% 和 1%~40% 碳氢化合物,约 20% 油,其他为 Al_2O_3 及化合态氧。在碱介质中高压氧浸出,碱液可为 NaOH 或 $NaAlO_2$,碱用量为理论量的 100%~150%,在 150 ℃~200 ℃,氧分压为 0.2~07 MPa,使硫和碳氢化合物充分氧化,溶液最终为 pH=7~9。约 97% 的钼,92~98% 的硫与 90% 的钒进入溶液,溶液含 Al 仅 $(50~100) \times 10^{-6}$,Al、Ni、Co 主要进入浸出渣。

(4)废催化剂,含 Mo:4%~10%、V:10%~22%、Co:2%~4%、Ni:1%~2%。第一种方法是在 600 ℃~950 ℃下氧化焙烧后用 NaOH 浸出,浸出温度 60 ℃~80 ℃,2~4 h,游离碱 5%~10%,过滤后滤液经蒸发结晶,首先析出 $NaVO_4 \cdot 12H_2O$,分离 $NaVO_4 \cdot 12H_2O$ 后进一步浓缩得 $Na_2MoO4 \cdot H_2O$ 为主的混合物。第二种方法是在 630 ℃氧化焙烧后在 800 ℃用 NaCl + 水蒸汽进行氯化焙烧 – 水浸。浸出液加 NH_4Cl 沉淀偏钒酸铵后用 D_2EHPA 及 TOA 萃钼,NH_4OH 反萃钼,钼回收率 ≈77%,钒回收率 75.5%。

(5)重油脱硫催化剂,含 Mo:3%~12%、V:0.5%~12%、Ni 和 Co ≤3%。用 Na_2CO_3 在 850 ℃下焙烧 2 h,水浸,钼、钒浸出率分别达 98% 和 97%。浸出液加 NH_4Cl 析出偏钒酸铵后,中和

至 pH=0.75~0.9，析出钼酸，钼回收率大于92%。

第八节 从废金属钼和钼基合金及废气、液中回收钼

废金属钼中回收钼 用于发热体的废钼丝、电火花加工的线切割钼丝、用过后残留钼电极、钼顶头、钼圆片、溅射靶等等的残留钼都是很好回收的钼二次资源。它们有一个共同的特点，都是高纯度的钼金属。这些金属钼只需在升华炉内用电加热后，氧化成三氧化钼即可。金属钼在氧化升华中需要特别注意的是在排气中回收好升华的三氧化钼。金属钼用硝酸钠加适量碳酸钠用高温熔融法生产钼酸钠，先将所需分解的原料剔除杂质，烘干。经硝酸钠和碳酸钠按一定比例与废钼料混合于坩埚内引燃。反应结束后将生成的钼酸钠加水溶解，调节 pH 值除杂、净化、结晶即可得到产品。运用这种方法的缺点是硝酸价格较高，操作时危险性大，而且在后续工序中钼酸用碱中和时生成大量的盐，给精制工序带来麻烦，使工艺冗长。

从钼基合金钼中回收钼 由于特钢用钼量很大，部分特钢中的钼含量也很高，在特钢中回收钼是一种重要的二次资源利用方式。在钼钢中回收钼暂时还比较困难，因为含钼钢不容易破碎，所以不好用火法升华氧化法，也不好用湿法浸出法；目前从经济角度出发，最好是采用分类回收重复炼钢。

钨钼合金如钼基钨靶和钼与其他元素的合金中回收钼 这些合金中钼的含量都比较高，可采用破碎后用火法升华氧化法或湿法浸出法回收钼；也可以直接用用火法升华氧化法回收钼。

从烟尘或废渣中回收钼 钼精矿焙烧时一般都要损失≥2%的钼，钼坯热开坯时也有3%~4%的钼被损失，钼酸铵的煅烧也会有一些损失。这都是由于钼在高温中升华成三氧化钼而挥发。

从排风的烟尘中将其升华成的三氧化钼回收不仅有利于环境污染,又可以回收钼资源。回收焙烧烟尘中的钼需要在同时处理二氧化硫气体,其工艺和设备比较复杂,而回收钼坯热开坯升华的三氧化钼烟尘和钼酸铵煅烧的三氧化钼的升华粉尘,可直接采用布袋收尘或静电收尘方法进行,可得到钼含量较高的粉尘。钼喷镀时,会有很多钼粉不会黏附被镀物表面,也被形成渣料,即使被镀到表面,也会有一部分被精加工后进入废渣。这些渣料也是一种很好的二次钼资源。

从废酸、碱液中回收钼 钼在压力加工中,有些产品要求在中间进行表面处理,这种处理方法往往用酸或碱清洗其表面,因此,在这些酸或碱液中会留下不少钼的化合物。将这些溶液采用不同的富集工艺回收钼,如灯泡及电子管工业对所用钼元件需用 $H_2SO_4 + HNO_3$ 进行表面处理,得到的废酸液含钼浓度可达 125 g/L。用 CaO 或 Na_2CO_3 将废酸液中和至 pH = 2 左右后,再煮沸析出钼酸;或用 NH_4OH 析出钼酸铵,一般钼的回收率可达 95% ~ 99%。当处理低浓度含钼废水(含 0.1 ~ 1 g/L Mo)通常用离子交换法或活性炭吸附法来回收。

第九节 从其他渣料中回收钼

钼酸钙中回收钼 钼酸钙分子式为($CaMoO_4$),分子量为 200.0。钼酸钙中提取钼可采用盐酸(HCl)分解的方法,其反应式为:

$$CaMoO_4 + 2HCl = H_2MoO_4(固) + CaCl_2(液)$$

反应后产生的钼酸(H_2MoO_4)沉淀及氯化钙($CaCl_2$)留在水中。

根据反应式可以得知,分解钼酸钙的盐酸的理论用量是 1 mol 用 2 mol 的盐酸即可。如用纯度低的钼酸钙来提取钼,会有一部分盐酸被消耗在其他杂质元素中，故盐酸用量会发生一些变化，如对钼酸钙中的其他成分不能确定的情况下，盐酸用量就要根据实验中钼的分解率来确定。分解钼酸钙的盐酸量一旦确定后，为了使钼尽可能形成钼酸沉淀而最少量地留在溶液中，应将溶液的 pH 值调至 0.9 ~ 1.0 左右。

分解后所得的钼酸再用氨水浸出，变成钼酸铵溶液，然后再除杂，得到纯钼酸铵；或用钼酸加氢氧化钠生成钼酸钠。

分解后所得的氯化钙溶液中，不可避免地会含有一定量的钼，回收溶液中的钼要先将溶液中的 pH 值调至 1.5 ~ 2.0 之间，然后用 H 剂络合沉淀钼。经焙烧变成 MoO_3，然后再进行氨水溶解。

钼酸铅矿加碱烧结浸出　首先采用碳酸钠烧结，碳酸钠用量 = 理论用量的 120% 左右，烧结温度 < 780 ℃，时间 1 h。经破碎后水浸，水浸温度 < 80℃，时间 1 h，pH > 12，浸出液偏黄色，浸出率 67% ~ 76%。如采用二次浸出，浸出率可达 85% 以上。

钼酸铅矿硫化钠浸出　钼酸铅矿样直接用硫化钠浸出，固液比 = 12 : 2，煮 3 h，过滤后，滤渣再洗一次，浸出液与水洗液合并，浸出液水颜色偏深橘黄。浸出率为 84.03%，浓缩结晶产品含钼量 38.93%，偏黄。钼酸铅矿经 550 ℃ ~ 600 ℃ 脱硫焙烧，浸出率可达 93%。净化除铅(Pb)N_4H_4S 后浓缩结晶，钼酸钠产品颜色、晶体结构均好。

参 考 文 献

1　有色金属提取手册编辑委员会编. 有色金属提取手册——稀有高熔点金属. 冶金工业出版社，1999 年 1 月

2　徐志贤，张玉康. 钼泥碱浸出提取钼试验. 钨钼科技，1984 年第 3 期

3　李循勋，文星照. 用萃取法从酸沉母液中回收钼. 中国钼业，1995 年第 6

期

4 梁宏等. 离子交换法从含钼酸废液中回收钼. 中国钼业, 1999 年第 3 期

5 唐绍基. 从生产三氧化钼的废液中回收钼及氯化铵. 中国钼业, 1999 年第 5 期

6 李培佑, 张能成等. 从废催化剂中回收钼的工艺流程研究. 中国钼业. 1999 年第 3 期

7 杨万军, 杨晓美等. 从含钼废催化剂中回收有价金属钼的探讨与实践. 中国钼业, 2005 年第 2 期

8 王尔勤, 杨国安等. 含钼废料回收钼的化学方法和实践. 中国钼业. 1998 年第 6 期

第五章　钼的精细化学品

第一节　概　述

精细化学产品原指产量小、纯度高、价格贵的化工产品。由于近年来该类产品的长足发展，人们进一步认识了它的实质，把产量小、依某种化学结构和性能进行生产和应用的化学产品，称为精细化学品。

由于钼的精细化学产品具有酸性和氧化性的双重功能，同时通过改变杂多酸中的杂多原子、多原子或阳离子来改变杂多酸及其盐类的氧化性和酸性。杂多酸还具有特殊的电化学性能，它是一种具有传递电子的"阴极"的络合物。它们是各工业部门应用广泛的辅助材料或人民生活的直接消费品，与现代生产、科技发展及人民的生活有着紧密的联系。

钼精细化学品的种类　钼的精细化学品包括二元杂多酸及其盐类、三元杂多酸及其盐类和多元杂多酸及其盐类。

属于二元杂多酸及盐类的有磷钼酸（或称钼磷酸）12 – 磷钼酸、18 – 磷钼酸、硅钼酸、12 – 硅钼酸、砷钼酸、锑钼酸、钨钼酸、铀钼酸、硒钼酸、铂钼酸、铁钼酸、高铁钼酸等。常见的是12 – 磷钼酸 $H_3[PMo_{12}O_{40}] \cdot nH_2O$（$n \approx 30$，分子量约为 2366，理论上含 MoO_3 约为 73%），12 – 硅钼酸 $H_4[SiMo_{12}O_{40}] \cdot nH_2O$ 含 MoO_3 量为 70% 以上。常见盐类有磷钼酸钾、钠、锂、铷、铯、铵盐（NH_4）$_3$[P（Mo_3O_{10}）$6H_2O_3$，还有 $Na_2H_5[(C_2H_5)_4N]_4$

$(HP)_5Mo_6O_{33}$。

属于三元杂多酸及其盐类有磷钼钒酸(亦称钼钒磷酸)、硅钼钒酸、12-磷钼钒酸、12-硅钼钒酸、砷钼钒酸、锑钼钒酸、硒钼钨酸等。其盐类也有铵、钾、钠,还有镧盐等。

属于多元杂多酸的有如钼钨钒硅酸等多种多样的杂多酸(盐)群体。

人们常见的含氧酸,如 H_2SO_4、H_2CO_3、HNO_3 等等都可以看成是由水分子和一个酸酐组成的无机酸,如:$H_2SO_4 = H_2O \cdot SO_3$,$H_2CO_3 = H_2O \cdot CO_2$,$2HClO_4 = H_2O \cdot Cl_2O_7$。

另一些含氧酸它们彼此相互聚合而成比较复杂的酸,称多酸,如:

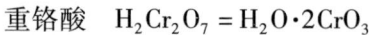

四钼酸　$H_2Mo_4O_{13} = H_2O \cdot 4MoO_3$

重铬酸　$H_2Cr_2O_7 = H_2O \cdot 2CrO_3$

在元素周期表中,最容易形成多酸的元素是过渡金属:如 Mo,W,Cr 和 Nb 等。在某些酸中,除了有数目不定的酸酐分子,如 MoO_3,$WO3$,V_2O_5 等外,还可以加一种酸参与,如向适宜浓度的磷酸钠溶液中加入三氧化钼,达到饱和就析出 12-磷酸钠 $2Na_3[P(Mo_{12}O_{40})]$ 或 $3Na_2O \cdot P_2O_5 \cdot 24MoO_3$,这种盐称杂多酸盐,相应的酸称杂多酸。在杂多酸分子中,P(V) 提供了整个络合阴离子的中心原子或离子,在多酸中 Mo,W,Cr,V 和 Nb 等作中心原子元素。

钼精细化学品主要用于催化剂、颜料、固体电解质原料、电池、丝和皮革的加重剂、公路路标、脱臭剂、润滑材料、水质缓蚀剂、无机离子交换剂、陶瓷、微量元素肥料、应用电化学。此外,在试剂、阻烟燃剂、医药等方面也日益显示出它们的较好应用前景。我国目前精细化工产品分属抑烟化工、医药、轻工、石化、农业等部门,品种数万个。

钼在湿法冶炼、粉末冶金和压力加工的生产过程中,不可避免地会产生一些废渣、废液、地面料、混合料、收尘料、切削料、沉降池回收料等。所回收的上述废料成分复杂，用来生产高纯钼制品会影响产品的质量，使产品容易出现麻坑、脏化、分层、裂纹、加工性能差等缺陷；若用来生产钼酸钠、钼酸钡和钼酸钙等精细化工产品，完全可以满足染料、化工行业的要求。这样，既创造了良好的经济效益，又消除了环境的污染。

第二节 钼酸钠、钼酸钡、钼酸钙的生产

各种钼的废料经过氧化处理后得到三氧化钼，三氧化钼溶于热的氢氧化钠溶液中生成钼酸钠溶液，钼酸钠溶液蒸发结晶分离后即得到钼酸钠。生产钼酸钠的工艺流程见图5-1。利用钼酸铵酸沉后的废母液生产钼酸钡和钼酸钙的工艺流程见图5-2。

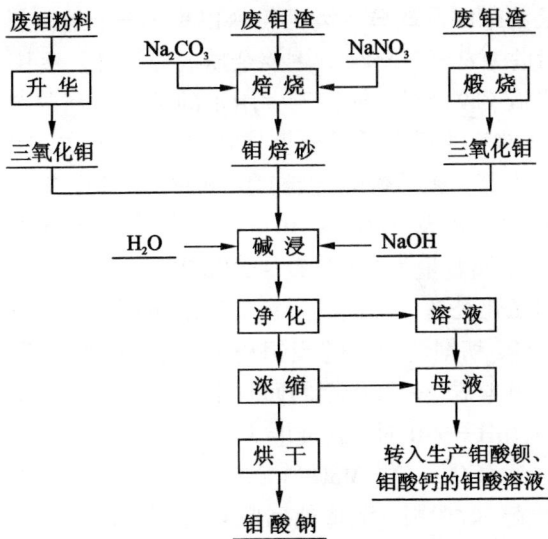

图5-1 钼酸钠生产工艺流程示意图

钼酸铵溶液、废母液

↓

高温酸沉

↓

钼　酸

↓

$BaCl_2$ →　中和沉淀　← $Ca(OH)_2$ 或 $CaCl_2$

↓

烘　干

↓　　　　　　↓

钼酸钡　　　钼酸钙

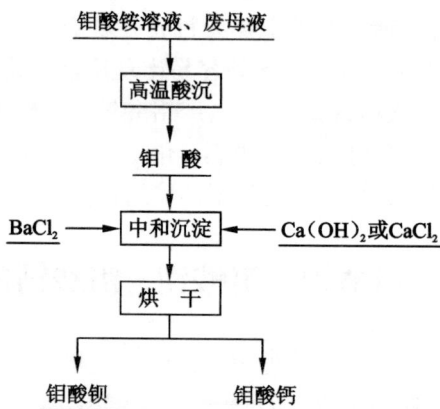

图 5-2　钼酸钡、钼酸钙生产工艺流程示意图

回收废料来源及成分　废钼粉料以桌面料、地面料、切削料为主，含钼量为 80% ~ 90%，主要杂质成分是硅。废钼渣的主要来源是浸出渣、收尘料、打扫卫生用水的沉降池回收料等，含钼量为 8% ~ 20%，主要杂质成分也是硅，其次才是二氧化硫，还有一些其他杂质等。钼酸铵酸沉后的废母液，母液中含钼量为 3 ~ 6 g/L、NH_4Cl 含量为 18% ~ 10%、PO_4^{3-} 含量为 0.003% ~ 0.006%、重金属含量为 0.003% ~ 0.005%。

废料的氧化处理　不同的废料应采取不同的处理方法。以桌面料、地面料、切削料为主的废钼粉，可在 650 ℃升华后变成三氧化钼进入吸尘器，三氧化钼的回收率可达 95%。当采用苏打浸取法回收钼，pH = 9.0 时，其反应为：

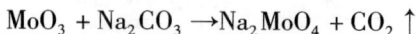

$$MoO_3 + Na_2CO_3 \rightarrow Na_2MoO_4 + CO_2 \uparrow$$

以浸出渣、收尘料、沉降池回收料等为主的废料中，除含有 MoO_3 外，还含有大量的 MoS_2 与 MoO_2，很难和 Na_2CO_3 产生反应。因此，这些废料在没有碱浸前可加入苏打和硝石，在充分混

合均匀的情况下,置反射炉中进行焙烧,生成钼酸钠焙渣。它的处理方法是将浸出渣等废料放入反射炉后段,利用焙烧的余热烘干,每隔 30~40 min 翻动一次,烘干后放入球磨机内配入苏打和硝石。苏打量为渣中钼量生成 Na_2MoO_4 理论需要量的 120%~130%,硝石用量为干渣量的 5%~10%。在球磨机内混合 30 min卸出,再放入反射炉中焙烧,焙烧温度控制在 650℃~750℃,每隔30 min 翻动一次,焙烧时间 4~6 h,物料由土黄色变成灰棕色后即可出料。炉温和翻动频率直接影响着渣中的钼和苏打反应是否完全,也决定了钼酸钠焙渣的质量。为了防止有害气体造成环境的污染,废钼渣也可采用在煅烧炉内进行氧化方式处理,将钼渣中的不溶钼氧化成三氧化钼,其焙烧反应如下:

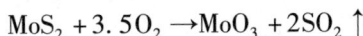

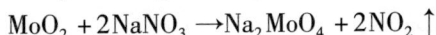

$$MoS_2 + 3.5O_2 \rightarrow MoO_3 + 2SO_2 \uparrow$$

$$MoO_2 + 0.5O_2 \rightarrow MoO_3$$

$$MoO_2 + 2NaNO_3 \rightarrow Na_2MoO_4 + 2NO_2 \uparrow$$

浸出　升华回收的三氧化钼在加热的氢氧化钠水溶液中,pH值控制在 8.5~10 左右时浸出,生成钼酸钠溶液后转入净化。

焙烧后的钼酸钠焙渣按焙渣:水 = 1:(2~3)加入自来水,加热至 70℃以上,起动搅拌加入焙烧钼渣,温度控制在 80℃以上持续 20 min 后,放入过滤器进行过滤再转入净化,过滤渣用热水淋洗 3 次,洗水作下批浸出用水。浸出效果取决于固液比的控制和温度的高低,滤渣中含可溶性钼的多少取决于淋洗水量和淋洗过程中的搅拌等。

煅烧废钼渣所得的三氧化钼,加入到氢氧化钠水溶液中进行碱浸,料浆温度可控制在 100℃以上,在不断搅拌下碱煮 3~4 h,使钼渣中不溶于氨水的钼酸盐发生分解与氢氧化钠起反应,生成钼酸钠溶液。同时要不断检查 pH 值,并及时补加氢氧化钠,使其杂质留在渣中,滤渣中的钼含量在 0.35%~0.8% 之间。反应后的钼酸钠溶液澄清后再转净化。

　　钼酸铵酸沉后的废液也可作为原料加氢氧化钠，生成钼酸钠溶液后转入净化生产钼酸钠。

　　为了提高钼酸钠中的钼含量，适量的 CO_3^{2-} 有利于提高钼的浸出率。检测结果表明，钼酸钠溶液的密度与溶液中钼的质量浓度关系见表 5-1。

表 5-1　钼酸钠水溶液的密度与溶液中钼的质量浓度关系

密度 d	Mo 的质量浓度 g/L	密度 d	Mo 的质量浓度 g/L	密度 d	Mo 的质量浓度 g/L
1.01	7.08	1.11	59.60	1.21	114.74
1.02	12.27	1.12	64.62	1.22	119.23
1.03	18.76	1.13	69.63	1.23	120.25
1.04	23.81	1.14	75.08	1.24	126.34
1.05	29.39	1.15	81.48	1.25	132.63
1.06	34.18	1.16	86.23	1.26	136.63
1.07	40.73	1.17	92.69	1.27	141.28
1.08	44.01	1.18	99.49	1.28	145.55
1.09	51.32	1.19	107.29	1.29	149.16
1.10	55.46	1.20	111.33	1.30	151.86

　　从表中可以看出，用控制钼酸钠溶液密度与溶液中钼的质量浓度关系，就可以调节钼酸钠中的钼含量和碱含量。溶液密度控制在 1.08 g/cm^3 时，溶液中的钼就可以达到 44 g/L。

　　在生产中可采用 3 级浸出工艺，控制好液固比来保证溶液密度，一次浸出时用 NaOH 调节 pH 值为 8.5~9.0，避免 CO 过量。

　　净化　将浸出液放入不锈钢搅拌槽中，在不断搅拌中加热到 60 ℃~70 ℃，再慢慢加入盐酸，将溶液的 pH 值调至 8~10，溶液沸腾后停止搅拌，保温 10~15 min，静置 30 min，使白色胶状的 H_2SiO_4 凝聚成颗粒沉淀，在双层滤布间夹有过滤纸的过滤器中进行过滤，滤布上的硅酸弃去，除硅后的钼酸钠溶液转浓缩结晶。净化工艺是控制钼酸钠质量的关键。

浓缩结晶　过滤好的钼酸钠溶液是无色透明的，放入结晶槽内进行加热、浓缩、结晶。待浓缩到一定程度，停止加热，并用自来水冷却至常温后，即可放料分离。分离后的钼酸钠干燥后就可进行成品包装。

钼酸钠也可以从硫化物废料中回收钼来生产。

钼酸钠的技术要求　　钼酸钠的分子式为（$Na_2MoO_4 \cdot 2H_2O$），分子量241.95，钼酸钠为已失去部分结晶水的白色呈片状结晶粉末，能溶于水，其粉末形貌见图5-3，其化学成分见表5-2。钼酸钠的结晶粉末广泛用于农业、颜料、油漆和金属防锈处理等领域。它还作为缓蚀剂应用于金属加工液和油井泥浆。

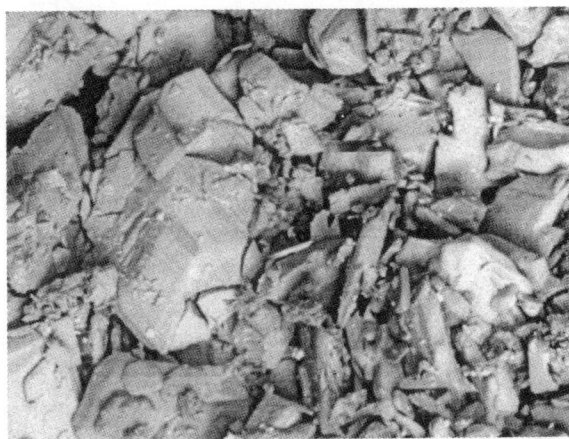

图5-3　钼酸钠结晶粉末形貌　×100

表5-2　钼酸钠的化学成分

成　分	纯度	钼	水不溶物	Pb	SO_4^{2-}	NO_3^-	Fe	PO_4^{4-}	Cl^-
含量(%)	≥99.0	≥39.5	0.10	0.005	≤0.05	<0.1	0.0005	0.003	0.15

钼酸钡、钼酸钙的生产工艺过程 利用废钼渣、废钼料焙烧或升华所得的三氧化钼,经浸出生成钼酸铵溶液或利用酸沉后的废母液,将溶液置于耐酸槽中,加热煮沸,煮沸时间为 40 ~ 60 min,待母液中的钼酸铵分解为钼酸和氨后,如生产钼酸钡就加入适量的氯化钡;生产钼酸钙就加入适量的氯化钙或氢氧化钙,最好加入氢氧化钙呈碱性溶液为好。静置后再抽出上清液。上清液可用于生产农用化肥氯化铵。钼酸钡或钼酸钙沉淀后进行烘烤,烘干后的钼酸钡或钼酸钙碾碎过筛,最后进行产品包装。

钼酸钡的技术要求 钼酸钡为纯白色针状结晶状态,见图5 -4,图5 -5 和图5 -6 是图5 -4 的形貌放大照片;图5 -5 中的松枝状实际上是针状聚集而成,在图5 -6 中可以完全清楚地看出来。钼酸钡中含钼≥28%、纯度为85%、水分≤5.5。

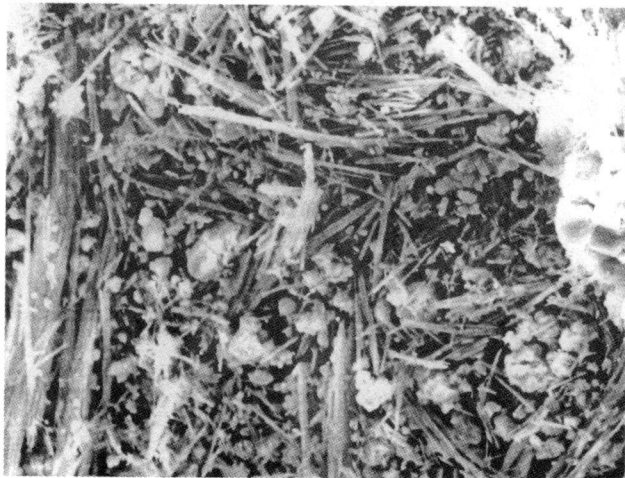

图5 -4 钼酸钡结晶粉末形貌 ×800

图 5 – 5 钼酸钡结晶粉末形貌 ×1500

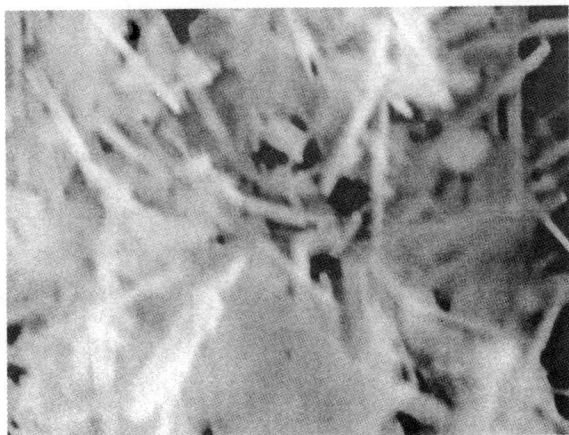

图 5 – 6 钼酸钡结晶粉末形貌 ×1500

第三节　用低品位辉钼精矿生产钼酸钙

有些品位较低的含多种金属的钼矿石(如铜－钼矿石)、不合格的低品位精矿以及除含钼以外还含大量铜、铁和其他杂质的中间产品。钼不仅以辉钼矿形式存在,同时也以氧化矿物钼酸钙、钼华等形式存在。

不合格的精矿中含钼量大约为 5% ~20%。含钼钨氧化物矿石选矿后所得到的精矿品位更低,钼含量在 5% ~6%。在工业生产中直接使用品位太低的精矿是不经济的,必须对低品位的精矿进行必要的处理,以提高其中的钼含量。

用低品位硫化物精矿焙烧后生产钼酸钙的基本原理　低品位硫化物精矿和钼钨钙精矿经焙烧后,用苏打浸出可以提高钼的回收率,因为苏打与氨水不同,它很容易全部生成钼酸盐。苏打浸出按下列反应进行:

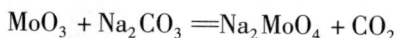

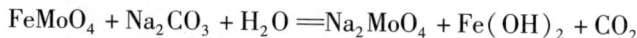

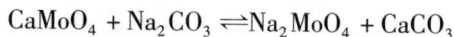

$$MoO_3 + Na_2CO_3 = Na_2MoO_4 + CO_2$$

$$2CuMoO_4 + 2Na_2CO_3 + 2H_2O =$$

$$2Na_2MoO_4 + Cu(OH)_2 \cdot Cu(OH)_2 + CO_2$$

$$FeMoO_4 + Na_2CO_3 + H_2O = Na_2MoO_4 + Fe(OH)_2 + CO_2$$

$$CaMoO_4 + Na_2CO_3 \rightleftharpoons Na_2MoO_4 + CaCO_3$$

部分二氧化硅、磷、砷化合物和部分铜也与钼一起转移到溶液中。但当浸出终了时,如溶液呈中性或弱碱性,则铜的碳酸络合物将解体,铜从溶液中以碱性碳酸盐形式析出。在这种情况下,有一部分的二氧化硅也沉淀,Na_2SiO_3 水解生成 H_2SiO_3。

用含 8% ~10% 苏打的溶液将焙砂分 4 ~5 个阶段进行浸出,这样可更好地利用苏打与新加入的部分浸出料中和,得到 pH 为 8 ~8.7 的溶液。过滤后溶液中含钼50 ~70 g/L,再从该溶液中沉淀钼酸钙。浸出过程是在带有搅拌器的钢制蒸气加热反应槽中进行。

图 5 - 7 为采用低品位钼精矿来生产工业钼酸钙的工艺流程图。该工艺流程包括氧化焙烧(对含硫化物精矿)、苏打溶液浸出和从溶液中分离工业钼酸钙等步骤。

工艺过程　用含 8% ~ 10% 苏打的溶液将低品位钼精矿焙烧后所得的焙砂多次浸出的溶液,用氯化钙溶液在 80 ℃ ~ 90 ℃ 下从钼酸钠溶液中沉淀钼酸钙。钼酸钙沉淀与溶液的 pH 值、沉淀剂加入量和钼的初始浓度有关。为了使钼的沉淀不少于 97% ~ 98%,钼酸钙沉淀需在中性或碱性溶液中进行。采用少许过量(10% ~ 15%)的氯化钙,可防止沉淀物被硫酸钙玷污。用水把所得的白色微晶钼酸钙沉淀中的硫酸盐洗掉,然后过滤并在马弗炉里于 600 ℃ ~ 700 ℃ 温度下煅烧。

表 5 - 3 列举的是生产合金钢和冶炼钼铁用的钼酸钙化学成分。

表 5 - 3　标准钼酸钙化学成分/%

等 级	Mo ≤	S ≥	Ca ≥	P ≥
一级品	44	0.20	22.0	0.1
二级品	40	0.33	24.0	0.2

钼酸钙沉淀后,母液中还含有 1 g/L 钼,可再用吸附法在离子交换树脂上进一步提取钼。

第四节　多元钼酸铋

工业上用的催化剂多半不是单一的物质,而是由多种物质组成,因此常把催化剂分成主体和载体两部分。主体往往又由主催化剂和助催化剂制成。主催化剂通常是一种物质,也有的是由多种物质组成。如在磷钼铋铈催化剂中,主催化剂是由钼、铋两种

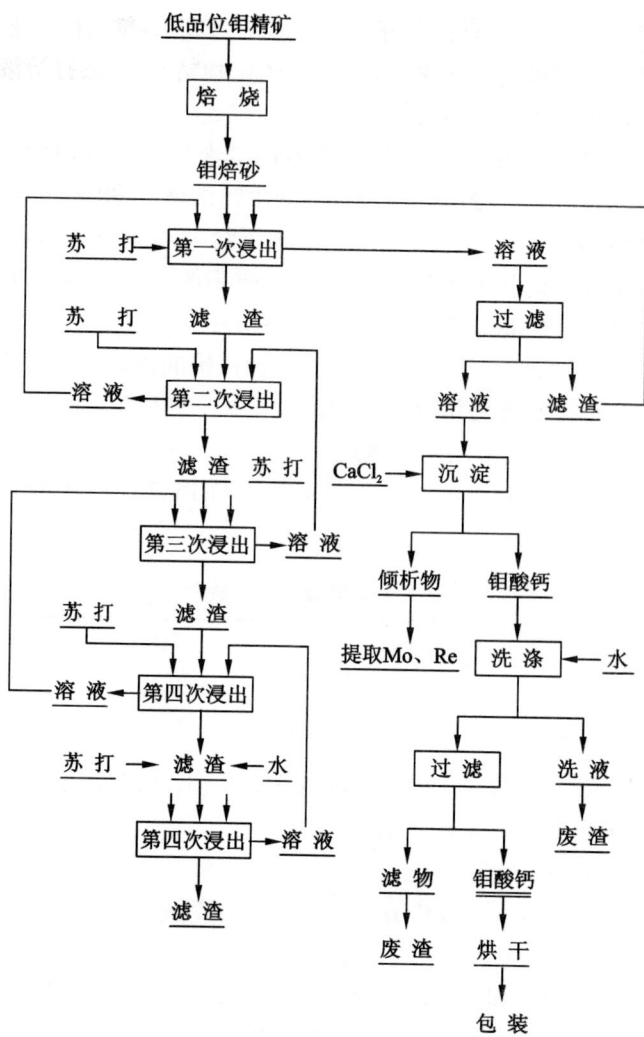

图 5-7 用低品位辉钼精矿生产钼酸钙工艺流程

物质组成，其中的每一组分单独使用时都有一定的催化活性，但组合在一起时活性更佳。助催化剂磷、铈单独存在时没有催化活性或只有很小的活性，但和主催化剂钼、铋组合后能显著改善催化剂的活性、选择性和稳定性。载体主要是作为沉积催化剂的骨架，通常采用具有足够机械强度和多孔性的物质为载体。例如用铁钼催化剂从甲醇氧化制甲醛，由于配入不同量的载体高岭土、硅藻土，使催化剂强度受到较大影响，当加入量为30%时，催化即有了较好的机械强度。

在丙烯选择性氧化成丙烯醛中，多元钼酸铋催化剂具有极大的活性和选择性。表5-4是多元钼酸铋催化剂的特性。

用于生产催化剂的钼酸铋生产工艺流程见图5-8。

磷钼酸铋铈的制备工艺过程　从活性上讲，纯的磷钼酸是十分有效的。但由于它的表面积小，所以催化剂单位重量的活性不高。三组分系统——$Mo_{12}BiM II_{11}O_x$ 的活性并不优于纯的钼酸铋。在 $Mo_{12}BiM II 11O_z$ 中，用三价离子去置换第三组分的 M II，即可增加催化剂的活性。虽然，铝或铬对某些范围是有效的，但铁在丙烯醛的形成中对于增加催化剂的活性更为有效，同时又具有优良的选择性。反之，若用其他二价离子去代替三价离子，对活性的改善是无效的。

含有铁、铬或铝的多元钼酸铋催化剂 $Mo_{12}BiCo_8M_3 III O_x$ 是从这些三价离子相应的硝酸盐溶液和钼酸用 Wolfs 和 Batist 方法制备。多元钼酸铋常作为氧化脱氢催化剂使用，用于丙烯氨氧化的催化剂其生产方法，是以制备好磷酸铋铈溶液，按比例浸渍于载体上，再经活化而得成品。反应如下：

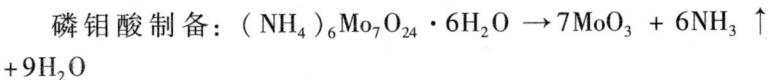

磷钼酸制备：$(NH_4)_6Mo_7O_{24} \cdot 6H_2O \rightarrow 7MoO_3 + 6NH_3 \uparrow + 9H_2O$

$12MoO_3 + H_3PO_4 + 6H_2O = H_3PO_4 12MoO_3 \cdot 6H_2O$

表 5 - 4　多元钼酸铋催化剂的某些性质

催 化 剂	用 X 射线检测的相位	表面积 /(m²·g⁻¹)	丙烯的氧化(450 ℃)		选择能力 /%
			速 /(mol·min·m⁻²)	率 /(mol·min·g⁻¹)	
$Mo_3Bi_2O_{12}$	$Bi_2(MoO_4)_3$	1.8	9.7	17.5	93
$Mo_{12}BiCo_{11}O_x$	$\beta - CoMoO_4 Bi_2(MoO_4)_3$	3.8	2.5	9.5	97
$Mo_{12}BiCo_8Ni_3O_x$	$\beta - CoMoO_4 Bi_2(MoO_4)_3$	6.1	0.7	4.6	97
$Mo_{12}BiCo_8Fe_3O_x$	$\beta - CoMoO_4$, $Bi_2(MoO_4)_3$ $Fe_2(MoO_4)_3$, $FeMoO_4$	7.1	30.8	218.7	96
$Mo_{12}BiCo_8Cr_3O_x$	$\beta - CoMoO_4$, $Bi_2(MoO_4)_3$ $Cr_2(MoO_4)_3$	5.8	6.4	37.1	96
$Mo_{12}BiCo_8Al_3O_x$	$\beta - CoMoO_4 Bi_2(MoO_4)_3$ $Al_2(MoO_4)_3$	8.5	5.1	43.4	95

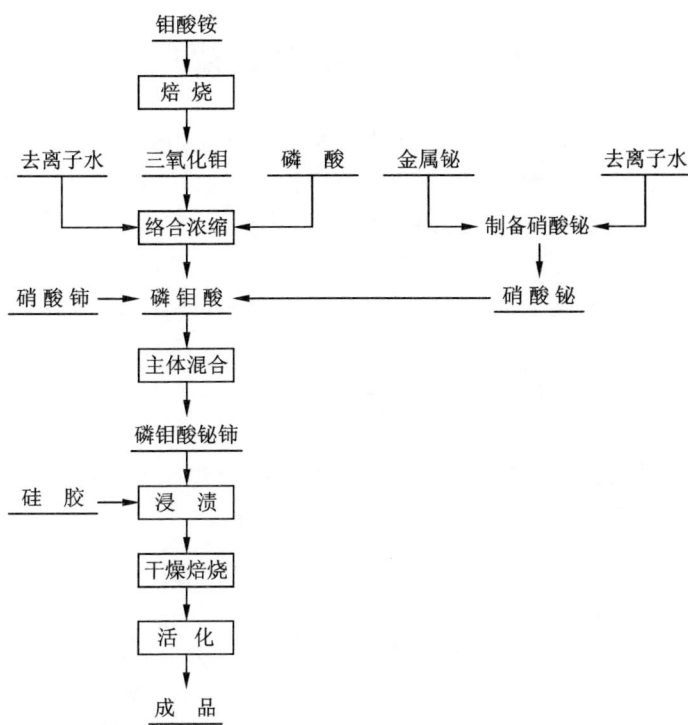

图 5-8　磷钼酸铋铈生产工艺流程图

硝酸铋制备：$4HNO_3 + Bi = Bi(NO_3)_3 + NO\uparrow + 2H_2O$

磷 钼 酸 铋 制 备：$H_3PO_412MoO_3 \cdot 6H_2O + Bi(NO_3)_3 \rightarrow$
$BiMoPO_4 \cdot 12H_2O_3 + HNO_3 + H_2O$

钼酸铵焙烧温度 550 ℃ ~600 ℃，时间 10 ~12 h。

硝酸铋反应温度 50 ℃ ~80 ℃。

湿催化剂干燥温度 100 ℃。

焙烧温度 300 ℃ ~400 ℃。

催化剂活化温度 540 ±5 ℃，时间 3 h。

第五节　钼杂多酸(盐)

在众多的杂多酸中，12 – 磷钼酸、12 – 硅钼酸最为常见。在工业上，12 – 磷钼酸有固体和溶液两种。国内外通行的 12 – 磷钼酸和 12 – 硅钼酸固态结晶体典型组成见表 5 – 5。

磷钼酸水溶液在 20 ℃ 以下的密度约 1.45 g/cm^3，MoO_3 含量约 40%，水溶液为黄色，滴加氨水时产生便黄色沉淀，再滴加时沉淀便溶解为无色或几乎无色的溶液，往溶液中加硝酸使溶液变为酸性时，又产生黄色沉淀，往溶液中加入氧化镁溶液时，产生白色结晶。

12 – 磷钼酸的制取　首先将工业四钼酸铵置于马弗炉中，在 550 ℃ ~ 600 ℃ 下煅烧成三氧化钼，反应如下：

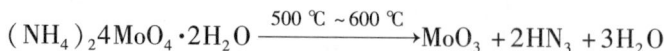

$$(NH_4)_24MoO_4 \cdot 2H_2O \xrightarrow{500\,℃ \sim 600\,℃} MoO_3 + 2HN_3 + 3H_2O$$

用氨将三氧化钼浸出成钼酸铵溶液，再按三氧化钼：磷酸 = 12:1 mol 的比例加入 85% 磷酸，搅拌煮沸，反应如下：

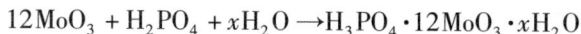

$$12MoO_3 + H_2PO_4 + xH_2O \rightarrow H_3PO_4 \cdot 12MoO_3 \cdot xH_2O$$

在反应过程中应控制好温度，反应初期温度可略高些，到后期应略低些，以免暴沸，并适当补加蒸馏水。反应前溶液为乳白色，后期为绿色。后期 pH 应控制在 1.0 左右。反应结束后，经过滤，渣可回收利用，往滤液先滴加 30% 双氧水，使溶液由绿色变成黄色，然后蒸发浓缩，温度为 106 ℃，将浓缩溶液缓慢冷却、结晶、过滤后得成品，分离母液循环使用。该法的钼转化率为 78.5%。

在实验室制备 12 – 磷钼酸的一种方法是：将 0.88 g 磷酸加入玻璃反应器中，再加纯三氧化钼 18.2 g(Mo/P = 14/1)、还原剂水合肼 0.53 g、水 82.33 g，进行搅拌。在 60 ℃ 下反应完毕后，将

表 5 - 5　12 - 磷钼酸和 12 - 硅钼酸结晶体的典型组成表

名　称	分子式	分子量	元 素 含 量/%						
			MoO_3	Na	Cl	SO_4	Fe	重金属*	NH_4
12 - 磷钼酸	$H_3[PMo_{12}O_{40}] \cdot nH_2O$**	2366	>72	<0.01	<0.002	<0.005	<0.003	<0.004	<0.005
12 - 硅钼酸	$H_4[SiMo_{12}O_{40}] \cdot nH_2O$	—	>70	<0.01	<0.002	<0.005	<0.003	<0.004	<0.005

注：＊ $n \approx 30$ 黄色或橘黄色棱形结晶或粉末，＊＊重金属以 Pb 计。

未反应的三氧化钼过滤出来，滤液用过氧化氢氧化，采用^{31}P - 核磁共振（JEOL，FX - 200）测定反应产物，确认产物为$H_3PMo_{12}O_{40}$，纯度为100%，三氧化钼反应率为87%，磷酸反应率为100%。不用水合肼时，同样的磷酸、纯三氧化钼、水60 ℃下反应24 h，三氧化钼反应率为64%，磷酸反应率为90%，用滤液进行31P - 核磁共振分析含磷酸、9 - 磷钼酸、12 - 磷钼酸和18 - 磷钼酸量，结果是$H_3PO_4 : H_6PMo_9O_{30} : H_3PMo_{12}O_{40} : H_6P_2Mo_{18}O_{62}$ = 9 : 9 : 40 : 42。

实验表明，用肼作还原剂可提高产品的纯度，钼、磷转化率高，浓缩至60%重量的反应液在暗室中保存一年不产生沉淀，不变质。在90 ℃下保存200 h发生沉淀，X - 射线分析表明，沉淀物为MoO_3，用抗坏血酸$OCOC(OH) : C(OH)CHCHOHCH_2OH$作还原剂效果不如肼好。

在MoO_3与H_3PO_4相互反应时，当Mo:P为12:1时，^{31}P - 核磁共振分析结果是MoO_3与H_3PO_4反应形成一种既含$H_3PMo_{12}O_{40}$，也含$H_3PMo_9O_{31}(OH_2)_3$和$H_6P_2Mo_{18}O_{62}$的混合物，MoO_3转化率79%。

当Mo：P为12：2.7时，全部的MoO_3溶解，最终形成$H_6P_2Mo_{18}O_{62}$。当存在有机给予体时，如特丁基醇，MoO_3与H_3PO_4的反应速率明显加快并优先形成$H_3PMo_{12}O_{40}$。特丁醇可与$H_3PMo_{12}O_{40}$强烈地作用，并使它的结构稳定。MoO_3与H_3PO_4反应时添加如肼（N_2H_4）也产生类似作用，但肼的数量要足够使4个电子还原一个$H_3PMo_{12}O_{40}$。肼的作用在于形成β - $PMo_{12}O$络离子，这种离子在水溶液中是稳定的。当肼的添加量少时将出现低还原态的$PMo_{12}O$络离子，同时存在PMo络离子，后者同时存在是因为形成$P_2Mo_{18}O$络离子，在此条件下$PMo_{12}O$结构保持稳定，水溶液中可溶性MoO_3的浓度较低，因此固态MoO_3溶解较快。

另一方面，在中性或弱酸性的介质中，Na_2MoO_4 与 Na_2HPO_4 溶液反应只产生 $Mo_9O_{31}(OH_2)_3$，在室温下，通过调节 pH 至较低的数值可很快转化为 $H_3PMo_{12}O_{40}$，因此，对形成 $H_3PMo_{18}O_{62}$ 是不敏感的。

18 – 磷钼酸的制取　12 – 磷钼酸水解可得 18 – 磷钼酸，反应如下：

$$2H_3PMo_{12}O_{40} + 6H_2O \rightarrow H_6P_2Mo_{18}O_{62} + 6(MoO_3 \cdot H_2O)$$

将 12 – 磷钼酸与磷酸、水合肼反应，反应方程式如下：

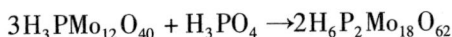

$$3H_3PMo_{12}O_{40} + H_3PO_4 \rightarrow 2H_6P_2Mo_{18}O_{62}$$

如 1000 g $H_3PMo_{12}O_{40} \cdot 30H_{26}$，16. 25 g85% H_3PO_4，10. 82 g 水合肼和 50 ml 蒸馏水在 70 ℃ 下反应 24 h，可得到纯度为 90% 左右的 $H_6P_2Mo_{18}O_{62}$。

磷钼酸盐的制备　磷钼酸铵的制取是将含钼酸铵的硝酸溶液加入含有硝酸的磷酸铵溶液，在适宜温度下反应可沉淀出磷钼酸铵。也可以将铵化合物、钼化合物和磷酸加温反应，为了提高反应物中的 MoO_3 含量，以 45% ~49% 悬浮的 MoO_3 和 NH_3 作原料，H_3PO_4 和 NH_3 过量30% ~40%，反应物在 90 ℃ ~100 ℃ 下烘干。

磷钼酸钙的制取是将 $MeCO_3$（Me = Ca，BA、Sr）、$(NH_4)_2HPO_4$ 和 MoO_3 在 <400 ℃ 反应可析出 $MeMo_2P_3O_{12}$，随后加热至 1123 ℃ 可制成各类碱土金属磷钼酸盐。

磷钼酸铯的制取是将钼酸铯、三氧化钼、钼和五氧化二磷以 1:2:3:1 的 mol 比，在 950 ℃ 下反应制取出磷钼酸铯（$CsMo_4P_3O_{16}$）。还可将 $CsMoO_4$、MoO_3、MoO_2 和 P_2O_5 按计算数量混合，在 800 ℃ 温度下，可获得两种磷钼酸铯：$Cs_2Mo_4P_6O_{26}$ 和 $Cs_4Mo_8P_{12}O_{52}$。还可用类似方法制备铷、钾、铊的磷钼酸盐。与钼酸银可制出磷钼酸银（$AgMo_5P_8O_{33}$），这种新物种具有磁性和特殊结构。

硅钼酸及其盐类的制取是将 Na_4SiO_4 与 Na_2MoO_4 的混合溶液在 KU-2-8 进行离子交换，可以制备出硅钼酸（ H_4SiMo_{12} ）。将 $Na_2MoO_4 \cdot 2H_2O$ 与 $Na_2SiO_3 \cdot 9H_2O$ 反应也可制备出具有 Keggin 结构的 $Na_9[HSiMo_9O_{34}] \cdot 23H_2O$ 。

铂钼酸铵的制取是将（ NH_4 ）$_2$[Pt(OH_6)] 与（ NH_4 ）$_6$（ Mo_7O_{24} ）反应可制备出（ NH_4 ）$_{4.5}H_{3.5}[a-PtMo_6O_{24}]1.5H_2O$ ，这种化合物为单斜晶系。

磷钼钒杂多酸制取是在磁力搅拌和 pH 计监测下，在 1.2 g 偏钒酸铵（0.01 mol）的 100 mL 水溶液中，加入 25 mL 磷酸二酸钠（3.2 g，0.02 mol），滴加 1:1 硫酸调节 pH 至 4，再加入 75 mL 钼酸钠溶液（41.2 g，0.17 mol），滴加硫酸调节 pH 至 3.6，搅拌 8 h，冷却后移入分液滤斗，加入 150 mL 乙醚，分次少量加入 1:1 硫酸，振荡，静置后分三层，下层红色油状物多为杂多酸的醚合物。用冷风速吹除乙醚，得粉末产品；或往杂多酸的醚合物加入少量水，置于真空干燥器中缓慢除醚，得到的产物具有明显的晶形，可在 0.5% 的硫酸溶液中进行重结晶，产品为 $H_7^{2-}[P_2Mo_7V_2O_{62}] \cdot 39H_2O$ 。理论计算值：Mo：47.34%、V：1.48%、P：1.8%、H_2O：20.38%，实测 Mo：47.12%、V：1.5%、P：1.76%、H_2O：20.36%。

用类似方法可制备出 $H_8[P_2Mo_{16}V_2O_{62}] \cdot 41H_2O$，$H_9[P_2Mo_{15}V_3O_{62}] \cdot 51H_2O$，$H_8[P_2Mo_{14}V_4O_{62}H_2] \cdot 45H_2O$ 和 $H_9[P_2Mo_{13}V_5O_{62}H_2] \cdot 41H_2O$。还可以制备出其盐类，如将 20 g $H_7[P_2Mo_{17}VO_{62}] \cdot 39H_2O$ 溶于 20 mL 水中，通过 Na 型阳离子交换柱，流出液为红色时开始收集蒸发浓缩得钠盐。

制备一种平均粒径为 0.01 ~ 0.3 μm 小球状的磷钼钒杂多酸铷的方法，将 72 g MoO_3、6.1 g V_2O_5、5.8 g 85% 重量的磷酸和 20 mL 硝酸与 800 mL 水混合，加热搅拌，过滤排除不溶性组分。用 10% NaOH 调整 pH 值为 4.2，然后混入 20 g 硫酸铷，用硫酸调节

pH 值为 2.0，便形成磷钼钒杂多酸沉淀，$H_{0.2}Pb_{2.8}pMo_{11}O_{40}$，平均球径为 0.05 μm。

制备镨钼酸铵 $(NH_4)_{28}[(MoO_4)Pr_4(Mo_7O_{24})_4 13H_2O]_2 \cdot 14H_2O$ 的合成法，将碱金属钼酸盐与硝酸镨溶液 $Pr(NO_3)_3$ 混合，随后添加 $(NH_4)_4Mo_7O_{24}$，酸化得 $(NH_4)_{28}[(MoO_4)Pr_4(Mo_7O_{24})_4 \cdot 13H_2O] \cdot 14H_2O$，在该化合物中的阴离子中心 MoO_4 部分由四个镨原子维系呈扭曲四面体，每个镨原子配位四个 H_2O 分子，呈现为 $(NH_4)_{28}Pr_8Mo_{58}O_{200} \cdot 40H_2O$，用类似方法可制备出镧、镝、镅衍生物。

磷钼铯钾 $(Cs_2K_2Mo_8P_{12}O_{52})$ 的制备，将 Cs_2MoO_4、K_2MoO_4、MoO_3、No 和 P_2O_5 以 1:1:4.33:1.33:6 的 mol 比，在高温石英管中于 900 ℃下加热 48 h，产出一种二色结晶体磷钼酸铯钾，从平行正常的{010}结晶面观看时为绿色。从平行正常的{001}面观看时为黄色，晶体为单斜晶系。

杂多酸钼锌盐的制备，将 $(NH_4)_4[Zn(OH)_6Mo_6O_{18}] \cdot 4H_2O$ 与亚硝酸盐反应可制备出 $M_4[Zn(OH)_6Mo_6O_{18}] \cdot nH_2O$，M = Rb，Cs，TL 等。

第六节 钼系催化剂的生产

钼系催化剂的种类繁多，即使是同为一种催化剂，如 Co - MO/Al_2O_3 型催化剂，市场上常见的类型就多达 20 余种。当前，市场上多数催化剂是有载体的，只有少数呈无载体型。钼系催化剂的载体主要有 Al_2O_3、沸石、SiO_2、多晶硅、SiO、活性炭、硅藻土、活性云母等。也有用 MoO_3 作载体的，如 Pt/MoO_3 型催化剂。关于钼系催化剂的分类，如按催化剂及其适应的反应的体系的相态来分，有均相催化剂和多相催化剂；按反应类型来分，则有加氢、脱氢、氧化、还原、烷基化、异构化和聚合等催化剂；按催化剂形态来分，在液态、固态(柱体、球体、片状、粒状、骨架状、无定形粉粒等)之别。这些钼系催化剂中，有的是无机盐化合物，有的是有机络合物；有的是混配型催化剂，有的是黏结型或烧结型催化剂。另外，从钼系催化剂的制备方法来分，既有传统的混合型、熔融型、浸渍型、沉淀型等催化剂，又有在上述基础上发展起来的综合型(如："干式浸渍"与"机械活化"相结合；"分步水解沉淀"与"混悬"相结合；浸渍法与熔融法相结合等)、镀层型(电镀法或化学镀法)、离子交换法、高强度无纤维筛网喷涂－煅烧法；活性载体掺杂型催化剂。

催化技术作为国家关键科学技术之一，越来越受到重视，钼系催化剂的开发是钼精细化工、专用化学用品的一项重要任务。下面介绍几种含钼系催化剂的制备方法。

氧化催化剂 在烃类化合物氧化为相应的醛的反应中，常使用钼系催化剂。这种 Mo－Ni－Bi－O 的制备方法是：将 35.3 g 仲钼酸铵溶解于 200 mL 纯水中，再将 2.25 g 仲钨酸铵溶解于 50 mL 纯水后的溶液加入到上述钼酸铵溶液中，又将 －180 目的 100 gSiO_2 又和 －120 目的 4.9 g Sb_2O_3 混合均匀；还用 20.2 g 硝酸铁和 43.7 g 硝酸镍溶解于 500 mL 纯水中、2.57 g 硝酸钾溶解于 20 mL 纯水中，并将这几种溶液加入到上述混合溶液中搅拌均匀；然后依次加入将溶解于浓度为 10% 的 50 mL 的 16.2 g 硝酸铋溶液、溶解于 50 mL 浓度为 6% 的稀盐酸中的 3.8 g 二氯化锡溶液。上述混合料液在充分搅拌下蒸发干，于 500 ℃～550 ℃ 在空气中活化焙烧 4～5 h。焙烧物与 －180 目的 5.35 g 二氧化碲细粉混合均匀，然后压片成型制取催化剂。该催化剂用于异丁烯氧化反应时，于 365 ℃ 下的反应转化率可达 93.2% 以上；其反应产物甲基丙烯醛及甲基丙烯酸的选择性高达 91.6% 左右。

Mo－Co－Bi－Fe－K－W－O 多元系选择性氧化催化剂的制备：将 21.24 g 钼酸铵和 648 g 仲钨酸铵溶解于 80 ℃～85 ℃ 的

3000 mL 纯水中；另将 1400 g 硝酸钴溶解于 750 mL 纯水；486 g 硝酸亚铁溶解于 400 mL 纯水中；584 g 硝酸铋溶解于浓度为 65% 浓硝酸和 600 mL 纯水组成的酸液中。将这三种硝酸盐混合均匀后，缓慢地在搅拌中加入到钨钼酸溶液中。然后再把含有 20% 的 SiO_2 的 488 g 硅溶液、404 gKOH 溶解于 300 mL 纯水的溶液加进去。生成的悬浊液在搅拌中加热蒸干，经粉碎、成型为 D6 mm 的圆柱体。再在空气中于 450 ℃ 温度下活化烧结 5 ~ 6 h，就可制得本催化剂。这种催化剂对于丙烯氧化生成丙烯醛、丙烯进行氨氧化得丙烯腈等重要反应均具有很高的催化活性和氧化作用。

　　Mo – V – W – Cu – Cr – O 催化剂的制备方法是：依次将 104 g 仲钨酸铵、86 g 偏钒酸铵、338 g 钼酸铵、12 g 重铬酸铵，在搅拌中溶解于 80 ℃ ~ 85 ℃ 的 5000 mL 纯水；再将 300 mL 溶解的 86 g 硝酸铜溶液加入进去，并混合均匀。然后在混合液中加入 1000 g 的 α – Al_2O_3 细末状载体（α – Al_2O_3 的比表面积为 1 m^2/g 以下；气孔率 42%，其中 75 ~ 200 μm 的微孔占 92%）。在搅拌中蒸干，最后在 400 ℃ ~ 500 ℃ 的温度上焙烧活化处理 4 ~ 5 h。本催化剂具有高催化活性与抗"毒化"的性能，用在丙烯醛氧化制丙烯酸的反应过程，温度控制在 220 ℃ 时，转化率高达 100%，且丙烯酸的单程收得率可达 98% 以上。

　　加氢处理用催化剂　这种催化剂常用氧化铝类型载体，并用两种元素为主要活性元素，一种用钨或钼，另一种用钴或镍，均以氧化物形态并转化成硫化物。对它的综合要求是：加氢抗"毒化"能力强，烃类分解活性低；对重油中的有害有机金属组分（V、Ti 等）化合物及沥青质、高灰分杂质等的容允沉积量要高。因此，在制备中要控制好物理 – 化学结构。下面叙述两种制备方法。

　　浸渍法生产加氢处理用催化剂，是以纯水为溶剂配制好含 10% 氯化铝溶液，于 50 ℃ ~ 55 ℃ 温度下，在搅拌中迅速加入浓度为 25% 的氨水，将 pH 值调至 7.0 ~ 7.2；将溶液（采用抽滤或喷雾)干燥后,再与少量的纯水、稀酸(HNO_3 或 HCl)混匀,使之产生少量的铝氧硝酸盐和氧氯化铝作为自身的胶凝剂。最后,将干燥好的 Al_2O_3 在 300 ℃焙烧 2 h 以上,就可制得载体的 γ - Al_2O_3。然后,将载体在硝酸钴溶液中浸渍,当钴含量为 3.5% 后进行加热干燥。将已浸涂有硝酸钴的酸性氧化铝用七钼酸铵溶液 $[(NH_4)_6Mo_7O_{24}]$ 进行多次喷淋和浸渍,使载体上形成含氧化钼接近 15%。然后,将其浸渍好的载体加热至 300 ℃,使其硝酸盐和钼酸盐分解为氧化钴和氧化钼,并与氧化铝在焙烧温度下形成三种氧化物相互作用的固态反应产物。该催化剂在使用前,最好在 320 ℃~400 ℃、于 88%~90% 的 H_2 和 10%~12% 的 H_2S(体积比)的气氛中预硫化处理,其催化活性更好。该催化剂在加氢使用的最佳温度在 300 ℃~450 ℃,压力在 3.4~27.4 MPa。

捏合混炼法生产加氢处理用催化剂,将硫酸铝溶液与铝酸钠溶液在 pH 值控制在 8.5 左右加入纯水中,最后再将剩余的铝酸钠溶液继续加入,反应物的终点的 pH 值为 10.5,用 pH 值为 9.0 的洗水除去生成 $Al_2O_3 \cdot 3HO$ 料浆中的 SO_4^{2-};再向滤饼中加入稀 HNO_3 调节泥浆态滤饼的 pH 的值至 7.0~7.5,然后用纯水洗除 Na^+;经干燥处理得 Al_2O_3 粉末,再将粉末、纯水、硝酸钴溶液和钼酸铵溶液等加入到捏合机中,混炼均匀后,挤出成形、切条、干燥、焙烧,即可制得成品催化剂。该催化剂在使用前应先用 90% 氢、10% 硫化氢的混合气体,在 320 ℃~380 ℃温度下进行预硫化处理。

耐硫变换催化剂　中小型合成氨厂采用的 Fe - Mo - Cr 系中温变换催化剂 B112 型,活性好,耐硫性强。混碾法生产耐硫变换催化剂的方法是:将可溶性铁盐[如 Fe - SO_4、Fe(NO_3)$_3$]、铬盐(如铬酐)配成混合水溶液后,再加入碱液(如氢氧化钠、氢氧化钾、碳酸铵、氨水),使铁、铬共沉淀,然后将共沉淀物进行充分洗涤后,压滤干燥,再向粉体干燥物中加入沉淀物焙烧后重量的 1.5% ~ 10% 的 Co - Mo - K/Al$_2$O$_3$ 耐硫变换催化剂粉末，经充分碾匀后，在 420 ℃ ~ 450 ℃ 下活化焙烧 2 h，再打片成型。制备 Co - Mo - K/Al$_2$O$_3$ 的耐硫变换催化剂的筛上物或废弃物的粉末，可加入占焙烧后 Fa - Cr 的 3.5% ~ 5.5% 重量制备该催化剂。Co - Mo - K/Al$_2$O$_3$ 耐硫变换催化剂有极好的低温活性和耐硫性能，其反应活性是铬 - 铁系中温变换催化剂的 80 倍，具有很好的促进作用、起活能力和耐硫效果。

无铬型(中)高温变换催化剂　由于 Cr$_2$O$_3$ 在该催化剂生产和使用中，既损害工人健康，又污染生态环境，由此，我国研制出多种无铬型(中)高温变换催化剂。其中无铬型 Fe - Mo(中)高温变换催化剂的生产方法是：以硫酸亚铁、硫酸、氯酸钾(氯酸钠)为原料，在 45 ℃ ~ 60 ℃ 温度上制成铁液。Fe$_2$O$_3$ 质量浓度为 120 ~ 160 g/L，铁比(Fe^{2+}/Fe^{3+})为 0.5 ~ 2.0。将铁液和氨水置于中和槽中搅拌中和，并依次加入助剂 CeO$_2$(CoO)、MoO$_3$ 及 Al$_2$O$_3$ 等相应的可溶盐类，温度 80 ℃，pH 值为 5.8 ~ 7.0，中和后用氨水将 pH 值调至 7.6 ~ 10.0，再在 65 ℃ ~ 85 ℃ 温度"熟化"50 ~ 90 min，再将水洗涤 5 ~ 6 次。至洗水电阻值 > 700Ω 后，经压滤、干燥、碾匀(并配入占成品质量 0.5% ~ 1.0% 的 KOH)，活化焙烧温度 320 ℃ ~ 360 ℃，焙烧时间 2.0 ~ 2.5 h。该催化剂的有效组分的质量百分数为：γ - Fe$_2$O$_3$：75% ~ 90%，CeO$_2$ ≤ 0.5%(或 CoO 1% ~ 6%)，MoO$_3$ 适量，Al$_2$O$_3$：0.5% ~ 4.0%，K$_2$O：0.5% ~ 1.0%。制备该催化剂的助剂含量为 1.5% ~ 8.0%。该催化剂具有起活温度低、节能、增产、抗硫性强、成本低和无毒等特点。

第七节　二硫化钼的制取

二硫化钼广泛用于润滑剂和润滑剂的添加剂材料、复合材料、涂层材料、摩擦材料、催化剂、吸收剂和二次电池阴极材料等。

二硫化钼有天然的和人工合成的两种。天然的二硫化钼即辉钼矿。二硫化钼天然的与人工合成的区别在于：天然的二硫化钼（MoS_2）含 Mo 量为 59.94%，S 为 40.06%；人工合成的二硫化钼（MoS_x）的 x 值为 0.7% ~ 2.8%。

二硫化钼的分子虽然为惰性，但对金属有强烈的亲和能力，具有结膜结构，它的屈服强度高达 3450 MPa，在多数溶剂中稳定。从低温到 350 ℃ 范围内可显示有效的润滑性。在超高真空下（UHV 5.10 – 8 Pa）和干燥的氮气中二硫化钼显示"超低"的摩擦系数（0.004）。二硫化钼有细粉的、油剂的、纳米级的，还有复配物的几种形态。

细粉状的二硫化钼的制取   以天然的辉钼精矿（含 MoS_2 75% 以上）为原料，经物理、化学作用除去有害杂质，不改变二硫化钼的天然六方晶体的生产方法。其生产过程是将辉钼精矿在真空（或充氮气）的保护中，于 600 ℃ 的温度下进行焙烧。使辉钼精矿中的主要杂质——黄铁矿转化为易溶解于酸的磁黄铁矿。然后用盐酸与氢氟酸除铁和脉石（如石英和硅酸盐）等。经洗涤干燥后，粉碎、过筛至 1 ~ 8 μm 的粉末即可。该方法生产所得的产品中，二硫化钼含量能达到 98%，工艺简单、成本低，但杂质含量较高，而且由于在高温作用下，已有部分二硫化钼的晶形发生了转变，从而影响了产品的润滑性能。也可以不用焙烧，用盐酸、氢氟酸和氧化剂浸除铁、石英和硅酸盐。

强化浮选酸浸法生产二硫化钼   在矿山选出的辉钼精矿的基础上进一步通过多段磨矿，使矿物单体离解度提高，添加一定的抑制剂，在多次精选中抑制杂质，再用氢氟酸除去铁和硅酸盐类杂质。通过多次浮选或重选后，使酸浸原料中的二硫化钼含量达 98% 以上，从而获得优质的二硫化钼润滑剂产品。该方法生产二硫化钼纯度高、成本低、保持了纯天然晶形，产品润滑性能好，是目前先进的生产工艺。

油剂状二硫化钼的制取　将 2% 的 MoS_2 加入机油中，可使润滑周期从 4500 km 延长到 24000 km，换油周期延长 2~6 倍，磨耗降低 90% 以上。防止二硫化钼沉降是制取油剂状二硫化钼的关键。解决方法之一是：在机油中加入流变助剂，使之具有网络结构，增加 MoS_2 颗粒和润滑剂体系的假黏度，使细颗 MoS_2 处于网络结构之中难于沉淀；解决方法之二是：增加 MoS_2 的假体积，降低其相对密度，一般采用在 MoS_2 颗粒上包覆一层石蜡来降低假相对密度和改善 MoS_2 的表面状态。其生产过程是：用片状结构、平均粒径为 2 μm、纯度为 99.95%、吸附性很强、莫氏硬度低而润滑、不溶于水、摩控因素为 0.032~0.033，远低于机油的摩控因素 0.099~0.115 的 MoS_2 为原料。选 A 号机油为油剂，运动黏度（50 ℃）$27 \times 10^{-6} \sim 33 \times 10^{-6}$ m²/s，残灰不大于 0.25%，灰分不大于 0.007%，开口闪点不低于 180 ℃。流变剂：GA，GZ（化学纯）。润湿剂：TS（化学纯）。分散剂：ER（分析纯）。将 MoS_2 粉和占粉重 4% 的配方试剂在 40 ℃~80 ℃进行搅拌或研磨，进行表面处理；MoS_2 粉表面处理试剂组成为流变剂 GA 80%、润湿剂 TS 5%、分散剂 ER 5%、包覆剂 SP 10%。用 300 g MoS_2 粉和 12 g 优化剂搅拌混合均匀，再用 300 g A 号机油和 90 g 处理过的 MoS_2 粉混合均匀，制成悬浮液。这种润滑油悬浮性好、不分层、不沉淀团聚、流动性好和无析油现象。

纳米级二硫化钼的制取　纳米材料泛指 1~100 nm 的各种材料，其临界尺寸大约是 10 个原子的尺度。由纳米颗粒组成的纳米相材料，在宏观上具有独特的性能，包括特殊的机械、光学、化学和电子特性。例如纳米相晶体大多没有位错，因此纳米相金属强度特别大，如纳米铜，在室温下轧制延伸率可高达 5000%，没有明显的形变硬化，其变形不是通过晶格位错滑动进行，而是由晶界的运动所控制。纳米相陶瓷材料很难摔碎。纳米技术是20世纪开始崛起的高新技术，它对21世纪的信息技术、生命科学、新材料和生态等领域的可持续性发展具有非常重大的意义，已列入了我国的基础研究计划和"863"主技术计划。在钼业领域，已开发出纳米级二硫化钼（晶质的和非结晶的）、三氧化钼、钼酸盐、钼粉、碳化钼/纳米级钼溅射膜、纳米级二硫化钼聚乙烯单相化合物、锡钠沉积二硫化钼、纳米级铁钼碳化物和 2~20 nm 的 Ni 58.5 Mo 31.5 B10 合金粉、5~200 nm $MoSi_2$ - SiC、纳米 $BaTiO_3$ - Mo 和掺铅二硫化钼等。下面介绍几种纳米级二硫化钼的生产方法。

硫代钼酸铵酸化法生产二硫化钼，是将钼酸铵溶液在硫化器中通入硫化氢硫化，使钼酸铵转化为硫代钼酸铵，然后在有机溶液中于 350 ℃~400 ℃ 氢分压酸化分解硫代钼酸铵，得三硫化钼，在 950 ℃ 下热解脱硫得二硫化钼。其反应如下：

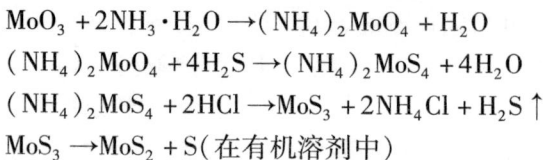

$$MoO_3 + 2NH_3 \cdot H_2O \rightarrow (NH_4)_2MoO_4 + H_2O$$
$$(NH_4)_2MoO_4 + 4H_2S \rightarrow (NH_4)_2MoS_4 + 4H_2O$$
$$(NH_4)_2MoS_4 + 2HCl \rightarrow MoS_3 + 2NH_4Cl + H_2S \uparrow$$
$$MoS_3 \rightarrow MoS_2 + S(在有机溶剂中)$$

制得的三硫化钼经离心或压滤分离，用温纯水洗涤至中性，缓慢干燥、粉碎后，再热解，最后粉碎得产品。

气相沉积法生产二硫化钼，是在碳化物或二氧化硅基材上将五氯化钼、硫化氢与氩气混合气体在低压下化学气相沉积二硫化钼涂层。在 500 ℃~600 ℃ 下制备出纯二硫化钼。降低温度，产品中含氯量有所提高，其产物是共沉积 MoS_xCl_y，当 $H_2S/MoCl_5$ 摩比较低时，产物是 Mo_2S_3，在 300 ℃ 下，沉积出的二硫化钼为非晶体的，在 400 ℃~600 ℃ 沉积的二硫化钼具有不同的形貌和不同的晶体结构。

表面活性剂促助法生产二硫化钼，是将液态 $(NH_4)_2MoS_4$ 与

N_2H_4 或 $NH_2OH \cdot SO_4$ 反应，随后在氮气下热处理，得高分散态二硫化钼。表面活性剂以十六烷基三甲基铵氯化物$[CH_3(CH_2)]_{15}$ $N[(CH_3)_3]Cl$ 为最佳。其产品为几十纳米，甚至出现了二硫化钼单层，二硫化钼堆积基本消失。

用超细钼与硫反应生产二硫化钼，是在 1200 ℃ 的温度下，于 4 MPa 的氩气中将超细钼粉与硫反应，可制取数百纳米的分散态二硫化钼，产出率为 99%；反应压力在 0.5 MPa 时，二硫化钼产出率仅为 60%。

机械研磨法生产二硫化钼，是用振动研磨机、搅拌研磨机或环型间隙磨机研磨二硫化钼而得到的超细粉末或纳米级粉末的生产方法。在研磨时间相同时，搅拌研磨机比振动研磨机生产的产品粒度较细，当搅拌研磨时间达到 50 h，产出的二硫化钼的平均粒径约 40 nm，未研磨时二硫化钼的比表面积为 5.8 m^2/g，研磨后为 120 m^2/g，而且保持层状结构，但其结晶堆积高度明显下降。搅拌研磨机超高速研磨，内衬碳

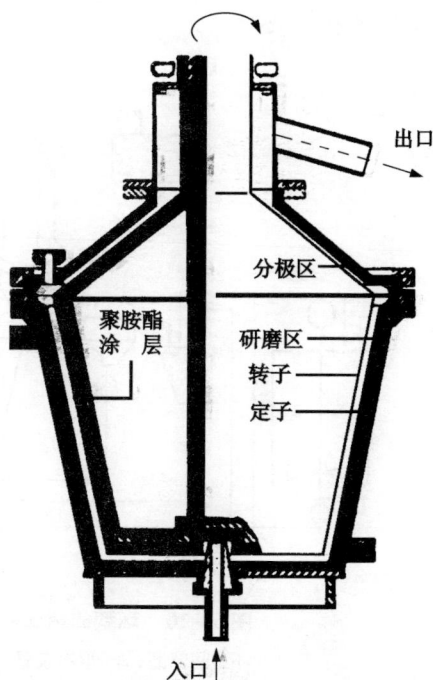

图 5-9　环型间隙磨示意图

化钨，也可衬耐磨的聚胺酯，磨矿介质用二氧化锆球。搅拌研磨机采用干式或湿式、间断或连续均可。环型间隙研磨机是由一个

环型转子组成,转子在环型定子中高速旋转,转子与定子之间有一个间隙,间隙区装有各种尺寸的研磨介质,如锆球、碳化钨球等,研磨在其中进行,原料从间隙磨下端进入,产品从间隙磨上部排出。环型间隙磨机见图5-9,环型间隙磨机与其他设备联结示意图见图5-10。环型间隙磨机型号有 RS4、RS20、RS100、RS200 四种,RS200 处理能力为 200 L/h。可装研磨介质 1~3 mm 的小球 9 L,转子转数为 700 r/min,功率为 30 W,给料为 100 μm,并加入少量的研磨剂(在 500 mL 癸烷中加 10 mL 油酸),出料为数百纳米。

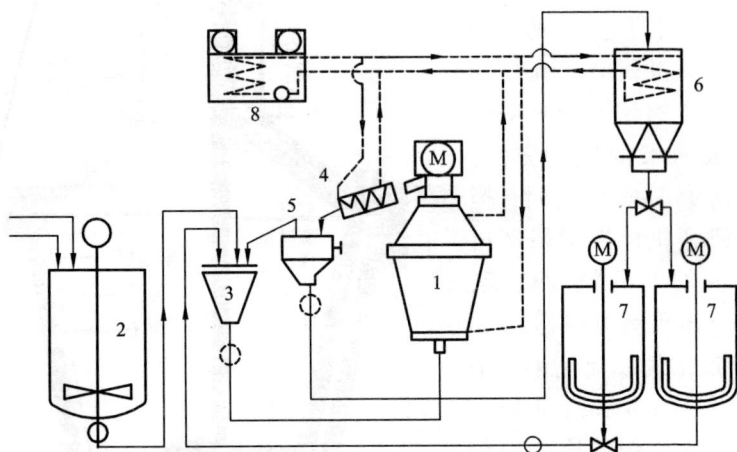

图 5-10   环型间隙磨与其他设备联结图

1—环型间隙磨;2—混料装置;3—储槽;4—冷却槽;
5—控制筛;6—热交换器;7—搅拌器;8—冷却装置

纳米级的二硫化钼还可以用微滴乳化法等很多方法制取出来。

钼酸盐复配物润滑剂　　二硫化钼固体润滑剂和润滑剂减磨、抗磨极度压添加剂广泛用于各类机械、从普通机械到航天航空器，从一般环境到高真空、超真空环境。二硫化钼的优异摩擦学性能与它典型的层状结构所具备的良好成膜能力密切相关，二硫化钼的成膜能力更好；但是无论是何级别的二硫化钼，在 300 ℃以上的环境下，都会释放出少量的硫，硫能缓慢地扩散到钢材或其他基材的表面上，同时产生压力腐蚀；在潮湿环境下二硫化钼的摩擦学性能会下降；在更高的温度下，限制了二硫化钼的应用，因为它会氧化而失去成膜作用。但钼酸盐的复配物能耐高温，尤其是对钢材和合金钢不产生压力腐蚀作用，具有成膜能力。

钼酸钠–硫酸钠–石墨固体润滑剂的制取方法是：将一定浓度的钼酸钠、磷酸钠水溶液，钼酸钠与硫酸钡水溶液，钼酸钠与硫酸钠水溶液与 1～50 μm 的石墨配成浆料，搅拌数小时后减压蒸馏得到成品。3 种组分的复配物的摩擦学性能明显提高，它既是优异的摩擦改进剂，又是优异的无压缓蚀剂，并对基材几乎无腐蚀作用。

钼酸钾与硫酸钙复配物或钨酸钾与硫酸钙复配物润滑剂的配制是：将 1 kg 硫酸钙分散在 1 kg 去离子水中，再将 1 kg 钼酸钾分散在 1 kg 去离子水中，将二者混合在一起，得到十分光滑的白色悬浮液。将钼酸钾硫酸钙复配物喷涂在金属表面上或刷在金属表面上可形成润滑皮膜。该膜光滑、洁白，如用于精密螺丝润滑，干固后可防止螺丝锈死而粘在一起，螺丝即使在 870 ℃ 高温中加热 300 h，取出冷却后，仍可卸开。

第八节　钼杂多酸(盐)的应用

杂多酸，特别是钼、钨、钒杂多酸及其盐类的酸性和氧化性双重性质使得这些化合物具有广泛的用途，其主要应用领域如下：

催化剂　从 20 世纪 50 年代以来，石油化学工业能获得迅速发展的主要原因之一，就是新型催化剂的研制成功和广泛应用。据统计，现代化学工业中的化学反应，约有 80% 都与催化剂有关。钼的催化剂在石油炼制、石油化工、高分子材料合成、合成氨的生产中都起着重要作用。例如，石油炼制中加氢精制是催化重整原料预处理脱硫、脱氮、脱氧的重要过程，所用钼催化剂的质量直接影响催化过程，而催化重整是近代大规模生产优质无铅高辛烷值汽油所必需的。腈纶纤维的主要原料丙烯腈是用丙烯氨氧化法制成的，该过程使用的是钼系催化剂，在合成氨工业使用的钴钼系列 CO 变换催化剂，能耐高含量的 H_2S 和高的水气比，且活性高、活性温度宽，已经广泛应用于生产。

磷钼酸、磷钼钒酸等杂多酸有的具有 Keggin 结构，有的具有 Dawson 结构，广泛用作氧化-还原反应催化剂。它的选择性好，活性高。如用作醇类氧化醛，像乙醛（$C_2H_5OH \rightarrow C_2H_4O$）。氧化异丁醛 $(CH_3)_2CHCHO$ 为异丁烯酸 $CH_2C(CH_3)COOH$（$H_{3.6}Cu_{0.2}PMo_{11}VO_{40}$）被认为是氧化异丁烯酸的最佳催化剂之一。

12-磷钼酸是直接氧化甲烷（CH_4）为甲醇（CH_3OH）的催化剂，如用 N_2O 和 O_2 作氧化剂，用具有 Keggin 结构的杂多酸作催化剂，可直接将 MeOH 和 HCHO 部分氧化，在众多的催化剂中 12-磷钼酸是最有效的。

磷钼钒杂多酸及其铯盐是异丁酸 $(CH_3)_2CHCO_2H$ 氧化脱氢为异丁烯酸 $CH_2(CH_3)CO_2H$ 的最有效催化剂。

12-磷钼酸 $H_3PW_{12}O_{40}$、$H_4SiW_{12}O_{40}$ 等在用 AcOH 对丙烯-丁烯脂化时具有极高活性和选择性。杂多酸还是丙烯醛、丙酮的有效催化剂。

用 12-磷钼酸作催化剂，在苯和甲醛的聚合反应中，反应温度可降至 450 ℃，其活性为无机酸和硅铝催化剂的 50 倍；在丁烯和甲醛反应生成甲基丁醚过程中，反应温度可降至 90 ℃，其活性为无机酸和硅铝催化剂的 300 倍。

在甲基丙烯醛或异丁基醛氧化时，用杂多酸提高用 P - 型 InP 电阴极光电解水的速率，这种催化改进剂在半导体阴极上光还原较直接还原 H_2O 或 H^+ 为 H 的过电压低。

12 - 磷钼酸、钼蓝、环烷酸钼和乙酰丙酮等可从加氢处理的"废料"——重燃料（含 Mo $10 \sim 2000 \times 10^{-6}$）燃烧时产出更大的热量。此外这种催化剂也可与其他燃料混合来提高燃烧热量。

磷钼钒、铌、钨杂多酸是马来酐、顺式丁烯二酸酐（CHCO）$_2$O 生产中的有效催化剂。杂多钼酸中的部分钼被钒、铌或钨取代，例如将 H_3PO_4、V_2O_5 和 N_2H_4 反应制备出磷钒酸，在 470 ℃下烧结，将 340 g 这种产品与 1114 g 35% 的液态磷钒酸（用 H_3PO_4、$H_2C_2O_4$ 和 V_2O_5 制备）与 1.35 g/20% 的液态 SiO_2 混合，磨碎，在 600 ℃下烧结 3 h，用 12 - 磷钼酸或 α - 12 钒钼酸浸渍在（Me_2CO）便得出这类催化剂。用这种杂多酸时，通过 2982 丁烯 - 空气得到 1.54% 的顺式乙烯二酸酐，转化率为 87.5%，无杂多酸时，转化率仅 51%。

缓蚀剂　随着工业的发展，钢铁、有色金属及其合金的应用日益广泛，与此同时大气、海水、土壤以及工业上应用的酸、碱和盐对材料的腐蚀也愈来愈严重。据统计，全世界每年被腐蚀掉的金属约占当年产量的 10%。美国 1984 年因腐蚀带来的直接损失达 1680 亿美元，比 1977 年（700 亿美元）增加一倍多。

我国不同工业部门因腐蚀带来的损失分别为 2% ~ 11%，仅全国煤炭业因钢材腐蚀带来的损失每年就达数十亿元，1988 年全国钢材、有色金属的腐蚀约损失 300 亿元。

缓蚀剂是指向腐蚀介质中加入微量或少量的制剂，能使金属材料在该介质中的腐蚀速度降低或直至几乎停止，同时还保护金属材料原来的物理机械性能和化学性质。工业实际用的缓蚀剂常为两种或两种以上缓蚀剂的复合剂，在复合组分间常具有协同作用。

国内最常见的金属缓蚀剂为含亚硝酸盐的溶液。芳香唑化合物加上钼酸盐(钼酸锂、钠、钾、铷等)可防止许多金属的腐蚀，如低碳钢、铜和海军铜等。钼酸盐(钠)的缓蚀作用主要与在钢表面形成钝化膜有关，钼的杂多酸盐的效果比钼酸钠更好。钼酸盐缓蚀剂无毒，是环境友好型产品。

例如在50℃的水温中，钼酸盐或钼杂多酸用量为800 mg/L对碳钢片作的腐蚀试验结果如下：不加任何缓蚀剂时，在pH为8.19，腐蚀率为1.241 mm/年，钢材的腐蚀率为32400 mmg/m^2·天；加钼酸钠时，pH 8.18时，腐蚀率为0.133 mm/年，缓蚀率为89.2%；加12-磷钼酸铵，pH为8.23时，腐蚀率为0.103 mm/年，缓蚀率91.7%；用12-磷钼酸钠(等当量)，pH为8.25时，腐蚀率为0.053 mm/年，缓蚀率为95.7%；用12-磷钼酸钠(MoO过量)，pH为8.18时，腐蚀率仅为0.025 mm/年，缓蚀率97.9%。可见钼的杂多酸特别是磷钼酸盐是钢材的良好缓蚀剂。

在阻冻剂和冷冻剂中也要加钼的杂多酸作缓蚀剂。例如铝发动机的阻冻剂一般都加有一定剂量的杂多酸作缓蚀剂和缓冲剂，如一种阻冻剂的配方是：乙二醇93%、双乙二醇5%、NaNO$_3$ 0.5%、BOrax·5H$_2$O 1%、12-磷钼酸。还有一个缓蚀剂的配方是：NO:MoO:多磷酸盐:PO等于3:2:1:1。在pH为6.5~8.5的充气水塔中的缓蚀机理与对阳极溶解过程的直接作用结果有关。MoO组分可促进钝化膜的形成。当MoO浓度降低时可降低缓蚀剂的费用，但降低NO浓度将有降低细菌污染的趋势。

固体燃料电池 钼杂多酸，特别是12-磷钼酸广泛用作固体燃料电池，这种电池高效节能，是以钼钨酸作为传递电子络合物阴极的。银钼钨酸可以制造非晶质电池。

钼的杂多酸及其盐类的分析试剂 例如利用磷钼酸－与
[2－(5－氯－吡啶)－5－2乙基胺磷钴]呈离子对可测定天然水
中的磷，磷的测定范围为 0.025～0.2 μg，相对误差 1.3%。再
如，通过燃烧和吸收在 0.7 N 的酸性溶液中将有机化合物中的磷
转化为 H_3PO_4，磷酸与偏钒酸铵反应形成黄色的磷钼钒杂多酸，
在 440 nm 处，可用光谱测定其有机磷化合物中的磷。

借助于磷钼酸沉淀(存在 $BaCl_2$ 下)，随后用双安替比林基甲
烷溶液滴定不反应的药剂，可定量测定羧甲基纤维素钠。

基于形成咖啡－磷钼酸络合物，络合物经分解用示差脉冲极
谱或光子吸收光谱测定等量钼酸盐，相对误差为 2%。这种方法
可用于测定某些止痛药中的咖啡碱。

基于形成罗丹明 S 镓钼酸盐可测定钢中的 Ga，As，Nb，P 和
Si 不干扰测定，还可作稀土等元素的测定。

颜料 是一个大宗精细化学产品，有无机的和有机的之分。
无机颜料历史悠久，近百年来，钼酸钠是制造颜料色淀的必要原
料，每吨色淀用钼盐一般为几十到几百公斤。钼橙(铅钼铬红
橙)，在 20 世纪 20 年代就开发为无机合成颜料，80 年代就有
3000 多个品种，世界总产量达 400 万 t，主要用于塑料、涂料和油
墨。

简称钼黄的钒钼铋黄颜料，被认为是一种"新奇的樱草型黄
颜料"，它是一种新型的无机颜料，与铬黄和镉黄颜料相比，具有
无毒、无污染等优越性。

除上述彩色颜料外，钼酸盐系防锈颜料是能防止金属发生腐
蚀的一类颜料，是现代无机颜料中的一个重要类别。钼酸盐防锈
颜料为白色，具有较好的着色力和遮盖力，不仅常用于底漆，还
可用作面漆。这类颜料释放的钼酸根 MoO 离子吸附于钢铁金属
表面，跟亚铁离子形成复合物。由于空气中氧的作用，使亚铁离

子转变为高铁离子，所形成的该复合物是不溶性的，故在金属表面生成一层保护膜，致使金属钝化，起到防腐作用。

包核钼酸盐防锈颜料是将三氧化钼水浆缓缓加入载体粒度为 0.2~10 μm 的碳酸钙水浆中（反应温度为 70 ℃），还可以采用碳酸钙核心，将磷酸盐和钼酸盐用共沉淀法，按适当的比例包覆在载体颗粒上制成的颜料。

碱式钼酸锌防锈颜料是填充氧化锌的钼酸锌，适用于溶剂涂料，但不适用于乳胶漆，其性能完全能达到纯钼酸盐防锈颜料的水平。另一种填充型颜料——碱式钼酸锌钙防锈颜料，是以碳酸钙为填料的包核颜料，可用于乳胶漆、水性漆、电泳漆和聚氨酯等涂料体系。这些漆都具有无公害的特点。

钼的杂多酸的其他用途 用 12 - 磷钼酸与已内酰胺制取的润滑剂，在机械摩擦表面可形成一种薄膜，这种薄膜具有相当好的抗卡和抗磨性能，还可防止钢材表面氧化。

$H_3PMo_{12}O_{40}$、$La_{1-x}M_xCoO_3$ 和耐热黏合剂合成的一种钙钛型氧化物新涂料，这种涂料用于加热灶具（烘烤箱、脱油罩等）的内壁，可净化煎烤加热时所分散的油污。如 $H_3PMo_{12}O_{40}$、$La_{0.9}Cr_{0.1}CoO_3$ 和可溶性 SiO_2 涂在铝板上形成光亮的涂层，在菜油加热至 400 ℃ 时，黏附在铝板上的菜油油滴容易脱落，显示出良好的净化活性。

将 $(NH_4)_3PMo_{12}O_{40} \cdot 4H_2O$ 加到多孔的载体上形成一种高效脱臭剂用来脱除密闭厂房或污水处理厂中有臭味空气中的 NH_3、H_2S 和硫醇等，也可用于铜钼选矿厂 Na_2S、$(NH_4)_2S$ 加药药台和添加量大的浮选机给料处。例如一种含有 NH_3 200，H_2S 200、MeSH 50×10^{-6} 的臭气与 12 - 磷钼酸铵的载体除臭剂（Mo 1000 × 10^{-6}）接触 24 h，H_2S 浓度降至 16%，NH_4 降至 3%，MeSH 降至 38%，而无除臭剂时，H_2S 浓度为 77.2%，MeSH 为 66%。

用 12 - 磷钼酸、12 - 磷钨酸制成黄色的颜料用作高速公路或公路的路标、道标，在夜间灯光反射下标志显示发光，十分清晰，灯灭后依然黑暗。

钼杂多酸还用来从放射性原料中回收铯。例如将放射性废料（Cs 15.1%）和含 52.4% Mo 的钼杂多酸与 $SrCO_3$ 混合，在 75 ℃下加热 30 min，将反应产物与水混合，加热至沸点过滤可得出钼铯酸溶液，铯回收率为 98.6%。也用作离子交换材料回收。

总之，钼（钨）杂多酸（盐）的应用日趋广泛，它较易于制取，原料来源宽广，价格相对便宜，深受工业界欢迎。

参 考 文 献

1　张文钲. 钼杂多酸（盐）的开发和应用开发和研究现状. 钼业技术经济，1991 年第 3 期

2　曾建辉，申友元. 利用废钼回收生产钼精细化工产品. 中国钼业，1999 年第 6 期

3　朱伟贵，陈运礼等. 钼渣中有价钼的回收. 中国钼业，2000 年第 2 期

4　［苏］A·H·泽列克曼，O·E·克列，Γ·B·萨姆索诺夫. 稀有金属冶金学. 冶金工业出版社，1982 年 9 月

5　金庚莲. 多元钼酸盐在催化系统中的应用. 钨钼科技，1983 年第 2 期

6　秦玉楠. 钼率催化剂的生产技术（续 1）. 中国钼业，1998 年第 2 期

7　秦玉楠. 钼率催化剂的生产技术（续 2）. 中国钼业，2000 年第 2 期

8　张文钲. 发掘中的二硫化钼新用途. 中国钼业，1997 年第 2、3 期

9　宋君护，罗长江. 二硫化钼润滑剂生产现状及市场. 中国钼业，1997 年第 2、3 期

10　张文钲. 纳米级二硫化钼的研发现状. 中国钼业，2000 年第 5 期

11　赵麦群等. 二硫化钼油剂的研制. 中国钼业，1999 年第 4 期

12　张文钲. 钼酸盐复酸物润滑剂. 中国钼业，1999 年第 4 期

13　张文朴. 含钼无机防腐蚀材料. 中国钼业，1997 年第 3 期

14　张文钲. 日用化学品的研究与开发. 中国钼业，1986 年第 3 期

第六章 金属钼粉的制取

第一节 金属粉末的制取方法

粉末冶金工艺首先是制取金属粉末、合金粉末、金属化合物粉末以及包覆粉末。由于粉末冶金材料和制品不断增多，其质量不断提高，要求提供的粉末的种类也愈来愈多。在材质上，不仅需要金属粉末，还需要金属化合物粉末；对粉末形貌要求，有球形粉末、等轴形粉末和其他特殊要求形貌的粉末；对粉末粒度要求，有颗粒粗细之分，有粒度要求均匀的，也有要求粒度分布不同的。尤其是近几年来对纳米材料的需求，纳米级粉末的研究有了很大进展。为了满足对粉末的各种要求，也就需要有各种各样的生产粉末方法。

粉末制取的方法来分为机械粉碎法和物理化学制粉法两大类。机械制粉法中包括捣磨法、球磨法、切剥磨法、涡旋磨法、超细粉碎法、雾化法；物理化学制粉法中包括冷凝法、热分解法、还原法、沉淀法、置换法、电解法、合金分解法、有机溶媒法和圆盘制粉法。

捣磨法自古就被应用。捣磨机是由高锰钢臼和捣杆组成，由电机带动捣杆围绕垂直轴自动地一边旋转一边下落，形成臼和捣杆之间粉碎原料的机构。构造极为简单，设备费用少，虽效率不高，但至今还有使用的。

球磨法设备简单，自古至今都在使用。该法就是往圆筒内装入需要磨细的粗粉和钢球或合金球，盖好后使圆筒转动，当球达到一定高度时就自动落下，利用球与球的冲击，对粉进行粉碎。用棒代替球就称为棒磨。

切削磨法是利用安装在高速旋转圆盘上的刀齿与其对应于此圆盘的固定圆盘上刀齿之间，对粗粉进行冲击、切断和磨剥等粉碎。另外，磨粉机、精磨机和锤碎机等粉碎机，是利用多个高速旋转锤上的叶轮，与其外侧固定装设的多个不同的衬垫冲击，磨剥而进行粉碎。

涡旋磨法设备是由互成相反的两螺旋组合而成，工作室内装有方向相反的两个叶片，由于这些叶片以不同高速旋转而产生气体激流，从而使粗粒之间产生激烈的碰撞而达到粉碎成细粉的目的。

超细粉碎法是利用喷射粉碎机喷射出压缩空气或过热水蒸汽，使粒子互相之间激烈碰撞而达到微粉化的目的。

雾化法是由熔化金属直接制成金属粉末的方法。这种方法的原理是当熔化金属经喷嘴流出时，以特别高压气体或高压水蒸汽（或高速水流），将熔化金属雾化，吹入水中或水平贮粉槽中冷凝。这种方法的特点是当雾化粉末吹入贮粉槽时，可按照离喷嘴的不同距离收集多种粒度的粉末。

冷凝法是能在低温下蒸发的金属，经低温蒸发后使之冷凝在玻璃、金属或其他冷却物的表面上而形成粉末。

热分解法是将 Fe 或 Ni 与 CO 反应而制成液态的羰基铁 $[Fe(CO)_5]$ 或羰基镍 $[Ni(CO)_4]$，再将这些液体在 250 ℃或 180 ℃左右温度热解塔中热解而制成纯铁粉或纯镍粉的方法。

沉淀法是根据电动序，往金属水溶液中加入更高电动序金属时，即由水溶液中沉淀出金属粉末的方法。

置换法是以主金属为核心，用第二金属作外壳制成的复合粉末的方法。

电解法可分为水溶液电解析出法和熔融盐电解析出法两种。水溶液电解析出法又可进一步分为析出硬脆金属块后进行粉碎法，析出柔软海绵状金属后进行粉碎法和电解质直接析出粉末法三种。

合金分解法是用溶剂将合金中的一个或几个成分溶解，然后将不能溶解的成分分离后制成细粉的方法。

有机溶媒法是一种制取超细粉末的方法，是将多价醇类在各种金属卤化物中进行加热，在常温至 140 ℃温度范围中反应生成金属乙二醇化合物，然后将其适当稀释后煮沸，再加入 Al 粉后进行还原，使所需要的金属粉末游离析出，再将这种沉淀物过滤、分离并充分洗涤，除去残留的乙二醇化合物及金属甘油后，加入苛性钠水溶液，除去共存的 Al 粉，充分洗涤干燥，即可得超细粉末。

圆盘制粉法是将金属熔化后，金属溶液从流口中滴到一个带冷却高速旋转的金属盘中，使金属溶液快速分散和冷却，由此变成微细颗粒粉末的方法，特殊的金属钨粉或钼粉也可以用此方法制取。

还原法是将金属化合物，特别是氧化物在还原性气氛中加热还原成金属。氧化物一般性脆，容易粉碎成细粉。一般情况下，金属氧化物大多生产成粉末状态。氢气、一氧化碳、天然气、不完全燃烧碳氢化合物、分解氨气和城市煤气均可作为还原气体来还原氧化物得到纯金属粉末。

钼粉的工业生产，一般都是由钼酸铵煅烧成三氧化钼后，采用氢作还原剂，用二阶段还原的方法将三氧化钼还原成金属粉末。

第二节　三氧化钼的制取

钼的生产通常是由辉钼矿（MoS_2）作资源。矿石在精选后焙烧成与其他杂质混合在一起的三氧化钼，再用升华法或将它转化成钼酸盐的方法（化学处理）加以提纯。如果直接由升华法来提纯三氧化钼，则其原料、设备和工艺要求严格控制，才能保证三氧化钼的纯度。如果将三氧化钼用湿法冶金方法转化成钼酸铵或仲钼酸铵，然后再还原，则其对原料的要求不高，设备和工艺都很成熟，各种条件比较容易控制，易于得到所需的纯度。因此，用作金属钼生产的主要原料基本上都是采用"多钼酸铵"或仲钼酸铵。

传统的钼粉冶工艺，基本上都是采用仲钼酸铵煅烧后的三氧化钼，经还原去制取金属钼粉，然后经成型烧结成钼的金属制品。制取三氧化钼也可以采用多钼酸铵煅烧方法，也可用升华法方法取得。

煅烧法制取三氧化钼原理　就是将仲钼酸铵在 450 ℃ ~ 500 ℃的温度下进行分解，析出其中的氨气和水，而得到三氧化钼，此过程又称为焙解。在 90 ℃ ~ 110 ℃ 下，仲钼酸铵脱去四个水分子。仲钼酸铵生成三氧化钼之前的产品是四钼酸盐，其反应过程为：

$$3(NH_4)_2O \cdot 7MoO_3 \cdot 4H_2O \xrightarrow{90℃~110℃} 3(NH_4)_2O \cdot 7MoO_3$$
$$\xrightarrow{约200℃} (NH_4)_2O \cdot 4MoO_3 \xrightarrow{280℃~380℃} MoO_3$$

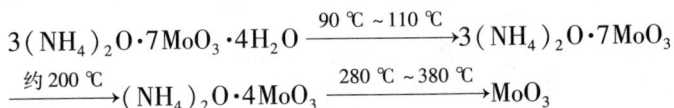

仲钼酸铵生成三氧化钼的总反应式为：

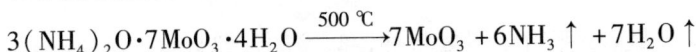

$$3(NH_4)_2O \cdot 7MoO_3 \cdot 4H_2O \xrightarrow{500℃} 7MoO_3 + 6NH_3\uparrow + 7H_2O\uparrow$$

煅烧设备　回转管炉和四管或多管电炉都可作为煅烧设备，但两种主要的煅烧设备是回转管炉和四管炉。两种炉子比较，四管炉需用舟皿装料，一般都采用人工装卸料，各管的温度难于一致，舟皿底层排气较差，三氧化钼颗粒的均匀性和劳动条件都不如回转管电炉；但四管炉煅烧时，所得到的三氧化钼结晶比较完全，粒度分布范围比回转管炉的宽，三氧化钼中的铁含量比回转炉的低，因为在煅烧过程中，钼酸铵中的氯离子会产生对炉管的腐蚀，炉管被腐蚀的铁必然会进入三氧化钼中，而用舟皿装料时，只要不敲打舟皿，三氧化钼中的铁必然会低于回管炉所生产的三氧化钼。所以，在生产量不太大和对粒度和铁含量有特别要求时，采用四管炉煅烧还是可行的。采用多管炉煅烧来生产三氧化钼的质量基本与四管炉相同。

煅烧回转管电炉是由炉体、给料系统等部分组成，见图 6－1。

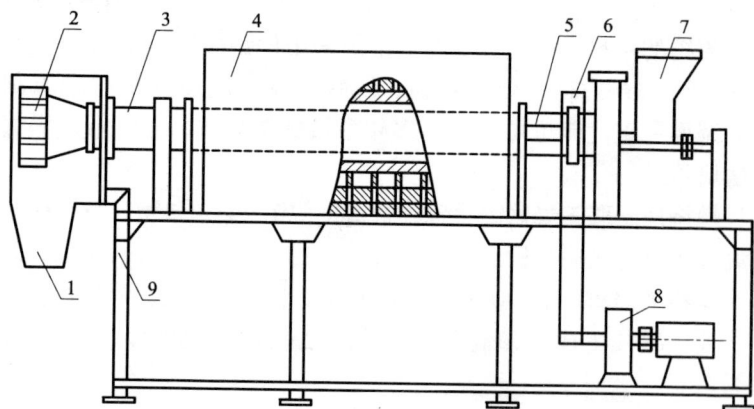

图 6－1　回转管煅烧电炉

1—卸料口；2—回转筛；3—炉管；4—炉壳；5—炉管；
6—防护罩；7—进料斗；8—传动装置；9—炉架

在煅烧过程中，只要将仲钼酸铵加入到装有螺旋进料器的料斗中，通过一定速度进行自动进料，仲钼酸铵经炉管的回转作用进入高温区煅烧，煅烧后的三氧化钼随炉管转动进入炉管出口，出口是密封圆锥形钻有密集的小孔不锈钢圆筒的回转筛，三氧化钼从圆形的回转筛过筛后，自动落入盛料桶中。因此，生产规模较大的生产厂家，煅烧设备一般都采用机械化程度高，操作简便，排气良好，产品质量有保证，劳动条件好，加料均匀的回转管电炉。

回转管电炉的外形尺寸一般为 4785 mm × 1022 mm × 2385

mm；炉管材质为不锈钢，长度为 3200 mm，进出料端为 D240 mm，中间高温区 D300 mm；功率约 33 kW，加热元件为 D5 ~ 6 mm NiCr 丝，炉体的倾斜度为 3° ~ 4°。

工艺条件　用回转管式电炉生产：炉管转速 4 r/min；加料量在 1 ~ 1.5 kg/min 范围内，以调整螺旋进料器转速来控制；炉温一般控制在 550 ℃ ~ 600 ℃；抽风量控制适当。用四管炉生产：温度为 420 ℃ ~ 470 ℃；推舟速度为 15 min/舟；舟皿尺寸为 300 mm ×50 mm ×40 mm。

技术要求　煅烧后的三氧化钼应呈淡黄色或黄绿色，颗粒形貌呈块片状（见图 6 – 2），没有针状结晶以及暗黑的结块，不含其他机械杂质的煅烧微粒，松装密度为 1.2 ~ 1.6 g/cm³，经 40 ~ 80 目过筛。

图 6 – 2　煅烧出来的三氧化钼形貌　×5000

三氧化钼的化学成分应符合表 6 – 1 的要求。

表 6 - 1　三氧化钼的化学成分/10^{-6}

元素	Pb,Sn,Cd	Mg,Sb	V,Co,Ti,Mn	Fe	S,P,As,Ni,Bi	Cu	Ca,Si	Al	W
高纯	<1	<10	<13	<30	<5	<4	<8	<6	<1500
工业纯	R_2O_3<250	(其中 Fe_2O_3<80)	S<400	Ni	As<40	SiO_2<250	CaO+MgO<60	Mn<80	P<15

表 6 - 2　MoO_3 的蒸气压与温度的关系

温度/℃	600	610	625	650	720	750	800	850	900	950	1000	1050	1100	1155
压力/kPa	0	0.0012	0.0024	0.0067	0.008	0.2333	1.3467	3.12	9.5262	17.547	26.506	38.506	63.488	101.325

影响三氧化钼的质量因素:

1. 原料的影响

为了保证三氧化钼的质量,必须选择质量符合技术要求的仲钼酸铵。仲钼酸铵的松装密度应在 0.8 ~ 1.2 g/cm³,仲钼酸铵粒度细,而煅烧出来的 MoO_3 粒度容易长粗。仲钼酸铵的水分含量高,则煅烧后的 MoO_3 粒度增大。其原因是由于仲钼酸铵中的物理水,会溶解一部分仲钼酸铵,当水蒸发后便结晶出来而黏结在其他颗粒上,或把几个颗粒黏结在一起,将引起夹生料和结团现象,故颗粒增大。在大规模工业生产中,含水量过大时,必定要采用较高的煅烧温度,这样就造成粒度长大。

2. 温度的影响

从煅烧反应原理来看,决定反应的主要因素还是温度,从煅烧理论上来说,仲钼酸铵一般在 350 ℃时,氨气和水分已经基本逸出(仲钼酸铵里的化合水在 150 ℃左右可以逸出,同时也可以析出部分氨,但温度在 350 ℃时氨才基本全部逸出)。在工业生产时,煅烧的温度要比理论上高,其原因是仲钼酸铵的粒度、含水量、炉子温度均匀情况和排气条件的变化,加热料的多少及速度等等均有关系。温度偏高会促使 MoO_3 长大,同时也会产生升华凝固作用,其表现形式是颗粒间相互联结长大,有时还可能结块。如有结块应重新破碎再焙烧。而温度过高,还会使 MoO_3 产生升华,物料结块或颗粒长大,出现针状结晶,反而严重影响煅烧质量。温度偏低,氨气排不尽,出料颜色不好,呈灰黄色,同样影响产品质量。MoO_3 挥发性较高,其蒸气压大,一般不宜过高温度煅烧,故选择温度 540 ℃ ~ 560 ℃是适当的。

3. 加料量的影响

加料过多,炉管内的料层太厚,会造成温度不均匀,煅烧不完全;加料过少则影响产量。

4. 煅烧时间的影响

煅烧时间过短,钼酸铵分解不完全,煅烧后的产品夹带杂色或白色；煅烧时间过长，既会影响产量，又会使粒度长粗。煅烧后的三氧化钼应使 $R_2O_3 < 0.003\%$、$NH_3 \leqslant 0.4\%$。

5. 抽风量的影响

排气小，废气排不出，会造成物料煅烧不完全；排气过大，会将较细的三氧化钼抽走。

6. 炉管材质的影响

由于仲钼酸铵是用中和 – 结晶法制得，含有一定量的氯离子，在煅烧时，氯离子要腐蚀铁基的不锈钢炉管，形成锈块掉入物料中，使三氧化钼中的铁、镍增高，影响产品的化学成分。

在生产过程中应当注意，加料器中不得进入异物，以防螺旋卡死；需要停炉时，当炉温高于200 ℃，炉管不得停止转动；遇到突然停电时，必须用人工转动电机，带动炉管转动，以防炉管在高温下弯曲变形。

用升华法生产纯三氧化钼 钼具有在高于 MoO_3 的熔点795 ℃、低于其沸点的1155 ℃温度范围内，迅速以三聚合分子 $(MoO_3)_3$ 的形态进入气相的特性，即升华的特性。因此，高纯三氧化钼也可利用焙烧粉或辉钼精矿作原料，采用升华法来制取。三氧化钼的蒸气压与温度的关系见表6 – 2。

从表6 – 2 中可以看出，三氧化钼在795 ℃时，在开始熔化之前已经显著蒸发，但蒸发速度并不快，只有在熔点时才显著增快。在1150 ℃时，三氧化钼的蒸气压达到一个大气压。如果所生成的 MoO_3 蒸气不断被空气流带走时，则蒸发作用便可加速进行，MoO_3 的蒸发过程可在900 ℃ ~ 1100 ℃完成。液态三氧化钼上面的蒸气压与温度之间的关系可用如下方程式表示：

$$1 \text{ g } P(MoO_3)_3 = -\frac{7685}{T} + 1.10 \text{ kPa}$$

蒸发热 $\Delta H_{蒸} = 147.1$ J/mol，蒸发熵 $\Delta S_{蒸} = 102.8$ J/mol。

纯三氧化钼蒸发速度与熔体表面的气流、速度和物料的纯度有关，即与重聚合分子$(MoO_3)_3$从蒸发表面移出速度有关。在工作气流$0.3 \sim 2.5$ cm/s 的速度范围内，蒸发速度显著地随气流速度的增加、温度的增高而加快。当空气流速为$0.2 \sim 0.3$ cm/s 时，纯三氧化钼的蒸发速度与温度变化关系相当明显，蒸发速度从900 ℃的12.3 kg/$(m^2 \cdot h)$上升到1100 ℃的110 kg/$(m^2 \cdot h)$。采用真空方法也会使蒸发作用加速进行。

当MoO_3中的杂质增加，特别是其钼酸盐在工作温度下不分解的杂质如钙、镁、铅、铁等存在，将明显地降低其蒸发速度，$CuMoO_4$易分解，故焙砂中铜含量对蒸发速度影响较小。在气流的速度为2.3 cm/s 和温度在1100 ℃时，含$48\% \sim 50\%$ Mo 的焙烧粉中，MoO_3的蒸发速度仅为$10 \sim 20$ kg/$(m^2 \cdot h)$。因此随着蒸发过程的进行，杂质得到富集，使蒸发速度降低。焙烧矿中的三氧化钼蒸发速度比纯三氧化钼低得多，因为其中含有杂质。杂质熔在液态的三氧化钼中将降低三氧化钼的蒸气压，因而降低其蒸发速度。随着蒸发不断进行，焙烧矿中的杂质浓度不断增高；同时，三氧化钼从焙烧矿中蒸发的速度也逐渐下降。

在1000 ℃和空气流速为2.3 cm/s 的条件下，三氧化钼从含$48\% \sim 50\%$钼的焙烧矿中的蒸发量约为$10 \sim 20$ kg/$(m^2 \cdot h)$。

为了保证三氧化钼达到99.95%以上的纯度，三氧化钼的升华温度必须低于1000 ℃，因为原料中都含有各种杂质，如温度过高，这些杂质也会被升华蒸发而进入三氧化钼中。如 CaO 和$CaCO_3$在高于450 ℃时与MoO_3相反应，生成在高温下稳定的，在低于1200 ℃时不离解的钼酸钙（$CaMoO_4$）。氧化铁与MoO_3化合成钼酸铁$FeMoO_4$，它的分解温度已超过了1000 ℃。氧化铜与MoO_3相互生成钼酸铜（$CuMoO_4$），它在900 ℃ ~ 1100 ℃也不能完全离解。钼酸铅（$PbMoO_4$）在1050 ℃时开始显著蒸发，但不分解。二氧化硅和氧化铝在MoO_3的升华过程中虽然不发生反应，但能影响三氧化钼的升华速度。

三氧化钼升华设备与操作 三氧化钼的升华操作可在倾斜旋转炉的石英坩埚内或在带有旋转底的电炉中进行。前者是把焙烧粉置于倾斜旋转炉的石英坩埚内（见图6-3），坩埚用螺旋状电阻丝加热到900 ℃~1000 ℃，使焙烧粉熔化，空气流不断卷入坩埚，并将蒸发出来的 MoO_3 蒸气带出，通过排风机进入布袋收尘器中。大规模生产升华也可以在带有旋转底的电炉中进行（其原理见图6-4），整个炉子为圆环形，炉底可旋转，加热用的 SiC 棒及抽风装置固定不动，炉底先铺石英砂，焙烧粉置于石英砂上，加热到800 ℃以上，使焙烧粉熔化渗入石英层

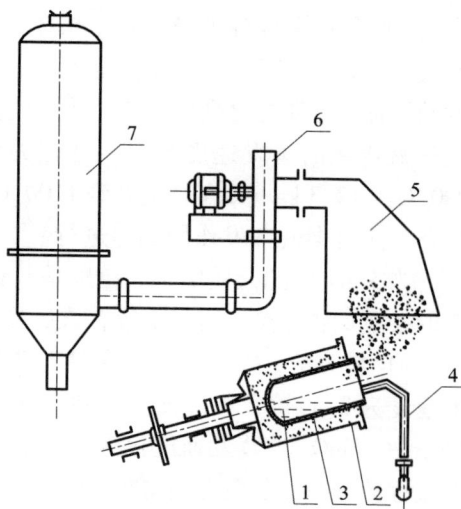

图6-3   三氧化钼升华装置示意图

1—焙烧粉；2—石英坩埚；3—电阻丝；4—压缩空气；
5—收尘罩；6—排风机；7—布袋收尘器

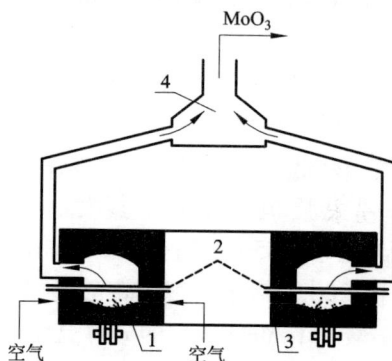

图6-4   带旋转炉底的三氧化钼升华炉

1—旋转炉底；2—SiC 加热棒；
3—钼焙烧粉；4—三氧化钼收尘管道

进行蒸发，MoO_3 蒸气被空气流带入布袋收尘器。炉底旋转一周则完成一次装料、卸料和蒸发作业。

氧化升华流程简单，得到的三氧化钼粉末为针状或片状结晶，非常松散（松装密度约为 0.25 g/cm^3），堆装密度可增加 7 倍。用焙烧粉作原料所得的纯度可达 99.97%，用辉钼矿作原料所得到的产品纯度要低些。

两种不同结构晶体的三氧化钼的生产 三氧化钼也有两种不同结构的晶体，即 α - MoO_3 和 β - MoO_3。α - MoO_3 是将钼酸溶液直接蒸发而生成一种分层类型的固体沉淀物。颗粒形貌呈片状，密度为 4.49 g/cm^3。β - MoO_3 是将钼酸采用喷射干燥的方式，通过适当加热而生成的一种链式结构粉末。颗粒形貌呈球状，密度为 4.71 g/cm^3。喷雾出来的微细苍绿色粉末加热后会变成黄色的晶体粉末，继续加热到一定温度时，β - MoO_3 会转变成分层的 α - MoO_3。由于 β - $MoO_3 \rightarrow \alpha$ - MoO_3 的转变过程是放热造成的，因而可以认为 β - MoO_3 是一种热稳定性能不好的材料。这两种三氧化钼的结构模式见图 6 - 5；Raman 光谱结果见图 6 - 6。

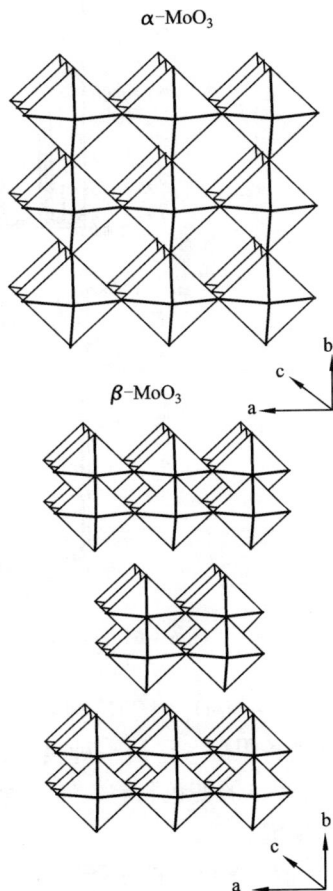

图 6 - 5 α - MoO_3 和 β - MoO_3 结构模式图

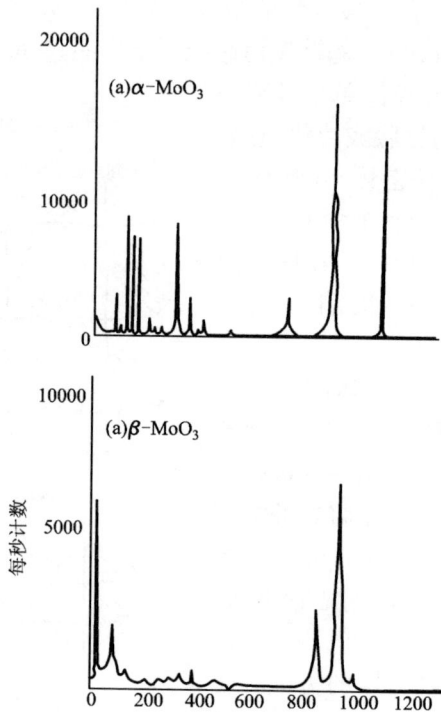

图 6 - 6 α - MoO$_3$ 和 β - MoO$_3$ Raman 光谱结果

β - MoO$_3$ 由于其独特的物理性质可用于对甲醇的氧化选择以制备甲醛，它是一种良好的催化剂；也可用于反光标志（黄—蓝—黑）的变色材料；加入含氢或锂添加剂还可以用于电化色显示技术。

β - MoO$_3$ 的生产   制得酸度适中的钼酸溶液，然后在严格控制进出口温度的情况下，对该溶液进行喷雾干燥，最终所得苍绿色的粉末晶体。该粉末在水中溶解时放热，用 X 射线探测为 11. 12% ，将该晶体加热一段时间就可得到外观呈黄色的 β - MoO$_3$ 晶体。

第三节　氧化钼还原机理和还原剂

由于 Mo－O 体系在不同条件下会出现多种不同的氧化钼，使还原过程复杂化，见图 6－7 钼－氧体系状态图。钼氧化物的结构参数见表 6－3，钼氧化物的某些热力学参数见表 6－4。氧化钼分别以 $\alpha - MoO_3$、$\beta - MoO_{2.87}$、$\gamma - MoO_{2.87-2.75}$ 及 $\delta - MoO_2$ 的形式存在，可以认为其还原实际上是逐渐脱氧过程，只不过上述氧化物相对稳定，脱氧过程能否顺利进行，决定于还原条件。

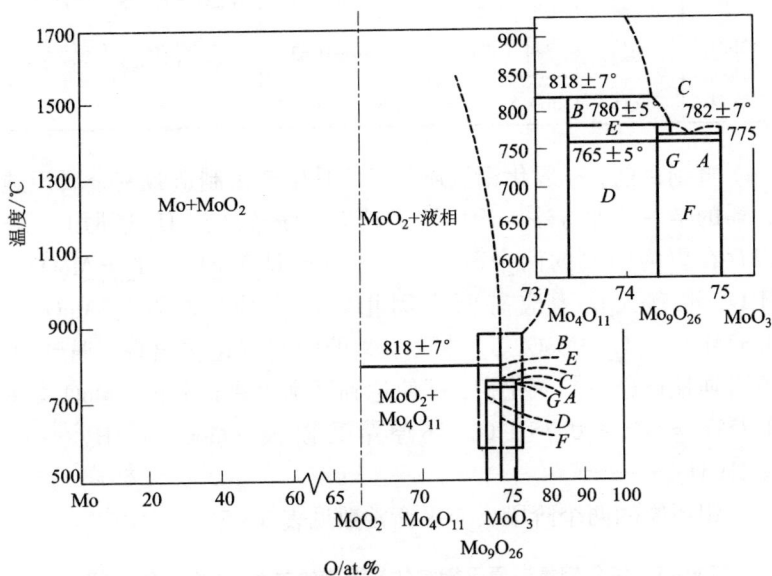

图 6－7　钼－氧体系状态图

A—MoO_3 + 液体；　B—Mo_4O_{11} + 液体；　C—Mo_9O_{26}（Ⅱ）+ 液体；

D—Mo_4O_{11} + Mo_9O_{26}（Ⅰ）；　E—Mo_4O_{11} + Mo_9O_{26}（Ⅱ）；

F—Mo_9O_{26}（Ⅰ）+ MoO_3；　G—Mo_9O_{26}（Ⅱ）+ MoO_3

表 6-3　钼氧化物的结构参数

氧化物	颜色	晶型	结构参数/Å				密度/$(g \cdot cm^{-3})$	匀相范围
			a	b	c	β		
MoO_2	褐	单斜	5.068	4.842	5.517	119.75	6.34	2.00~2.08
MoO_3	白	菱形	3.9628	13.855	3.6964		4.692	

表 6-4　钼氧化物的某些热力学参数

氧化物	聚集状态	$-\Delta H^{\circ}_{298}$ /$(J \cdot mol^{-1})$	S°_{298} /$(J \cdot mol^{-1} \cdot ℃^{-1})$	$\Delta F^{\circ} = f(T)$ /$(J \cdot mol^{-1})$
MoO_2	晶体	587.5±1.7	49.93±1.3	$-587515-19.2TlgT$ $+237.5T(298\sim1300\,K)$
MoO_3	晶体	744.7±0.8	77.74±0.63	$-749343-19.2TlgT$ $+319.1T(298\sim1300\,K)$
MoO_3	气体	360.5±20.9	279.8±16.7	

直到目前，三氧化钼氢还原仍然是生产供制造致密金属用纯钼粉的唯一工业方法。用启开式动力系统连续用 H_2 还原时，可以存在更为明显的两个阶段：第一阶段是 $MoO_3 + H_2 = MoO_2 + H_2O$，也有人认为应有两个固相之间反应，即发生 $MoO_3 + 0.33MoO_2 = 1.33MoO_{2.75}$，导致 γ 相的中间氧化物出现，遇到 H_2 不可逆地还原成二氧化钼，即使达到平衡也是暂时的，$MoO_{2.75} + 0.75H_2 = Mo + 0.75H_2O$。还原第二阶段：$MoO_2 + 2H_2 \rightarrow Mo + 2H_2O$。

钼还原的两个阶段反应平衡常数见表 6-5。

表 6-5　氧化钼氢还原平衡常数与温度的关系　（$K_p = P_{H_2O}/P_{H_2}$）

阶　段	$MoO_3 \leftrightarrow MoO_2$				$MoO_2 \leftrightarrow Mo$				
温度/K	773	793	813	833	427	973	1023	1073	1123
K_p	0.64	0.95	1.53	2.21	0.076	0.29	0.33	0.36	0.40

根据以上数据推导出 500 ℃ ~560 ℃范围内第一阶段平衡常数和反应的标准自由能变化方程式为:

$$\lg K_p = -\frac{5640}{T} + 7.100(500\ ℃ \sim 560\ ℃)$$

$$\Delta G° = 107898 - 135.82T,\ J/mol$$

根据以上数据推导出 700 ℃ ~850 ℃范围内第二阶段平衡常数和反应的标准自由能变化方程式为:

$$\lg K_p = -\frac{977.4}{T} + 0.4675(700\ ℃ \sim 850\ ℃)$$

$$\Delta G° = 18698 - 8.94T,\ J/mol$$

亦有人认为 MoO_3 的还原类似 WO_3,属固相催化自动原理(即认为金属 Mo 原子自动催化作用)。从热力学上看,第一阶段属放热反应,第二阶段为吸热反应,反应速度常数是较大的,但从能量上考虑第二阶段在更高些的温度还原比较有利,从动力学考虑应选在 900 ℃ ~920 ℃,物料松散装填,加大干燥 H_2 量(过量 5 倍以上),减薄料层厚度对还原有利。从三氧化钼(或钼酸铵直接)还原成二氧化钼一般称为一次还原,从二氧化钼还原成钼粉一般称为二次还原。第一次还原以化学反应速度控制总速度,第二次还原以扩散速度控制,三次还原是二次还原生产出来的钼粉经 1000 ℃ ~1100 ℃再次降低氧含量。氧含量低的钼粉有利于降低以后的烧结产品中的氧含量。

钼的主要还原剂——氢　在金属冶炼中,还原一般是指氧化物的脱氧过程,还原过程和氧化过程是同时进行的。一种物质被还原同时也就是另一种物质或几种物质被氧化。在化学反应中,失去电子的物质叫还原剂,获得电子的物质叫氧化剂。凡是对氧的化学亲和力比被还原的金属对氧的化学亲和力大的物质,都能作为该金属氧化物的还原剂,用氢、碳、和含碳气体以及用铝、镁、钙或硅对氧的化学亲和力都大于对钼的亲和力,因此,氢、碳、和一氧化碳气体以及用铝镁、钙或硅都可以作为钼的还原剂。

根据还原剂来区别，钼还原可分为气体（H_2、CO、$C-H_2$ 混合等）还原、固体碳还原和金属热还原三种。因为氢气与其他的气体或固体还原剂比较有如下优点：氢气中含有害杂质少，一直到钼的熔化温度它与钼都不发生任何化学反应，在钼中的溶解度很低，不会影响钼的纯度；工艺易控制，适用于工业规模生产；扩散速度快，渗透性强，它与氧化合生成的水蒸汽易于被排除；制取的粉末性能稳定，粒度可调节等。因此，钼的还原一般都选用氢还原法。在大工业规模生产中，一般都选用氢气作为钼的还原剂。

氢是结构最简单的元素。在元素周期表中，氢的原子序数为 1，位于元素之首。氢原子是由一个带正电荷的质子和一个围绕质子高速运转的电子组成。氢的原子量为 1.008，化合价为正一价，一个氢原子外层只有一个电子，因此很不稳定，而两个氢原子各给出一个电子很容易以共价键的形式结合成氢分子即氢气。

氢气的分子式为 H_2，分子量为 2.016。氢在常态下，氢是一种无色、无味、无嗅的气体；在标准状态下（温度为 0 ℃，压力为 101.325 kPa）的密度是 0.08987 g/L，仅为空气的 2/29，是世界上最轻的物质。氢的分子运动速度最快，因此有最大的扩散速度和很高的导热性，其导热能力是空气的 7 倍。氢的沸点为 -252.78 ℃，熔点为 -259.24 ℃。液态氢是无色透明的流体，密度是 0.07 g/cm^3（-252 ℃）。固态氢是雪状固体，密度是 0.0807 g/cm^3（-262 ℃）。氢在各种液体中都溶解甚微，0 ℃时 100 mL 的水中仅能溶解 2.15 NmL 的氢，20 ℃时 100 ml 的水中仅能溶解 1.84 Nml 的氢。

氢是地壳中分布最广的元素之一，占地壳重量的百分之一，在地球上主要是以化合物状态存在。在室温下氢分子不太活跃，但在高温时具有很高的化学活性。氢的最低着火温度是 574 ℃，它在空气中既可被明火点燃，也可以被暗火如砂砾的撞击或静电放电点燃，燃烧时呈现出蓝色火焰，生成水，并放出大量的热。

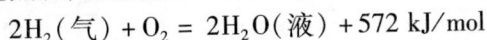

$$2H_2(气) + O_2 = 2H_2O(液) + 572\ kJ/mol$$

氢气和氧气的混合物具有爆炸性，2 份氢和 1 份氧的混合物其爆炸威力最大。爆鸣气在常温下相处几万年也不会化合，在 180 ℃时氢和氧开始明显地发生化合反应，随着温度升高，反应速度加剧。在明火或暗火高温作用下，氢和氧迅速化合，并放出大量的热，使体积急剧扩大而发生爆炸。

氢和氧混合物的爆炸极限是随压力、温度和水蒸汽含量而发生变化，在大气压力下其体积含量的爆炸范围如下：

$$\begin{cases} H_2 & 4\% \sim 95\% \\ O_2 & 5\% \sim 96\% \end{cases}$$

氢气和空气的混合物也具有爆炸性，按体积含量的爆炸范围如下：

$$\begin{cases} H_2 & 4\% \sim 75\% \\ 空气 & 25\% \sim 96\% \end{cases}$$

因此，氢气的安全使用特别重要，在氢气回收净化装置操作房内严禁使用明火和吸烟；要保持净化系统房内空气流畅，最高点应有良好的通风，无死角存在。电加热器应设有安全防爆装置。

在还原或烧结过程中，由于工艺的需要，当氢气不能回收使用而对外排放时，必须将氢气在排出口点火燃烧。以防氢气和空气的混合物达到爆炸范围，留下安全隐患。

钼还原工业用氢气应符合 GB/T3634—1995 标准中的主要技术指标(见表 6 - 6)，特别是二次还原用氢气的质量要高于一次还原的质量。

表 6 – 6　　工业氢的主要技术指标/ %

品级	氢含量	氧含量	氮含量	氯	碱	露点,℃	游离水,ml/瓶
优等品	≥99.90	≤0.01	≤0.04	符合检验	符合检验	≤60	—
一等品	≥99.50	≤0.20	≤0.30	符合检验	符合检验	—	无
合格品	≥99.00	≤0.40	≤0.60	符合检验	符合检验	—	100

第四节　钼粉还原炉

用于钼粉的还原炉的种类很多,从炉管的多少来分有单炉管和多管炉,从炉管截面来分有圆管炉和方管炉,从炉子的温区来分有单带炉、双带或多带炉,从加热方式来分有电加热和燃气加热,还有固定炉管和转动炉管、金属炉管和非金属炉管之分等等。但所有的钼还原炉应具备以下最基本的条件:

(1)有足够高的炉温,能满足还原温度的需要;

(2)在还原过程中能保证钼粉的质量要求;

(3)能使氢气按工艺要求流通;

(4)能够进行连续生产,满足产量要求。

根据上述条件,钼还原常用的氢还原炉有如下几种:

回转管电炉　该炉的主要结构是利用炉架两端的托轮支撑着一根可转动的圆形大炉管,用电动机经减速和传动装置带动炉管转动,炉管两端的装卸料都装有机械进出料装置,见图 6 – 8 回转管电炉结构图。

炉体采用电加热,分为五个温区,每个温区都有自动测控温装置。氢气由卸料端料仓进入,经炉管后从进料端的沉降箱排出。物料直接在炉管内是随炉管转动而不停翻动的,在还原中能充分与还原气氛接触,因此,它还原出来的粉末粒度比较均匀,而且不容易结块。由仲钼酸铵直接还原成二氧化钼也可用回转管电炉生产。

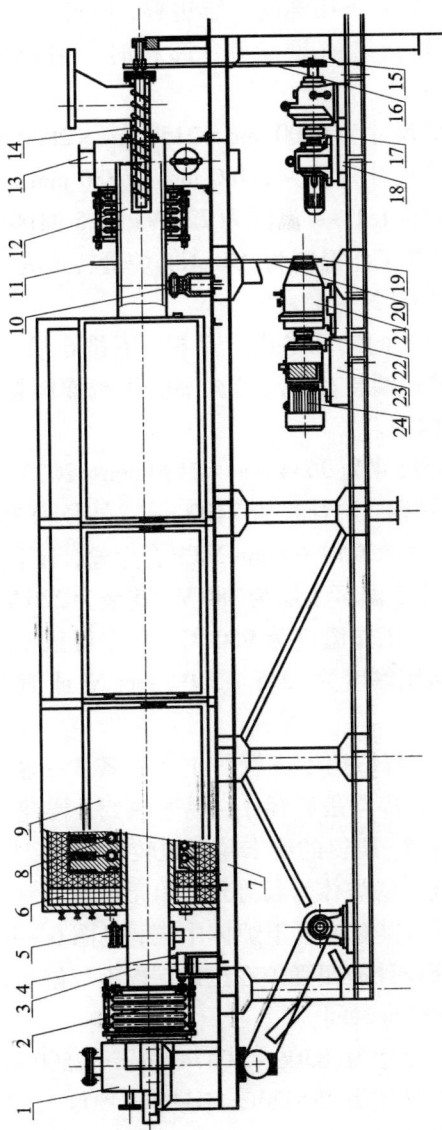

图6-8　回转管电炉结构图

1—卸料斗；2—炉尾密封装置；3—炉管；4—后托轮装置；5—振打装置；6—砌体；7—炉架；8—发热体装置；9—炉壳；
10—前托轮装置；11—链轮；12—炉头密封装置；13—除尘气箱；14—送料装置；15—链轮；16—套筒滚子链；17—弹性联轴接；
18—机座；19—链子链；20—套筒滚子链；21—摆线针齿减速机；22—弹性联轴接；23—机座；24—电磁调速电动机

回转管电炉,进料是采用螺旋连续进料,出料是采用人工控制的螺旋卸料,卸料口装有振动筛,卸料时一般都采用同时过筛。

回转管电炉外形尺寸为 9900 mm × 2150 mm × 2800 mm,炉管材质为不锈钢、炉管尺寸外径为 D400 mm × 6880 mm,五个温区总长 5250 mm,工作电压 1 ~ 4 温区为 220 V,第 5 温区为 380 V,功率 96 kW,允许最高工作温度为 950 ℃,炉管转速为 5.6 r/min 或 3.2 r/min,倾斜度为 3°~5°。

十三管电炉 该炉的结构是由上 7 根,下排 6 根 4.5 mm 厚的不锈钢管组成,进料端装有速度可调节的机械推料装置,见图 6 - 9 十三管电炉结构图。

十三管电炉外形尺寸为 9034 mm × 2130 mm × 2020 mm,炉管材质为 25Ni20Cr 不锈钢、炉管长为 7100 mm,外径为 76 mm,内径为 67 mm,加热元件为 D5 ~ 6 mmn NiCr 合金丝,五个温区总长 4540 mm,工作电压第 5 温区上层 380 V,其余为 220 V,炉子功率为 49 kW,允许最高工作温度为 950 ℃,每个温区都有自动测控温装置。舟皿材质用厚度为(2.5 ~ 3.0) mm Ni 或 H39 高温合金钢。

十三管电炉(十一管炉比十三管炉上下层各少一根炉管,其他部分都基本相同)的特点是管径小,易于密封,推速均匀并可任意调整,炉温较均匀,所得的粉末粒度也较均匀。

四管马弗炉 该炉的炉体为长方形,炉壳用普通钢板焊接而成,四根炉管分上下两排对称置于炉体中央,见图 6 - 10 四管马弗炉结构示意图。新设计的四管炉在进料端配有气缸自动推进料装置,能准确地控制推舟时间。

四管还原炉外形尺寸为(8506 ~ 10474) mm × 2500 mm × 2200 mm;炉管为矩形,由材质为 25Ni20Cr 不锈钢、厚度为 12 ~ 14 mm 的四块不锈钢板焊接而成,截面尺寸为 300 mm × 70 mm 和 200

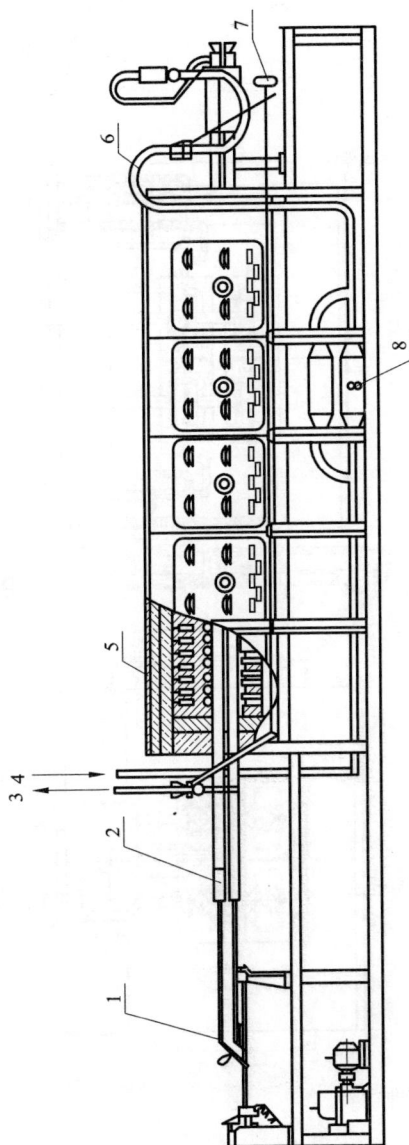

图6-9 十三（或十一）管电炉

1—推杆；2—炉管；3—氢气出口；4—氢气进口；5—加热元件；6—氢气导管；7—氢气联锁阀；8—防爆器

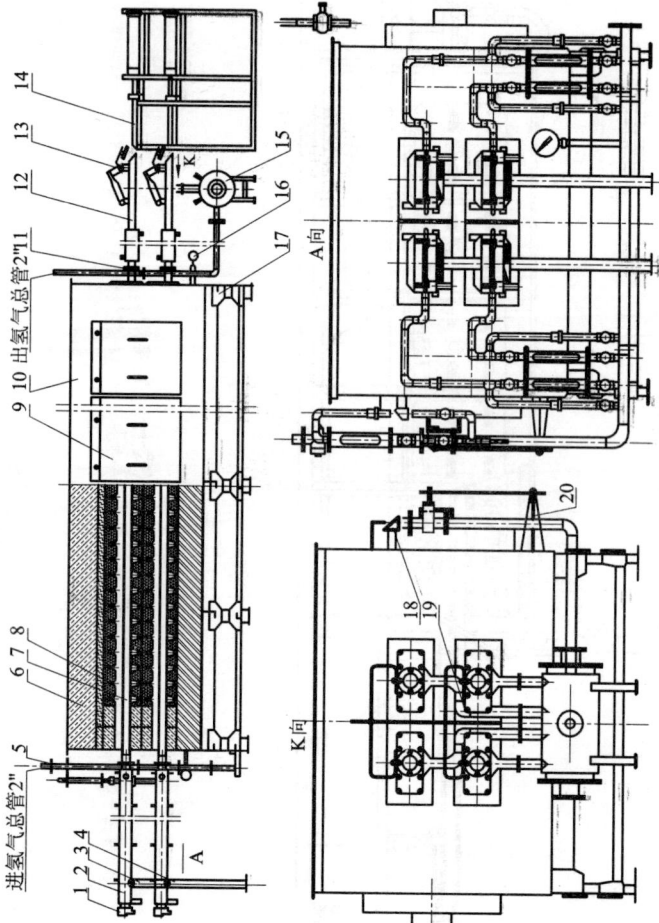

图 6-10　四管还原电炉示意图

1—卸料口开关装置; 2—卸料冷却器; 3—炉管上支架; 4—炉管下支架; 5—供氢支架; 6—砌体(管道、阀体、仪表); 7—炉管; 8—发热体装置; 9—防护罩; 10—防护罩; 11—炉体; 12—装料室; 13—装料口炉门开关装置; 14—推料装置; 15—防爆器; 16—拉环; 17—炉架; 18—热电偶; 19—弯管; 20—摆架

mm×60 mm 两种，长度可根据设计需要而定，焊接后用大于 0.3 MPa 水压试压，不允许有漏气现象；温区可分 3~5 个，加热元件为 $D(6~7)$ mm 螺旋状的 NiCr 合金丝，供电电压 380 V，工作电压 220 V，功率为 75~130 kW，最高工作温度 950 ℃，炉温由插入到炉内的热电偶将信号传递给测控温仪表进行对炉内的温度测控；炉子总重约 15~21 t。

舟皿材质用 H39 或 H140，或 25Ni20Cr 的高温合金钢、厚度为 2.5~3.0 mm 高温不锈钢板焊接而成；舟皿的尺寸根据炉管截面大小而定，有 400 mm×280 mm×45 mm 和 280 mm×190 mm×35 mm 两种，也可以用一种材质为 ZG2Cr25Ni20ABC 的铸造舟皿，这种舟皿虽然造价贵，但不易变形而很耐用。

四管炉在装料端的侧面开有用真空胶皮密封的小门，料舟由此装入，气动推料器装在装料端的正面，用压缩空气将舟皿推入炉内。卸料端是由双层钢板焊成的，中间通入冷却水。氢气从冷却端相连的炉管侧面小孔进入炉内，从卸料底部排出。冷却端正面有采用真空密封的卸料炉门。炉管的装料端和卸料端是可拆卸的，在更换炉管时，只要拆开装卸料端的螺丝，就可将炉管从炉体的前端或后端推入或拉出。被更换的炉管只需要更换炉体中间的部分即可，加工复杂的装料端和卸料端仍然可用，这样既节约了成本，又方便了炉子的维修。

十四管电炉　该炉由上下各 7 根长度为 13800 mm，内径为 124 mm，外径为 140 mm 的炉管，加热带长度 7500 mm，冷却带长度 3500 mm，炉管材质为 Cr28Ni48。加热带分为三带和五带两种，每带都有自动测控温装置，测控温精度为 ±5 ℃，允许最高工作温度为 1050 ℃。采用 PLC 编程器使氢气阀门开启和炉门开启互锁，并与定时自动装卸料互相配合。十四管电炉示意图见图 6-11。

该炉的外形尺寸为 16355 mm×2450 mm×4400 mm，工作电

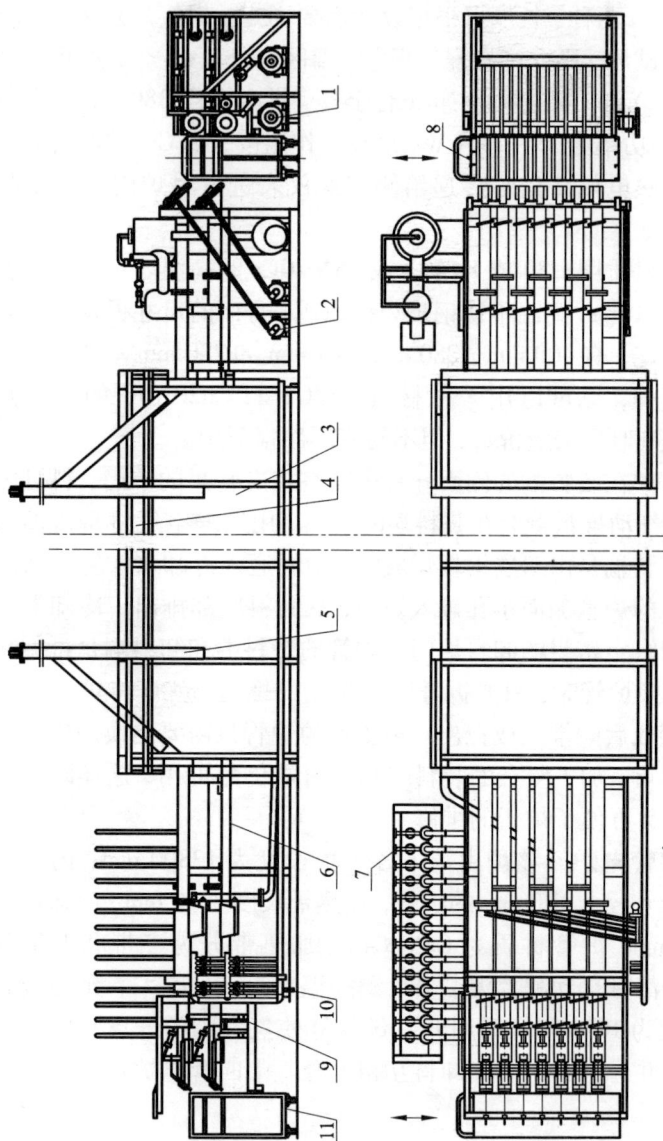

图6-11　十四管还原电炉示意图

1—自动推舟装置；2—炉头；3—炉体；4—炉盖；5—炉盖吊起装置；
6—炉尾；7—供气系统；8—装料车；9—炉管；10—供水管；11—卸料车

压为 380 V，炉子最大功率为 400 kW。十四管电炉采用的装料舟皿，材质为 Cr28Ni48 铸造舟皿，它适合于自动控制装卸料。舟皿材质最好采用添加碳、钛、锆的钼合金，既不易变形，又不会增加钼粉中的杂质。

二十三管燃气加热炉　该炉的炉管排列与十三管电炉一样，分为上下两层，不同的是炉管直径小于十三管电炉，它是直接用燃气（天然气、煤气或其他可燃性气体）加热炉管，冷却带置于水箱中。该炉的特点是加热快，冷却快，各带炉温可随意控制；高温带与冷却带温差大，有利于控制生产有特殊粒度要求的粉末，适宜于生产量小而粒度多变的钼粉。

钼还原用电炉的筑炉　回转管电炉、十三管电炉和四管马弗炉，虽然它们的炉管根数不同，炉管的大小不同和固定或转动的形式不同，但它们都是用螺旋状的 NiCr 合金丝作加热元件，并都是分为上下两层加热。炉底平铺耐火砖，上砌有放置加热元件 NiCr 合金丝的异型砖，或用扁砖砌成放置加热元件 NiCr 合金丝的沟槽；中间放置好炉管后，炉管上空（炉管不承重）砌有炉顶异型耐火砖，用于倒挂放置热元件 NiCr 合金丝，炉子两侧都留有穿插加热元件 NiCr 合金丝和穿插用于测控温热电偶的圆孔。

由于耐火硅酸铝纤维制品同其他耐火材料相比，具有质量轻（只有轻质耐火材料的 1/5 ~ 1/10），导热率和热容量低（约为轻质砖的 1/3），热稳定性和抗机械振动性能优良，作为工业炉内衬材料一般可节能 20% ~ 30% 等优点，因此，目前新设计已不再采用耐火砖和轻质耐火砖作为筑炉的保温材料，而采用耐火硅酸铝纤维制品。在炉管高温区采用可耐温 1200 ℃ 的高铝针刺叠块作保温材料，紧贴炉壁钢板采用可耐温 1050 ℃ 的、厚 60 mm 的致密性好和刚性好的微孔硅酸钙板。在高铝针刺叠块与微孔硅酸钙板之间采用可耐温 1000 ℃ 普通硅酸铝纤维毡。采用硅酸铝纤维块作保温材料，大大地提高了炉子的保温性能，简化了筑炉工艺，减少了新炉内的水分。

由于十四管的加热元件 NiCr 合金丝在炉内排放的设计不同，所以十四管炉的筑炉也有不同。炉内只在承重炉管的底部才是耐火砖，其余基本上都是采用耐火纤维制品作保温材料，下层的加热元件 NiCr 合金丝是分为几个抽屉置于下排炉管底部，十四管炉炉盖的保温材料是直接装在炉盖上，上层加热元件 NiCr 合金丝是悬挂在炉盖下，炉盖整体压在炉顶上。因此，下次筑炉时不必更换炉顶上的保温层。

筑炉后，一般先不将炉顶一次封砌或盖好，而是让筑炉时带进的水分自然蒸发几天后再盖好，然后再进行烘炉。由于各种炉子的大小不同和最高炉温不同，所以其烘炉的制度有所差别，见表 6-7。

表 6-7 回转管电炉、四管马弗炉、十三管电炉和十四管电炉烘炉升温制度

电炉名称		温 度 / ℃									累计时间
		150	250	350	450	600	750	850	950	1050	
回转管电炉	新炉保温时间/h	24	24	24	16	16	16	16	8		144
	旧炉保温时间/h		16	16	12	12	8	4	4		72
四管马弗炉	新炉保温时间/h	24	24	24	16	16	16	8	4		132
	旧炉保温时间/h		16	16	12	12	8	4	4		72
十三管电炉	新炉保温时间/h	24	24	24	16	16	16	16	8		144
	旧炉保温时间/h		16	16	12	12	8	4	4		72
十四管电炉	新炉保温时间/h	24	24	24	24	16	16	16	16	8	168
	旧炉保温时间/h		16	16	12	12	12	8	8	4	88

筑炉和烘炉升温时应注意的事项：

1. 筑炉材料的选择

筑炉材料主要是指耐火材料和隔热耐火材料，前者耐高温性能较好，并有较好的高温强度和硬度，但由于导热率高而隔热性能较差；而后者与前者比较则相反。

耐火材料是指耐火温度不低于 1580 ℃ 的无机非金属材料。

耐火材料在高温无荷重条件下不熔融软化的性能称为耐火度,它表示材料的基本性能。由于耐火材料主要用作高温窑炉等热工设备的结构材料以及工业用的高温容器和部件,能承受在其中进行各种物理化学反应及机械作用。

耐火材料按耐火度可分为三类:耐火度为 1580 ℃ ~ 1770 ℃的普通耐火材料;耐火度为 1770 ℃ ~ 2000 ℃的高级耐火材料;耐火度为高于 2000 ℃的特级耐火材料。耐火材料制品主要有黏土砖、硅砖、高铝砖、刚玉砖、二氧化锆砖和碳化硅砖,统称为重质砖,其耐火度是按由低到高的次序排列,导热率是由小到大排列。

隔热耐火材料是指气孔率高、体积密度低、导热率低的耐火材料。隔热材料又称为轻质耐火材料。它包括隔热耐火制品、耐火纤维和耐火纤维制品。隔热耐火材料的特征是气孔率高,一般为 40% ~ 85%;体积密度低,一般低于 1.5 g/cm^3;导热系数低,一般低于 1.0 W/(m·K)。它用作工业窑炉的隔热材料,可减少窑炉散热损失,节省能源,并可减少热工设备的质量。隔热耐火材料的机械强度、耐磨损性和抗渣侵蚀性较差,不宜用于窑炉的承重结构和直接接触熔渣、炉料、熔融金属等部位。

隔热耐火材料的分类:按使用温度分为 600 ℃ ~ 900 ℃的低温隔热耐火材料;900 ℃ ~ 1200 ℃的中温隔热耐火材料;高于1200 ℃的高温隔热耐火材料。隔热耐火材料制品主要有轻质砖和纤维制品。纤维制品的密度在 160 ~ 280 g/m^3 时,其保温效果最好,导热率为 0.1 ~ 0.13 W/(m·K)。

在选择筑炉材料时,应根据设计炉温的高低和分布在炉体内的不同部位,来选择相适应的筑炉材料。

2. 筑炉方法的选择

筑炉方法包括筑炉材料的配制和堆砌。首先,作为承重炉管的耐火砖一定要选择重质耐火砖,堆砌承重耐火砖时一定要从底层起砌实，不能砌有收缩率较大或松软的材料，防止炉管在承重时或在高温时下沉，致使炉管下沉或变弯。炉体中心部位应选择耐温较高的材料，边缘应选择保温性能好的轻质材料。

在砌炉时，炉砖或其他砌体之间应采用迷宫式或阶梯式搭接，避免高温从直线的缝隙之间贯通到炉壁，影响炉子的保温效果。

3. 新炉烘炉温度和时间的确定

新炉烘炉首先是排除物理水，温度在 150 ℃时是蒸发炉内的物理水，在 250 ℃时物理水将蒸发尽；在 450 ℃时是排除耐火材料的结晶水；在 750 ℃ ~950 ℃是使整个炉内的耐火材料结构稳定而不变形。因为耐火材料中的 Al_2O_3 在不同的烧结温度下的活性和收缩率不同，在高于 450 ℃时的活性和收缩率都大；在 950 ℃时活性和收缩性都减少了很多。

回转管电炉的开炉和停炉　开炉前要将机械、电气、氢气、测控温仪表等系统部分准备好；将炉子卸料斗、沉降箱、收尘箱和排气管上所有的出口都密封好，用料将料斗封口；开动送、排风机，起动炉管，向密封盘等机械运转部分注润滑油，打开密封盘的冷却水。氢气吹炉方法和程序与四管炉相同；送电转动炉管和振打器开始振打后再送电烘炉，当炉温每升高 100 ℃应当调整一次炉管的密封弹簧，以防炉管的热膨胀顶坏密封装置。当烘炉升温完毕后，将温度调到 700 ℃后，调节好氢气压力和流量再进行洗炉。洗炉是将 100 kg 经 60 目过筛后的钼粉筛上物分两次投入炉内，间隔时间为 1 h，每次将料斗内的料卸尽，然后将仲钼酸铵封住进料口。调整好各温区的温度后再进行正常投料生产。

停炉前应将料斗内的仲钼酸铵全部加完，待进料口冒气时加料封住后 1 ~2 min 时停止进料，炉内的二氧化钼基本卸完后，关闭炉子总排气阀，切断加热电源，降温时应经常调节密封弹簧，以防氢气泄漏，炉温降到 400 ℃以下时，切断送入炉子的氢气，炉温降到 150 ℃以下时，停止炉管运转，关闭冷却水，清除回收箱、沉降箱等处的残废料。

四管马弗炉的开炉和停炉　开炉前要将机械、电气、氢气、测控温仪表、压缩空气和冷却水系统部分检查准备好，炉管的清洗用铁丝捆住筛网和破布拉干净；然后启动厂房内的送风机和排风机；通氢气吹炉，氢气从最高点进入，从最低点将空气排出，并将所有死角和进排气管道的空气驱尽，经三次爆鸣试验确认整个氢气系统内没有混合气体后，才可将整个氢气系统的氢气调整到回收、净化、循环使用的状态；吹炉完毕后，如果厂房内不需要送风时，可以切断送风机的电源，停止送风；然后送电升温，当烘炉升温完毕后，将炉温调到工艺所需温度，再按工艺制度进行生产。

生产结束决定停产时，应按工艺进入空舟，将炉内有料的舟皿经过一带后就可停一带的电，当物料全部卸出后，关死进出料炉门，留有补充氢气，当温度降到100 ℃以下即可停止送氢气，最后停排风机。

十三管炉和十四管电炉的开炉、生产操作和停炉与四管还原炉相似，它们只是推进装置的不同，这里不再赘述。

双带高温钼丝炉　该炉由炉体、炉架、进料端、气动或机械推进装置、电热元件及测温、供温和供电系统构成，见图 6－12 双带高温钼丝炉示意图。

该炉的主要技术性能：采用马蹄形、长度 1100 mm 的一等电熔刚玉炉管，用 $D1.0 \sim 1.2$ mm 再结晶温度高的高温钼丝作发电阻丝，分为两带加热，供电电压 380 V，每带工作电流 $100 \sim 200$ A，工作电流电压用可控硅元件控制（也可以用炉用变压器控制），功率 40 kW；最高工作温度 1400 ℃；高温区长度 2000 mm，外形尺寸为 6215 mm×1016 mm×1820 mm，总重量约 3000 kg。

双带高温钼丝炉的炉体结构是由炉壳和保温材料组成，炉壳与保温材料之间衬有石棉板或硅酸铝纤维隔热层。炉壳由钢板焊

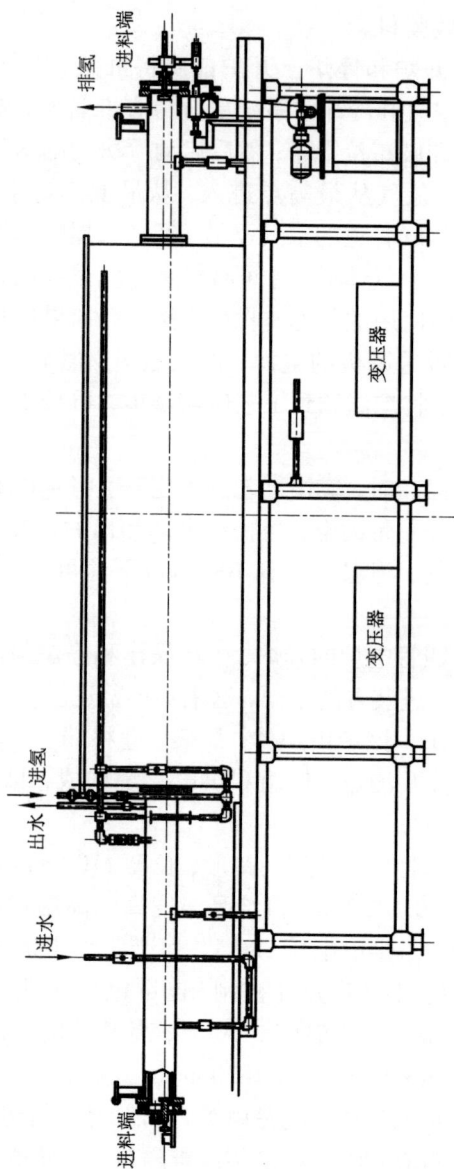

图6-12 双带高温钼丝炉示意图

成，与炉外连通的缝隙和开口处均用水玻璃密封，防止氢气从炉内逸出或空气从炉体外进入。氢气从由炉体的侧上方进入炉体，从底部中心排出，氢气充满炉体是为保护钼丝不被氧化。测控温的热电偶安装在炉体侧面接近炉管的中心部位，来测控炉温；冷却带装有冷却水套，使还原好的钼粉更快地冷却；炉头也装有冷却水套，使炉门的密封胶皮不被高温烧坏，炉门上装有玻璃窥视孔，以便观察炉内情况，同时也便于用光学高温计测量炉温。该炉可作钼粉的高温除氧（即称三次还原）用。

为了有利于还原的进行，舟皿内的物料应很好地与氢气接触，如果炉管太高，开炉门时必然会浪费很多氢气，将会增加成本，因此，选择炉管高度时，在不影响操作的前提下，应尽可能地降低炉管高度，这对于提高产品的质量和产量都是有好处的。

两带钼丝还原炉的开炉和停炉　两带钼丝还原炉的寿命较短，开炉多数为新开炉（开炉烘炉制度见表6-8），因此，在开炉前应对炉子的机电设施、炉管和炉体密封检查确认完好后，打开冷却水，再开动排风机，然后用氢气将炉管和炉体的空气由上往下吹干净，在氢气排气口点火后才能按制度送电升温。炉温达到工艺要求后，将钼粉均匀松装入舟皿内，打开装料炉门，将舟皿推入炉内，关闭炉门。进入正常生产后，应先从冷却带将还原好的钼粉舟皿卸出来，关闭卸料炉门以后再装料。决定停炉时，应将炉内的舟皿全部卸出来以后，关闭好炉门和氢气点火的排气口，再停电和关闭冷却水阀门，炉温自行降到100℃时才能关闭氢气，待下次开炉再用。

表6-8　两带钼丝还原炉烘炉制度

烘炉温度/℃	150	250	350	450	600	800	1000	1200	1400	累计时间
新炉烘炉时间/h	16	16	16	12	12	8	8	4	4	96
旧炉烘炉时间/h	8	8	8	6	6	4	4	4	2	48

HARPER 炉(十八管炉)，炉管为 18 根，炉管材料采用高温合金，最高额定温度 1150 ℃，最高工作温度在 950 ℃ ~ 1150 ℃。有独立控制温区 4 个，加热区长度 10668 mm，采用天然气加热，有 10 台燃烧器加热。要求二次还原的氢气露点≤ - 50 ℃。

钢带式还原炉又叫无舟皿式还原炉，是将粉末均匀布置在连续运行的不锈钢带上进行还原。与传统的管式及步进梁式还原炉相比，钢带式还原炉具有结构简单、产量大、便于工艺调节和质量控制等特点。可采用电加热、水煤气加热，也可采用微波加热的方式。它是采用水封来密封还原性气体，可全自动装卸料，见图 6 - 13 钢带式电加热还原炉示意图。

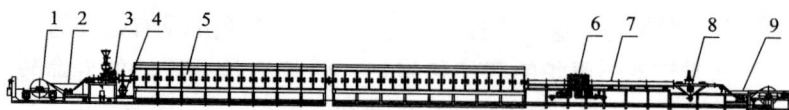

图 6 - 13 钢带式电加热还原炉示意图
1—钢带传动机；2—进料水封；3—进料器；4—气体回收；5—加热还原区；
6—进气；7—水冷装置；8—出料口；9—出料水封

钢带式还原炉的工作温度为 900 ℃ ~ 950 ℃，最高温度为 1050 ℃；钢带宽度可达 1000 mm，材质为 316 L，厚度为 1.2 mm；钢带速度为 50 ~ 300 mm/min 可调；炉内额定加热时间为 60min；加热炉体长度为 10000 mm。

单方管电炉 该炉与两带钼丝炉相似，炉体长约 3000 mm，工作温度为 1100 ℃；舟皿规格约为 500 mm × 400 mm，材质为 TZM。该炉可适用于作钼的二次还原和三次还原用的还原炉。

第五节　二氧化钼的制取

二氧化钼一般都是采用三氧化钼为原料用氢还原而制取的，也可以直接用仲钼酸铵用氢还原的方法制取，甚至还可以用辉钼矿直接焙烧出来。

三氧化钼氢还原二氧化钼　用三氧化钼氢还原成二氧化钼的反应式如下：

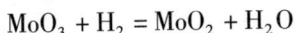

$$MoO_3 + H_2 = MoO_2 + H_2O$$

三氧化钼的氢还原是一种复杂的局部化学过程，结晶化学变化的所有现象在三氧化钼低温还原时表现得最充分，这种过程大致可分为以下几个阶段：还原剂气体分子的吸附；这些分子和氧化物相互化学作用；结晶化学变化和反应气体产物的解吸。还原制得的粉末的结构和形貌，以及材料科学最感兴趣的特性实际上完全决定于过程的第三个阶段。

三氧化钼在还原第一阶段（$MoO_3 \rightarrow MoO_2$）中主要是破裂。只有在450℃或更高的温度时，纯三氧化钼晶体至二氧化钼还原才以明显的速度开始进行。在450℃的温度下，还原过程只进入晶体的很浅部位。这些部位的二氧化钼与里层的三氧化钼产生剥层，剥层产生在表面裂纹上，并可能是生成裂缝的同样那些动力所造成。在剥层已经产生的地方，晶体下层已经发生反应。

纯三氧化钼的还原温度达到500℃~600℃时，高温反应很快进入晶体的深处，如反应接近晶体的一半厚度时，晶体就不可能产生分层了，而是都成为了二氧化钼晶体。

已还原层剥层的难易程度和剥层的特点，可用三氧化钼原始晶体的结构进行说明。它具有典型的层状结构，这种结构由两层平行于$[010]_{MoO_3}$晶面的钼－氧八面体构成并彼此靠范德华力结合。在晶堆内同样观察到化学键合强烈的各向异性，而且很容易沿$[001]_{MoO_3}$方向破裂。因此，在反应过程中，就显示出三氧化钼原始晶体潜在的"薄弱性"。

二氧化钼在三氧化钼晶体上产生和生长的结晶化学规律如下：二氧化钼晶核开始生长的最低温度是 400 ℃，在最低还原温度下，二氧化钼的晶核主要产生在晶体边缘，晶核以分叉树枝状单晶形态生长。在 500 ℃ ~ 600 ℃ 的还原温度下，二氧化钼的晶核不仅沿晶体边缘，而且也在晶体中心迅速地大量产生，如果在开始生成时晶核具有与 400 ℃ 过程情况下那样发达的形状，那么进一步还原时枝晶结构变粗，并立即在生长的晶核和基体之间产生断裂，结果，原始晶体失去结合力，碎裂成大量单独的二氧化钼树枝状单晶，这种晶体与 400 ℃ 下还原得到的晶体比较，表面的发达要差得多。由于三氧化钼具有很高的挥发性，它通过气相迁移至底部并在那里被还原成二氧化钼，所以，细颗粒二氧化钼的微晶散布在原始晶体底部。

当温度为 400 ℃ 时，三氧化钼已开始还原成二氧化钼，在500 ℃ ~ 550 ℃ 时反应就基本完成，但由于过程为放热反应，当还原速度过快，则可能使温度自动上升到 $MoO_3 - MoO_2$ 系（或可能是 $Mo_4O_{11} - MoO_2$ 系）的共晶点（550 ℃ ~ 600 ℃），所以在料层中容易出现液相，而使料层结块形成硬壳，妨碍了气体扩散，因此，一次还原温度不宜太高。

用仲钼酸铵直接还原二氧化钼 传统的钼粉末冶金方法是先将仲钼酸煅烧成三氧化钼，然后再将三氧化钼还原成二氧化钼或钼粉。在工业性生产中，仲钼酸铵的煅烧是采用转炉在较高的温度和氧化气氛中进行，这种方法一方面使钼挥发损失增大，另一方面也使三氧化钼的铁含量增加了一个数量级，而在转炉内通氢气用仲钼酸铵直接还原成二氧化钼就避免了上述缺点。用仲钼酸铵直接还原成二氧化钼的反应式如下：

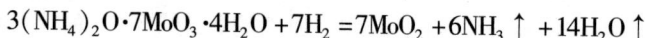

$$3(NH_4)_2O \cdot 7MoO_3 \cdot 4H_2O + 7H_2 = 7MoO_2 + 6NH_3 \uparrow + 14H_2O \uparrow$$

含有仲钼酸铵的混合型钼酸铵直接还原成二氧化钼过程中一般要经过三个阶段变化：

混合型的仲钼酸铵 $\xrightarrow[\Delta]{150\,℃}$ $(NH_4)_2O \cdot 4MoO_3 + H_2O\uparrow$（无水四钼酸铵）

$(NH_4)_2O \cdot 4MoO_3 \xrightarrow[\Delta]{350\,℃} 4MoO_3 + 2NH_3\uparrow + H_2O\uparrow$（吸热反应）

$MoO_3 + H_2 \xrightarrow[\Delta]{450\,℃\sim550\,℃} MoO_2 + H_2O\uparrow$

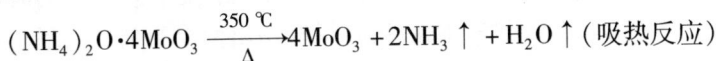

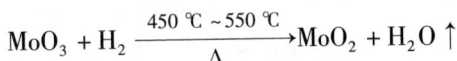

采用回转炉还原时，由于物料在炉管内是不停翻动的，它不仅能与氢气充分接触，而且所分解和还原过程中生成的水蒸汽也能及时被流动的氢气带走，因此，在温度与静态还原一致的条件下，它不易形成较粗的颗粒。

氨加热分解时能获得氢气，大约在 950 ℃ 于铂的催化作用下，形成氢和氮的混合物。钼酸铵在分解氨时，三氧化钼被还原。不管是用于二钼酸铵的分解，还是作为一种还原气体，氨都能影响二氧化钼粉微粒的形态。用氢还原二钼酸铵或用氨还原三氧化钼形成纯的等轴立方状的二氧化钼粉末，用氢还原三氧化钼形成的二氧化钼粉末为粗针状和板状。而二氧化钼的微粒决定着生成钼粉微粒的形态。二钼酸铵在还原过程中，由于有氨气气氛的影响，导致钼粉颗粒剧烈细化，也有利于后续的压力加工。

五温区回转管炉钼酸铵一次还原工艺条件，氢压差 10～15 mm 水柱，加料速度 250 kg/班，还原温度一种是 300 ℃～480 ℃，温度梯度 40 ℃～80 ℃；另一种是 450 ℃～530 ℃，温度梯度 30 ℃～50 ℃。

钼酸铵是在低于 775 ℃（最佳温度为 540 ℃～775 ℃）的还原性气氛中加热足够的时间，使大部分的钼酸盐转变成 MoO_2。所需加热时间取决于温度、装料量和炉子的大小。最佳还原气氛为大约 75% mol 的 H_2 和 25% mol 的 N_2，或液氨分解的氨，采用回转管炉生产。

工艺条件   由三氧化钼还原成二氧化钼的工艺条件见表6－9，由仲钼酸铵还原成二氧化钼的工艺条件见表6－10。

用三氧化钼还原成二氧化钼的操作   用十三管电炉生产，将三氧化钼松装入舟皿内刮平，但不得压紧，按工艺要求的时间每次在每管内装入两舟，随后从卸料端卸出两个舟皿，用刮子刮去表面的杂质，然后破碎过筛。用四管炉应先卸料而后装料，因为后者是采用压缩空气推舟。不管采用何种设备，都要按工艺要求控制好各种参数。

用钼酸铵还原成二氧化钼的操作   用回转管电炉生产，投料前调节好设定的温度、氢气压力、流量和炉管转速等工艺参数，然后将钼酸铵加入装料的漏斗中，合上离合器，按一定的速度将钼酸铵加入到转炉内进行氢还原。经一定时间后，间断将还原好的二氧化钼由卸料系统推出，经过筛后装入料桶中。用四管炉生产的操作程序基本上与十三管炉大体相同。

一次还原进出料量的控制   四管炉用压缩空气推舟，推舟时间可用仪表或人为任意控制。而十三管（或十一管炉）是用电机通过减速器，经传动装置用丝杆推动滑架将舟皿逐渐往前推进来控制进料速度。回转管电炉则是通过传动装置带动螺旋进料器来控制加料速度。

十三管炉的推进速度的调整是通过更换齿轮实现的。推进装置一般是采用由 960 r/min 或 1440 r/min 电动机带动 403∶1 的减速器，减速器的链轮齿数为 36，带动从动的链轮齿数为 30，连接从动链轮和丝杆齿轮的是两个可调整转速的齿轮，两个齿轮的总齿数为 80，丝杆丝距为 6 mm，丝杆传动闭合的滑架使推杆将舟皿徐徐推进，舟皿长度为 250 mm。根据上述数据就可计算出调速的主动齿轮和从动齿轮各需要的齿数。

表 6-9 由三氧化钼还原成二氧化钼的工艺条件

设备	舟皿尺寸/mm	装料量/(g·舟⁻¹)	推速/(min·舟⁻¹)	氢气 露点/℃	氢气 流量/(m³·h⁻¹)	温区/℃ 1	2	3	4	5
十三管炉	250×40×35	150~180	20	<-10		350	450	520	540	520
四管炉	300×60×65	250~280	20	<-10	0.2~0.3			500~550		

注：氢气进出口压力差为 196.13~684.4 Pa。

表 6-10 由仲钼酸铵还原成二氧化钼的工艺条件

设备	投料量	氢气流量	炉温/℃ 1区	2区	3区	4区	5区
回转管炉	68~80 kg·h⁻¹	20~30 m³·h⁻¹	280~300	350~450	480~540	540~580	540~580
四管炉	5 kg·h⁻¹·管⁻¹	7 m³/h·管⁻¹	440	440	500	500	440

注：1. 回转管炉氢气进出口压力差为 196.13~684.4 Pa。
2. 四管炉氢气进出口压力差为 196.13~684.4 Pa。

在正常生产中的另一种计数方法是，假如已知某台十三管炉可调齿轮的主动轮和从动轮齿数分别为 40 和 40，此时炉子的推速是 30 min 推进两舟，如果需要将推速改为 40 min 推进两舟，可用以下方法来计算：

已知：主动轮齿数为 40、从动轮的齿数也为 40 时，30 min 推进两舟。

又知：主动轮和从动轮总齿数为 80。

设：主动轮齿数为 x、从动轮齿数为 y，$x + y = 80$，由两个齿轮的模数和齿轮的距离所决定。

求：改为 40 min 推进两舟的主动轮和从动轮的齿数各多少？

解：根据推进距离不变，速度与时间成反比例

$$\frac{40}{40} : \frac{x}{y} = 40 : 30$$

$$\frac{40}{40} : \frac{x}{80 - x} = 40 : 30$$

$$\frac{40x}{80 - x} = 30$$

$$40x = 2400 - 30x$$

$$70x = 2400$$

$x = 34.3$ （齿轮的齿数为正整数，应为 34）

$x = 34$ $y = 80 - 34 = 46$

两舟料的推速需改为 40 min 时，主动轮齿数应为 34、从动轮齿数应为 46。

回转管电炉进料是由螺旋进料器的转速来控制的。要改变原来的进料量，只要知道原来调速齿轮中的主动轮与从动轮的齿数各多少，就可计算出需要进料量的主动轮与从动轮的齿数。例如，原出料量为 50 kg/h，主动轮为 44 个齿，从动轮为 36 个齿，出料量需改为 36 kg/h，总齿数不能变。计算方法与十三管炉的

推速基本相似：

已知：主动轮齿数为44、从动轮的齿数也为36时，出料量为50 kg/h。

又知：主动轮和从动轮总齿数为80。

设：主动轮齿数为 x、从动轮齿数为 y，$x+y=80$。

求：出料量改为36 kg/h 的主动轮和从动轮的齿数各多少？

解：根据时间不变，速度与出料量成正比例

$$\frac{44}{36}:\frac{x}{y}=50:36$$

$$\frac{44}{36}:\frac{x}{80-x}=50:36$$

$$\frac{50x}{80-x}=44$$

$$50x=3520+44x$$

$$94x=3520$$

$$x=37.4$$

$$y=80-37=43$$

所以，出料量需改为36 kg/h 时，主动轮齿数应为37、从动轮齿数应为43。

技术要求　二氧化钼应呈均匀的棕褐色，无黑色、白色及麻黄色夹杂颜色；经60目过筛后，应无结块和机械夹杂物，手感较软；松装密度不大于1.4 g/cm^3；费氏粒度为（2~9）μm；氮吸附的比表面积为（0.35~0.70）m^2/g、粒径为（1.3~2.5）μm，用仲钼酸铵还原出来的二氧化钼的形貌呈薄片或针状，见图6-14；用三氧化钼还原出来的二氧化钼形貌呈块状，见图6-15。

钾对仲钼酸铵直接还原成二氧化钼的影响　辉钼精矿用氧压煮生产工艺所制取的仲钼酸铵，纯度比用焙烧法所制取的仲钼酸铵高，它的钾含量不到后者的十分之一（前者为0.05%~0.1%，

图 6 - 14   用仲钼酸铵还原出来的二氧化钼的形貌   ×5000

图 6 - 15   用三氧化钼还原出来的二氧化钼的形貌   ×5000

后者为 > 0. 005%)。氧压煮工艺生产的仲钼酸铵采用直接还原
工艺生产二氧化钼,其二氧化钼凭直观会得出相反的判断,会认
为是颗粒粗大,其实是由于颗粒太细引起的颗粒团聚形成的假

颗粒。

采用仲钼酸铵直接还原二氧化钼，当仲钼酸铵中的钾含量少于 0.015% 时，便会产生颗粒团聚现象，随着钾含量进一步减少，颗粒聚集现象更趋严重。当大于 0.015% 时，二氧化钼的颜色和粒度也趋于正常。随着钾含量的继续增加，颗粒长大趋势变慢，当钾含量达到 0.5% 时，二氧化钼就出现了大结晶和粗细不均的现象。因此，仲钼酸铵中的钾含量应保持在 0.015% ~ 0.025% 为宜。而钾含量低的仲钼酸铵要提高钾的含量，采用在粗结晶氨溶解后加入钾，在结晶时留有母液的方法最好。加入钾的量是在保证还原时能控制好粉末粒度的前提下越少越好。不管是采用氧压煮工艺或是采用焙烧工艺生产出来的仲钼酸铵，只要它的钾含量小于 0.01% 时，再采用直接还原的方法制取的二氧化钼，其外观就会是黑褐色而较硬的颗粒聚集的假颗粒粉末。

在仲钼酸铵生产过程中，由于影响它的结晶因素很多，所得到的晶型不尽相同，但一般是属于单斜晶系，被还原成二氧化钼后，会由单斜晶系转化为四方晶系，而二氧化钼的晶型结构与仲钼酸铵的晶形无关。在直接还原过程中，钾是影响二氧化钼晶型的主要因素。当钾含量适当时，二氧化钼完全转变为四方晶系的结构，晶型较完整。随着钾含量的降低，其转化的完全程度也越差。当钼酸铵的钾含量小于 0.005% 时，二氧化钼仍呈单斜晶系，晶粒细小而呈片状引起了颗粒的聚集形成假颗粒。

钾含量低的仲钼酸铵，如果不采用加钾的方法而要制取颗粒度较好的二氧化钼，也可以采用煅烧法或干燥破碎法。仲钼酸铵在 550 ℃ ~ 600 ℃ 煅烧过程中，由于氨和结晶水的挥发，三氧化钼的颗粒发生了变化，破坏了仲钼酸铵颗粒聚集状态，有利于氢还原。将仲钼酸铵干燥后破碎到平均粒度为 32 μm 左右时，便可充分还原好，并得到所需要的颗粒粒度，这种粉末制品有利于后续的拉丝、轧片压力加工生产。

经研究也表明，仲钼酸铵在回转管电炉内进行动态还原时，它的钾含量应控制在 0.02% 左右，并且还原温度应控制在 300 ℃ ~480 ℃ 之间，这样的生产工艺不易发生二氧化钼堵塞炉管的现象，还有利于过筛和提高下次还原后的钼粉成品率。还原温度一旦超过 550 ℃ 以上，三氧化钼向二氧化钼转变过程中产生的部分中间氧化物就极易与三氧化钼形成易熔的共晶体。这种易熔物在此温度下的熔化，又会使粉料在小区内结块、粘管，最终导致炉管堵塞。

添加钯对一次还原的作用 关于在三氧化钼中添加钯的催化作用有两种，其中有关钯的存在时，氢被活化的概念得到最广泛的承认，就是在足够低的温度下，分子氢和钯相互作用而被活化，它在原子状态下很容易被三氧化钼吸附，因此，保证了还原反应能在低的温度中进行。另一种作用是由钯活化的三氧化钼在比纯三氧化钼时更低的温度下即强烈地还原成二氧化钼是与原始晶体先前发生的特殊的破坏有关。这种破坏导致潜在的反应表面大量增加。直接在反应前生成的晶体的新鲜表面应该具有最大的过剩自由能，从而具有更高的化学活性。经钯活化的三氧化钼晶体还原。如果纯三氧化钼氢还原只有在高于 400 ℃ 的温度下才能观察到可以感觉到的速度的话，那么，在加有 0.01% ~ 0.1% 的钯时，在 200 ℃ ~ 300 ℃ 以下就已经达到了这种类似的还原速度。

细粉末与粗粉末相比，具有致密化速度快的优点，在相同烧结条件下，可获得更高的密度。此外，细粒材料在化学和催化过程中，比粗粒材料反应得更为有效。三氧化钼低温还原是制取这种金属细颗粒粉末很有前途的方法。细颗粒金属钼粉的特点是具有发达的表面和烧结晶时很高的活性。

直接将二硫化钼焙烧成二氧化钼 将 $MoO_2 : MoS_2 = 2 : 1$ 重量比的颗粒加入到回转炉内，并加入一定数量空气或其他含氧气体，添加到反应区内的 MoO_2 为温度低于 400 ℃ 的再循环产物。

反应区温度应保持在 700 ℃ ~800 ℃，可通过控制返回到 MoS_2 添料中的冷却 MoO_2 量来实现温度的控制。MoS_2 的焙烧转化过程为放热反应，通过空气进入量和反应混合物在加热区内停留时间来控制反应温度，反应将在 20 ~50 min 内结束。二硫化钼焙烧成二氧化钼的反应式为：

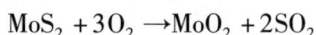

$$MoS_2 + 3O_2 \rightarrow MoO_2 + 2SO_2$$

大量再循环的 MoO_2 与 MoS_2 在焙烧过程中充分混合，经下两个反应可控制 MoS_2 的产出率：

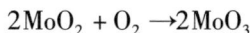

$$2MoO_2 + O_2 \rightarrow 2MoO_3$$
$$6MoO_3 + MoS_2 \rightarrow 7MoO_2 + 2SO_2$$

用于焙烧的 MoS_2 为浮选产品，它和再循环的 MoO_2 同样是粒度细（<30 目）的颗粒，最好是混合后再投入炉内。如果由于浮选油或 MoS_2 氧化产生的热量引起超过极限温度（产品结块温度约为 800 ℃），就要增加冷却的 MoO_2 量，再循环的 MoO_2 和 MoS_2 的重量比也会出现很大的差异，如 2:1 或 6:1，甚至更高，最好是使用热交换器冷却再循环的 MoO_2。所得的 MoO_2 产品中硫含量通常低于 0.1%，MoO_3 含量一般少于 10%。若焙烧过程中使用的是化学计量的空气和经干燥、去油的精矿，在焙烧中产生的 SO_2 浓度可高达 15%，可以经济地生产硫酸，可以解决环境污染问题及降低硫酸类产品的生产成本。

第六节 金属钼粉的制取

用粉冶法制取致密金属钼，首先必须制取金属钼粉。金属钼粉可用二氧化钼、三氧化钼、钼的卤化物，甚至还可以用仲钼酸铵或辉钼矿为原料，经氢或碳等还原方法制取；也可以用热分解法或用辉钼矿混合石灰碳还原法来制取金属钼粉。大规模的工业生产用金属钼粉，一般都是采用二氧化钼或三氧化钼用氢还原的方法制取。

　　三氧化钼用氢直接还原成钼粉的反应机理如下：

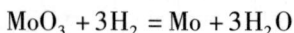

$$MoO_3 + 3H_2 = Mo + 3H_2O$$

　　三氧化钼两阶段氢还原成钼粉的反应机理如下：

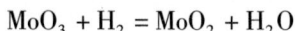

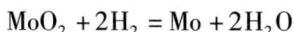

$$MoO_3 + H_2 = MoO_2 + H_2O$$

$$MoO_2 + 2H_2 = Mo + 2H_2O$$

　　还原过程第一阶段是放热反应：

$$\Delta H_2 298° = -84.8 \ J/mol$$

$$\Delta G° = -88.9 \ J/mol$$

　　还原过程第二阶段为吸热反应：

$$\Delta° = +105.3 \ J/mol$$

　　钼粉还原工艺条件　由三氧化钼直接氢还原成钼粉的工艺条件见表 6-11，由二氧化钼还原成钼粉的工艺条件见表 6-12，由三氧化钼经三次还原成钼粉的工艺条件见表 6-13。

　　用氧化钼还原成钼粉的操作　采用十四管电炉、十三管电炉或四管电炉生产钼粉的操作，还原时间的控制都基本上与一次还原生产二氧化钼的操作相同。在将氧化钼装入舟皿时，要求松装与刮平、还原温度的控制、氢气流量和氢气的露点控制都要比一次还原更严格一些，因为它对钼粉的质量影响比一次还原要大得多。从炉内卸出舟皿后，不仅要用刮子刮去表面的杂质和氧化料，还要凭直观检查是否还原好，要将已还原好的钼粉装入料桶内待过筛，未还原好的进行重新还原。十四管炉的自动化程度虽然较高，但其基本操作仍与十三管炉和四管炉基本相似。钼丝炉是一种双带单管还原炉，其操作是将料装入舟皿后，直接推入高温区，还原好后再推入冷却区，冷却后卸出再过筛。

　　由三氧化钼直接还原和二氧化钼还原的钼粉，以及三氧化钼经三次还原的钼粉质量的比较见表 6-14。

表 6-11　由三氧化钼直接氢还原成钼粉的工艺条件

设备名称	舟皿尺寸/mm	装料量/(g·舟⁻¹)	推速/(min·舟⁻¹)	氢气 流量/(m³·管⁻¹)	氢气 露点/℃	炉温/℃ 1区	2区	3区	4区	5区
十三管炉	250×35×35	280~300	35	1.0~1.5	<-20	400~500	540~600	650~700	900~920	900~920
四管炉	350×210×35	2000~3000	40~60	20~30	<-30	500	600~650	750	880~920	900

表 6-12　由二氧化钼还原成钼粉的工艺

设备名称	舟皿尺寸/mm	装料量/(g·舟⁻¹)	推速/(min·舟⁻¹)	氢气 流量/(m³·管⁻¹)	氢气 露点/℃	炉温/℃ 1区	2区	3区	4区	5区
十三管炉	250×35×35	250	20	2.5~3	<-20	750	850	920	920	880
四管炉 十四管炉	400×270×45	2.0~3.4*	30~40	20~35	<-20	780~900	880~930	920~950		

注: * 为 kg/舟。

表 6-13　由三氧化钼经三次还原成钼粉的工艺条件

还原阶段	设备名称	舟皿尺寸/mm	装料量/(g·舟⁻¹)	推速/(min·舟⁻¹)	氢气 流量/(m³·h⁻¹)	氢气 露点/℃	炉温/℃
一次还原	四管炉	400×270×45	2000~3000	20	30~40	—	500~550
二次还原	四管炉	400×270×45	2000~3000	30	60~80	—	870~890
三次还原*	钼丝炉	600×150×50	3000~4000	90	5~10	<-30	1000~1050

注: * 氧含量稍高的钼粉再经高温氧化除氧即称三次还原。

表 6 – 14　　三种还原方法生产钼金属粉末的比较

还原方法	温度范围 /℃	松装密度 /($g \cdot cm^{-3}$)	平均粒度 /μm	含氧量 /%	单台生产能力 /($kg \cdot 24 h^{-1}$)
一阶段	400 ~ 920	0.9 ~ 1.2	3 ~ 6	0.1 ~ 0.3	100
二阶段	350 ~ 920	0.8 ~ 1.1	3 ~ 4	0.06 ~ 0.2	80
三阶段	500 ~ 1050	—	2.5 ~ 4	0.01 ~ 0.1	65

用碳还原法生产钼粉　　用碳还原三氧化钼的综合反应可用下式表示：

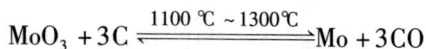

$$MoO_3 + 3C \xrightleftharpoons{1100℃ ~ 1300℃} Mo + 3CO$$

在还原过程主要起作用的是 CO，还原过程的反应分三步进行，其反应式如下：

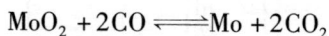

$$3MoO_3 + 2CO \rightleftharpoons Mo_3O_7 + 2CO_2$$

$$Mo_3O_7 + CO \rightleftharpoons 3MoO_2 + CO_2$$

$$MoO_2 + 2CO \rightleftharpoons Mo + 2CO_2$$

二氧化碳与碳相互作用时，又重新生成一氧化碳：

$$CO_2 + C \rightleftharpoons 2CO$$

碳还原可采用一氧化碳气体，也可用碳黑、木炭或含碳物质作为还原剂。碳还原是在碳管电炉内或坩埚内进行。

还原所得的金属钼一般含 1% ~ 3% 的碳，可供生产碳化钼，供加入钢中及生产含碳所允许的各种合金之用。

流化床法生产粗颗粒钼粉　　该方法是在流化床还原室内，用三氧化钼经两阶段还原成粗颗粒钼粉，流化床两阶段还原示意图见图 6 – 16。其过程是三氧化钼由给料器加入到还原室中，给料位置至少进入流化床深度的 22% 处，以便把三氧化钼细粒还原为二氧化钼，并允许细粒长大，如果三氧化钼从流化床上部给料，细粒将熔化并黏结在还原室上壁。第一级还原室中几乎全部为二氧化钼，多余的二氧化钼由通过管进入第二级还原室中作为原料进行二次还原。第二级还原室中几乎全部是钼粉，还原好的钼粉从底部冷却后，由螺旋卸料器卸出。还原气体从还原室底部进入，通过预加热器加热到需要的温度后送入加热器中，二次还原后的排气口可以装上过滤器、聚尘器等回收粉末和氢气。

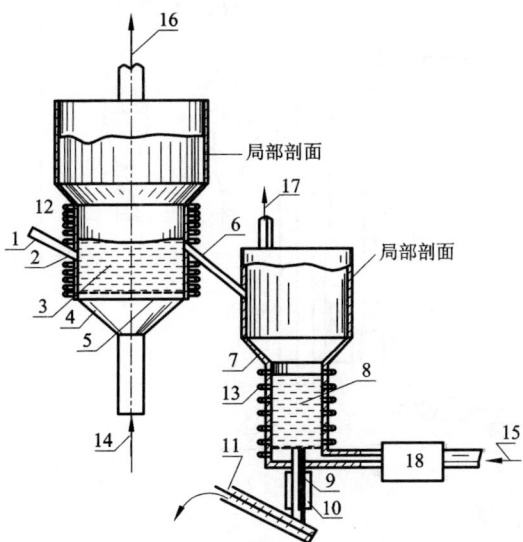

图 6－16　流化床两阶段还原示意图

1—三氧化钼给料器；2—加料位置；3——次流化层；4—流化床还原室；
5—发散板；6—二氧化钼通过管；7——次流化床还原室；8—钼粉；
9—还原室底部；10—水套；11—钼粉出料口；12、13—加热线圈；
14、15—还原流化气体进入口；16、17—气体排出口；18—还原流化气体加热器

　　流化床还原生产法是在氧化钼输送到还原室的同时，流化气体也从底部吹入引起氧化钼流态化，在适当的温度和还原气氛中使氧化钼进行还原，因此，在还原过程中为了使还原性气氛必须接触每个氧化钼微粒以达到反应彻底性，就必须防止流态化停止。利用转臂、耙齿的机械搅拌装置或者外部装有振动设施可防

止还原室内物料结集，使微粒不能结块，在还原室内保持流态
化，从而保证氧化钼还原成金属并从还原室内取出，其流化床反
应系统示意图见图 6 – 17。

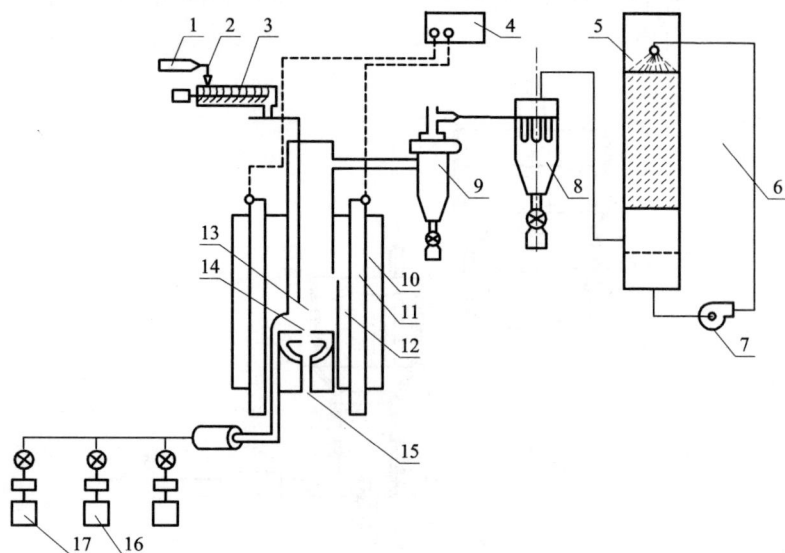

图 6 – 17　流化床反应系统示意图

1—二氧化钼；2—进料口；3—送料器；4—显示器操纵电源；5—废气排出口；
6—密封洗涤器；7—洗涤器循环泵；8—气体取样器；9—除尘器；
10—绝热套；11—电阻加热器；12—反应室；13—反应室流化态位置；
14—流态化金属粉末；15—出料口；16—还原气体；17—流化气体

流化床两阶段钼还原的工艺　　三氧化钼还原成金属钼粉分两
阶段进行。第一阶段是由三氧化钼还原成二氧化钼；还原温度在
570 ℃ ~ 610 ℃ 之间；还原气氛是 50% 以上体积的氢、一氧化碳
和氨与少量的水汽、氮气、二氧化碳组成的气氛，控制第一阶段
的放热反应的温度上升并使微粒流态化；氢气用量为化学计算量

的 1.05 倍，至少有 95% 的三氧化钼还原成二氧化钼。第二阶段还原是由二氧化钼还原成钼粉：还原温度约为 1025 ℃ ~ 1040 ℃之间；使用活动性还原剂，控制出气露点 22 ℃ ~ 25 ℃，氢气与水蒸汽比率控制在 24∶1，使用气体至少含 50% 体积的氢；氢气用量约为化学计算的 2.75 倍以上，最好为 3 ~ 5 倍，至少有 96% 被还原成钼粉，最终产品为平均粒度 20 ~ 200 μm 的球状且流动性好的钼粉。二次还原温度如高于 1040 ℃ 时要发生相变，可能导致微粒结块和床的流态化停止。用流化床还原工艺所得到的钼粉，几乎除去了所有的铅、锌、铜、铋等杂质，可以作为钢、铁中的添加剂。

　　热分解法制取钼粉　将一定量的尿素在玻璃瓶内熔化后，并添加适量的盐、氧化物、氢氧化钼进行搅拌使其熔解，接着将烧瓶封闭加热至生成缩二脲化合物所需的钼化合物置于真空条件下进行热分解，热分解温度 540 ℃，分解时间 40 ~ 60 min 后冷却到室温取出粉末。在用 $Na_2MoO_4 \cdot H_2O$ 作为化合物时，所生成的金属钼粉必须用水清洗以除掉其中的钠。用该方法制取的钼粉为灰色，平均粒度 < 0.05 mm，松装密度为 1.85 g/cm^3，钼含量为 99.75%，氧含量为 0.2%，其他杂质含量为 0.05%。该方法工艺简单，不需要昂贵的药剂。

　　辉钼矿用石灰、碳还原法制取钼粉　辉钼矿经焙烧除硫、湿法冶金提纯，用粉冶方法生产钼粉已有稳定的经典工艺，但该方法流程长工序多，钼的总回收率低，还要释放出污染大气的 SO_2。用石灰、碳和辉钼矿混合经高温可直接生产出钼粉的方法可以避免上述不足之处，其反应机理如下：

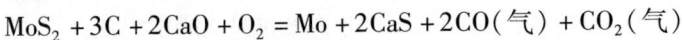

$$MoS_2 + 3C + 2CaO + O_2 = Mo + 2CaS + 2CO(气) + CO_2(气)$$

　　$MoS_2 - C - CaO$ 混合物将通过以下反应形成中间氧化钼产物，其反应式如下：

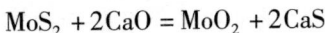

$$MoS_2 + 2CaO = MoO_2 + 2CaS$$

在过量的 CaO 存在下，MoO_2 变得不稳定，按下式反应：

$$3MoO_2 + 2CaO = 2CaMoO_4 + Mo$$

有碳存在下钼的氧化物可按下列各式还原成 Mo 和 Mo_2C。

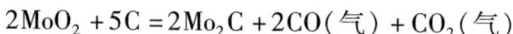

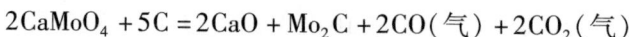

$$MoO_2 + C = Mo + CO_2 (气)$$

$$2CaMoO_4 + 4C = 2CaO + 2Mo + 2CO(气) + 2CO_2(气)$$

$$2MoO_2 + 5C = 2Mo_2C + 2CO(气) + CO_2(气)$$

$$2CaMoO_4 + 5C = 2CaO + Mo_2C + 2CO(气) + 2CO_2(气)$$

$MoS_2 - C - CaO$ 混合物在反应过程中，通过 MoS_2 用 CaO 直接氧化而发生了石灰的硫化，并作为中间产物产生了 MoO_2 及其以后的 $CaMoO_4$，而后又被碳还原成金属钼粉或碳化钼粉，其过程可简化为下式：

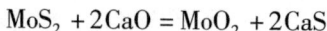

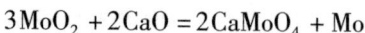

$$MoS_2 + 2CaO = MoO_2 + 2CaS$$

$$3MoO_2 + 2CaO = 2CaMoO_4 + Mo$$

$$2CaMoO_4 + 8CO(气) = Mo_2C + 2CaO + 7CO_2(气)$$

$$C + CO_2(气) = 2CO(气)$$

因此，采用石灰作为硫的接受体，生成一种固体（CaS）被固定，因而消除了排入大气的 SO_2，解决了 MoS_2 分解后排出的 SO_2 问题。

其具体操作是将 MoS_2 含量为大于 97.1% 以上的辉钼矿与碳含量大于 99.2% 以上的活性炭都经过筛后、纯度为 99.5% 以上的碳酸钙粉末在 1000 ℃ 的温度下热分解 10 h 制得的 CaO，按 mol 比 $MoS_2 : CaO : C = 1 : 2 : 2$ 混合后的粉末，或制成 1.2～1.8 g 的圆柱状小粒，在 1200 ℃ 温度下经 20 min 就可使 MoS_2 完全转化成金属钼或 Mo_2C。钼粉或 MoS_2 与 CaO 和杂质的分离可采用物理法的筛分法或重力法，也可采用化学法的稀盐酸浸出法。

用卤化物制取钼粉　含有杂质的卤化物如氯化钼和碘化钼等，比它所含的杂质更容易升华，同时在氢气中加热能容易地还原成金属。在还原过程中，析出的氯化氢和碘化氢是一种易与各种杂质元素发生氢化反应和碘化反应的活泼物质。所生成的卤化物又能够通过氢和碘升华来达到除掉杂质的目的。因此，在氢还原过程中，也能够除去一系列在卤化钼提纯过程中未被除去的各种杂质元素的卤化物。用卤化物制取钼粉的优点是能进行有效的优先提纯，以取得纯度高的钼粉。

用仲钼酸铵直接还原钼粉　用仲钼酸铵为原料，在930 ℃的温度下进行氢还原能得到粒度较小的钼粉，其反应如下：

$$3(NH_4)_2O \cdot 7MoO_3 \cdot 4H_2O + 21H_2 = 7Mo + 6NH_3 \uparrow + 28H_2O \uparrow$$

实质上仲钼酸铵在炉内的反应所产生的气氛是非常复杂的，对设备的腐蚀非常严重，因此，对钼粉质量要求较高的生产厂家一般不采用此生产方法。

钼粉过筛和合批　过筛的目的是松散钼粉并除去机械杂质，使粒度达到要求。用于成形的钼粉应经160目过筛，筛网目数与孔径尺寸的关系见本书后附录3。成品钼粉按使用要求过筛，用于喷镀机器耐磨零件(如活塞环)的钼粉要经 –160 +320 目过筛。

将成分相同而粒度不同的粉末进行混合均匀的过程称为合批。合批是将数量少的几个单批粉末混合成一大批，使其均匀性一致，便于下一工序的批量生产。合批应根据合批筒容积而定，1 m³ 容积的合批筒，合批重量每批粗粉不超过900 kg，细粉不超过800 kg，合批时间2~4 h。合批筒内装料量过多，粉末混合不均匀；混合时间过短，粉末混合也不均匀，混合时间过长，会增加钼粉的氧含量和减小它的平均粒度。

用于钼粉过筛的筛子有单层筛、多层筛，多层筛又分为只有一种网目筛框较低的和多网目的分级筛。筛网的运动方向有按一个方向旋转的振动筛、按往复方向的往复筛、运动方向复杂的振动筛、还有一种能发出超声波的过筛快的振动筛。各种筛子都可根据需要设计为不同的振动力。

过筛设备有台式振动筛(见图6 – 18)、多层振动筛(见图6 –

19）、往复振动筛（见图6-20）和仿美振动筛等等。筛网可用铜质或不锈钢材质的，筛网网目可根据要求选用120～320目之间。为了提高实收率，必须减少筛上物，因此第一次过筛后的筛上物应经球磨或破碎后再过筛，提高一次实收率。

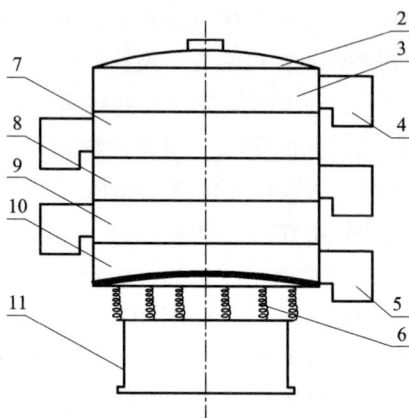

图6-18　多层振动筛示意图

1—进料口；2—筛盖；3、7、8、9—筛框；4—筛上物出口；
5—筛下物出口；6—弹簧；10—底层；12—筛座

影响钼粉过筛的因素

钼粉与钨粉比较，它在过筛时比较困难。影响钼粉过筛的因素有以下方面：

（1）钼粉过筛时首先要选择好筛网的目数。粉末过筛是通过比自身直径大的网目孔径而过滤下去的，因此，在选择筛网目数时只要能确保产品质量的需要，尽可能不要选择网目数过大（孔径过细）的筛网。网目数过大的筛网不仅过筛困难，而且筛上物增多，实收率降低。如采用多数球磨筛上物反复过筛来提高实收率，既降低了劳动效率，又容易使钼粉脏化。

（2）钼粉的过筛时，选择好恰当的网目以后，主要是依靠筛网的振动力使粉末顺利地通过。过筛时，筛网振动力的大小直接影响着粉末过筛的速度。振动力太小，粉末过筛就很困难；振动力愈大，过筛的速度就愈快。但振动力过大时，过筛的噪音也越大，筛网也容易破损，因此，应控制好筛网的振动力。

（3）在其他条件不变的情况下，筛网面积的大小应与粉末过

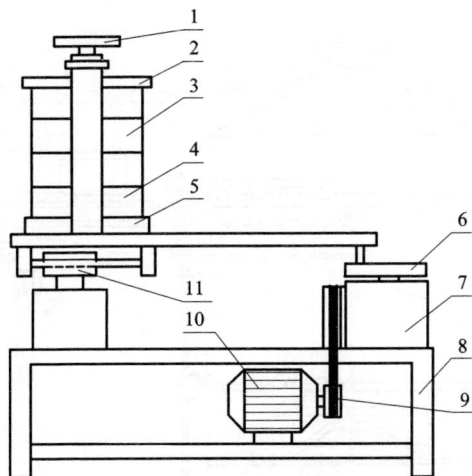

图 6 − 19　往复振动筛示意图

1—压盖手柄螺丝；2—筛框盖；3—筛框；4—底层；5—筛框
座；6—偏心轮；7—减速器；8—往复筛机座；9—皮带轮；
10—电动机；11—往复滑动套

筛的速度成正比。但筛网面积过大，筛网容易下沉，很难保持平
整，而且也容易破损。

(4)钼粉在过筛过程中的运动方向。钼粉在过筛时如果只按
一个方向(如从左向右旋转)运动，它的过筛速度不如双方向(如
往复)快，因为不同方向的运动可以改变粉末自身的不同方向(如
条状粉末由原来横卧改变为竖立)和不同方向的压力，使其通过
筛网过滤下去。钼粉在筛网上的多方向运动和不规律的运动方向
会使过筛速度更快。

(5)不管何种振动筛，在安装筛网时应保持筛网的平整度，如
筛网不平整，它会直接影响粉末过筛的速度和筛网的使用寿命。

(6)钼粉是容易吸潮的，特别是掺杂钼粉和粒度很细的钼粉
更容易吸潮，因此，钼粉还原出来后应尽快进行过筛，并应保持

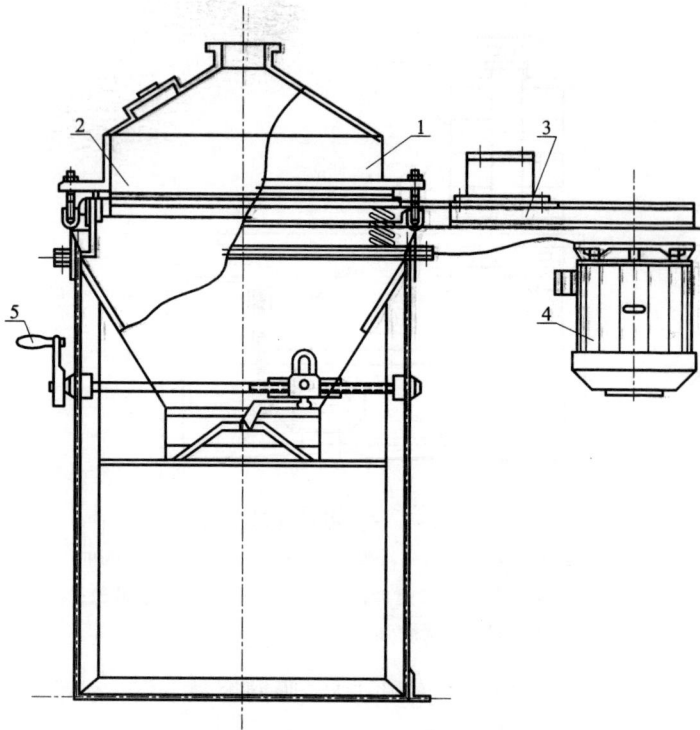

图 6 - 20   **D500 mm** 台式振动筛示意图

1—外壳；2—筛盘；3—偏心皮带轮；4—电动机；5—桶盖压紧机构

过筛厂房的干燥。

（7）过筛时如果筛网上加料过多，它不仅容易压坏筛网，还会因物料过重减少它的振动力，钼粉过筛反而会更慢。所以，当过筛困难时，应及时清除筛上物，以此减少料层厚度。

（8）筛网有两种编织方法，即经纬编织和斜纹编织。经纬编织的筛网比斜纹编织的筛网，粉末过筛的速度要快些。钼粉过筛一般应选用经纬编织的筛网。

综上所述，钼粉过筛主要应选择好振动筛和种类和筛网的目数。

用于混合钼粉常见的有摇摆混合机、双圆锥混合机、V形混合机、螺旋型混合机、球磨机等。

摇摆混合机是一种直径一致的圆筒，筒内没有其他物体的空筒，它的轴一般是在两端相对立的面上（如第三章图3－30所示）。混合时粉末呈斜上角沿着筒体往下运动，它的混合时间要很长才能使粉末混合均匀。由于合批后的粉末均匀性要求没有压制需要混合粉末均匀性的要求高，所以也可采用1 m³容积的摇摆式合批筒。

采用双圆锥混合机混合钼粉，粉末在这种混合机里产生斜流及上下运动，混合效果比较好。双圆锥混合机示意图见图6－21。V形混合机对粉末混合的效果也比较见好，V形混合机示意图见图6－22。

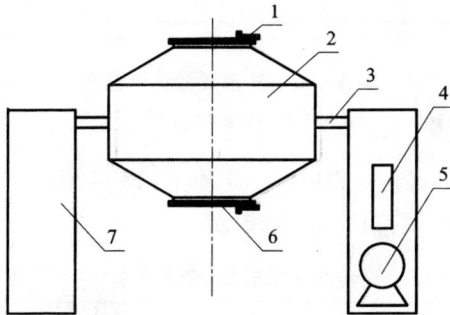

图6－21　双锥混合器示意图

1—进料口；2—筒体；3—主轴；4—控制面板；5—电动机；6—出料口；7—机座

钼粉技术条件　经过筛、合批后的钼粉，应符合 GB/T3461—1982 标准（国际水平）中规定，钼粉应呈灰色，无肉眼可见的夹杂物。产品分为两个牌号，其化学成分见表6－15；FMo－

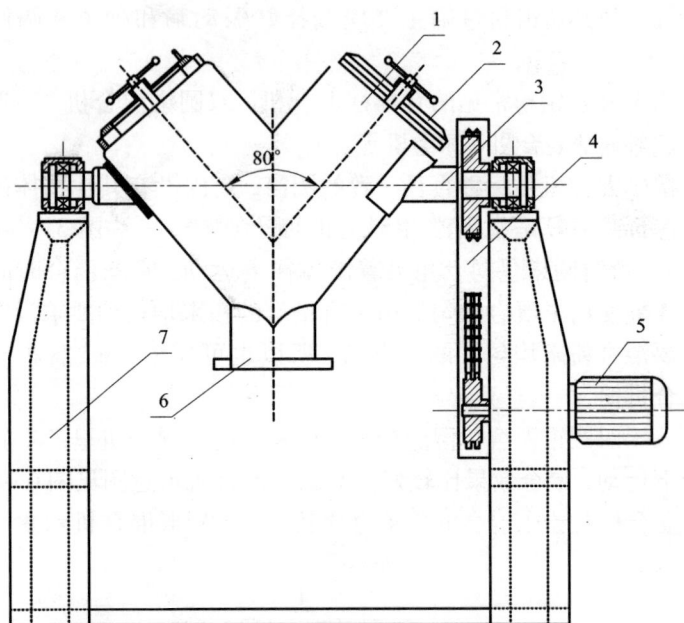

图 6 - 22   V 形混合器示意图

1—筒体；2—进料口；3—主轴；4—传动装置；5—电动机；6—出料口；7—机座

1 应通过 160 目筛网, FMo - 2 应通过 120 目筛网；钼粉的松装密度、费氏平均粒度按使用要求控制。

表 6 - 15   钼粉的化学成分[杂质含量(不大于)]/ %

产品牌号	Pb	Bi	Sn	Sb	Cd	Fe	Ni	Cu
FMo - 1	—	—	—	—	—	0.006	0.003	0.001
FMo - 2	0.001	0.001	0.001	0.001	0.001	0.300	0.005	—

产品牌号	Al	Si	Ca	Mg	P	C	O
FMo - 1	0.002	0.003	0.002	0.003	0.001	0.10	0.25
FMo - 2	0.005	0.010	0.004	0.005	0.005	0.020	0.25

第七节 超细钼粉的制取

超细粉末(费氏粒度小于 1 μm)的制取方法有沉淀法、电解法、爆炸法、气体蒸发法等。

等离子制取超细钼粉 该法的原理是在等离子射流中使目的物质发生物理或化学变化,得到金属或化合物蒸气,然后进行骤冷,从而得到超细粉末。当气体加热到几千度(K)以上时,气体会形成特殊的物质第四态,也就是所谓等离子体。等离子体分为高温等离子体和低温等离子体,分类特性见表 6 - 16 所示。

表 6 - 16 等离子分类及特征

特性	高温等离子体	低温冷等离子体	低温热等离子体
温度/K	$10^6 \sim 10^7$	室温	$< 10^5$
气体压力	—	133 Pa 至数百 Pa	10^4 Pa
状 态	完全电离	非平衡态	热力学平衡态
举 例	受控热核反应	日光灯	研究和工业用各种等离子体

等离子技术是一门新兴的科学技术,多用于切割、熔融、喷涂、焊接、分析和制备高纯材料等。等离子冶金是等离子空间技术、等离子机械加工与等离子熔炼等技术得到比较广泛应用之后才发展起来的新技术,是利用等离子体所产生的高温和激发状态下高能粒子来进行化学反应以获得所需产品的冶金过程。

等离子体可通过高频感应电弧等离子发生器或交、直流电弧等离子发生器获得,高频感应等离子反应器示意图见图 6 - 23。

高频感应等离子反应装置的电功效一般为 50% ~ 70%,使用寿命为 2000 ~ 3000 h,功率为 10 ~ 70 kW,目前最大功率为 1000 kW。高频感应等离子体的优点是:可以得到直径大的等离子体;属非电极放电,因此等离子及其中的反应物和生成物不受电极物质污染;可迅速加热各种反应气体。其缺点是需要费用高昂的高

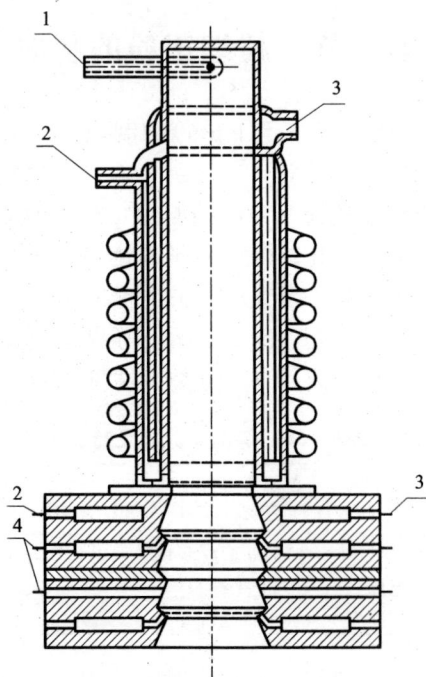

图 6 - 23　高频感应等离子反应器示意图

1—氩气和氢气入口；2—冷却水入口；
3—冷却水出口；4—反应物入口

频电源，电能损耗大。

　　高温等离子体具有超高温的等离子火焰，可得到大量气化的物质种子，若再加上等离子边缘的温度梯度很大和适当的快速冷却，便会呈现出饱和状态而产生大量的晶核，生成超细粉末。等离子体和所供颗粒的速度分别可达到 500 m/s 及 100 m/s。颗粒在等离子体中的停留时间只有几毫秒数量级，其颗粒的冷却速度可达 106 ℃/s，这对制取超细粉末是极为有利的。因此，高频等离子技术也广泛用于粉末制取工艺。

纯金属超细粉末的制取 将普通的金属粉末加到等离子射流中,通过还原反应产生蒸气,然后用冷气射流以 106 ℃ ~ 107 ℃/s 的冷却速度凝聚这种金属蒸气,从而获得比表面积高达 200 m²/g 的金属超细粉末。该粉末具有强烈的化学活性,可直接作为化学合成的原料或催化剂。

仲钼酸铵和氯化铵混合制备超细钼粉 制备超细钼粉可以采用氯化钼的蒸发氢还原,蒸发态三氧化钼还原和等离子还原,但这些方法的过程长,设备要求高而产出率低。采用仲钼酸铵和氯化铵混合还原制备超细钼粉比上述三种方法流程短,且设备要求不高。仲钼酸铵和氯化铵混合还原机理是基于氯化铵加热时很容易分解,其反应方程式如下:

$$NH_4Cl = HCl + NH_3$$

同时,仲钼酸铵分解成氧化钼,如 MoO_3。其反应方程式为:

$$3(NH_4)_2O \cdot 7MoO_3 \cdot 4H_2O = 6NH_3 + 7MoO_3 + 7H_2O$$

MoO_3 即刻和 HCl 发生反应:

$$7MoO_3 + 14HCl = 7MoO_2Cl_2 + 7H_2O$$

然后,MoO_2Cl_2 氢气还原为超细钼粉,即:

$$7MoO_2Cl_2 + 21H_2 = 7Mo + 14H_2O + 14HCl$$

从上述反应式中得知,NH_4Cl 用作一种催化剂。在还原过程中,NH_4Cl 会完全挥发。应当指出,同时也存在仲钼酸铵的直接氢还原过程。整理上述所有反应式,得总反应式为:

$$NH_4Cl + 3(NH_4)_2O \cdot 7MoO_3 \cdot 4H_2O + 21H_2 = HCl + 7NH_3 + 28H_2O + 7Mo$$

副产品(蒸馏物)可进一步分解成氢和氮气等。

具体操作是采用仲钼酸铵和氯化铵按 4:1 比例混合均匀后,混合物于 550 ℃ ~ 750 ℃温度下纯氢还原 30 min,还原用 Pt/Pt - 10% Rh 热电偶和精密的自动温度控制器自动调节温度,温度保持在 ±5 ℃范围。

用一次纯氢(加入 20% NH_4Cl)还原仲钼酸铵的方法制备超细钼粉,与普通方法相比,其还原温度降低了约 200 ℃。在 750 ℃下纯氢还原仲钼酸铵 – NH_4Cl 混合料,经 120 min 制备出超细钼粉是切实可行的。BET 的 Fsss 粒度约 0. 18 μm,氧含量 0. 28%。

还原出来的钼粉形貌呈不规则形状,松装密度约为 1 g/cm³,费氏粒度约为 0. 7 μm,这种形状具有良好的压制性能,粉末经适当条件下烧结后亦可获得良好的烧结密度。

图 6 – 24 表明了还原时间对粒度的影响。在 750 ℃下还原 30 min 时粒度最细,约 0. 9 μm。随着还原时间的增长,仅发现少量的粒子长大。

图 6 – 25 表明了还原温度对粉末粒度的影响。还原温度在 700 ℃ 时粒度最细,仅为 0. 1 μm。还原温度低于 700 ℃ 时,粒子因未能得到充分的还原或混合物间的反应而变得更粗。

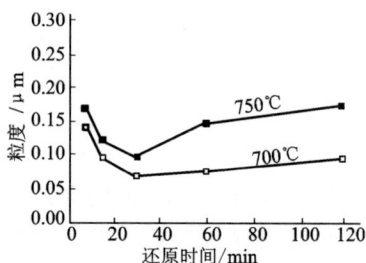

图 6 – 24　粉末粒度
与还原时间的关系

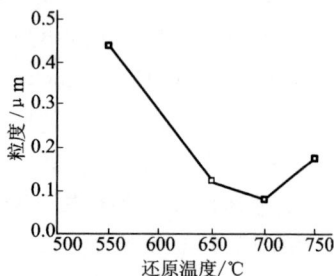

图 6 – 25　粉末粒度与
还原温度的关系

图 6 – 26 表明了氧含量随时间的增长而不断降低。在 750 ℃ 还原 120 min 时氧含量仅为 0. 28%。

图 6 – 27 表明了还原温度对粉末氧含量的影响。粉末氧含量随还原温度的增高而降低。

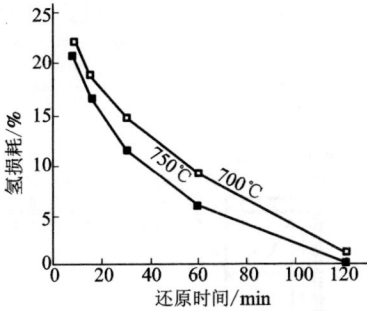

图 6 – 26　粉末的氢气消耗量
与还原时间的关系

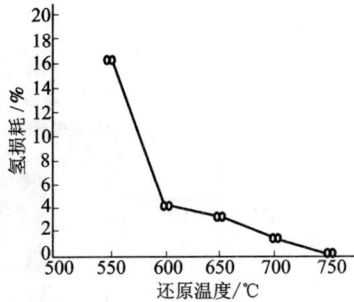

图 6 – 27　粉末的氢气消耗量
与还原温度的关系

第八节　球形钼粉的制取

　　将非球形颗粒加入到射流等离子体中，使颗粒表面或整体呈熔融状态，利用熔滴的表面张力而收缩，在形成球状的同时也进行了精制，球体形状通过冷却而保留下来，这就称为等离子球化过程。等离子体可以通过高频感应电弧等离子发生器或交、直流等离子发生器获得。一种适用钼粉高温球化炉示意图见图 6 – 28。

　　针对球化工艺要求，需要对其普通钼粉进行制粒。制粒是采取压块、破碎、筛分的方法，获得 – 80 ～ +140 目的具有良好流动性粉末。制粒后的钼粉进入球化装置内进行高温球化。球化是在高温状态下对钼粉进行瞬间加热到高于钼粉的熔点温度以上（2800 ℃ ～3000 ℃），并形成一定的过热度，在粉末比表面能的作用下迅速球化，之后经急冷，即可得到球形钼粉。整个球化处理采用最先进的超高温雾化球化技术，整个球化处理时间非常短，粉末的冷却非常速度快，得到的高温球化炉制取的球形钼粉见扫描电镜照片图 6 – 29 和图 6 – 30。球形钼粉具有良好的流动

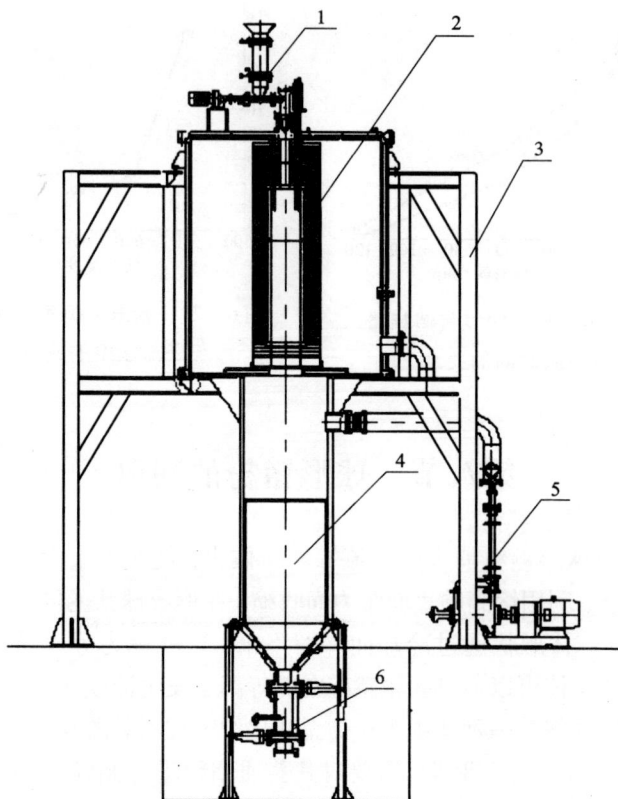

图 6 - 28 钼粉高温球化炉示意图

1—进料系统；2—高温球化区；3—支撑架；
4—急冷区域；5—真空系统；6—出料机构

性能，可满足一些特殊场合的应用。

通过照片可以看出，经高温球化炉制取的球形钼粉绝大多数呈球形，一部分球面上的斑纹可能是冷却后粉末相互碰撞摩擦所形成的痕迹；个别球面上平整面可能是在急剧冷却时表面收缩不

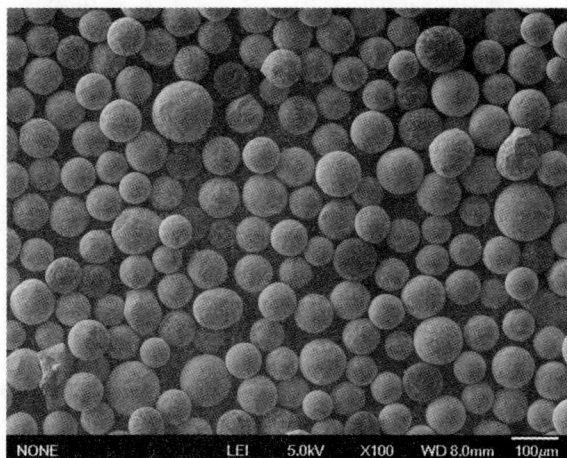

图 6 – 29　球形钼粉扫描电镜照片　×100

图 6 – 30　球形钼粉扫描电镜照片　×300

均匀形成沿晶面剥落所致；粉末中还有个别呈块状，是由于原始粒度太粗，在高温区停留时间太短，来不及熔化就进入了冷却区，所以仍保留原来的形貌。

第九节　影响钼粉质量的因素

钼粉质量包括化学成分和粉末的物理性能（颗粒形貌、平均粒径、粒度分布等）。影响氢还原钼粉质量的主要因素是使用的原料，还原的氢气（纯度、露点、流量、压力）、温度、料层厚度、时间、设备、舟皿和工具，还原场所的环境等。

原料对钼粉质量的影响　为了了解由仲钼酸铵到钼条的粉末冶金过程中的杂质含量变化情况，表 6-17~6-19 是任意选择 3 批从仲钼酸铵跟踪到钼条在各阶段中的杂质变化情况，为便于对比将单批分开列出。应当指出的是，仲钼酸铵分析时是采用将仲钼酸铵煅烧成三氧化钼形态，但分析结果仍按仲钼酸铵为基准报出。因此，在杂质含量对比时应换算成金属钼。

第一批钼粉的 Fsss 为 3.71 μm，钼条的密度为 9.5 g/cm^3，晶粒数为 4000 个/mm^2。第二批钼粉的 Fsss 为 3.2 μm，钼条的密度为 9.7 g/cm^3，晶粒数为 2000 个/mm^2。第三批钼粉的 Fsss 为 3.22 μm，钼条的密度为 9.66 g/cm^3，晶粒数为 2000 个/mm^2。三批的磷含量都是 $< 10 \times 10^{-6}$。

众所周知，钼在制取粉末过程中，煅烧只能除去仲钼酸铵中的水分和氨，在还原过程中也只能除去氧化物中的氧，其他的杂质不仅不能除掉，反而会有不同程度的增加。如果设备、工具、还原剂和环境等条件选择和控制不严，甚至会使粉末中的铁、硅、镍等杂质增加甚多。从表 6-17~6-19 中完全可以看出，从仲钼酸铵到钼粉，其他的杂质没有减少，而铁、硅、镍增加较多。这些杂质主要来自于工具、设备和环境，钼粉中的氮是仲钼酸铵

表 6-17 第一批仲钼酸铵到钼条在粉末冶金过程中的杂质含量变化情况/10⁻⁶

元素名称	Fe	Al	Si	Mn	Mg	Ni	Ti	V	Co	Pb	Bi	Sn	Cd	Sb	Cu	Ca	W	K	Na	C	N	O
仲钼酸铵	<7	<7	<7	<3	<5	<5	<15	<15	<5	1	<1	<1	<1	<1	<5	1	<500	190	<20	10	360	640
钼 粉		<7	10	<5	<7	11	15	15	5	1	1	<1	<1	<10	<5	<10	<500	140	<20	10	<10	20
钼 条	41	<7	10	<5	<7	11	15	15	5	1	1	<1	<1	<10	<5	10	<500		<20	10	<10	20

注：仲钼酸铵中的杂质含量如换算成金属钼应乘以 1.85。

表 6-18 第二批仲钼酸铵到钼条在粉末冶金过程中的杂质含量变化情况/10⁻⁶

元素名称	Fe	Al	Si	Mn	Mg	Ni	Ti	V	Co	Pb	Bi	Sn	Cd	Sb	Cu	Ca	W	K	Na	C	N	O
仲钼酸铵	<7	<7	<7	<3	<5	<5	<15	<15	<5	1	<1	<1	<1	<1	<5	1	<500	120	<20	11	880	600
钼 粉	53	<7	10	<5	<7	11	15	15	5	1	1	<1	<1	<10	<5	<20	<500	90	20	11	880	600
钼 条	53	<7	10	<5	<7	11	15	15	5	1	1	<1	<1	<10	<5	10	<500		<20	10	<10	26

注：仲钼酸铵中的杂质含量如换算成金属钼应乘以 1.85。

表 6-19 第三批仲钼酸铵到钼条在粉末冶金过程中的杂质含量变化情况/10⁻⁶

元素名称	Fe	Al	Si	Mn	Mg	Ni	Ti	V	Co	Pb	Bi	Sn	Cd	Sb	Cu	Ca	W	K	Na	C	N	O
仲钼酸铵	<8	<7	<7	<3	<5	<5	<15	<15	<5	2	<1	<1	<1	<1	<5	1	<500	150	<20	10	140	520
钼 粉	30	<7	10	<5	<7	8	15	15	5	1	1	<1	<1	<10	<5	<20	<500	110	<20	10	140	520
钼 条	22	<7	10	<5	<7	7	15	15	5	1	1	<1	<1	<10	<5	10	<500		<20	10	<10	20

注：仲钼酸铵中的杂质含量如换算成金属钼应乘以 1.85。

中的氨分解后生成的氮残留下来的。钾含量从表面上看是降低了，实质上并没有降低，这是因为仲钼酸铵中的钼含量只有54%左右的缘故。因此，要控制钼粉的质量首先要选择和控制好原料的质量，尤其是化学成分的要求。

采用仲钼酸铵和 β 型四钼酸铵为原料，在生产钼粉过程中的粒度变化见表6-20。β 型四钼酸铵是具有多孔隙的针状或条片状，X射线衍射图见图6-31。仲钼酸颗粒形状是无规则的多面晶体，X射线衍射图见图6-32。

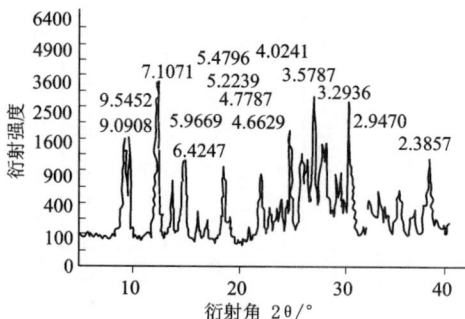

图6-31　β 型四钼酸铵 X 射线衍射图

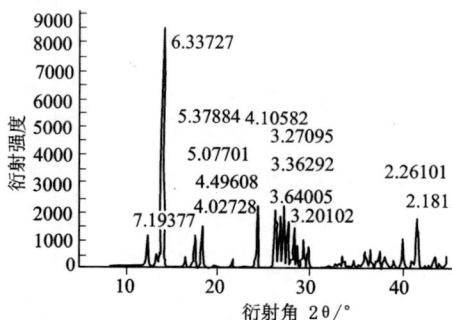

图6-32　仲钼酸铵 X 射线衍射图

表 6 - 20　不同钼酸铵在生产钼粉过程中的粒度变化

生产所用原料	钼酸铵		二氧化钼		钼粉		
	钼含量/%	松装密度/(g·cm⁻³)	费氏粒度/μm	松装密度/(g·cm⁻³)	费氏粒度/μm	松装密度/(g·cm⁻³)	氧含量/%
仲钼酸铵	55.10	1.27	8.85	1.23	1.16	3.69	0.054
β 型四钼酸铵	58.51	0.78	4.48	1.00	0.95	3.68	0.049

采用相同工艺将两种钼酸铵还原成二氧化钼时，用 β 型四钼酸铵还原出来的二氧化钼粒度小而均匀，仲钼酸铵还原出来的二氧化钼颗粒粗大而不均匀；同样用 -60 网目过筛，β 型四钼酸铵还原出来的二氧化钼筛上物只有仲钼酸铵还原出来的二氧化钼的 50%。当这两种二氧化钼都还原成钼粉时，从表 6 - 20 中可以看出，两者的粒度和氧含量相差甚小，只有松装密度差别较大。但当制成烧结制品后，仲钼酸铵为原料的烧结制品与 β 型四钼酸铵的烧结制品比较，前者强度大硬度高，但塑性差；后者则相反。因此，前者适宜于作结构材料，而后者适宜于作压力加工材料。

氢气对钼粉质量的影响　包括氢气纯度和露点的高低、流量和压力的大小等方面。

1. 氢气纯度

氢气中的杂质包括气体杂质和固体的粉尘杂质，在大规模的工业生产中，还原用的氢气量特别大，基本上都是采用回收净化循环使用，因此，尽管原氢是纯度很高的，在回收的氢气中，难免会带来在还原过程中的粉尘甚至带来氨分解的氮（如仲钼酸铵一次还原所产生氨、煅烧不完全的三氧化钼残留氨），氮在钼还原温度下，虽然不与钼发生反应，但很难避免会有少量的氮吸附在粉末表面，当粉末在后续的高温烧结中，氮就会与钼发生作用，生成氮化钼而影响钼制品的质量。

2. 氢气露点

氢气的露点越高水蒸汽含量也高。在钼还原过程中，氢气与反应过程中生成的水蒸汽分压形成反应的平衡常数,它与还原温度有着密切关系,水蒸汽分压越高,反应的温度也需要越高。采用逆氢还原,如果送进来的氢气的露点较高,氧化钼在高温时虽然可向还原方向进行而还原成钼粉,但当进入冷却后,温度一旦降低,已还原好的钼粉又有可能进入可逆反应而被氧化而增加钼粉的氧含量。

3. 氢气流量

氧化钼在还原过程中氢和氧化合生成水蒸汽后,会增加还原气氛中的水蒸汽含量,如果不及时将这些水蒸汽排出,将会使粉末的颗粒长粗,甚至造成还原不能进行,因此,还原用的氢气必须有较大的流量来保证还原的进行。但流量过大会吹走炉内的粉末,造成热量损失,使各温区的温度难于控制,反而造成浪费和影响产品质量。

4. 氢气压力

在还原过程中氢气必须具有一定的压力,有利于使较厚料层中的氢气渗入和水蒸汽逸出,又能防止空气进入炉内影响钼的还原,还能使在钼还原中的氢气回收净化循环系统中形成进出口的压力差而又不产生负压,使循环能够进行。但压力过大,整个系统中难于密封而容易产生泄漏,浪费氢气。系统内的负压和氢气的泄漏都是不安全因素。

在装卸料操作过程中,还原炉内补充氢气的流量是不可忽视的。补充氢气过大,会将炉内的物料吹出炉外,浪费氢气而又不安全。补充氢气过小,空气会进入炉内引起物料氧化甚至氢气打炮。特别是多管炉内的补充氢气流量过大,卸料时其他炉管内的氢气会集中从排气管反流从卸料管冲出,会将排气管处未还原的氧化物随氢气吹到炉内,逐渐降落在已还原好的物料上,并从卸料口吹出炉外,这样不仅造成物料浪费,而且会使已还原好的钼粉表面,甚至整个舟皿表面都粘满氧化物,影响产品质量。

　　根据上述氢气对钼粉质量的影响，因此，在还原过程中一定要控制好氢气的纯度、露点、流量、压力。

　　还原温度对钼粉质量的影响　钼还原的温度只能影响钼粉的粒度和氧含量，当氢气露点、流量、时间和料层厚度等条件不变时，还原的温度高，反应速度加快，反应完全，但会使钼粉颗粒长粗；而温度低则会使还原不彻底，氧含量增高，反应速度减慢。

　　还原时间对钼粉质量的影响　还原时间过短，物料还原不彻底或氧含量增高；还原时间过长，反复地进行氧化 - 还原的机会增多，粉末颗粒就会长粗而使产量降低。

　　还原用设备、舟皿和工具、环境等对钼粉质量的影响　还原用设备、工具和舟皿所用的材质是不锈钢，在使用过程中受高温、摩擦等原因的影响，损耗后所变成的微粒必然会进入钼粉中，使之增加铁、镍等杂质含量；硅是空气中的灰尘落入钼粉中而增加其含量的。

　　影响钼粉氧含量和粒度的因素　钼粉的氧含量和粒度对后续工序是非常重要的。为了探明影响钼粉氧含量及粒度的因素，表 6 - 21 是采用不同的还原工艺条件进行钼的还原对比。

　　钼粉取样是料层 6 mm 为 0 号，料层 30 mm 的钼粉将每舟从上至下均匀分 5 层为 1 ~ 5 号。钼粉经检测分析出来的平均粒度和氧含量见图 6 - 33 和图 6 - 34。颗粒的形貌见图 6 - 33 ~ 6 - 42。以仲钼酸铵、三氧化钼、二氧化钼和钼粉为原料，用不同的温度和不同的料层厚度进行还原，不同工艺所得的钼粉不仅氧含量、粒度和形貌不同，而且同舟内在不同层次的钼粉的氧含量和粒度也不同。

　　从图 6 - 33 和图 6 - 34 中可以看出：从还原温度比较，以二氧化钼为原料，用单带马弗炉 1150 ℃还原出来钼粉的平均粒度是用四管炉 930 ℃还原出来钼粉的 3 ~ 4 倍；氧含量却只有后者的四分之一左右。

表 6 - 21   不同的还原工艺条件进行钼的还原对比

工艺	设 备	原料	料层厚度/mm	温　度/℃	时间/h	氢　气	
						流量/(m³·h⁻¹)	露点/℃
1	四管电炉	仲、三、二*	6、30**	1、900,2、910,3、930	9.5	80	-25
2	单带马弗炉	二、钼粉	6、30	1150	8.5	1	-25

注：＊仲钼酸铵、三氧化钼、二氧化钼；＊＊料层厚度是两种。

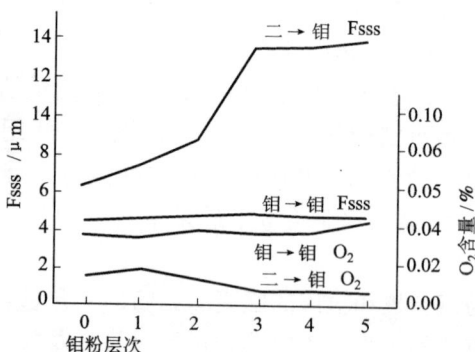

图 6 - 33   第一种工艺钼粉粒度和氧含量

　　从原料比较，用四管炉还原工艺，以仲钼酸铵、三氧化钼、二氧化钼为原料，还原出来的各种钼粉的粒度差别不大，最粗的也没有达到 4 μm，其中以仲钼酸铵为原料还原出来的钼粉平均粒度最细，料层为 6 mm 还原出来的钼粉平均粒度只有 1.83 μm，料层为 30 mm 钼粉粒度最粗的平均粒度也只有 3.61 μm，但是它的氧含量却高出以氧化钼为原料的钼粉 20% 以上。用马弗炉还原工艺，以二氧化钼、钼粉为原料，还原出来的钼粉粒度差别却很大，以钼粉为原料再还原的钼粉粒度都在 4.5～4.7 μm 之间，而以二氧化钼为原料还原后的钼粉粒度却在 5.5～13.8 μm 之间，而 1150 ℃ 还原出来钼粉的氧含量只有 930 ℃ 还原出来钼粉的

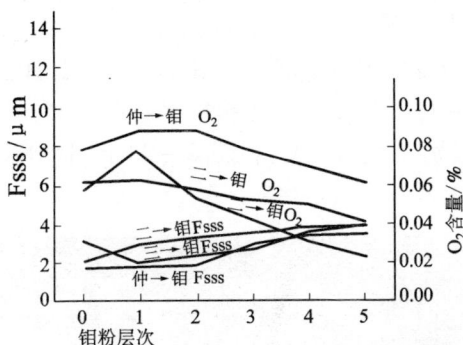

图 6-34 第二种工艺钼粉粒度和氧含量

40% 以下。

从料层厚度比较,原料和温度相同的条件下,料层越薄,钼粉的粒度越细,料层 6 mm 的钼粉比料层 30 mm 表层钼粉的粒度也小些。从同舟钼粉比较,还原后的钼粉处于底层的比表层要粗,特别以二氧化钼为原料,用单带马弗炉 1150 ℃ 的还原工艺生产出来的钼粉最为突出,料层厚度为 6 mm 的经 1150 ℃ 还原出来钼粉粒度为 6.35 μm,料层厚度为 30 mm 的钼粉表层粒度只有 6.5 μm,由上而下逐步增加至底层达到了 13.8 μm;其他工艺生产出来的钼粉也都是由表至底平均粒度逐渐增加,但所增加的梯度比较小。

从氧含量比较,用氧化物作原料还原出来的钼粉比用钼酸铵作原料还原出来的钼粉氧含量要低些,低价氧化物生产出来的钼粉氧含量最低;高温还原出来的钼粉比低温还原出来的钼粉,前者的氧含量要低些,如用 1150 ℃ 还原出来的钼粉的平均氧含量只有 930 ℃ 还原出来的钼粉的氧含量的 30% 左右。但从同舟钼粉来看,用氧化物和仲钼酸铵作原料还原出来的钼粉,表层氧含量都高于底层的氧含量。

　　图 6 – 35、6 – 37、6 – 39、6 – 41 是料层 30 mm 还原后的表层钼粉颗粒形貌图，图 6 – 36、6 – 38、6 – 40、6 – 42 是底层钼粉颗粒形貌图。从上述图中可以明显看出，底层颗粒比表层颗粒粗得多，只有图 6 – 43 和图 6 – 44 的颗粒度差别不大。图 6 – 35 ~ 6 – 44 中的粒度差别与图 6 – 33 和图 6 – 34 的平均粒度结果基本吻合。

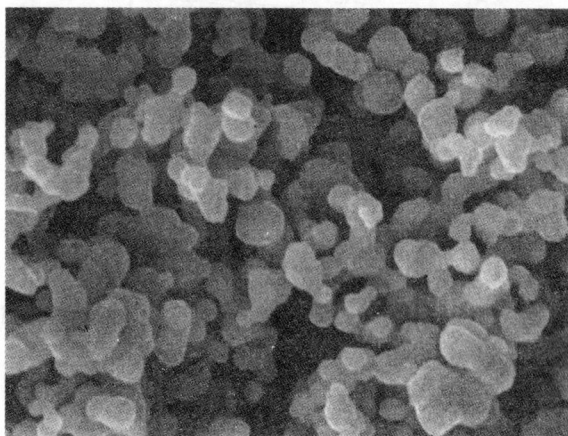

图 6 – 35　仲钼酸铵(930 ℃) – 1 钼粉形貌　×5000

　　从颗粒形貌比较，用低温还原出来的钼粉其颗粒基本上是黏结在一起的颗粒团(俗称假颗粒，见图 6 – 35 ~ 6 – 40)；以氧化物为原料，用高温还原出来的钼粉形成了紧密聚集的粗大颗粒(见图 6 – 41 ~ 6 – 42)；以钼粉为原料，用高温再还原出来的钼粉其颗粒已形成较紧密连接的烧结颈(见图 6 – 43 ~ 6 – 44)。

　　光谱分析结果是还原工艺对钼粉中的其他杂质成分都没有明显的影响。

　　根据以上结果可以看出，影响钼粉颗粒长粗的主要因素是还原温度和料层厚度。

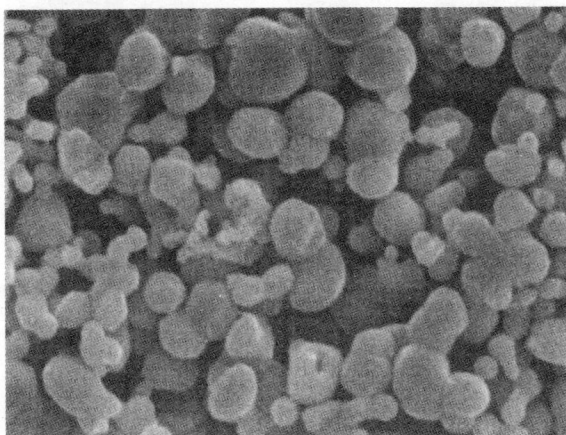

图 6 – 36　仲钼酸铵(930 ℃) – 5 钼粉形貌　×5000

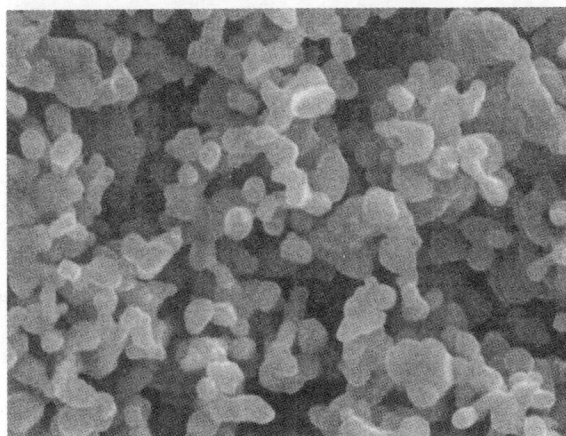

图 6 – 37　二氧化钼(930 ℃) – 1 钼粉形貌　×5000

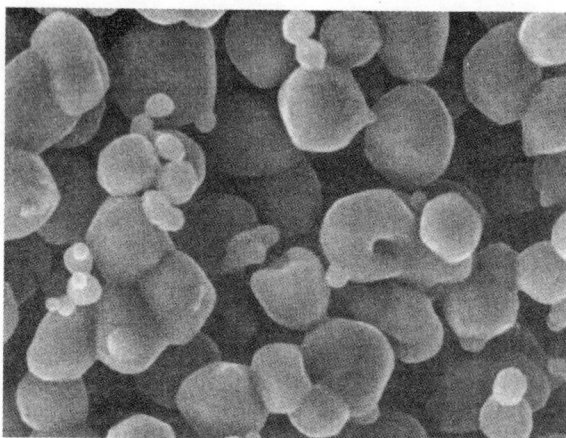

图 6 - 38　二氧化钼(930 ℃) - 5 钼粉形貌　×5000

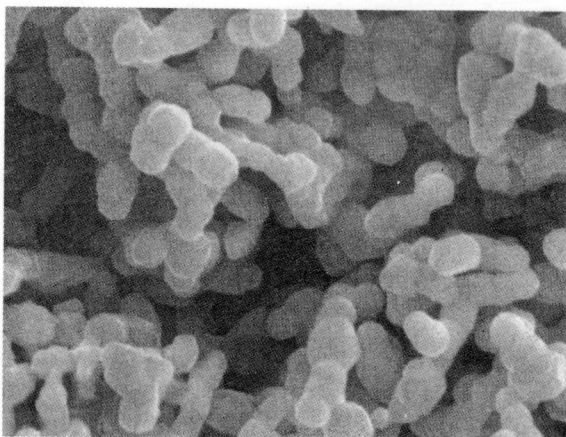

图 6 - 39　三氧化钼(930 ℃) - 1 钼粉形貌　×5000

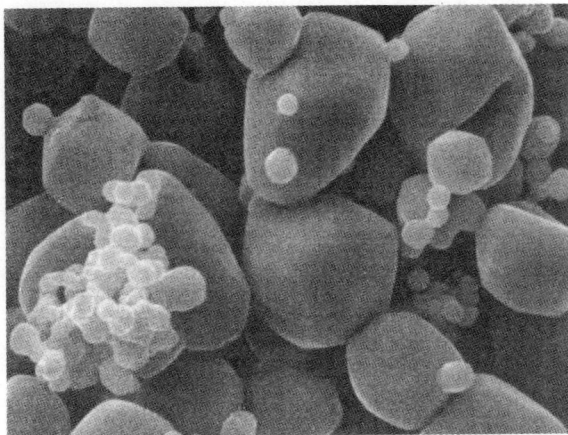

图 6 - 40　　三氧化钼(930 ℃) - 5 钼粉形貌　　×5000

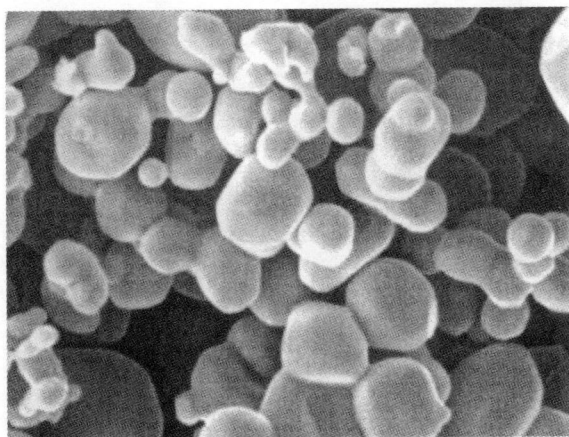

图 6 - 41　　二氧化钼(1150 ℃) - 1 钼粉形貌　　×3000

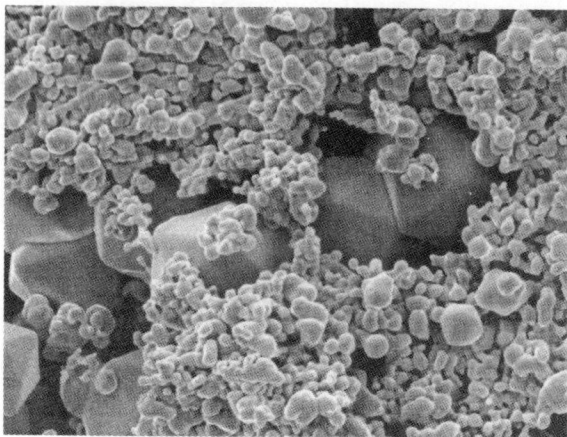

图 6 - 42　二氧化钼(1150 ℃) - 5 钼粉形貌　×1000

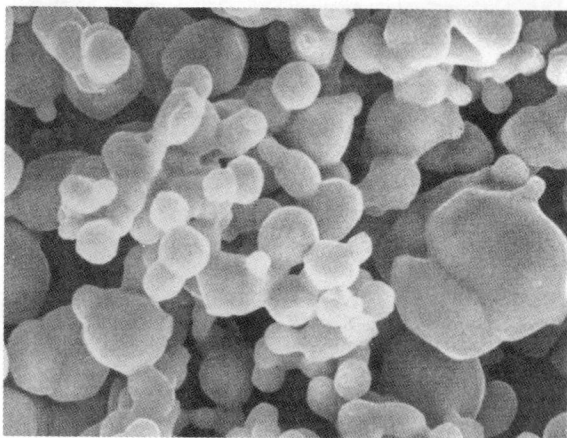

图 6 - 43　钼粉(1150 ℃) - 1 钼粉形貌　×3000

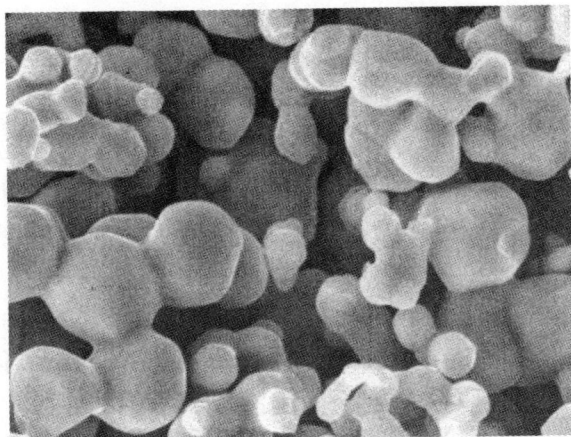

图 6 – 44 钼粉(1150 ℃) – 5 钼粉形貌 ×3000

对于第一种工艺，原料平均粒度为 5.55 ~ 6.6 μm，温度为 930 ℃还原出来的钼粉粒度一般为 2 ~ 3 μm，最高的也没有达到 4 μm，都比原料的粒度小。而以平均粒度 5.55 μm 的二氧化钼为原料，原料为平均粒度 3.3 μm 的钼粉在温度 1150 ℃下进行还原，所制取的钼粉都比原料的平均粒度粗，以二氧化钼为原料还原出来的钼粉平均粒度最粗达 13.8 μm，三次还原出来的钼粉都比原料粒度粗。在 930 ℃的温度下还原的钼粉，表面看来颗粒粗大，但粉末颗粒之间内是黏结形成假颗粒团，实际上它的粒度仍然很小。在 1150 ℃还原出来的钼粉，由于它的高温使钼粉颗粒之间形成了牢固烧结颈和紧密聚集的粗大颗粒，用肉眼看并不觉得粒度粗大。而仲钼酸铵为原料所还原出来的钼粉粒度最小，这又证实了氨在还原过程中起到了影响钼粉粒度长粗的作用。

在原料和还原温度相同的条件下，从直观来看，料层厚度对钼粉粒度的影响起着重要作用，其实质是由于还原气氛中的水蒸汽分压不同所造成的。在同一舟料中，物料底层的氢气渗入和水蒸汽逸出都比表层差，由于底层的水蒸汽分压大，较细的颗粒受水蒸汽的作用生成氧化钼的水合物而升华，在重新还原中沉积下来，黏附在已还原好的较粗的颗粒上。随着温度的升高，粉末的逐步由黏结到烧结颈形成，致使颗粒长粗。随着沉积次数的增加，颗粒就会越长越粗，以致长成为紧密聚集的粗大颗粒。以钼粉为原料进行高温再还原时，由于温度升高，仍起一些还原作用，底层的水蒸汽分压会稍比表层高，故底层的粒度仍比表层粗，所以粒度也只稍有长大，不能像二氧化钼为原料一样得到紧密聚集的粗大颗粒，所以底层粒度的长粗就远不及二氧化钼还原出来的钼粉明显。

从图 6 – 33 和图 6 – 34 中可以看出，影响钼粉氧含量的高低的因素与影响粉末的粒度不同，在相同的还原的条件下，低价氧化物为原料比高价氧化物和仲钼酸铵为原料生产出来的钼粉，前者的氧含量要低些。用二氧化钼为原料，还原温度越高，生产出来的钼粉氧含量就越低，由于还原反应的温度越高，它的反应平衡常数越大，就越有利于还原反应的进行，所以还原出来的钼粉氧含量就越低。

但在同一舟料中，表层的氧含量高于底层的氧含量，其一是钼粉在从高温冷却至 400 ℃ 的过程中，反应平衡常数值的降低后，容易与送进来的氢气中水蒸汽发生氧化反应，与还原反应相反，冷却过程中水蒸汽的渗入表层比底层快，因此在一定的温度下由表及里逐步氧化，故形成了钼粉表层的氧含量就比底层高；其二是由于表层粉末的粒度比底层细，其比表面积比底层大，比表面越大其活性也就越大，故在冷却过程中氧化速度表层细颗粒比底层粗颗粒快，所以其氧含量也容易增高。

在原料和温度相同条件下，料层 6 mm 还原出来的钼粉比料层 30 mm 表层钼粉不仅氧含量较低，而粒度也要小些。料层 6

mm 的钼粉在还原时，底层逸出的水蒸汽比料层 30 mm 要少，在整个还原时水蒸汽的分压比料层 30 mm 表层要低，故它的粒度要小些；而在冷却过程中，又由于薄的料层比厚的料层易于冷却，它的冷却时间相对要短些，故它在冷却过程中氧化程度相对也要小些。由此可以看出，在还原过程中的氢气质量虽然可以满足工艺要求，但在冷却时对氢气的质量要求比还原时要更高。

根据上述结果分析表明：还原的温度越高，所得的钼粉颗粒就越粗，因此，要控制钼粉的粒度首先应控制好还原温度。同舟钼粉的底层粒度比表层高，主要是由于物料底层的氢气渗入和水蒸汽逸出都比表层差，以致形成粒度差别大，因此，要控制钼粉粒度也必须控制好料层量。钼粉在从高温冷却至 400 ℃ 的过程中，容易与水蒸汽发生氧化反应；由于气体的扩散速度和粉末的比表面积的差别，引起钼粉表面氧含量比底层容易增高，因此，要控制钼粉的氧含量，必须控制好冷却时氢气的露点。在还原温度和料层确定之后，要控制好钼粉的粒度，还应选择好原料。

喷镀钼粉的生产　将正常生产中的钼粉筛上物进行再高温还原，使其颗粒长粗，以提高粉末的强度和流动性。进行高温还原的钼粉筛上物装满于 680 mm × 140 mm × 40 mm 的不锈钢舟皿中，但不要压紧，再将舟皿装入双带马弗炉（或单带马弗炉）内，在 1200 ℃ ~ 1250 ℃ 的温度下进行再高温还原 2 h，冷却 1 h 后卸出，氢气流量为 0.8 ~ 1.0 m³/h。烧结后的钼粉采用电功率 1.7 kW 的鳄式破碎机或 SF - 300 型的高速破碎机破碎，经 160 目过筛，然后再经 + 320 网目过筛，以制取 - 160 + 320 网目粒度较均匀的喷镀钼粉。

喷镀钼粉应具有较高的强度和良好的流动性，粒度均匀，外观应呈均匀一致的浅灰色，产品中允许有微量小白点结晶，无氧化、结块和机械夹杂物，过筛网目为 - 160 + 320 网目，检查取样为 100 g，样品检查用标准筛手筛 15 min 后， + 160 目应 ≯ 15 g，

-320 网目应 $\not\geq$ 20 g。松装密度应 < 3 g/cm³, Fsss > 6 μm。化学成分应符合表 6 - 22 要求。

表 6 - 22　喷镀钼粉化学成分/10⁻⁶

杂质元素	P	Ca	Cu	Mg	Si	C	Al	Fe	Ni	O
含量≤	50	40	100	100	50	200	500	5000	5000	2000

钼粉颗粒的长粗　钼粉在还原过程中的长粗必须具备以下条件，主要是有较高的水蒸汽分压，其次是较高的还原温度，最后是有足够长的时间。钼粉的长粗也与钨粉的长粗的机理一样，由于微细的颗粒在局部的氧化气氛中被氧化成钼的水合物，以在整体的还原气氛中被还原而黏结在已还原好较大的颗粒上，这样不断产生的升华—沉积，致使颗粒长粗。由此可以看出，在整体的还原性气氛中如果没有局部的氢气性气氛，颗粒在没有达到再结晶温度之前是不可能长得很大的。局部水蒸汽分压高是由于在还原过程中产生的水蒸汽没有能及时排走而造成的。二氧化钼和钼粉分装两舟，同时置于 1150 ℃ 还原时，钼粉再还原后长粗很小，表层和底层粒度差别不大，而二氧化钼还原后长粗特别显著，而底层比表层的粒度高出一倍多(见表 6 - 20)。其次是没有高于颗粒之间形成烧结颈的温度，两颗和两颗以上的颗粒是黏结不起来的，黏结不起来的颗粒是无法长粗的。最后是粉末的长粗是需要一定的时间，如果时间太短颗粒间的长粗是困难的。根据上述三点，如果需要粗大的颗粒，就必须调整好还原的气氛、温度和时间。同理，细颗粒钼粉的生产也必须根据这三点来调整还原工艺。

还原设备对钼粉粒度的影响　MoO₂ 在低于 1095 ℃(最佳温度为 845 ℃ ~ 1000 ℃)的还原气氛中加热，将大部分 MoO₂ 还原成金属钼粉。所需加热时间根据温度、装料量和炉子大小而定，最佳还原气氛是氢。实际操作最好是在高达 1095 ℃ 的温度下加

热 MoO_2，然后降到 1060 ℃ 左右，以抑制颗粒长大。采用平底式的马弗炉，它的横截面比管式炉宽，因此与还原性气氛接触多，传热也较好，因而可比管式炉的还原温度（1180 ℃）低一些。

在马弗炉中，物料是置于整个底面与马弗炉接触的容器内。这与以前将物料装在舟内，再放进管式炉中的方法相比较，能提供更好的传热，因为管式炉的炉管与舟皿接触表面少。由于马弗炉改善了热传递，能使还原在较低温度下进行，从而获得 Fsss 为 $1 \sim 4$ μm 的细粒钼粉。

在 D450 mm 的煅烧炉中，温度约 700 ℃，在液氨分解的氮气中，加料量 77 kg/h，在炉管内停留 45 min，每小时可生产 58 kg MoO_2，然后将 4 kg MoO_2，放在炉底约 180 mm 宽的，用煤气加热马弗炉，停留约 8 h 40 min，所生产的金属钼粉 Fsss 粒度约 3 μm。

第十节　钼粉粒度对制品的影响和粒度的分级

通常情况下把固体物质按分散程度不同而分成致密体、粉末体和胶体三类，即大小在 1 mm 以上的称为致密体或常说的固体，0.1 μm 以下的称为胶体微粒（纳米微粒），而介于两者之间的称为粉末体。粉末体简称为粉末，它是由大量的粉末颗粒及颗粒之间组成的一种分散体系，其中颗粒彼此可以分离，或者说，粉末是由大量的颗粒及颗粒之间的空隙所构成的集合体；而普通固体或致密体是一种晶体的集合体。粉末冶金用的原料粉末基本上属于粉末体范围内，0.1 μm 以下的纳米微粒的应用正在开发之中。

钼粉质量的主要技术指标是化学成分和粉末粒度，在化学成分满足之后，钼粉中的质量很大程度上取决于它的粉末粒度。大部分的粉末原料中的化学元素含量都达到技术标准，而在物理性能方面，经常出现一些尚未能控制的因素，特别是粉末的粒度组成影响了最终产品的性能。在后续制品中，由于各种不同的用途而对钼粉粒度各有不同的要求，因此，在钼粉生产中控制粉末的粒度是一个极为重要的问题。对钼粉粒度有特殊要求，如对钼粉粒度的粗细、粒度分布有严格要求等。对有特殊要求的钼粉粒度可以用物理化学方法还原的工艺控制来制取，或用机械过筛和力学分级的方法来取得。

粉末粒度对钼薄板质量的影响　塞尔维尼亚公司在研究生产薄钼板时发现，粉末被直接轧成薄板的能力在很大程度上取决于粒度大小及分布情况。使用的是由钼酸铵还原的、具有下列 Fisher 亚筛粒度的粉末：2.1、3.3、3.5、4.8、6.0 和 10.6 μm。粒度为 3.3 ~ 6.0 μm 的粉末所生产出来的薄钼板，其强度可与用常规粉末冶金技术生产的薄钼板相比，2.1 μm 的粉末太细了，因而流动性较差；而用 10.6 μm 的粉末时，所生产出来的薄板坯烧结密度太低，不能轧制。对理想的粉末所期望的是，它应由附聚物组成，因为附聚物能增大有效粒度并改进流动性，后者是获得均匀成分所必需的。在压制时，附聚物破坏，而使得随后能在进行适合于轧制操作的烧结。3.3 ~ 6.0 μm 的粉末的含氧量是需加考虑的因素。在贮放过程中，氧含量从 500×10^{-6} 增加到 $1090 \sim 2350 \times 10^{-6}$，结果生产出分层的薄板。虽然使用的是以前的成功的技术，其不足之处在于原始粉末中氧含量的增加。

不均匀的钼粉粒度对钼片的影响　钼片在加工过程中表面常常出现一些小的粗糙区，它没有正常区那种金属光泽，但手感不强。粗糙区呈现脆性断裂，维氏硬度值比正常区高出 20 ~ 30 kg/cm^2，在垂直于钼片表面的厚度方向，粗糙区是分层的。经分析表明，大多数白点区的杂质是碳和氧，碳要高出正常区的 50% 以上，氧要高出正常区的 4 倍以上。从粗糙区的组织形貌和杂质元素分布可以认为，实际上是碳、氧偏聚和铁、镍等杂质造成的脆性断裂区。

原始的钼粉表面就有碳氧等杂质存在，成形前的甘油、酒精混料更增加了坯中的碳、氧含量。众所周知，在单位体积内小粉末团区域的粉末总表面积比大粉末区的粉末表面积要大得多，因此小粉末表面对杂质的黏结和吸附来看，小粉末团区将可能有较多的杂质分布，成形坯在氢气气氛中经过预烧结和高温烧结之后，坯料中的氧大部分被氢脱掉，而碳则向粉末内部扩散。由于粉末颗粒尺寸相差很大，小粉末又成团分布，从黏结吸附和扩散效果表明，钼坯料碳等杂质分布是不均匀的。

根据钼的化学性质，坯料中的氧在坯料加工温度范围应以氧化物形式存在，但因加工时氢的通入，因而氧被还原而逐渐减少。根据 C – Mo 相图，在低温时碳在钼中的溶解度很小，当温度达到 2100 ℃ ~ 2200 ℃时，才达到最大的溶解度 0.62 %。由于钼和碳的原子结构和电子化学性质相差很大，加之它们的晶格结构的特点和受加工造成晶格畸变等因素的影响，使碳在钼中溶解常为偏聚状态，并且主要是以碳化物的方式存在。还由于有铁、镍元素的存在，更加降低了碳在钼中的溶解度，铁族元素加剧了钼基固熔体中碳的偏聚状态。

在高温下的压力加工过程中，碳化物偏聚的区域不仅容易破碎，还会阻碍钼在晶界迁移，在进一步加工中就会形成粗糙区并且扩散而影响钼片的质量。因此在制造加工钼片的坯料时，应控制好钼粉粒度的分布，不要使用粗细差别很大的钼粉而影响后续加工的质量。

不均匀的钼粉粒度分布也可能影响细钼丝的加工性能　从上述分析可以看出，造成钼片缺陷的原因与钼粉粒度分布有着密切的关系。如果用上述粉末制取的钼条来拉制细钼丝，在薄板出现的分层和钼片出现的粗糙区位置同样也会影响细钼丝的生产，它会在分层的位置出现丝材劈裂的现象，在粗糙区的位置出现断丝，使细丝生产难于正常进行。用于生产压力加工的致密金属钼，尽管它在化学成分表面上达到了标准要求，但生产它的粉末粒度选择不当，同样会影响它的后续加工性能。因此，在制取致密金属钼时，一定要选择和控制好粉末的粒度分布。

用氢还原二氧化钼法生产钼粉的方法虽然可以控制它的平均粒度，但它的粒度分布还是较宽，而一般为峰值偏细的方向分布，如图 6 - 45 所示。在图 6 - 41 中可以看出，虽然它的平均粒度为 3. 5 μm，

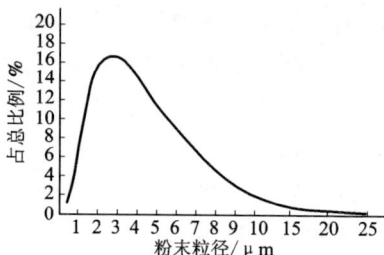

图 6 - 45 钼粉的一般粒度分布图

但大于 10 μm 的占有 10% ，而小于 1. 5 μm 的占有 9% 。

如采用筛分方法将粒度控制在一定的范围内，可以采用选择通过要求的 ± 网目数过筛来控制要选择的粒度，例如喷镀钼粉就是用 + 120 目 - 320 目来控制和选择它的粒度，这种粒度其实也是假颗粒组成，因为 400 目的筛网，其孔径为 37 μm，可以想象粒度仅仅几 μm 的粉末一般筛分法控制不了的。

在制粉工艺过程中的煅烧岗位、一次还原岗位、二次还原岗位后的粉末都要过筛，其实这种过筛只是起着松散粉末和除去机械杂质的作用。即使在理想状态条件下，由于筛网的孔径尺寸所决定，通过筛网控制的粉末粒度至少在 40 μm 以上的范围才会起到作用，小于 37 μm 以下的粉末是无法用过筛方法来控制粉末粒度的。

一般情况下，钼粉都是以团粒状聚集的，用过筛方法控制钼粉粒度都是控制的假颗粒。小于 40 μm 的粉末不能用过筛的方法将其分别开来，但可用力学分级法来解决。

微米级金属粉末的分级 粉末颗粒粒度的分级有机械的筛选法、流体动力携带沉降法、流体动力淘析法、流体静止沉降法和

气体选分级法。流体动力携带法的原理是根据利用流体的动力携带不同粒径(或不同重量)的粉末颗粒,由大到小逐渐降落在由近而远的不同位置,然后根据降落的位置来区分不同粒径的粉末。流体动力淘析法是流体逆着粉末向上运动,粉末按沉降速度大于或小于流体线速度而彼此分开,改变流速。就可按不同的临界粒径分级。流体静止沉降法的沉降的速度也不同,然后根据沉降时间的先后来区分不同粒径的粉末。依据流体的性质可以分为水选法和气体风选法两种。

机械筛选分级法较为直观地将不同粒径的粉末颗粒根据能通过筛网的网目数来判断其粉末颗粒的大小,但是,由于筛网的网目数是在一定范围内,密度最大的筛网 400 目的最小孔径是 37 μm,小于 37 μm 粒径的粉末颗粒用筛网是无法区分开来的。因此,采用机械筛选分级法只能适应控制粒径大于 40 μm 以上的颗粒才是最有效的。

流体动力水选分级法虽然能将微米级不同粒径的粉末颗粒区分开来,但要求被分级的粉末不能溶于水,水洗不氧化,容易与水分分离开来,水洗后不影响后续工序的使用质量,这些要求对一般的金属粉末都是有困难的。如果采用其他液体,必然会增加分级的成本费用。

流体静止沉降分级法除了具备流体动力水选分级法的条件外,它的分级虽然用的流体少一些,但更加费时并增加了更换底层沉淀的工作。气体风选分级法可以根据不同性质的粉末,采用不同的气体作流体将不同粒径的微米级粉末颗粒携带到不同的位置沉降下来,达到分级的目的。分级后的氧化容易与粉末分离,对粉末不会造成不良的影响。

气体风选分级有两种方法,即气旋组合法和垂直喷嘴法。气旋分级工作原理是粉末由分散粉末装载腔内进入到离心室,然后粉末颗粒与气流沿着叶轮方向运动,粗大的颗粒在刀片上沉降下来，经螺旋管通过连接管向外卸载；携带细颗粒粉末的气流通过离心机的排出孔，借助风机经螺旋管送到分级槽内进行分级。微米级气流分级的设备原理是根据气体动力学为基础，并涉及到多科领域，最关键的是设备的精确设计，如设备的直径、高度，以及气流速度与粉末颗粒的质量相互关系等。在生产中主要是调整和控制气流的速度来实施粉末的分级。气旋组合设备是由三个以上气旋装置组合而成，使粉末颗粒由粗到细逐步分级沉降。垂直喷嘴设备是将粉末颗粒分级在垂直导管内实施，粉末只能分为两级。

根据上述几种粉末粒度分级的原理及优缺点，钼粉的分级应选择气流分级方法，因为钼粉的粉末颗粒是在微米级的范围内，是机械筛选法无法实现分级要求的；水选法对选后的钼粉中水分不易分离，水分易于对钼粉表面产生氧化而影响钼粉质量；采用风选分级法正好避免了这两个缺点。

不管采用任何分级方法，都要求钼粉是以单个的真颗粒形式存在。由于金属钼粉往往不是单个的真颗粒存在，而是以微细颗粒的聚集体，俗称假颗粒存在，这些假颗粒的粒径又往往大于真颗粒粒径的几倍、几十倍，甚至上百倍，有些粉末单个颗粒的粒径只有 $2 \sim 3 \mu m$，但当聚集成假颗粒后，用 120 网目（孔径 125 μm）过筛都无法通过，因此都要求首先将钼粉进行球磨或破碎，尽可能以单个的真颗粒形式存在，以利于分级的进行。

流态化动态悬浮涡流喷射沉降干法粉末分级法　我国自行研制成功的 FWD 多功能流态化动态悬浮涡流喷射沉降干法粉末成套分级设备及工艺，能有效地破坏粉末的假颗粒现象，最大程度地提高分级效果。能广泛适用于钨粉、钼粉、喷镀合金粉、碳化硅粉以及包括金属粉末和非金属粉末的一切不易溶于水的微米级粉末的分级。该设备设计所根据的流体力学定律是：

$$\mu_{0a} = \mu_0 - \mu_a$$

$$\mu_0 = \sqrt{\frac{4d_p(P_s - P)g}{3E_0 P}}$$

式中：μ_{0a}——粉末颗粒在上升流体中的沉降终速；

$\quad\quad\mu_0$——粉末颗粒在静止流体中的沉降终速；

$\quad\quad\mu_a$——流体的上升速度；

$\quad\quad d_p$——颗粒直径；

$\quad\quad P_s$——颗粒密度；

$\quad\quad E_0$——阻力系数；

$\quad\quad P$——流体密度；

$\quad\quad g$——重力加速度。

流态化动态悬浮涡流沉降干粉法粉末分级工艺流程见图6 - 46。

FWD 多功能流态化动态悬浮涡流喷射沉降干法粉末成套分级设备分级原理示意图见图 6 - 47，该设备分别由预处理系统、送粉系统、传动机构系统、分级器系统、旋风收粉器系统、工作台及操作控制系统组成。

流态化涡流动悬浮沉降干法粉末分级法与一般的沉降分级法的主要区别是：粉末在分级空间的沉降不是一次性的，本应被气流带走的粉末，由于壁效应作用，重新沉降下来，而沉降下来的颗粒又有很多次机会重返流化床层上部空间，使这些粉末被带出的几率大增；由于粉末在流化床内受到床层表面气泡破裂时的溅射作用，使粗重的假颗粒能以相当大的速度进行往复运动，加之粉末颗粒与分散介质、容器壁以及粉末本身间的摩擦碰撞作用，能有效破坏相当部分的假颗粒。正如 Kato（卡托）等人证明的那样，流化态分级器的分级效果优于沉降分级器和离心分级器。在设计的流态化涡流动态悬浮沉降干法粉末分级法的整套设备中，还克服了一般流态化分级器所存在的泵式流化中气流往往以气泡形式通过床层，使粉末相中气流的实际速度远远低于气流的总速

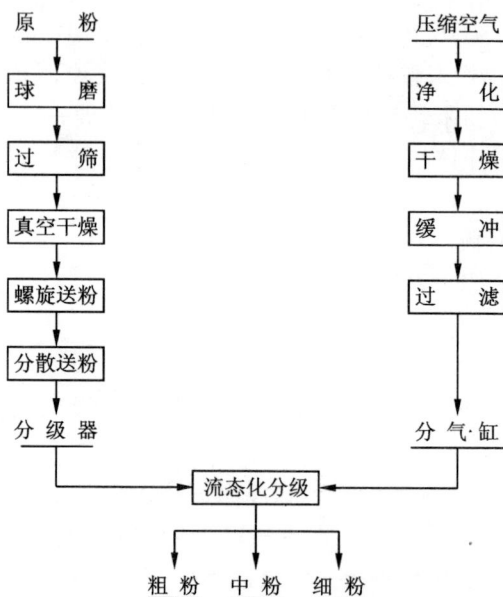

图 6 - 46　粉末粒度分级工艺流程图

度,从而产生所谓的床层特细现象,降低分级效果的缺点。

　　多功能流态化动态悬浮涡流喷射沉降干粉分级法的设备及工艺技术,是以钨粉的特点为基点,针对钨、钼制品、高精电子产品、耐磨材料等领域内的产品的,所用的高质量和高要求粉末是专门设计的,具有国内先进水平。它的分级标准一般是最小粒径与最大粒径之差为 5 μm,前后都应为 0,在中位粒径 ±1 μm 范围内的颗粒应≥80%。有特殊要求标准可达最小粒径与最大粒径之差为 2 μm,前后都应为 0,在中位粒径 ±0.25 μm 范围内的颗粒应≥90%(如从德国、美国、日本进口的氮化硅粉末的技术要求相同)。

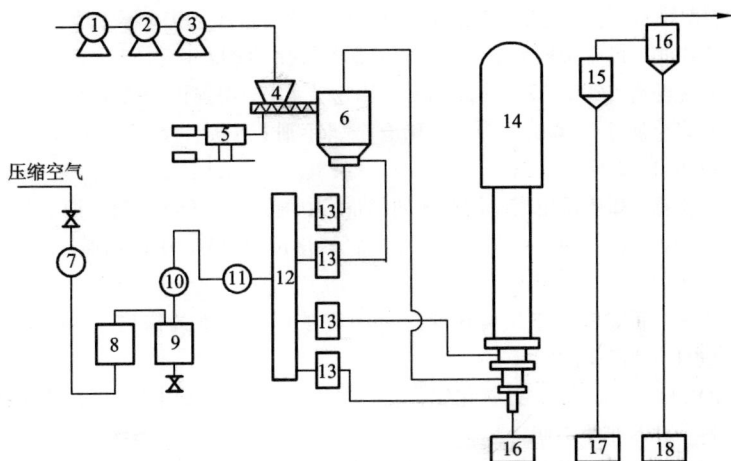

图 6－47　FWD 多功能流态化动态悬浮涡流喷射
沉降干法粉末成套分级设备分级原理示意图
1—球磨；2—过筛；3—真空干燥；4—螺旋送料器；5—传动装置；6—分散送料器；
7—减压器；8—干燥器；9—缓冲器；10—过滤器；11—压力表；12—分流管；
13—转子流量计；14—分收器；15—收粉器；16—粗粉；17—中粉；18—细粉

粉末在 2～10 μm 范围内，经分级可任意制取粒度组成在 ±3 μm 峰值范围内，所占的比例为 80%～90%。如有特殊需要的粒度组成在 ±2 μm 峰值范围内，所占的比例可 >80%。

多功能流态化动态悬浮涡流喷射沉降干粉分级法的设备及工艺技术，用于对其他金属粉末（包括钼粉）和非金属粉末的分级，可以同样取得上述效果。

参 考 文 献

1　［日］松山芳治，三谷裕康，铃木寿. 粉末冶金学. 科学出版社，1978 年 4

　　月

2　［苏］A·H·节里克曼. 钨钼冶金学. 重工业出版社, 1956 年 2 月

3　李洪桂. 稀有金属冶金学. 冶金工业出版社, 1990 年 5 月

4　黄宪法等. β 型三氧化钼的性质、用途及生产. 中国钼业, 2000 年第 6 期

5　稀有金属手册编辑委员会. 稀有金属手册(下册). 冶金工业出版社, 1995 年 12 月

6　张文禄. 高质量用钼丝用钼坯的制备. 中国钼业, 1995 年第 6 期

7　李天锁. 钾对仲钼酸铵直接还原成二氧化钼的影响. 中国钼业, 1995 年第 6 期

8　朱瑞. 钼酸铵动态焙解还原过程中有关影响因素的探讨. 钨钼材料, 1994 年第 2 期

9　Ю. М. Солонин. 三氧化钼低温还原过程中的结晶化学变化. 钨钼材料, 1985 年第 2 期

10　美国专利 US4462822. 钼业经济技术, 1991 年第 3 期

11　刘麟瑞, 林彬荫. 工业窑炉用耐火材料手册. 冶金工业出版社, 2001 年 6 月

12　钱之荣, 范广举. 耐火材料实用手册. 冶金工业出版社, 1992 年 9 月

13　梅·呃·威廉姆等. 流化床还原法生产流动性钼金属. 钼业文集, 第 1 集, 《中国钼业》编辑部 1996 年 12 月编辑出版

14　罗建海摘译. 在流化床还原器内保持流态化的方法, 钼业文集, 第 1 集, 《中国钼业》编辑部 1996 年 12 月编辑出版

15　苏联专利 SU1678536A1 钼粉的生产方法. 钼业文集, 第 1 集, 《中国钼业》编辑部 1996 年 12 月

16　R. Padilla, M. C. Ruiz, H. Y. Sohn. 在石灰存在下辉钼矿的碳还原.《钼业文集》第 2 集, 《中国钼业》编辑部 1998 年 8 月编辑出版

17　刘戊生. β 型四酸铵的应用. 中国钼业, 2001 年第 4 期

18　向铁根, 刘海湘. 还原工艺对钼粉粒度和氧含量的影响. 硬质合金, 2001 年第 1 期

19　B. C. Allen. 原材料对钨、钼生产及性能的影响. 钨钼材料, 1987 年第 1 期

20　美国专利 US4595412. 钨钼材料, 1989 年第 1 期

21　Bin Yang. 等超细钼粉的活化还原制备方法. 钨钼材料, 1994 年第 4 期

22　王炳根等. 微米级金属粉末分级. 中国钼业, 1998 年第 2 期

23　气体中微量水分的测定露点法. 中华人民共和国国家标准, GB5632. 2—86

24　戴煜, 谭兴龙, 羊建高等. 钢带式还原炉的发展现状与趋势. 全国粉末冶金学术及应用技术会议, 海峡两岸粉末冶金技术研讨会论文集, 2007 年 9 月

第七章　钼粉冶成形

　　成形是粉末冶金工艺过程的第二道基本工序，是将金属粉末密实成具有一定形状、尺寸、孔隙度和强度的坯块的工艺过程。

　　成形分为普通模压成形和特殊成形，由于冷等静压成形已普遍应用于钼的生产，因此有关内容也在本章有所叙述。

　　钼粉在成形前要添加润滑剂或其他元素，以及进行粉末粒度的搭配等，因此钼粉在成形前必须进行混合。

第一节　粉末的混合

　　混合是粉末成形前的一个重要工序。在粉末冶金工艺中，由于产品最终性能的需要或成形过程中的需要，粉末原料在成形前都要经过一些预处理，即使是使用同一类型的粉末，为了得到恰当的粒度分布，也需要混合一定量的不同粒度的粉末；尤其是当需要加入不同种粉末、添加剂、黏结剂或润滑剂时，混合均匀更是必不可少的。

　　混合一般是指两种或两种以上不同成分的粉末混合均匀的过程。混合方法基本上分两种：机械法和化学法。在粉末混合中使用最广泛的是机械法，机械法又分干混和湿混两种。一般情况下，混合是在空气中进行，为了防止粉末粘壁或结块现象的产生，必须根据不同的粉末来选择不同的混合气氛；为了防止氧化，可采用在真空或在液体中进行。湿混时使用的介质常为酒精、汽油、丙酮、水等。对湿混中使用的介质要求是不与物料发生化学反应，沸点低而易挥发，无毒性，来源广泛而成本低廉等。

粉末机械混合的均匀程度取决于混合组元的颗粒大小和形状、组元的密度、混合时所用介质的特性、混合设备的种类和混合的工艺（装料量、球料比、时间和转速等）。

化学法混合是将金属或化合物粉末与添加的金属盐溶液均匀混合，或者是各组元全部是某种盐的溶液形式混合，然后经沉淀、干燥、还原等处理而得到均匀分布的混合物。化学法与机械法相比较，化学混合使基体组元的每一颗粉末表面包覆上一层金属添加剂，能使物料中的各组元分布得更均匀，这有利于烧结过程的合金化。

粉末的混合有合金成分混合、互不相溶成分的混合、为调整孔隙度添加的非金属粉末和添加润滑剂的混合。

合金成分的混合即往金属粉末里混入碳或硅的做法已广泛应用。如制取 TZM 合金时，将一定量的碳黑形态的碳、氢化钛和氢化锆混入钼粉中；当制取二硅化钼时，将一定量的硅粉混入钼粉中；制取钨钼合金时也是将一定量钨粉混入钼粉中进行混合。

互不相溶成分的混合是在非金属粉末中混入金属粉末而制取的非金属材料。如生产减摩材料或摩擦板时混入 SiO_2 等耐磨质点。

为调整孔隙度添加的非金属粉末是为了生产含油轴承、过滤器及其他具有适当孔隙度的零件，混入的非金属粉末能在烧结前或烧结中挥发掉而留下孔隙。

添加黏结剂是为了用一般高压方法压制硬而脆的粉末，即制造难熔金属、碳化物和永久磁铁等压件时，为了减少压力损失和压坯脱模困难而混入常温下柔软的、温度稍高时易于挥发的黏结剂，如樟脑、石蜡、树脂、氯化铵、矿物油脂和淀粉等。

添加润滑剂是以润滑为目的而混入非金属物质。金属粉末压制成形时，起着决定性作用的摩擦，既阻碍粉末填充各种复杂形状的部位难于制成密度均匀的压坯，又损害了模壁加工面的光滑度，缩短了模具的寿命，因此，金属粉末里要混入一定量的润滑剂。

在一般情况下，钼粉成形前的粉末混合只宜用机械干混法，不宜用湿混法，因为湿混后一般还要进行除湿处理才能压制成形。化学混合法将在掺杂钼的生产中介绍，本章只着重介绍钼粉的机械干混法。

粉末机械干混法主要是在混合器或球磨机中进行，因此必须选择合理的混合工艺参数，如转速、装料量和时间等因素。粉末在筒体中运动的方式是由筒体转速的快慢而决定的。

混合设备 混合设备有多种多样的，主要有球磨机和混合器两大类，如球磨机、棒磨机、螺旋混合器、圆锥形混合器、V 形混合器、摇摆筒混合器等，钼粉的干混时一般都采用下述三种混合器。

螺旋混合器是在固定的混合筒中装有一根或两根 S 形带状的搅拌器，S 形搅拌器转动时引起粉末复杂的运动，从而进行搅拌混合。螺旋混合器示意图见图 7 - 1。这种混合机不仅适用于干燥粉末混合，还适用于添加液体的粉末混合。在常规的钨、钼粉添加甘油和酒精的混合时，多数都采用容积为 40 L、转速 24 r/min、电机功率为 3 kW 的单螺旋混合器或双螺旋混合器。

还有一种螺旋混合器是在筒体内有一个仅略小于筒体内径的 S 形大螺旋，它在转动时与筒体相反方向运转，粉末在混合中产生更为复杂的运动，从而使粉末混合均匀，见图 7 - 2。这种混合器适用于在干燥的粉末中，添加少量其他元素的干燥粉末进行混合的设备。钼在掺杂其他元素粉末混合时，可以采用这种混合器。

V 形混合器是围绕支持装粉末的 V 形混合筒的水平轴进行旋转而混合的设备，见图 6 - 21。在这种混合器中，有的还在与旋转轴成直角方向上装有带叶片的强力的搅拌棒。在混合时，粉末与混合筒相反的方向旋转，形成复杂的多元次运动，其混合效果好。

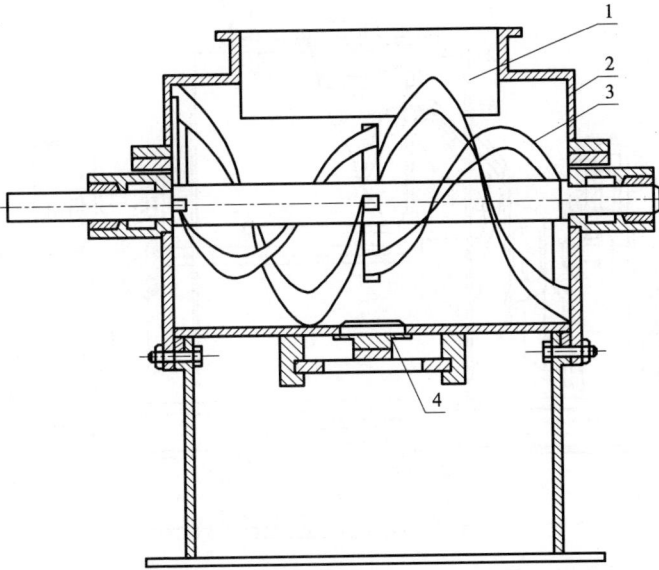

图 7 - 1 S 形带状螺旋混合器
1—装料口；2—盛料槽；3—螺旋叶；4—卸料口

如果采用球磨筒作为钼粉的混合设备时，筒内不宜放置钢球或合金球，应当放置少量的钼球或钼块，最好放置绕成弹簧的钼丝。在混合的滚动冲击中，弹簧钼丝比其他材料都耐冲击，不易碎损，不会影响钼的混合质量。

采用球磨筒混合钼粉时，应调整和控制好筒体的转速。图 7 - 3 是粉末在混合时筒体转速快慢与粉末混合效果的关系。

粉末混合中，滑动混合是筒体的转速很慢时，粉末只在筒体低部滑动；如果筒体转速加快，筒体内的粉末就会产生滚动混合；如果筒体转速进一步加快，那么筒体内的粉末就会提升到顶点后自由落体下来，筒体内的粉末就会产生自由落体混合；如果

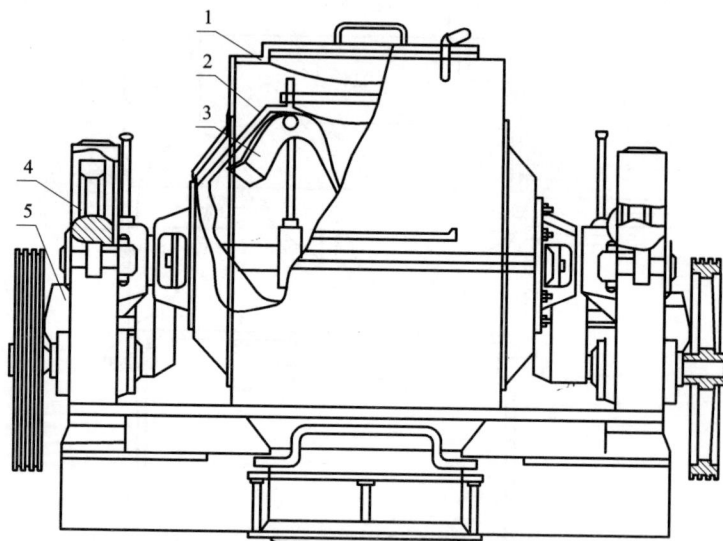

图 7 - 2　筒内 S 形大螺旋螺旋混合器

1—外壳；2—混合器圆筒；3—螺旋叶片；4—传动齿轮；5—电动机

滑动　　　　　滚动　　　　　自由　　　　　临界

图 7 - 3　筒体转速由慢到快时，粉末混合效果的示意图

把筒体转速提到最快，这时的粉末就会紧贴在筒壁上，随筒壁作圆周运动而不落下来。滑动混合和临界转速的圆周运动的混合效果很差，自由落下混合的效果最好，滚动混合次之。

如果把粉末刚刚随筒体一起作圆周运动的转速称为临界转速，临界转速大小计算如下：

$$n_{临界} = \frac{42.4}{\sqrt{D}}$$

式中：D——圆筒直径，单位为 m。

滑动混合和滚动混合转速小于 $0.6n$ 临界点，自由下落混合转速为 $0.7 \sim 0.75n$ 临界点。假如筒体直径为 0.46 m，那么临界转速为：

$$n_{临界} = \frac{42.4}{\sqrt{0.46}} = 62 \ r/min$$

自由落下转速应为：

62 r/min × 0.75 = 47 r/min

混合的装料量在球磨筒中，装入粉末的体积应为筒体容积的 40% ~ 50%，在摇摆筒中混合，装料量应为筒体容积的 1/3 左右。

无论采用哪种混合设备，混合时间的长短应根据各种不同的情况来决定。时间太短，达不到混合均匀的目的；时间过长，会使粉末颗粒产生加工硬化或由于粉末颗粒细化，改变了粉末的粒度分布。粉末混合在粉末冶金中虽然是最重要工序之一，但确定粉末是否混合均匀，仍然没有一个检测方法，仍凭经验检查烧结制品的质量来确定混合时间。

钼粉混合中添加润滑剂和黏结剂的作用是：润滑模壁与粉末、粉末与粉末之间的内外摩擦力，从而减少压力损失，从而减少压制的压力；由于黏结剂提高了粉末之间的黏结程度，从而提高了压坯的强度；由于润滑了粉末，粉末之间的阻力减少，有利于粉末流动，使压坯密度分布均匀，从而减少了压坯产生裂纹、分层的可能性，提高了产品的质量。另外，也要求添加的润滑剂和黏结剂能在烧结时全部或接近全部挥发掉，不至于影响最终钼制品的理化性能。由于丙三醇(甘油)和无水乙醇(酒精)具备了在低温烧结时易挥发逸出，没有残留杂质；它们之间的互溶性好，容易达到丙三醇和无水乙醇与粉末均匀分布的目的；价格便宜，效果好。所以在纯金属钼生产中，钼粉混合是采用丙三醇和无水乙醇作为润滑剂和黏结剂。

润滑剂和成形剂的用量与粉末种类、粒度大小、压制压力和摩擦表面有关，也与其本身材质有关。一般情况下，细粉末所需添加的量比粗粉末要多一些。钼粉中添加的丙三醇和无水乙醇按1:1的比例制成均匀的混合溶液，是按每千克钼粉加1.5~3.0 ml混合溶液计算。

钼粉混合添加用的丙三醇其分子式为 $CH_2(OH)CH(OH)CO_2(OH)$，要求：分析纯98%，化学纯97%；水溶液反应合格；外观合格；杂质含量应符合 GB687—77 标准，见表7-1规定。

钼粉混合添加用的无水乙醇应为无色透明易挥发液体，能与水、三氯甲烷及乙醚混合，易吸水。分子式为 CH_3CH_2OH，分子量为46.07，其杂质含量应符合 GB678—1990 化学纯标准，见表7-2。

钼粉的混合过程 预先将丙三醇和无水乙醇按1:1的比例制成均匀的混合溶液；每次将50 kg钼粉加入容积40 L螺旋混合器内，按每千克钼粉配比1.5~3.0 ml的丙三醇和无水乙醇混合液徐徐加入到混合器内的钼粉中，连续混合40~60 min后，卸出来再经60~80网目过筛；过筛好的钼粉最好放在不锈钢桶中贮存一定的时间后再用，但贮存时间不得超过24 h。混合过筛好的钼粉应干湿均匀，松散，无结块和球状物。

混合质量对钼制品的影响 丙三醇和无水乙醇的溶液配比应当适量，在混合时钼粉中加入的混合液太少，就不能使钼粉得到充分的润湿，从而造成粉末之间、粉末与模壁之间的摩擦力变大，使制品的坯条达不到要求的致密性而产生裂纹、分层、掉边掉角等现象；在钼粉中加入的混合液太多，会使钼粉过分湿润，而会产生黏结压模的现象，造成坯条表面不光滑，在烧结时大量

表 7 - 1　丙三醇 GB687—77 标准主要杂质含量(≤)/%

等级	烧灼残渣 以硫酸盐计	氯化物 Cl⁻	硫化合物 SO₄²⁻	铵盐 NH₄	砷 As	重金属 Pb	脂肪酸酯 C₁₅H₂₀O₆	蔗糖和葡萄糖	还原银物质	硫酸试验
分析纯	0.001	0.0001	0.0005	0.0005	0.00005	0.0001	0.05	合格	合格	合格
化学纯	0.005	0.001	0.001	0.001	0.0002	0.0005	0.1	合格	合格	合格

表 7 - 2　无水乙醇化学纯 GB678—1990 标准中主要杂质含量/%

CH₃CH₂OH 含量/%	与水混合试验	蒸发残渣	水分 H₂	酸度 (mmol/100 g)	碱度	甲醇 CH₃OH	异丙醇 (CH₃)₂CHOH	羰基化合物 (以 CO 计)	还原高锰酸钾物质	易碳化物质
≥99.5	合格	0.001	0.50	0.10	0.03	0.20	0.05	0.005	0.006	合格

的丙三醇和无水乙醇需要挥发，使坯条表面留下了许多小孔，浪费了丙三醇和无水乙醇；混合的转速快慢、装料量的多少和时间长短的影响在前面已经介绍过，这里不再重复。

第二节　钼粉钢模压制成形

成形是使金属粉末密实成具有一定形状、尺寸、孔隙度和强度坯块的工艺过程。压制过程的实质就是粉末体被压缩而发生体积的改变，压制后的高度一般降低 2/3 或 3/4，颗粒接触面增大，孔隙度降低，使原来松散的粉末具有一定的形状和强度。也就是说，粉末在压制过程中出现了位移和变形。

粉末成形方法分为加压成形和无压成形两大类，加压成形又分为普通成形和特殊成形两种，而普通成形用得最普遍的是模压成形，简称压制。压制是将粉末或混合料装在钢制压模内，并对模具实施压力，使模具内的粉末受压后收缩成为设计的形状，当压力卸除后，压坯从阴模内卸出。粉末料在压模内的压制如图 7-4 所示。

压力经上冲模传向粉末时，粉末在某种程度上表现了与液体相似的性质——力图向各个方向流动，于是引起了垂直于模壁的压力——侧压力。在压制时，施加于模具的侧压力应大于垂直压力。

金属粉末压制时的位移与变形　粉末在压模内受压后，孔隙

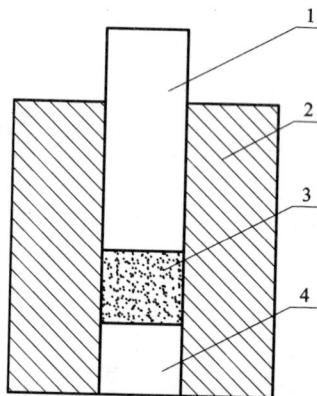

图 7-4　压制示意图

1—上冲头；2—阴模；3—钼粉；4—下冲头

度降低，颗粒之间的接触增加，压坯具有一定的形状和强度，这主要是由于粉末在压制过程中出现了位移和变形。粉末在松装堆集时，由于表面不规则，彼此之间有摩擦，颗粒相互搭架而形成拱桥孔洞的现象，叫做拱桥效应。粉末具有很高的孔隙度，当施加压力时，粉末体内的拱桥效应被破坏，粉末颗粒彼此填充孔隙，重新排列位置，增加接触。图 7-5 是用两颗粉末来说明在压制中的位移示意情况。事实上粉末在压制中受压发生的位移情况要复杂得多，一颗粉末可能同时发生几种位移，而且，位移总是伴随着变形而发生的。粉末变形可分弹性变形、塑性变形和脆性断裂三种。弹性变形是当外力卸除后粉末形状可恢复原形的变形；塑性变形是当压力超过粉末的弹性极限，变形后不能恢复原形的变形；脆性断裂是当压力超过强度极限后，粉末颗粒产生粉碎性破坏的变形。钨、钼或钨化合物、钼化合物在压制过程中的变形除少量的塑性变形外，主要是脆性断裂变形。

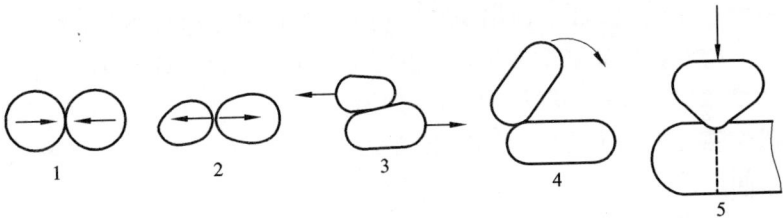

图 7-5　粉末位移的形式

1—粉末颗粒的接近；2—粉末颗粒的分离；3—粉末颗粒的滑动；
4—粉末颗粒的转动；5—粉末颗粒因粉碎而产生的移动

　　金属钼粉随加工程度不同，它的密度也要随着发生变化，如工业用中颗粒钼粉的松装密度为 $0.95 \sim 1.2 \ g/cm^3$，而加工到致密时的密度基本上达到了理论密度的 $10.2 \ g/cm^3$。图 7-6 是金属钼粉随加工程度发生变化的情况。

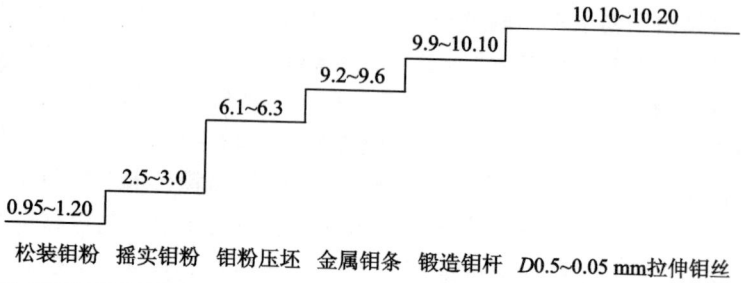

图 7 - 6　钼的加工程度与密度(g/cm^3)的关系

金属粉末的压制过程　粉末在压模内所受的压力分布是不均匀的,横向传递比垂直方向小,上层压力比底层大。结果,压坯各部分的致密化程度也不同。在压制过程中,粉末由于受力后而发生了弹性变形和塑性变形,压坯内存在着很大的内应力,当外力停止作用后,压坯便出现膨胀现象,这种现象称为弹性后效。

粉末的压坯强度的增加,主要是由于颗粒之间联结力作用的结果。粉末颗粒的联结力有机械啮合力和表面原子间的引力,其机械啮合力起主要作用。粉末颗粒越复杂,表面越粗糙,则粉末之间彼此啮合得越紧密,压坯强度越高。

钢模压制设备　以钨、钼金属粉末成形为目的的压力机有机械式、液压式及机械和液压组合式等三种形式。压力低时多采用机械压力机,总压力高时多采用液压机。

单重约在 1000 ~ 2000 g 左右的钼条、片坯料的成形一般都采用钢模压制,它是将钼粉装入钢模内,用 5000 kN 的四柱液压机压制成形。一般常用的钢模的材质是碳素工具钢 T10,钢模规格按钼坯尺寸要求设计。图 7 - 7 是 5000 kN 带侧压的四柱液压机示意图。

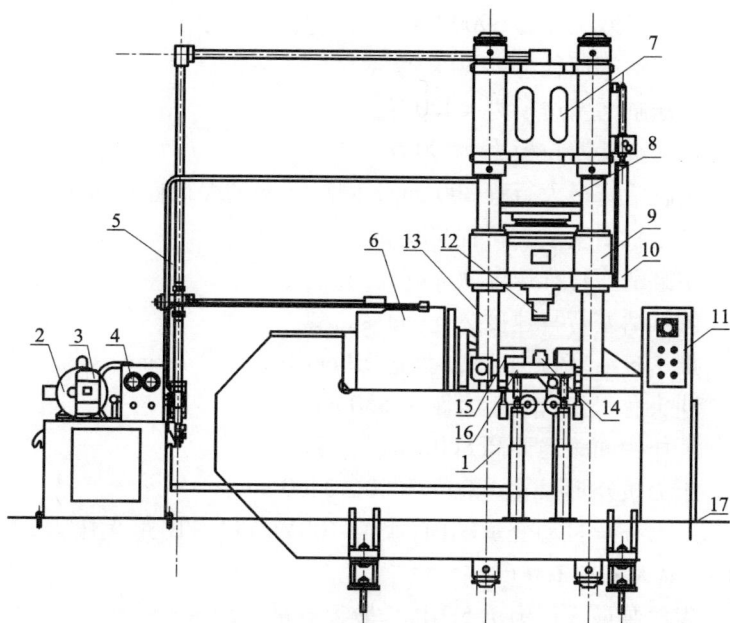

图 7 - 7　5000 kN 四柱液压机示意图

1—机身；2—电动机；3—增压泵；4—压力表；5—主油管；6—水平液缸；
7—垂直液缸；8—活塞；9—活动横梁；10—位移传感器；11—控制柜；
12—上冲头；13—立柱；14—压模；15—侧冲头；16—操作平台；17—地平面

　　5000 kN 带侧压的四柱液压机的加压方向只按一个方向进行，适用于大量生产同一种规格的产品成形时使用，它的压坯单重和外形能保持一致，但它对模具要求很严，模具费用高。

　　5000 kN 四柱液压机的主要技术指标：

　　公称压力 5000 kN。

　　液体最大工作压力 31.4 MPa。

　　主缸活塞工作力 5000 kN。

主缸活塞回程力 400 kN。

侧缸活塞工作力 5900 kN。

侧缸活塞回程力 1250 kN。

推送缸活塞送模力 < 420 N。

推送缸活塞拉模力 < 290 N。

主缸活塞最大行程 300 mm，侧缸活塞最大行程 90 mm。

推送缸活塞最大行程 900 mm。

主缸活塞行程速度 9 mm/s。

侧缸活塞行程速度 2.6 mm/s。

推送缸活塞行程速度(推进 50 mm/s，拉出 70 mm/s)。

冲头总工作台面最大距离 880 mm。

工作台面距地面高 860 mm。

压力机外形尺寸 4200 × 5000 × 3400 mm。

压力补偿自动变量轴向(型号 100YOY14 - 1)最大压力 31.4 MPa、最大流量 100 L/min。

齿轮泵最大压力 1.5 MPa，最大流量 5 L/min。

电动机：型号 JO262 - 4，功率 17 kW，转速 1450 r/min。

奥地利普兰西金属公司拥有一台 30000 kN 的四柱液压机，采用钢模可压制单重 40 kg 的钼坯料，烧结后的钼坯用于轧制开坯生产大规格的钼板，也可用于生产大单重的钼丝。

钼压制的操作过程 称料是为了确定为满足一定尺寸的压坯所需要的粉末量。称料有容量法和重量法两种，自动压制一般采用容量法，非自动压制一般采用重量法。钼压制采用重量称料法。为了保证压坯的密度和尺寸要求，计算压坯所需的粉末量的公式如下：

$$Q = V \times V_m \times (1 - \frac{\pi}{100}) \times K$$

式中：Q——压坯单重所需要的粉末量，g；

V——压坯体积，cm^3；

V_m——致密材料的密度，Mo、10.2 g/cm^3；

π——压坯的孔隙度（一般采用40% ±5）；

K——压制时粉末损失的添加系数（钼一般为1.01）。

例如，需压制1.4 cm×1.4 cm×60 cm 的钼坯条，则：

$$Q = V V_m (1 - 0.4) \times 1.01$$
$$= 117.6 \times 10.2 \times 0.6 \times 1.01$$
$$= 727 \text{ g}$$

得：压制1.4 cm×1.4 cm×60 cm 的钼坯条，需要的钼粉量是727 g。

将称量好的钼粉均匀装入压模中，并用专用刮子刮平，以保证压坯不出现分层和裂纹。再将装好钼粉的压模送入压力机内进行压制。压制时的压力控制一般用控制单位压力和控制压坯高度两种方法，以保证压坯的尺寸和密度。钼的压制一般采用控制单位压力的方法。例如，采用5000 kN 四柱液压机，用294 MPa 来压制1.4 cm×1.4 cm×60 cm 的钼坯条，计算表压力（当压力机的压力为5000 kN 时，其表压为32 MPa）如下。

1.4 cm×1.4 cm×60 cm 的钼坯条成形总压力 = 受压面积×单位压力：

$$1.4 \times 60 \times 294 = 2469.6 \text{ kN}$$

当总压力为2469.6 kN 时，表压力应为：

$$5000 : 24696 = 32 : X$$

$$X = 15.8$$

压制1.4 cm×1.4 cm×60 cm 规格的钼坯条的表压力应为15.8 MPa。

压制好后，将压模从压力机中拖出来，然后将压模拆开，取出压制好的钼坯条，在坯条上写上批号、工号等字样。

常用的压坯尺寸和工艺条件见表7–3。

表 7 – 3   5000 kN 压力机的钼粉压制工艺条件

钼坯尺寸/mm	单重/g	单位压力/MPa	表压/MPa*
14 × 14 × 600	700 ~ 750	200 ~ 400	10. 8 ~ 17. 7
16 × 16 × 600	900 ~ 1000	200 ~ 400	12. 7 ~ 19. 6
20 × 20 × 600	1300 ~ 1400	200 ~ 400	14. 7 ~ 22. 6
24 × 24 × 600	1800 ~ 2000	200 ~ 400	18. 6 ~ 24. 5
160 × 60 × 16	1000	200 ~ 400	19. 0 ~ 20. 0

注:5000 kN 压力机的液体最大工作压力(表压)为 32 MPa。

钼压坯的技术要求　压坯尺寸符合工艺要求,表面光滑,无分层、裂纹、掉边掉角、表面剥落等缺陷。

压制压力和压坯密度

粉末体受压后发生变形和位移,随着压力的增加,压坯的密度出现有规律的变化,压坯密度与成形压力的关系见图 7 – 8。这种变化通常表现为三个阶段:第一阶段称为滑动阶段,在这个阶段内,压力稍有增加,粉末颗粒发生位移,孔隙填充很快,密度也增加很快。第二阶段当压力继续增加

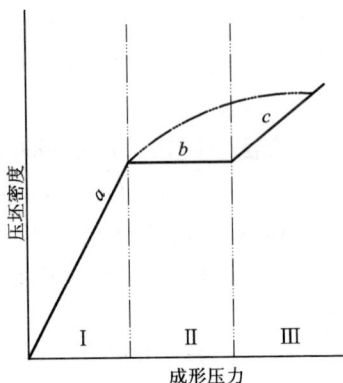

图 7 – 8　压坯密度与成形压力的关系

时,粉末体出现一定的压缩阻力,当压力增加而孔隙不能减少,密度也就变化不大。第三阶段当压力超过某一定值后,随着压力的升高,压坯的相对密度又继续增加,因为当成形压力超过粉末临界应力以后,粉末开始变形,由于高位移和变形都起作用,因此,压坯密度又继续增加。

关于压力与压坯密度的关系的压制理论方程式有很多,其中

以巴尔申、艾西－沙皮罗－柯诺皮斯基、川北公夫、黄培云的压制理论是最具有代表性的压制理论方程式。

巴尔申方程式:

$$\frac{\mathrm{d}P}{p\beta} = -lp$$

$$\lg P_{max} - \lg P = L(\beta - 1)$$

$$\lg P_{max} - \lg P = m\lg\beta$$

式中: P_{max}——相应于压至最紧密状态$(\beta - 1)$时的压力单位压力;

L——压制因素;

m——系数;

β——相对体积。

艾西－沙皮罗－柯诺皮斯基方程式:

$$\theta = \theta_0 e - \beta P$$

式中: θ——压力P时的孔隙度;

θ_0——无压力时的孔隙度;

β——压缩系数。

川北公夫方程式:

$$C = \frac{abp}{1 + bp}$$

式中: C——粉末体积减少率;

a、b——系数。

黄培云的双对数方程式:

$$\lg\ln\frac{(d_m - d_0)d}{(d_m - d)d_0} = n\lg p - \lg M$$

$$m\lg\ln\frac{(d_m - d_0)d}{(d_m - d)d_0} = \lg p - \lg M$$

式中: d_m——致密金属密度;

d_0——压坯原始密度；

d——压坯密度；

P——压制压强；

M——相当于压制模数；

n——相当于硬化指数的倒数；

m——相当于硬化指数。

在多数情况下，巴尔申方程用于硬粉末比软粉末效果好；艾西 – 沙皮罗 – 柯诺皮斯基方程适用于一般粉末；川北公夫方程在压制压力不大时优越性显著；黄培云的双对数方程式不论对软粉末或硬粉末适用效果都比较好。

压坯密度的分布　　压坯密度在高度方向和横断面上，分布是不均匀的。有人用 3 kg 还原铁粉，采用 500 ~ 650 MPa 单位压制压力，压成 D72 mm 的压坯，然后所测得铁粉横断面密度和硬度分布作了研究，如图 7 – 9 所示。

6. 16	5. 85	5. 60
5. 58	5. 58	5. 53
5. 28	5. 39	4. 98
4. 84	4. 60	4. 91
4. 66	4. 73	4. 67
4. 23	4. 55	4. 77

密度（g/cm³）

55	63	79	100	
54	62	79	93	97
55	54	58	70	86
48	55	55	54	79
51	46	47	39	73
41	40	37	36	55
34	34	36	27	39
30	30	27	23	32
34	34	30	24	

硬度 HB（ ×9. 8 MPa）

图 7 – 9　还原铁粉压坯横断面密度和硬度分布情况

左图的所测密度的点虽然比右图所测的硬度的点多，但左图的所测密度位置与右图所测的硬度位置基本上相对应。从图中可以看出，在与模冲相接触的压坯上层，密度和硬度都是从中心向边缘逐渐增大的，顶部的边缘部分密度和硬度最大，在压坯的纵向层中，密度和硬度沿着压坯高度从上而下降低。但是，在靠近模壁的中层，由于外摩擦的作用，轴向压力的降低比压坯的中心大得多，以致在压坯的底部边缘密度比中心密度低。因此，压坯下层的密度和硬度之分布状况和上层相反。

金属压模压制主要用于供熔炼和供加工成不大的带、棒和丝、小板用的坯条或片。金属压模压制有许多缺点，粉末在压模内所受的压力分布是不均匀的，因为粉末颗粒之间彼此摩擦、相互楔住，使压力沿水平方向的传递比垂直方向要小得多。粉末还与模壁在压制过程中产生摩擦力，此力随压制压力的变化而增减。因此，压坯在高度上出现显著的压力降，接近上模冲端面的压力比它底部要大得多，中心部位与边缘部位也存在着压力差，结果，压坯各部分的致密化程度也就有所不同。

为了使压坯密度均匀，应当采用降低压坯的高径比，采用高光洁度的压模，在压模上涂润滑油和采用双向压制等方法来改善。

从图 7－10 中可以看出，靠近上冲模边缘部分的密度最大，靠近下冲模底部的边缘部分的密度最小，而各点分布并不均匀。由此可知，制造体积大或形状复杂的粉末制品，采用单向压制的方法会不利于产品的成形，甚至对最终产品的性能都会产生影响。钢模单向压制的制件体内密度分布不均匀；制造大型制件很复杂；不可能制得硬质和低塑性材料粉末的高质量压块。

弹性后效　在压制过程中，当除去压制压力并把压坯卸出压模后，由于内应力的作用，压坯发生弹性膨胀，这种现象称为弹性后效。

弹性后效通常用压块胀大的百分数来表示：

$$\delta = \frac{\Delta l}{l_0} \times 100\% = \frac{l - l_0}{l_0} \times 100\%$$

式中：δ——沿压坯高度或直径的弹性后效；

　　l_0——压坯卸压前的高度或直径；

　　l——压坯卸压后的高度或直径。

发生弹性现象的原因是：粉末体在压制过程中受到压力作用后，粉末颗粒发生弹性和塑性变形，从而在压坯内部聚集很大的内应力——弹性内应力，其方向与颗粒受的外力方向相反，力图阻挠变形。当压制力消除后，弹性内应力就要松弛，改变颗粒的外形和颗粒间的接触状态，这就使粉末发生了膨胀。

由于压坯在各个方向受力的大小不同，因此，沿压坯高度的弹性后效比横向要大些，压坯在压制方向的尺寸变化可达 5% ~ 6%，而垂直于压制方向的变化为 1% ~3%。

影响弹性后效的因素很多，如粉末的种类和特性，粉末的粒度及粒度组成，粉末颗粒形状、硬度等；压制压力的大小及加压的速度；压坯的孔隙度；压模材质或结构；成形剂等等。

影响压制过程的因素　　在压制过程中影响的因素主要有粉末性能、润滑剂和成形剂、压制方式等。

1. 粉末物理性能的影响

金属粉末的硬度和可塑性对压制影响很大，软金属粉末比硬金属粉末易于压制，压缩时变形量大，压坯密度易于提高，它所需要的压制压力要小得多；塑性差的硬金属粉末所需要的压制压力大，压制前必须加润滑剂的成形剂，否则很容易产生裂纹等缺陷。

2. 粉末化学纯度的影响

粉末的化学纯度越高越容易压制，因为杂质多以氧化物形态存在，而金属氧化物粉末多是硬而脆，且存在于金属粉末表面，在压制时使得粉末的阻力增加，压制性能变坏，并使压坯的弹性后效增加，如果不使用润滑剂或成形剂来改善其压制性能，结果必然降低压坯密度和强度。

3. 粉末粒度及粒度组成的影响

粉末越细其流动性也越差，也越容易形成拱桥效应，粉末之间的内摩擦力增加，压力损失大，影响压坯密度的均匀分布，但其成形性较好。粒度组成较复杂的压制性比单一粒度组成的粉末压制性好，因为它的小颗粒容易填充到大颗粒之间的空隙中去，它的压坯强度高，弹性后效少，易于得到高密度的合格压坯。

4. 粉末形状的影响

表面平滑规则接近球形的粉末流动性好，易于填充模腔，使压坯密度均匀分布；而形状复杂的粉末填充困难，容易产生拱桥效应，由于装粉不均匀而容易引起压坯的密度分布不均匀，但由于它的接触面比规则粉末大，所以它的压坯强度高，成形性好。

5. 润滑剂和成形剂的影响

有关内容在前节中已经叙述，不再重复。

6. 加压方式的影响

为了减少压制过程中的压力损失和压坯密度出现的不均匀现象，可以采用双向压制或多向压制的方法，还可以采用换向压制的方法来改善。

7. 加压速度的影响

压制过程中的加压速度不仅影响到粉末颗粒间的摩擦状态和加工硬化程度，而且影响到空气从粉末颗粒间空隙中的逸出，如果加速太快，空气逸出就困难，粉末的位移时间太短，也会造成密度分布不均匀。因此，加压应当是缓慢进行的。

8. 保压时间的影响

粉末在压制过程中，如果在某一特定的压力下保压一定的时间，往往可得到非常好的效果，这对于形状较复杂或体积较大的制品尤其重要。压坯在保压过程中，能使压力充分传递，有利于压坯的密度均匀；有利于粉末体孔隙之间的空气的有足够时间来逸出；有利于给粉末之间的机械啮合和变形以足够时间。

第三节　钼粉等静压制成形

　　压坯尺寸较小、单重较轻、形状也较简单的粉冶产品，可以在压力机上通过单向加压或双向加压用钢模压制成形。但大规格、大单重、形状复杂的压坯是普通钢模压制无法成形的，必须采用各种非钢模压制成形法，如等静压成形、粉末轧制成形和粉末挤压成形（金属粉末直接连续制成带材法）、离心加压成形、高能量成形、粉浆浇注等，统称为特殊成形。等静压是特殊成形中最普遍使用的一种。

　　等静压的基本原理　它是借助于高压泵的作用把流体介质（气体或液体）压入耐高压的钢体密封容器内，高压流体的静压力直接作用在弹性模套内的粉末上，粉末体在同一时间内在各个方向上均衡地受压而获得密度分布均匀和强度较高的压坯。等静压原理图见图7－10，等静压制设备示意图见图7－11。

　　等静压制成形按其特性分为冷等静压成形和热等静成形，前者常用油或水作介质，后者常用气体作介质。1936年美国就用等静压技术压制钨、

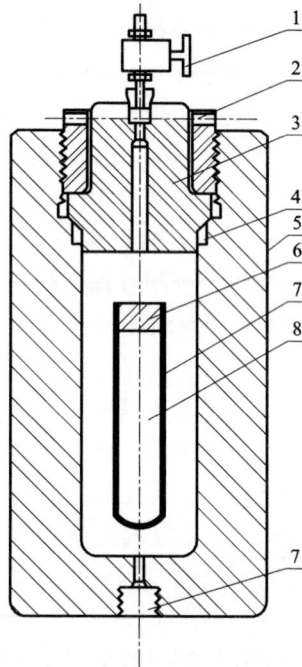

图7－10　等静压原理图

1—排气阀；2—压紧螺母；3—盖顶；
4—密封圈；5—高压容器；6—橡皮塞；
7—模套；8—压制件；9—压力介质入口

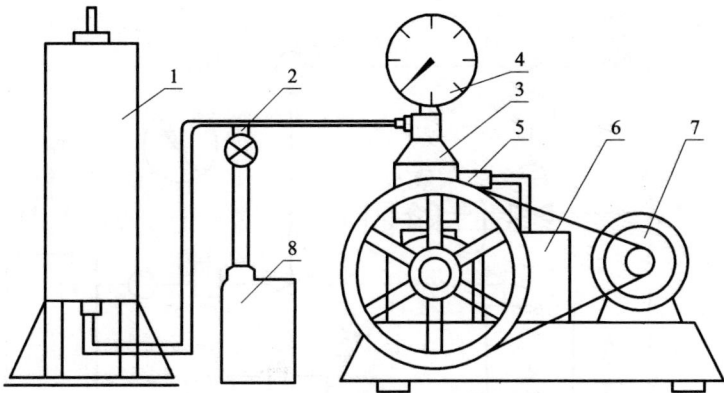

图 7 – 11　等静压制设备示意图

1—高压容器；2—降压阀；3—高压泵体；4—压力计；
5—单向阀；6—油箱；7—电动机；8—回油箱

钼产品，后来等静压技术发展很快，目前已在各国普遍使用。等静压成形与一般钢模压制成形相比较，它的优点是：等静压时压力通过包套同时施于被压粉末的整个外表面，可制取形状复杂、密度均匀、高度和直径的比例以任意选择的坯件；压制时粉末与弹性模具的相对移动小，因此摩擦损耗也小，实际上完全没有压力对外摩擦的损失，所需的单位压力低；压坯密度均匀；压坯强度高，便于运输和加工；模具材料成本低。

冷等静压力机　冷等静压力机主要由高压容器和流体加压泵组成，其余配备有流体储槽、压力表、输送流体的高压管道和高压阀门等。用液体作介质等静压力机的工作系统见图 7 – 12。物料装入弹性袋置于高压容器内，高压泵将流体注入高压容器内，使弹性袋受压，当压力达所需的要求后，启开回流阀使液体返回储罐内备用。

冷等静压力机按照工作室尺寸、压力及轴向受压状态、密封

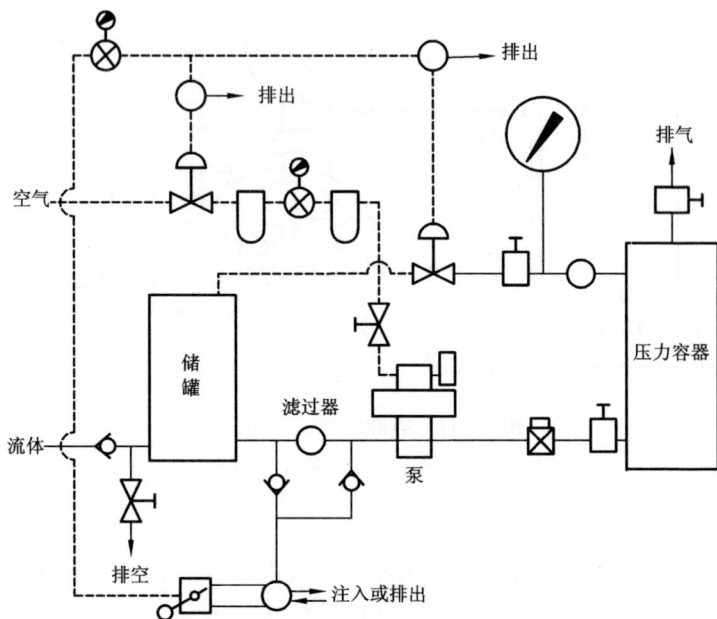

图 7 - 12　等静压机工作系统示意图

形式可分成三种基本类型，即拉杆式、螺纹式和框架式。

拉杆式等静压力机的容器结构如图 7 - 13 所示，压力容器是一个整体钢筒，外箍用热套法在压力容器上结合成双层结构。容器上端开口便于装卸料，经受的径向压力由筒体壁承受，工作室的纵向压力传递给密封塞上被可移动的盖板顶住，上横板和下横板由四个螺母连接于两根拉杆共同承受轴向压力，但它不能承受很高的压力。

螺纹式等静压力机的容器结构如图 7 - 14 所示，压力容器装卸口是靠压紧螺母压紧密封塞和橡皮密封垫来密封紧固的。工作室经受的轴向压力由压紧螺母和筒体通过螺纹连接来承受，径向

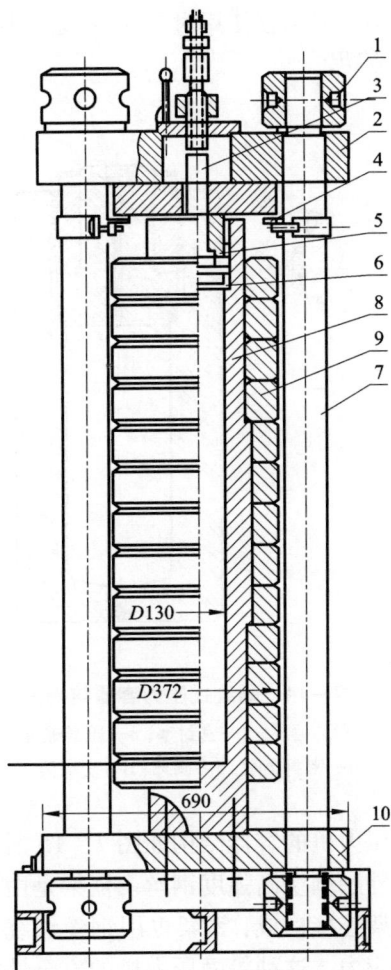

图 7 – 13 拉杆式压力容器结构图

1—螺母；2—上横板；3—介质输入管；4—盖板；5、6—密封塞；
7—拉杆；8—压力容器；9—外箍；10—下横板

压力由筒体承受。它的优点是结构比较简单；能够承受较高的流体压力；投资较小。但它在使用过程中螺纹磨损严重，操作劳动强度大，使用寿命短。

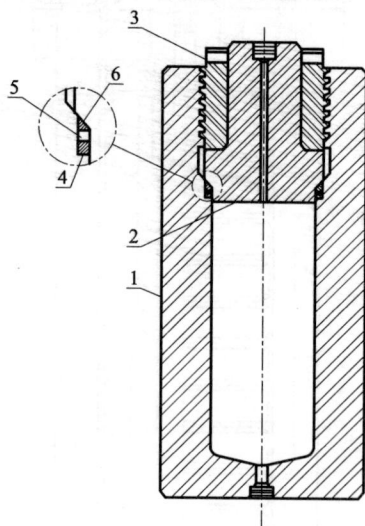

图 7 – 14　螺纹式压力容器结构图
1—筒体容器；2—密封塞；3—压紧螺母；
4—密封垫圈；5—圆环；6—支承架

框架式等静压力机的容器结构如图 7 – 15 所示，容器皿是一个钢质空心圆柱外层缠绕高强度钢丝。框架是由两个半圆形钢环和一个牌坊状钢架连接构成，钢架也用钢丝缠绕，它能使压力容器和框架获得预应力。这种等静压力机的安全性能很好。

上述三种等静压力机的性能比较见表 7 – 4。

表 7 - 4 三种等静压力机的比较

比较内容	拉杆式等静压力机	螺纹式等静压力机	框架式等静压力机
优 点	轴向压力由数根拉杆承受;手式操作;压力较低	轴向压力由压紧螺母与筒体连接承受;手式操作;压力较高	轴向压力由框架承受;机械化程度高;压力很高、安全系数大
缺 点	拉杆受力不匀,使螺纹应力集中	螺纹强度受限制,使用磨损大	框架焊接较困难,辅助设备多
应用范围	适于压制中小压件	适于压制中小压件	适于压制中、大压件

冷等静压力机的压制压力是由高压泵获得的,一般要求大于 1000 kg/cm^2。单位压力为 1 ~ 20 kg/cm^2 多采用柱塞泵;单位压力为 10000 kg/cm^2 的必须采用倍增高压泵。

冷等静压制按粉料装模其受压形式可分为湿袋模具和干袋模具压制。湿袋模具压制如图 7 - 16 所示,它是将粉末装入软模中,用橡皮塞紧密封口,然后装入高压容器中,使模袋泡浸在液体压力介质中经受高压泵注入的高压液体压制。湿袋模具压制的优点是能在同一容器内同时压各种形状的压坯,其缺点是装模脱模时间长,不易实现自动化。

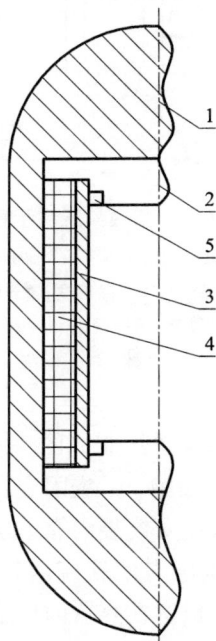

图 7 - 15　框架式压力容器结构图

1—框架;2—活动盖;3—衬壁;
4—绕钢丝;5—密封圈

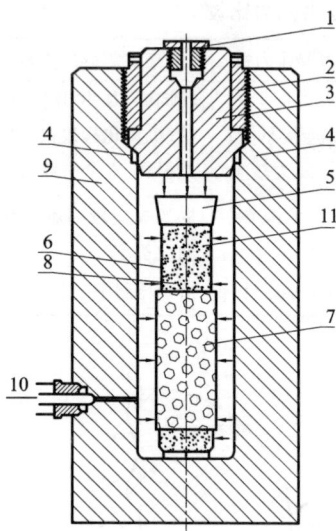

图 7－16　湿袋模具压制示意图

1—排气塞；2—压紧螺帽；3—压力塞；
4—金属密封圈；5—橡皮塞；6—软模；
7—穿孔金属套；8—粉末料；9—高压
容器；10—高压液体；11—棉花

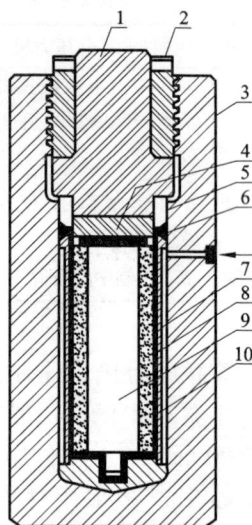

图 7－17　干袋模具压制示意图

1—上顶盖；2—螺栓；3—筒体；4—
上垫；5—密封垫；6—密封圈；7—
套板；8—干袋；9—模芯；10—粉末

　　干袋模具压制如图 7－17 所示，压制时干袋模具不泡浸在液体压力介质中，干袋固定在筒体内，模具外层衬有穿孔金属护套板，粉末装入模袋内靠上层封盖密封，高压泵将液体介质输入容器内产生压力使软模内粉末均匀受压，当压力除去后即取出压坯，模袋仍留在容器内供下次再用。干袋模具压制的优点是生产率高，易于实现自动化。

　　最近，美国已研制出一种集自动装粉、振动摇实后自动送入高压容器，经自动加压、卸压后送出高压容器和自动脱模的一种干袋式等静压力机。这种等静压力机有一个圆形转动的自动操作台,操作台上有 4 个用于装粉压制成形的模套,这 4 个模套同时分别处于在装粉、振动摇实、高压容器中压制和脱模的状态,利用操作台的转动,使模套连续循环进入到下一个工序。这 4 个模套可以根据设计要求做成(在高压容器中可以容纳范围内的)不同形状和规格,平均 2~3min 就可压制出 1 个压坯。这种全自动干袋式等静压力机对于生产同一品种和规格近似的产品,可以实现连续和大规模的批量生产,但用于生产单个或批量小的产品是不经济的。

钼坯的冷等静压制的工艺包括模具材料的选择和制作,粉末的准备和装模、密封、压制和脱模。

模具材料的选择和模具的制作 不同的粉末体在等静压制成形时需要不同的压力,金属粉末等静压力为 430~2190 kg/cm^2,陶瓷用碳化物为 704~2190 kg/cm^2。因此,钼粉等静压制需要用的模具材料必须有一定的强度和弹性,装粉时能保持原来的几何形状;具有较高的抗磨耗性能;易于加工;不与压力介质发生物理化学作用;材料不易黏附在压坯上,使用寿命长,价格便宜等。钼粉等静压制模具一般都选择聚氯乙烯树脂粉为原料,以苯二甲酸二丁酯或二辛酯为增塑剂,以硬脂酸钙为稳定剂。其制模工艺流程见图 7-18。

制取塑料软模工艺过程 将聚氯乙烯树脂粉:苯二甲酸二丁酯或二辛酯:硬脂酸钙按 100 g:(100~200) mL:(4~8) g 称量好,首先将聚氯乙烯树脂粉和硬脂酸钙(还可加入一定量的三盐基硫酸铅)干混均匀,然后加入苯二甲酸二丁酯或二辛酯中,放进搅拌机搅拌(1~2 天)成均匀一致无结块的白色糊状体。经 80网目过筛后装入容器内抽真空排气 24 h(开始时要防止料浆冒槽),使料浆中气体全部排除干净,料浆中无气泡。将预热 2~2.5 h、温度 160 ℃±20 ℃ 的钢模放入料浆中搪塑或浸渍到需要的长度和厚度后,吊起,用毛刷将厚薄不匀处将气孔刷平,然后送

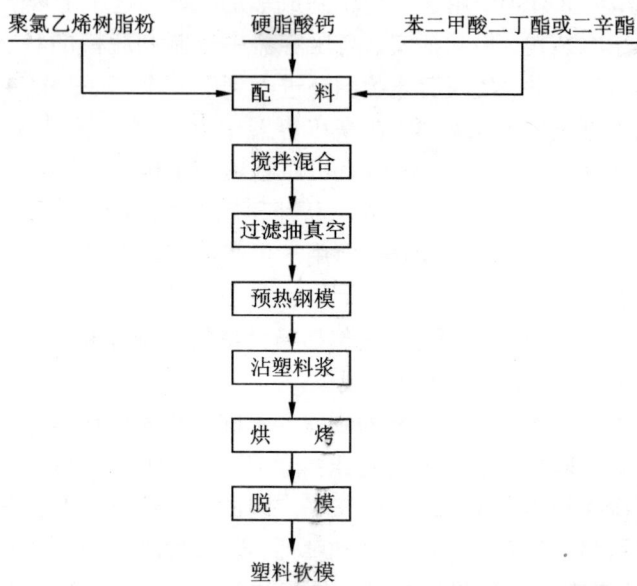

图 7 - 18   制取塑料软模工艺流程图

入烘箱进行烘烤(4 ~ 6 h、温度 160 ℃ ~ 180 ℃),若塑料层太薄,
可进行第二次搪塑或浸渍再烘烤。烘烤后待颜色由乳白色变成半
透明的棕黄色即可停止加热,在空气自然冷却或放水中冷却后从
金属模上取出即可使用。

塑料软模技术要求   钢模沾模厚度要均匀,高度要满足尺寸
要求,无气孔;烘烤后的软模颜色一致,厚薄均匀,具有弹性,无
气孔等缺陷。

等静压湿袋压制操作过程   根据产品形状、尺寸要求,选择
相应的钢模套和软模,将称量好的钼粉装入软模内,通过振动器
将软模内的粉末摇实并分布均匀,没有振动器的也可用手揉搓均
匀,然后用橡胶塞塞紧袋口,并用金属丝扎紧密封,以防液体渗

入。装粉时带进的空气会随粉料被压缩,阻碍粉末被压紧,又容易在压坯中生成大气泡而影响坯料的质量,因此,先在密封的模袋中用注射器针插入橡皮袋内,用真空泵抽出空气。为防止针头孔眼被堵塞,可在粉上部与橡塞接界处放置棉花或过滤物,在脱模时可除去。再将装料模袋置于金属网架中,然后放入等静压的高压容器内,把容器上端的活塞和压紧螺帽装好,旋松放气孔的螺丝,旋紧回油阀(卸压阀),开动高压泵使压力直升至所需的压力为止。升压速度要适当,太快会使压坯出现软心。卸压太快会使残留在压坯中受压缩的气体迅速膨胀,容易造成压坯开裂,特别是大型制品降压时更要缓慢,通常卸压速度为 5 MPa/min 为宜。卸压完后打开顶盖,吊出金属网架,将软模中压制好的压坯取出。采用等静压压制一般的钼制品所用的压力是 180～200 MPa,保压时间为 5 min,卸压时间为 2 min。

在等静压制时的压坯单重计算公式是:压坯单重＝成品单重×加工余量系数。钢芯尺寸的选择是: D ＝成品尺寸/(1－收缩率)。软模尺寸选择是: D ＝坯料直径/(1－收缩率)。

毛坯收缩率的计算公式是:

$$收缩率 = \frac{毛坯尺寸 - 成品尺寸}{成品尺寸} \times 100\%$$

毛坯尺寸的计算公式是:

$$毛坯尺寸 = \frac{成品要求尺寸}{1 - 收缩率} + 加工余量$$

为了减少加工余量,保持表面平整,还可采用先用钢模压制成形后,再将压坯装入弹性很好壁厚很薄的乳胶模内,再进行等表压制的方法。

技术要求　等静压制的压坯不得有影响坯料尺寸下限要求的掉边掉角,不允许有影响加工尺寸的不平缺陷,不允许浸油,无分层和裂纹,外表形状规整。

参 考 文 献

1　黄培云. 粉末冶金原理. 冶金工业出版社, 1982 年 11 月

2　[日]松山芳治, 三谷裕康, 铃木寿. 粉末冶金学. 科学出版社, 1978 年 4 月

3　A·H·节里克曼. 钨钼冶金学. 重工业出版社, 1956 年 2 月

4　王国栋. 硬质合金生产原理. 冶金工业出版社, 1988 年 2 月

第八章　钼制品烧结

第一节　烧结机理

烧结是粉末或粉末压坯在适当的温度和气氛中受热所发生的现象或过程。烧结的结果是颗粒之间发生黏结，使粉末或粉末压坯收缩和致密化，烧结体强度增加，而且多数情况下密度也提高，烧结后的物体称为烧结体。在粉末冶金中，用低于金属熔点的温度加热粉末或粉末压坯时，结果是使压坯发生收缩而致密化，强度增加，物理化学性能提高，从而可以制取满足各种要求的制品。

烧结是粉末冶金过程中的一个关键性工序，也是最后一个工序。压制成形的工件如不经烧结，其密度和强度都很低，又不具备金属的物理特性，没有实际的使用价值。烧结对最终产品的性能起着决定性作用，因为由烧结造成的废品是无法通过以后的工序挽救过来的；相反，烧结前工序中的某些缺陷还可以通过调整制粉、粉末粒度组成、混合、压制、烧结等工艺来改变。

烧结现象　烧结是粉末固有的特性，不管是否金属粉末，也不分什么种类的细粉，在室温下放置后都有固结现象。粉末有自发地黏结成团的倾向，特别是极细的粉末，在高温下，黏结进行得十分迅速和明显，并伴有明显的收缩。这就是粉末烧结现象。

烧结机理　粉末或粉末体经烧结后，烧结体的强度增加，首先是颗粒间的联结强度增大，即联结面上原子间的引力增大。在粉末或粉末压坯内,颗粒间接触面能达到原子引力作用范围的原子数目有限,但是在高温下,由于原子振动的振幅加大,发生扩散,接触面上才有更多的原子进入原子作用力范围,形成黏结面并且随着黏结面的扩大,烧结体强度也增加。黏结面扩大进而形成烧结颈,使原来的颗粒界面形成晶粒界面,而且随着烧结的继续进行,晶界可以向颗粒内部移动,导致晶粒长大。

同一物质的粉末状态与块状比较,粉末具有大的表面积,因而具有大的表面能。另外,由于粉末表面和内部有各种晶格缺陷,再如用粉碎法加工的粉末也存在加工应变,基于这些原因均使粉末具有较多的能量,即粉末比块状单结晶物质贮存着多余能量,而处于不稳定状态。粉末团块的烧结固化现象,不外乎是减少其系统内团块的自由能转向比较稳定状态的现象。

致密化机理 烧结过程中,颗粒黏结面上发生量与质的变化以及烧结体内孔隙的球化与缩小等过程都是以物质迁移为前提的。

粉末烧结首先是相邻颗粒间的接触表面增大,即烧结颈的形成。烧结初期颗粒间的黏结具有范德华力的性质,不需要原子作明显的位移,而使粉末体内的弹性内应力消除,它主要发生在颗粒接触面上,不受孔隙影响,只涉及颗粒接触面上部分原子的排列的改变或位置的调整,过程所需要的激活能是很低的。因而,即使在温度较低、时间较短的条件下,黏结也能发生,烧结体的收缩不明显。

烧结过程的第二阶段是孔隙收缩机理,它是烧结理论的核心。只在足够高的温度或外力作用下,才能形成较大的激活能,使原子通过蒸发与凝聚、扩散、流动等迁移形式产生较长距离的移动,将引起烧结体的收缩,使性能发生明显的变化,这是构成烧结过程的基本特征。

由于温度的升高,蒸气压差使原子从表面蒸发,重新在烧结颈凹面上凝聚下来，由此引起烧结颈的长大。只有那些较高蒸气压的物质才可能发生蒸气与凝聚的迁移过程。

　　扩散的形式有体积扩散、表面扩散和晶扩散。体积扩散是晶体内存在着超过该温度下平衡浓度的过剩空位，空位浓度梯度就是导致空位或原子定向迁移的动力。空位源存在于烧结颈表面、小孔隙表面、凹面及位错；还有晶界、平面、凸面、大孔隙表面、位错等。当空位由内孔隙向颗粒表面扩散以及空位由小孔隙向大孔隙扩散时，烧结体就发生收缩，小孔隙不断消失和平均孔隙尺寸减小。表面扩散是蒸发要以粉末在高温时具有较低的饱和蒸气压为先决条件，然而通过颗粒表面层原子的扩散来完成物质迁移，却可在低得多的温度下发生。烧结过程中颗粒的相互联结，首先是在颗粒表面上进行的，由于表面原子的扩散，颗粒黏结面的扩大，颗粒表面的凹处逐渐填平。粉末愈细，比表面愈大，表面的活性原子愈多，表面扩散就愈容易进行。晶界扩散是发生体积扩散时，原子从晶界向孔隙扩散，烧结颈边缘的过剩空位将扩散到晶界上消失，结果是颗粒间距离缩短，孔隙度缩小，烧结体收缩。

　　烧结颈形成和长大可看成是金属粉末在表面张力作用下发生的塑性变形的结果，也与金属的扩散蠕变过程相似，所不同的是表面张力随着烧结的进行逐渐减小，因此烧结速度逐渐变慢。

　　第二阶段烧结过程中，粉末烧结体的强度增高，由于原子振动的振幅加大，颗粒接触面上有更多的原子进入原子引力场，这时颗粒间形成黏结面，并随着烧结的继续，烧结面不断扩大，形成所谓烧结颈。这时烧结体的强度明显增强，颗粒间的原始界面就成为晶体界面。晶界向颗粒内移动就伴随出现晶粒长大或借助晶界移动使晶粒合并，也称为再结晶。

　　粉末烧结材料的再结晶有两种方式，即颗粒内再结晶和颗粒间聚集再结晶。颗粒内再结晶是当烧结温度超过再结晶温度时，由于颗粒变形不均匀性，颗粒间接触表面的变形最大，成核也最容易，再结晶从接触面向颗粒内扩展，转变为新的等轴晶。颗粒间聚集再结晶是颗粒间通过再结晶形成晶界，而且在两个颗粒内移动，使颗粒合并。

烧结体内存在的回复和再结晶只有在晶格畸变严重的粉末烧结时才容易发生。这时，随着致密化出现晶粒长大。回复和再结晶首先使压坯中颗粒接触面上的应力得以消除，因而促进烧结颈的形成。由于粉末中的杂质和孔隙阻止再结晶过程，所以粉末烧结的再结晶晶粒长大又不像致密金属那样明显。

粉末体经烧结后，虽然密度增加很多，但其密度难于接近理论密度值。虽然用同一温度烧结时，烧结的时间越长，微孔越接近于消灭。但在某种程度上，大孔隙反而长大，另外在接近烧结体表面出现了无孔隙现象，这种现象是由于大孔隙之间原子空位消失造成的。在此处微孔消失，并在烧结后形成了大的孔隙，所以烧结体的密度始终难达到理论密度。

压坯的收缩一般在加工方向和与其成直角的方向是不同的，一般来说，与加压方向成直角的方向收缩大些，但片状粉末与此具有相反的关系。压坯由于烧结产生收缩，致密化使孔隙的体积减少。

随着烧结进行的同时带来了烧结体的各种性能变化，一般在机械上有抗拉强度、延伸率、硬度等，在物理量上有密度、电阻、表面能等变量，这些都是相互关联的。

由粉末烧结可制得各种纯金属、合金、化合物及复合材料，因而烧结体系按粉末原料的组成分为：由纯金属或化合物组成的单元系烧结；由金属－金属、金属－非金属、金属－化合物组成的多元系烧结。也有的是按烧结过程中有无明显的液相出现和烧结系统的组成进行分类。

单元系烧结　单元系烧结是指纯金属或固定成分的化合物在固态下烧结，在烧结过程中不出现新的组成物或新相，也不发生凝聚状态的改变（不出现液相），故称为单相烧结或固相烧结。纯钼的高温烧结即是这种单元系的固相烧结过程。

单元系烧结的主要机理是扩散和流动，它们与烧结温度和时间的关系极为重要。当烧结温度超过再结晶温度时，单元系烧结的原子自扩散加快，烧结明显进行。阻碍烧结的一切因素随温度的升高而迅速减弱，颗粒间的联结强度总是随温度升高而增大。阻碍烧结的因素有：颗粒表面的不完全接触；颗粒表面的气体和氧化膜；化学反应或易挥发物析出氧化的产物；颗粒本身的塑性较差等。

烧结时的重要现象是随着加热时间的增加两粒子接触部分的面积也增加，这时虽不引起密度的变化，但抗拉性能、导电性能有显著的增加。伴随着颈部面积的进一步增加，两粒子间的距离将减少，对于整体来说将发生收缩与致密化。与此同时所产生的孤立逐渐减少体积，其形状变化为近团体形，而且在这其间小孔隙和近表面孔隙几乎消失，但大孔隙的直径反而增加了，变成少数残留的孔隙，这粗大的孔隙虽然进行长时间的烧结也仍稳定而不易消除。

单元系烧结可分三个阶段，即低温预烧阶段、中温升温阶段和高温保温完成烧结阶段。

单元系粉末烧结存在最低的起始烧结温度，即烧结体的某种物理或力学性质出现明显变化的温度。大致遵循金属熔点愈高，α 指数愈低的规律。因此，准确地确定一种粉末的烧结起始温度是较困难的。

低温预烧阶段时的烧结温度约为熔点温度的 25%。它的主要作用在于使金属发生回复，挥发吸附气体和水分，分解和排除压坯内的成形剂；消除压制残余弹性应力和挥发物排除，颗粒接触反而相对减小，压坯体积无明显收缩；密度基本不变，但因颗粒间金属接触增加，导电疏通有所改善。

中温升温阶段时的烧结温度约为熔点温度的 40% ~ 55%。

它的主要作用是使压坯开始出现结晶，在颗粒内变形的晶粒得以恢复，改组为新的晶粒；颗料表面氧化物被完全还原，颗粒界面形成烧结颈；电阻下降，强度提高，密度增加较缓慢。

高温保温完成烧结阶段的烧结温度约为熔点温度的 50% ~ 85%。它的主要作用在于使烧结件的密度明显增加；扩散和流动充分进行，闭孔缩小，孔隙尺寸和总数减少；保温足够时间，所有性能均达到稳定值不再变化；烧结时间过长，会使聚晶长大，晶粒数减少，韧性和延伸率下降。

最高烧结温度一般为熔点的 67% ~ 80%。烧结温度下限可略高于再结晶温度，上限要求综合考虑产品的性能、生产效率和经济技术等方面的因素。

从热力学的观点来看，烧结是原子从高能位置向低能位置迁移的过程。在适当压力成型条件下，烧结温度越高，越容易致密；烧结时间越长，致密度也越高。烧结温度和烧结时间对烧结件的密度是两个互为补充的因素，即提高烧结温度可以相应减少烧结时间，延长烧结时间可以减低一些烧结温度，同时粉末粒度越小，烧结时越容易致密。这是由于粉越细其内能也越高，越不稳定，越容易趋向迁移的缘故，烧结后致密体内能降低，趋于稳定。

在温度一定时，时间越长，烧结体性能也越好，但烧结时间的影响不如温度大，仅靠延长时间是难以达到完全致密的，应综合考虑，一般用提高温度的方法来缩短工艺时间，从而保证产品的质量和产量。

多元系固相烧结　由两种或两种以上成分(元素或化合物)构成的烧结体系，在烧结时不出现液相的称为多元系固相烧结。

多元系固相烧结比单元系烧结复杂得多，除了同组元或异组元颗粒间的黏结外，还发生异组元之间的反应，溶解和均匀化等过程，而这些都是靠组元在固态下的互相扩散来实现的，所以，通过烧结不仅要达到致密化，而且要获得所要求的相或组织。扩散、合金均匀化是缓慢的过程，通常比完成致密化需要更长的时间。金属扩散的一般规律是：原子半径相差越大，或在元素周期表中相距越远的元素，互扩散速度也越大；间隙式固溶的原子，扩散速度比替换式固溶的大得多；温度相同和浓度差别不大时，在体心立方点阵中，原子扩散速度比面心立方点阵中快几个数量级；在金属溶解度最小的组元，往往具有最大的扩散速度。

影响合金化(如钨-钼合金、加稀土氧化物合金、钼顶头等)最重要的因素是烧结温度，因为原子互扩散系数是随温度升高显著增大的，其次是烧结时间、粉末粒度、压坯密度和杂质等因素。

多元系的固相烧结有纯金属粉末的混合粉的烧结、固熔体粉末烧结、带有固熔体的分解而组合的混合粉的烧结、金属粉末和金属间化合物或和非金属粉末的混合烧结等。在多元系相的烧结中，均匀化和致密化的机理是特别重要的，一般情况下，在烧结中期以后的阶段才同时发生均匀化和致密化。

液相烧结　在液相存在下进行烧结称为液相烧结，它是基于液相流动的物质迁移比固相扩散显著加快的道理，以及在液相中原子的扩散系数大，所以在界面的反应和粒子间的物质迁移比固相烧结快。粉末烧结仅通过固相烧结难以获得很高的密度，如果在烧结温度下，低熔点组元熔化或形成低熔共晶物，那么由液相引起的物质迁移比固相扩散快，而且最终将填满烧结体内的孔隙，因此可获得密度高、性能好的烧结产品。由于这些原因，在短时间也容易得到高密度而且机械性能优越的烧结体。固相在液相中没有溶解度时，致密化主要通过液相流动使粒子的再排列来进行，因此，液相很好的湿润固相表面成为致密化的第一个主要条件。固相在液相中具有溶解度时，影响致密化的主要原因是溶解度、固体粉末的平均粒度或粒度分布、固-固相间、固-液相间的界面能等；液相量、液相对于固相的湿润性、液相的黏性等。液相烧结能够制造（如钼铜合金）熔铸法不能得到的"假合金"，即组元间不互熔且无反应的合金。

钼的烧结方法 钼的烧结由于产品的形状、烧结温度、对最终性能的要求不同,而采用的烧结方式也不同。烧结方式按加热方式大体可分为气体加热式和电加热式,电加热式又分为电阻丝加热的间接加热、直接通电加热、碳管电阻加热与高频或中频加热等方式。采用不同的加热方式所用的烧结炉也不同,钼的烧结一般采用垂熔炉、中频感应炉、电阻加热炉、电弧熔炼炉,还有特殊烧结方式所采用的其他烧结设备。

第二节　钼坯的预烧结

钢模压制的钼压坯强度和导电性都很差,因此,在进行高温烧结前一般都要进行预烧结。在氢气保护下,将压坯进行低温预烧,使其具有一定的强度和导电性能,以便有利于进行以后的高温烧结。

低温烧结的机理 钼压坯吸附的气体、水分和有机物的挥发;内应力的消除;颗粒氧化薄膜被还原;金属接触大大增加,在表面张力的作用下孔隙逐渐充填,压坯强烈结固。

预烧结的工艺和设备 温度为 1100 ℃ ~ 1200 ℃,烧结时间:垂熔条为 60 min、其他条和板坯为 40 min,冷却时间均为 40 min,氢气流量 1 ~ 1.5 m³/h。

经低温预烧后的坯料应呈均匀的淡灰色,表面无粘料、脏化、分层、裂纹和严重氧化以及掉边掉角等缺陷。

预烧结的设备一般采用单带马弗炉(示意图见图 8 - 1),外形尺寸为 2700 mm × 780 mm × 1670 mm,主体尺寸为 1230 mm × 720 mm × 620 mm,炉管尺寸为 1100 mm × 170 mm × 125 mm,炉管材质为刚玉,功率为 20 kW。舟皿材质为不锈钢,规格为 680 mm × 140 mm × 30 mm,厚 3 mm。

　　预烧结如采用有自动推送料机构的烧结炉更有利于平稳进料，并能改善操作者的劳动条件，预烧结电炉的示意图见图8-2。

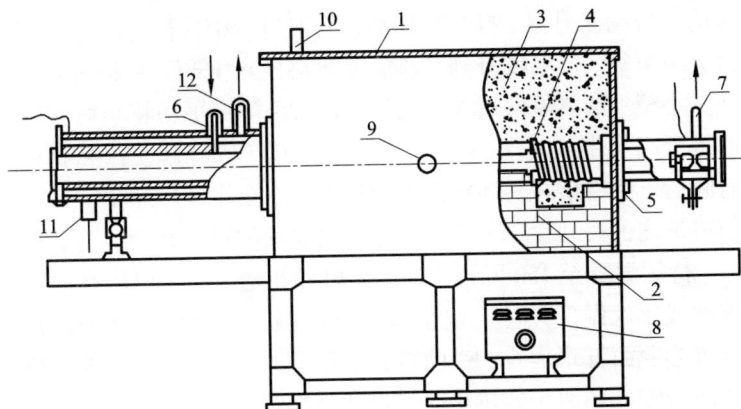

图8-1　单带马弗炉示意图

1—炉壳；2—高铝砖；3—保温材料；4—钼丝；5—炉管；6—氢气进口；7—氢气出口；
8—调压器；9—辐射高温计孔；10—炉壳氢气进口；11—冷却水进口；12—冷却水出口

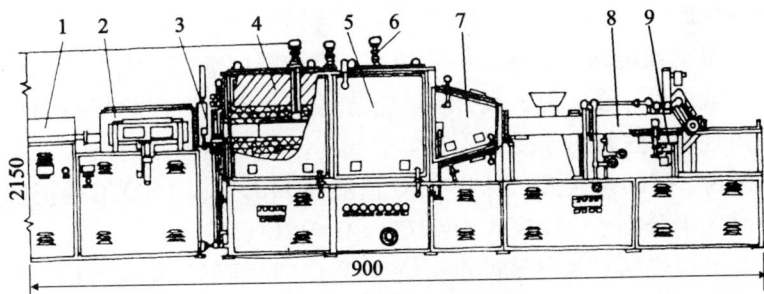

图8-2　预烧结电炉示意图

1—推送料舟机构；2—装料室；3—封闭系统；4—加热区；5—炉壳；
6—热电偶；7—缓冲区；8—马弗炉冷却套；9—气体导管联结处

工艺操作过程　开炉前首先开动通风机，检查炉子的电气是否完好，氢气管道和冷却水管道是否畅通，有无渗漏。然后通氢吹炉，将炉内空气排尽后，取气做爆鸣试验，连续三次爆鸣试验合格后再送电按制度升温，打开冷却水。升温过程中应检查测控温仪表是否灵敏可靠，待温度升到工作温度时再投入生产。装料时炉门先打开一小缝，点燃氢气后才可大开炉门，用推杆平稳将装好钼坯的舟皿推至高温带后关闭炉门。将排气口的氢气重新点燃，待达到烧结时间后，将烧结好的坯料推到冷却带，待冷却好后卸出即可。停炉前将炉内的舟皿全部卸出后，应关闭氢气的排气出口，然后停止送电，待炉温降至 150 ℃ 以下时，才可停止送氢气，以防在高温下以钨丝或钼丝做发热体的电阻丝氧化而脆断。单带烧结炉的烘炉制度可参照第五章表 6 - 8 "两带钼丝还原炉烘炉制度"，单带烧结炉比两带钼丝还原炉的烘炉时间可适当缩短一点。

故障的处理　当氢气突然中断时，立即关闭氢气出口和氢气管道上各个阀门，停止装卸料，切断电源。突然停水时，不得将高温带的舟皿推入冷却带。突然停电时，应立即将送电开关打至 "0" 位，关闭氢气出口阀，停止装卸料，待恢复送电后，才可重新进行生产。

影响预烧结的因素　一般说来，烧结温度愈高，烧结体的致密度就愈好，强度也愈高；但是烧结温度高容易造成分层与掉边掉角现象，这是由于受热不均匀引起的。烧结温度高对于含碳钼条来说，碳的损失大，因为 C、O 反应在 1100 ℃ ~ 1600 ℃ 的范围内反应十分剧烈，反应式为：$2CO + O_2 = 2CO_2$。

低温烧结对氢气纯度没有特殊要求，只要不氧化就可以，因为在 1100 ℃ 以上时，$MoO_2 + 2H_2 = MoO + 2H_2O$，具有较大的平衡常数；但是对含碳钼条而言，氢气中含水多少对钼条含碳量有显著的影响，在 800 ℃ 以上，C 与 O_2 的结合能力大于 H_2 与 O_2 的结合能力，因此，氢气中含水高会使碳含量减少。

第三节 钼的垂熔烧结

钼条的垂熔是将低温预烧结后的钼条置于垂熔炉内，在氢气保护下直接通电加热进行高温烧结，以降低氧含量和部分杂质含量，使其具有一定的金属特性，以适应机械加工或其他的用途。因此，在大批量生产前，每批料必须先做生产工艺鉴定。

钼条的生产工艺鉴定 为同一批料的以后大批量生产可先做试探料，试探料的生产为以后大批量生产提供了可靠的实验数据。所不同的是它的批量很小，每批只做 2~3 料，它所用的工艺也就是为以后大批量生产提供的工艺。工艺鉴定中熔断电流的确定有两种方法；第一种方法是经验公式计算法，经验公式如下：

$$I_{熔} = K_{熔} \times 2 \times \sqrt{a^3}$$

式中：$I_{熔}$——熔断电流；

$K_{熔}$——系数（钼条为 1194、钨条为 1808）；

a——压制后的钼坯条横截面边长（cm）× 垂熔后的 1 - 横向收缩系数。钼条的横向收缩系数一般取 0.11~0.18。

例如：钼坯压制规格为 1.4 cm × 1.4 cm × 50 cm，单重 600 g，横向收缩为 14% 时。根据上述经验公式计算熔断电流如下：

$$I_{熔} = 1194 \times 2 \times \sqrt{[1.4 \times (1 - 0.14)]^3} = 3155 （A）$$

根据根据上述经验公式计算，压制规格为 1.4 cm × 1.4 cm × 50 cm 钼坯的熔断电流为 3155 A。

由于钼坯条在压制时的密度不同和尺寸不同，而会引起垂熔时钼条的横向收缩不一致，所以经验公式所得的熔断电流只能基本近似，不一定很准确。

第二种方法是将电流在 12~20 min 内升到计算熔断电流的 92% 左右，保温 12 min，然后每隔 3 min 电流升高 100 A，直到熔断为止,熔断电流的读数以维持 30 s 为准,熔断部位应在钼条的上端 1/3 处。因为垂熔烧结是自身直接通电加热烧结,在通电加热中,发热体横截面的中心温度高于外表面温度;由于条的两端的夹头散热很多,会造成两端温度低,中间温度高,但又由于真正的高温区会偏离中间部位略往上移的特点,所以整条上端的 1/3 处才是温度真正的最高点。因此,熔断部位在钼条的上端 1/3 处才是正常的位置。假如坯条横截面有缺陷,当电流过载时,该部位会先断裂,这种熔断对整批条最高工作电流的选择没有实际的指导意义。

选择最高工作电流应以产品的用途不同而异,电极钼条的最高电流可选择熔断电流的 90% ~ 95%,加工钼条可选择熔断电流的 88% ~ 93%,最高工作电流的保温时间可根据垂熔钼条两端不吸水的情况选择 10 ~ 16 min 为宜。

通过试探料的工艺鉴定,取得了可靠的实验数据后,才可制订生产工艺,进行以后的混合、压制、烧结等环节的大批量生产。

钼条的垂熔是用控制电流的方法来控制烧结温度,升温制度一般按表 8 - 1 的工艺范围制订,氢气流量每罩 1 ~ 1.5 m³/h。

表 8 - 1　钼条垂熔温度(电流)一般工艺范围

重熔电流:熔断电流/%	35 ~ 50	50 ~ 60	60 ~ 75	75 ~ 93	91 ± 2(保温)	降温	冷却
时间/min	5 ~ 9	4 ~ 5	4 ~ 6	1 ~ 2	10 ~ 15	0 ~ 0.5	7 ~ 9

钼条在烧结过程颗粒随温度的变化可分为四个阶段:第一阶段,电流控制在熔断电流的 45% 以内(温度约 1170 ℃)时,是低温烧结过程的继续,颗粒呈非金属状态的接触,有部分气体杂质逸出,因颗粒间的接触较微,所以收缩和强度的变化甚微;或者由于内应力的消除可将坯条的较小收缩完全抵消,甚至坯条还可能稍有膨胀。第二阶段,电流控制在熔断电流的 60% 左右(温度

约 1570℃) 时，颗粒之间的
接触发生了质的变化，即颗
粒之间开始了有金属性质的
接触，由于再结晶才开始，
没有形成闭口孔隙，孔隙度
很大，是除氧排杂的大好时
机。第三阶段，电流控制在
熔断电流的 75% 左右(温度
约 1970℃) 时，原子开始在
金属中流动，形态开始变化，
金属接触扩展，除氧和排杂
就逐渐变得困难起来。第四
阶段，电流控制在熔断电流
的 91% 左右时(温度约 2380
℃)，残余应力几乎被消失
殆尽，原子扩散速度大增，
形成颗粒开始长大，再结晶
急剧进行，孔隙度急剧减少，
闭塞孔隙形成，随着保温时
间的延长，整个坯条就变成
了金属条。

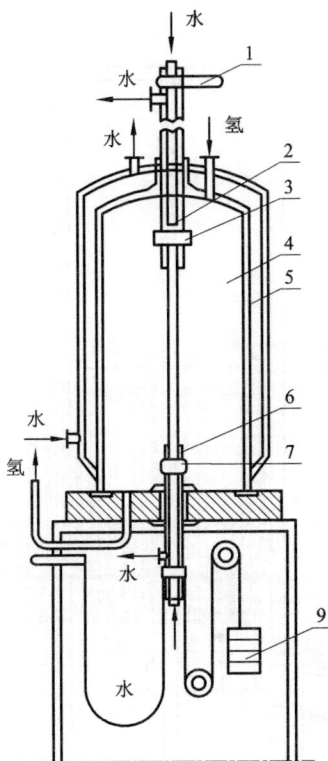

图 8-3　单罩垂熔炉示意图

1—导电板；2—导电棒；3—固定上夹头；
4—坯条；5—水冷炉罩；6—夹头；
7—活动下夹头；8—底板；9—平衡锤

垂熔设备　垂熔炉由炉
子机械系统、供电系统和控
制系统组成。由于炉子机械
系统设计的罩子大小、高低、个数都不同，所以它的规格尺寸也
不同，例如，每台有单罩、双罩、三罩，甚至有四罩的，导电杆有
分别从上下方向进入罩内的，也有都从底部方向进入罩内的。图
8-3 的导电杆是从上下方向进入罩内的单罩垂熔炉示意图，图 8

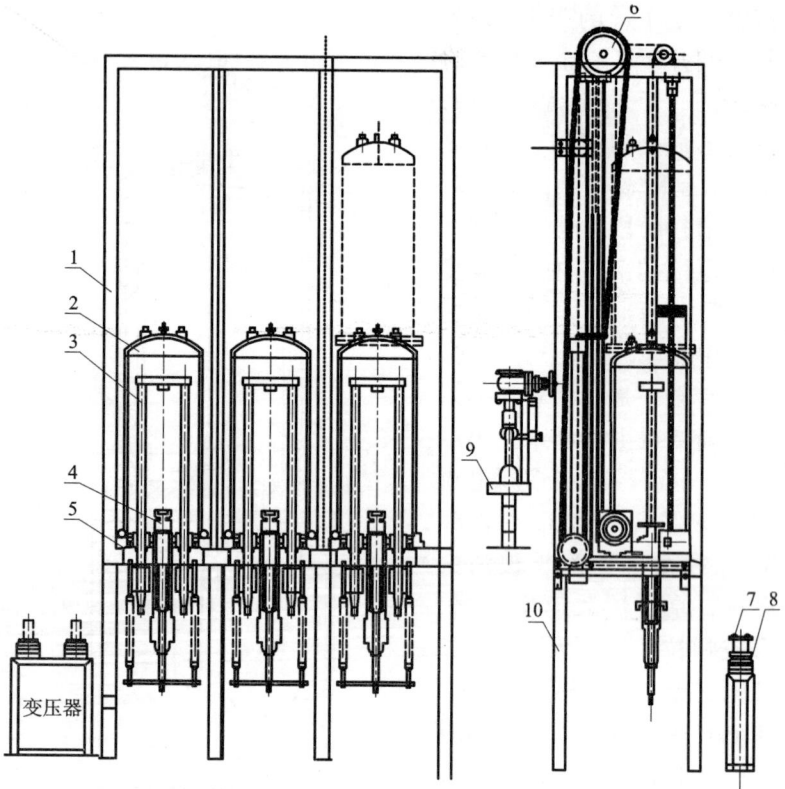

图 8-4 三罩式垂熔炉示意图

1—机架；2—钟罩；3—上夹头；4—下夹头；5—底座装置；6—传动部分；
7—导电排；8—导电排托架；9—氢气流量装置；10—冷却系统

-4 的导电杆是从底部方向进入罩内的三罩式垂熔炉示意图。又由于各有不同的电流连接方式，如有单根并联的，也有两根或三根串联的，因此，所采用的调压器功率也不同，常用的调压器功率有 63~1400 W 不等种类。而调压器又有油浸式（油冷）和干式

（风冷）两种，油浸式占地面积大，但散热性能好；干式则相反。控制系统已采用计算机联机控制。

生产操作过程　首先将垂熔炉的水、电、气路和机械部分都调整到能正常运转状态，然后启动排风机，打开垂熔炉罩子，根据坯条长度和大小调整好夹头距离、松紧度和下夹头的伸缩量，控制好冷却水流量。通入氢气吹炉，确认空气排干净后再将钼条大头朝上，夹入 3～5 mm 的上下夹头内，罩子放下并密封卡紧。再按制度送电升温。在降温冷却前，应先关闭氢气出口，然后才能断电降温。冷却后打开氢气出口阀，无火焰时再打开罩子进行装卸料，卸料时以防脏化和烫手，用干净石棉铜夹将垂熔好的钼条取下装入料桶中。

影响垂熔钼条质量的因素　压坯、设备、氢气、温度、时间和操作方法等都可能影响到垂熔钼条的质量。

垂熔钼条弯曲的主要原因是设备装配不正、夹料的位置不当、坯条的密度分布不均匀、电磁效应等原因。设备装配不正：如上下铜杆没有在同一条垂直线上的中心点，或上铜杆偏斜、下铜杆由于软母线配置不当或偏向一边。上下夹头距离太短或平衡负荷偏重。死夹头与活夹头的受力点不在一个平面上也可能引起钼条弯曲。弹簧过紧夹头力太大，可能夹碎料头；夹头力过小难于将料头夹紧，容易产生碰电。夹头力的大小，一般凭经验而定，将手指夹在夹头中，感到很紧，但不感到很疼的程度为好。

垂熔钼条的粘污的原因很多，如灰尘、油污、水等都可以造成粘污，但主要粘污的来源于垂熔罩内的挥发物，特别是碱金属或碱土金属，如 K、Na、Ca、Mg 等低熔点杂质。这些杂质很容易吸潮，如果这些挥发物粘在条上，只有当冷却后，挥发物吸水才能显示出污点。

表面氧化的主要原因是罩内的氢气压力小，如罩子密封不好而进入空气或断电冷却前未关排气阀门；也可能由于冷却时间不够，钼条温度过高，取出后仍可能产生表面氧化。

钼条过熔、空心的原因是由于温度过高造成的。

鼓泡的原因可能是升温速度过快或坯条中的低熔点杂质集中。

熔断的原因可能是升温速度过快，其次是工作电流超过熔断电流或电气、仪表反应失灵，实际电流可能高出仪表的指示所致。

表面出现毛刺的原因是钼条在垂熔过程中，当氢气湿度很大或夹头漏水，钼在高温下的潮湿氢气中，有一部分钼被氧化－还原，伴随着升华—结晶的过程，结果长出毛刺状的白色结晶物黏附在钼条上所致。

钼条两端吸水，是由于条的两端夹在用冷却水冷却的夹头中，烧结温度低或压制时两端密度低所致。处理方法是减少钼条两端的接触面积与控制夹头冷却水的大小，切不可以提高工作电流的办法来防止两端吸水。夹料过长钼条两端容易出现吸水现象，夹料过短容易产生碰电或夹碎料头。

升降电流采用手工操作时，为了保证垂熔条相同的电功率，垂熔相同质量的钼条，如果电压较高，电流就可适当控制小一些；反之，如果电压较低时，电流就可稍大一些。这是根据电能转换成热的公式：$Q = 0.24IUt$，在一定的时间 t 里，降低电流或升高电压都可以获得相同的热量 Q。

在开始送电时，转换开关不动，电流自动下降，其原因是坯条在受热时比常温下的电阻大；在垂熔的初始阶段，坯条内压制时所积蓄的应力会释放，引起坯条体积膨胀，增大电阻。电阻增大的结果是使得电流下降。在垂熔致密已金属化的钼条，结果是电阻降低，使得电流升高。

垂熔好一根钼条后，在切断电流时，要把电流降到起始电流以下，目的在于下次送电时，不致过快过急，否则坯条表面迅速致密，条中应该被除去的杂质包裹在里面，条中心受到大电流的冲击而迅速熔融，严重时可造成熔断。

垂熔时在切断电流前两三分钟，要关闭氢气的排气，这是因为电流切断后，温度下降，炉罩内的氢气将随之收缩，产生负压，如果排气阀门敞开，空气将被吸入罩内，使已垂熔好的条迅速氧化。送进炉罩内的氢气不可避免地含有一定量的水分，如果排气打开，补充进来的氢气也会越多，随之带进来的水分也越多，会使钼条表面容易产生微量的氧化现象。为节约氢气，特别在氢气压力小的时候更应关闭氢气排气阀。氢气在垂熔的过程中主要是作为还原剂进一步除氧和保护垂熔条不被氧化。

钼条升温速度的快慢的确定要保证钼条的质量，并使坯条受热均匀，便于挥发物的逸出；太快会因温度高低不均匀，使钼条产生肿起或空心过熔现象，对气体和低熔点挥发物的杂质排出不利；太慢则延长了生产周期，提高了成本，对质量也没有好处，反而会使晶粒长大。

在垂熔过程中，为了避免过多的人为因素而影响钼条质量的稳定性，应采用计算机控制工艺过程，既可稳定质量，又可节约操作人员，是一个切实可行的好方法。

垂熔中的故障及处理　在正常生产中，垂熔炉罩内如发生打炮，应立即切断电源，如伸缩管爆裂，应更换新管，处理好后放下罩子，排除空气再生产。若邻近台罩子打炮，也应立即关闭氢气出口。切断电源，待查清原因后才可生产。如遇突然停氢气，也应立即关闭氢气出口，切断电源，待氢气恢复正常后才可继续生产。送电就打炮，是罩内的空气排除不干净所致。

如低温时坯条发生碰电，应立即切断电源，将电源开关打到"0"位，待冷却后处理好夹头，重新夹好坯条才可继续生产；在高温时坯条发生碰电或熔断，也应立即关闭氢气出口。关闭氢气排气可以防止垂熔条在高温下氧化。在高温时坯条碰电或熔断的一瞬间，断裂处产生的电弧会使断口局部熔化，如果断坯倾倒或熔融的物料飞溅在内罩壁上，可能将内罩击穿，因此，应立即切断电源。坯条碰电与熔断，在仪表上都反映出有电压而无电流，但是熔断必然是高温下才会出现的，碰电在任何温度下都可发生。在正常生产中，若遇突然停电，应立即关闭氢气的排出口，将电源开关打到"0"位，待送电恢复后，再送电生产。

高温烧结钼条虽然普遍采用垂熔炉来生产，但由于它的炉罩所限制，一般只能烧结单重小(3 kg)的条和棒，要烧结与条、棒形状和单重不同的钨钼产品，必须采用与垂熔炉不同的高温烧结设备。目前，高温烧结钨钼产品的设备已普遍采用中频感应烧结炉，甚至烧结钨钼条也大规模地采用中频感应烧结炉。

第四节 钼的中频感应烧结

人们早在19世纪初就发现了电磁感应现象，知道导体在交变磁场中会因电磁感应产生电流(如线圈、电气元件)而发热，长期以来，人们视其发热为损耗，总是千方百计地减少这种现象。到19世纪末，人们才开始利用这种发热进行有目的的加热，1892年产生了第一台感应电炉。

人们习惯把电源的频率在10000 Hz以上称为高频，10000～1000 Hz之间称为中频，1000 Hz以下称为低频。中频电源一般可通过中频发电机组、离子变频机或可控硅变频的三个方法来得到。目前我国的中频机组电源有1000 Hz、2500 Hz、4000 Hz、8000 Hz不等，工业生产一般都采用2500 Hz。中频机组电源最大的功率为1000 kW。

感应加热原理 由中频机组(或离子变频机、可控硅变频)将电能转换成交变磁场(磁能)，感应圈内的坩埚或烧结物料受到交变磁场的不断切割，在坩埚或烧结物料中产生了感应电动势，即产生了感应电流(蜗流)，使坩埚或烧结物料达到发热的目的。

中频感应烧结炉主要由炉体、电源和控制系统三个部分组

成。中频感应烧结炉从烧结制品的摆放来看有立式炉和卧式炉之
分，从烧结气氛来看有真空炉和气体(氢气)炉之分，也可以是同
一台炉子具备两种性能。卧式炉适宜于烧结细长的杆材、棒材或
平直的板材，它在烧结时的弯曲变形小；立式炉适宜于烧结管材
和特殊的异型材，它在烧结时能保持它圆形和其他特殊的形状。
卧式炉的烧结制品支承架在感应圈内，采用 TZM 材质；而立式炉
的支承垫在感应圈下面，它的工作温度低，采用一般的钼材即
可。氢气、真空两用和可上、下装料两用中频感应炉与中频感应
氢气炉的不同之处是真空炉多一套真空装置，它的密封性能比氢
气炉要好得多，氢气、真空两用和可上、下装料两用中频感应烧
结炉示意图见图 8 - 5。中频感应炉炉体装置示意图见图 8 - 6。

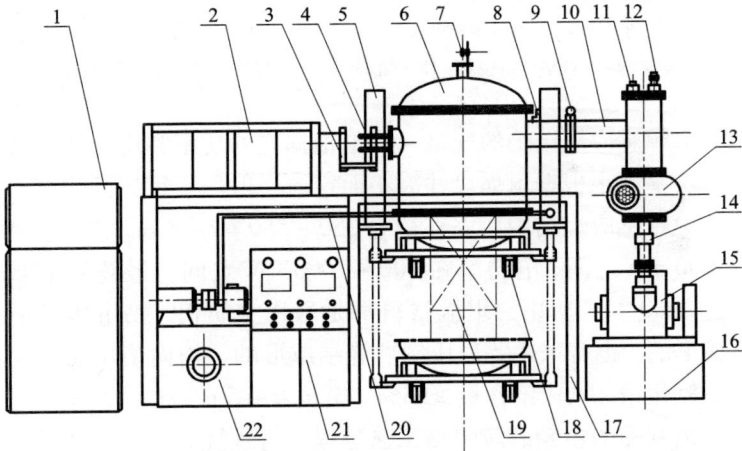

图 8 - 5　氢气、真空两用和可上、下装料两用中频感应烧结炉示意图

1—电源柜；2—电容器；3—铜排；4—引出电极；5—提升油缸；6—炉体；
7—光学测温装置；8—泻瀑器；9—真空阀门；10—真空管道；11—热偶规管；
12—真空继电器；13—罗茨泵；14—放气阀；15—机械泵；16—支架；17—台架；
18—拖动装置；19—工作区；20—液压管道；21—控制柜；22—液压站

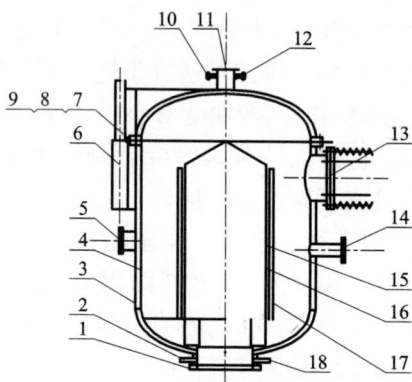

图 8 - 6 中频感应烧结炉炉体装置示意图

1—法兰；2—出气口；3—外壳体；4—内壳体；5—侧面观察窗；6—开盖机构；
7—下法兰；8—上法兰；9—锁紧机构；10—进气口；11—炉顶观察窗；12—出水口；
13—防爆机构；14—真空机组接管；15—坩埚；16—保温层；17—感应线圈；18—进水口

中频感应烧结炉的规格一般是根据它的功率和坩埚尺寸来表示。功率大小根据坩埚尺寸大小而定。一般用于钨钼行业生产规模的中频感应烧结炉坩埚直径为 250 ~ 550 mm 之间，高度在 400 ~ 1000 mm 之间，电功率在 100 ~ 1000 kW 之间。最高烧结温度可达 2300 ℃。所用的坩埚材料都是采用金属钨，钨坩埚有用喷镀成形的，也有采用等静压制后烧结成形的。炉内使用的耐火材料是氧化锆，氧化锆含量≥95%，密度≥4.5 g/cm³。

钼制品的中频感应烧结工艺过程 将预烧后的钼坯置于中频炉内，通过中频感应电流产生高温，在氢气保护和一定的温度下，将钼坯烧结成具有致密金属特性的钼制品。纯钼制品的烧结工艺见表 8 - 2，氢气流量 1 ~ 3 m³/h。如果采用湿氢（将氢气在 20 ℃ ~ 40 ℃ 温度下从水中通过）并延长烧结时间，则可将温度降低到 1600 ℃ ~ 1700 ℃，烧结块的密度可达 10 g/cm³。

表 8 - 2　纯钼制品烧结工艺

温度/℃	室温 ~1100	1100 ~1200	1200 ~1500	1500 ~1600	1600 ~1800	1800 ~1850	冷却
时间/h	4 ~ 5	1.5	2	1.5	1.5	4	8

操作过程　将坯料装入坩埚中,每片之间要留有间隙,每层之间撒上氧化锆砂。擦干净观察玻璃,盖好坩埚顶砖,顶砖中心留出测温观察孔,盖好炉盖。送氢吹炉 15 min 后,取排气口的气体样,连续三次爆鸣合格后检查冷却水压力。炉体冷却水压力应在 196.6 kPa 以上,机组冷却水压力应在 343.1 kPa 以上,打开冷却水后才送电。电源(中频机组、离子变频或可控硅变频)正常后,然后按不同电源的控制方法往炉内送电,按工艺制度升温和保温。电容器的投入,使功率因素指针在越前 0.9 ~ 1.0 这个范围内,增减电容,必须先将功率旋钮调置于"0"位,切断加热开关,再增减所需电容。调好后,合上加热开关,调节至所需功率。当进入冷却停止供电时,应将旋钮调置于"0"位,然后才可切断电源。切断电源前应关闭氢气出口,卸料前关闭氢气进口,再打开氢气出口,然后才可缓慢打开炉盖准备卸料。为安全需要,在送氢前先用氮气吹出炉内空气,然后再送氢;卸料前先用氮气吹出炉内氢气,再打开炉盖。每隔 30 min 应当检测炉温一次,当进入高温时应当每 15 min 检测一次。

中频感应炉烧结钼条与垂熔烧结钼条比较,中频感应炉烧结的成本低,它的每吨耗电量和耗氢量只有垂熔烧结的 25% ~ 35%;整条密度均匀,两端都不吸水,不必切头,实收率高;劳动力的效率在 2 倍以上而强度小;还可烧结单重大(几百公斤)各种形状的产品;立式炉烧结细长的条时容易弯曲,如采用卧式炉即可解决;但中频炉设备一次投资大。

故障及处理　在生产过程中如遇突然停氢,应迅速将排气口关闭,熄灭火苗,将旋钮调置于"0"位,切断加热开关,停止往炉内送电，待恢复送氢后，才可按程序送电生产。一旦发生突然停水，感应圈的出口水会立即变成蒸气，此时应迅速打开备用水源，尽量保持炉内的冷却水供应，然后将旋钮调置于"0"位，切断加热开关，停止往炉内送电，待恢复送水后，才可按程序送电生产。如遇突然停电，必须将开关位置由高位拨到低位，各个钮调置于"0"位，待恢复送电后，才可按程序送电生产。如遇观察孔玻璃被脏化而看不清炉温时，应及时擦拭干净，以防测温不准，造成炉温过高，使物料过烧而影响产品质量。

第五节　钼的活化烧结

活化烧结法是采用化学或物理的措施，使烧结温度降低、烧结过程加快，或使烧结体的密度和其他的性能得到提高的方法。钼的活化烧结有预氧化烧结、湿氢烧结、气氛中添加活化剂烧结、粉末内加微量活化元素烧结和物理活化烧结等方法。

预氧化烧结　在烧结的同时还原一定量的氧化物对金属的烧结有良好的作用。先使压坯在低温下预氧化，然后在高温和还原气氛下烧结，可以提高制品的密度和强度。预氧化对钨、钼、铜的烧结都能收到好的效果，但是粉末中如存在难还原的活性金属氧化物，对烧结仍起不到活化作用。由于粉末表面氧化膜被还原，在颗粒表面层内出现大量的活性原子，从而显著地加快颗粒间形成金属结合的过程，也加快了烧结体内孔隙的球化过程。

湿氢烧结　采用普通的钼丝电阻炉，温度为 1500 ℃ ~1700 ℃，将氢气通过加热到一定温度的水箱，使氢气中含有一定量的水蒸汽，钼坯在这种氢气下烧结 2 ~3 h 后，密度可达 10 g/cm³，比垂熔烧结密度(9.6 ~9.7 g/cm³)还高。由于烧结温度大大降低，使得晶粒变细(13000 ~ 28000 个/mm²)，而垂熔钼坯的晶粒数为 4000 ~6000 个/mm²。由于湿氢烧结的钼坯晶粒细、密度高，可以直接轧制成钼片，也可以直接制成各种异型钼制品。

湿氢活化烧结是氧化－还原反应活化烧结的另一种方法。水蒸汽加速了钼的烧结过程，使钼粉能在 600 ℃～700 ℃ 的低温下开始再结晶；当增大压制压力，使钼粉颗粒接触更紧密，在 1500 ℃～1700 ℃ 进行最终烧结时，活化作用十分显著，因而容易得到充分致密的金属钼坯。在湿氢气氛下烧结，钼反复地进行可逆的氧化－还原反应：

$$Mo + 2H_2O \rightleftharpoons MoO_2 + 2H_2$$

由于这一反应使粉末表面被还原出来的 Mo 原子活性增大，扩散加快，从而加速了形核和晶体成长，因此可能在远远低于钼的熔点温度下引起足够的收缩，完成致密化过程。1949 年美国威斯汀豪森公司采用湿氢低温烧结方法制取了几百磅重的钼锭。

钼的加镍、钯和铂活化烧结　　对钼的烧结而言，烧结越完全，其金属特性就越好。较好的烧结要求有较小的粒度和较高的烧结温度。为了更快速的烧结、获得更高的密度和降低烧结温度，可以采用在钼添加第二相掺杂剂的方法。掺杂烧结应用于钼粉，采用液相烧结和固态活化烧结两种方法，可以极度大地提高其烧结动力学特性。例如将镍添加到钼粉中可以两种方式起作用，它取决于掺杂量和温度。在液相烧结期间，由于润湿液体引起大的表面张力，使钼粒之间产生了重新排列和加速结合。在孔隙消除的同时，上述过程也导致了晶粒急剧粗化，这往往对于最终特性是有害的。活化固态烧结除了没有颗粒重新排列这一阶段外，其他过程都与液相烧结相似。第二相存在扩散通量大大有助于致密化。

在钼中添加镍、钯和铂作为扩散活化剂，可以降低钼的烧结温度，在 1050 ℃～1150 ℃ 的范围内得到了显著地增加密度的效果。增加密度的起因是晶粒边界的非均相扩散过程，杂质效应引起增加密度速率的差异。根据强化扩散，对难熔金属有高熔性而在难熔金属中却低熔性的第二相添加剂是有效的活化剂。在钼中添加第二相金属，如 Ni、Pd、Pt、Fe、Co 和 Rn 后，向粒间晶界偏析提供了短的扩散捷径，由于晶界上的活化层中快速扩散，于是发生收缩。

在钼的生产和应用中，强化烧结主要是溶解度、偏析和扩散的综合特性起作用。结合溶解度、偏析和扩散三个因素，得出钼的强化烧结组织的典型二元相图，见图 8-7。图中 B 是基体金属钼，A 是典型过渡的金属元素添加剂，如钯、镍或钴。典型二元相图示出了为达到提高固态或液态烧结所必要的性能特征。

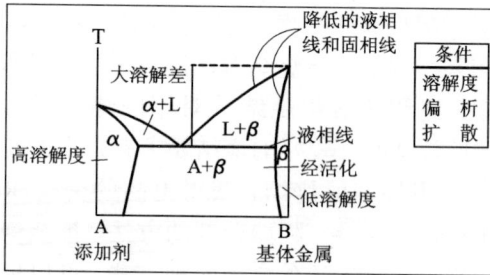

图 8-7　强化烧结组织典型二元相图

溶解度：随着钼的溶解度增加，添加剂的效应也增加。钼中添加剂的溶解度应低到避免产生孔隙和瞬时强化效应。总的正确溶解度相互关系，如图所示，只是添加剂层提供扩散通量。

偏析：钼中添加剂量应控制在保留钼晶界内以提供一种溶解—再沉淀扩散通道为宜，由于粒子接触，钼不断扩散到孔隙，从而导致钼坯条致密化和强化。第二相粒子间的接触，钼中添加剂的低溶解度增加，致使钼的添加剂合金化，降低钼液相线和固相线。过量的添加剂会产生偏析，由于添加剂原子尺寸较小，又会进一步促进偏析。如图 8-7 所示，钼的液相线和固相线的降低是钼的一些强化烧结组织所特有的特征。

　　扩散：在钼中添加剂的溶解度和偏析条件既定之下，那么添加剂的效应取决于钼的扩散影响。粒子间的添加剂层为钼提供短程扩散通道，这对于固态活化烧结和液相烧结两种都是适用的。当钼在第二相的扩散性比钼自身的扩散性大得多时，则有利于快速烧结。显然在液相烧结期间，这条件是适宜的，因为在金属熔体内形成高的迁移率。在第二相层中钼的扩散数据往往是测不到的，在这种情况下，熔体特性对扩散活化能首先是一种可靠的判断。低的液相线温度或低的熔融相表明一种较低的结合能，因此，能更快速地扩散（假定钼在液体中是可溶的），所以，如图7-7所示具有低熔点组分的相图是有利的。

　　对于烧结材料，影响其强度和延性的决定因素是烧结密度，此外还有孔隙大小、间距和形状。活化烧结是使钼达到快速致密化的一种有效方法，使机械性能获得了部分改善，但也伴随着晶粒长大现象，晶粒的长大反而又限制了金属致密化，反而导致了钼合金机械性能下降。钼的烧结体即使全致密化，由于晶粒长大失控而形成大的晶粒，也会导致脆化。由于杂质偏析到晶界上，晶界脆裂是典型的现象。由于杂质在晶界上的积聚，晶粒长大时对区域提纯材料会产生很大的影响，这对机械性能是十分有害的。

　　为了将显微结构的破坏减少到最低限度，并改善机械性能，在烧结期间要降低晶粒的长大速度。并且，烧结时细晶粒增加了迁移通道的数量，减少了孔隙的尺寸和缩短了扩散的距离，所有这三个因素均改善了烧结性能。

　　在钼中添加约 0.33% 的镍，在 1000 ℃ 烧结时，可使钼的收缩率增加十倍。在钼中添加 1400×10^{-6} 的二氧化硅，可使粒间晶界上的弥散收缩率进一步提高 67%。将弥散体添加到钼中，使钼烧结体获得高的密度和细晶是可能的，因为弥散体在移动的晶界上产生了抗力，从而减慢了晶粒的长大。

在烧结中除了致密化和晶粒尺寸控制外，还有杂质偏析聚集在晶界上，使这些晶界产生脆性断裂。

用镍作为钼的烧结强化剂能降低钼的活化烧结温度，不要高温真空烧结期，这是一种需要设备少、生产周期短、工序少和操作人员少的经济的方法。

将少量第八族金属元素如镍、钯、铂等加入到难熔金属钨或钼中，可降低难熔金属的烧结温度，但对其机械性能往往产生不利的影响。在钼粉里加入0.5%或1.0%（重量）的镍粉，经混合、压制成钼坯后在氢气或氩气中进行烧结。少量的镍可强烈地影响钼的收缩特性。在烧结过程中，镍借助于位错，可以很迅速地扩散至钼的晶粒中去，增强低温下的再结晶过程。

在氢气气氛中，钼烧结在缓慢的加热过程中的收缩要比迅速加热过程中的收缩较早发生，且更为显著。

镍并非是唯一的影响收缩特性的掺杂剂，在氢气气氛中，初始氧含量高的粉末压坯的收缩要比初始氧含量低的粉末压坯的高些，钼粉的氧含量强烈地改变着纯钼和 Mo – Ni 合金致密化特性。纯钼和钼–镍合金坯块致密化开始时的温度都随着氧含量的增加而降低，直至氧含量达到0.6%。假如钼粉中的氧含量为0，钼–镍合金的压坯的烧结温度要达到1400℃~1600℃才会发生收缩；初始氧含量高的钼–镍粉末压坯在慢速升温到烧结温度960℃就产生了收缩，当温度达到1300℃时的收缩量达到17%。

当烧结是在流动的氢气中进行时，钼表面的氧化层就被还原。由于钼和氧化层具有不同的晶格参数，从而引起不吻合的位错，于是很有可能在晶界表面出现高度的缺陷聚集，这将加速钼和镍之间的扩散。而在氩气中进行烧结时，表面氧化物层没有被还原，则试样产生的收缩效果就小得多。

鉴于钼压坯在氢气气氛中与氩气气氛中的烧结温度和收缩特性不同的明显差别，这就证实了氧化还原过程在烧结中起着重要作用。

钼镍合金的致密化是通过钼的晶粒长大而完成的。在烧结过程中改变气氛或温度可导致合金最终晶粒尺寸不同。如可以延长氢气中烧结时间，促使晶粒长大；而在氩气中烧结，抑制了恢复和再结晶过程（钼颗粒的晶粒大小没有变化）。因此再结晶和晶粒长大仅仅在氢气发挥作用的温度下才发生。

采用钼–镍压坯活化烧结工艺时，粉末中的氧含量为 0.3%~0.6%，不影响烧结界面的结合力；镍虽然活化了钼的烧结，但晶界强度急剧下降，其密度的改善不足以弥补晶界的脆变，其原因是镍添加到钼中导致晶粒的明显长大，因而使钼发生脆变。即使采用热等静压，使钼的密度几乎接近 100% 的理论密度，但由于晶粒长大，使强度降低。只有采用在 1250 ℃ ~1470 ℃ 于氢气中以 3 K/min 速率加热的纯钼或等静压钼–镍合金才具有最佳的机械性能。

第六节　钼的干氢或真空烧结

钼条的高温烧结除主要采用垂熔烧结和中频感应烧结方法外，还可采用其他很多的烧结方法，如干氢烧结和真空烧结等，使低温烧结后的钼坯再经高温烧结制成金属钼制品。

干氢高温烧结　该工艺是将低温烧结后的钼坯料在氢气和高温的作用下，使其具有一定的金属特性，以便于进一步加工使用。

工艺过程是将钼坯料装入钼舟皿中，并推入单带马弗炉内，氢气流量为 1~1.5 m³/h，温度为 1700 ℃ ~1750 ℃，烧结 4 h，冷却 1 h。

钼的干氢高温烧结单带马弗炉与一般的低温预烧炉虽然在外观上基本相同，但它的工作温度比低温预烧炉高 600 ℃，它用的炉管材质为刚玉，电阻发热丝一般为钨丝，炉子的外形尺寸为 3600 mm × 1100 mm × 1590 mm，炉体尺寸为 1590 mm × 1100 mm ×

800 mm，刚玉炉管尺寸为1100 mm×170 mm×125 mm，功率30 kW，它的炉温测控要求比低温炉的严，因为刚玉炉管温度再高一些就容易软化损坏。干氢高温烧结单带马弗炉的烘炉制度见表8-3。

表8-3 干氢高温烧结单带马弗炉的烘炉制度

烘炉温度/℃	150	250	350	450	600	800	1200	1400	1600	1700	1780
新炉烘炉时间/h	16	16	16	16	12	12	12	12	12	12	8 调至1750℃
旧炉烘炉时间/h	12	12	8	8	8	6	6	6	6	4	调至1750℃

钼坯连续真空烧结 它采用一种石墨棒作加热器的间接钼坯高温真空连续烧结炉，示意图见图8-8。

钼坯块装在石墨舟皿中，石墨舟皿内壁涂有钼粉和酚醛树脂混合物以防止钼被碳化。在1850℃～1950℃真空烧结后，在石墨舟皿内壁生成一层钼和碳化钼的混合物保护层。石墨舟皿和钼坯块都经过密封的闸门。用金属推料装置定时地将盛钼坯的石墨舟皿向出料方向移动一个石墨舟皿的宽度，每个舟皿陆续从烧结室通过，然后经冷却室出炉。石墨加热器分别装在石墨舟皿的上下面。在1900℃～1950℃温度下烧结6～8 h。烧结室用碳素耐火砖砌成，用粗石墨粉隔热，炉内的真空度应保持在0.13 Pa。

连续真空烧结后的钼块的相对密度为95%～96%；平均含碳量为0.001%（表面0.005%～0.008%），$N+O+H$的含量等于0.001%。380 kW的烧结炉，耗电量为15 kW/kg·h。

技术要求 粉末冶金法制得的钼条和钼板应符合（GB/T3462—1982）标准。钼条和钼板表面应呈银灰色或深灰色金属光泽，表面不得有吸水现象；不得有氧化、玷污和严重过熔、鼓泡、分层、裂纹、掉边掉角、麻点；化学成分为4个牌号，应符合表8-4规定。

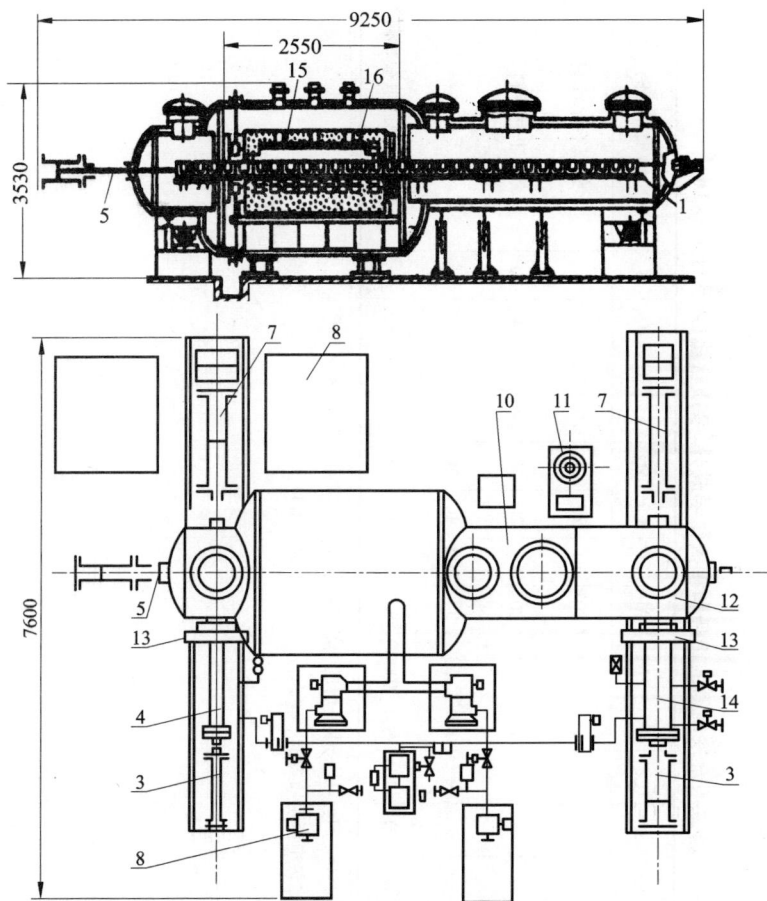

图8-8　钼坯高温真空连续烧结炉示意图

1—石墨舟皿；2—真空系统；3—外盖板液压缸；4—预热室；5—主液压缸推杆；
6—装料室；7—装、卸料液压缸；8—变压器；9—加热室；10—冷却室；11—油压装置；
12—卸料室；13—真空阀；14—卸料端；15—石墨加热器；16—绝缘体

表 8 - 4　粉末冶金法制得的钼条和钼板化学成分、杂质含量(不大于)/×10⁻⁶

牌号	Pb	Bi	Sn	Sb	Cd	Fe	Ni	Al	Si	Ca	Mg	P	C	O	N	用途举例
Mo-1	—	—	—	—	—	60	30	20	30	20	20	10	20	30	30	钼基合金原料
Mo-2	—	—	—	—	—	60	30	20	30	20	20	10	10	30	30	加工材原料
Mo-3	—	—	—	—	—	100	50	50	100	40	40	50	200	50	—	加工材原料
Mo-4	10	10	10	10	10	500	10000	50	100	40	40	50	500	80	—	合金添加剂或电极材料

注：Mo-1、Mo-2、Mo-3(不是采用垂熔的)烧结条和板坯氧含量不大于 60×10⁻⁶；

Mo-1 用作于铸态钼顶头原料时，碳含量一般为(300～500)×10⁻⁶。

第七节　钼的熔炼

为了制取纯度更高的金属钼，可用电弧熔炼法、电子束熔炼法或区域熔炼法对烧结钼条进行再熔炼，除去其中的一些熔点较低的杂质和气体杂质。

钼的电弧熔炼　在所有的现代电弧炉中，熔炼金属钼都是先用烧结钼条做成自耗电极，然后在真空中进行熔化，熔融的金属流入水冷铜坩埚(锭模)冷却成锭。由于铜的导热性好，热量传得快，所以液态金属一接触水冷铜坩埚后便马上凝固，因而排除了钼与铜坩埚之间的相互反应。金属钼在电弧火焰中熔化。电弧发生在上(自耗)电极和下(铜锭模中的熔融金属钼)电极之间。熔化金属使用直流电，自耗电极为阴极，熔融金属为阳极。交流电整流可用电动发电机或大功率(8000 A 或更大)的硒或锗整流器。

在电弧炉中，常用烧结钼条对焊至 1~2.5 m 长，然后再将焊好的单根钼条根据铜结晶器尺寸的大小，由 4~16(或更多些)根连接成束做成自耗电极。熔化过程中，升降电极和向电极供电都是靠固定电极的夹持机构或滑轮供料装置来实现，具有降低引锭式水冷结晶器和滑轮式升降电极装置的电弧炉示意图见图 8-9。真空自耗电弧炉有普通固定的水冷铜坩埚和活动降低引锭式水冷坩埚两种。活动降低引锭式水冷坩埚的电弧区始终是在结晶器上部，能保证较好地将熔化过程中析出的气体抽走。

熔化前在结晶器底部上放置一块钼持圆盘，炉内形成真空 0.13~0.013 Pa 后，下降电极引弧。电极之间的距离(电弧长度)需自动调节，以便保持电弧电压 30~40 V 的稳定。根据不同的熔炼制度、电弧长短变化在 10~25 mm 之间。为控制电弧形状和防止在坩埚壁与电极产生电弧，在结晶器周围装一个与它同轴的磁线圈，使它在形成磁场同时还能搅拌金属。

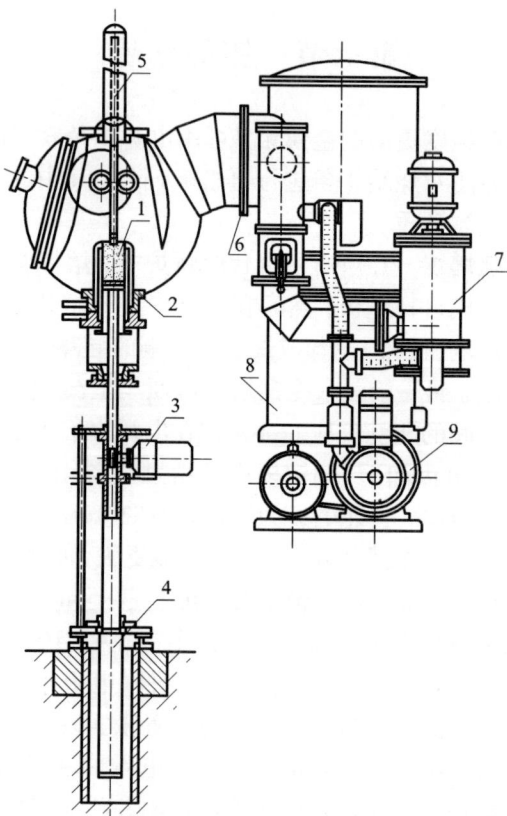

**图 8 - 9   具有降低引锭式水冷结晶器和滑轮式
升降电极装置的电弧炉示意图**

1—铸锭；2—水冷铜结晶器；3—降低引锭结构；4—从结晶器中取出铸锭的机构；
5—自耗电极；6—真空系统接口；7—增压泵；8—扩散泵；9—旋转泵

生产具有可锻性的金属钼，最重要的是使钼在熔化过程中最大限度地脱氧，熔炼时可用碳、锆、钛作脱氧剂，钼锭中氧含量不得超过 0.002% 。合金添加剂可直接加入到自耗电极成分中，也可以加到电弧区域里。为了得到成分均匀化的合金，一般都要进行二次重熔。熔化速度取决于自耗电极的截面积和电流强度、磁线圈安培匝数、电弧电压。

由于在真空中熔化，再加上采取有效的脱氧措施，所以钼和钼合金中的气体杂质含量可降到极限值，如氧为 0.0001% ~ 0.0003%、氢为 0.00001% ~0.00002%、氮为 0.001% ~0.0001%。

熔铸的钼锭具有粗晶结构，晶粒的粒度约为 0.05 ~ 0.1 mm，这种结构的钼锭难以进行压力加工。为了得到细晶结构的钼锭，可采用凝壳电弧炉熔化金属钼，并将熔化的金属浇注成锭。

在制造重量大于 50 kg 的钼锭时，大多是用交流或直流自耗电极真空电弧熔炼来致密化（将粉末固结成块状的）。对直径超过 200 mm 的钼锭，采用挤压法来破坏其粗晶铸造结构。像烧结的情况那样，高纯度钼的金属杂质含量看来不因电弧熔炼而大大降低（见表 8 - 5），可是各种气体杂质的含量都会降低到 $(1 ~ 10) \times 10^{-6}$ 的范围内。

从表中可以看出，即使在这种低含量的水平下，对氧和氮的控制还是重要的，实际上由 2×10^{-6} 的氧产生的氧化物能在晶界处看到，而从锻造性能的要求出发，已确定氧含量最大值为 50×10^{-6}。当在惰气室内制造直径 300 mm 的钼锭时，宇宙独眼巨人公司对自耗电极材料规定氧的最大值为 $(150 ~ 300) \times 10^{-6}$。虽然残余碳对锻造延性有害，但碳是必要的脱氧剂，可用来除去更有害的氧。该公司也规定烧结电极坯料中硅含量为 $\leq 250 \times 10^{-6}$，铁为 $\leq 100 \times 10^{-6}$，其他金属杂质各为 $\leq (10 ~ 40) \times 10^{-6}$。这些限制要求使用由仲钼酸铵生产的钼粉末，而对后者的金属杂质含量也作了规定。

如表中的最后一栏所示，克莱马克斯公司已对钼进行过电子束熔炼，并获得了低的间充杂质含量。进一步研究结果表明，电子束熔炼本身并不能使钼充分脱氧，因为发现氧化物是存在晶界处。但是，该法提供了需要较少残余碳来脱氧的优点。由于使用经过熔炼和加工的给料来代替压制并烧结的给料，所得到的钼锭的间充杂质含量不曾受到影响。添加了一些铝和钛，一次熔炼就把铝从 2500×10^{-6} 减少到了 $<10 \times 10^{-6}$，钛则从 5800×10^{-6} 减少到 300×10^{-6}，两次熔炼则进一步将钛减少到了 80×10^{-6} 以下。

表 8-5 烧结电极、自耗电极真空熔炼钼锭及电子束精炼材料
中除钼以外所含有的化学成分/ $\times 10^{-6}$

杂质	D40 mm 经三次电弧熔炼的钼锭	加碳脱氧电弧熔炼的钼锭	电弧熔炼的 Mo-0.5% Ti 合金锭				
			原料烧结电极	一次熔炼 D400 mm 的钼锭	一次熔炼 D300 mm 的钼锭	二次熔炼 D300 mm 的钼锭	D37 mm 经三次电子束精炼的材料
C	20	150 ~ 300	90 ~ 280	100 ~ 300	180 ~ 470	210 ~ 660	20 ~ 170
O	1.9	3	29 ~ 50	10 ~ 26	10 ~ 25	10 ~ 21	2 ~ 8
N	0.9	1	12 ~ 24	12 ~ 36	13 ~ 25	23 ~ 35	—
H	0.2	0.2	1.5 ~ 3.9	1.5 ~ 2.5	2.0 ~ 4.2	1.0 ~ 1.6	<1 ~ 1.8
Al	<10	—	4	4 ~ 7	7 ~ 10	8 ~ 10	8
Bl	<5	—	—	—	—	—	—
Ca	—	—	—	—	—	—	2
Cr	<5	—	<1	<1 ~ 3	<1	<1	<1
Co	—	—	5	<5	<5	<5	<5
Cu	5	—	11	<1 ~ 3	<1	<1	<1
Fe	50	—	7	4 ~ 45	1 ~ 75	<2 ~ 100	1
Pb	<10	—	—	—	—	—	<10
Mg	20	—	5	7 ~ 18	<1	3	8
Mn	<5	—	<1	<1	<1	1	1
Ni	<5	—	6	<1 ~ 20	<1 ~ 10	<1	<1
S	5	—	—	—	—	—	—
Si	20	—	24	33 ~ 50	6 ~ 8	7 ~ 8	30
Sn	—	—	25	<10	<10	<10	<10
Ti	<10	—	—	4000	4000	4000	<1
W	—	—	—	—	—	—	<100
Zr	—	—	—	—	—	—	<1

林德公司使用在氩气气氛中进行电弧熔化的方法来制备低线性单晶。这种材料的间充杂质含量类似于烧结钼的,而其金属杂质含量总计约 1200×10^{-6},其中 1000×10^{-6} 为铁。利用漂浮区域精炼法、射频加热法和电子束熔炼法,已制备出较纯的单晶。所获得的间充杂质含量类似于电弧熔炼优质钼的,而其金属杂质则倾向于稍低一点。

钼的电子束熔炼　用电子束加热和熔化金属的基本原理是:当流动的电子与金属表面撞击时,电子的部分动能转化为热能,然而电子与被加热的金属表面撞击时,有一部分被反射,但是大部分电子被金属吸收转变为热能和辐射能以及撞出新电子(二次发射电子)做功所消耗的能量。

电子束炉由产生可控电子束的电子枪、熔化室、高真空系统和高压直流电源组成,电子束炉示意图见图 8 – 10。

电子束炉的起动电压一般不要超过 30 kV,因为高出 30 kV 会造成能量损失和辐射增加而影响操作人员的健康,大部分情况下起动的电压采用 20 kV。电子束熔炼都是在高真空(0.1 ~ 0.001)Pa 中进行的,电子束在通往被加热的物体途中尽量少与气体原子或分子碰撞而避免损失能量;另外,在高真空中熔炼金属,有利于从熔融金属中更彻底地清除蒸发出来的杂质。

电子束熔炼与电弧熔炼不同的是:电子束熔炼可使液态金属适当地(有条件)过热,使金属在规定的时间内,一直保持液体状态。这一有利条件再加上熔炼在高真空中进行,因此电子束熔炼从金属中除气体条件比电弧熔炼更有利。电子束熔炼的另一特点是能熔炼任意形状的金属,如金属条、粉、屑等。

电子枪的强电子束是由阴极、阳极、聚焦电磁线圈(放大镜)和隔板组成。一般都用可靠性好的间接加热钨或钽金属盘作阴极,也可用钨螺旋线代替。阴极通以负高压,发射出来的电子束通过空心的加速(接地)阳极和聚焦电磁放大系统,再通过复杂的

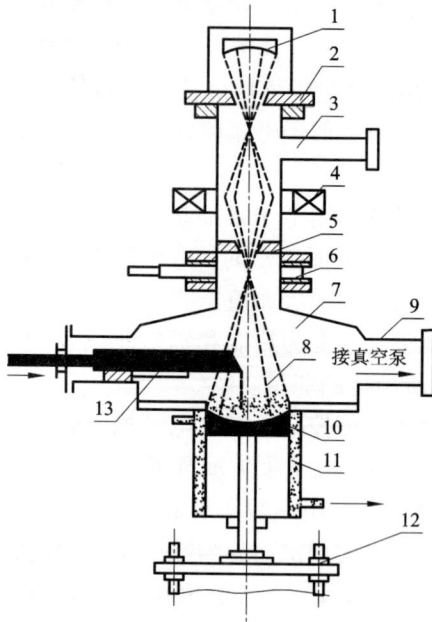

图 8 - 10   电子束炉示意图

1—电子枪阴极；2—电子枪阳极；3—连接真空系统；4—电磁线圈；
5—隔板；6—闸板；7—熔化室；8—电子束；9—连接真空系统；
10—金属锭；11—结晶器；12—金属锭出料机构；13—钼条

隔板进入熔炼室。隔板能形成相当的电动阻力，因而电子枪的真空度比仅由真空系统抽气的熔化室更高，隔板还可以防止熔炼过程中从金属析出的气体落在电子枪上。熔炼大型铸锭的大功率电子束炉，同时使用几支(三支、四支或更多支)的电子枪。不同直径钼锭所用的电子束工艺见表 8 - 6。

钼条或钼锭经电子束熔炼提纯后的效果见表 8 - 7。

表 8 - 6　熔化不同直径钼锭所需的电子束功率

原料状态	设备型号 /kW	坩埚直径 /mm	熔炼次数	真空度/Pa		熔炼功率 /kW	熔炼速度 /(kg·h⁻¹)	冷却时间 /min	成锭率 /%
				熔炼前	熔炼中				
烧结条	200	80	1	6.67×10^{-3}	6.67×10^{-2}	150	21.5		90.2 ~ 93.3
D80 一次锭	200	135	2	6.67×10^{-3}	6.67×10^{-2}	200	25.0		8.7 ~ 8.9
烧结条	200	60	1	6.67×10^{-3}	0.133	110	13.5		
D60 一次锭	200	90	2	6.67×10^{-3}	0.133	160	20.0		
烧结条	200	86	1	6.67×10^{-3}	0.133	160	20.0		
D86 一次锭	200	135	2	6.67×10^{-3}	0.133	200	25.0		
烧结条	120	55	1	6.67×10^{-3}	2.66×10^{-2}	60 ~ 65	18 ~ 20	60	91
D55 一次锭	120	70	2	6.67×10^{-3}	1.07×10^{-2}	70 ~ 75	22 ~ 28	90	95
烧结条	120	70	1	6.67×10^{-3}	2.66×10^{-2}	70 ~ 75	25 ~ 30	90	91
D70 一次锭	120	92	2	6.67×10^{-3}	1.07×10^{-2}	90 ~ 95	28 ~ 32	90	95
烧结条	200	70	1	6.67×10^{-3}	0.107	100 ~ 110	25 ~ 30	90	90
烧结条	200	80	1	6.67×10^{-3}	0.107	100 ~ 120	25 ~ 30	90	90
D70 一次锭	200	110	2	6.67×10^{-3}	1.33×10^{-2}	170 ~ 180	30 ~ 35	150	95
D80 一次锭	200	130	2	6.67×10^{-3}	1.33×10^{-2}	190 ~ 200	30 ~ 35	80	95

表 8 – 7　电子束熔炼钼的提纯效果

原料状态	坩埚直径 /mm	熔炼速度 /(kg·h⁻¹)	熔炼功率 /kW	熔炼真空度 /Pa(mmHg)	杂质含量 /% ×10⁻⁴				挥发损失 /%
					H_2	C	O_2	N_2	
预烧结钼					2	170	810	51	
一次熔炼锭	40 ~ 60	6 ~ 8	50 ~ 90	$1.3 \sim 2.7 \times 10^{-2}(1 \sim 2 \times 10^{-4})$	1	64	105	15	
二次熔炼锭	60 ~ 80	8 ~ 10	70 ~ 100	$6.7 \times 10^{-3}(5 \times 10^{-5})$	1	25	6	3	6

　　在电子束熔炼过程中，温度应保持在 2900 ℃ ~ 3000 ℃、压力为 10^{-5} mmHg 柱，那些比钼蒸气高(特别如 O、N、C、Fe、Cu、Ni、Co 等)的杂质都可以从液态金属中除去。在 2800 ℃ ~ 3000 ℃时，只有铼、钨、钽的蒸气压比钼低，这几种金属杂质是不能除去的。由于氧、氮、碳杂质含量降至固状金属钼中溶解度的极限值，因此在晶界上基本不存在析出的氧化物、氮化物、碳化物，从而使钼的塑脆温度降至室温。

　　无坩埚区熔单晶也是由电子束加热，但钼单晶经压力加工所制得的丝材、带材或其他制品后，便失去了原有的单晶结构，不过由于在晶界上没有氧化夹杂物和脆性夹杂物，因此金属钼在较低的温度下仍保持良好的塑性和在高温高真空的条件下能长期有效地工作。由于钼有这一特性，使它在电子器件的生产或其他有关的技术领域中的应用非常有价值。

　　钼的区域熔炼　又称区域熔化、区域精炼、区域提纯。区域熔炼技术出现于 20 世纪 50 年代初。这种基于简单物理提纯原理——杂质的分凝效应和蒸发效应的新技术一出现，就被迅速地应用于材料的提纯。稀有金属提纯是该技术应用的重要领域之一。区域熔炼不仅能获得高纯的稀有金属单晶，还可获得许多稀有金属化合物。

　　区域熔炼设备因金属不同而采用的设备也不同。钼一般采用电子束真空悬浮区域熔炼装置进行精炼、提纯或制成钼单晶，只能适应于小批量的生产。稀有金属电子束悬浮区熔装置示意图见图 8 - 11。

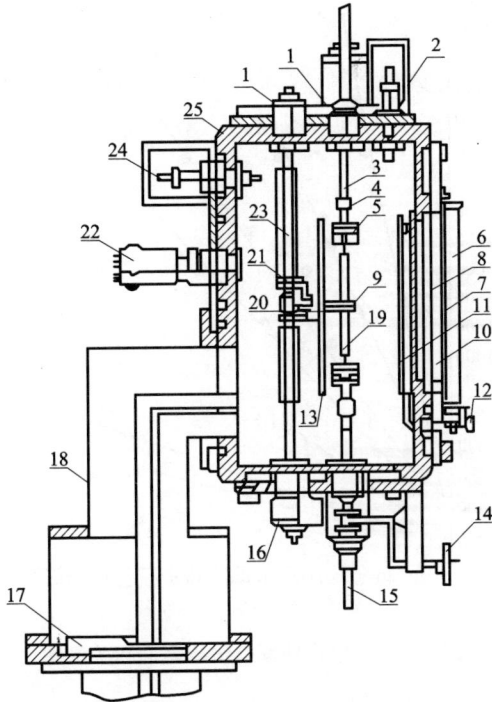

图 8 - 11　稀有金属电子束悬浮区熔装置示意图

1—威尔逊接头；2—高压发生器接头；3—石英绝缘子；4—钼固定块；
5—料棒夹头支架；6—金属网屏；7—有色玻璃屏；8—硅玻璃窗；9—阴极网屏；
10—可动石英玻璃；11—可动屏；12—可动屏操作钮；13—保护屏；
14—料棒下部垂直移动控制器；15—料棒支架；16—无级调速齿轮箱；
17—真空阀；18—真空管道；19—料棒；20—聚束极；21—阴极支架；
22—真空规；23—无级调速螺旋；24—电流绝缘导线；25—水循环槽

钼采用电子束悬浮区域装置进行精炼提纯的熔化功率与试样截面积关系见图 8 - 12。

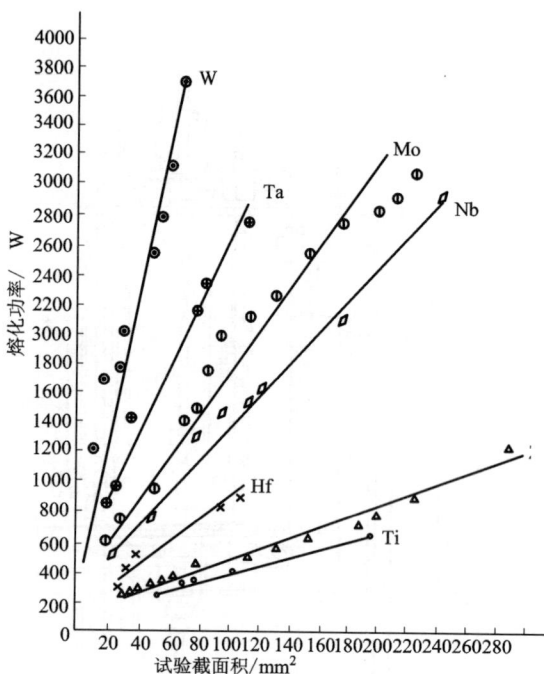

图 8 - 12　熔化功率与试样截面积关系图

区域熔炼提纯原理是在二元系中，将溶质均匀分布的金属熔化后再凝固。当固液两相处于平衡状态时，则在固液两相中的溶质浓度是不同的，继续将熔体慢慢凝固，则在凝固的固体中先后凝固的各部分溶质含量也不同，这种现象称为分凝效应。

在区熔速度不变的情况下，钼的电阻率比 δ，即产品的纯度随区熔的次数增加而提高，钼的损失也增加。钼区熔中纯度和损失与区熔次数的关系见表 8 - 8，钼的区熔后除杂效果见表 8 - 9。

表8-8 钼区熔中纯度和损失与区熔次数的关系

材 料	试样直径 D/mm	区熔次数	重量损失/%	电阻比值 δ/(R298 K/R4.2 K)
钼原料	8	—		50
钼单晶	8	1	15	60
钼单晶	8	3	50	740
钼单晶	8	5	63	3000

表8-9 钼的区熔后除杂效果

产品状态	杂质元素含量/wt.%						
	Ca	Na	C	K	Fe	Si	O_2
钼原料	0.001	0.002	0.007 ± 0.002	0.004	0.001	0.002	0.0003 ± 0.0005
区熔后的钼单晶	<0.0001	<0.001	0.0015	<0.001	<0.001	<0.0001	<0.0001

第八节　影响钼烧结制品的因素

　　钼制品的烧结主要是为了提高它的密度、除去一部分较高熔点的杂质并使其具备应有的金属性能。在烧结过程中，影响钼烧结制品的工艺因素有温度的高低、高温保温时间的长短、升温速度、烧结的气氛、粉末的粒度大小、粉末中的杂质成分和使用的设备等。

　　烧结温度　在所有影响烧结因素中的决定性因素是烧结温度。烧结的温度过低，再结晶时的晶粒就难于长粗，钼制品的密度就低；还会使熔点较高的杂质挥发不好，而影响它的化学成分。但烧结温度过高，再结晶的晶粒"疯长"时，又会使钼制品中出现较大的烧结孔，它的密度也会降低；甚至还会使钼制品过烧而引起熔化。

　　高温保温时间　钼制品的密度增加主要是在高温保温阶段，如果高温保温时间过短，晶粒长粗时间不够，密度就难以达到技术要求；保温达到一定的时间后再继续延长时间，密度也会很难增加，而会造成成本增加，生产周期延长，对产品并不会有任何好处。

升温速度　钼制品在烧结过程中，升温速度的快慢对于中温除杂是很重要的。如升温过快，由于逐渐的致密化，中温期间应挥发的杂质来不及充分挥发；如升温速度过慢，杂质挥发虽然充分，但影响生产周期，并使成本升高。

烧结气氛和杂质成分　钼一般采用在氢气气氛中烧结，也可以采用真空烧结。氢气在烧结过程中主要是作为保护性气氛，其次是使钼制品中的氧含量减少。钼材中的氧含量低，则其加工性能就提高。

钼材通常的拉伸加工和弯折加工的二次成形是在常温下或在低于再结晶温度下进行的。但含氧及不纯物多的钼材，由于加工必然会使纤维组织朝加工方向伸长，如果纤维幅度不能充分伸长，材料就会产生各向异性，易发生断裂，则二次加工不能进行。而氧及不纯物少的钼材，没有不纯物阻滞纤维幅度伸长，而各向异性小，所以二次加工性能好。

由于以氧化物形式的不纯物聚集在晶界上，而使结晶变形而阻滞晶界滑动。甚至由于晶粒内这些不纯物分散，在加工后退火时，不纯物的不正当蓄积也阻滞晶粒内滑动，则延性更不好，从而导致二次成形加工性更差。要求氧 $< 50 \times 10^{-6}$，最好 $< 30 \times 10^{-6}$。Fe、Ni、Cr、Si、Mg、Al 等氧化物 $< 50 \times 10^{-6}$，最好 $< 30 \times 10^{-6}$。Ca 必须 $< 5 \times 10^{-6}$。要减少钼材中的氧，就必须减少这些元素的氧化物。由于预烧结温度较低，预烧结过程中将很少除去金属杂质，所含的金属杂质基本上转移到最终产品中，但是，在烧结过程气体杂质含量减少，从总计 1000×10^{-6} 左右降低到约 50×10^{-6} 的氧、20×10^{-6} 的氮、2×10^{-6} 的氢，而碳为 200×10^{-6} 左右。通常最终产品杂质含量较多地取决于烧结条件，较少地取

决于原材料的成分。

钼材中的氧易形成氧化物，氧化物总量多，集积在晶界的量就多，分散在晶粒内也多，这样则更加阻滞晶界及晶粒的滑动，因此，易形成氧化物的不纯元素越少，二次成形效果就越好。

粉末粒度 钼粉粒度粗，表面活性低，烧结温度就需要高；钼粉粒度细，表面活性高，烧结温度可低些。钼粉容易地用液压法或流体静压法加以压制，然后将压坯在 1700 ℃ ~ 2000 ℃ 下于氢气中进行烧结。对直接加工的钼材密度应当至少为理论密度的 90%，采用钼粉的粒度约为 3 ~ 4 μm。但如用作自耗电极电弧熔炼，它所采用粉末的理想粒度为 4 ~ 6 μm，粉末中不应含有内在的未还原氧化物的多边形微粒成分。

参 考 文 献

1 黄培云. 粉末冶金原理. 冶金工业出版社，1982 年 11 月

2 [苏]A·H·泽列克曼，O·E·克列茵，Г·B·萨姆索诺夫. 稀有金属冶金学. 冶金工业出版社，1982 年 9 月

3 [日]松山芳治，三谷裕康，铃木寿. 粉末冶金学. 科学出版社，1978 年 4 月

4 R. M. German, C. A. Labombard. 钼的加镍、钯和铂活化烧结. 钨钼科技，1983 第 3 期

5 AD – 报告——No. A159868 烧结钼的最新进展. 钨钼材料，1990 年第 3 期

6 H. Hofmann. 活化烧结钼的烧结特性和机械性能. 钨钼材料，1987 年第 3 期

7 B. C. Allen. 原材对钨、钼生产及性能的影响. 钨钼材料，1987 年第 1 期

8 蔡宗玉. 粉末冶金钼合金烧结工艺的研究. 钨钼科技，1982 年第 3 期

9 稀有金属手册编委会. 稀有金属手册(上册). 冶金工业出版社，1992 年 12 月

10 稀有金属手册编委会. 稀有金属手册(下册). 冶金工业出版社，1995 年 12 月

第九章　钼的特殊成形和异型制品

　　制造体积大或形状复杂的粉末制品，采用普通压制的方法会不利于产品的成形，甚至对最终产品的性能都会产生影响。钢模单向压制的制件体内密度分布不均匀，制造大型制件很复杂，不可能制得高质量粉末压块。钼的异型制品一般都是采用特殊成形工艺。特殊成形也可以生产常规产品，但生产工艺不如钢模成形简便，而且成本也高。

　　特殊成形包括冷(热)等静压成形、连续(粉末轧制)成形、挤压成形、楔形压制成形、粉浆浇注(无压)成形、高能(爆炸)成形、离心力成形等。每一种成形方法都应该从坯件的性能、形状和尺寸三方面适应制品的特殊需要。等静压成形法能满足致密大件和形状复杂零件的制造要求，如体积达 2 m³ 的锥形薄壁的载人飞行器就是用等静压制成形的。粉末轧制法能顺利地制取厚 1.3～1.5 mm、宽 270 mm、重达 100 kg 的多孔纯铁带材和工具钢薄板。挤压法能生产原则上长度不受限制、具有简单或异型截面的棒材和管材。金属粉末的粉浆浇注法不仅可生产实心或空心和扁平部件，还可以生产空心瓶状和球状部件，甚至单层多孔构件或复层不同成分的构件。总之，采用特殊成形法扩大了粉末冶金技术的应用范围。

第一节　热等静压制

　　等静压成形包括冷(热)静压成形，但冷等静压成形只有压制过程，而且现在已普遍使用，故放在一般成形中叙述。

　　热等静压制是近 20 年开发的粉末热成形方法。高温热等静压兼有压制和烧结过程，由于有惰性气体或融熔金属起建立压力的介质作用，用于制备密度接近于理论值的难熔金属大型和复杂的制件和坯块。

　　热等静压原理　把粉末压坯或装入包套内的粉末置于热等静压机的高压容器内，同时经受高温和施加的各向均等的高压作用，强化了压制与烧结过程，降低了制品的烧结温度，改善了制品的晶粒结构，消除了材料内部颗粒间的缺陷和孔隙，提高了材料的密度和强度，使粉末热固结成致密品。其原理与热压法基本相同，但其制品的密度更高，晶粒更细，性能更好。

　　热等静压法是提高制品相对密度的有效方法，更加接近理论密度值，如表 9 – 1 所示。密度是金属材料中的一项主要指标，随着材料相对密度的提高，其他性能也会相应地提高。

表 9 – 1　热等静压制的几种材料密度

材料名称	压制温度/℃	压制压力/($kg \cdot cm^{-2}$)	密度(理论值)/%
铍(Be)	760 ~ 780	700 ~ 1050	99.80
钼(Mo)	1350	1000	99.80
工具钢	1100 ~ 1150	1000	99.99 ~ 100
硬质合金(YG10)	1245 ~ 1360	1000 ~ 1500	99.99 ~ 99.999
Al_2O_3	1350	1000	99.99
ZrC	1350	1000	99.95
SiN	1700 ~ 1800	1000	99.99

　　热等静压已成为现代粉末冶金技术中制取大型复杂开关制品及高性能材料的一种先进工艺。热等静法制取的制品的密度比热压法要高些，特别是制取金属钼时的差别更为显著，表 9 – 2 列出了几种材料的比较。

表 9 - 2　热等静法与热压法压制制品的密度比较

材料名称	压制温度/℃		压制压力/(kg·cm⁻²)		相对密度(理论值)/%	
	热等静法	热压法	热等静法	热压法	热等静法	热压法
铁	1000	1100	994	100	99.90	99.40
钼	1350	1700	994	280	99.8	90.00
钨	1485 ~ 1590	2100 ~ 2200	700 ~ 1400	280	99.0	96 ~ 98.00
钨 - 钴硬质合金	1350	1410	994	280	99.999	99.00
氧化锆	1350	1700	1490	280	99.90	98.00
石墨	1595 ~ 2315	3000	700 ~ 1050	300	93.5 ~ 98.00	89 ~ 93.00

热等静压设备　热等静压机的主体结构由高压缸体、框架与加热炉所组成,高压缸体及框架结构与冷等压机相同。加热炉根据发热体在缸内的位置,分幅射和对流两种类型。辐射型的加热元件装在工件间的四周,以高温辐射为主,把炉子造成两个或多个电阻加热区间,每一区间的温度可单独控制,使炉温均匀并延长高温区带。对流型的加热元件在工件间下面,借气体压力介质对流作用加热工件,这种结构可增加缸体有效工作空间,并避免进出料时工件与发热体可能发生的碰撞。对流型加热炉又分为自然对流式和强迫对流式两种,后者在发热体下部增装了一台风扇(由磁力驱动),可促进对流作用,使加热炉和冷却周期缩短。

热等静压机的附属机构由气体系统、电气系统、水冷系统及测试控制系统组成,系统示意图见图 9 - 1。

热等静压力机的压力容器是用高强度钢制成的空心圆筒,直径 150 ~ 1500 mm,高 500 ~ 3500 mm,工作间体积在 0.028 ~ 2 m³ 之间。通常压力范围 6.86 ~ 196.13 MPa。螺纹式密封的等静压力机的压力容器的容积小,框架式密封容积大。除压力容器外,容器内的加热炉是热等静压的一个重要部件,它主要由加热元件、热电偶与隔热屏组成。当温度在 1000 ℃ ~ 1200 ℃ 时,加

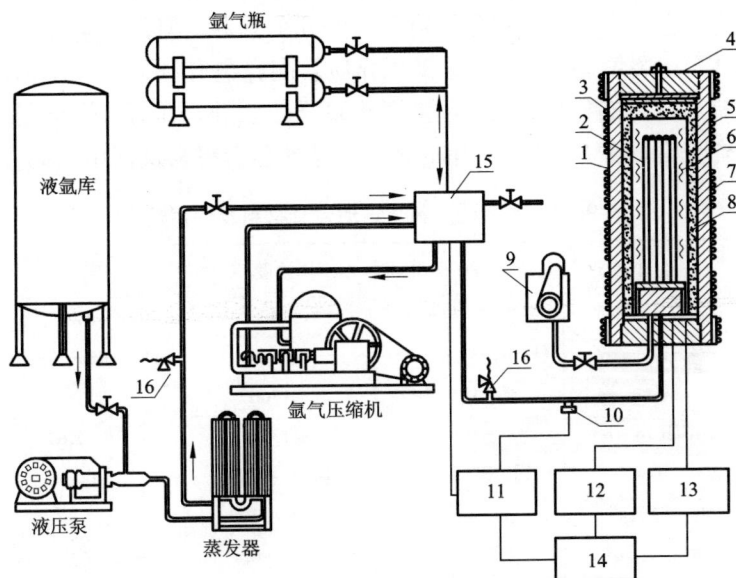

图 9 – 1　热等静压制系统示意图

1—高压缸；2—工件；3—水冷套管；4—上端盖；5—隔热屏；6—加热元件；
7—热电偶；8—电源接头；9—真空泵；10—压力转换器；11—压力控制器；
12—电调节器；13—接口；14—计算机；15—压力控制箱；16—过压释放阀

热元件可用 Fe – Cr – AL – Co 合金丝，高于 1200 ℃ 时可用钼丝、钨丝或石墨等作发热体，但需要在保护性气氛或惰性气氛中使用。

　　包套是热等静压中封装粉末的特制容器，常用的材料有金属和玻璃两大类。金属包套目前应用最广。玻璃包套可吹制或模铸而成，易于抽空、封焊和连接，在热等静压后产品冷却时能自行脆裂而脱除；热塑性好，可把一个形状复杂的粉末坯件装入一个形状简单的玻璃套中进行热等静压；碎玻璃能重熔反复使用。缺点是玻璃易碎，只能用于先升温后升压工艺。包套材料还可采用陶瓷，它在高温下能很好保持包套的几何形状，但由于陶瓷是多孔体，还要填装 Al_2O_3 作为加压介质。陶瓷包套制作是先用铝模注蜡后复型蜡模件，然后用陶瓷粉浆浇注法并经干燥、煅烧制成陶瓷包套。表 9 - 3 是常用的金属与玻璃包套材料及使用性能。

表 9 - 3　常用的金属与玻璃包套材料及使用性能

包套材料	适应的粉末	使用温度/℃	连接方法
钢（中低碳钢）	高速钢、超合金	≤1400	TIG、MIG、气焊
镍	钍、陶瓷、铁氧体	≤1430	TIG、MIG、气焊
钛	硬质化合物	≤1700	TIG
不锈钢（18～8）	不锈钢	≤1350	TIG、MIG
钼	钼、钨、Si_3N_4	1450～2200	TIG、电子束
铅 - 碱玻璃	金属、陶瓷	410～630	热连接
硼硅玻璃	金属、陶瓷	500～900	热连接
硅酸铝玻璃	金属、陶瓷	700～900	热连接
高硅氧玻璃	金属、陶瓷	890～1600	热连接
石英玻璃	金属、陶瓷	1130～1600	热连接

注：TIG—钨电极惰性气体保护焊；MIG—金属惰性气体保护焊。

热等静压生产工艺　热等静压工艺流程有两种，即包套法和预烧法。粉末包套法生产工序多、费用高，主要用于制取材料价值高而形状复杂的异型制品。预烧法是用粉末烧结坯作工件，烧结时不再用包套，但要求烧结坯具有高的密度（一般要求超过95%的理论密度），不允许有连通的开孔隙，否则达不到密实的要求。

钼的热等静压的温度 1150 ℃～1425 ℃，压力 70～105 MPa，保温时间 1～3 h。

热等静压制的升温制度有三种：即先升压后升温制度、先升温后升压制度和热装载制度。

先升压后升温是在坯料装好后,先把缸内的压力加到最终压力的 1/4 ~ 1/3 范围内,然后升温到所需的温度,缸体内的压力在升温过程中借助气体介质的膨胀而达到最终工作压力。特点是允许使用出口压力较低的压缩机。

热等静压机使用的压力介质常用氩、氦、氪等惰性气体,以氩气使用最多。工作压力通常在 30 ~ 300 MPa。

先升温后升压是在坯料装好后,抽出空气,充进氩气,氩气压力范围在 0.7 ~ 7.0 MPa 内,仅起气体保护作用,在低压下先升温到所需工作温度,然后再依靠压缩机将缸体内的压力加到工作压力。这种工艺制度适用于玻璃包套的工件。

热装载是坯料在另外的加热炉内加热后,并在热状态时迅速装入热等静压缸体中然后再升温升压进行热等静压制。这种工艺的特点是缩短生产周期,充分发挥热等静压机的使用效率。

热等静压制系统中的保压和降压一般不需要任何控制,但温度必须精确可靠地控制。炉内温度分布均匀度一般取决于炉子的设计和电热体的配制。目前,工业上使用的炉体恒温时,温度均匀度可控制在 5 ℃ ~ 14 ℃ 之间。

热等静压制技术在工业中,如在制取核燃料棒、钨喷嘴、陶瓷及金属复合材料、金属陶瓷硬质合金、难熔金属制品及其化合物、粉末金属制品有毒物质及放射性废料的处理等方面,都已经得到了广泛的应用。如热等静压技术生产整体的飞机涡轮盘,其性能和经济效果是一般方法无法相比的。处理原子能反应堆排出的核废料,是将核废料煅烧成氧化物并与性能稳定的金属陶瓷混合,然后用热等静压机将混合废料压制成化学性能最稳定的致密体,这种致密体有一种不发生裂变的晶体结构,其强度和硬度超过地球上任何一种岩石,深埋在地下能经受地下水浸蚀,不会造成对环境的污染。

第二节 金属粉末连续轧制成形

连续轧制成形是将金属粉末通过一个特制的料斗直接喂入特殊的轧辊中,轧制成具有一定厚度和强度的长度连续不断的板带坯料,接着连续通过预烧炉的烧结,然后再通过第二组轧辊、热处理炉,以及通过第三组或更多次数加热和轧辊,而最后加工成一定孔隙度的或致密的粉末冶金板带材的方法。

连续轧制成形的最大优点是可以生产长度不受限制的、具有一定厚度的板带材或直径在一定范围内的丝材。

金属粉末连续轧制的工艺过程可分为粉末喂料、轧制成形、轧制板带坯烧结等主要工序。

粉末喂料是将粉末连续而均匀地输入到轧辊内,假如出现不连续或不均匀的现象都会导致轧制中断或使坯料质量下降,因此,粉末喂料质量对板带材质量起着重要作用。喂料方向按轧制方向分为水平方向喂料和垂直方向喂料两种,水平方向喂料又分为自然流入喂料和螺旋送料器强迫喂料两种方式;垂直方向喂料也分为自然流入喂料和螺旋送料器强迫喂料两种方式,由于强迫喂料输入设备较为复杂,垂直方向强迫喂料很少采用。垂直方向自然流入喂料方式已在生产上广泛应用,但这种方式又分为单一粉末喂入、双层粉末喂入和多层粉末喂入三种方式。双层喂料和多层喂料方式对生产复合材料是一种极为有利的生产方式,并已投入到实际生产中。

金属粉末轧制成形与一般致密金属的轧制成形不同,它的特点是:粉末体的体积显著减小;粉末颗粒发生弹性和塑性变形,粉末的成形靠粉末颗粒间的机械啮合或添加有机黏结剂的黏结;冷轧后未经烧结的带坯强度很低;要提高带坯的强度,必须把粉末加热压制成形。

粉末加热轧制成形的加热分为直接加热和间接加热两种方式，图9-2是粉末直接加热轧制示意图，它是振动器将漏斗内的粉末振动摇实，粉末靠低频加热器加热。

图9-3是粉末间接加热轧制示意图，它是一种在保护气氛下用电炉

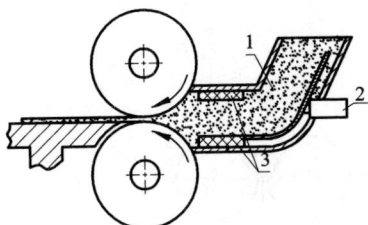

图9-2　粉末直接加热轧制示意图

1—装料漏斗；2—振动器；3—低频加热器

间接加热的粉末轧制方式。图9-4是粉末冷轧、带坯烧结和热轧联合轧制示意图，它是粉末通过漏斗均匀地流入冷轧机辊缝间，轧出的带坯连续不断地进入有保护性气氛的或真空的烧结炉内烧结，并随之进行热轧。

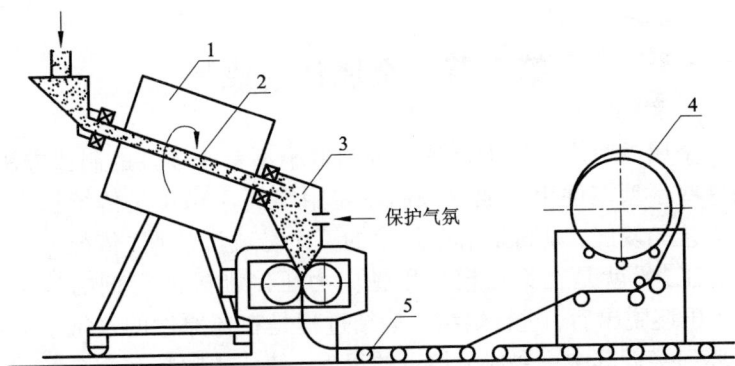

图9-3　粉末间接加热轧制示意图

1—电气加热炉；2—回转炉管；3—中间容器；4—卷圈机筒；5—辊道

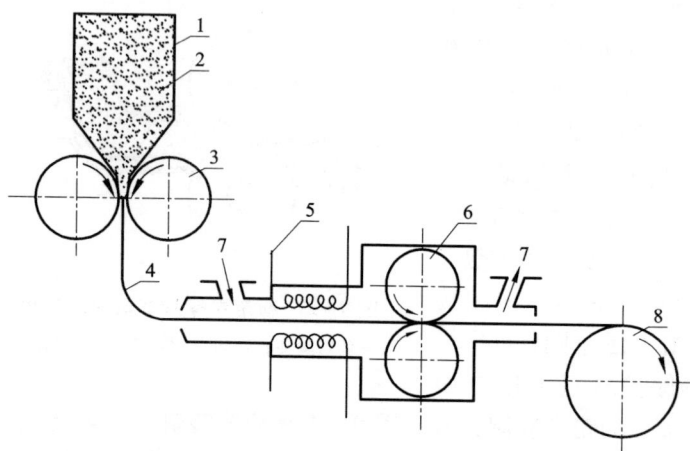

图 9 - 4   粉末冷轧、带坯烧结和热轧联合轧制示意图
1—漏斗；2—粉末；3—冷轧机；4—冷轧带坯；
5—电热体；6—热轧机；7—保护气氛；8—卷绕带机

第三节   金属注射成形

金属注射成形（MIM）是一种制造小型精密零件的制造方法，而这些小型零件用其他方法制造费用很高。MIM 是传统粉末冶金工艺的发展，是粉末冶金技术的一个分支。所谓"传统的粉末冶金工艺"就是在钢性模内用轴向力压制加入润滑剂的混合粉末，压坯脱出后，进行烧结。烧结过程是在还原性的气氛中加热压坯到接近其中主要成分熔点的温度，使相邻颗粒互相扩散并粘固牢结，从而提高压坯的力学性能。用此方法能制造形状十分复杂的压坯，该方法已应用于大批量生产。但此方法对压坯的形状却有重大限制，由于压坯必须脱出模腔，因此，具有与压制方向垂直的沟槽与凸台的零件将无法进行直接制造。

MIM 的基本工艺流程是：金属粉末 + 聚合物黏结剂→混合→制粒→注射成形→排除黏结剂→烧结，工艺流程示意图见图 9 - 5。

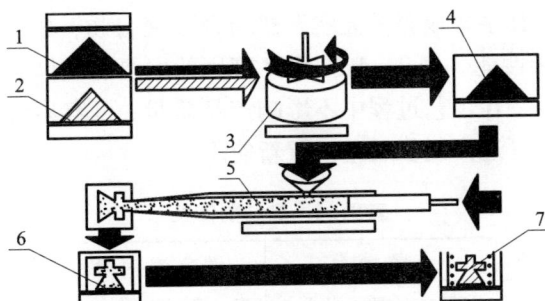

图 9 - 5　金属注射成形工艺流程图

1—金属粉末；2—聚合物黏结剂；3—混合；4—制粒；
5—注射成形；6—黏结剂脱除；7—烧结

注射成形后的压坯内含有高达 50% 以上的黏结剂，在烧结过程中体积要产生很大的收缩。为了保证产品在收缩后的形状和尺寸，要求混合料必须具有很好的流动性并不产生任何偏析，而且黏度在一定温度范围内尽可能保持稳定，冷却时必须坚固。这些要求取决于所用黏结剂的特性，在一定程度上，也取决于粉末的制粒情况。

除铝以外几乎所有的金属粉末都可采用注射成形的方法，而且价值越贵的粉末越有前途，由于注射成形的产品不需要切削加工，从而节约了贵重的原材料。

粉末要求　在混合料中金属粉末所占的比例越大越好，这意味着压坯中的金属密度较高。注射成形假设的理想粉末是：颗粒分布应专门配制，以求高的填充密度与低成本；不结块成团；颗粒形状主要为球形（或等轴）；颗粒间有足够的摩擦以避免脱除黏

结剂后坯件变形；颗粒致密无内部孔隙；颗粒表面清洁，防止与
黏结剂互相影响。

黏结剂 黏结剂是影响粉末注射成形的关键因素。在一定程
度上，确切的成分和过程仍是秘密。大部分黏结剂是有机化合物
的混合料，其主要成分是天然石蜡与合成聚合物，其余添加剂物
质用于改善性能。表 9 - 4 是 MIM 现用的主要黏结体系。对黏结
剂的要求是：在工艺过程中不影响产品质量；可容易地从成形工
件中除去；可返回制粒工艺以重新使用。

表 9 - 4 黏结剂体系

粘 结 剂 性 质	主 要 成 分	聚 合 物 成 分	添 加 剂 成 分
热塑性黏结剂	石蜡/微晶蜡、巴西棕蜡/蜂蜡，植物油/花生油，乙酰(替)苯胺，安替比林，苯	PE，PP，PS，PA，PE - VA，PE - APBMA - E - VA	硬脂酸/含酯的油酸，酞酸脂
热固性黏结剂 胶化黏结剂 冻结 - 干燥黏结剂 聚合物黏结剂	环氧树脂，呋喃树脂 水 聚甲醛	甲基纤维、琼脂	蜡，表面活性剂 甘油、硼酸 水、苯胺、石蜡 专利

混料 混料应控制在温度升高到黏结剂变为液体时进行。在
此状态下，黏结剂润湿粉末颗粒，使混合均匀，不产生颗粒聚集，
黏结剂加入量应尽可能少。MIM 混料需要剪切作用。有几种形
式的混料机器可以使用，例如：Z 形叶片混料器和行星混料器，
其主要目的是使每个颗粒表面完全包覆上黏结剂，但在黏结剂与
金属之间不应发生化学反应。

成形 MIM 通常要求把混合料通过制粒的过程制为固状小
球，这些小球可按要求储入料斗并注入成形机。混合料由加热的
螺旋进料机挤入模腔，喷嘴温度严格控制以保证状态一致。阴模
温度应控制足够低，以保证压坯的坚固。

脱除黏结剂　由生坯中脱除黏结剂是 MIM 工艺的关键步骤，它包括以下两个基本方法：

第一种是加热"生坯"使黏结剂熔化、分解或蒸发。此操作必须非常小心，以防止已成形的零件的分裂。因此，采用多种成分的黏结剂，使之在不同的温度分解和蒸发，是非常有利的措施。

第二种脱除黏结剂工艺仅用于特定的黏结剂体系，它是用合适的溶剂如三氯乙烷将黏结剂熔解掉。常规加热作为最后步骤，通过蒸发彻底去掉黏结剂。

烧结　烧结过程中是使分离的颗粒烧结在一起，使最终产品具有足够的强度。此过程在控制气氛炉内进行（有时是真空炉），烧结温度低于金属熔点。因为要避免金属氧化，所以气氛通常是还原性的，除了保护金属，这种气氛还具有还原粉末颗粒表面氧化物的作用。

MIM 使用的全连续式工作炉　它是一种连续脱黏结剂炉和连续烧结炉的完美结合而成的工作炉，炉子分由黏结剂脱除部分和高温烧结部分组成。舟皿从脱除黏结剂位置进入炉子，在通过预加热脱除黏结剂后，舟皿通过横向传送带到达高温烧结炉进料端。推进装置将舟皿推入炉内，烧结完毕后通过冷却带和横向传送带将舟皿推到卸料口。整个炉子内的舟皿从进炉一直到出炉，都在密封形态中自动运转，无须人工推料，示意图见图 9-6。

现已开发出一种新颖的工艺——"无黏结剂"MIM 工艺。通过将粉末和含化学添加剂的液体介质的均匀混合料注入模具，使混合固化。脱模后，零件在真空中处理 1~2 天，将液体（大约为零件的 1 wt.%）蒸发，时间的长短根据零件厚度、粉末尺寸和粉末量而定，重达 800 g，厚度大于 20 mm 的全密零件已由这种方法制取。

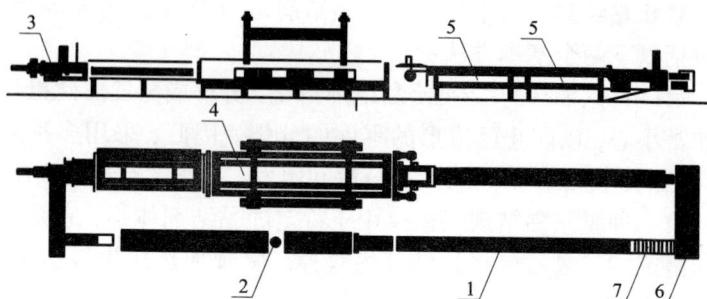

图 9－6　MIM 使用的全连续式工作炉示意图
1—进料口；2—预加热带；3—推进装置；4—烧结炉高温带；
5—冷却带；6—横向传送带；7—卸料口

第四节　粉浆浇注制取热电偶用钼套管

粉浆浇注成形　是将细粉末分散在液体中，制成稳定的悬浮状态的粉浆，再将粉浆注入所需形状的石膏模中，利用多孔的石膏模具吸收粉浆中的水分（或液体），从而使粉浆物料在模内得以致密，并形成与模具面相应的成形注件，待石膏模将粉浆中的液体吸干后，拆开模具便可取出注件，粉末固化后再进入烧结的工序。该工艺所用设备简单，不用压力机，只用石膏模具，生产费用低，可生产一些形状复杂的制品，对制取大型、复杂或特殊形状的零件，不仅最适合，而且也是唯一的方法，如热电偶用的钼套管就是用这种方法制取的。但该方法烧结时收缩大，浇注粉浆后固化干燥时间长，生产率低，不能代替普通的大批量生产的粉末压制技术。

热电偶用钼套管的制取　高温炉用的热电偶钼套管的材质有纯钼和硅化钼两种。纯钼热电偶套管是用金属钼粉与硅酸盐按比例调成一定浓度浆料后，将浆料注入干燥的石膏模中。待石膏模将浆料中的水分吸到一定程度后，黏附在石膏模壁上的钼粉就达到了一定的厚度，因此，紧贴在石膏模壁上就自动形成一端有圆封头壁厚一致的长圆管，然后将多余的浆料倒出来。待石膏模晾干后，使模内的空心圆长钼管坯具有一定的强度，才可拆开石膏模，把空心圆长钼管坯小心地放置在开有 V 形槽的长条形的石墨舟皿内，然后进行慢慢烘干。最后将放置有空心圆长钼管坯的舟皿置于烧结炉中，经 1700 ℃ ~ 1800 ℃ 的温度于氢气气氛中烧结成金属钼套管。

第五节　粉末挤压或楔形成形

粉末挤压成形　是指粉末体或粉末压坯在压力的作用下，通过规定的压模嘴挤成坯块或制品的一种成形方法。按照压制条件的不同，可分为冷挤压法和热挤压法两种。

粉末冷挤压法是把金属粉末与一定量的有机黏结剂混合在较低的温度下（40 ℃ ~ 200 ℃）挤压成块坯。挤压块坯经过干燥、预烧和烧结便制成粉末冶金产品。该方法能挤压出壁厚很薄直径很小的微形管，如壁厚仅 0.01 mm，直径 1.0 mm 的粉末冶金制品；能挤压形状复杂、物理机械性能优良的致密粉末材料，如烧结铝合金及高温合金；在挤压过程中压坯横断面不变，因此在一定的挤压速度下制品的纵向密度均匀，在合理的控制挤压比时制品的横向密度也是较均匀的；挤压制品的长度几乎不受压制设备的限制，生产过程中具有高度的连续性；挤压不同形状制品有较大的灵活性，在挤压比不变的情况下可以更换挤压嘴；增塑粉末混合料的挤压返回料可以继续使用；但适用这种方法的产品形状，限于与挤压方向垂直的断面尺寸不变的产品。这种方法在粉末冶金初期用于做 Os、W 及 Ta 丝，它适应于制取细长的杆材和厚度小于 2 mm 的带材。它所用的糊状黏结剂主要有淀粉、阿拉伯胶或树脂等有机物，但这些有机物在挤压时容易产生气孔，但可采用真空挤压的方法来消除气孔的缺陷，该法又称为增塑粉末挤压成形法，图9-7是一种高效能真空挤压机工作示意图。

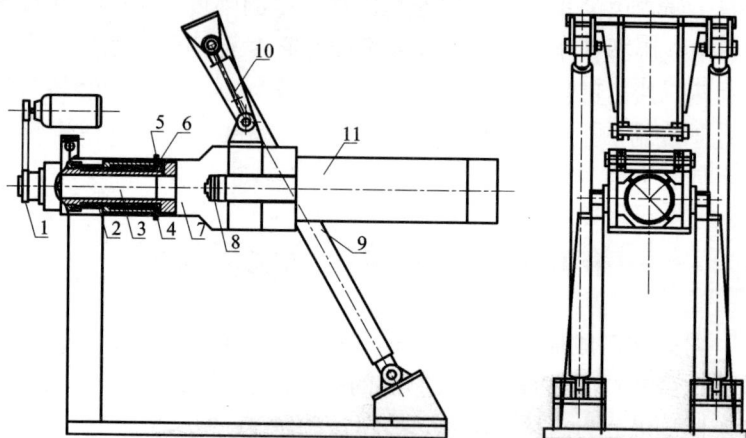

图9-7 真空挤压机示意图

1—出料口；2—挤压缸；3—物料；4—进水口；5—出水口；6—抽真空口；
7—床身；8—挤压头；9—升降缸；10—吊架；11—推料油缸

粉末热挤压法是指金属粉末或粉末压坯装入包套内加热到较高温度下进行挤压。该法是把成形与烧结、热加工处理在一起，从而直接获得形状复杂、物理机械性能较好的制品；能准确地控制制品的成分和合金内部组织。

热挤压法生产钼制品 钼粉 Fsss 粒度 <3.0 μm 时，烧结出来的钼制品切削性很差，超过 >3.5 μm 时，成形时很难将空气抽出，因为成形体上有裂缝，容易进入空气。用 Fsss 粒度 3.0 ~ 3.5（最好是 3.2）μm 的钼粉；用丙烯树脂2%，可塑剂(TBT)0.5%，其余为挥发性溶剂(三氯乙烯)制成有机质黏合剂溶液，然后按金属粉末被复量 0.5% 添加钼粉中，在常温下用混合机搅拌均匀，送入造粒机中，从 $D0.8$ mm 孔径的多孔模压出后进行过筛，粒径为 $D0.8$ mm，长 0.8 mm 为好，再经压制成形后，压坯在 1400 ℃加热 1.5 h 脱脂后，在烧结炉内的 $N_2 + H_2$ 气流下，用 1830 ℃ ~ 1860 ℃烧结 3.5 h，就可以得到没有裂纹、切削性能优良的金属钼制品。用这种方法也可以生产钼的小制品，如大量使用于电子零件上的环状钼制品。

　　本烧结体的制造方法是对供给模子的粉末加压，使其从模子口连续推出，形成长尺寸的压粉体，并使压粉体在推出同时从电极之间通过，进行通电烧结。这种集成形和烧结于一体的设备示意图见图 9 - 8。其具体过程是：金属粉末从供给口进入模子内，受电动机带动丝杠转动，使进入模子的金属粉向输出方向移动，在移动过程中粉末被丝杠加压，被压向输出口的粉末成锥形通过输出口，在前端开口受压成形为棒状压粉体，连续顺次向外推出就形成了长尺寸的压粉体。从模子输出口推出的压粉体顺次从前方的电极之间通过，如果连接形成一个闭合的回路，那么在压粉体上就通过了电流。当压粉体从电极之间通过时就被通电烧结

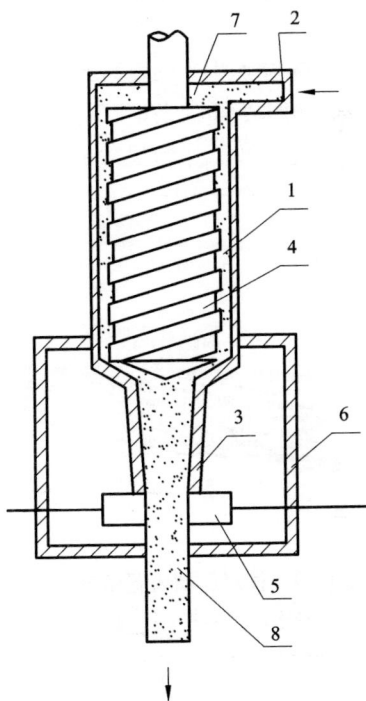

图 9 - 8　钼粉挤压烧结示意图

1—模子；2—粉末供给口；3—输出口；
4—丝杠；5—电极；6—密封室；
7—金属粉末；8—烧结体

为烧结体。为了防止在烧结时产生氧化，在密封室内必须保持还
原性气氛。烧结体的密度由流经电极的电流而定。这样，在不搬
动压坯的情况下，就可连续制取细长的棒材出来。

楔形压制成形　是粉末通过漏斗均匀地装入阴模内，挡头置
一模板以阻止粉末向前移动，随之冲头下降压制粉末，冲头上升时
压坯随底垫导板向前移动，周而复始地循环压制。图 9 - 9 是楔形
压制装置示意图，图 9 - 10 是楔形压制过程示意图。该方法需要的
压力机吨位不大(一般为 600 ~ 1000 kN)，模具结构简单，操作简
便，压制厚度可达成 0 ~ 30 mm，宽度可达到 0 ~ 50 mm，长度不受
压力机吨位和工作台尺寸的限制，密度分布较为均匀。

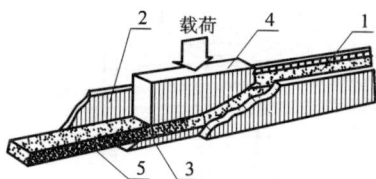

图 9 - 9　楔形压制装置示意图

1—粉末；2—夹板；3—底板；
4—楔形冲头；5—条坯

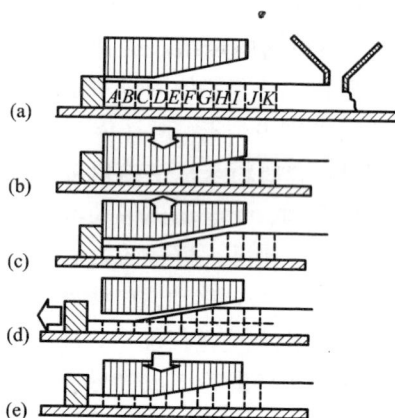

图 9 - 10　楔形压制过程示意图

第六节　爆炸成形和离心力成形

爆炸成形　高能成形法也可称为高压成形法或爆炸成形法。
这种方法是利用火药的爆炸力作为压力，在加压成形的粉末周围

均匀地围绕火药，并在水中爆炸进行压制成形。它利用在炸药爆炸极短时间内（几微秒）所产生的达 106 MPa（相当于 1000 万个大气压力）冲击压力，将金属粉末或非金属粉末密化成形的复杂过程。爆炸成形装置按照爆炸时产生的压力作用于粉末体的方式可分为直接加压式和间接加压式两种。图 9 - 11 是直接加压式爆炸成形装置示意图，粉末装入圆薄钢管内，钢管两端用钢垫塞封，上端钢垫用木塞（或黏土塞）垫隔，炸药做成层状包扎于管外，最外层用硬纸壳包扎实，当爆炸器引爆炸药，瞬时产生巨大的压力和冲击波压缩钢管内的粉末体，使其致密成形。图 9 - 12 是间接加压式爆炸成形装置示意图，粉末装于橡皮胶袋中并沉入高压容器的液体中，液体面上放置加压钢冲头，炸药放置在冲头上端，当点火装置引爆炸药后产生的冲击能以极高速度推动钢冲头对容

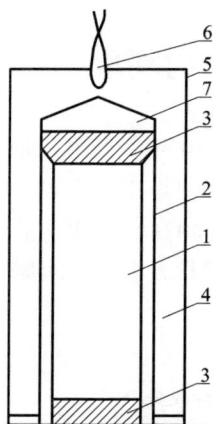

图 9 - 11　直接加压式爆炸
成形装置示意图

1—粉末；2—钢管；3—钢垫；4—炸药；
5—硬纸壳；6—爆炸器；7—木塞

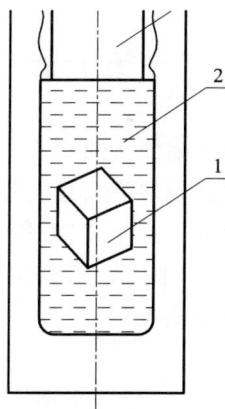

图 9 - 12　间接加压式爆炸
成形装置示意图

1—粉末；2—液体；3—冲头；4—炸药；
5—点火装置；6—缓冲装置

器内的液体施加压力(类似等静压),液体将冲击波的能量传递给橡皮胶袋内的粉末,使粉末体压制成形。爆炸成形的压坯强度极佳,相对密度高,能制取形状复杂的零件,压坯经过烧结后能获得更高的强度和延性,尺寸公差比较稳定,生产成本低。

离心力成形   是将粉末装入模具内,并安装在高速旋转体上,利用由中心向外侧的离心力进行成形的方法。离心力成形虽然是单向加压,但因压力直接作用在各个粉末粒子上,因此,能比上述的压力机法得到更均匀的密度。这种方法与压力机法相比,它不需要压力机和压模,传递压力均匀,难于用压力机成形的零件可以用此方法成形;但这种高速旋转要特别注意安全,它的压力最高限于 300 kg/cm² 内,断面直径小于 6 mm 的小制品不宜用此方法。由于离心力与重量成正比,所以以粉末密度越大,采用这种方法就越有效。

第七节   钼异型制品的制取

粉冶钼顶头的制取   我国在 20 世纪 70 年代就已经成功地采用粉冶态钼顶头来穿制各种无缝钢管,特别是用于穿制不锈钢的无缝钢管。由于 TZM 和 TZC 钼合金成分的高温物理 – 机械性能比纯钼好,因此,广泛用于制造高温工模具及各种结构部件,其具体成分见表 9 – 5。

表 9 – 5   TZM 和 TZC 钼合金成分/%

牌号	Ti	Zr	C	Mo
TZM	0.04 ~ 0.05	0.07 ~ 0.12	0.01 ~ 0.04	余量
TZC	1.05 ~ 1.50	0.10 ~ 0.30	0.12 ~ 0.40	余量

粉冶态钼合金顶头的平均使用寿命为铸态钼顶头的 1.5 ~ 2

倍，原料的消耗为铸态的50%，耗电减少90%以上。

　　粉冶态钼合金顶头采用传统的粉末冶金工艺，包括配料混合、压制烧结。其过程是按合金粉末的设计要求，将钼粉、氢化钛粉（1.35%~1.5%）、氢化锆粉（0.32%~0.43%）、氧化铈粉（为0.5%）和优质石墨粉（0.31%~0.43%）进行混合过筛后，筛下物置于螺旋混合器中混合8~12h，使之成为成分均匀的合金粉。再将合金粉末按工艺设计要求装入聚氯乙烯塑料软模中，并使其粉末密度分布均匀并保持一定的形状。粉末装模后进行压制压力为150~200MPa的等静压制成形。压坯中不允许有浸油现象存在，压坯卸出后进行一定的外形加工，然后再置于中频炉中烧结成金属钼顶头。由于钼合金的烧结不同于纯钼的烧结，钼合金的烧结不仅是作为达到致密化的手段，而且要依靠烧结过程来形成弥散的碳化物强化相。在此过程中将要发生一系列化学反应，坯料中的氧化物 TiH_2、ZrH_2 在 400℃~800℃下要分解释放出大量的气体，如果在氢气中烧结升温过快，则可能造成产品的表面裂纹或内部疏松、气孔等缺陷，因此在烧结时应逐步升温，在 1100℃~1300℃的温区和 1500℃~1700℃的温区各应保温 3~4h，在 2000℃~2100℃应保温 4~8h。烧结好的钼顶头最后还要进行精加工作为穿孔顶头的成品。

　　在配料中各组分的加入量及它们的混合均匀对合金性能影响很大，配料的关键是如何掌握好配碳量。在烧结过程中，钼粉所含的氧部分被碳还原，造成合金中碳含量的减少；在氢气中烧结时碳又会发生烧损，因此通常配碳的量要比合金所规定的高，具体配碳量应根据钼粉纯度及烧结条件确定。

　　钼顶头所用的各种粉末的技术要求见表9-6。

　　粉冶态钼顶头表面应呈银白色，无鼓泡、裂纹、分层、过烧和欠烧现象存在；在加工中不允许出现有 >1mm 的孔洞；密度 ≥ 9.2g/cm³；化学成分应符合 GB4366—84 的技术要求。

表 9 – 6　　制取钼顶头用粉末的技术要求

粉　末名　称	纯　度级　别	粒　度网　目	杂质含量(≤)/%				
			Al	Mg	Ni	Si	Fe
氢化钛粉	一级	– 200	0.002	0.020	0.10	0.05	0.10
氢化锆粉	一级	– 200	0.010	0.050	0.20	0.10	0.10
优质石墨粉	光谱纯	– 200	0.010	0.010	0.01	0.01	0.01
氧化铈粉	≥99.95%	– 200	0.002	0.020	0.10	0.05	0.01
高纯钼粉	符合 GB3461—82 的 FMo – 1 粉的技术要求						

钼坩埚和钼管的制取　　钼坩埚和钼管的生产关键是在于装模和成形,一般都是用圆钢模做内模,塑料软模套在钢模上,钼粉均匀地装入钢模和软模之间,然后置于等静压制,压制后取出软模,压坯再从钢模上取出。为了便于取出压坯,钢模应有一定的锥度,坩埚和钼管才不会在脱模时出现困难。

钼坩埚和钼管在烧结时都是立式于炉中,直径大的在烧结时,底下应垫有利于使坩埚或管底部同时一致的垫层,使直径大而长的制品保持管径一致。其烧结温度应采用逐步升温,在 1100 ℃ ~ 1200 ℃ 温区内和 1500 ℃ ~ 1600 ℃ 温区内各保温约 2 h,在 1900 ℃ ~ 2000 ℃ 高温保温 4 ~ 8 h。烧结出来的烧结坯根据用户的尺寸要求进行机械加工。

粉冶态钼坩埚和钼管表面应呈银白色,无鼓泡、裂纹、分层、掉边等缺陷;密度 ≥9.2 g/cm³;产品尺寸应符合用户要求。

第八节　　用卤化冶金制取钼单晶

用常规工艺制取的钼材,由于存在有易于氧化、较高脆性、不均匀的晶料结构三个原因,因此,影响了它在不同领域的广泛使用的可能性。但是,通过提高其纯度的方法,可以克服上述的三个不足来扩大它在不同领域的广泛应用。采用卤化冶金的方法可以得到纯度很高的钼粉，进而制取钼单晶。制取钼的卤化物有五氯化钼、二氯二氧化钼、三碘化钼和二碘化钼等。

二氯二氧化钼是二氧化钼在 160 ℃ 的温度进行氯化制成的。在管式炉中于 500 ℃ 的温度下用三氧化钼氢还原成二氧化钼，然后用所制得的二氧化钼在 160 ℃ 的温度下进行氯化而制得二氯二氧化钼。二氯二氧化钼纯化是在预先净化了的氯气中，加热到 170 ℃ ~ 180 ℃ 时，进行二次提纯。钼氯化过程装置见图 9 - 13。提纯后的产物经过净化的氢气在 800 ℃ 还原成钼粉，再用 200 MPa 的压力压制成形，然后在真空电子炉中进行熔炼，精炼后的金属钼最后以 2 mm/min 的速度进行区域熔炼而制得钼单晶。

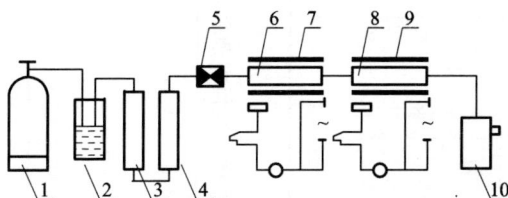

图 9 - 13　二氧化钼氯化过程装置示意图
1—氯气罐；2—石英管；3 ~ 4—吸附塔；5—转子流量；
6 ~ 7—石英管；8 ~ 9—电阻炉；10—石英容器

采用二氯二氧化钼升华，然后经还原，真空电子束熔炼等过程得到的纯钼杂质含量见表 9 - 7，在整个过程中唯一的第二产物是氯。正由于氯的存在，在氯的升华过程中反而有助于各种（钨、铌等）杂质的分离，氯本身也容易除去。用这种方法制得的钼单晶的室温电阻率与液氮温度下的电阻率比值为 30000。

碘化钼是由钼和碘合成的。三碘化钼是高纯碘与（用纯三氧化钼氢还原而得到的）钼粉在密封去氧的石英管内加热到 350 ℃，

404 钼 冶 金

表 9-7 二氯二氧化钼至钼单晶过程中的杂质含量情况/×10⁻⁶

杂质元素	Si	Fe	Al	Ca	Mg	Na	Mn	Ni	W	Cr	P	Pb	Bi	Nb	Cu	C	N	O
二氯二氧化钼原料	1	1		2	2				50			1	1	5	1	5	3	
提纯后二氯二氧化钼	1	<1	<1		<1	<10	<1	<1	<50	<1		<1	<1	<5	<1			
氢还原后的钼粉	1	<1	<1		<1	<10	0.3	0.05	<50	0.05		<0.1	0.05	<5	<0.5			
钼单晶	0.3	<0.3	0.1	0.3	0.3	0.1	<0.01	<0.01	0.3	<0.01	0.03	<0.3	<0.03	0.3	<0.1	<1	<1	<1

表 9-8 碘化钼提纯过程中杂质含量情况/×10⁻⁶

杂质元素	Si	Fe	Al	Ca	Mg	Na	Mn	Ni	W	Cr	P	Pb	Nb	Cu	C	N	S
钼原料杂质	50	10	10		5		1.0	2	50		1	1	5	5	50	30	
钼单晶杂质	1.3	<0.3	<0.1	<0.2	<0.2	3	<0.1	<0.1	1.0	<0.1	<0.03	0.02	0.3	<0.1	<5	<1	<0.1

经 24 h 合成而得到的。密封的石英管在干燥的氩气箱中启封，并把它加热到 100 ℃ 在氩气流中除去剩余的碘。二碘化钼是最稳定的碘化物，它是用刚还原出来的钼粉和纯碘在真空石英管中加热到 560 ℃，经 48 h 的反应而得到的。将二碘化钼在纯氢中温度逐渐升到 800 ℃ 的条件下，将它还原成金属钼粉，然后用 200 MPa 的压力压制成形，再在真空电子炉中进行熔炼，最后采用 2 mm/min 的速度进行三次区域熔炼的方法进一步提纯。

钼碘系有化学平衡的结果表明：在 350 ℃ 时化学反应的主要产物是三碘化钼，呈六方晶系，其晶格常数为（$a = 7.12 \times 10^{-10}$ m、$c = 6.14 \times 10^{-10}$ m）。三碘化钼加热到 450 ℃ 以上分解为二碘化钼，在 560 ℃ 主要为二碘化钼，在高于 800 ℃ 的温度下，二碘化钼和三碘化钼分解成钼。钼的碘化过程的化学反应式为：

$$2Mo + 3I_2 \rightarrow 2MoI_3$$
$$2MoI_3 \rightarrow 2MoI_2 + I_2$$
$$MoI_2 \rightarrow Mo + I_2$$

用卤化物制取纯钼有以下优点：氯化钼和碘化钼都能进行有效的优先提纯，因为含有杂质的卤化物都比它们更容易升华。同时氯化钼和碘化钼在氢气中加热能容易地还原成金属。在还原过程中，析出的氯化氢和碘化氢是一种易与各种杂质元素发生氢化反应和碘化反应的活泼物质。所生成的卤化物又能够通过氢和碘升华来达到除掉杂质的目的。因此，在氢还原过程中，也能够除去一系列在卤化钼提纯过程中未被除去的各种杂质元素的卤化物。碘化钼提纯过程中杂质的含量情况见表 9-8。

首先把需要提纯的金属进行碘化，然后将含有杂质元素的卤化物升华掉，再在氢气中进行还原，最后在真空中进行电子束熔炼和区域熔炼后得到的钼单晶，其杂质含量小于 3×10^{-5}%（为质谱仪的测定极限），其室温电阻率与液氦温度下电阻率比值为 50000。

参 考 文 献

1 黄培云. 粉末冶金原理. 冶金工业出版社, 1982 年 11 月

2 ［日］松山芳治, 三谷裕康, 铃木寿. 粉末冶金学. 科学出版社, 1978 年
   4 月

3 稀有金属手册编委会. 稀有金属手册(上册). 冶金工业出版社, 1992 年
   12 月

4 R. M. German. Powder Injection Moulding. Metal Powder Industries
   Federaion, 1990

5 P. Trubenach. Progressin Catalytic Debinding. Published in Proceedingsof
   1994, PM World Conference. Paris, June 1994, Vol 2pp 1105 ~ 1108.
   (SF2M, 1994)

6 I. Cremer. Progress in Continuos Cataytic. Debinding and Sintering in MIM.
   Published in Proceddings of 1994 PM World Conference, Pans, June 1994,
   Vol 2pp 1165 ~ 1168. (SF2M, 1994)

7 C. Quichaud. The Quickest. Process. Published Published Proceedings of
   1994 PM World Conference, Paris, June 1994, Vol 2pp 1101 ~ 1104.
   (SF2M, 1994)

8 (日本公开特许公报昭 58 - 130202), 钨、钼烧结体制造方法. 钨钼材
   料, 1986 年第 2 期

9 稀有金属手册编委会. 稀有金属手册(下册). 冶金工业出版社, 1995 年
   12 月

10 J. of tne Less-Common Metals. 86(1982), 299 ~ 304

第十章　掺杂钼的生产

第一节　概　述

金属钼具有熔点高(2620 ℃)，导电性能好，较好的高温强度和硬度的特点；但是在高温下易氧化，再结晶温度低(1100 ℃)，再结晶后容易脆断和高温下的强度和硬度较差等缺陷。如钼丝经1100 ℃退火后容易脆断，钼顶头在1100 ℃穿制不锈钢管时容易镦粗和碎裂，钼制品在400 ℃以上的高温空气中加热易氧化等。为了延长它的使用寿命，扩大它的使用领域，人们采用在金属钼中添加其他元素的方法来改善它的某些性能。

钼中的掺杂元素选择　为了改善钼材的某种使用特性，就必须有针对性地添加元素。例如，在钼中添加 Si、Al、K、La、Y 等元素后，可以提高钼的再结晶温度，并在再结晶后提高它的高温性能和室温的机械性能；在钼中添加 Ti、Zr、C 后，可以提高钼的高温强度和硬度；钼与二氧化硅混合后制成的硅钼棒，可以在高温下置于空气中而不被氧化，等等。钼中掺杂其他元素的掺杂量可以在 0.001% ~ 50% 范围内，应根据钼制品的最终需要来确定其添加量。

添加硅酸钾或硅酸钠的钼材，具有较高的再结晶温度，这是由于掺杂颗粒具有阻碍基本晶粒长大的作用。其次是这种材料在完全再结晶后能保持延性，因为它有长大的伸长连锁晶粒，在高温下具有优良的抗下垂性能和蠕变性能，尤其是在加工后期，仍然保持再结晶的伸长晶粒结构。

添加氧化镧或氧化钇的钼材，同样使钼具有较高的再结晶温度、长晶组织、优良的抗下垂性能和蠕变性能，氧化物弥散强化的钨钼主要用作耐高温材料。氧化物弥散减轻了纯金属的再结晶倾向，从而提高了材料耐高温性能。在这里，弥散相的均匀分布有着重要意义。

在钼中添加一定量钛、锆、铪、碳等，可使钼具有较好的高温强度和硬度等特性。在钼中添加一定量铼的钼基合金，既具有足够的塑性，又具有低的冷脆性，还有较高的高温强度，是一种很好的钼基合金结构材料。

掺杂基体和掺杂方法选择   钼的掺杂一个应极为重视的问题是掺杂方法选择。为了改善钼的某种或几种性能而添加其他一种或几种元素后，可能在某些性能方面得到改善，但使添加的其他元素分布均匀是一个必须解决的难题。钼中的掺杂最为重要的是各种成分在粉末中分布的均匀性，它是制造性能均匀钼材的一个先决条件。

在基体原料中添加其他的微量元素方法主要可分为三种：第一种是在基体的固体粉末中添加其他元素的固体粉末，称为固－固相掺杂；第二种通常是在基体的固体粉末中添加其他元素的溶液，称为固－液相掺杂，该法又称调浆法；第三种是在基体元素溶液中添加其他元素的溶液后结晶出盐类的方法，称为液－液相掺杂。这三种方法比较，第三种方法添加的微量元素（在结晶时不出现偏析的情况下）分布最均匀，第二种方法添加的微量元素分布的均匀性次之，第一种方法如果添加的是微量元素，它是很难分布均匀的。

将二氧化硅粉末加入到钼粉中或将氢化钛、氢化锆等加入到钼粉中是采用粉末中加入粉末，属于固－固掺杂法。固－固掺杂一般是将不同种的粉末混合均匀，如果掺杂添加剂的量比较大，这种方法是可行的。它的优点是掺杂量容易控制，掺杂工艺最简便，设备投资少，易于组织生产；它的缺点是如果掺杂的添加剂量很少（例如小于 1%），则很难均匀，不均匀的粉末也就很难做出均匀的烧结块。

在掺杂剂的掺杂量很少时，掺杂剂一般采用溶液状态掺杂到基体材料中，如将硅酸钾溶液或硝酸镧溶液加入到二氧化钼中，这种方法属于固－液掺杂法。固－液掺杂的优点是掺杂量容易控制，比固－固掺杂的均匀性要好得多；它的缺点是掺杂后的后续工序比固－固长，设备投入多，假如调浆不匀或烘干时出现偏析的话，它的均匀性还是不好的。

将掺杂基体和掺杂剂都采用溶液状态时搅拌均匀，并同时在溶液中结晶出来，那它的均匀性就必然好得多。如硅酸钾溶液或硝酸镧溶液加入到钼酸铵溶液中，这种方法就属于液－液掺杂法。液－液掺杂又分为留有母液的结晶方法和不留母液的结晶方法。留有母液的结晶方法，可以在母液中除去一部分可溶杂质，提高结晶体的纯度，但是在掺杂时如果方法不当很容易出现偏析，而且它的掺杂成分含量的控制和结晶率的控制比较困难。不留母液的结晶方法可以精确地控制掺杂成分，但是原存在于原料之中的可熔性杂质不能除去。液－液掺杂方法的优点是各种成分在溶液中分布均匀，为取得均匀的结晶体提供了先决条件，也适合于大批量的生产，如采用留母液结晶时还可以进一步提纯一部分杂质；它的缺点是如采用留母液结晶的方法，就难以精确地控制掺杂成分；掺杂过程中，如果 pH 值控制不当，容易出现偏析，而形成结晶体中的成分不均匀；它的后续工序很长，影响它的因素还有很多。

掺杂设备　在钼的掺杂中，不同的掺杂方法应采用不同的设备。固－固掺杂一般是在混合器中进行的，一般都采用螺旋混合机、V 形混合机或球磨混合机等。固－液掺杂一般采用喷雾掺杂混合机或搪瓷搅拌掺杂锅等，喷雾掺杂混合真空干燥机示意图见图 10－1。液－液掺杂一般采用蒸发结晶槽、搪瓷掺杂蒸发锅或喷雾干燥塔等设备,喷雾干燥流程示意图见图 10 – 2。液 – 液用喷雾干燥塔只能采用不留母液的结晶方法,蒸发结晶槽、搪瓷掺杂蒸发锅留不留母液的结晶方法都可以采用。

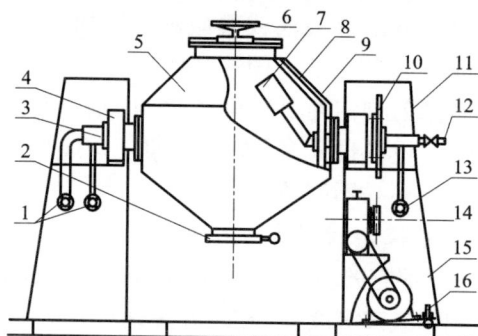

图 10 – 1　喷雾掺杂真空干燥混合器示意图

1—加热源进口;2—卸料蝶阀;3—主轴;4—轴承;5—筒体;6—进料快开阀;
7—真空罩;8—夹套;9—保温层;10—链轮;11—防尘罩;12—测温仪;
13—真空口;14—减速成机;15—电动机;16—皮带调节装置

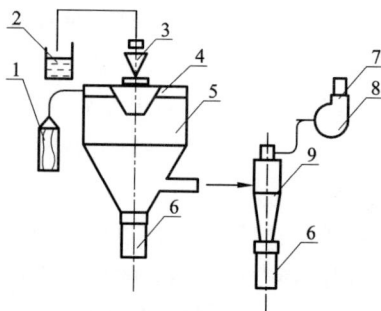

图 10 – 2　喷雾干燥塔流程示意图

1—料液贮槽;2—离心喷头;3—热分离器;4—干燥室;5—旋风分离器;
6—收料筒;7—风量调节器;8—离心风机;9—加热器

第二节　添加硅、铝、钾的高温钼

为了提高钼的再结晶温度，改善钼的高温性能和再结晶后的室温机械性能，扩大它的使用范围，因此极需要有一种性能优良的高温钼材料。

在通常情况下，制取钼丝的工艺流程很长，工艺条件严格，钼丝的质量好坏与制取钼粉、钼条的化学成分和物理性能关系甚大。因此，要制取性能优异的高温钼丝，制备掺杂钼粉、掺杂钼条的工艺条件就更显得极为重要。

高温钼的制取可以采用液–固掺杂法来制取掺杂钼粉，如从三氧化钼或二氧化钼中掺杂 Si、Al、K 等元素的溶液也可得到，只是它的均匀性不如液–液掺杂的好。用液–固掺杂（钼基体为氧化物粉态，添加剂为溶液进行调浆掺杂）的方式制取的掺杂钼粉后，通过后续各工序最终得到的高温钼丝，在同一根丝材上取相邻的两根试样在同一条件下退火后，其抗拉强度、延伸率相差甚大。这是由于调浆掺杂时，料浆仍为悬浊液，在加热蒸发水分时，固相容易下沉，富集掺杂元素的溶液总是上浮，以致造成掺杂不均匀。该掺杂方法在烘干后的粉末中含有大量的 NO、Cl^- 和 K^+ 离子，在下一步的破碎、还原过程中将严重腐蚀设备和容器。随着这些具有腐蚀作用的物质挥发，还原炉排气管道被堵塞，造成氢气循环中断，于是钼粉的化学成分降低，物料脏化。

高温钼的液–液掺杂基体　采用液–液掺杂方法，其掺杂基体必须易于变成溶液状态，而且经掺杂后不形成偏析而易于结晶出来，因此，钼的掺杂基体选择了多钼酸铵。作为掺杂基体的多钼酸铵 $(NH_4)_2O \cdot 4MoO_3 \cdot 2H_2O$，其质量要求：含 H_2O 量 $< 11\%$，粒度均匀松散的白色结晶，主要杂质成分要求，$Fe < 7 \times 10^{-6}$、$Mg < 6 \times 10^{-6}$、Ca 和 Na 各 $< 10 \times 10^{-6}$、$P < 5 \times 10^{-6}$。在钼中磷是一

个有害元素，磷一旦进入仲钼酸铵后，在以后的处理过程中是难以除掉的。磷能引起钼材加工过程中的冷脆性，导致加工困难，废品率升高，并且一直到最后工序中，它都在残留在里面，使钼丝的使用寿命大大缩短。所以，仲钼酸铵中的磷应控制在 5×10^{-6} 以下。砷也是一个有害元素，仲钼酸铵中的砷应控制在 10×10^{-6} 以下。根据有关资料和实验结果表明，其掺杂量（按金属钼量计算）应控制在：K_2O：0.05% ~ 1.0%；SiO_2：0.1% ~ 0.5%；Al_2O_3：0% ~ 0.05% 的范围内。

添加元素溶液的配制　在掺杂前，应将添加用的 Si、Al、K 等元素制备成溶液。所用的配置溶液的原料要求：

KOH：分析纯，应符合 GB 2306—86 技术要求；

H_2SiO_3：分析纯，应符合 GB 3424—62 技术要求；

$Al(NO_3)_3 \cdot 9H_2O$：化学纯，应符合 HG3—928—76 技术要求；

KCl：分析纯，应符合 GB 646—77 技术要求。

首先将 KOH 完全溶解后，再按 KOH：H_2SiO_3 = 2：3 的重量比，将 H_2SiO_3 溶解在 KOH 溶液中，然后过滤稀释，标定 K_2O、SiO_2 的含量。$Al(NO_3)_3 \cdot 9H_2O$ 等添加剂也应先溶解过滤后，再标定含量。

液 – 液掺杂制取高温钼工艺过程　液 – 液掺杂是按一定的固液比往不锈钢溶解槽内加蒸馏水和氨水，通过蒸气加热到一定程度后开动搅拌浆，再按设计量加入多钼酸铵 $[(NH_4)_2O \cdot 4MoO_3 \cdot 2H_2O]$；完全溶解后放下过滤，将滤清液打入结晶槽内后，在搅拌中按设计量先后慢慢加入配制称量好的各种添加剂溶液；溶液在结晶槽内进行蒸发结晶，当母液达到控制量时即放下过滤；仲钼酸铵结晶抽干后进行离心分离，分离即得到掺杂的仲钼酸铵。

掺杂仲钼酸铵一次氢还原温度控制在 400 ℃ ~ 600 ℃ 的范围内，二次氢还原温度控制在 850 ℃ ~ 950 ℃ 的范围内，还原好的掺杂钼粉经 160 目过筛。

过筛后的掺杂钼粉按每千克钼粉加丙三醇、乙醇混合液（丙三醇：乙醇 = 1 : 1 体积比）3 ~ 5 ml 在混合器中混合 40 min，再经 68 ~ 80 目过筛。用 < 294 MPa 单位压力压成坯条。

掺杂钼坯在 200 ℃ ~ 300 ℃ 的范围内氢气气氛中烘烤 40 min，以消除部分因压制所引起的内应力，防止钼坯在进一步烧结中发生分层裂纹。再将烘烤好的掺杂钼条推入至 1050 ℃ ~ 1200 ℃ 氢气预烧炉中进行预烧结，使其具有一定的强度和导电性，以便于进一步烧结。高温烧结可在垂熔炉内进行，在垂熔炉内坯条将直接通电加热进行烧结，氢气流量为 1.5 ~ 2.0/m³·h，垂熔升温工艺制度见表 10 - 1。高温烧结也可在马弗炉中进行，炉温控制在 1750 ℃ 左右，氢气流量为 1.0 ~ 1.2 m³/h，保温 2.0 ~ 2.5 h，冷却 1 h。

表 10 - 1 高温钼条垂熔升温工艺制度

垂熔电流/A	~ 0.25	~ 0.35	~ 0.45	~ 0.50	~ 0.60	~ 0.70	~ 0.80	~ 0.90	冷却
保温时间/min	~ 3	~ 8	~ 5	~ 4	~ 3	~ 3	~ 3	~ 15	~ 7

高温钼板可在马弗炉中烧结，也可在中频炉中进行烧结。

高温钼坯在高温烧结时，坯料中的硅在 1500 ℃ ~ 1800 ℃ 温度范围内剧烈挥发，铝在 2150 ℃ ~ 2450 ℃ 温度范围内剧烈挥发，而钾却在 1500 ℃ ~ 2450 ℃ 温度范围内缓慢挥发，为使坯条中添加剂含量挥发至稳定状态，在将高温钼坯条采用垂熔工艺时，最好在经 60% 熔断电流垂熔后，冷却取出高温钼条，清除炉内挥发物后再进行第二次高温烧结。

遵照上述工艺生产出来的掺杂仲钼酸铵与纯仲钼酸铵的形貌、掺杂二氧化钼与纯二氧化钼的形貌、掺杂钼粉和纯钼粉末的形貌都没有明显的差别。高温钼条与纯钼条的断口形貌却明显不同。纯钼条属易脆的沿晶断裂，断口晶粒为均匀的细晶，电镜扫描可明显见到晶粒的沿晶断裂口是紧凑而致密的晶粒堆聚在一

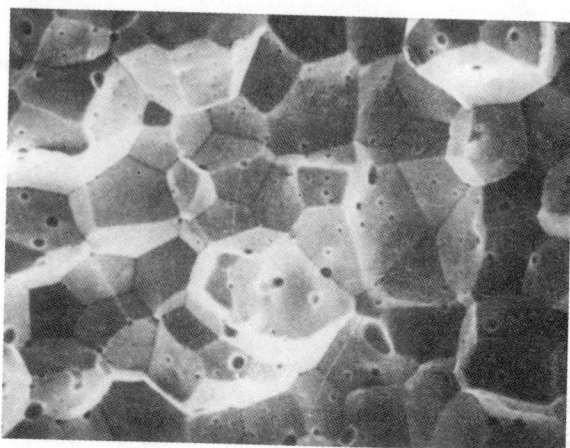

图 10 - 3   纯钼条断口形貌   ×700

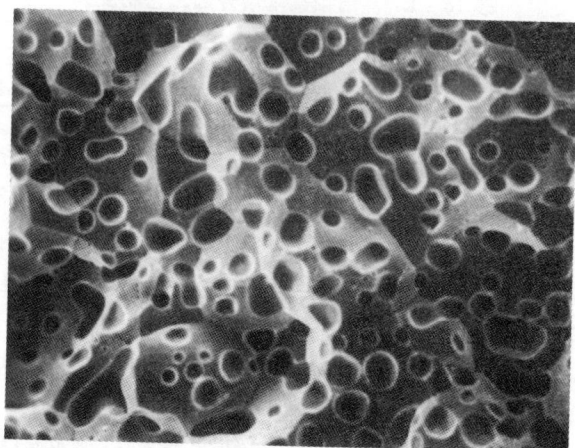

图 10 - 4   高温钼条断口形貌   ×700

起,晶粒上的孔洞很少而不规则,见图 10 - 3。高温钼条属于穿晶断裂,晶粒之间的韧性很好,不易断裂,肉眼可见断面有明显的粗晶,电镜扫描可明显见到晶粒的穿晶断裂口有很多较为均匀而又不规则的圆孔，见图 10 – 4。高温钼条中的氧含量、密度以及 K_2O 残存量与添加量的关系见图 10 – 5，高温钼条的添加剂残存量与垂熔温度的关系见图 10 – 6。

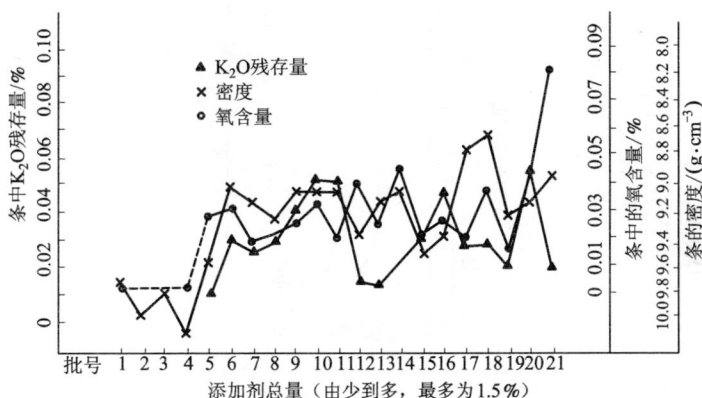

图 10 – 5 高温钼条中的氧含量、密度和 K_2O 残存量与添加量的关系

技术要求 为保证高温钼条在下一步能顺利加工成性能均匀的高温钼丝，一定要使工艺过程中的掺杂钼粉和高温钼条达到表 10 – 2 技术要求。

表 10 – 2 掺杂钼粉和高温钼条技术要求

名 称	SiO_2 /%	Al_2O_3 /%	K_2O /%	O_2 /%	P /%	密度 /(g·cm⁻³)	Fsss /μm
掺杂钼粉	0.01 ~ 0.4	< 0.05	0.02 ~ 0.4	< 0.6	< 0.001	0.9 ~ 1.3	2.5 ~ 3.5
高温钼条	0.01 ~ 0.1	< 0.01	0.01 ~ 0.05	< 0.05		> 9.0	

从上述结果可以看出：随着添加剂含量的增加，金属条中的含氧量和氧化钾的残存量也随之增加，而条的密度会随之减小。当氧化钾的添加量超过 0.5% 时，条中氧化钾的残存量会超过 0.05%，条的密度 > 9.0 g/cm^3。

高温钼丝的性能 高温钼条必须经过合理的压力加工和足够

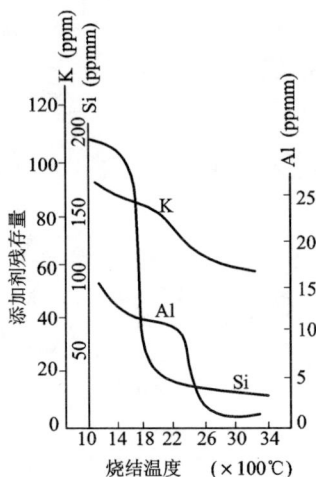

图 10 - 6   添加剂残存量与垂熔温度的关系

的变形量拉拔成丝材后，才能显示出它的优异的高温性能。图 10
- 7、图 10 - 8 是纯钼丝分别在 1200 ℃、1700 ℃退火后的金相组织
（都是用 $D1.0$ mm 的钼丝），从图 10 - 7、图 10 - 8 中可以看到，纯
钼丝在 1200 ℃时已完全再结晶，在 1700 ℃时晶粒已经长得很大，
纯钼丝再结晶后晶粒呈等轴结晶。图 10 - 9、图 10 - 10 是高温钼丝
分别在 1700 ℃、1900 ℃退火后的金相组织，从图 10 - 9、图 10 - 10
中可以看出，高温钼丝在 1700 ℃时已开始再结晶，到 1900 ℃时已
完全再结晶，高温钼丝再结晶后呈燕尾状连锁的长晶搭接结构。

　　图 10 - 11、图 10 - 12 是纯钼丝与高温钼丝经 1700 ℃退火后
的扫描电镜形貌，从图 10 - 11、图 10 - 12 中可以看出，高温钼丝
的晶粒细长，在晶粒上有排列整齐的与丝轴平行的孔洞，一般都
称它为气泡行；而纯钼丝晶粒粗大，只有很少几个极不规则的孔
洞。图 10 - 13、图 10 - 14 是纯钼丝与高温钼丝经 2200 ℃退火后
的金相组织，从图 10 - 13、图 10 - 14 中可以看出，高温钼丝经

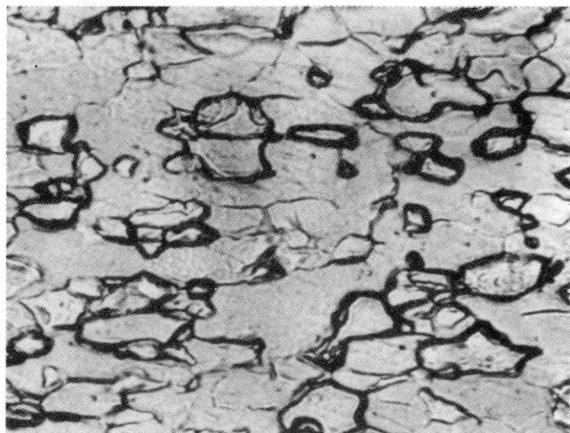

图 10 - 7　纯钼丝 1200 ℃退火后的金相组织　　×200

图 10 - 8　纯钼丝 1700 ℃退火后的金相组织　　×200

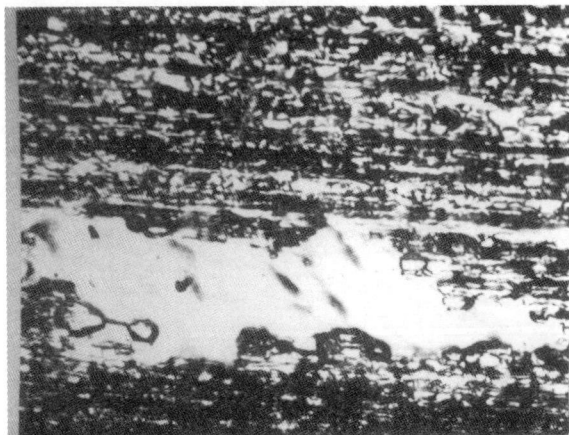

图 10 - 9　高温钼丝 1700 ℃退火后的金相组织　×200

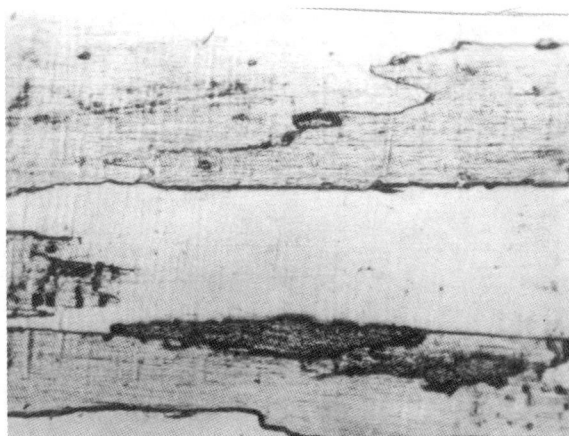

图 10 - 10　高温钼丝 1900 ℃退火后的金相组织　×200

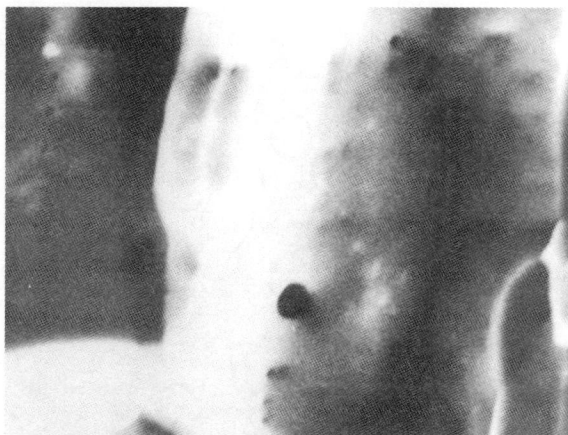

图 10 – 11　纯钼丝 1700 ℃退火后的电镜扫描　× 3000

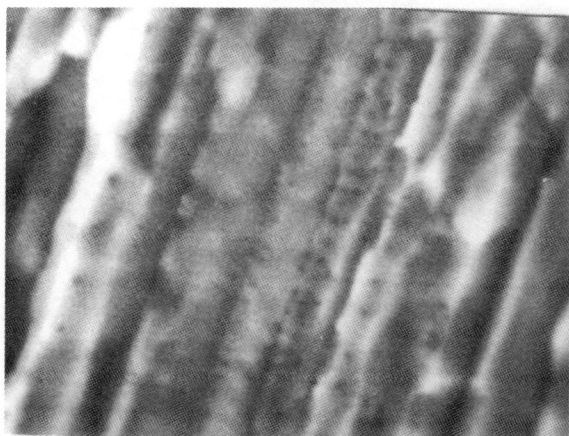

图 10 – 12　高温钼丝 1700 ℃退火后的电镜扫描　× 5000

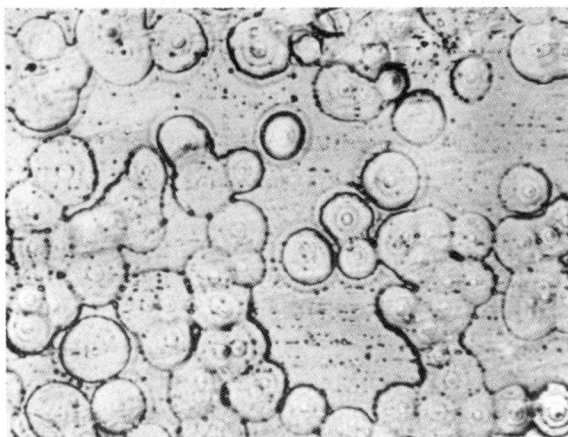

图 10 – 13　纯钼丝 2200 ℃退火后的金相组织　×200

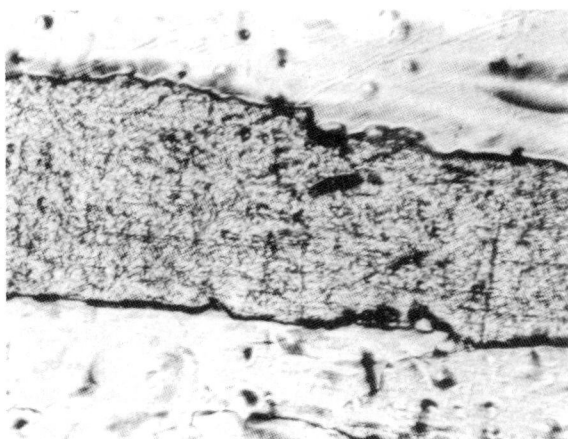

图 10 – 14　高温钼丝 2200 ℃退火后的金相组织　　×200

2200 ℃ 退火后仍保持长晶搭接结构，而纯钼丝的晶粒则成为球状，所以高温钼丝仍可弯折，而纯钼丝则是一碰即断。图 10 - 15 为不同温度退火后在室温条件下钼丝的抗拉强度和延伸率，图 10 - 16 是不同温度退火后在室温条件下钼丝作 90° 的弯折次数。

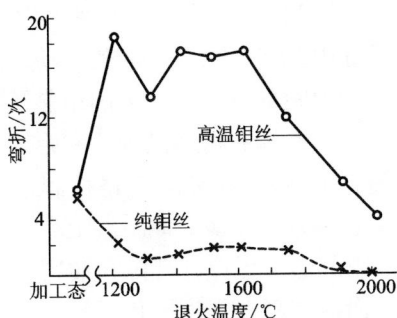

图 10 - 15　不同温度退火后钼丝的抗拉强度和延伸率

由于高温钼丝具有比纯钼丝高出 500 ℃ ~ 600 ℃ 的再结晶温度，即使再结晶后仍具有优异的弯折性能，所以，它是一种性能优良电阻发热材料，更是一种作石英玻璃封接用的引出线的优异材料。

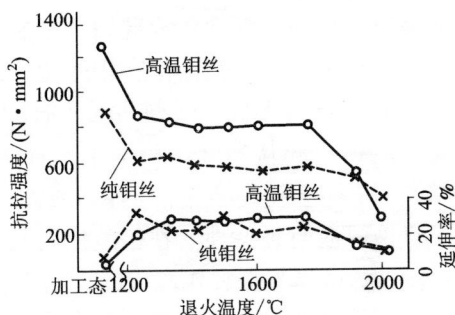

图 10 - 16　不同温度退火后钼丝的弯折次数

掺杂硅、铝、钾元素的作用　为了提高钼丝的再结晶温度和高温性能，在钼的基体元素中掺杂硅、铝、钾等元素。经分析发现，主要起作用的元素是钾，但如果只单一地添加钾元素，它在钼的烧结过程中会导致其几乎完全烧损，而得不到理想的效果。当没有硅的加入时，丝料仍具有与纯钼相同的小晶粒特性和相同的再结晶蠕变性能。硅在钼丝中大部分与氧结合呈固体氧化物小粒子存在，钼丝的再结晶温度随加工量的增加而提高，这种效果

也应部分地归结于 SiO_2 粒子细化弥散作用的发生。铝在钼条的垂熔过程中，由于铝原子扩散运动，会增加晶粒的长度，导致垂熔条断面中间部分出现较大的结晶颗粒。

掺杂元素抑制再结晶理论和弥散强化理论，无论是网络位错说，还是气泡说，都要求严格控制掺杂元素的掺杂量，尤其是钾的含量。钾含量太少，抑制再结晶和弥散强化的作用小；钾含量太多，则其蒸发形成的孔隙大而密度减小，起不到弥散强化的作用，反而造成高温强度恶化。

以钼酸铵为掺杂基体时，添加剂就以液态形式掺杂到液态基体物料中并搅拌均匀，蒸发结晶在一定的温度下进行，溶液的 pH 值控制在适当的范围内，硅不可能与钼酸盐生成可溶性的硅钼杂多酸进入母液。即使生成硅钼杂多酸，它在 70 ℃以上，也会完全分解。添加的硝酸铝溶液在钼酸盐的铵溶液中呈 Al(OH)₃ 状态，Al(OH)₃ 作为无机吸附型共沉淀剂，使某些其他有效元素与仲钼酸铵晶体一起从溶液中析出来。有 NH^+ 离子存在下，仲钼酸铵结晶时，钾会优先结晶，与仲钼酸铵裹在一起，其中有部分 K^+ 进入母液过滤时被滤掉。在钼酸盐用氨水溶解时，只要严格地控制固液比，适当掌握仲钼酸铵的结晶率，就能使仲钼酸铵的 K_2O 含量达到设计要求。由于掺杂元素能十分均匀地分布在基体中，就为钼料最后加工成性能均匀的丝料提供了可靠的先决条件。

高温钼条中 K_2O 残存量与高温烧结的升温速度有一种微妙关系，在垂熔时慢速升温比快速升温条中残存的钾含量高一些，条中的钾含量过高也是不合适的，因此，既要使条中的 Si 和 Al 尽可能除去，又要使垂熔条不出现鼓泡现象，所以，在垂熔中应有一个合理的升温工艺。

综上所述，在高温钼中主要起作用的元素是钾，硅和铝的作用是使钾在高温时能保留在密闭的钼晶体内，而在有掺杂钾的钼中，封闭在基体中的钾在较高的温度下形成气泡。如果这些气泡是非常小的(直径小于 100 nm),那么基体金属的强度能够提高,因此,人们用钾作为钨和钼的掺杂添加剂。在恰好低于熔点的温度下,钾能够形成比较大的气泡。冷却后而形成掺杂孔,电子探针检测探明,掺杂孔壁上的主要杂质元素是钾,因此,高温钼条的密度(约 9.2 g/cm^3)比纯钼条(约 9.6 g/cm^3)低。

通过压力加工后,这些所有密集的掺杂孔都被压缩和拉拔成密集的毛细管状。在钼丝中,由于有这些密集的毛细管状存在增大了钼晶粒之间的距离,因此提高了它的再结晶温度。在再结晶时,毛细管壁上的钾管被割裂而形成排列有序的钾泡行,这些钾泡行在高温时抑制了钼丝的横向晶粒长粗。

由于钼丝具有较大的抗拉强度和较好的延伸率,在室温弯折处的塑性变形中外侧受拉应力作用,拉伸塑性变形不超过其抗拉强度,外侧晶粒就可向无限的空间延伸;而内侧受较大集中的压应力作用,它的塑性变形集中,其金属流向必然会挤出有限的空间,而先于外侧形成裂纹。所以,无论何种钼丝或经过何种处理,钼丝的弯折断裂都首先是从内侧开始的。

经高温退火后的高温钼丝,在丝材内已形成了钾泡行,因此,在内侧受压时使金属流向的空间比致密无孔的纯钼丝多,再加上它在没有再结晶前仍保持纤维组织,再结晶后呈长晶搭接组织,所以它的弯折性能比纯钼丝好。高温退火后没有再结晶的高温钼丝比再结晶的弯折性能好。加工态的纯钼丝和高温钼丝的弯折性能几乎相同。

高温钼板材 由于钼及其合金具有优越的高温性能及较好的加工、成形性能,钼板材是制作高温炉的发热体和隔热屏的理想材料,但是纯钼及一般的钼合金在高温再结晶后,组织结构由纤维状转变成等轴晶粒,并随温度升高而急剧长大,使板材成为脆性材料。而在钼中添加了硅、铝、钾元素的高温钼板,它不仅与高温钼丝一样提高了再结晶温度,而且再结晶后也形成长晶连锁搭接结构组织,使板材仍具有一定的塑性和强度,从而提高了它的使用寿命。

高温钼板的制取方法在掺杂时可以采用液－液掺杂法,也可以采用固－液掺杂法。固－液掺杂是将添加剂溶液,采用调浆法掺入到二氧化钼中,然后在氢气中还原成掺杂钼粉。再将掺杂钼粉采用等静压制(模压亦可)成形后,在 2150 ℃的氢气气氛中烧结成板坯。最后将高温钼板坯经热轧、温轧,轧制成高温钼板。

纯钼板经 1100 ℃退火后已完全再结晶,到 1300 ℃晶粒开始长大,当温度达到 1500 ℃时已长大为等轴晶粒。高温钼板经1100 ℃退火后仍保持纤维状组织结构,到 1500 ℃时是排列或有取向的长晶连锁搭接结构组织,当 1700 ℃后还保持长晶连锁搭接结构组织形貌,并在沿加工方向出现排列有序的细小钾泡行。高温钼板的力学性能如抗拉强度、延伸率和弯折性能基本上也与高温钼丝的性质一样,经 1700 ℃ ~1800 ℃退火 1 h 后,室温抗拉强度为495 MPa,延伸率约为 48%,弯曲塑－脆转变温度为 -38 ℃ ~ -40℃,室温反复 90°弯曲,次数为 7 ~8 次。

要求钼材含有(70 ~ 20)×10^{-6} Al、(70 ~ 200)×10^{-6} K、(500 ~1200)×10^{-6} Si 的添加剂,并含有(40 ~100)×10^{-6} Fe、(10 ~25)×10^{-6} Ni、(5 ~ 25)×10^{-6} Cr。该成分的钼材高温变形小,常温耐脆性优良。Al 和 Si 可任少一种,另一种含有量需增至(570 ~1400)×10^{-6};Ni 和 Cr 可任少一种,另一种需增至(15 ~50)×10^{-6}。钼材中由于掺杂的硅、铝、钾元素分散在材料中,其机械强度和高温性能高,再结晶温度也高。尤其是在再结晶温度下,难以形成粗大结晶,但超过再结晶温度后会形成粗大连锁的长结晶。

铁、镍、铬的效应是使钼产生一定的固熔,在其固熔界限内改善钼的加工性能。该钼材不仅能保持高温条件下的优良高温性能,而且高温热处理后,其组织再结晶状态使其在高温下耐脆性提高,且加工性能优良。

第三节 添加稀土氧化物的掺杂钼

在钼粉中添加稀土氧化物 Y_2O_3、La_2O_3、Nd_2O_3、Sm_2O_3 以及 Gd_2O_3，也可以提高钼丝的再结晶温度，再结晶后呈燕尾状搭接结构并有较好的蠕变性能，也可达到添加硅、铝、钾等元素的效果。两者不同的是：钼中添加稀土氧化物是稀土氧化物粒子在再结晶时沿轴向排列来影响金相组织，钼中添加硅、铝、钾是以钾泡存在的方式来使金相组织呈燕尾状搭接结构。

稀土氧化物在钼中主要起着弥散强化的作用，氧化物弥散减轻了纯金属的再结晶倾向，从而提高了材料耐高温性能。

稀土氧化物在钼丝中的作用 定向再结晶导致材料具有伸长的晶粒和很好的高温蠕变特性。只有当晶粒增长速度在至少一个方向上急剧降低时，才出现明显的定向再结晶。如钨钼中添加硅酸钾或硅铝酸钾后理想地向变形方向伸展，丝材再结晶后出现的长晶结构。但无论在生产时还是在以后使用时，此种添加元素的高气压将产生不利影响。

氧化物弥散强化的钨钼主要用作耐高温材料，因此，弥散相的均匀分布有着重要意义。在弥散强化的掺杂钼中，固体微粒是与母体金属一起变形和变形以后所起的作用。当变形恒定时，微粒变形能力与晶粒增长比（L/W 值）存在着直接关系。实际上微粒变形越好，对于垂直于变形方向的晶粒增长抑制作用就越大。在大多数情况下，微粒随母体一起产生塑性变形和由于被破碎而纵向伸长两种情况都存在。

适应于钼掺杂用的分散胶体微粒的理想材料应具备三个条件，一是能与母体金属尽可能好地一道变形；二是具有 >1800 ℃ 的熔点；三是即使在高的使用温度下也不溶解在母体材料中。表 10 - 3 是不同粒度的几种氧化物分散胶体的变形能力情况。

表 10 – 3 不同粒度的几种氧化物分散胶体的变形性能

弥散相	熔点/℃	0.1~1 μm 微粒变形能力 α	1~5 μm 微粒变形能力 α	>5 μm 微粒变形能力 α
TiO_2	1825	0 微粒无破碎	0 微粒无破碎	未检验
Al_2O_3	2072	<0.1 微粒部分破碎	<0.1 微粒部分破碎	0 微粒部分破碎
ZrO_2	2715	<0.1 微粒部分破碎	<0.1 微粒部分破碎	0 微粒部分破碎
HfO_2	2758	<0.1 微粒破碎	<0.1 微粒破碎	0 微粒部分破碎
K_2TiO_3	—	0 微粒无破碎	0 微粒无破碎	未检验
La_2TiO_3	—	0 微粒无破碎	0 微粒无破碎	未检验
La_2O_3	2307	0.7~0.9 只有少数断裂点	0.7~0.9 只有少量断裂点	未检验
Nd_2O_3	~1900	0.7~0.9 只有少数断裂点	0.7~0.9 只有少量断裂点	未检验
$Pr6O_{11}$	—	0.7~0.9 只有少量断裂点	0.7~0.9 只有少量断裂点	未检验
SrO	2430	0.9~1 只有很少断裂点	0.9~1 只有很少断裂点	0.9~1 少量断裂点

在钼中添加 1% ~ 2% 体积的 La_2O_3、Pr_6O_{11}、Nd_2O_3、La_2TiO_3，采用混合固体氧化物方法外，还可将稀土硝酸盐溶液加入到钼的氧化物中，然后经还原制粉和压制成形，再经烧结和压力加工成制品。在变形中，由于弥散胶体纵向伸长，平均晶粒间距将随变形增加而下降，弥散胶体延缓了初次再结晶进程。高温再结晶后的堆垛组织结构形成只有在很高的变形时才能生成，是利用临界变形之后粗晶粒的生成而形成的。

表 10 - 4 是钼和常用的几种稀土氧化物与常用掺杂剂（Al、Si、K 的氧化物）的熔点和沸点。

表 10 - 4　钼、稀土氧化物、Al、Si、K 的熔点和沸点/℃

名称	Mo	Y_2O_3	La_2O_3	Nd_2O_3	Sm_2O_3	Gd_2O_3	Al_2O_3	SiO_2	K_2O
熔点	2610	2410	2300	2272	2320	2330	2015	1710	300 ℃ ~400 ℃ 范围内分解
沸点	4800	4300	4200	—	3527	—	2980	2230	

稀土掺杂钼的制取　用三氧化钼在 550 ℃ 在气氛中还原成二氧化钼，前五种稀土氧化物在每份二氧化钼中掺入 0.2%（重量百分比）的稀土氧化物溶液。在大约 1100 ℃ 将掺杂好的二氧化钼和纯二氧化钼在气氛中还原成钼粉。然后经 300 MPa 压制成形并在 1800 ℃ 的氢气中烧结 10 h，烧结后掺杂钼条的化学成分见表 10 - 5。

表 10 - 5　六种稀土掺杂烧结后的钼条化学成分/10^{-6}

材料名称	掺杂量/%	Al	Ca	Cr	Cu	Fe	Mg	Mn	Ni	Pd	Si	Sn	K	Mo
未掺杂 Mo	0	<3	3	15	4	30	1	<3	7	<3	<15	<5	5	余量
Y_2O_3 - Mo	0.2	<3	<2	13	<3	30	1	<3	9	<3	<15	<5	5	余量
La_2O_3 - Mo	0.2	<3	3	14	<3	30	<0.8	<3	9	<3	<15	<5	5	余量
Nd_2O_3 - Mo	0.2	<3	3	13	4	30	<0.8	<3	9	<3	<15	<5	5	余量
Sm_2O_3 - Mo	0.2	<3	3	14	3	30	0.9	<3	9	<3	<15	<5	5	余量
Gd_2O_3 - Mo	0.2	<3	3	13	3	30	<0.8	<3	9	<3	<15	<5	5	余量

掺杂钼条经压力加工旋锻和拉拔成丝材，6 种稀土掺杂钼丝在不同温度退火 20s 后的室温拉伸性能见图 10 - 17；直径为 0. 36 mm、长 130 mm 的 6 种稀土掺杂钼丝在 1800 ℃进行 10 h 下垂试验后的结果见图 10 - 18。

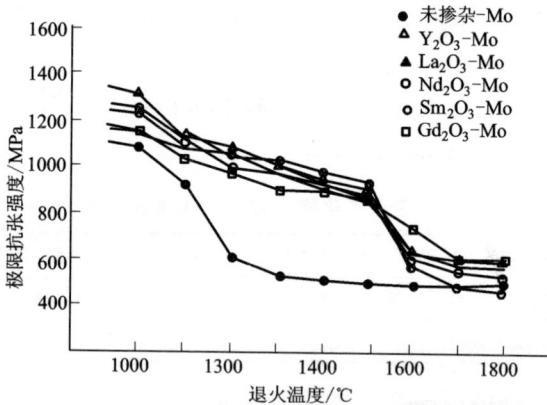

图 10 - 17 6 种稀土掺杂钼丝退火后的延伸率

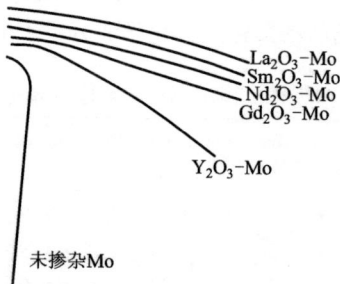

图 10 - 18 六种稀土掺杂钼丝下垂试验结果图

　　掺杂钼丝与纯钼丝的区别在于再结晶温度不同，掺杂钼丝再结晶温度在 1500 ℃ ~ 1600 ℃之间，而纯钼丝再结晶温度在 1000 ℃ ~ 1200 ℃之间。无论掺杂钼丝或纯钼丝在再结晶前的金相组织都是纤维状结构，掺杂钼丝再结晶后的金相组织形成大的链状搭接晶粒结构，而纯钼丝再结晶后形成大小不等的等轴晶粒结构。

　　当变形量为 99.9% 时，纯钼丝在 1800 ℃退火后，在 SEM 上看不到粒列，而五种掺杂钼丝可看到大量的颗粒排列，特别明显的是 Nd_2O_3 样品存在直径非常小的颗粒流线，与此相比较，Y_2O_3 和 Gd_2O_3 仅仅只能看到较短的粒子排列线。然而 Y_2O_3 和 Gd_2O_3 显示出直径远远大于 Sm_2O_3、La_2O_3、Nd_2O_3 的粒子。

　　掺杂不同的元素对钼丝的再结晶温度和高温抗蠕变性能的影响很大，掺杂钼丝比纯钼丝显示出较高的再结晶温度和较小的变形，由于晶界和丝轴交叉的情况很少，则在高温下由于晶界滑移和分离产生的蠕变变形最小，所以具有好的高温性能。

　　纯钼经过约 1100 ℃以上的高温后，就会使晶粒长粗而变脆，从而使其高温强度，或拉伸强度、硬度和弯曲强度等降低。如添加重量为 0.05% ~ 6.0% 与钼具有相同熔点的氧化铈粉，由于组织发生变化，再结晶也发生变化。再结晶温度显示出为粗大晶粒的温度。添加重量为 0.1% ~ 0.3% 时，再结晶温度达到 1600 ℃以上，添加 1.0% 时再结晶温度达 1800 ℃以上。氧化铈在钼中微细均匀弥散，而且排列整齐，提高了控制晶粒度的效果。氧化铈的添加量如果超过 3.0%，材料的加工性能变差，成材率变低；添加量如果少于 0.1% 时，再结晶温度在 1500 ℃以下。

　　反应 - 喷射法制取金属粉末　该方法的是在一个反应室内对溶液进行热力分解，其示意图见图 10 - 19。它是借助于一只喷嘴将金属钼粉的一种混合盐溶液喷入一个有氢气流过的反应器室，溶剂在一瞬间蒸发，留下来则是金属粉末颗粒，它们在通过管道下落的过程中反应生成弥散有氧化物的金属粉末。此类粉末的优点在于弥散相在粉末颗粒中分布绝对均匀以及烧结活性良好。

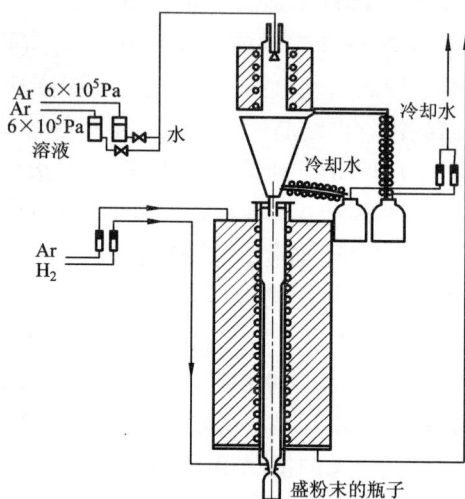

图 10 – 19   反应喷射法粉末生产装置示意图

研究了下列物质系统：$Mo + Y_2O_3$、$Mo + Zr_2O_3$、$Mo + La_2O_3$，$W + Y_2O_3$、$W + Zr_2O_3$、$W + La_2O_3$。

氧化物含量为 0.5% 和 5%。使用的原始材料是：偏钨酸铵和七钼酸六铵、硝酸镧 $La(NO_3)_3 \cdot 6H_2O$、硝酸钇 $Y(NO_3)_3 \cdot 6H_2O$、氯氧化锆 $ZrOCl_2 \cdot 8H_2O$。

用反应 – 喷射方法生产的粉末呈海绵状结构，它是含有原始颗粒聚集的烧结块，原始颗粒粒径在 $0.5 \sim 1.0 \ \mu m$ 的范围内，聚集的烧结块大小在 $20 \sim 100 \ \mu m$ 之间。粗钼粉的松装密度（$Mo + 5\% \ Y_2O_3$）约为 $0.5 \ g/cm^3$，研磨后会将烧结块破碎，粉末中的氧含量要求低于 0.5%。

根据几何形状的要求，按轴向或等静压方式对粉末进行挤压加工，挤压加工的压力在 $150 \sim 400 \ MPa$ 之间，压坯密度为理论密度的 65% ~70%。烧结的第一阶段是在氢气中进行，以使粉末中的剩余氧脱去，烧结的第一阶段是在真空中进行的。当烧结温度为 800 ℃ ~1500 ℃时，保持一定长的时间后，其最大密度达到理论密度的96%左右。烧结制品中的氧化物颗粒分布十分均匀，氧化物颗粒的粒径在 0.5 μm 以下。

液 - 液掺杂制取复合稀土钼合金 采用钼酸铵为原料，按照 0.25%计算稀土氧化物含量，用硝酸镧和硝酸钇以溶液形态加入到钼酸铵溶液中搅拌混合掺杂，然后结晶出掺杂钼酸铵，用粉末冶金工艺制取金属钼条，再通过压力加工成丝材。在钼中加入 La_2O_3 后，使钼具有很好的加工韧性和良好的高温性能，但存在着压制成形和预烧结成材率低的缺点。在钼中加入 Y_2O_3 后，虽然提高了压制成形和预烧结成材率，但又出现了丝材加工硬化和丝材的高温性能差的缺陷。只要同时加入 La_2O_3 和 Y_2O_3，就可克服上述缺点，既取得成形和预烧结成材率高的效果，又具备有良好的加工性能和高温性能。

掺杂稀土氧化物钼板 稀土氧化物的粒度小于 1 μm，La_2O_3 添加量为 1% ~4%（1.65 ~ 6.6 vol%），Al_2O_3 和 MgO 各为 1%，板材厚度为 2 mm，2300 ℃退火 1 h。随着氧稀土氧化物含量的增加，不仅强度增加，再结晶温度也提高。再结晶开始时温度为 1200 ℃ ~2000 ℃之间。添加 La_2O_3 钼合金，2300 ℃退火 1 h 仍保持约 6% ~36%断裂延伸率，退火后延伸率平均为 20%。这种材料可用于超过 1800 ℃的温度，不会像添加 K – Si 那样，由于添加元素的挥发而形成气泡。材料经高温再结晶后，在室温下仍具有较高的强度。2300 ℃退火后的断裂延伸率达 36%。掺杂的均匀性仍是质量好坏的前提。

掺杂稀土氧化物钼顶头 在 TZC 合金中的晶界存在大量的杂质元素氧和碳的偏析，这些偏析使合金的强度和硬度都受到了影响。如在 TZC 合金中添加氧化铈，使合金晶粒细化，弥散强度提高，从而提高了它的硬度；添加氧化钇可生成较多的复式化合物，减少了原子状的氧和碳在晶界上聚集，减少了间隙断裂，因此提高了它的强度。如同时添加氧化铈和氧化钇可使合金晶细化，合金中气孔减少，晶粒排列更加致密，合金的强度和硬度都有所提高。当添加稀土氧化物的总量超过 1.5% 时，会使稀土氧化物在合金中富集，造成合金的密度、硬度和强度都会降低，高温性能下降。按 TZC 合金钼粉 + 0.95% 的 CeO_2 + 0.55% 的 Y_2O_3 的比例，分别将氧化铈、氧化钇加入预先配制的 TZC 合金钼粉中，混合均匀后成形，在氢气气氛中经 2000 ℃ 烧结。按此工艺制取的钼顶头穿制不锈钢管的数量可提高一倍以上。

掺杂稀土氧化物钼坩埚　用作熔解金属或金属氧化物等高熔点材料的坩埚，均在充惰性气体或真空中使用。一般坩埚一直使用纯钼，它的再结晶温度约为 1000 ℃。纯钼坩埚使用温度过高或使用时间过长，都会使钼结晶粒径变粗变大，结晶晶界脆弱，被熔解物从晶界中滤出，从而导致坩埚报废。分别制成钼粉中含 0.01% ~ 1.0% 镧的化合物为氯化镧和硝酸镧，添加基体是钼粉或钼的氧化物，氧化物还原后经压制成形，在氢气中经 1700 ℃ ~ 2000 ℃ 烧结 5 ~ 12 h 成钼坯，然后进行 20% ~ 50% 变形率的锻造，最后切削加工至成品。该坩埚高温变形量少；可在 1800 ℃ 以上超高温度环境中使用。镧的添加量超过 1.0% 时，其加工性能差，多数会发生起泡，晶界脆弱。锻造率提高到 80% 时，坩埚质量差，而且价格昂贵。在钼中添加硅、铝、钾等氧化物，可提高钼坩埚的高温性能。

打印机针过去是用高速钢、钴系合金、超硬合金或钨等材料制成。如在 Fsss 为 4 μm 的钼粉中，添加各 0.015% 的 Al_2O_3、SiO_2、K_2O 和 1.0% La_2O_3，经混合均匀后用 200 MPa 压制成形，在 1830 ℃ 经 9 h 氢气烧结，压力加工成 D0.25 mm 的丝材，密度达 10.2 g/cm^3，维氏硬度为 540 HV，以 1000 Hz 的打印速度进行打印，比用高速钢、钴系合金、超硬合金或钨等材料制成的打印针打印时轻快灵活，针尖损耗大大减少。

第四节　添加微量元素的高延塑性钼

电子管用钼丝的最严格要求是能够承受高速绕丝制作而不发生断裂。除要求丝料退火后具有较大延伸率外，还要求在大的变形速率下具有低的屈服点。这样，在相同的断裂强度情况下，丝料就具有更大的塑性变形加工范围。为了提高钼丝的塑性变形加工范围，下面介绍几种添加其他微量元素的方法。

添加钴锡的掺杂钼丝　在钼粉冶中加入少量的钴和锡，能提高钼丝的延伸率和加工性能。其添加含量范围为：钴和锡各 0.005% ~ 0.10%，其最佳添加范围各为 0.03%。添加铁 0.02% ~ 0.15% 或镍 0.005% ~ 0.06% 亦有效果，但以添加钴的效果为最佳。也可以同时添加铁、镍、钴、锡。此时总添加量的范围为 0.008% ~ 0.15%。添加锰也有一定作用。添加方法可以将硝酸钴或氯化亚锡以水溶液或其他溶液的形式加入二氧化钼、钼酸铵或钼粉中，亦可采用乙酸盐类的形式加入。

其工艺过程是先制得粒度介于 0.5 ~ 10 μm 的 MoO_2 粉，配制浓度为 100 g/L 添加物溶液。在蒸发器内放入 MoO_2 粉，将配制溶液稀释后与粉末以 1:1 的比例调浆。蒸发时均匀搅拌使之完全脱水。在 1100 ℃ ~ 1150 ℃ 下，氢气内还原 3 h。如果在钼粉中添加钴和锡溶液，添加后的钼粉则要在 1000 ℃ 下再还原 40 min，以后的工艺按常规钼的粉末冶金法进行。

添加元素在还原和加工过程中均匀分布于钼的晶格内。不添加锡时也在大体上具有相同效果。但锡的添加使钼坯在烧结垂熔过程中更具有减少间隙杂质的脱气作用，有利于大生产时质量的稳定。

图 10 – 20 为钴锡钼丝和纯钼丝的抗张强度、屈服强度和延伸率的退火温度曲线。由图中可以看出：钴锡钼丝经高于 1000 ℃退火后的抗拉力较纯钼丝低；1350 ℃退火后的延伸率比纯钼丝为大，最明显的特点是：钴锡钼丝的屈服点在 1300 ℃ ~ 1500 ℃之间时急剧下降。

图 10 – 21 是两种直径为 0. 39 mm 的钼丝，经 1400 ℃退火 5 min 后的应力 – 应变曲线。由图 10 – 21 中可以看出：钴锡钼丝断裂强度与屈服强度的差值 B_2 为 29 N，而纯钼丝的相应 B_1 值仅为 10 N，由此可以看出其塑性范围大。

图 10 – 22 是根据在各温度退火后两种丝料的应力应变曲线计算所得的加工范围与退火温度的关系曲线。

图 10 – 22 中所谓塑性加工范围系指图中抗张强度与屈服强度的百分比值。图中清楚地表明：钴锡钼丝退火后具有远较纯钼为大的塑性加工范围。作为电子管栅丝用细钼丝来说，比值一般

大于15%为宜。纯钼丝比值通常介于10%～15%，而钴锡钼丝一般大于30%。这对于制造要进行冲击形变加工的栅极极为有利。可消除经常出现的乱丝、断丝和节距不均匀的缺陷，并且具有极好的加工稳定性。表10-6所列化学成分来看，钴和锡在加工过程中可以大量挥发除去，残留在钼丝中的锡不会影响电子管使用。添加钴锡的钼带具有相同的性能，由于退火后延伸率大，能防止带材的开裂。

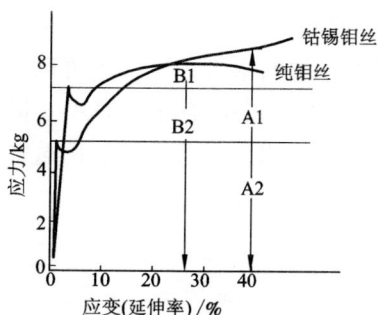

![图10-21 两种钼丝的应力-应变曲线；图10-22 退火温度对钼丝加工范围的影响]

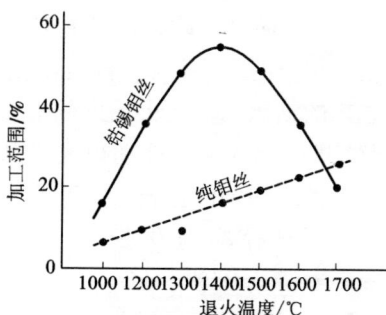

图10-21　两种钼丝的应力-应变曲线　　**图10-22　退火温度对钼丝加工范围的影响**

表10-6　不同钼丝的化学成分结果/×10⁻⁶

制造钼丝的方法	Ni	Sn	Fe	Co	Al	Pb	Mn	Cr	Zn	Mg	Si	Ca
MoO₂加Co	14	<5	6	190	<5	<5	<5	<5	<5	<5	140	<5
Mo粉加Co	210	74	11	痕迹量	9	<5	<5	<5	<5	<5	100	<5
MoO₂加Co、Sn	12	<5	33	240	30	<5	<5	<5	<5	9	150	<5
Mo粉加Co、Sn	100	150	11	痕迹量	9	<5	<5	<5	<5	12	110	<5
纯钼	<5	<5	5	痕迹量	5	<5	<5	<5	<5	<5	190	<5

钴锡钼丝在性能方面还有三个问题：一是高温退火后的弯折韧性差，退火温度上限为1800℃，对于D0.14 mm的丝料，退火

温度则不能高于 1400 ℃，否则就会发生脆断丝；二是强度差，在 1800 ℃以上不能作为结构材料使用；三是退火后抗拉强度低。

如果在钴锡钼丝中的成分再添加一定量的氧化铝或氧化硅、或氧化钍，则能在一定程度上弥补上述性能不足。此合金的钴、锡含量同前。外加 Al_2O_3 0.01% ~ 0.3%，或 SiO_2 0.01% ~ 0.7%，或 ThO_2 0.01% ~ 0.5%。如上述三种化合物混合添加则其总量为 0.01% ~ 1.5%。

用常规粉末冶金方法制得的这种新的钴锡钼丝，不仅其加工范围宽，而且能防止再结晶时晶粒的局部长大，由于其再结晶晶粒呈拉长的"Z"字形，自然就提高了丝材的弯折韧性。还可以将原来的钴锡钼丝退火温度的上限值由 1800 ℃提高到 2200 ℃。因此，即使退火温度波动很大，钼丝也不会出现局部发脆，仍然能获得性能均匀的丝材。

用丝径均为 0.39 mm 含 Co 0.03%、SiO_2 0.5%（SiO_2 以 K_2SiO_3 形式加入）的钼丝、与只含 Co 0.03% 的钼丝和纯钼丝退火 5 min 后，不同钼丝退火后的抗拉强度比较见图 10 - 23，退火温度对不同

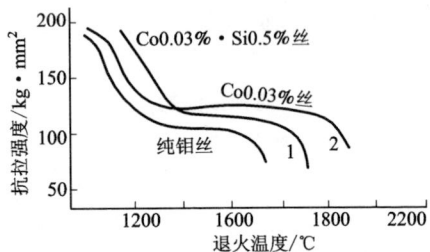

图 10 - 23　不同钼丝退火后的抗拉强度

钼丝加工范围的影响见图 10 - 24。

从图 10 - 23 中可以看出：在高于 1300 ℃退火后。含 Co 0.03%、SiO_2 0.5% 的钼丝具有更高的强度，与钴锡钼丝相比更为明显。

从图 10 - 24 中可以看出，含 Co 0.03%、SiO_2 0.5% 的钼丝退火范围为 1200 ℃ ~ 2200 ℃，纯钼丝为 1600 ℃ ~ 1700 ℃，钴锡钼丝为 1200 ℃ ~ 1600 ℃。三者比较，含 Co 0.03%、SiO_2 0.5% 的钼

丝退火范围最宽,弯折韧
性最好,在退火温度高于
1600 ℃以上时表现特别
突出。

添加钴的掺杂钼丝
将钴以氯化钴的形式
加入到三氧化钼中,进行
还原、成形、烧结和加工
成丝材,添加钴的钼丝比
纯钼丝的加工硬化率和

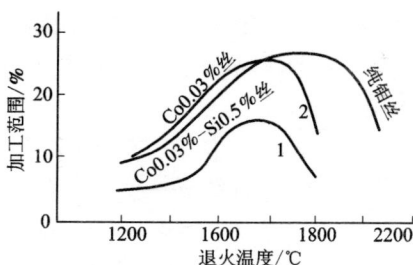

图 10-24 退火温度对不同
钼丝加工范围的影响

硬度要高,再结晶温度要低100 ℃,再结晶后呈等轴晶粒,在
1000 ℃~2000 ℃之间的温度下退火后,它的室温延伸率仍然
>20%。

制造电子管栅极或其他要求有较高延伸率的钼丝,需进行钴
的掺杂,利用钴在钼中的固溶强化来改善钼丝的延性,提高钼丝
的延伸率。而延伸率均匀性与否,取决于钴的分布状况。采用氯
化钴溶液喷洒到钼中进行烘干的方法,甚至采用钴粉和钼粉机械
混合的方法,经压制成形、烧结后,再进行压力加工的方法都可
生产出钴钼丝。但是由于钼中的钴分布不均匀,所以丝材的延性
也不均匀。

采用硝酸钴溶液掺入到钼酸铵溶液中,来制取钴分布均匀的
钼酸铵,然后再采用常规方法来进行后续加工,所得到的钼丝延
性好而均匀。

添加微量镁的掺杂钼丝 在制造大型发射管用的铂包钼丝
时,采用过一种添加少量(0.01%~0.1%)镁的钼芯丝。其制造
方法可将氯化镁、硝酸镁或有机镁盐以制得溶液的形式加入到氧
化钼或2~5 μm的钼粉中。绝大部分镁脱氧后在加工过程中挥发
除去,只残留少量的MgO。

由图 10 - 25 中所示的粗丝(1 ~ 5 mm)的退火性能来看,其延伸率较纯钼丝大得多,特别是高温退火后更为显著。高于 1300 ℃退火后,它的抗拉强度高于纯钼丝,说明残留的 MgO 起着弥散强化作用。

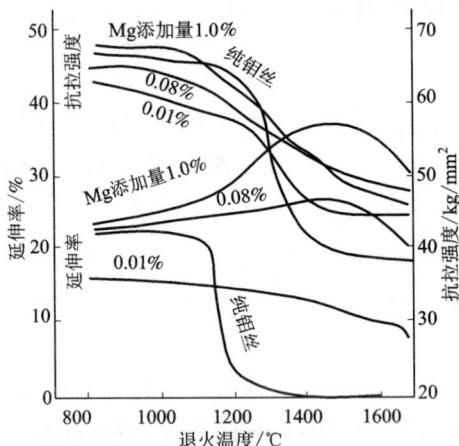

图 10 - 25　添加不同量镁的钼丝退火后的性能

添加少量钇的掺杂钼丝　粉末冶金法制备细钼丝一直有其独特的优越性,如用熔炼法即使制备纯度最高的钼,但由于铸锭晶粒粗大和晶粒多边形化也会使微量碳化物或氧化物杂质在晶界上的相对浓度增大,因此,即使是高纯度的钼,脆性仍然无法解决。

采用碳、钛、铌、铍等脱氧和采用锆、硼等细化铸造钼的晶粒已为人所共知。如在细钼粉中均匀添加 0.05% ~ 0.5% 的细钇粉后进行电子束熔炼,用于改变钼晶界上杂质的含量和形态。能获得了一种延性大、再结晶温度高、抗拉强度高、高温性能更好的钼丝。

将含钇 0.05% 的钼锭经锻造、旋锤、拉拔成为 D0.5 mm 的丝材与粉末冶金法制得的 D0.5 mm 钼丝比较,经 1000 ℃和 1100 ℃

退火后，电子束熔炼法加钇钼丝的屈服强度下降 10% ~ 15% ，延伸率提高 10% 以上，其延脆转变温度在 100 ℃ ~ 120 ℃ 之间，比纯钼丝低 60 ℃ ~ 80 ℃ 。但含钇量超过所规定的上下限值时，其加工性能均将恶化。

含钇钼丝的优点是比纯钼丝延性好；屈服强度低于纯钼，拉丝功率负载小；再结晶材料加工硬化指数高，拉丝时不会断丝，拉伸时不会剥离；延脆转变温度低，可很好地进行常温加工；晶粒细化，在延性提高的同时，丝材的机械性能得到改善；钼丝高温性能良好。由于上述优点，添加钇的钼丝适用于电子管栅极和锗二极管须触线。

添加少量碳化硼的掺杂钼　通常的粉末冶金钼用于栅极材料时，丝材的断丝、板材的开裂和分层起皮等问题仍然难于解决。

在钼中添加 0.002% ~ 1.0% 稳定的难熔碳化物 B_4C（熔点 2450 ℃ 、沸点 3500 ℃ ），采用电子束熔炼或用粉末冶金法加工均可制得加工性能良好的钼丝或钼板。其原因仍在于 B_4C 的加入改变了晶界氧化物或碳化物的析出形式。

将含 0.05% 的 B_4C 电子束熔炼坯锭经锻造、旋锤、拉拔成 $D0.51$ mm 的钼丝。经 1000 ℃ 退火后，屈服强度为 600 N ，而一般粉末冶金纯钼和电子束纯钼分别为 700 N 和 760 N ，即降低 15% ~ 25% ，而延伸率提高 50% 以上。1200 ℃ 退火以后的屈服点与粉末冶金相同，但仍比电子轰击纯钼约低 15% ，延伸率高 40% 。熔炼法制得的钼丝弯折性能不低于粉末冶金法所制得的钼丝。

将含 B_4C 0.02% 的 30 mm 电子束熔炼钼锭旋锻到 $D2.6$ mm ，经无心研磨至 $D2.0$ mm 后，在 1200 ℃ 和 1300 ℃ 下氢气退火 30 min 。其延性脆性转变温度位于常温以下，而经同样条件退火的一般粉冶纯钼、电弧和电子束熔炼纯钼的转变温度则界于 150 ℃ ~ 300 ℃ 。

B_4C 钼与常用钼材对比的优点是延伸率大，显著消除了过去加工时常出现的起泡和分层缺陷，使板材、丝材易于加工成形，屈服强度低，减少加工功率消耗与模子的损耗。再结晶温度由纯钼的 1000 ℃ ~1100 ℃ 提高到 1300 ℃，提高了使用温度，添加成分简单，添加量范围较宽，易于制造。而且 B_4C 的成本也低。因此，适用于作电子管栅丝，发射管用电火花加工栅极等。

添加钌、硼（或碳）的掺杂钼　在钼中添加小于 0.5% 的钌、铑、钯、锇、铱、铂中的一种或几种贵金属，还同时添加 0.001 ~ 0.05% 的硼或碳，或两种一起添加，能制得一种塑性加工范围大，再结晶后延伸性较好的掺杂钼。其典型成分是在钼中添加 0.15% 的 Ru 和 0.08% B，这种掺杂钼丝的性能优越于一般电子管用的钼丝。

这种掺杂钼丝的金属坯料采用电子束熔炼法制取，钼粉纯度为 99.98%，钌粉和硼粉的纯度为 99.5%，碳粉采用光谱纯级。将各种粉末按配比均匀混合后，用 400 ~ 500 MPa 的压力压成圆柱体，在 0.13 ~ 0.0013 Pa 下水冷铜坩埚电子束炉熔炼，铸锭充分熔化后再返回重熔。

从表 10 - 7 中可以看出，在钼中如果只添加金属钌（小于 0.5%）虽然能较显著地降低钼的硬度，但延性很差，和纯钼一样由于晶界脆性，实际上不能完全进行室温延压。如果在钼中只添加硼或碳，虽然由于晶界强化，室温可延性有相当大的提高，但硬度却相应有所增加。只有同时在钼中添加钌和硼或碳，才能大幅度降低钼的硬度又使断面收缩率显著提高。其中以含 0.15% 的钌和 0.08% 的硼（或碳）的钼合金效果最好。钼中添加 0.15% 的钌 u 和 0.08% 的硼的合金其断面收缩率几乎接近 100%，具有优异的延性。

从表 10 - 8 中可以看出，$D1$ mm 掺杂钼丝退火后有延伸率均匀、总延伸率高和塑性加工范围值较宽的优点。并看出纯钼丝在 1250 ℃ 真空退火后的延性极小，经 1500 ℃ 和 1900 ℃ 退火后晶粒变得极大，延伸率下降到 <5%，晶界断裂，延性极差。而含碳和含钌、碳的钼合金由于能抑制晶粒长大，强化晶界，延性获得显著提高。

从表 10-9 中可以看出，用 0.1~0.7 mm 含 0.15% 的钌和 0.08% 硼的钼丝（丝材成分分析值为 0.14% 的钌和 0.03% 的硼），经 1200 ℃退火 3 min 后，其塑性加工范围和断裂总延伸率比一般的电子管用钼丝的相应值较好。

表 10-7　含钌、硼钼丝成分和性能

钼丝成分	熔炼前添加量/%			铸锭含量/%			维氏硬度 /(kg·mm⁻²)	室温延压量 /%
	Ru	B	C	Ru	B	C		
纯　钼	—	—	—	—	—	—	163	<1
Mo-0.05Ru	0.05	—	—	0.04	—	—	143	<1
Mo-0.5Ru	0.5	—	—	0.45	—	—	155	<1
Mo-0.07B	—	0.07	—	—	0.005	—	170	15
Mo-0.08C	—	—	0.08	—	—	0.012	170	20~37
Mo-0.15Ru-0.04C	0.15	—	0.04	0.14	—	0.004	118	3~20
Mo-0.15Ru-0.10C	0.15	0.08	0.10	0.14	—	0.025	136	12~30
Mo-0.15Ru-0.078B	0.15	0.08	—	0.14	—	—	135	50
Mo-0.15Ru-0.08C	0.15	—	0.15	0.14	—	0.012	131	20~58

退火后延伸率小的硬料栅丝　钼丝按要求可区分为软丝和硬丝两大类。有的电子管栅丝主要采用硬丝，一方面要求钼丝不打圈，即具有良好的直线性，以便绕栅时不至于断丝或乱丝；另一方面又要求在高温退火后的钼丝不至于过分软化，即要求有小的延伸率，以便达到栅极的精度要求。常用钼丝退火温度高时不再打圈，但丝已软化，延伸率远远大于 3%；退火温度低时，丝又不软化，但又满足不了不打圈的要求，因此，不得不使钼丝残存相当的应力。

表 10-8　成分不同的钼丝在不同温度退火后的物理性能

钼丝成分	化学成分/%				1250℃退火1h			1550℃退火1h			1900℃退火		
	熔炼前添加量		D1 mm 丝材		均匀延伸/%	总延伸/%	塑性加工范围	均匀延伸/%	总延伸/%	塑性加工范围	均匀延伸/%	总延伸/%	塑性加工范围
	Ru	C	Ru	C									
纯　钼	—	—	—	0.001	11	38	30	<5	<5	—	<5	<5	—
Mo-0.08C	—	0.08	—	<0.021	20	43	14	18	37	20	9	15	23
Mo-0.15Ru-0.08C	0.15	0.08	0.14	0.019	37	37	30	30	36	54	18	18	45

表 10-9　添加钌、碳钼与一般电子管用钼丝比较

钼丝成分	断裂时总延伸率/%			塑性加工范围		
	0.70	0.28	0.10	0.70	0.28	0.10(D,mm)
市售电子管用钼丝	23	13	15	23	14	15
Mo-0.15Ru-0.08C	25	16	14	25	19	18

制取经 1300 ℃ ~1500 ℃ 高温退火后，能具有消除打圈，又没有发生软化，仍为具有 1% ~4% 较小延伸率，从而能良好地保持绕栅的精确尺寸要求的一种 40 ~50 μm 的细硬钼丝，其工艺过程是：在粒度 1 ~10 μm 的氧化钼中添加（重量比）0.005% ~0.5% 的下列一种或多种难熔氧化物：TiO_2、ZrO_2、HfO_2、Al_2O_3、CaO、SrO、BaO（ThO_2 例外）等，其典型添加量为 0.1%。添加剂可采用硫酸盐[如 $Ti(SO_4)_2$]或硝酸盐水溶液的形式加入。添加后的粉末先在 700 ℃ 下还原 1 h，再在 1000 ℃ ~1100 ℃ 下还原 2 h 获得粒度为 2 ~5 μm 的钼粉，然后按常规工艺压制、垂熔、旋锻、拉丝加工。

为了消除打圈和满足低的延伸率要求，最终退火是在 1300 ℃ ~1500 ℃ 进行（上限温度最好为 1450 ℃）。因为低于 1300 ℃ 不能消除打圈，高于 1500 ℃，延伸率太大，难于保证栅极尺寸要求。

上述含 TiO_2、ZrO_2 等钼丝是大、中型电子管的重要栅极和边杆材料。它能克服过去纯钼边杆所存在的各种缺点。如表 10 - 10 中可见含 TiO_2、ZrO_2 等钼丝其性能能满足四个方面的要求：一是在 1600 ℃ 退火后的抗拉强度大于纯钼杆，可防止发生断丝；二是抗弯强度大于纯钼丝，可防止变形；三是点焊部分与纯钼再结晶等轴组织不同，形成沿轴向细长组织，即延性较好，可防止边杆脆损；四是在上述成分范围内，具有与纯钼相同的良好的加工性能。

表 10 -10　添加钛、锆钼丝与纯钼丝退火后的比较

钼丝成分	添加量 /%	抗拉强度 /MPa	抗弯性 /($g·cm^{-1}$)	再结晶组织	备　注
Mo - TiO_2	0.1	650	950	细长	1200 ℃ 退火后仍为纤维组织
Mo - ZrO_2	0.1	620	800	细长	1200 ℃ 退火后仍为纤维组织
纯　钼	—	530		等轴	1200 ℃ 退火后晶粒明显长大

第五节 高强度高延性钼合金

钼主要是作为高温材料，但由于它的用途不同，也要求它在高温使用中具有不同的性能，如用于加工高温结构材、高温炉隔屏用板材和抗蠕变性能好的丝材等，既要求具有高温强度，又要求良好的低温延性和较好的焊接性能。为了同时满足钼的高强度和高延性，在钼中添加钛、锆、碳形成 TZM 钼合金；或添加碳化钽、碳化铪或碳化铌形成难熔碳化物的钼合金。

TZM 钼合金 TZM 合金的熔点为 2610 ℃ ~2620 ℃，密度为 10.22 g/cm^3，无磁。在所有钼合金中，TZM 是工业上极其重要的合金，它具有优良的高温强度、低温延性和焊接性能。TZM 钼合金在工业中被大量用于加工高温结构材，如轧制成大型的高温炉隔屏用板材、锻造成棒材及型材，以及用于热等静压力机、高温炉和热加工工具等。

微量合金化主要是加入微量的钛、锆、硼、镧等合金元素（总量 0.1% ~1% ）进行固熔强化。微量的锆、铪对提高钼的高温硬度的作用最大；锆、铪、钛对提高钼的再结晶温度的效果显著。钛的最佳含量为 0.5% 左右，锆的最佳含量为 0.2% 左右。锆的强化效果优于钛，但锆多钼合金的加工性能差。钼中加入少量的钛、锆能使焊接性能得到改善。微量化合金化钼合金和纯钼在变形状态下的热强性比较见表 10 - 11。

表 10 - 11　微量化合金化钼合金和纯钼在变形状态下的热强性比较

品 种	成分/%		再结晶温度 /℃	退火 100 h 的抗拉强度/MPa	
	Zr	Ti		1000 ℃	1200 ℃
纯 钼	—	—	1000	200	40
钼合金	~0.5	~0.2	1300	250	120

　　在含锆、钛合金中添加≤0.004%的碳后为固熔体合金。在碳≤0.01%时，合金淬火后为单相，时效反应析出碳化物第二相，合金处于双相状态。

　　如此少量的合金元素能显著地提高高温性能，是由于在位错及杂质周围存在弹性应力场，当添加少量的合金元素时，它们将位于固熔体的最大位错堆积区，降低了弹性应力，也就降低了金属的内能；还使位错周围形成异类原子堆积，使位错难以迁移。

　　碳化物强化是指钼的第二相强化主要为碳化物强化。钼合金中主要加入碳及活性金属钛、锆、铪等，形成难熔碳化物相起强化作用，碳同时也起脱氧作用。碳化锆、碳化钛、碳化铪及碳化钼性能见表10-12。

　　从表10-12可以看出，锆原子直径最大，钛最小，因此固熔强化效果的顺序为锆-铪-钛。碳化物强化合金的热强性由合金元素性质和数量、金属状态、时效程度决定。碳化钼不能强化钼，反而会使合金变形性能变坏，因此必须避免Mo_2C出现。

表10-12　碳化锆、碳化钛、碳化铪及碳化钼性能

元素	在钼中的溶解度/%	原子直径/×10^{-10} m	碳化物	熔点/℃	晶格类型	晶格常数/×10^{-10} m
Mo	—	2.80	Mo_2C	2687	体心立方	3.3　4.74
Ti	100	2.98	TiC	3140	体心立方	4.324
Zr	10(1900 ℃)	3.229	ZrC	3530	体心立方	4.688
Hf	35(1900 ℃)	3.17	HfC	3887	体心立方	4.635

　　钼合金中形成弥散强化的先决条件是存在碳化物相。碳化物相的各种特性在强化方面起着重要的作用，这些特性本身也影响着碳化物相的分布和析出特性，例如晶格常数和类型、熔点等。

　　为保证钼合金的塑性和热强性能的稳定性，合金中应当避免产生Mo_2C，因为合金中过量的Mo_2C会使钼的加工性能恶化。只

有当合金中的 $Zr(Ti):C = 2:1$ 时，钼合金才具有所需要的性能，如果碳不是与锆、钛化合，而是与钼化合，就不能使合金具有高性能。图 10 – 26 是 Mo – Ti – Zr – C 合金中碳化物保持稳定时的大致温度区域。

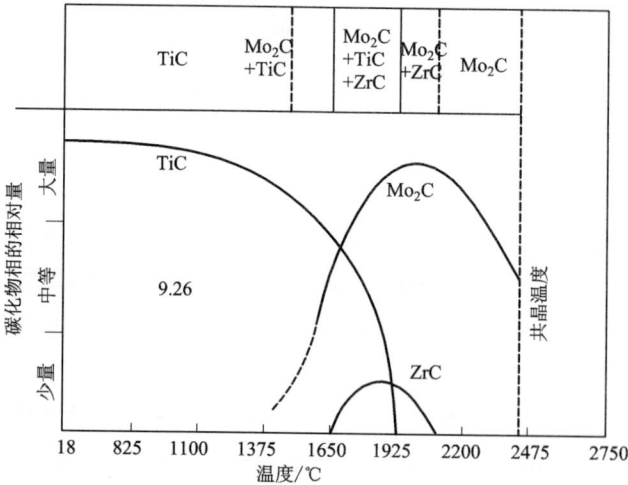

图 10 – 26 Mo – Ti – Zr – C 合金中碳化物保持稳定时的大致温度区域

根据图 10 – 26 的分析，为了在任何条件下不生成 Mo_2C，$(Zr + Ti)/C$ 之比应为 2:1 ~ 6:1。例如，Mo – 1.6 Ti – 0.6 Zr – 0.13 C 的合金 $[(Ti + Zr)/C = 3.7]$，在 1650 ℃ 时的 $\sigma_b = 220$ MPa，$\delta = 29\%$，再结晶温度是 1650 ℃ ~ 1790 ℃。

氧化物弥散强化的钨钼主要用作耐高温材料。氧化物弥散减轻了纯金属的再结晶倾向，从而提高了材料耐高温性能。在这里，弥散相的均匀分布有着重要意义。

TZM 钼合金的主要成分及其与 TZC 合金的区别见表 10 – 13。

表 10 - 13 TZM 和 TZC 的牌号与成分

牌 号	主要成分, %			杂质含量, %				
	C	Ti	Zr	Fe	Si	Ni	O_2	N_2
TZM	0.01 ~ 0.04	0.40 ~ 0.55	0.07 ~ 0.12	0.020	0.01	0.01	0.003	0.002
TZC	0.12 ~ 0.40	1.00 ~ 1.50	0.10 ~ 0.30	0.025	0.02	0.02	0.300	—

从表 10 - 13 中可以看出,TZM 与 TZC 这两种都是以钼为基体的合金,其主要区别是:后者在钼中添加的碳、钛、锆量(最多为 2.2%)比前者(最多为 0.71%)高出 1 ~ 2 倍以上,其他的杂质含量后者也比前者高。

TZM 钼合金中碳、钛、锆的加入量最多时也只有 0.71%,不仅它的硬度、强度、再结晶温度都优于纯钼,而对钼的加工性能及机械性能影响很大,焊接性能得到了改善。

TZM 牌号的主要产品有喷嘴、挤压模、高温炉结构材料(支架)、退火舟皿、烧结舟皿、(防射线)屏蔽材料、热等静压和高温炉用隔热屏、镀锌玻璃用加热子、旋转 X 光靶材料,热压烧结锻造、热等静压锻造成模具材料等。TZM 的主要成分和杂质成分见表 10 - 14。

表 10 - 14 TZM 的主要成分和杂质含量/ ×10⁻⁶

元素名称	主 要 成 分				杂 质 含 量							
	Mo	C	Ti	Zr	H	O	N	Ag	Al	As	Ba	Ca
含 量	99.2%	100 ~ 400	4000 ~ 5500	600 ~ 1200	20	500	20	5	20	5	10	20

元素名称	杂 质 含 量														
	Cd	Co	Cr	Cu	Fe	K	Mg	Mn	Na	Ni	P	Pb	S	Si	W	Zn
含 量	10	10	20	20	100	10	10	5	10	10	20	10	20	30	300	10

TZM 板材的宽度最宽有 600 mm。密度:10.15 g/cm³。熔点:2620 ℃。

弹性模量(kN/mm²):20 ℃, 320;1000 ℃, 270。

硬度(HV10)：200～340。

线膨胀系数(m/m·℃)：20 ℃，5.3×10^{-6}；

20 ℃～1000 ℃，5.8×10^{-6}；

20 ℃～1500 ℃，6.5×10^{-6}；

热导性(w/m·℃)：20 ℃，126；1000 ℃，98；2000 ℃，86。

电阻率(Ω·cm)：20 ℃，5.5；1000 ℃，31；1500 ℃，45；2000 ℃，66。

TZM 板材的产品的规格，厚度有 0.1～10.0 mm，宽度有 50～600 mm。TZM 板材的抗拉强度、屈服强度和延伸率见表 10－15。

表 10－15　TZM 板材抗拉强度、屈服强度和延伸率

板材厚度/mm	0.10 ~0.25	>0.25 ~0.65	>0.65 ~1.50	>1.50 ~2.30	>2.30 ~5.00	>5.00 ~8.00
公差尺寸/±mm	0.004 ~0.01	>0.01 ~0.03	>0.03 ~0.06	>0.06 ~0.09	>0.09 ~0.20	>0.20 ~0.32
抗拉强度/(N·mm^{-2})	1130	1080	980	880	780	690
屈服强度/(N·mm^{-2})	1000	960	870	790	710	620
延伸率(20 ℃)/%	8	7	6	5	3	2

棒材规格：(mm)$D8 \times 3000$、$D100 \times 2000$、$D150 \times 600$ 为锻造棒，$D100$ 公差 $+10/-0$；$D160 \times 600$ 为挤压棒。TZM 棒材机械性能见表 10－16。

表 10－16　TZM 棒材机械性能

直径/mm	硬度/HV10	抗拉强度/(N·mm^{-2})	屈服强度/(N·mm^{-2})	延伸率/%
4～15	260～320	785	685	20
15～23	250～310	785	685	20
23～25	250～310	735	635	15
25～32	245～300	735	635	15
32～35	245～300	685	590	10
35～45	235～290	685	590	10
45～76	235～290	590	510	5
76～100	235～290	540	470	5
100～160	235～290	650	580	3

钼合金的压制成形压力约为 200 MPa，过大的成形压力会使压坯的密度过大，在烧结时会影响分解气体从内部释放出来，而且还会影响它的烧结过程。

由于钼合金中加入了 Ti、Zr、C，因此在烧结过程中不但有纯金属烧结的现象，而且还有合金化的反应。烧结这种合金时，合金元素 Ti、Zr、C 由于粉末中的氧和保护气氛中的水含量而过分氧化。为了尽可能使加入的 C 与 Ti、Zr 元素形成碳化物，因此应尽量减少烧结体及气氛中的氧，在烧结时创造一些必要的条件，促进碳化物的生长。对烧结 TZM 钼合金时影响的因素有：

1. 烧结体内部分解气体的影响

为了提高 Ti、Zr 的化学活性，以利于生成强化钼，Ti、Zr 是以氢化物形式加入的。但 Ti 和 Zr 的氢化物在 400 ℃ ~ 800 ℃ 温度范围内会分解，并释放出大量的氢气，如果是在氢气气氛中烧结，它的分解温度还会增高。氢化物分解的持续时间与炉内的氢气压力、装炉量、烧结体中氢化物的含量、气体排出速度等有关。在氢气气氛中烧结时，不仅钼合金内部的 TiH_2、ZrH_2 要分解出氢气，而且外部还会有氢气流入，始终让炉内保持一定的压力，因此阻碍了分解氢气顺利地从烧结体中排出；只有当烧结体中的气体压力高于炉内压力时，分解的气体才能从烧结体中排出。如果没有足够的排气时间，气体来不及排出，而温度却继续迅速上升，烧结体表面由于收缩而逐渐致密，结成一层硬壳，气体的自由释放受到阻力。如果这时内部还有大量气体存在和产生，烧结体内部气压将不断上升，当此压力大于烧结体表面所能承受压力时，气体就会冲破致密的表面硬壳，造成开裂的现象。如果烧结体内部存在的气压不足以冲破表面硬壳，烧结体要进一步致密将受到这些气体的阻碍，将形成集中的大气孔。如果烧结体内部所存在的气体数量不多，而且分散分布，就会造成组织上的疏松而密度不高。为了避免钼合金在烧结过程中引起的开裂、气孔、疏松、裂纹等缺陷，必须在 Ti、Zr

氢化物分解或其他吸附物质分解时保持足够的时间，使分解的气体尽量从烧结体中释放出来。在真空炉中烧结，由于炉内是负压，氢化物分解出来的氢气，马上会被真空泵抽出炉外，它的释放持续时间比氢气气氛中烧结持续时间短。

2. 钼粉中氧含量的影响

氧在钼中是有害元素，少量的氧会和合金中的 Ti、Zr、Mo 发生氧化反应，生成氧化物。多余的氧就会存在于晶界上，使钼合金的脆塑性转变温度直线上升，影响加工性能。氧和 Ti、Zr、C 化合生成 TiO、ZrO、CO，CO 以气体形式释放出来，使合金中的碳含量减少。碳加到合金中去是为了使碳和 Ti、Zr 化合，生成起强化作用的第一相 TiC、ZrC。钼粉中若有较多的氧存在，在氧的周围会造成贫碳区，使得 Ti、Zr 无法与 C 化合，降低合金强度、硬度。

3. 氧在烧结气体中的影响

氢在烧结过程中起着还原作用，钼粉中的氧被氢化合，降低了钼粉中的氧含量。但由于钼合金中加入了 Ti 和 Zr 后，氢的还原作用会大大减低，一般工业用氢总是含有一些杂质和水分，氢中的水会使脱碳非常严重。因此钼合金经烧结后，碳在钼合金截面上的分布是不均匀的，中心部位的碳含量接近加入量，而边缘部位的碳很低，这主要是氢气中含有的水分和氧，使碳损失。尤其是表面的碳含量降低，会使钼合金表面的强度和硬度都会降低，如产品是钼顶头，则会严重地影响它的穿管寿命。

4. 烧结加热速度的影响

与纯钼相比，钼合金烧结时的加热速度应慢得多，它不仅在加热过程中有大量气体分解，同时在反应过程时也要释放出气体，而这些气体必须在合金表面致密化之前释放完毕，否则就会影响合金内在质量。

含难熔碳化物的高强度钼　为了克服钼再结晶脆性，增加钼的高温强度和高温抗蠕变性能，降低钼的延脆转变温度，提高钼的加工成形性能，可在钼中添加 0. 05% ~ 5. 0% 的碳化钽、碳化铪或碳化铌，其典型添加量为 1. 0% 。

其工艺过程是：将纯度为 99. 95% 、粒度为 3 ~ 5. 5 μm 的钼粉 1980 g 与粒度为 2. 8 ~ 3. 0 μm 的 20 g 碳化铌粉，置于不锈钢容器中，加入两倍体积的醋酸异戊基和 60 个直径 15 mm 的硬质合金球进行湿磨 24 h，在水浴上蒸发溶剂而取得粉末。以 203 MPa 的压力将粉末压成坯条，在 1100 ℃ 的氢气炉中预烧 30 min，密度 5. 0 ~ 5. 5 g/cm³。然后采用 90% 的熔断电流（相当于 2650A）进行垂熔，高温保温 10 min，密度为 9. 4 ~ 9. 5 g/cm³。最后通过压力加工成丝材。

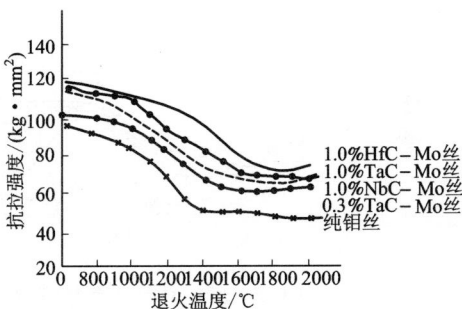

图 10 - 27 含难熔碳化物钼丝强度比较图

添加难熔碳化物的钼丝与纯钼丝退火 5 min 后的抗拉强度比较见图 10 - 27；高温蠕变比较见图 10 - 28；延伸率比较见图 10 - 29。

从图 10 - 27 中可以看出，添加难熔碳化物的钼丝比纯钼丝在常温和高温的抗拉强度大。

从图 10 - 28 中可以看出，添加难熔碳化物的钼丝比纯钼丝的高温抗蠕变强度大，试样

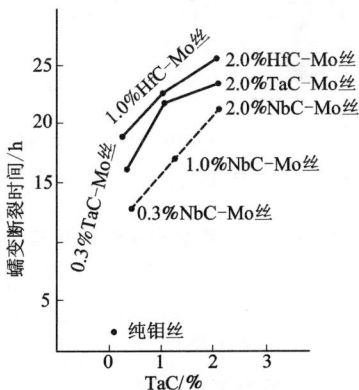

图 10 - 28 含难熔碳化物钼丝蠕变断裂

直径 D 为 1.0 mm，试样载荷为 4.0 kg(51 MPa)，温度为 1200 ℃，在测验试时真空度为 0.13Pa。添加难熔碳化物的钼丝其蠕变断裂时间一般比纯钼丝长 10 倍以上。

从图 10-29 中可以看出，添加难熔碳化物的钼丝退火后的延伸率都比纯钼丝的延伸率大，特别是在 1500 ℃以上，纯钼丝的延伸率急剧降低，钼合金丝则缓慢下降，个别甚至还有上升趋势。

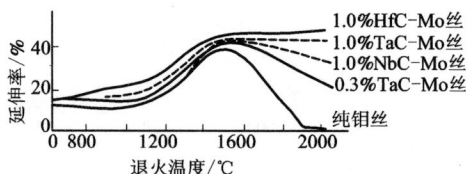

图 10-29　含难熔碳化物钼丝的延伸率情况

添加难熔碳化物的钼丝比纯钼丝的再结晶温度高。就 $D1.0$ mm 的钼丝而言，纯钼丝的一次再结晶温度起始于 1000 ℃，二次再结晶开始于 1200 ℃。添加难熔碳化物的钼丝则均提高 200 ℃ ~250 ℃。添加难熔碳化物的钼丝比纯钼丝的延脆转变温度低。直径为 $D3.0$ mm 钼丝的延脆转变温度见表 10-17。由于塑性范围加宽，其加工变形的可能范畴就增加了。

表 10-17　添加碳化钽钼丝与纯钼丝在不同退火状态下的延脆转变温度

退火状态	Mo-1.0% TaC	纯 钼
加工状态	-10 ℃	15 ℃ ~20 ℃
1200 ℃退火后	-40 ℃	10 ℃
1700 ℃退火后	20 ℃ ~25 ℃	180 ℃ ~190 ℃

由于上述优点，添加难熔碳化物的钼丝适用于作电子管中有高温强度要求的零件，如吊钩、支杆和栅极边杆等。如用作高温氢气炉的发热体，其寿命亦较纯钼丝长。这种添加难熔碳化物的钼板材当然也具有优良的冲压引伸性能。

第六节　高强度高硬度钼合金

通常所说的 TZC 合金，含 1.25% Ti、0.15% ~0.5% Zr 以及 0.15% ~0.3% C，特别耐高温。这类合金被用作铝注射成形时的模芯，黄铜和不锈钢模铸时的模子，制造火箭推进装置中的燃气透平元件、阀门和喷嘴，还可以作为一种耐腐蚀材料被用作化工装置结构件和炉子工业中的结构材料。在这些领域里钼的作用日趋重要，作为高温炉中的加热材料和辐射屏材料具有特别重要性，这是由于它在氢气中的 2000 ℃ 条件下或在真空中 1600 ℃ 的条件下使用超过了纯钼的性能。不过这类合金的一大缺点是它们制造起来远比纯钼困难，价格也比纯钼昂贵。这是由于它们必须在有干氢存在的局部真空中烧结以防成分发生变化，而且这类合金只有后续热处理才能获得所需要的性能。

铁和镍是耐热合金传统的基体材料，它的工作范围在 500 ℃ ~1000 ℃ 之间。为了提高工作温度，应当采用熔点更高金属作为耐热合金的基体。在 1000 ℃ ~2000 ℃ 的工作范围内钼和铌是难熔金属中最合适的金属。难熔金属中铬的熔点不够高，钨太重而易脆，加工困难，钽是稀贵金属。钼和铌比较，铌作为耐热合金的基体的优点是塑性潜力很大，并可得到可焊接合金，但价格较高；而钼在各种介质中工作时有某些特殊的性能，从而在许多情况下，用钼比用铌更适合一些。

钼的纯度愈高，它在再结晶状态下的强度愈低，塑性愈高。钼同其他金属一样，合金化后可以显著提高它的高温强度。凡能提高其他金属高温强度的方法，都可用来提高钼的高温强度。

钼基合金的重要性质　第一，钼合金的共晶和包晶生成温度比钼的熔点低得多，例如 Mo – Ni 系中为 1350 ℃、在 Mo – Fe 系中为 1540 ℃、在 Mo – Zr 系中为 1880 ℃等等。第二，元素在钼中的溶解度与温度有密切的关系，例如在共晶温度下，铪在钼中的溶解度为 28%，而在 1000 ℃时仅为 5%；铁在钼中的溶解度分别为 11% 和 4%；硅分别为 1.65% 和 0.2%。铼是例外，它的包晶温度是 2570 ℃，而 1000 ℃时的溶解度仍保持在 40% 左右。

在保持金属可变形的情况下，钼合金化的可能性极其有限，通常加入元素的数量不应超过 1%，只有钨和铼例外，钨可加入 30%，铼可加入 47%。表 10 – 18 是在保持铸锭可变形的前提下，钼中添加其他元素（应在附加脱氧剂，如碳的条件下）的极限量。

表 10 – 18　在保持铸锭可变形的前提下，钼中添加其他元素的极限量

元素名称	Fe	Al	Ti	Zr	Hf	Si	V	Nb	Ta	Cr	W	Co
添加量/%	0.15	1.0	2.09	0.4	1.0	0.1	1.25	1.0	10.0	0.5	30.0	0.11

形成钼合金化的条件：第一，形成置换固溶体的元素用量不超过 1%，才可能使钼的固熔体合金化。第二，可用某些金属元素和碳一起合金化，碳除了是脱氧剂外，并和其他元素生成碳化物，这是由于生成第二相，达到了强化的效果。第三，可用大量的钨（可达 30%）和铼（可达 47%）使钼的固熔体合金化。

钼在固熔体强化达到接近极限水平以后，为了进一步大幅度提高耐热强度，应获得具有弥散分散的第二相的双相组织。第二相的耐热强度不应小于基体金属，这是极为重要的原则。钼的熔点很高，只有用难熔氧化物、氮化物或碳化物作为钼的第二相弥散强化物。最好用难熔的碳化物作为钼的第二相弥散强化物。根据原子直径的数值，合金元素锆与基体钼区别最大，然后是铪，钛最小。这几种元素作为碳化物时，使在钼中形成第二相的弥散强化物质。

钼合金中形成弥散强化的先决条件是碳化物相。碳化物相的各种特性在强化方面起着重要的作用，这些特性本身也影响着碳化物相的分布和析出特点用数量，例如晶格常数和类型、熔点等。

氧化物弥散强化的 ZHM　在已掺杂 1.2% Hf、0.4% Zr、0.15% C 的钼合金中，再加入 2.0% 的 Y_2O_3，在 1450 ℃ 时，抗拉强度由 360 N/mm^2 可提高到 520 N/mm^2，添加 1.65 vol.% La_2O_3 时，在 1450 ℃ 时，抗拉强度由 300 N/mm^2 提高到 500 N/mm^2。

用钨合金提高钼的耐热强度　在温度高于 $0.6 \sim 0.7T_{熔点}$ 的情况下，提高钼耐热强度的可能性与合金化，与提高金属晶格中原子核间键合力有关，只有在 Mo - Ta 和 Mo - W 系中，随着第二种元素含量的增加，熔点才能升高。当在钼中加入 25% 的钽，钼合金的熔点才提高 80 ℃。加入钽后钼合金的加工性能恶化，而钽又是稀有贵重元素，故用在钼中加钽来提高它的耐热性能是不适合的。当 Mo - W 系合金中加入 25% 的钨时，合金的熔点大约提高 200 ℃。Mo - W 系是连续固熔体，见图 10 - 30 的 Mo - W 状态图；合金的晶格常数和密度是其化学成分的线性函数；50% Mo - 50% W 合金电阻率具有极小值。

在钼中添加不超过 10% 的钨，对它的热变形没有影响，当钨含量≥20% 时，合金锻造塑性变形抗力增加，当钨含量为 30% 时，合金用自由锻造进行变形很困难，当变形温度提高到 1900 ℃ 时，锻件常常出现大量裂纹，当钨含量为 50% 时，不能采用自由锻造变形。钼钨合金的机械性能见表 10 - 19。

含钨量≥20% 的钼合金在耐热强度方面有明显的优越性，而且在 500 ℃ ~1500 ℃ 范围内，成分接近 50% 的钨合金耐热强度最高，当温度达 1500 ℃ ~1700 ℃ 时，合金中的钨含量越高，合金的耐热强度也越高。

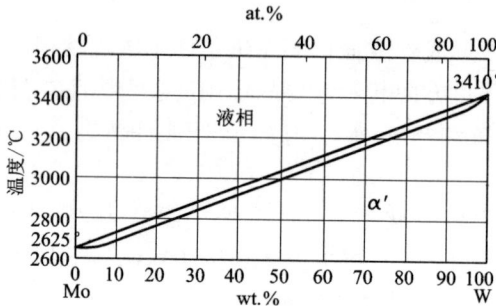

图 10 - 30   Mo - W 状态图

表 10 - 19   钼钨合金的机械性能

合金成分	再结晶温度/℃	20 ℃时的机械性能			1200 ℃时的机械性能		
		σ_b/MPa	δ/%	ψ/%	σ_b/MPa	δ/%	ψ/%
Mo - 10W - 0. 1Zr - 0. 1Ti	1300	77. 3	23. 6	41. 0	28. 4	14. 0	53. 6
Mo - 15W - 0. 1Zr - 0. 1Ti	1300	82. 3	25. 3	30. 6	28. 8	12. 3	53. 5
Mo - 20W - 0. 1Zr - 0. 1Ti	1400	82. 0	19. 0	27. 5	34. 0	13. 5	76. 5
Mo - 25W - 0. 1Zr - 0. 1Ti	1400	83. 8	20. 0	31. 5	31. 1	14. 1	57. 3
Mo - 30W - 0. 1Zr - 0. 1Ti	1400	96. 0	—	—	34. 5	15. 8	55. 5

第七节   二硅化钼

   硅化钼发现于 1906 年，1947 年开始作发热材料应用研究，
20 世纪 50 年代末瑞典康泰尔公司的二硅化钼商品成为世界名
牌，并对生产工艺进行保密。70 年代，前苏联科学院用自蔓延高
温合成(SHS)技术将 $MoSi_2$ 进行工业性生产。近几年来自蔓延高
温合成工艺引起国际广泛重视，前苏联的解体使自蔓延高温合成
技术扩散，美国、日本、波兰、韩国相继成立自蔓延高温合成科

研机构,使 SHS 金属间化合物、合成致密化及涂层材料方面的研究取得了较大的进展,我国从 1987 年起开始研制 $MoSi_2$,已有十多家工厂从事 $MoSi_2$ 元件的生产。为了使 $MoSi_2$ 能更好地适应高新技术发展的需要,很多科研院校都在对它的性能提出更高的要求和改进,并开展研究工作。

二硅化钼的性质 硅和钼在不同条件下可生成 Mo_3Si、Mo_5Si_3 和 $MoSi_2$ 三种金属间化合物,目前只有 $MoSi_2$ 具有使用价值。$MoSi_2$ 的熔点为 2030 ℃,密度为 6.31 g/cm^3,具有极好的化学稳定性、优良的热稳定性和较低的电阻。它是优异的抗高温氧化材料,因为它能在表面上形成稳定的 $MoSi_2$ 层,从而阻止进一步氧化。$MoSi_2$ 是双晶结构,在 1900 ℃ 的温度下,四方晶格的 α 相(Cll_b 类型)是稳定的;在温度达到 1900 ℃ 时,它转化成六方晶格的 β 相(C40 类型),然后在 2030 ℃ 相应地熔化。

硅钼棒的化学性质:具有高温抗氧化性,氧化气氛下,高温烧成的硅钼棒表面,可生成一层致密的石英(SiO_2)保护层,以防止 $MoSi_2$ 继续氧化。在氧化气氛下,再继续作用时,SiO_2 保护层重新生成。当温度高于 1700 ℃ 时,熔点为 1710 ℃ 的 SiO_2 保护层熔融,由于表面张力的作用,SiO_2 熔聚成滴,而失去保护作用。但是,硅钼棒不宜在 400 ℃ ~ 700 ℃ 的温度范围内长时间使用,它会因低温的强烈氧化作用而粉化。它是一种非剥落氧化物,当温度高于 900 ℃ 时,$MoSi_2$ 表面形成 SiO_2 薄膜,使本身能获得高温与热循环保护,而且在裂缝中自动生成 SiO_2 薄膜取得自愈合作用。

$MoSi_2$ 是 Mo – Si 二元合金系中含硅量最高的一种中间相,见图 10 – 31。由于 Mo、Si 原子半径相差不多(r_{Mo} = 1.39、r_{Si} = 1.17),电负性也比较接近(X_{Mo} = 2.1、X_{Si} = 1.8 ~ 1.9),故当它们的原子数比为 1:2 时即可形成成分固定的道尔顿型金属间化合物,其结构符号为 Cll_b。这种晶体结构是由 3 个体心立方晶胞沿

C 轴方向经过 3 次重叠，Mo 原子坐落其中心结点及 8 个顶角，Si 原子位于其余结点，从而构成了稍微特殊的体心正立方晶体结构，见图 10 - 32（a）。从这种原子密排面（110）上的原子组态［图 10 - 32（b）］可以看出，Si - Si 原子组成了共价键链，而 Mo - Mo 原子属于金属结合，Mo - Si 原子介于其间，致使这种结构中的原子结合具有金属键和共价键存在的特征。

纯 MoSi$_2$ 发热体在使用过程中，存在机械强度低、安装困难等缺点，当加入 SiC、Al$_2$O$_3$ 和 Mo$_5$Si$_3$ 等第二相复合后，其中 MoSi$_2$ - SiC 复合发热体不仅提高了 MoSi$_2$ 的抗氧化性能，还能在高温下不发生软化变形，因为 SiC 颗粒构成骨架结构并

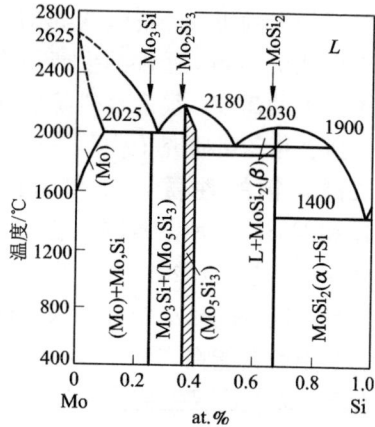

图 10 - 31　Mo - Si 二元合金相图

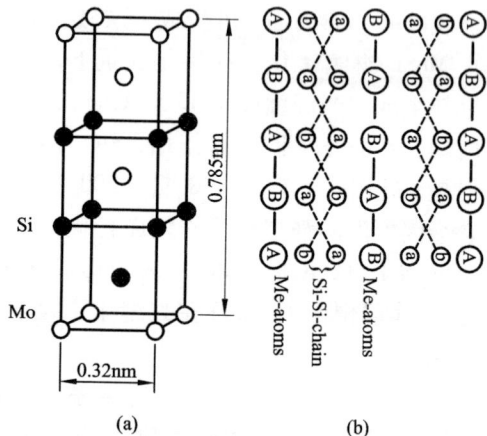

图 10 - 32　特殊的体心正立方晶体结构

（a）Cll$_b$ 型 MoSi$_2$ 的晶体结构；

（b）［110］密排面上组态

承受负荷,可以采用水平安装。

对 $MoSi_2$ 采用 WSi_2 进行合金化,用部分 W 替代 Mo 制成 $(Mo、W)Si_2$ 合金型发热体,不仅可提高机械强度,还可将使用温度从 1700 ℃ 提高到 1900 ℃。

因此,$MoSi_2$ 具有金属和陶瓷的双重特性。主要表现在:很高的熔点(2030 ℃),但低于单质钼金属的熔点(2622 ℃);极好的高温抗氧化性,几乎是所有难熔金属硅化物中最好的,其抗氧化温度可达 1600 ℃ 以上,与 SiC 等硅基陶瓷相当;适中的密度(6.31 g/cm^3);较低的热膨胀系数($8.1 \times 10^{-6}/K$);良好的电热传导性(电阻率为 21.50×10^{-6} Ω·cm,热传导率为 25 W/m·K);具有较高的脆韧转变温度(BDTT = 1000 ℃),即在 BDTT 以下表现为陶瓷般的硬脆性,而在 BDTT 以上则呈现出金属般的软塑性。

由于二硅化钼最大的缺点是脆性,钼制品不致密、表面不光滑和缺陷较多,因此,在 $MoSi_2$ 加入合金元素(如硼、钨、锰和铬)作为添加剂,作为二硅化钼工件表面的防护涂层,使缺陷相互弥补。涂层是通过扩散渗透而形成,有利于降低薄层的熔化温度;有利于涂层自动愈合;有利于改善硅化钼涂层的塑性;有利于在热循 $MoSi_2$ 条件下保证较高的稳定性;防护涂层中加入 4% 的硼,可以改善金属体的强度性能,硼的硅化物比钼基硅化物涂层热循环提高 5~6 倍,从而在涂层与基体之间构成阻挡层,抑制硅的扩散,因此,它的使用寿命长。

在钼基中加入合金元素如锡、钴、铬、钛、锗、铍、铁和 $MoSi_2$,将大大提高硅化物涂层的耐热性和稳定性。硅化物涂层在 1300 ℃ ~ 1450 ℃ 范围内,有利于形成致密玻璃的 SiO_2 薄膜,隔绝了空气与钼基体的接触,阻止了钼原子向外扩散。钼的任何边界都可作为原子扩散的阻挡层,且多层涂层的原子扩散速度比单层涂层的原子速度慢,扩散元素形成多相时,其结果是抑制了硅的扩散作用。它比密实结构体的扩散速度低,但原子之间的结合能力强。

$MoSi_2$ 在 400 ℃ ~600 ℃氧化时会由块状变成粉末状，其原因是氧化形成的三氧化钼的挥发性，使 SiO_2 保护膜不连续和松散所致。由于稀土的特殊电子结构，与 $MoSi_2$ 的合成后，使其抗氧化性能有很好的改善，因此，稀土是一种合适的 $MoSi_2$ 材料添加剂。

$MoSi_2$ 粉末的制取 制取纯 $MoSi_2$ 粉的工艺有粉末冶金还原法、自蔓延高温合成法、机械合金化法、低真空等离子沉积和喷涂法、固态转移反应法、放热弥散法等。

1. 用还原法工艺制取纯 $MoSi_2$ 粉

该工艺过程是：将 Mo：Si：C 按 1：3：7 摩尔原子比例，先将 MoO_3 加入到去离子水中，然后加入 SiO_2 和 C 粉，经充分搅拌、蒸发、干燥、破碎后过 60 目筛。把制备好的混合料松装到钼舟中，放进电加热刚玉炉的炉管内，在经净化、干燥的50%的 Ar 气和50%的 H_2 气混合气氛中，用 1200 ℃ ~1400 ℃保温。反应方程式为：

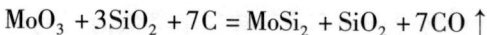

$$MoO_3 + 3SiO_2 + 7C = MoSi_2 + SiO_2 + 7CO \uparrow$$

制取的生成物主要是 $MoSi_2$，还有过量的 SiO_2，过量的 SiO_2 可用 HF 酸溶液除去。当 Mo：Si：C = 1：2：7 摩尔原子比时，尽管主要生成物是 $MoSi_2$，但是还有少量的 Mo_5Si_8 生成，因此，必须用过量的 SiO_2 混合来制取纯的 $MoSi_2$ 粉末。

2. 自蔓延高温合成(SHS)制取 $MoSi_2$ 粉

自蔓延高温合成是利用一些元素和化合物之间反应所释放出来的热量，进行人工合成有用的金属间化合物的工艺过程。这个过程也称为燃烧合成。燃烧反应以两种方式发生，一种是自蔓延，另一种是热爆发。自蔓延反应开始出现在坯料内局部，继而蔓延到整个坯料，自蔓延高温合成示意图见图 10-33。爆发方式是加热粉末能迅速地在整个坯料同时地出现燃烧。通过把钼粉和硅粉混合物均匀地加热到引燃温度的方法，能够人工合成 $MoSi_2$，

这就是所谓的自蔓延高温合
成(SHS)的热爆炸方式。

　　用自蔓延工艺制取纯
$MoSi_2$ 粉的过程：用 $2 \sim 4\ \mu m$
的钼粉和经 - 目过筛的 Si
粉于研磨机内混合 3 h。研
磨球：粉末的重量比为 1:15。
混合粉末于钢模内径 100
MPa 压力压制成料坯后在 Ar
气保持条件下再将生坯置于
反应室内。通过电弧加热料

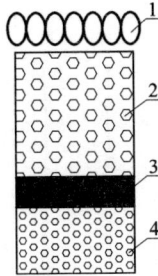

图 10 - 33　　自蔓延高温合成示意图

1—引燃线圈；2—产品；
3—燃烧前沿；4—反应剂

坯顶端面点火 1 ~ 2 s 引发 SHS 反应，并在检测之前于反应室内冷
却至室温。仅在几秒钟内 SHS 反应合成单相($2 \sim 4\ \mu m$)的 $MoSi_2$，
用 X 射线衍射(XRD)形状，发现全部主峰值都符合 $MoSi_2$ 标准，
X 射线衍射图见图 10 - 34。未测得 Mo_2Si3、Mo_2Si 和未反应的 Mo
和 Si 等其他相。反应物测定的含量亦从反应剂的氧含量 0.461%
降低到 0.331%。用 20 μm 或 20 μm 以上的钼进行反应时，反应
后生成的 $MoSi_2$ 粉末粒度与 $2 \sim 4\ \mu m$ 钼粉反应合成的相同或更
细。由于 $MoSi_2$ 的 Mo 小，反应时间仅几秒钟内是不能以反应扩
散方式达到完全转换的。

　　由于自蔓延工艺要预热到一定的温度才能点燃，在压制成形
时，将引燃剂置于压坯中心部位压实，在烧结炉内直接加热到引
燃剂的热爆温度，利用引燃剂的热爆反应来引燃 Mo 和 Si 的反应
生成 $MoSi_2$ 材料。利用这种工艺的优点是：反应中省去了自蔓延
点火装置，简化了反应设备，可以实现工业化连续生产；引燃剂
置于中心部位可以保证所有的 Mo 和 Si 粉末都能达到要求的预热
温度；反应后引燃剂被烧结在一起，与周围疏松的粉末容易分
离，容易使 $MoSi_2$ 复合材料直接合成。

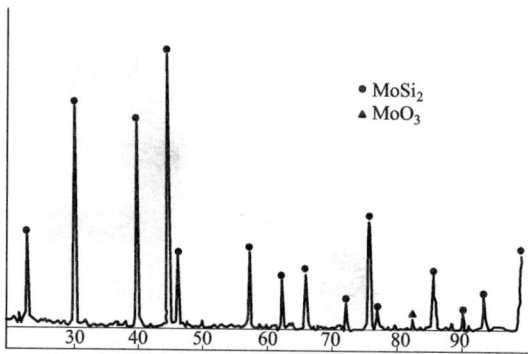

图 10 – 34   SHS 合成 MoSi$_2$ 的 X 射线衍射图

MoSi$_2$ 在自蔓延高温合成过程中的无压力致密化，是把反应剂预热到 430 ℃ 的温度，燃烧温度就达到了 MoSi$_2$ 的熔点。MoSi$_2$ 合成的引燃温度约为 1300 ℃，所以在 SHS 反应的热爆炸方式过程中大部分 MoSi$_2$ 是作为液相而形成的。这种人工合成和致密化工艺变量的适当结合就能够在无外加压力下合成 MoSi$_2$，并使之致密化。

将粒度为 2～5 μm 的钼粉和经 – 目过筛的 Si 粉，再添加铝粉或钛粉，于研磨机内混合 3 h。在钢模内将混合料压制成直径为 1. 3 cm，长度为 0. 5 cm 圆粒薄片。在石墨加热炉内的氩气气氛中加热到 1420 ℃，从而引发 SHS 的热爆炸方式，把达到引燃温度的速度从 50 ℃/min 提高到 120 ℃/min。所形成的化合物是单相的 MoSi$_2$，相对密度为 91%，它与无压烧结的密度相差不多。各种工艺条件的变化对 MoSi$_2$ 的影响如下：

（1）合金化元素对 MoSi$_2$ 致密化的影响：MoSi$_2$ 的密度随着铝含量的提高而增大，铝使合金化的 MoSi$_2$ 密度较纯 MoSi$_2$ 的密度显著改善。随着钛含量的增加，MoSi$_2$ 的密度逐渐提高，当钛含量为 X = 0. 1 时，密度得到最大的改善。

（2）加热速度对 $MoSi_2$ 致密化的影响：加热速度从 50 ℃/min 提高到 120 ℃/min 时，其相对密度从 79% 提高到 91%。

（3）压制压力对 $MoSi_2$ 致密化的影响：粉末压制压力从 200 MPa 变化到 800 MPa，其相对密度从 63% 提高到 75%。

3. 机械合金化制取 $MoSi_2$

机械合金化是一种激烈的高能量研磨工艺过程，用于元素粉末掺杂物人工合成金属间化合物。这种加工方法包括了在控制气氛下高能量研磨过程中使金属粉末和非金属粉末的反复焊合、破碎和重新焊合，见图 10 - 35 所示。

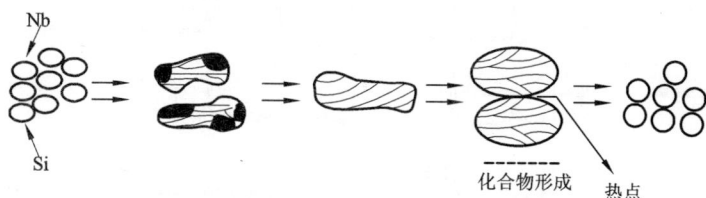

图 10 - 35　机械合金化工艺过程示意图

这一过程可以分为四个步骤：第一步是初始阶段强烈的冷焊周期；第二步是中间阶段的快速断裂周期，形成一些薄片；第三步是最后阶段适度的冷焊周期，产生比较细小的更加螺旋状的薄片；第四步是完成阶段稳定状态周期。在高能量研磨过程中，在接触点的撞击导致能量局部集中，能够导致局部熔化和焊合，加强粉末内部扩散、化学反应和最终形成 $MoSi_2$ 化合物，这种现象称为"热点焊"。总之，这是利用研磨介质使粉末断裂，从而产生清洁的表面；并且，当这些表面相互接触的时候，它们就焊合在一起了。

机械合金化是一种包括粉末粒子反复的碎裂和粗化的方法，也是生产具有低氧化物含量的 $MoSi_2$ 的可行方法。

采用纯度为 99.95%、粒度范围为 3～6 μm 的钼粉和纯度为 99.999% 的硅块为原料，经冲洗干净后，在真空干燥炉内烘干，

按 $MoSi_2$ 化学计量成分配料，在研磨机内的氩气中研磨混合，研磨机内加有 $D9$ mm 的硬质钢球，钢球与粉末的重量比约为 $10:1$。经 24 h 研磨的粉末在石墨模具内热压，热压温度为 1100 ℃ ~ 1500 ℃，压力为 40 MPa。经不同研磨时间机械合金化粉末的 X 射线衍射谱线见图 10-36。

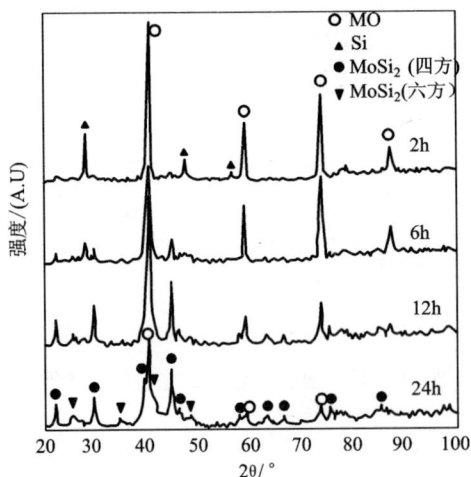

图 10-36 各种时间研磨之后的 X 射线衍射谱线

从图 10-36 中以看出，在经过 6 h 的研磨之后，机械合金化的粉末显示出钼和硅的微细混合物。在比较长时间的研磨后，粉末内逐渐地出现了四方晶系的 $MoSi_2$ 相。在 24 h 研磨后，粉末呈现出 Mo、Si 和 $MoSi_2$ 纳米级混合物。机械合金化的粉末表明了良好的致密化行为。通过在温度范围为 1100 ℃ ~ 1500 ℃ 和时间为 30min 条件下的热压制，能够达到超过 95% 的相对密度。随着温度从 1100 ℃ 提高到 1500 ℃，热压制试样的晶粒尺寸相应地由 1.5 μm 增大到 6.6 μm。

通过 Mo - Si 粉末混合物的机械合金化，可以人工合成和产生 $MoSi_2$、Mo_5Si_3 和 Mo_3Si 化合物。钼硅化合物（特别是 $MoSi_2$）在机械合金化过程中的形成和相应的反应速度，取决于粉末的成分。在 67% 的 Si（$MoSi_2$ 化学计量）时，在机械合金化过程中 $MoSi_2$ 的自然形成起始于机械产生自蔓延反应，其机制与自蔓延高温合成的机制相似。但是在硅含量为 54% 和 80% 时，乃是通过逐渐形成 α 相和 β 相，而不是以自蔓延方式来形成 $MoSi_2$。在机械合金化过程中形成 $MoSi_2$ 的特点是反应速度低，反应剂与反应产物长时间共存。富钼混合物长时间的研磨也很难直接形成 $MoSi_2$，只有在 800 ℃ 以上的温度下短时间退火才出现 $MoSi_2$ 相。

采用机械合金化方法人工合成原位的 $MoSi_2$ - SiC 复合材料的过程是：把钼粉和硅粉按照化学量比配制在一起，再混以 4% 的 C，然后进行高能量研磨，其整个反应如下所示：

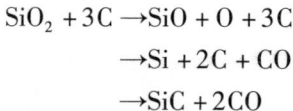

$$SiO_2 + 3C \rightarrow SiO + O + 3C$$
$$\rightarrow Si + 2C + CO$$
$$\rightarrow SiC + 2CO$$

这样的反应促进了机械合金化 $MoSi_2$ 复合材料粉末热压过程中 SiC 的形成，同时又限制了 SiO_2 的存在。由此可见，碳的存在显著地改善了显微组织的均匀性和清洁度。

利用机械合金化方法由元素组分而人工合成 $MoSi_2$ 基合金的优点是：第一，比较高的热压制密度；第二，比较低的固结热压制温度；第三，更好的化学均匀性；第四，利用第二相添加剂改善室温硬度。

利用机械合金化方法人工合成的晶粒尺寸为 10 ~ 15 nm $MoSi_2$ 纳米晶体，在 1500 ℃ 温度下固结到相对密度约为 95%；这一温度比固结工业粉末的温度低得多。

利用机械合金化方法要防止出现非晶态 SiO_2 的形成。尽管在加工过程中采取了避免造成 SiO_2 污染的全部预防措施，但是在晶粒边界上仍然存在 SiO_2。采用添加碳用碳热还原，可除去在热压过程中形成的 SiO_2 层，并且还有助于原位的 $MoSi_2$ – SiC 复合材料。

通过机械合金化能使材料的显微组织高度地细化，往往导致力学性能和行为奇迹般地改善。机械合金化已经取得了具有纳米晶粒尺寸的金属间化合物、复合材料和第一相弥散合金。还可以把这一工艺过程用于合成非晶态合金。由于反复断裂和焊合造成粉末混合和掺匀，导致实现原子水平的合金化。

通过机械合金化能使传统工艺无法实现的合金化元素结合起来，如熔点温差达 2240 ℃ 的铌和锡的机械合金化。

4. 低真空等离子沉积和喷涂制取 $MoSi_2$ 粉

在低真空环境内（尤其氧含量低时），很容易形成极其致密的块状复合物。低真空等离子沉积通常采用氩气或氖气等惰性气流来输送粉末粒子，使其快速注入等离子体中。因为等离子气体的运动速度极高，从注入到沉积的时间只有几微秒钟。为了在等离子喷涂过程中取得最佳的显微组织特性，应当选择好喷枪、粉末颗粒的大小和形状等。利用低真空等离子喷涂已制取了 $MoSi_2$ 的单体材料和复合材料，这种方法制取的 $MoSi_2$ 材料界面结合很好，没有横向裂纹。

5. 固态转移反应制取 $MoSi_2$ 粉

固态转移反应可以称为扩散相变，它包括 2 ~ 3 种元素或者化合物反应生成稳定的新化合物。用 MoC 和 Si 之间的固态转移反应方法人工合成了原位的 $MoSi_2$ – SiC 复合材料，其反应式如下所示：

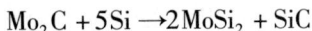

$$Mo_2C + 5Si \rightarrow 2MoSi_2 + SiC$$

可以用固态反应合成在显微组织和性能方面具有综合竞争能力的复合结构材料和其他的一些结构材料，但只有把固态转移反应与其他一些加工方法（等离子喷涂或热压等）结合起来，才会是最成功的。

二硅化钼制成品的制取 $MoSi_2$ 制品主要有高温发热元件、高温结构材料和复合材料。

$MoSi_2$ 高温发热元件的生产。原前苏联是采用粉末原料混合 – SHS – 挤压 – 成形工艺。还有的是采用热压法生产的,即在压力为 415 MPa 和温度为 1625 ℃ ~ 1640 ℃ 的条件下进行热压成形的。原前苏联还采用 1 μm 的 $MoSi_2$ 与 8% 膨润土用挤压 – 烧结 – 焊接(氧化焙烧)方法制造发热元件。

二硅化钼发热元件的生产工艺:(硅粉 + 钼粉)→混合→(还原、SHS 合成、机械合金化等制粉方法)→破碎→球磨→混料→挤压→烘干→弯曲→烧结→切头→焊接→检验→成品。

氮化硅基 $MoSi_2$ 复合材料的制取。氮化硅(Si_3N_4)具有耐高温、高强度、低膨胀系数和高温抗氧化等综合能力,所以它是最重要的陶瓷结构材料之一。如再往 Si_3N_4 基体添加 $MoSi_2$ 相,可以生产出具有较好的断裂韧性、机械加工性和更强的抗氧化能力的复合材料。

所用原料是用粒度为 0.3 μm 的 Si_3N_4 粉末,粒度分别为 3 μm(氧含量为 0.5%)和 10 μm(氧含量为 2.0%)的 $MoSi_2$ 粉末为主要成分,利用 – 400 网目 MgO 粉末作为这类材料中 Si_3N_4 相的致密化助剂。分别采用了不同的配比进行配料,然后采用干式混合和研磨,再将粉末放置在石墨模具中,在温度为 1750 ℃、时间为 1 h、压力为 20 MPa 的氩气气氛中进行热压制,热压出来的复合材料的相对密度为 94% ~ 97%。随着 $MoSi_2$ 相体积份额的增大,复合材料的显微组织具有从 $MoSi_2$ 粒子 – Si_3N_4 基体转变成 $MoSi_2$ – Si_3N_4 金属陶瓷组织的形貌。致密化助剂的 MgO 只存在于 Si_3N_4 中,添加 1% 的 MgO 复合材料中,相界比较净化,不存在硅酸盐的界面层。在 $MoSi_2$ – Si_3N_4 复合材料中,尽管在 $MoSi_2$ 和 Si_3N_4 两相之间存在明显的热膨胀系数差,但没有显微裂纹情况的产生，这种显著的热膨胀系数差异应力的消除，是从固结温度冷却的时候发生了 $MoSi_2$ 相的塑性变形。

二硅化钼的用途 二硅化钼由于具备了高温下抗氧化性能，它的主要用途是作为工业炉的发热元件和高温结构材料。

在建材工业中，$MoSi_2$ 材料作为生产浮法玻璃、灯泡和轻工、医疗玻璃器皿熔炉和玻璃纤维熔炉用的电极，烧结彩釉砖用的辊道窑加热元件。

在化学工业中，$MoSi_2$ 作为良好的电炉发热元件，高温热交换器，气体燃烧器，以及高温热电偶及其保护管，用于熔炼不与其起化学作用的 Na、Li、Pb、Bi、Sn 等金属的器皿。

在微电子工业中，$MoSi_2$ 与其他一些难熔金属硅化物，如 TiS_2、WSi_2、$TaSi_2$ 等，是大规模集成电路栅极及互连线薄膜重要的候选材料。

在航天航空工业中，$MoSi_2$ 有可能作为涡轮发动机构件，如叶片、叶轮、燃烧器、尾喷管以及密封装置的材料。

在汽车工业中，$MoSi_2$ 可用于涡轮发动机增压器转子、气门阀体、火花塞以及先进发动机零部件。

在家用电气中，$D0.04 \sim 0.10$ mm 的硅钼丝可用于气体装置中的点火器。

第八节 其他钼合金

钼铁合金 钼铁的主要用途是作为添加剂加入到镍钢、镍铬钢、钨钢和其他钢中，以改善这些钢材的机械性能和磁性。

钼和铁生成两种化合物：含 53.42% Mo 的 Fe_3Mo_2 和含 63.2% Mo 的 FeMo，图 10-37 为钼-铁系统状态图。α 相铁中钼在 1440 ℃时的溶解度为 38%，在 600 ℃下降至 7%。ε 相的 Fe_3Mo_2 在 1440 ℃时与钼在铁中的固溶体生成共晶体。γ-铁稳

定区域最多含钼达3%。铁在钼中1540 ℃时的溶解度为11%，到600 ℃时下降为5%。

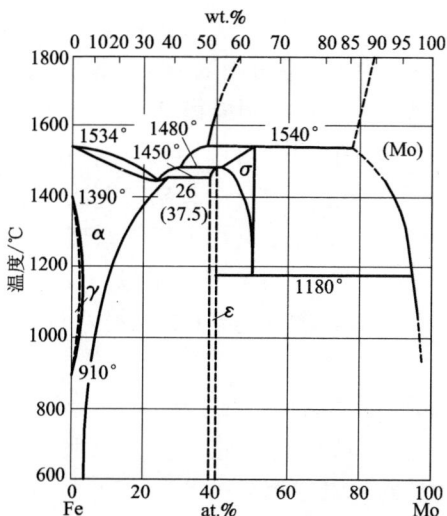

图10-37 钼-铁系统状态图

Fe_3Mo_2 和 FeMo 这两种化合物都没有磁性。当合金中的钼含量增加时，合金的磁化强度便逐渐下降，而且在 $\alpha + \varepsilon$ 两相区域中下降得特别迅速，因为金属间化合物 Fe_3Mo_2 是没有磁性的。钼铁的电阻随着钼含量的增加而增大。

为了避免钼铁中含有杂质的硫，熔炼钼铁一般都采用钼焙砂为原料，采用碳还原法和硅热还原法进行熔炼。碳还原法是将钼焙砂与还原剂（碳）混合好，用水玻璃作黏合剂，同时加入铁屑或氧化铁进行熔炼。硅热还原法是以钼酸铁或钼焙砂为原料，将钼酸铁、硅铁、铁屑、氟石（熔炼高硅钼铁时还加有铝和氧化铁屑）磨碎混合，再进行熔炼。

钼铜合金　钼铜主要用于安装和封接集成电路、芯片和高功率半导体器件，以代替陶瓷材料。钼铜合金材料可采用轧制复合法和粉末冶金法制取。

钼铜合金复合制取法是将铜板或钼板平整地覆盖在钼板或铜板上（可用两铜板夹钼板，也可用两钼板夹铜板的方法），用铜焊将两端焊死，然后加热进行轧制成板材。

粉末冶金法制取钼铜合金可用钼粉与铜粉混合，压制成形后用液相烧结制得钼铜合金。也可用骨架渗铜法，将钼压坯经1600℃烧结后，再在1200℃以下，利用毛细管原理渗入铜。还可用金属粉末注射成形法，黏结剂与金属粉末以40%与60%的体积比例进行混合制粒，成形后进行烧结（参见第八章第三节金属注射成形）。

$PbMo_6S_8$（PMS）导体结构　在PMS超导体的截面中，不同直径的超导体各部分所占的面积也不同，一般PMS粉末芯部占20%~40%，防扩散钼阻层部分占8%~20%，钢套部分占52%~60%。这种超导体的重要组分是钼，它一方面是超导相（$PbMo_6S_8$）的重要组分，另一方面又用作防扩散阻层。因为加工是在升温条件下进行的，它可防止钢套与PMS粉末芯之间产生反应。

工艺过程　先对经过反应的$PbMo_6S_8$粉末进行冷等静压制成型，然后对压坯进行机械加工，将其置入一个钼槽中，而钼槽则正好能套入一个钢套之中，用一只钼制的和一只钢制的盖子将这个挤压成型的钼槽堵上后在真空中焊死，然后使这个钢套升温到1000℃~1200℃，通过挤压使其直径从50 mm减少到20 mm。压力加工可通过先锻后拉，也可以从大直径逐渐拉拔，加工温度为400℃~800℃，最终直径一般为0.4 mm。PMS超导体加工步骤图见图10-38。

抗腐蚀性好钼合金　原料可采用纯钼粉或氧化钼粉，也可用氧化钼粉(如二氧化钼和三氧化钼)混合物。添加元素可用的金属有铝、钡、钙、铈、铬、铪、镁、锶、钍、钇、锆以及类似金属,优先采用的有铝、铪、钛或锆等金属盐。应用于原子能工业的合金中,特别优先采用的是铝、铬或锆等金属的盐。可以采用多种金属盐的混合物。采用的盐应具有可溶性,盐类最好是氯化物、碘化物的盐类,硫酸盐或硝酸盐。最适合的金属盐是硝酸锆,它适宜于

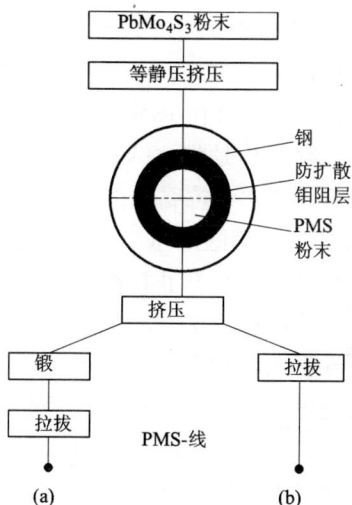

图 10-38 PMS 超导体加工步骤图

以水作溶剂。溶液最好是酸性水溶液,采用的溶剂最好是水。掺杂可用两种方法,一是将钼粉和金属盐配置成料浆;二是将金属盐溶液用喷雾方法喷到钼粉中去形成润湿的混合物。喷雾掺杂比调浆法的效果好,不必进一步加工就可以用来加工成合金。

其具体工艺是:如采用在氧化物中添加金属盐溶液,添加金属盐的量要恰好使合金含有 0.2% ~ 1.0% 的重量,一般为 0.25% ~ 0.6% 的重量,特殊情况下可为 0.3% ~ 0.6% 的重量。还原可采用一阶段还原,也可采用两阶段还原。还原在氢气气氛中进行,还原温度范围在 850 ℃ ~ 1150 ℃,最佳温度为 1050 ℃。在这一过程中,所添加的少量金属盐水解形成氢氧化物,最终以氧化物的形式分布在金属中。在本工艺中,在任何阶段都不使用黏结剂,这样,合金中就不会带进杂质,尤其没有碳,因此,合金的性能保持不受影响。制粉可采用常压或低压氢气气氛,不必在真

空和干氢气氛中进行。经 240 目过筛, Fsss 粒度约 2 ~ 8 μm。粉末在 150 ~ 200 MPa 的压力下压制成型,然后在 1750 ℃ ~ 2200 ℃ 的温度范围内烧结 3 ~ 72 h。烧结的温度应根据压坯的大小和粒度的大小而定,通常在 1850 ℃ 左右。

实际操作是将 70 kg 重的纯二氧化钼装在一台用橡皮衬里的混料容器中,或抗腐蚀的陶瓷混料器中。0.6 kg 硝酸锆溶解于 4 kg 外加少量硝酸的水中(采用铝、铬、钛或铪等金属盐亦可)。添加硝酸的目的是防止硝酸锆过早水解而将其保持在溶液中。通过一个恰当的喷嘴装置将硝酸锆溶液洒到氧化钼上。喷洒时,氧化钼要在混料器中保持运动状态。当硝酸锆溶解水溶液喷洒完毕,混料要继续 5 ~ 15 min。此时的混合料湿润但不是透湿的,不需要干燥,直接将料装入舟内进行还原。还原在氢气中进行,将温度缓慢升至 1150 ℃,当氧化钼还原成金属钼时,硝酸锆也分解形成二氧化锆并均匀分布在钼粉中。最终得出的粉末要先过 10 目的筛网,然后再过 240 目的筛网。大于 10 目和小于 240 目的颗粒要丢弃,小于 240 目的细颗粒粉末无须添加黏结剂而压制成型,然后于 1850 ℃ 的温度下在氢气中烧结 45 h。烧结后的材料密度为理论密度的 93%。

第九节　钼铁的生产

钼在它被发现前就得到了应用,14 世纪时,日本就用含钼的钢制造马刀。钢中加钼能提高钢的强度、弹性限度、冲击强度和抗磨性能;它降低了钢的共晶分解温度而扩大化了钢的淬火温度范围,提高了钢的淬火硬度和深度;它还能提高钢的高温强度。

据统计,83% 左右的钼主要用于钢铁工业。含钼钢种类主要有合金钢、不锈钢、工具钢、超合金钢和铸钢等。它主要用于汽车工业、航空工业、机械工业及其他工业部门中用以制造各种工具和各种零件，制造装甲板、枪炮筒、武器和其他部件等。

　　生产含钼钢时，钼主要以含钼50%～70%的钼铁合金在熔炼时加入钢中，其次还可以钼酸钙或三氧化钼的形式加入钢中，只有熔炼特种精密钢时，才加入高纯钼条。

　　钼与铁可生成两种化合物，即含 Mo 为 53.42% 的 Fe_3Mo_2 和含 Mo 为 63.2% 的 FeMo，这两种合金都没有磁性。钼铁的电阻随着钼含量的增大而增大。含钼 23% 的钼铁可以用来制造在 1400 ℃～1500 ℃时工作的模具或冲头，也可以作为制造永久磁铁的材料。

　　熔炼钼铁最通用的方法是硅热还原法，该法主要是用钼焙砂作原料，也可以用钼酸铁作原料。钼酸铁是辉钼矿与氧化铁屑在 600 ℃～650 ℃时焙烧而获得的。用钼酸铁作原料可以减少三氧化物的蒸发而造成钼的损失。为了避免钼铁中含有硫杂质元素，一般不采用钼精矿作原料。作为熔炼钼铁的主要原料，要严格控制原料中的磷、砷和铜的杂质含量，因为这些杂质加入到钢中，会使的钢的质量显著下降。

　　熔炼钼的铁硅热还原法的反应式如下：

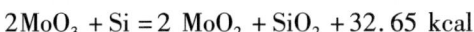

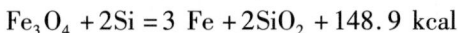

$$2MoO_3 + Si = 2\ MoO_2 + SiO_2 + 32.65\ kcal$$

$$MoO_2 + Si = Mo + SiO_2 + 27.45\ kcal$$

$$Fe_3O_4 + 2Si = 3\ Fe + 2SiO_2 + 148.9\ kcal$$

　　硅热还原可以在不需外热条件下进行反应，为了减少外界的热量损失，反应必须迅速进行。熔炼时，只有一部分铁屑在加热过程中与 MoO_3 化合成钼酸铁，其余的氧化铁屑被还原成 FeO 进入渣中。熔炼炉料配置比例大概如下：

钼焙砂 1.12

硅铁 0.27～0.34

硝石 0.09

萤石 0.07

氧化铁屑 0. 26 ~ 0. 316

钢屑 0. 29

铝粒 0. 1

炉料配比是按吨产品需要量配制的，由于原料和辅助材料的差异，在实际生产时需要先进行试验，然后再确定。

所有熔炼炉料都要经混合和研磨配制好成团粒，引火混合物为 0. 1 kg Al + 0. 4 kg KNO$_3$，用镁片或赤热铁棒引火，采用电炉在坩埚内熔炼。在炉子上方安装好烟罩，并与收尘器连通。迅速反应时产生的浓烟必须处理，一是环境保护的需要，二是还可回收在反应的烟尘中带走的三氧化钼。熔炼钢后除去坩埚上层的炉渣，将熔炼好的金属钼铁块取出，破碎成成品。

钼铁的熔炼还可采用碳还原法，是将钼焙砂用水玻璃作黏合剂，制成团粒，还配置一定量的 SiO$_2$、CaO、Al$_2$O$_3$ 和铁屑或氧化铁，装入电弧炉内，在表面有炉渣而不显露弧光的条件下，进行电弧熔炼，将物料全部都熔化。冷却后将钼铁块破碎成成品。

参 考 文 献

1 唐植林，向铁根. 高温钼(GHM)粉、条的研制. 钨钼科技，1982 年第 3 期

2 唐植林，向铁根. 硅、铝、钾对钼丝高温性能的影响. 1985 年国际钨协奥地利普兰西会议上发表

3 向铁根，李希波等. 对钼丝弯折断裂的探讨. 中国钼业，1997 年第 6 期

4 向铁根，曾建辉等. 不同还原工艺的高温钼粉对成材率的影响. 稀有金属，1990 年

5 刘戊生，向铁根. 高温钼条烧结工艺的选择. 稀有金属与硬质合金，1990 年第 2 期

6 王慧芳. 掺杂钼板材性能的研究. 中国钼业，1994 年第 6 期

7 工业纯钼中的气泡膨胀. 钨钼材料，1988 年第 2 期

8　"钼材"[日本公开特许公报(A)昭63—162834].钨钼材料,1990年第4期。

9　钨钼材料,1976年第4期

10　夏伟军,刘心宇等.钴对钼丝加工及组织性能的影响.稀有金属与硬质合金,2001年总第2期

11　钼材料(日本公开特许公报 昭61—23741).钨钼材料,1989年第3期

12　曾建辉.稀土钼顶头材质的研究.稀有金属与硬质合金,2001年第2期

13　刘戊生.镧、钇复合稀土钼合金的研究.中国钼业,1999年第6期

14　钼坩埚的制造方法[日本公开特许公报(A)昭63—171847].钨钼材料,1990年第3期

15　Motomu Endo等.稀土元素对掺杂钼丝的影响.第十二届国际普兰西会议论文译文选集.中南工业大学出版社,1991年1月

16　王嘉根等.液相掺杂新工艺——改善钼丝延伸率的均匀性.钨钼科技,1983第4期

17　G. Leichtfred等.用可变形弥散氧化物强化的抗蠕变钼合金.第十二届国际普兰西会议论文译文选集.中南工业大学出版社,1991年1月

18　S. Haertle等.氧化物弥散强化钨和钼的生产及其性质.第十二届国际普兰西会议论文译文选集.中南工业大学出版社,1991年1月出版

19　点式打印机用掺杂钼丝(日本公开特许公报 昭62—259868).钨钼材料,1989年第1期

20　稀有金属材料加工手册编委会.稀有金属材料加工手册.冶金工业出版社,1984年

21　[苏]H·H·莫尔古诺娃等.钼合金.冶金工业出版社,1984年3月

22　董允杰,宁振茹.我国二硅化钼的生产概况.中国钼业,1997年第6期

23　马勤,康沫狂.金属间化合物二硅化钼的应用与发展.中国钼业,1997年第6期

24　易永鹏.二硅化钼新材料及发展.中国钼业,1998年第4期

25　王炳根,王海蓉.二硅化钼用于钼基的耐热涂层.中国钼业,1997年第1期

26　张厚安,龙春光等.稀土对二硅化钼低温氧化行为的影响.中国钼业,1999年第1期

27 Sung – Won 等. $MoSi_2$ 的自蔓延高温合成原理研究. 钼业文集 2, 中国钼业编辑部, 1998 年 8 月

28 ［韩］G. W. LeeH. 等. $MoSi_2$ 在自蔓延高温合成过程中的无压力致密化. 钼业文集 2, 中国钼业编辑部, 1998 年 8 月

29 ［韩］H. SPark, K. S. Shin. 机械合金化 $MoSi_2$ 的合成和固结. 钼业文集 2, 中国钼业编辑部, 1998 年 8 月

30 ［日］B. K. YenT. Aizawa J. Kihara. 硅化钼的机械合金化合成和产生机制. 钼业文集 2, 中国钼业编辑部, 1998 年 8 月

31 ［美］Y. L. Jeng, E. J. Lavrnia. 二硅化钼的加工、组织和性能的评述. 钼业文集 2, 中国钼业编辑部, 1998 年 8 月

32 ［美］R. Radhakrshnan 等. $MoSi_2$ 等材料的反应生产方法. 钼业文集 2, 中国钼业编辑部, 1998 年 8 月

33 罗永第, 杨连发. 二硅化钼发展现状、市场及应用前景. 中国钼业, 1997 年第 2、3 期

34 ［苏］А·Н·泽列克曼, О·Е·克列, Г·В·萨姆索诺夫. 稀有金属冶金学. 冶金工业出版社, 1982 年 9 月

35 张德尧, 吴晓惠. Mo – Cu 材料的制作. 中国钼业, 2001 年第 4 期

36 R. Grill. 难熔金属在陶瓷超导体中的应用. 第十二届国际普兰西会议论文译文选集. 中南工业大学出版社, 1991 年 1 月

37 烧结钼合金的制备方法(美国专利: 4, 622, 068). 钨钼材料, 1990 年第 1 期

第十一章　环境保护和循环经济

第一节　概　述

　　只要有人类活动的地方，就会产生对自然环境的影响：在日常生活中所产生的废弃物（如垃圾、污水、粪便等）、各种燃料所产生的有害气体；在农业生产中所用的农药、化肥；在交通运输中各种交通运输工具排放的废气和产生的噪声等；同样在工业生产中，也会产生各种各样的所谓废水、废气、废渣和噪声等。前者对环境污染甚微，后者对环境污染最大。

　　在钼冶金过程中，特别是在钼精矿焙烧和钼的湿法冶金过程中，会产生大量的二氧化硫气体、氨氮气体和酸雾气体；会产生富含氨氮的废水和酸含量偏高的废水；还会产生一些废渣。操作者在这些生产过程中不可避免地要与这些有毒有害的气体和溶液打交道，很容易伤害他们的身体健康，还会严重的腐蚀其生产设备和厂房。

　　在钼精矿焙烧和钼的湿法冶金过程中，特别是所产生的废水、废气不仅对操作者和厂房、设备造成明显影响，还会对周围的环境（如大气、水质和地表）产生污染。因此，在钼精矿焙烧和钼的湿法冶金从工艺设计、建设和生产过程中，都必须要保证环境保护和安全生产所需的必要设施。

　　在钼湿法冶金过程中，所产生的主要废气有二氧化硫气体、酸雾气体和氨氮气体；所产生的废水有含氨氮浓度偏高的废水、含重金属离子偏高的废水、含酸液偏高的废水；钼被提取后所留下来的废渣；如果操作不当或高压容器卸压时也会产生噪声等。

以标准钼精矿为原料，年产 3000 t 钼酸铵的生产线为例。设计钼精矿焙烧成三氧化钼的收率为 98%，焙砂到四钼酸铵的收率为 94%，依此计算，每吨四钼酸铵（含 Mo 量为 56%）要消耗标准钼精矿 1.35 t，生产线年消耗钼精矿总量为 4050 t。

钼精矿焙烧成三氧化钼，反应式如下：

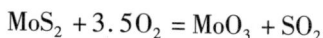

$$MoS_2 + 3.5O_2 = MoO_3 + SO_2$$

据计算，如 1 t 标准的钼精矿含钼 450 kg，其含硫应是 300 kg，钼精矿中其他 25% 的杂质不计，焙烧后也会产生 600 kg 的二氧化硫气体。4050 t 钼精矿在焙烧时会释放出 2430 t 的二氧化硫气体（每生产 1 t 钼酸铵就会产生 0.8 t 二氧化硫）。

据有关钼酸铵生产厂家统计，生产 1 t 钼酸铵消耗的主要辅助材料和水、煤如下：

硝酸 1.1 ~ 1.3 t

液氨 0.8 ~ 1.1 t

水 100 t（如全部采用离子交换工艺，用水量还要增加很多）

煤 2.0 t（烧蒸汽用）

用标准钼精矿为原料，年产 3000 t 钼酸铵的生产线，每年要使用 4050 t 钼精矿、3300 ~ 3900 t 硝酸、2400 ~ 3300 t 液氨、6000 t 燃煤。所产生的 2430 t 的二氧化硫气体（燃煤中所产生的二氧化硫气体还未计算在内），氨氮气体和酸雾废气都会在冶金过程中逐渐飘入空中污染空气；所产生的 300000 t 的废水进入水中流入江河或渗入地表；废渣已经回收利用了，故不再繁述。

由此可见，在钼湿法冶金过程中，处理"三废"和保护环境是一个刻不容缓，必须解决的问题。

在对三废处理时，一般有几种方法。一种方法是采用有利环保的新工艺，减少在生产中造成的"三废"物质；另一种是走循环经济的道路，充分利用资源，变废为宝，开拓新产品；还有一种方法是就事论事，治理了原来的"三废"后，又产生了新的"三废"，变成二次污染源。因此，对待环保问题不仅仅是提高认识，更重要的是走科技之路，开拓新工艺，充分利用资源，变废为宝，变成新产品，使环保不再是无回报的投入，而是做成有利可图的产业。

第二节 有利环境保护的新工艺、新设备

有关学者和专家利用软锰矿（MnO_2）具有强氧化剂的特性，在工业生产中用它来制取硫酸锰需还原后再浸出，若利用它作为氧化剂来处理 MoS_2，则在 MoS_2 本身被氧化的同时，MnO2 将直接转化成 $MnSO_4$ 的原理。因此研究出在常压下，用软锰矿对辉钼矿的湿法氧化浸出新工艺。其条件是：软锰矿为理论量的 1.2～1.3 倍，H_2SiO_4 浓度 8 mol/L，催化剂适量，反应时间 4 h，温度 95℃，钼的浸出率可达 95% 以上。这种工艺与高压氧煮硝酸法相比，具有经济效益高、节能降耗、反应设备易于解决、投资小、易控制和操作简单的优点，适用于中小企业的生产规模。

近些年来，许多研究者、钼生产企业都致力于将离子交换技术应用于钼冶金，在钼的湿法冶金过程中，钼的提纯、转型、富集等方面取得了许多成果，有的已在工业生产中得到应用，并取得了较好的经济效益。

在我国应用最广泛的工艺就是大孔弱碱性丙烯酸系阴离子交换树脂处理钼溶液中钼的富集，除此以外，采用 KP-202 树脂实现钼钒分离已有大量工业应用，采用强碱性苯乙烯系阴离子交换

树脂净化 Na_2MoO_4 溶液并转型成 $(NH_4)_2MoO_4$ 已有部分厂家实现工业应用,采用弱碱性阴离子交换树脂从钼酸铵中分离微量钨的研究取得突破性进展。而采用螯合型树脂和阳离子树脂串联净化钼酸铵溶液的工艺目前还没有工业应用,但具有极高的工业应用前景。

大孔弱碱性丙烯酸系阴离子交换树脂处理钼溶液中钼的富集工艺,主要用于钼焙砂酸洗液和酸沉母液中钼的富集和回收,具有交换容量大,体积变化小,机械强度高,化学稳定性好,抗污染、抗氧化性能优越,交换速度快等优点。

离子交换法处理钼焙砂酸洗液和酸沉母液中钼原则上要经过调 pH 值、沉降过滤、机械过滤、精密过滤、吸附、淋洗、解吸、再生八个工序,但有大量厂家因钼焙砂中杂质含量较低等原因省略了调 pH 值、沉降过滤、机械过滤、精密过滤四个步骤。

在 pH 值大于或等于 6.5 时,钼在溶液中只以钼酸根阴离子存在;在 pH 值为 6.5 ~ 2 的区间内,发生聚合反应,生成各种多钼酸根阴离子;在 pH 值小于 2 时,生成 MoO_2^{2+} 或更为复杂的阳离子,在 pH 值低于 1 时,阳离子是主要的存在形式。大孔弱碱性丙烯酸系阴离子交换树脂吸附钼通常将 pH 值控制在 2 ~ 2.5 之间,使钼保持以阴离子形态存在,从而实现与其他杂质金属离子分离。

在钼湿法冶金传统工艺中,通常将酸沉母液返回用于钼焙砂的预处理,使其中 K、Na、Ca、Fe、Cu、Pb、Zn、Ni 等杂质金属离子溶解。处理条件为:固液比 1:3,温度 90℃,保温 2 ~ 3 h,pH值 0.5 ~ 1。酸洗液中钼含量约为 1 ~ 5 g/L,主要以阳离子形态存在,因此需要用碱调整其 pH 值到 2 ~ 2.5 之间。而酸沉母液直接用于离子交换则不用考虑调 pH 值,因为酸沉条件就是控制 pH值在 2 ~ 2.5,但必须考虑钼溶胶的存在。

　　将酸洗液的 pH 值从 0.5～1 调整到 2～2.5 之后会有大量如 Fe^{3+} 等金属离子以氢氧化物的形式沉淀析出。因此，需将调好 pH 值的原液打入沉降地坑或沉降槽中静置 24 小时，然后过滤。又由于 Si、Fe、Mo 等离子在 pH 值 2～2.5 之间均容易形成胶体，这些胶体被树脂牢固地吸着于颗粒表面，使树脂工作交换容量降低，为了保证离子交换原液的质量，应先通过机械过滤和精密过滤。

　　吸附要求流量为 0.5～1.5 m^3/h，流出液钼含量小于 0.1 g/L。在酸洗液和酸沉母液中存在于其中的阴离子除 MoO_4^{2-} 外，主要有 $W^{2-}O_4$、AsO_4^{3-}、PO_4^{3-}、SiO_3^{2-}、NO_3^-、OH^-、F^-、Cl^- 等。这些离子对大孔弱碱性丙烯酸系阴离子交换树脂的亲和力大致顺序为：$MoO_4^{2-} \approx WO_4^{2-} > AsO_4^{3-} > PO_4^{3-} > SiO_3^{2-} > Cl^- > NO_3^- > OH^- > F^-$。利用这些阴离子性质上的差异，就可实现钼的优先吸附和分离磷、砷、硅、氟等杂质。

　　由于酸沉母液和酸洗液中杂质含量较高，当流出液中 MoO_4^{2-} 穿透时，还有部分杂质停留在树脂表层，需用水淋洗除去。另外，在解吸前和再生前均需要用水将树脂淋洗到微中性，原因是大孔弱碱性丙烯酸系阴离子交换树脂在转型为 Cl^- 型后的最高使用温度为 40℃，在用氨水解吸过程中和用 HCl 再生过程中均会发生中和反应放出热量，导致树脂烧坏。

　　目前国内大部分厂家均采用 5%～10% 的氨水作为解吸剂，解吸过程可分为三个阶段，即前稀液、后稀液和高峰液。前稀液和后稀液中钼含量较低，可用于返回配制解吸剂，高峰液中钼含量通常在 90～130 g/L 之间，可直接用于酸沉生产四钼酸铵。

　　再生的过程其实质就是 OH^- 型和 Cl^- 型的相互转换，通常采用 HCl 浓度 3%～5% 的溶液进行树脂再生。

　　离子交换技术中在钼湿法冶金中用于钼酸铵溶液净化。该工艺是采用铵型阳离子交换树脂（001×7等），钼酸铵溶液通过离子交换柱时，溶液中的杂质金属离子置换出铵，吸附在树脂上，钼则以 MoO_4^{2-} 形态留在溶液中得以净化。反应如下：$2RNH_4 + Me^{2+} \rightarrow R_2Me + 2NH_4^+$，R 为树脂上的有机功能团；Me 为 Cu、Mg、Ca、Fe 等金属杂质交换后的钼酸铵溶液直接用于生产纯钼酸铵结晶。

离子交换技术中在钼湿法冶金中用于钼酸钠溶液的净化、转型。该工艺是采用强碱性阴离子树脂（201×4，201×7等），根据树脂对不同阴离子的亲和力不同：$MoO_4^{2-} \approx Cl^- > SO_4^{2-} > AsO_4^{3-} > SiO_3^{2-} > CO_3^{2-} > OH^-$；钼酸根可以优先于溶液中的其他阴离子吸附在树脂上，而杂质阴离子留在交换尾液中，达到净化分离的目的。该工艺在我国南方某钼制品企业形成规模性生产，年产钼酸铵一千多吨，产品质量达到国标一级，直接用于深加工拉丝原料。其工艺优点在于，原料的范围广：工业氧化钼、焙烧镍钼矿、低品位钼精矿的焙烧氧化钼、回收的废镍钼、镍钴、钒钼催化剂等等。离子交换生产钼酸铵的工艺流程见图 11 - 1。

离子交换工艺在钼湿法冶金中用于酸沉母液、酸洗液中钼的回收，采用大孔弱碱性阴离子树脂（D301，D314等）富集钼的时候，树脂的交换容量较大，但对钼的选择性较差。在吸附钼的过程中，部分杂质也同时吸附到树脂上，解析后的含钼溶液需经过净化，才能制成钼成品。

钼湿法冶金采用离子交换工艺与经典法相比较，其工艺优点在于适应原料范围广；主流程和辅助流程均采用不同的离子交换树脂，以达到钼的提纯和回收的目的，可适应各种不同的含钼原料，钼的提纯质量很高，生产的钼酸铵中，$K^+ \leqslant 20PPm$，$Na^+ \leqslant 5PPm$，其他杂质要求均能达到国标一级，钼的回收率 >96.5%；缺点是生产过程用水量较大，生产周期较长，设备一次性投资较

氧化钼

球　磨

制　浆

碱压煮

过　滤

钼酸钠溶液　　　　　　　　　浸出渣　离子交换

离子交换　　　　　　　　　　堆放待处理

吸　附

淋　洗

解　析

钼酸铵溶液　　　　　　→　　　结晶母液

结　晶　　　　　　　　　　　　吸　附

钼酸铵晶体　　　　　　　　　　淋　洗

烘　干　　　　　　　　　　　　解　析

过　筛　　　　　　　　　　　　离子交换

包　装　　　　　　　　　　　　钼酸钠溶液

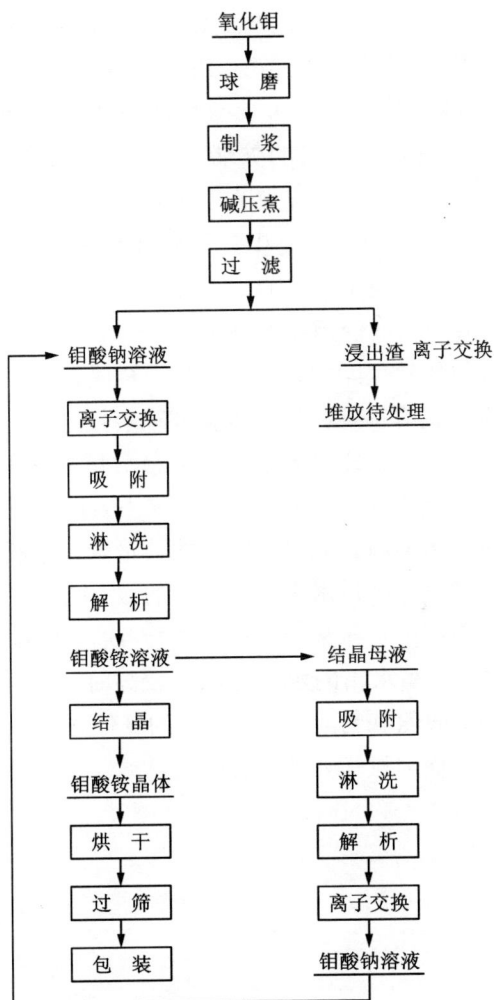

图 11 – 1　离子交换生产钼酸铵的工艺流程

大。氧化钼以钼焙砂为原料，采用碱浸－离子交换法生产钼酸铵的新工艺投入了大规模工业生产。该工艺与经典法的生产钼酸铵工艺相比，它替代了经典法的酸（HNO_3）洗、氨浸、酸（HNO_3）沉、氨溶等生产路线，克服了经典法生产钼酸铵所带来的生产废水 NH_4^+、NO_3^- 严重超标排放的弊端。不但改善了车间的工作环境，而且解决了国内同行业废水关于 NH_4^+、NO_3^- 离子超标排放的难题，简化了工艺流程。主要生产过程还可采用分散控制系统（DCS）自动控制，实现了生产自动化操作。采用本工艺生产 Mo 的浸出率高，渣中的低价钼和 MoS_2 也可以被回收，不但解决了钼酸铵生产废液氨氮治理问题，而且提高了金属钼的回收率，钼回收率大于 98%，具有很好的经济效益和社会效益。

　　钼酸铵在煅烧时，其中的水分和氨被分解出来进入排气中，这时的排气是含氨浓度很大的水蒸汽，如不及时处理，一旦进入空气中就变成了污染源。如果煅烧炉的数量少，可采用将排出的含氨浓度很大的气体经过水中吸收其中的氨，原理是采用喷射泵将水快速循环而产生负压来吸入排气进行混合，使排气中的氨气和粉尘进入水中，当水箱的水含氨浓度较高时，送至处理，然后再采用新水来吸收氨和粉尘，经净化后的气体才排出室外。其过程见图 11 - 2 煅烧炉氨气处理示意图。

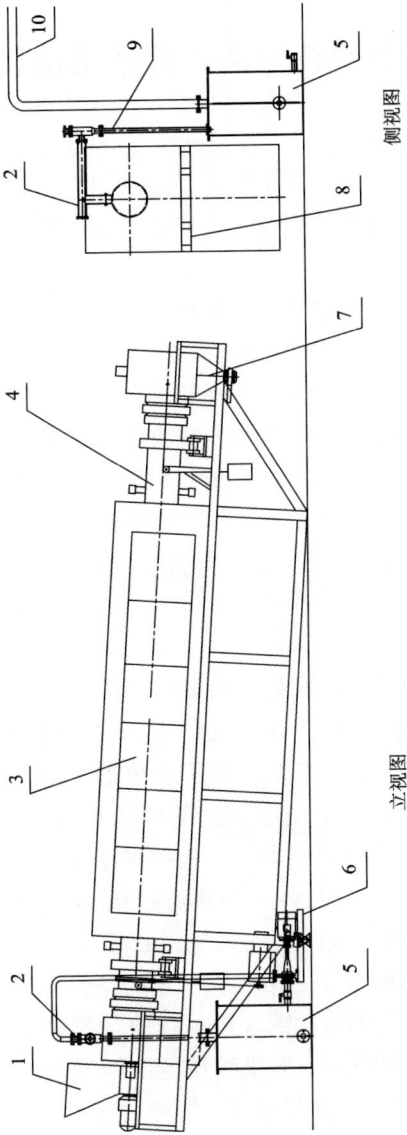

图11-2　煅烧炉氨气处理示意图

1—进料斗；2—煅烧氨气排出口；3—炉体；4—炉膛；5—水箱；
6—电机；7—卸料口；8—煅烧炉；9—喷射泵；10—废气排出室外管

第三节　离子交换法分离钼酸铵中的钒

钼和钒的性质较为相似，因此在溶液中它们的存在形态及行为也比较相似，在 pH≥6.5 时，钼在溶液中只以钼酸根阴离子存在；在 pH 值为 6.5～2.5 的区间内，发生聚合反应，生成各种多钼酸根阴离子；在 pH 值 <2.5 时，生成 MoO_2^{2+} 或更为复杂的阳离子，在 pH 值 <1 时，阳离子是主要的存在形式。钒在溶液中的聚合状态不仅与溶液的酸度有关，而且也与其浓度关系密切。当钒浓度很低时，在所有 pH 值下钒均以单核形式存在。当钒浓度高时，产生聚合反应，生成高聚合度的同多酸离子，其聚合状态与溶液的 pH 值相关。当钒浓度一定时，在 pH 值 >10 时，钒主要以 VO_4^{3-} 形态存在；在 pH 值为 9.6～10.0 之间时，钒主要以 $V_2O_7^{4-}$ 形态存在；在 pH 值为 7.0～7.5 之间时，钒主要以 VO_3^- 形态或者偏钒酸铵分子形态存在，尤其是当溶液中有铵盐存在时，因同离子效应，偏钒酸铵分子是主要的存在形态。当 pH <4 时，在一定条件下，钒可以依次形成各种阳离子：VO^{2+}、V^{3+}、$V(OH)^{2+}$ 和 V^{2+}，当含钒溶液的 pH 值 <1 时，钒主要以 VO^{2+} 形态存在。在元素周期表中，钒处于 V_B，原子序数 23，钼处于 VI_B，原子序数 42，因此，钒的原子半径小于钼的原子半径，换言之，VO_3^- 的离子半径小于 MoO_4^{2-} 的离子半径。根据离子交换理论，半径小的水合离子具有较大的交换势。料液流过阴离子交换树脂时，VO_3^- 将优先被树脂吸附，从而实现钒与钼的分离。

钒在氨性溶液中的溶解度　在 pH 值一定的条件下，偏钒酸铵在氨性溶液中的溶解度与温度、钠含量及其他杂质含量高低有关。在钠含量不是太高的情况下，偏钒酸铵的溶解度只与温度有关，温度越高，溶解度越大；钠含量越高，溶解度越大；在钠含量的差异不是太明显的情况下，其他杂质含量越高，溶解度越大。

因此，含钒钼酸铵溶液需静置冷却至室温，使钒呈偏钒酸铵沉淀析现。

离子交换的树脂吸选择 由于钼、钒的相似性，现在还没有只吸附钒而不吸附钼的树脂。要想实现钼、钒分离，必须具备以下条件：第一，树脂同时吸附钼、钒，但树脂对钒的亲和力大于对钼的亲和力，当树脂吸附饱和后，钒能够替代已经吸附的钼留在树脂上。第二，解吸过程中存在一定的差异性，不同的解吸剂或者不同浓度的解吸剂分别解吸钼、钒。第三，树脂的比重足够大，在钼酸铵溶液中不会上浮而导致穿透。能同时满足第一、第二个条件的树脂有 201 - W 和 KP - 202 两种树脂，值得深入研究的树脂还有 D202 树脂。但由于 201 - W 树脂比重太小，导致树脂浮起，影响吸附效果。经实验论证钼酸铵溶液比重为 1.12 g/cm^3 时，就有部分树脂处于漂浮状态。因此，能同时满足三个条件的树脂只有 KP - 202。

对钼钒分离效果最为明显的树脂是 KP - 202，不但分离效果好，而且树脂比重符合生产要求，钼酸铵溶液的比重在 1.19 g/cm^3 以下树脂不会浮起。

离子交换时 pH 值的选择 在 pH = 10 时，KP - 202 树脂根本不吸附钒，随着 pH 值的降低，KP - 202 树脂对钒的吸附能力越强，在 pH = 6 ~ 6.5 时效果最为明显。此时钒主要以 VO_3^- 和 VO_{2+} 的形式存在，而钼在 pH 值为 2.5 ~ 6.5 的区间内，发生聚合反应，生成各种多钼酸根阴离子，从而进一步扩大了钒酸根和钼酸根的离子半径差异，加强了树脂对钒的亲和力。在 pH = 6 ~ 6.5 时钼酸铵溶液中的 VO_3^- 和 VO_{2+} 存在一个动态平衡关系，随着吸附的进行，平衡向有利于吸附的方向移动，即 VO_{2+} 逐步转化为偏钒酸根阴离子，从而使钒的吸附更加彻底。另外，在 pH 值 6 ~ 6.5 的区间内，树脂的可操作性优于碱性或微碱性条件。

在碱性条件下钒的主要存在形态有 VO_3^-、VO_4^{3-} 和 $V_2O_7^{4-}$ 三

种，这些离子均为无色，钼酸铵溶液中只有含 0.1 μg/mL 的钒时，才会使整个钼酸铵溶液呈亮黄色，工人可以依此判断树脂是否吸附饱和。因此，钼钒分离的 pH 值最好控制在 6 ~ 6.5 之间，树脂膨胀率为 11.43%。

氯离子、硫酸根离子、硝酸根离子对树脂吸附能力均有不同程度的影响，硫酸根离子和硝酸根离子的影响相当，而氯离子的影响最为严重。因此，在生产过程中应尽量避免引入上述阴离子。

解吸剂的选择 由于硫酸既不具有氧化性也不具有络合性，所以解吸效果较差；硝酸随着浓度的增大氧化能力也增强，解吸效果优异；盐酸随着浓度的增加，能与大部分金属形成络阴离子，从而使钒的溶解度增大，要想达到更好的解吸效果必须加大盐酸的浓度；氨水的解吸效果较差是因为钒在氨性溶液中的溶解度较小；氢氧化钠解吸效果优异是因为钒酸钠的溶解度非常大；亚硫酸钠是一种强还原剂，不仅解吸效果差，而且直接导致树脂失效；次氯酸钠解吸效果优异是因为它是一种强氧化剂。

综上所述，可以选择的解吸剂有氢氧化钠、次氯酸钠和硝酸，对三种解吸剂进行对比：如用氢氧化钠解吸，需用水洗到中性，然后再用酸再生，需要消耗大量的水、再生酸和时间；次氯酸钠解吸，同样需用水洗，然后用酸再生；而硝酸解吸后只需用水洗到中性即可，不需再生。因此，解吸剂为 10% 的硝酸最为理想，可节省大量的时间和试剂。

第四节 低浓度二氧化硫烟气非稳态制酸工艺

按常规流程制酸，进入转化工段的烟气 SO_2 浓度一般要求在 3.5% 以上时，生产过程方可实现转化自热平衡，而且只能采用一转一吸工艺技术，转化系统还要采取一系列强化保温的措施，其中必须设置庞大的热交换器，若 SO_2 浓度低了或有波动，还要设置补热设施，否则，难以维持正常操作，而非稳态转化技术则不然，它只需要一台转化器和两台换向阀即可，烟气中 SO_2 平均浓度为 1.1% 时，生产过程即可实现自热平衡。即使 SO_2 浓度由 0~2% 的波动也能维持正常生产，不需要开启外加热。

来自回转窑、焙结炉等焙烧设备出口的烟气，经电除尘器除尘后，温度约 180℃，含尘量在 2 g/m³ 以下进入内喷文氏管，与 ~5% 的稀硫酸接触，经绝热增湿洗涤后，烟气温度降至约 55℃，烟气中大部分烟尘被洗涤进入稀酸中，出口烟气进入填料洗涤塔，在洗涤塔内于塔顶喷淋的稀酸逆流接触，烟气温度由 55℃ 降至 30℃ 以下进入电除雾，由电除雾除去烟气中的酸雾，然后进入干燥塔，用 93% 的硫酸进行干燥，干燥后的气体由 SO_2 风机送至非稳态转化器进行转化。转化后的 SO_3 气体在吸收塔内用 98% 的浓硫酸进行吸收，生成成品硫酸，吸收后的烟气中残余的 SO_2 气体经尾气吸收装置吸收后达标排放。从洗涤塔底部流出的稀酸（温度约在 50℃~55℃）进入稀酸循环槽，然后由稀酸循环泵送入稀酸板式换热器，与冷却水间接换热后，稀酸被冷却到 ~30℃，从洗涤塔顶部进入循环使用，净化工段的热量全部通过稀酸板式换热器由冷却水移出系统外。内喷文氏管出口的洗涤稀酸，经斜管沉降器进行固液分离，上清液溢流至文氏管稀酸循环槽，然后用稀酸泵送至文氏管循环使用，为提高固液分离效果，应根据具体情况加入 PAM 絮凝剂，污泥从斜管底部排出，副产的稀酸经脱吸塔脱吸 SO_2 后用石灰乳进行中和处理然后达标排放。

烟气净化采用内喷文氏管—填料塔（稀酸板换）—间冷器—两级电除雾器的净化工艺，稀酸冷却采用稀酸板式换热器。来自布袋收尘后的烟气进入内喷文氏管洗涤器与稀酸接触，具有除尘降温效率高，防腐蚀能力强、装置简单等优点。烟气温度降至 ~45℃，烟气中灰尘等杂质大部分被洗涤进入稀酸中。烟气然后再进入填料洗涤塔中，被进一步洗涤和冷却以满足制酸水平衡的需要，烟气再进入间冷器，通过冷冻水冷却，烟气温度降至 ~19℃，再进入两极串联的电除雾器，经净化后的烟气去干燥塔。

内喷文氏管洗涤器底部的稀酸进入斜管沉降器，经沉降后的清液流回到文氏管循环槽，稀酸经稀酸循环泵送入内喷文氏管洗涤器内喷淋。斜管底流少部分酸泥去污水处理。

洗涤塔循环泵出口稀酸经稀酸板式换热器冷却降温后进入洗涤塔，洗涤塔排出的 1% ~2% 的稀硫酸流入洗涤塔循环槽，以间冷器串入的冷凝液调节其浓度，由洗涤塔循环泵送入洗涤塔喷淋，增加的稀硫酸串入冷却塔循环槽。

间冷器排出的冷凝液流入间冷器循环槽，以间冷器循环泵间断或连续送入间冷器喷淋。电除雾器除下的酸雾也进入间冷器循环槽。间冷器循环槽的稀酸通过控制液位串入洗涤塔循环槽。由于净化工段为负压操作，为防止气体管道及设备抽坏，在电除雾器后设置安全水封。

为维持净化工段的杂质平衡，在洗涤塔循环槽补充清水，洗涤塔少部分稀酸串酸至内喷文氏管循环槽。二次冷却采用间接冷却器，冷却效果比填料塔好，更容易保证制酸水平衡的温度要求。

自净化工段来的含 SO_2 烟气进入干燥塔，烟气经干燥后水分 $\leqslant 0.1\ g/m^3$，经金属丝网除沫器除雾、除沫后由 SO_2 鼓风机送至转化工段。

干吸循环酸流程为塔—槽—泵—酸冷却器—塔(即泵后流程)。干吸塔均为填料塔，塔顶部设有金属丝除沫器。干燥塔用 93% H_2SO_4 淋洒吸收水分，吸收塔用 98% H_2SO_4 吸收 SO_3。

经非稳态转化后的气体进入吸收塔，吸收其中的 SO_3，经塔顶的金属丝网除沫器除沫、除雾后，再进入两级尾气吸收塔。

干燥酸、吸收酸热量，通过各自的阳极保护管壳式浓酸冷却器的冷却水移出。干吸工段有93％、98％硫酸的串酸管线，产品酸由93％ H_2SO_4 或98％ H_2SO_4 酸冷却器冷却后产出，送至硫酸贮罐。干吸工段通过串酸加水和产出成品酸来维护各塔循环酸浓度和循环槽的液位。

采用非稳态转化器，不设换热器，简化了工艺流程，特别适用于气量及 SO_2 气浓波动较大的冶炼烟气。该转化器是一种进气方向周期性变化的固定床反应器，流向变换是通过三通换向阀实现的。

转化器启动之前，首先将空气通过开工电炉加热，将催化剂床层预热至所需温度。然后来自干燥塔的炉气经主鼓风机输送，炉气经换向阀后从顶部进入转化器，并在床层预热至一定温度后，开始转化反应并放热，使床层温度升高。温度升高程度主要由空速及炉气 SO_2 浓度决定，由于炉气与催化剂床层的气固相直接换热作用，反应区沿着气流方向向下游移动，即进口温度下降，出口端温度升高。经过一定时间（称为半周期），反应区可能接近出口端，此时换向阀自动切换。炉气改为转化器的底部进入，顶部流出经换向阀去 SO_3 吸收塔。炉气切换周期的长短与 SO_2 气浓有关，SO_2 在2.5％左右，换向周期约20～30分钟。

为了使冷激气与炉气混合均匀，特将炉气引出在炉外管道中混合。非稳态最终转化率能达到90％～93％，未转化的 SO_2 将进入尾气回收塔中得到回收。在转化器的进气口进口处设置960 kW 的升温电炉，用于转化系统的升温预热。

由于非稳态转化转化率只有90％～93％，必须进行尾气回收才能达标排放。尾气吸收塔为两台串联的填料塔，第一级填料塔用含有 Na_2SO_3 和 $NaHSO_3$ 的组成溶液洗涤来自吸收塔的烟气，第二级填料塔用含有 NaOH 和 Na_2SO^3 的循环液洗涤将要排空的烟气，SO_2 的吸收液为一定 [Na＋]／[SO_{3-2}] 摩尔比的 Na_2SO_3 和 $NaHSO_3$ 的溶液组成，该比值一般控制在1.1～1.3之间，对应的

pH 值在 4~6 之间。SO_2 的吸收反应为:

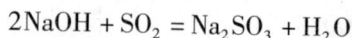

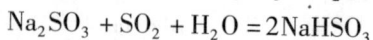

$$2NaOH + SO_2 = Na_2SO_3 + H_2O$$
$$Na_2SO_3 + SO_2 + H_2O = 2NaHSO_3$$

每级填料层上有液体分布器,塔底用作循环槽。NaOH 添加量由进塔气量及 SO_2 气浓来控制。吸收浓液由泵出口定量排出,排出量由塔底液位及溶液的浓度控制。尾吸塔的出塔尾气由 60m 高的烟囱排放,排放尾气量约为 26950 Nm^3/h,排放的 $SO_2 \leqslant 850$ mg/m^3。

2.5% 稀酸量约 1.25 m^3/h,石灰乳与污水中的酸发生中和反应,废酸中存在着大量的重金属离子与石灰乳反应生成氢氧化物沉淀,再通过过滤器除去。由于氢氧化镉必须在 pH > 10 的情况下,溶度积才能达到最小,出水中的镉才能达标。因此,中和反应分为两步:第一步,反应控制在 pH 值为 10.5~11 之间,绝大部分的金属离子被除去;第二步,反应采用稀酸回调,pH 值控制在 7~8 之间,使排放水的酸度能满足国家排放标准的要求。

从净化工段外排的稀酸进入稀酸缓冲池,用泵打入中和槽与配制好的石灰乳进行中和反应,控制中和槽的 pH 值为 10.5~11。中和液用泵打至沉降槽,沉降后清液自流入反应槽与加入 30% H_2SO_4 反应,反应控制 pH 值为 7~8。底液用泵打入压滤机,滤饼堆放,滤液也进入反应槽。经过反应槽充分反应后,反应液用泵打至 PE 管过滤器,滤饼堆放,滤液进入蓄水池后外排或进入化石灰池化石灰。

本工艺制酸装置的主要特点是:设备与常规制酸相比少且流程短;耗用钢材量少,处理相同气量的条件下该装置比常规制酸流程节省钢材约 50%;转化系统阻力小,比常规制酸低 50% 左右,因此,同条件相比,每生产一吨 100% 的硫酸,可节省 15 度电;处理 SO_2 浓度在 1%~4% 的冶炼烟气,生产可保持转化器的自热平衡(不需要外加热);在烟气量和 SO_2 浓度波动状况下,仍可稳定操作，停车 24 小时仍能保持操作温度，而不需启动电炉，开车容易。系统操作简单，维修量小，管理容易，经济效益好。

第五节 低浓度二氧化硫处理回收制取亚硫酸钠

在钼精矿焙烧过程中（$MoS_2 + 3.5O_2 = MoO_3 + 2SO_2$），一吨标准钼精矿（Mo 45%）会释放出 600 kg 的二氧化硫（SO_2）等有害环境的气体。为了维护人类生存环境，满足社会经济可持续发展的需要，处理好钼精矿焙烧中产生的二氧化硫气体已刻不容缓。

为了控制工业企业排入大气中的二氧化硫，早在 19 世纪，人们就开始进行有关的研究，但大规模开展脱硫技术的研究和应用是在 20 世纪 60 年代开始的。经过多年研究目前已开发出 200 多种 SO_2 控制技术。这些技术按脱硫工艺可分为：燃烧前脱硫（如洗煤，微生物脱硫）；燃烧中脱硫（工业型煤固硫、炉内喷钙）；燃烧后脱硫，即烟气脱硫（FGD 法）。

普通湿式石灰石 – 石膏法 该法用石灰或石灰石的浆液吸收烟气中的 SO_2，生成带水亚硫酸钙或石膏。其工艺技术成熟，脱硫效率稳定，可达 90% 以上。目前是国外工业化烟气脱硫的主要方法。该法缺点是石膏品质难以保证，运行费用较高。

喷雾干燥法 该法是采用石灰乳为吸收剂的烟气脱硫法，属半干法脱硫，脱硫效率 80% ~ 90%，一次性投资比湿式石灰石 – 石膏法低。但对设备的要求比较高，喷头易堵塞，而且运行费用很高。

吸收再生法 氧化镁法、双碱法、W – L 法。脱硫效率可达 95% 左右，技术较成熟。但占地面积较大，运行成本较高。

钠碱法 该法是采用 NaOH 或 $NaCO_3$ 作为脱硫剂，脱硫效率单级最高可达 99%，技术成熟，缺点是吸收剂比较昂贵。

还有其他方法，包括活性炭吸附法、氧化铜法等方法，其技术也较成熟, 脱硫效率可达 80%。

FGD 法 FCD 法按吸收剂和脱硫产物含水量的多少可分为湿法和干法两种。湿法是采用液体吸收剂洗涤以除去二氧化硫; 干法是用粉状或粒状吸收剂、吸附剂或催化剂以除去二氧化硫。按脱硫产物是否回用可分为回收法和抛弃法。

FGD 法是目前世界上唯一大规模商业化应用的脱硫方法, 是控制酸雨和二氧化硫污染最主要的技术手段。烟气脱硫技术主要利用各种碱性的吸收剂或吸附剂捕集烟气中的二氧化硫, 将之转化为较为稳定且易机械分离的硫化合物或单质硫, 从而达到脱硫的目的。详见图 11 - 3 二氧化硫净化工艺流程示意图。

亚硫酸钠法 亚硫酸钠法就是纯碱吸收废气中的二氧化硫而生成精亚硫酸钠。是以碳酸钠为吸收剂后生成副产品 Na_2SO_3 脱硫, 利用亚硫酸钠临界饱和溶液经蒸发结晶分离干燥工序制成无水精亚硫酸钠产品的工艺方法, 详见图 11 - 4 制取亚硫酸钠工艺流程图。

亚硫酸钠法的工艺原理 是利用碳酸钠溶液吸收烟气中的 SO_2, 同时副产品 Na_2SO_3, 用碳酸钠吸收烟气中的 SO_2 得到含 Na_2SO_3 和 $NaHSO_3$ 的混合溶液, 同时 $NaHSO_3$ 被 $NaOH$ 中和生成 Na_2SO_3 和 H_2O, 主要的化学反应如下:

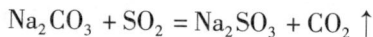
$$Na_2CO_3 + SO_2 = Na_2SO_3 + CO_2 \uparrow$$
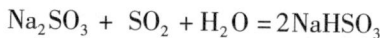
$$Na_2SO_3 + SO_2 + H_2O = 2NaHSO_3$$
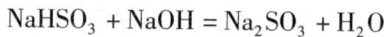
$$NaHSO_3 + NaOH = Na_2SO_3 + H_2O$$

$$Na_2SO_3 + 1/2O_2 \rightarrow Na_2SO_4$$

该方法流程简单, 吸收剂不循环使用, 实际上是将 Na_2CO_3 转变为 Na_2SO_3 副产品, SO_2 吸收率高, 跟以下几点因素有关:

(1)碱性化合物 Na_2CO_3 对 SO_2 有相当高的亲和力;

(2)吸收剂在洗涤吸收过程中不挥发;

(3)钠碱的溶解度高, 因而不存在吸收系统结垢和堵塞问题;

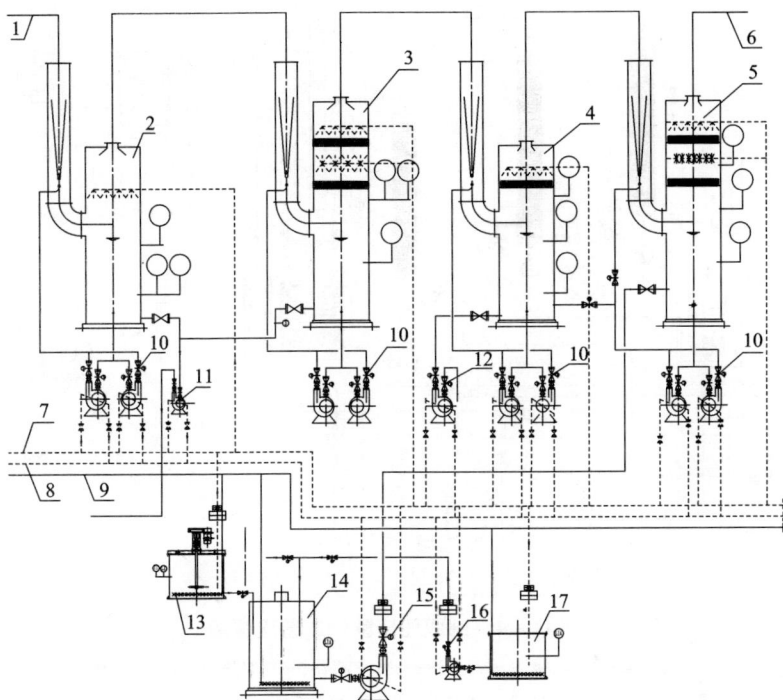

图 11-3 二氧化硫净化工艺流程示意图

1—二氧化硫烟气进口；2——级净化塔；3—二级净化塔；4——级脱硫塔；
5—二级脱硫塔；6—烟气出口；7—冷却水进水管；8—冷却水出水管；9—补充水管；
10—循环泵；11—废液泵；12—饱和液泵；13—固体 Na_2CO_3 溶解配置槽；
14—Na_2CO_3 配置槽；15—Na_2CO_3 溶液泵；16—残液 Na_2CO_3 泵；17—残液槽

吸收能力大、吸收剂用量少，据国内外有关单位实例结果表明：用溶液作 Na_2CO_3 脱硫剂，单级脱硫率超过 99%。

烟气脱硫工艺过程 含 SO_2 烟气从布袋除尘后的风机至烟囱之间接出，通向两级动力净化塔，除去绝大部分的烟尘以及其他有害金属离子后，烟气再通向两级脱硫塔，含硫烟气经湍冲净化

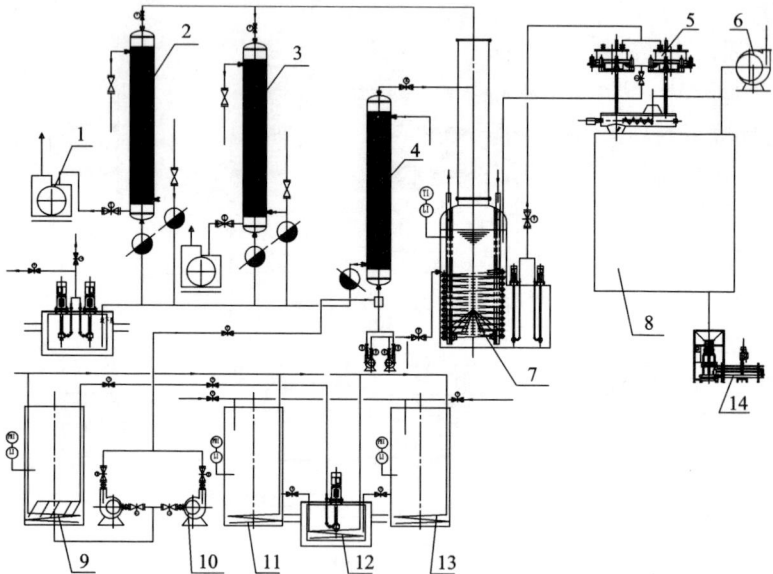

图 11-4　制取亚硫酸钠工艺流程图

1—真空泵；2—二级冷却器；3—一级冷却器；4—加热器；5—离心机；

6—抽风机；7—蒸发槽；8—干燥器；9—中和槽；10—打液泵；11—中和槽；

12—地坑槽；13—Na$_2$CO$_3$饱和液槽；14—亚酸钠出料口

塔，可降低烟气温度，达到绝热露点，同时除去包括有害物质在内的烟尘微粒。湍冲净化塔为圆形塔体，烟气经净化塔逆喷管喷头上喷液充分吸收后，使烟气中大部分烟尘以及氟氯沿逆喷管管臂至净化塔底部循环槽，当循环槽吸收到一定的时间，自动打开出液阀泵循环液—板框—外排至污水处理厂，含水20% ~40%的金属烟尘至特定位置回收利用。净化后的烟气进入脱硫塔，被逆喷管上喷的碳酸钠溶液吸收后，经充分吸收的烟气必然夹带大量的液滴，这种夹带液滴的气流经过塔顶人字形除雾器时，液滴再次被分离出来，同时也产生传质和化学反应，进一步提高吸收效率。经除雾后达标的净气合原有通道直排大烟囱。

经处理后排气可达到 GB8978—1996《污水综合排放标准》、GB13223—1996《工业窑炉大气污染排放标准》、GB3095—1996《环境空气质量标准》和其他环境质量标准；

综合利用制取产品过程　从吸收塔出来的 Na_2SO_3 待处理液，由泵将其打至中和溶液储罐脱色除金属离子后，由其饱和液储槽再送至蒸发器。待处理液被蒸发掉大部分水分后，Na_2SO_3 盐结晶析出。该 Na_2SO_3 盐还含有大量水分，不能直接包装，应通过离心分离后使其含水量达到 3%～4%，再经气流干燥系统干燥后包装。

脱硫设备材质的选择　二氧化硫对设备的腐蚀较大，因此，对设备的材质要求较高。介绍以下几种材质的性能以供选择。

聚四氟乙烯 F4，具有优异的耐高、低温性能，可在 -250℃～260℃下长期使用；卓越的化学稳定性，几乎所有的强酸、强碱、强氧化剂和有机溶液对它都不起作用，是当今世界最耐腐蚀的材料；优良的电性能不受工作环境、温度、湿度和工作频率的影响，同时还具有突出的不黏性和表面润滑性，良好的保温性。但是价格比较昂贵，加工受工艺限制。

聚全氟乙丙烯 F_{46}，具有与聚四氟乙烯相仿的机械强度，其化学稳定性、电绝缘性、不黏性、耐老化性和保温性也与聚四氟乙烯相似，但耐热性略低于聚四氟乙烯，可在 -85℃～205℃长期使用。价格比较昂贵。

聚乙烯和聚四氟乙烯的共聚物 F_{40}，具有耐温（长期使用150℃，短期使用180℃）耐腐蚀，机械性能和电绝缘性能好，表面不黏，保温等特性，并具有优良的耐辐照性和密度小，熔体黏度低，易加工等特点。价格也比较昂贵。

聚烯烃类树脂 PO，具有良好的腐蚀、耐磨、耐温（100℃以下）性能，设备衬里能一体成型，不存在点的腐蚀和隙缝腐蚀，，与其他高档衬里材料相比价格低 50% 左右。但是耐温性比 F_4，F_{46} 和 F_{40} 稍弱（在 100℃ 以下使用）。

钼精矿焙烧烟气脱硫工艺并制取亚硫酸钠的效益评估　在钼精矿焙烧中，不但要释放出大量的二氧化硫气体，还会在焙烧过程中挥发 2% 左右的三氧化钼，还有钼精矿中含有微量的铼也会挥发到烟尘中。在烟气中的 SO_2 处理前，首先会将烟尘中的钼和铼的挥发物回收出来；然后在制取亚硫酸钠时，综合利用气体中的廉价硫降低产品的成本，所得利润完全可以维持处理废气的费用。排放净化的空气不仅得到良好的社会环境效益，还免除了企业应交的排污费用。这就获得了企业效益和社会效益的双赢。

第六节　酸雾气体和氨氮气体的治理

钼湿法冶金的酸洗、酸沉工序要使用大量的硝酸，在不停地搅拌 70 ~ 90℃ 时溶液时，就必然产生大量的 NO_x（硝酸气体）逸出；在氨浸、净化、浓缩、氨溶结晶工序需要使用大量的氨水，同样在不停地搅拌 70 ~ 90℃ 时溶液时，也必然产生大量的氨气逸出；钼酸铵烘干时也会产生大量的氨气逸出。在生产中逸出的氨氮气体或酸雾，如果让其自由挥发在室内，将会严重腐蚀室内的设施，更重要的是严重危害操作人员的身体健康，还会影响产品的质量。如果只是简单地排放到室外，就会污染周围的环境。

在处理生产中释放出来的氨氮气体和酸雾，首先应将各台反应釜或干燥设备所产生的氨氮气体和酸雾集收集到一个排出口，然后用连接在室外的负压装置（排风机），氨氮气体和酸雾经淋洗塔淋洗吸收处理达标后，再对空排放。排风机最好安装在淋洗塔后，使淋洗时一直是负压运行，使淋洗溶液不会对外造成泄漏。在采用负压排气的同时，还应采用送经过过滤的清洁新风进入车间，使操作者处于新鲜空气中进行操作，也使产品不会受到空气中的灰尘污染。

　　根据 GB14554—1993《恶臭污染物排放标准》的规定，排放恶臭污染物的排气筒高度不得低于 15 m。根据国家标准，排放废气的浓度与排出的高度有关，排放的高度越高，允许排放的浓度就越大。

第七节　氨氮废水的治理

　　随着工农业的发展，水体富营养化日趋严重，经济有效地控制氨氮废水污染已成为环保领域中一个非常重要的课题。目前氨氮废水处理工艺常采用蒸馏法、电化学法、生化法、吸附法、化学沉淀法、空气吹脱等方法。含氨氮废水主要来源于处理钼酸铵生产过程的酸雾和氨氮气体时所用的水。

　　精馏法处理氨氮废水　本技术是专门针对冶金废水存在的氨浓度高、缺乏有效处理技术的现状研制的，其核心是专门用于废水中分离回收氨氮的高效塔内件，具有对废水的适用性强、处理通量大、弹性负荷大（50% ~ 150%）和能耗低（130 ~ 170 kg 蒸汽/t 水）等优点。不仅可以解决传统空气气提技术存在的氨二次污染（氨全部进入空气）和处理不彻底的缺点，而且能够将废水中98%以上的氨以氨水形态进行回收，见图 11 - 5 烧碱法回收氨工艺流程示意图。

　　该工艺首先用部分碱调节水的 pH 值到中性，然后进行过滤处理，将水中的固体颗粒回收，然后继续添加碱，并以蒸汽为热源，将废水升温，水中氨以分子态的形式随气体从蒸馏塔顶馏出，塔内液体与原料经换热器换热（节约热量）后排放。该技术的最大特点是采用具有高通量、低能耗的塔内件（通量可提高30% ~ 50%，能耗降低 15% ~ 30%）。该方案是变废为宝，既使处理后的废水达标排放，又能回收废水中的氨水重新利用。

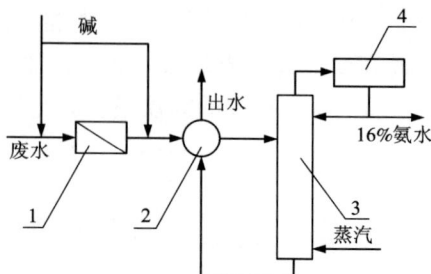

图 11 - 5　烧碱法回收氨工艺流程示意图
1—固液分离器；2—换热器；3—蒸馏塔；4—塔顶冷凝器

　　石灰法处理氨氮废水工艺与烧碱法精馏回收氨方案基本相似，主要区别是采用石灰取代烧碱。加碱的流程为：首先用破碎和粉碎机将市购的生石灰粉碎成石灰粉，然后加水制成熟石灰浆料，再与待处理的废水反应，然后向混合体系中加一定量的絮凝剂，并在沉淀池中让水和固体进行初分离，沉淀池的固体送到带式压滤机脱水，液体用微孔过滤机将液体中的固体颗粒深度脱除；过滤后的水先用电磁除垢仪处理，然后再添加阻垢剂，后面的处理与前相似，见图 11 - 6 石灰法回收氨工艺流程示意图。

　　电化学法处理氨氮废水　电流法处理氨氮废水原理是在电场作用下，废水中的铵离子和其他阳离子移向阴极，并在阴极区内富集。水分子在阴极还原产生的氢氧根离子，该离子和铵离子反应而形成氨水，在循环水的冲击下，氨水分子分解成氨气从废水中逸出，经顶部的废气收集器回收。其化学反应式如下：

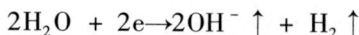

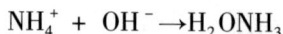

$$2H_2O + 2e \rightarrow 2OH^- \uparrow + H_2 \uparrow$$
$$NH_4^+ + OH^- \rightarrow H_2ONH_3$$
$$H_2ONH_3 \rightarrow NH_3 \uparrow + H_2O$$

由于废水中铵离子浓度较高，为了减少电能消耗，缩短处理

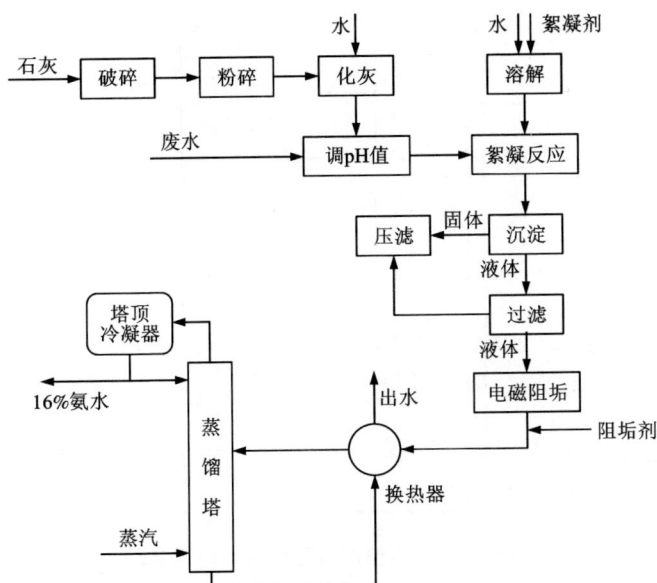

图 11 - 6　石灰法氨回收流程示意图

时间，在水泵上的添加碱入口处，加入 0.5M 氢氧化钠，其添加量为 1.5(毫升/秒)以增加阴极区氢氧根离子浓度。

本工艺所用的设备装置包括反应槽和电极。反应槽由不导电的塑料构成，大小为：宽 35 cm，深 30 cm，长 80 cm。反应槽划分三个区，每区装一组电极，区与区之间有一个板隔着，隔板中间设有进水口或出水口，见图 11 - 7 反应槽区分及水流方向示意图。

每个区每组电极由两对阴、阳极构成，阳极置于中间，阴极置于两边；所述的电极均为多微孔的石墨电极，其阴极、阳极之间设有一块有机膜板为材料的隔板；阴极室是三面密封，其顶部设有废气收集器和排出管，底部外侧设有一循环水泵，见图 11 - 8 反应槽装置的横截面示意图。

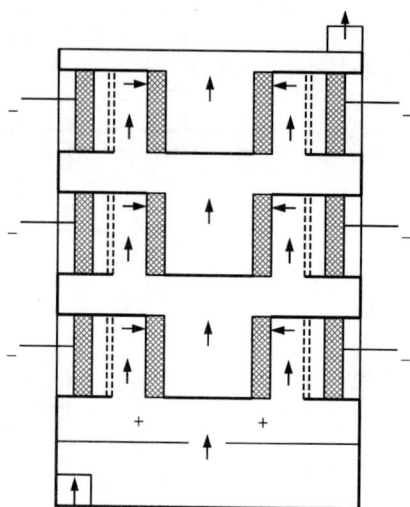

图 11 – 7　反应槽区分及水流方向示意图

　　在循环水泵的连接管上设有用以添加碱的入口。工作时，所施加的电场采用直流变动电场，变动范围为 0.5 ~ 5 V/cm，变动速率为 0.03 ~ 0.05 V/cm·s。电场强度变动方向：第一个电极组是从弱变到强，再从强变到弱；第二个电极组则以相反的方向变动（即从强变到弱，再从弱变到强）；而第三和第一电极组变动方向是一样的。电流密度变动范围为 20 ~ 40 mA/cm²。

　　未经处理的废水中的氨氮浓度为 1950 mg/L，流入反应槽的流量为 250 L/h。水力总停留时间是 15 min，在每一个电极组区域的停留时间是 5 min。阴极区循环水泵的泵速为 30 ~ 35 mL/s。

　　进水口的 pH 为 6.03，出水口 pH10.72。废水中的 COD、BOD5 和 SS，这三种物含量经三级电极组处理后分别降低了59%，71% 和 44%。当电流通过废水时，废水中的氯离子可在阳

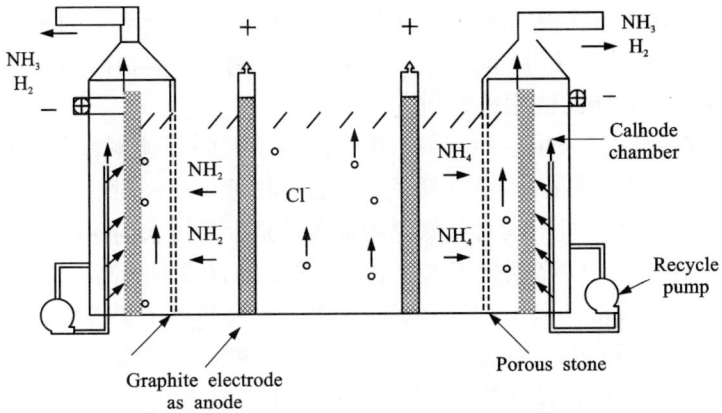

图 11 - 8   反应槽装置的横截面示意图

极氧化成氯气, 在碱性条件下并进一步形成次氯酸。次氯酸有较强分解氧化有机物的能力, 从而使废水中的 COD、BOD5 和 SS 降低。废水中重金属去除率也较高, 镉、铅、铜仅经第一电极组处理之后就达到 42%, 94% 和 68%。废水中重金属去除主要是因废水 pH 升高, 形成氢氧化物沉淀。

未经处理废水含氨氮是 1950 mg/L, 经一级电极组后降到 685 mg/L, 去除率 64%; 经二级电极组后降到 75 mg/L, 去除率 96%; 经三级电极处理后, 仅剩下 3 mg/L。

电化学法具有以下优点: 一是不受废水中氨氮浓度高低的影响; 二是受废水中的温度等的影响小; 三是处理时间短、设备简单而操作灵活方便; 四是电极通电工作后, 会在其表面产生热能, 从而加快氨氮转化为氨气; 五是氨气回收利用, 避免造成二次环境污染。

生化法是利用不同微生物对废水中的氨氮进行硝化、反硝化, 使氨氮最终成为氮气从水中去除。生化法应用广泛运行成本较低,但其缺点是处理时间长,且易受废水中的 pH 值、碱度、碳氮比、水温、水中的溶氧等因素影响,特别是当废水中的氨氮浓度较高时(如 >1500 mg/L),碳氮比例失调,微生物活动往往受到抑制,而使此法无法顺利进行。

吸附法是采用一些有微空隙、比表面大的固体颗粒(如活性炭、硅藻土、沸石土)作为吸附剂,通过物理化学吸附形式将水中的氨氮去除。吸附法对低氨氮废水尤其是生活污水的深度处理效果显著,但对中高氨氮废水处能力有限,而且成本偏高。

化学沉淀法是向含有氨氮的废水中加入镁离子和磷酸根离子等化学物质,使水中的氨氮形成不溶性的磷酸氨镁络合物而被去除,此法的缺点是处理成本高、去除效果差且不稳定。

空气吹脱法是向废水中加入大量碱,使其 pH 值升至 10~11 而后鼓入大量空气将氨从废水中吹脱,此法存在的缺点是需要向水中投加大量的碱,耗大量的电能鼓入空气(水气比为 1:4000),运行费用高,同时受温度的影响大,冬天低温时吹脱效率低,甚至无法进行。

参 考 文 献

1 吴金卢、李汉章等. 电流法处理氨氮废水的技术及装置. 中国循环经济发展论坛 2005 年年会论文集

第十二章　　钼冶金过程中的分析检测

分析检测是科学研究和工农业生产的眼睛，是稀有金属生产和科研必不可缺的重要环节。涉及的范畴包括确定物质组成及各种组分的含量、形态、价态和结构等诸多方面。化学成分分析主要是元素分析，测定物质中各组分的含量。钼湿法冶金过程中主要分析钼精矿和钼酸铵中的各种元素含量，钼酸铵价态和结构等。

第一节　　钼精矿、辉钼矿中的各种元素含量分析测定

在钼精矿中一般都应作钼、钨、硅、锡、铜、磷、砷、钙、铅、水分的含量分析测定，以便于确定钼精矿的品质和以后的提纯工艺制度，下面介绍测定钼精矿中几种元素含量的方法。

钼的测定　　钼精矿中的钼含量测定可采用钼酸铅重量法和EDTA 容量法。钼酸铅重量法是将试样用硝酸—氯酸钾溶解，在醋酸 – 醋酸铵溶液（pH = 5 ~ 7）中，钼与醋酸铅反应生成沉淀，在550 ℃ ~ 600 ℃下灼烧，以钼酸铅形式称重。其主要反应如下：

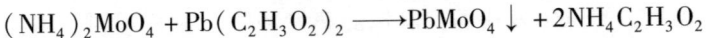

$$(NH_4)_2MoO_4 + Pb(C_2H_3O_2)_2 \longrightarrow PbMoO_4 \downarrow + 2NH_4C_2H_3O_2$$

EDTA 容量法是将试样用氢氧化钠熔融，以热水浸取。在醋酸溶液中，用盐酸羟胺，EDTA 与钼生成组成为三元的稳定络合物。过量的 EDTA，在 pH = 4.5 ~ 5.0 的醋酸钠缓冲溶液中，以二甲酚橙作指示剂，孔雀绿为背景，用硝酸铋标准溶液进行反

滴定。

用全差式吸光光度法对钼的测定是将试样经熔融、水浸取后，在 H_2SO_4 介质中，用抗坏血酸将 Mo(Ⅵ) 还原为 Mo(Ⅴ)，并与硫氰酸盐形成红色络合物。在全差式分光光度计上测定钼。本法适用于矿石和精矿中小于 60% 钼的测定。

钨的测定 钼精矿中的钨含量测定可采用硫氰酸铵比色法。试样以碱熔融，以二氯化锡——三氯化钛作还原剂，钨与硫氰酸盐反应生成络合物，并用苯—乙酸正丁酯混合液萃取，再以氢氧化钠溶液反萃取钨，用硫氰酸铵进行比色测定。

铼的测定 钼精矿中铼的测定可采用硫氰酸盐吸光光度法、萃取吸光光度法、α - 联糠酰二肟吸光光度法和原子发射光谱法。

硫氰酸盐吸光光度法是试样经熔融、水浸取，铼以高铼酸盐形式留存溶液中。在 HCl 介质中，加入 $SnCl_2$ 还原铼后并与硫氰酸盐生成黄色络合物，吸光光度法测定。本法适用于 0.001% ~ 0.1% 铼的测定。

萃取吸光光度法是在 pH 不大于 10 的溶液中，铼与噻唑基蓝（MTT）、氯化碘硝基四唑（INT）或氯化新四基（NTC）均能生成缔合络合物。经三氯甲烷萃取，吸光光度法测定。本法适用于 0.001% 以上铼的测定。

α - 联糠酰二肟吸光光度法是将经熔融、水浸取，用氯化四辛铵萃取分离出铼，以 $HClO_4$ 反萃，α - 联糠酰二肟显色，吸光光度法测定。本法适用于 0.02% ~ 0.5% 铼的测定。

原子发射光谱法是利用 SiO_2 与 K_2SO_4 作缓冲剂，能降低电弧温度，使铼蒸发快而抑制钼的蒸发和防止试样喷溅，用人工合成标样，发射光谱测定。本法适用于钼精矿中 0.0001% ~ 0.02% 铼的测定。

硅的测定 钼精矿中的硅含量测定可采用氟硅酸钾容量法。试样以氟氢酸钾熔融，在强酸溶液中，硅以氟硅酸钾形式沉淀，而与钼分离。在热水中氟硅酸钾水解析出等当量的氟氢酸，用氢氧化钠标准溶液进行滴定。其主要反应如下：

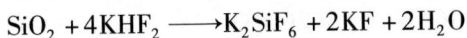

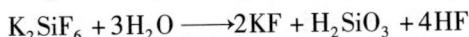

$$SiO_2 + 4KHF_2 \longrightarrow K_2SiF_6 + 2KF + 2H_2O$$
$$K_2SiF_6 + 3H_2O \longrightarrow 2KF + H_2SiO_3 + 4HF$$
$$HF + NaOH \longrightarrow NaF + H_2O$$

锡的测定 钼精矿中的锡含量测定可采用极谱法。试样以过氧化钠熔融分解，在氨性溶液中，用铍作捕集剂沉淀锡，而与钼等元素分离，在盐酸溶液中，用铁粉作还原剂除去干扰元素，在 $-0.3 \sim -0.7$ V 间作极谱图。其主要反应如下：

$$2SnO_2 + 2Na_2O_2 \longrightarrow 2Na_2SnO_3 + O_2$$

锡分二级还原，采用 $Sn^{+2} \longrightarrow Sn°$ 的还原波：

$$Sn^{+4} + 2e \longrightarrow Sn^{+2} \qquad 1/2\,E = -0.25\ V$$
$$Sn^{+2} + 2e \longrightarrow Sn°(Hg) \qquad 1/2\,E = -0.52\ V$$

铜的测定 钼精矿中的铜含量测定可采用铜试剂比色法和极谱法。铜试剂比色法是将试样用酸分解后，在 pH 9~10 的条件下，加入铜试剂，用四氯化碳萃取铜与铜试剂的黄棕色络合物，借此进行比色测定。

极谱法是将试样用酸溶解，在氯化铵－氨水支持电解质溶液中。以亚硫酸钠除氧，在氨性底液中，铜在滴汞电极上分二级还原：

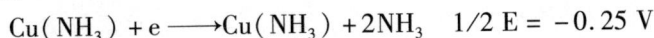

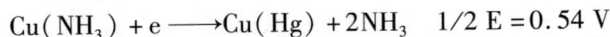

$$Cu(NH_3) + e \longrightarrow Cu(NH_3) + 2NH_3 \qquad 1/2\,E = -0.25\ V$$
$$Cu(NH_3) + e \longrightarrow Cu(Hg) + 2NH_3 \qquad 1/2\,E = 0.54\ V$$

在 $-0.35 \sim -0.8$ V 作极谱法。

磷的测定 钼精矿中的磷含量测定可采用硫酸铍捕集—磷钼钒比色法和硝酸浸取—磷钼钒比色法。硫酸铍捕集—磷钼钒比色法是将试样用硝酸溶解，在氨性溶液中，以 EDTA 作掩蔽剂，用硫酸铍捕集磷，而与钼、铁等元素分离。在 8% 硝酸溶液中，磷酸根离子与钒酸铵、钼酸铵作用生成可溶性的磷钼钒酸黄色络合物，借此进行比色测定。其主要反应如下：

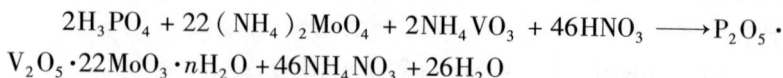

$$2H_3PO_4 + 22(NH_4)_2MoO_4 + 2NH_4VO_3 + 46HNO_3 \longrightarrow P_2O_5 \cdot$$
$$V_2O_5 \cdot 22MoO_3 \cdot nH_2O + 46NH_4NO_3 + 26H_2O$$

硝酸浸取—磷钼钒比色法是将试样用硝酸分解，在 pH 5 ~ 8 硝酸溶液中，磷酸根离子与钒酸铵及钼酸铵作用，生成可溶性磷钼钒黄色络合物，借此进行比色测定。

砷的测定　钼精矿中的砷含量测定可采用磷酸盐比浊法。试样用硝酸分解，在氨性溶液中，以铁作载体，使砷以砷酸铁形式与氢氧化铁共沉淀，而与钼分离，在 6N 盐酸溶液中，以硫酸铜作催化剂，用磷酸盐将砷还原成单质砷，借此进行比浊测定。其反应如下：

$$2As^{3+} + 3H_2PO + 3H_2O \longrightarrow 2As + 3H_2PO + 6H^+$$

钙和镁的测定　钼精矿中的钙和镁含量测定可采用 EDTA 联合滴定法。试样以焦硫酸钾熔融分解，在氨性溶液中，钙与铁等元素分离，在 pH ≥ 12 时，以钙指示剂作指示，用 EDTA 标准溶液滴定钙。在 pH = 10 时，以铬作指示剂，用 EDTA 标准溶液滴定钙和镁。其主要反应如下：

$$H_2Y^{2-} + Mg^{2+} \longrightarrow MgY^{2-} + 2H^+$$
$$H_2Y^{2-} + Ca^{2+} \longrightarrow CaY^{2-} + 2H^+$$

铅的测定　钼精矿中的铅含量测定可采用极谱法。试样以酸分解，在氨性溶液中，铅与铁共沉淀，而与其他元素分离。沉淀用盐酸溶解，并加入过氧化氢蒸干，以排除锡箔的干扰。在 1:3 盐酸中，以铁粉除氧及还原高铁，然后作极谱图。其主要反应如下：

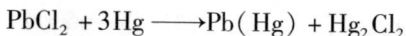

$$PbCl_2 + 3Hg \longrightarrow Pb(Hg) + Hg_2Cl_2$$

钙的测定　钼精矿中钙的测定可采用高锰酸钾滴定法和原子吸收光谱法。

高锰酸钾滴定法是将试样以碱熔融、水浸取，在 pH 4 ~ 5 时

加草酸沉淀 Ca^{2+}。用 H_2SO_4 溶解，以 $KMnO_4$ 滴定法测定。本法适用于 0.50% 以上 Ca 的测定。

　　原子吸收光谱法是将试样灼烧除去 S、C 后，用酸分解，在 HCl 介质中，以 $SrCl_2 - La_2O_3$ 为释放剂，消除 Al、Si、P、Ti、SO 的干扰，于原子吸收光谱仪上测定。本法适用于 0.030% ~ 3.0% Ca 的测定。

　　水分的测定　钼精矿中的水分含量测定可采用重量法。就是称取未烘干的试样 2 g 于已知重量的称量瓶中，打开瓶盖，在 105 ℃ ~ 110 ℃的烘箱中干燥 2 h，取出后，在干燥器中冷却至室温，并称重。

　　钼精矿、辉钼矿中的几种元素含量分析方法及测定范围　其具体方法及范围见表 12 - 1。

表 12 - 1　钼精矿、辉钼矿中的几种元素含量分析方法及测定范围

测定元素	分　析　方　法	测定范围/%
钼	以钼酸铅形成称重，重量测定法	40 ~ 60
钼	氧化亚氮乙炔火焰原子吸收法测定	1 以上
铼	氧化钙与试样烧结分离干扰元素，盐酸介质硫氰酸盐比色测定	0.001 ~ 0.1
铼	光栅摄谱仪测定	检出限 1×10^{-6}
铼	极谱法测定	限 0.08 mg/mL
钨酐	硫化钼分离，硫氰酸盐比色	0.2 ~ 6.0
二氧化硅	碳酸钠熔融，含量 0.1% ~ 1%，用比色法，超过 1% 用重量法	0.1 ~ 15.0
锡	苯基萤光酮炮度比色法	0.005 ~ 0.1
铜	二乙氨荒酸钠与铜形成络合物，用四氯化碳萃取，光度比色	0.05 ~ 0.06
磷	氢氧化铁共沉淀分离主体，磷钼杂多酸比色	0.005 ~ 0.05
砷	次磷酸钠光度比色法或蒸馏分离硫酸联胺比色	0.001 ~ 0.08
钾、钠	氢氟酸、硫酸溶样，火焰光度计测定	0.01 ~ 2.0

测定元素	分　析　方　法	测定范围/%
铅	在磷酸 – 高氯酸底液极谱测定	0.05 ~ 3.0
	结晶紫与五价锑形成有色络合物用甲苯萃取	0.005 ~ 0.03
锌	氯化铵底液极谱测定	0.05 ~ 3.0
铁	氨性介质磺基水杨酸比色	0.1 ~ 5.0
铋	光度测定铋与碘化钾形成黄色络合物	0.001 ~ 0.5
碳	1200 ℃氧气流中灼烧成二氧化铁,苛性钾溶解吸收	0.05 ~ 5.0

第二节　钼化合物和纯钼中各种元素含量的测定

经过焙烧的焙砂再经湿法提纯后的钼酸铵,一般都是用于生产纯度较高的金属钼的原料,对它的各种元素含量要求都比较高,因此结它的分析测定显得更为重要,下面介绍测定钼酸铵中几种元素含量的方法。

钼焙砂中可熔钼的测定　取试样 0.20 ~ 0.25 g,加 120 ml 氨水在低温中浸取 50 ~ 60 min。加 20 mL 氨水,继续浸取 30 min。趁热用中速滤纸过滤,用热氨水洗涤烧杯,洗沉淀 10 ~ 12 次,沉淀保留。可按钼精矿中测定钼含量采用的钼酸铅重量法和 EDTA 容量法均可,也可采用亚铁直接滴定。

钼焙砂中不熔钼的测定　用吸光光度法测定不溶钼,是将不溶钼渣经碱熔融、水浸取。在 H_2SO_4 介质中用硫脲将 Mo(Ⅵ)还原为 Mo(Ⅴ)后与硫氰酸盐形成红色络合物。本法适用于 0.01 ~ 10% 钼的测定。

钼酸铵中各种元素含量的测定　钼酸铵中的镁、锰、铜、铁、铝、铅、铬、钠、硅等到 10 个元素的分析用碳粉碳酸锂作缓冲剂,钴为内标,光谱测定。

钼酸铵、三氧化钼、钼粉、钼条、高纯钼中的镉、硅、钠、钴、铝、锰、锑、铁、镁、锡、铬、镍、钛、铅、铋、钒、铜 17 个元素，使用 PGS – 2 平面光栅摄谱仪，储为内标，直接光谱测定。测定下限总量为 21.22×10^{-6}。

钼酸铵、三氧化钼、钼粉、钼条中的几种元素分析测定方法及含量范围见表 12 – 2。

表 12 – 2　钼酸铵、三氧化钼、钼粉、钼条中的几种元素分析方法及含量范围

样品名称*	测定元素	分 析 方 法	测定范围/%
1、2、3、4	铅、镉	高氯酸 – 盐酸底液方波极谱测定	00005 ~ 0.003
1、2、3、4	铋	柠檬酸络合主体钼及杂质元素，三氯甲烷萃取碘化钾，马钱子碱与铋形成黄色络合物，光度测定	0.00008 ~ 0.004
1、2、3、4	锡	镍作载体沉淀锡，用 OP 乳化剂 – 苯萤光酮光度法测定	0.00005 ~ 0.004
1、2、3、4	砷	硫酸介质，用苯萃取砷，砷钼杂多酸，用硫酸肼还原，光度测定	0.0002 ~ 0.006
1、2、3、4	铁	三氯甲烷萃取邻二氮杂菲碘化钾三元络合物光度测定	0.0005 ~ 0.006
1、2、3、4	钴	钴试剂在 pH6 ~ 7 的磷酸盐缓冲溶液中与钴形成橙红色络合物，比色测定	0.00025 ~ 0.012
1、2、3、4	镍	硫酸、硫酸铵溶样，丁二酮肟光度测定	0.0002 ~ 0.010
1、2、3、4	铜	三氯甲烷萃取铜（I）的新酮试剂络合物，光度测定	0.00015 ~ 0.003
1、2、3、4	铝	乙酸乙酯萃取铝的钽试剂络合物，铬天青 S 光测定	0.0005 ~ 0.025
1、2、3、4	硅	氯化分离主体钼，正丁醇萃取硅钼黄杂多酸，二氯化锡还原，光度测定	0.0004 ~ 0.03
1、2、3、4	钙	氯化分离主体，正戊醇萃取钙 – 乙二醛双（2 – 羟基苯胺）形成红色络合物，光度测定	0.0007 ~ 0.025
1、2、3、4	钙	8 – 羟基喹啉 – 正丁醇溶液萃取钙，有机相，原子吸收测定	0.0007 ~ 0.03

样品名称	测定元素	分　析　方　法	测定范围/%
1、2、3、4	镁	活性炭吸附氢氧化镁,偶氮氯膦-1 光度测定	0.0003~0.01
1、2、3、4	镁	标准加入法,原子吸收光度测定	0.0003~0.01
1、2、3、4	钠、钾	过氧化氢溶样,用氯化铯作消电离剂,原子吸收测定	钠 0.003~0.08 钾 0.001~0.15
1、2、3、4	钛	氢氧化铁作载体,使钛与主体钼分离,三安替比林甲烷比色测定	0.0005~0.012
1、2、3、4	钒	乙酰丙酮-三氯甲烷分离钼,在 3~6 mol/L 盐酸溶液,钽试剂与五价钒生成紫红色络合物,三氯甲烷萃取,光度测定	0.0005~0.01
1、2、3、4	铬	氢氧化铍作载体共沉淀铬与主体钼分离,二苯基碳酰二肼光度测定	0.0002~0.015
1、2、3、4	锰	甲基异丁基酮萃取锰,然后用甲醛肟反萃锰,光度测定	0.0002~0.95
1、2、3、4	硫	试样在氢气流中燃烧,二氧化硫用碘液吸收,电导法测定	0.0005~0.06
1、2、3、4	磷	正丁醇三氯甲烷萃取磷钼多酸,光度测定	0.0002~0.018
1、2、3、4	钨	三氯甲烷萃取钨(V)与四苯砷氯盐酸盐-碳氰酸盐形成三元络合物,光度法测定	0.008~1.00
高纯 MoO_3 工业钼酸铵	钨	孔雀绿作显色剂,用苯和乙醇混合液萃取,有机相,比色测定	0~15 μg/2.5 mL

注: 样品名称 * 中, 1—钼酸铵; 2—三氧化钼; 3—钼粉; 4—钼条。

　　钼在粉末冶金过程中的分析和检测内容主要是化学成分的分析、粉末体和金属钼制品物理性能的检测。

　　钼的氧化物、金属钼粉和金属钼制品的主要化学成分分析如下:

　　金属钼中磷的测定　　金属钼粉中的磷含量分析测定可以用磷钼蓝比色法。试样以硝酸溶解,形成钼酸,后者用氨水溶解,以过氧化氢络合钨、铁等元素,而磷则与钼酸铵形成磷钼杂多酸。

控制硫酸浓度在 0.75 ~ 1.25 N 的情况下，用正丁醇—氯仿混合试剂进行萃取，以二氯化锡溶液还原成蓝色，于 72 型分光光度计进行测定。灵敏度可达 $1 \times 10^{-4}\%$，其主要反应如下：

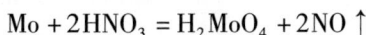

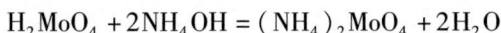

$$Mo + 2HNO_3 = H_2MoO_4 + 2NO \uparrow$$

$$H_2MoO_4 + 2NH_4OH = (NH_4)_2MoO_4 + 2H_2O$$

不论是单质磷还是化合物磷，随着试样的溶解均形成磷酸或磷酸盐：

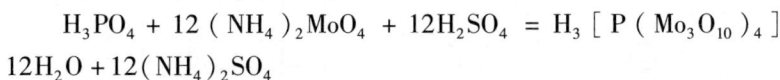

$$H_3PO_4 + 12(NH_4)_2MoO_4 + 12H_2SO_4 = H_3[P(Mo_3O_{10})_4]$$
$$12H_2O + 12(NH_4)_2SO_4$$

金属钼中氢的测定 氢在金属中扩散系数比 O 和 N 大得多，因此，可以通过热扩散将 H 提取出来。金属钼中氢的测定可用真空加热气相色谱法和惰性气体加热热导法等。

真空加热气相色谱法是在高真空下，试样在高温石墨坩埚中加热，试样中的氢被扩散出来，由真空扩散泵提取、收集于一定容器中。然后由氩载气带入色谱柱，通过分离进入热导池检测器，用电子电位差计记录色谱峰，由峰面积计算氢的含量。本法适用于难熔金属中 0.0001% ~ 0.03% 的氢的测定。真空加热气相色谱定氢装置示意图见图 12 - 1。

惰性气体加热热导法是试样在材料熔点以下的惰性气氛中加热，释放出来的氢由载气带入导热检测器中测定。本法适用于难熔金属中 $1 \times 10^{-5}\%$ ~ $2 \times 10^{-1}\%$ 氢的测定。

金属钼中氧的测定 难熔金属中氧的精密测定最早是真空熔化法，后来逐渐用热导法、电量法、电导法、红外法等灵敏度高的方法所代替。

真空加热（或熔化）色谱法是在高真空下，试样中的 O 在高温石墨坩埚中与 C 反应生成 CO 析出，由真空扩散泵提取，收集于一定容器的气体收集系统中，然后由载气氢带入色谱柱，通过分离进入热导检测器。用电子电位差计记录色谱峰，由峰面积计

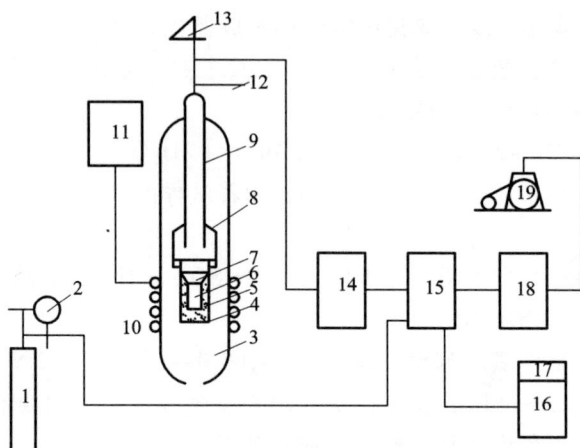

图 12 - 1   真空加热气相色谱定氢装置示意图

1—氩气瓶；2—流量调节阀；3—石英炉；4—石英杯；5—石墨粉；6—石墨坩埚；

7—石墨漏斗；8—钨丝挂钩；9—石英漏斗；10—感应线圈；11—高频炉；

12—加样管；13—测温窗；14—提取泵；15—气体收集系统；16—气相色谱仪；

17—电子电位差计；18—排气扩散泵；19—机械泵

算氧含量。本法适用于难熔金属中 0.0005% ~ 0.5% O 的测定。真空加热色谱定氧仪示意图见图 12 - 2。

惰性氧化加热（或熔化）电量法是在氩气流中，试样中的 O 在高温石墨坩埚与 C 作用生成 CO 析出，CO 经加热的 I_2O_5 氧化成 CO_2 与吸池中的 $Ba(ClO_4)_2$ 溶液反应：

$$Ba(ClO_4)_2 + H_2O + CO_2 \rightarrow BaCO_3 \downarrow + 2HClO_4$$

由于 $2HClO_4$ 的产生，溶液中 pH 值发生了变化，用恒电流电解：

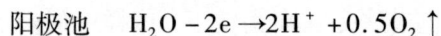

阳极池 $H_2O - 2e \rightarrow 2H^+ + 0.5O_2 \uparrow$

阴极池 $2H^+ + 2e \rightarrow H \uparrow$

电解使阴极池（吸收池）的 pH 值复原，根据法拉第定律，由电解消耗的电量可以计算出 O 的含量。本法适用于难熔金属中

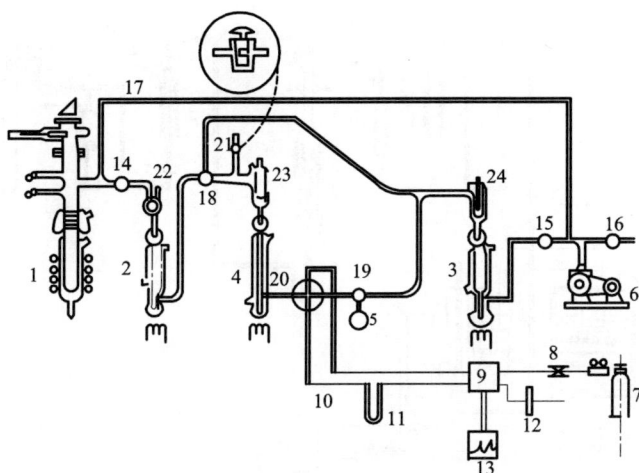

图 12 – 2　真空加热色谱定氧仪示意图

1—真空炉；2、3—汞扩散泵；4—增压泵；5—扩大球；6—机械泵；7—氢载体；
8—针形阀；9—钨丝热导池；10—标样气体注射口；11—分离柱；12—气体流量计；
13—记录仪式；14、15、16、17—二通活塞；18、19—三通活塞；
20—四三通活塞；21—标准进样活塞；22—陷阱；23、24—水冷阱

0.0005% ~0.5% O 的测定。本法使用的高频加热库仑定氧仪示
意图见图 12 –3。

惰气脉冲加热(或熔化)色谱法是在惰性气氛(He、Ar 或 N_2)
中，金属试样在石墨坩埚中用脉冲电流加热(或熔化)析出的气体
经 CuO 转化为 CO_2。由惰性气流载入色谱柱分离后，经热导检测
器测定，计算氧含量。本法适用于难熔金属中 0.0005% ~0.5%
O 的测定。TC –30 脉冲色谱定氧装置示意图见图 12 –4。

金属钼中氮的测定　难熔金属中 N 的测定一般都广泛采用
凯氏蒸馏法，用中和滴定或奈氏试剂吸光光度进行测定，现行各
国的标准均采用该方法。改进后的微循环凯氏法是其水蒸汽由试
样溶液加热产生，并在一个密闭回路中循环，馏出的氨由库仑电

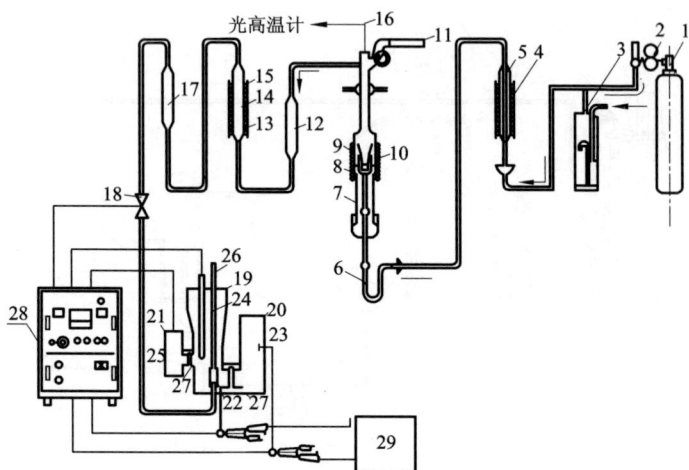

图 12 - 3　高频加热库仑定氧仪示意图

1—氩气瓶；2—流量计；3—水银压力缓冲器；4—加热炉(500℃)；5—海绵钛管；
6—五氧化二磷管；7—石英炉；8—石英杯；9—石墨坩埚；10—高频感应线圈；
11—加样管；12—除尘器(内盛玻璃纤维)；13—水银温度计；14—加热炉(160℃～180℃)；
15—五氧化二碘管；16—测温器；17—硫代硫酸钠；18—电磁阀；19—阴极池；
20—阳极池；21—参比池；22—铂电极(阴极)；23—铂电极(阳极)；24—玻璃电极；
25—参比电极；26—搅拌器；27—隔膜；28—测量单元；29—恒电流电解装置

量法测定，对钨、钼中的 N 可测至 $1 \times 10^{-4}\%$。用真空熔融法测定钨、钼其检出限也可达 $1 \times 10^{-4}\%$。

凯氏蒸馏奈氏试剂吸光光度法是试样用酸分解，使其含有的 N 生成铵盐，加碱蒸馏将氨馏出，用稀 H_2SO_4 吸收，奈氏试剂显色，于 420 nm 处测定吸光度，计算氮含量。本法适用于难熔金属中 0.001% ～ 0.030% N 的测定。蒸馏法测定氮的装置示意图见图 12 - 5。

氨气敏电极法是由透气疏水高分子薄膜与离子造反性电极组合而成，对氨敏感的电极由 pH 电极与透气膜组成。透气膜与 pH

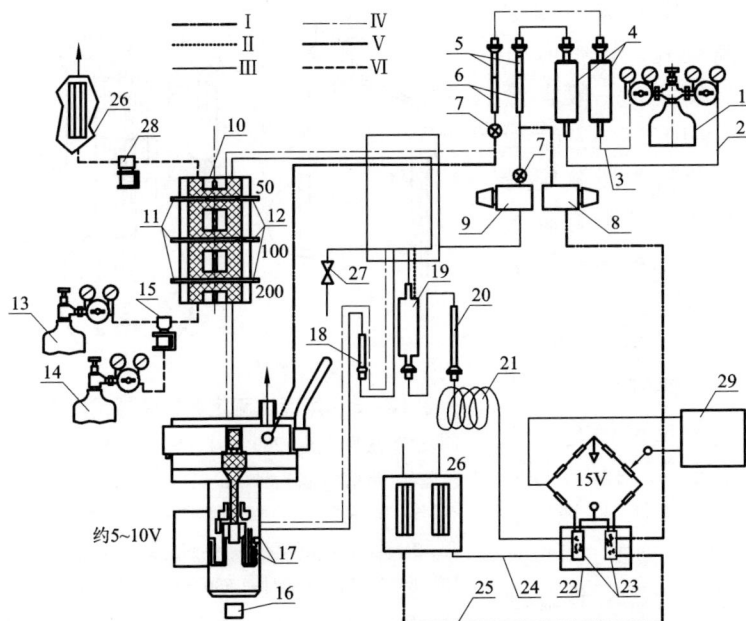

图 12 - 4　TC - 30 脉冲色谱定氧装置示意图

1—载气(氦)钢瓶;2—进入炉子和导热池比较通道的氦气流(250 mL/min);3—坩埚脱气时冲洗炉子的氦气流(1.8 L/min);4—活性铜柱管;5—碱石棉;6—高氯酸镁(脱水剂);7—针形阀;8—比较气流调节阀;9—测量气流调节器;10—校准气流计量器;11—充气阀;12—放气阀;13—氮肥气钢瓶;14—二氧化碳钢瓶;15—气流转换器;16—弹簧;17—炉子的水冷电极;18—脱除气体中粉尘的陷阱;19—加有氧化铈的氧化铜炉;20—脱水剂柱管;21—色谱柱;22—热导检测器(热导池);23—热敏电阻;24—测量气流;25—比较气流;26—转子流量计;27—止逆阀;28—阀;29—电子测量装置 Ⅰ—比较气流;Ⅱ—坩埚脱气时的测量气流;Ⅲ—分析时的测量气流;Ⅳ—坩埚脱气时冲洗炉子的气流;Ⅴ—加样时的气流;Ⅵ—分取校准气体的气流

电极间充填 NH_4Cl 溶液,膜内溶液中的 OH^- 浓度的增加,膜内的pH 玻璃电极将作出反应,符合能斯脱公式,以此可指示氨的浓度。本法能适用于难熔金属中 $10^{-4}\% \sim 10^{-2}\%$ N 氨的测定。

金属中碳的测定

高纯钨、钼中微量碳的测定，一般含量在 $1 \times 10^{-3}\%$ 左右，用常规分析手段测定是困难的，采用氩载气氧化熔化色谱法测定钨、钼中的碳，可达 $10^{-5}\% \sim 10^{-4}\%$ 范围。

氩载气氧化熔化色谱法是试样经过化学处理后，再放入石英炉试样臂中，以纯氧加热支除表面碳，再投入饱和氧的镍－铁熔池的刚玉坩埚中。在氩

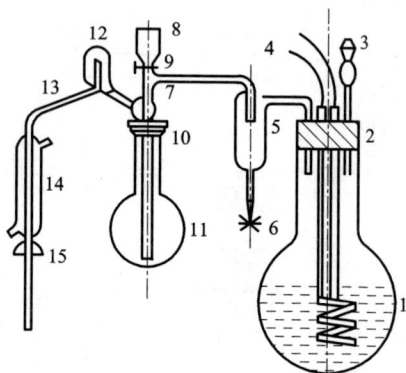

图 12－5　蒸馏法测定氮的装置示意图

1—水蒸汽发生器（200 mL）；2—橡皮塞；3—加水漏斗（带磨口塞）；4—镍铬电阻丝（外套玻璃管；5—缓冲管）；6—弹簧夹；7—无硫橡皮管接头；8—加氢氧化钠漏斗；9—活塞子（不涂油）；10—磨口；11—蒸馏瓶（500 mL）；12—缓冲球；13—橡皮管接头；14—冷凝管；15—防污罩

气氛下加热使试样中的碳氧化检出，经转化剂全部转化为 CO_2 载入硅胶浓缩柱捕集，然后解吸并导入色谱仪，测定色谱峰高，计算碳含量。高频反应全透明石英炉示意图见图 12－6，氩载气氧化－熔化色谱法定碳装置示意图见图 12－7。

金属中硫的测定

金属中 S 的提取大致可分为湿式化学法和燃烧法两种。湿式化学法是将试样用酸分解后，S 生成硫酸盐，然后用重量法、滴定法、吸光光度法测定。燃烧法是将试样在氧气流下燃烧，使硫氧化为 SO_2，然后用红外吸收光谱或库仑电量法、电导法、离子选择电极法、极谱法、色谱法、吸光光度法等进行测定。

用管式炉燃烧电导法测定钼中 S 含量，是在氧气流中高温燃烧试样，使试样中的 S 生成 SO_2，用碘液吸收，电导法测定。本

法适用于钨、钼等难熔金属中 0.0005% ~ 0.060% S 的测定。管式炉燃烧电导法测定硫的装置示意图见图 12 - 8。

三氧化钼中钠的测定　以含碳酸锂的光谱纯碳粉作缓冲剂，用直流电弧阳极激发，在中型石英棱镜摄谱仪上摄谱，以 $\Delta S - \text{Log}C$ 绘制工作曲线，测定钠的含量，测定范围 0.01% ~ 0.30%。

三氧化钼中钨的光谱测定　测定三氧化钼中的钨可用两种方法。第一种是用交流电弧激发，在玻璃

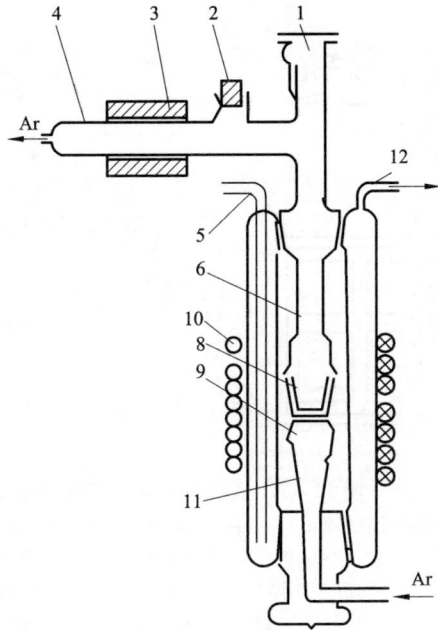

图 12 - 6　高频反应全透明石英炉示意图

1—测温石英片；2—加料口；3—可移动电炉；4—试样臂；5—冷却水进口；6—试样导向管；7—5 mL 刚玉坩埚；8—10 mL 刚玉坩埚；9—刚玉砂；10—感应线圈；11—坩埚托架；12—冷却水出口

棱镜摄谱仪上摄谱，以 $\Delta S - \text{Log}C$ 绘制工作曲线，测定钨的含量，测定范围 0.10% ~ 1.0%。第二种方法是试样与氯化铵混合，用交流电弧激发，在玻璃棱镜摄谱仪上摄谱，以 $\Delta W - \text{Log}C$ 绘制工作曲线，测定钨的含量，测定范围 0.02% ~ 0.60%。

三氧化钼中其他杂质的光谱测定　将钼酸铵、钼粉、钼条等转化为三氧化钼，以含氧化镓、氧化锌和氯化钠的光谱碳粉作缓冲剂，用直流电弧阳极激发，在中型石英棱镜摄谱仪上摄谱，以

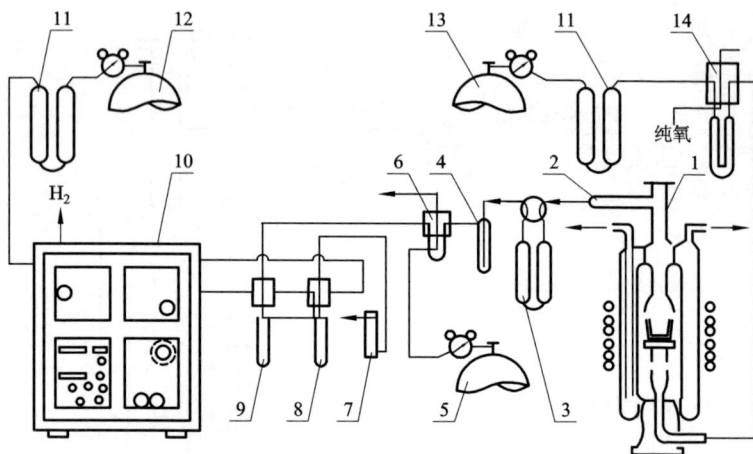

图 12 – 7　氩载气氧化 – 熔化色谱法定碳装置示意图

1—高频反应炉管；2—可移动管状电炉；3—氧化铜炉管(500 ℃)；4—水气捕集器；
5—CO₂ 标气钢瓶；6—CO₂ 标气取样阀；7—Ar 流量率；8、9—带四通活塞浓缩柱；
10—气相色谱系统；11—5A 分子筛(– 72 ℃)；12—H₂ 瓶(99.99%)；
13—Ar 钢瓶；14—充氧定体积四通活塞

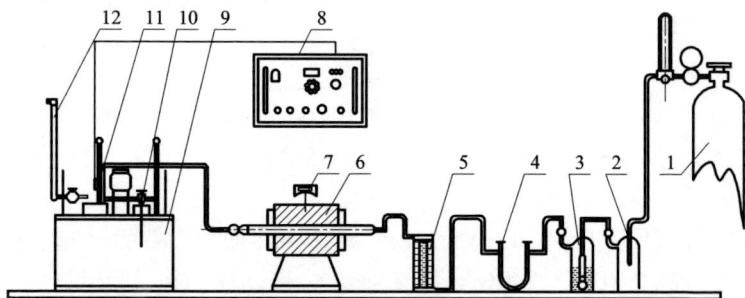

图 12 – 8　管式炉燃烧电导法测定硫的装置示意图

1—氧气瓶；2—缓冲瓶；3—气体洗涤瓶(内装高锰酸钾碱性溶液)；
4—U 形管(内装无水 CaCl₂)；5—微型默转子流量计(0 ~ 1000 mL/min)；
6—燃烧管式炉；7—毫伏温度计(0 ℃ ~ 160 ℃)；8—27 型电导仪；
9—超级恒温器；10—三通活塞；11—电导吸收池；12—滴定管

$\Delta S - \mathrm{Log}C$ 绘制工作曲线, 测定铜、铅、铋、锡、镉、铁、镁、硅、镍、锰、钴、钛、钒、锑、钙等 16 个杂质元素, 测定灵敏度为 $1 \times 10^{-4} \sim 1 \times 10^{-3}$, 测定均方偏差为 $\pm 2\% \sim \pm 24\%$。

高纯钼粉、钼条、钼合金中的镉、硅、钠、钴、铝、锰、锑、铁、镁、锡、铬、镍、钛、铅、铋、钒、铜等 17 个元素, 用直接发射光谱法测定(与钼酸铵、钼粉、钼条分析相同), 测定下限总量为 21.22×10^{-6}, 测定下限为 $(0.4 \sim 4.0) \times 10^{-6}$; 用 W – PG100 型国产平面光栅摄谱仪, 直接光谱法测定, 测定下限总量为 17.3×10^{-6}, 测定下限为 $(0.1 \sim 3.0) \times 10^{-6}$。

三氧化钼、钼粉、钼条、钼合金中的其他元素分析方法见表 12 - 3。

表 12 - 3　三氧化钼、钼粉、钼条中的其他元素分析方法

样品名称	测定元素	分析方法	测定范围/%
MoO_3	锡	用钒(IV)作为氧化剂产生动力催化波, 极谱法测定	
MoO_3 粉条	锑	用苯萃取锑的孔雀绿离子缔合物, 光度测定	0.0002 ~ 0.003
MoO_3	铜、钴、镍	利用铜、钴、镍与 1 – (2 – 000 定偶氮)萘酚形成难溶于水的络合物与主体分离, 水相光度测定三元素	Cu 0.000x ~ 0.00x Co、Ni 0.00x ~ 0.0x
钼粉、钼条	镍	硫酸、硫酸铵溶样, 丁二酮肟光度测定	0.02 ~ 1.50
MoO_3	钛	用硅胶分离, 极谱测定	0.0008 ~ 0.0032
MoO_3	锰	用十二烷基硫酸钠为增感剂, 原子吸收测定(直线浓度范围)	0 ~ 2.8 μg/mL
钼	氧	试样于高温脱气的石墨坩埚中熔化, 氧与碳生成一氧化碳经转化炉转化为二氧化碳, 库仑法测定	0.0005 ~ 0.80
钼粉、钼条	氮	试样加氢氧化钠蒸馏, 稀硫酸吸收, 奈氏试剂显色测定	0.001 ~ 0.005
钼	碳	试样在高温氧气流中生成二氧化碳, 库仑滴定法测定碳	0.0005 ~ 0.50

样品名称	测定元素	分 析 方 法	测定范围/%
钨钼合金	钼	盐酸羟胺还原钼、硝酸铋标准液回滴过量的 EDTA	20 ~ 18
钼、钼合金	钛	1.10 – 菲罗啉光度测定	0.005 ~ 0.075
钼、钼合金	硅	硅钼蓝萃取光度法	0.001 ~ 0.0125
钼合金	镍	过硫酸盐丁二酮肟光度法	0.0001 ~ 0.04
钼合金	钛、锆、镧、铈	X 荧光谱测定，锆用铑靶散射线作内标，其他元素用外标法（检定下限）	钛 0.0096 锆 0.003 镧 0.036 铈 0.037
钨钼产品	镁	活性炭吸附富集氢氧化镁，偶氮氯膦 – 1 比色测定	0 ~ 15.0 μg/mL
钨钼产品	钛	铁为载体，使微量钛与主体分离，二安替吡啉甲烷比色测定	$0.00x$ ~ $0.00x$

第三节　粉末体的物理性能测定

粉末体简称为粉末，粉末体是由大量的颗粒及颗粒之间的空隙所组成的集合体，而普通的固体或致密体是一种晶粒的集合体。由于粉末具有与一般金属不同的特性，在粉末冶金中，为了便于控制粉末性能和最终制品的质量，因此，对粉末除了化学成分的分析外，还必须要粉末体进行物理性能的测定。

粉末粒径的测定方法　由于粉末的形状是不规则的，而且粉末的粒子不是每个都分开的，大多数是几个相互粘在一起的，即使用分散剂，也不可能完全散开；另外，各种测定方法都有自己的优缺点，采用任何一种方法测定的粒度并不能完全表明粒子的大小。因此，当在实际中测定粒度时，必须根据粉末的种类选用适当的测定方法。

单颗粒是粉末中能分开并独立存在的最小实体，也称为一次颗粒。二次颗粒是单颗粒以某种方式聚集而成的颗粒。粉末颗粒的直径大小称为粒径和粒度，粉末颗粒的直径以 mm、μm、nm 来表示，钼粉一般都是用 μm 来表示。

几何粒径是用显微镜按投影几何学原理测得的粒径，又称为投影径。它是根据与颗粒最稳定平面垂直的方向投影所得到的影像来测量的，然后取得各种几何平均值。

当量粒径是利用沉降法、离心法或水力学方法（风筛法、水簸法）测得的粉末粒径。

比表面粒径是利用吸附法、透过法和润湿热法测定粉末比表面，再换算成具有相同比表面值的均匀球形颗粒的直径。

衍射粒径是基于光与电磁波（如 X 光等）衍射现象所测得的粒径。

粉末的平均粉末度是符合统计规律的粒度组成计算的平均粒径（度）。

粉末的粒度分布是具有不同粒径的颗粒占全部粉末的百分含量，也称为粒度组成。

测定粉末粒度的主要方法和可测量的范围见表 12 – 4。

表 12 – 4　测定粒度的主要方法和可测量的范围/μm

粒径基准	测定方法	测量范围	粒度分布基准	粒径基准	测定方法	测量范围	粒度分布基准
几何粒径	筛分法	>40	重量分布	当量粒径	扩散法	0.001~0.5	重量分布
	光学显微镜法	0.2~500	个数分布		淘析法	5~40	重量分布
	电子显微镜法	0.01~10	个数分布	比表面粒径	气体吸附法	0.001~20	比表面积平均径
	电阻法	0.5~500	个数分布		气体透过法	0.2~50	比表面积平均径
当量粒径	重力沉降法	1.0~50	重量分布		润湿热法	0.001~10	比表面积平均径
	离心沉降法	0.05~10	重量分布	光衍射粒径	光衍射法	0.001~10	体积分布
	比浊沉降法	0.05~50	重量分布		X 光衍射法	0.0001~0.05	体积分布
	气体沉降法	1.0~50	重量分布				

筛分法的优点是对粗粉的测定极其方便，可在大气中进行，也可以在液体介质中进行，测定时的粉末量也很多，是在生产过程中使用最多的一种方法。筛子是用黄铜丝或不锈钢丝织成正方形孔眼的标准筛，以正好通过筛子的筛孔尺寸来表示粉末的粒

径，它是用一定长度内有多少根细丝数目来表示为筛网的目数。
筛网目数越大，通过的粉末的粒径就越小。筛分法的缺点是不能
测定细而长或微细的粉末。

显微镜法测定粉末粒度的优点是：光学显微镜可以用肉眼用
量尺直接测量出粒子的粒径，同时还能观察粒子的形貌，也可测
定金属钼的金相结构。它的缺点是由于粉末粒子形状复杂，实际
上也不能测量出各个粒子真正的大小。电子显微镜比光学显微镜
放大的倍数更高，用来测定粒子和金属钼的形貌、结构，比测定
粒子的大小更为实际。显微镜测定法使用的粉末量是极少的。

激光粒度分布仪是测定粉末在各种范围内的粒度分布量，还
可以通过分布的总量计算出它的平均粒度。

沉降分析法的原理是粉末颗粒在静止的气体或液体介质中依
靠重力克服介质阻力和浮力自然沉降，由此引起介质的浓度、压
力、密度、透光能力和沉降重量的变化，测定这些参数随时间的
变化规律，就可反应粉末粒度的组成，可测范围 $1 \sim 50 \ \mu m$。液体
沉降有沉降瓶法、压力法、比重计法、沉降天平法、比浊沉降法、
离心沉降法等。气体沉降有氮气沉降法和气流沉降法等。离心沉
降法和气体沉降法又属于动态沉降法，因为它的介质是动态的。

淘析法是颗粒在流动介质中发生非自然的沉降而分级。

比表面测定的原理是测量吸附在固体表面上气体单分子层的
重量或体积，再由气体分子的横截面积计算 1 g 物质的总表面积
（ cm^2/g ）。

气体吸附法的原理是测量吸附在固体表面上气体单分子层的
重量或体积，再由气体分子的横截面计算 1 g 物质的总表面积，
即得克比表面。气体吸附法分为容量法、重量法和流动法等。

容量法是根据吸附平衡前后吸附气体的容积变化来确定吸附
量，实际上是测定在已知容积内气体压力的变化，氮吸附法（BET
法）就是根据这种方法来测定比表面积的。

重量法是利用吸附秤直接精确称量粉末试样在吸附前后重量

变化来确定比表面积的方法。

流动法是运用气体微量分析技术测定吸附或解析气体的浓度变化，从而确定吸附量的方法。

气体透过法是测定气体透过粉末层的透过率来计算粉末比表面或平均粒径的，结果称比表面平均粒径，属当量粒径。其原理是流体通过粉末层的透过率或所受阻力与粉末的粗细或比表面的大小有关，粉末愈细，比表面愈大所受的阻力也大。费氏粒度测定仪就是根据这个原理来测定粉末的平均粒径。

费氏法平均粒度测定　费氏法是一个普遍采用测定平均粒度的方法。由于粉末试样层的气体透过能力与粉末的比表面有关，可借以求出比表面，再由比表面换算的体积表面积平均直径用来表示粒度。费氏仪的设计原理就是根据恒定流量或压力的条件下，测定空气的透过率和阻力，用以计算比表面，根据比表面与粒度的关系式求得粒度值。也就是在一定气体流量的路径上，颗粒将按大小对气流产生影响。借助一个经校正的压力计，用液面的高度反映出气流所受到的影响。从而根据液面的高度可直接在按计算公式制成的图板上指示出粉末粒度数值。费氏仪装置示意图见图 12 - 9。

费氏仪的操作比较简单，但用于表达平均粒度的数学公式却很复杂。它测定的粉末范围为 0.2 ~ 50 μm，它用一档（测定范围为 0.2 ~ 20 μm）测量时，可直接从计数板读取粒度结果；用二档（测定范围为 20 ~ 50 μm）测量时，要将计数板读数乘以 2 才是粒度值的结果。费氏法测定难熔金属及化合物粉末粒度的标准可见中华人民共和国标准 GB/T 3249—1982。

氮吸附测定粉末比表面　由于通常的沉降法和费氏法不适用于测量超细粉末的粒度，于是采用吸附法。

在吸附法中以液体为吸附质的叫液相吸附法，以气体为吸附质的叫气体吸附法。而气相吸附法中，以氮吸附法最为普遍。

氮吸附法测量粉末比表面是以被测试样为吸附剂，氮气为吸

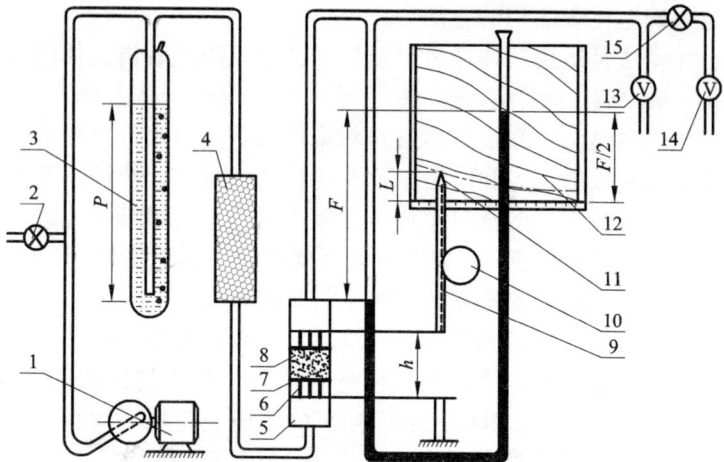

图 12 – 9 费氏仪装置示意图

1—空气泵；2—调压阀；3—稳压管；4—干燥剂管；5—试样管；6—多孔塞；7—滤纸垫；
8—试样；9—齿条；10—手轮；11—压力计；12—粒度读数板；13、14—针阀；15—换档阀

附质。是测量一克粉末的全表面积，包括粉末中与外表面相通的微孔和裂缝所提供的内表面积。对于表面致密的粉末来说，其粒度愈细，比表面积应愈大，反之愈小。所以比表面在一定程度上可以表示一种粉末的粒度大小。氮吸附法测定金属粉末比表面的范围为 $0.1\ m^2/g \sim 1000\ m^2/g$。氮吸附法标准可见中华人民共和国标准 GB/T 13390—1992 金属粉末比表面积的测定。

氮吸附法测定比表面主要是根据 BET 原理，利用已知气体分子大小，在低温和真空状态对粉末的物理吸附，这种吸附介于液态的固态之间。

粉末密度的测定方法 粉末的松装密度是根据粉末的自由落体，装满在一定容积中后，以其质量去除以体积的值。粉末的粒度越细，其松装密度就越小。

松装密度是粉末试样自然充填规定的容器时单位体积内粉末

的质量，单位为 g/cm³。松装密度的倒数称为松装比容，单位是 cm³/g。

测量松装密度的方法有筛网法、斯柯特容量法、漏斗法和振动漏斗法。

筛网法测量粉末松装密度 筛网法粉末松装密度测量装置示意图见图12-10。测量时将粉末分几

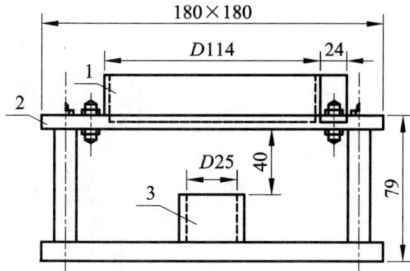

图 12 - 10 筛网法粉末
松装密度测量装置图
1—筛子；2—支架；3—量杯

次倒入筛网上，用橡皮塞轻轻擦动，使粉末落入量杯中心内，待粉末填满量杯溢出后，用钢板尺与量杯口呈45°角刮去高于杯口的粉末，称量杯中粉末的质量，并计算计算公式如下：

$$\rho_{松} = \frac{m}{V}$$

式中：$\rho_{松}$——粉末松装密度 cm³/g；

m——量杯中粉末质量 g；

V——量杯的容积 cm³。

漏斗法测量松装密度 漏斗法松装密度测量装置见图12-11。测量时用手指堵住漏斗底部小孔，将被测粉末倒入漏斗中，放开手指启开漏斗小孔，让粉末自由流入量杯中，直到粉末充满量杯并溢出为止，刮去高于杯口的粉末，然后与筛网法相同的方法称重和计算粉末的松装密度值，计算公式相同，但它用 ρ_a—粉末松装密度 (cm³/g)。金属粉末松装密度的测定标准见中华人民共和国国家标准 GB/T 1479—1984。

振动漏斗法测量松装密度 振动漏斗法松装密度测量装置见图12-12。它与漏斗法不同的是在漏斗装有振动装置，在启动振动装置后才放开手指启开漏斗小孔，让粉末自由流入量杯中，然

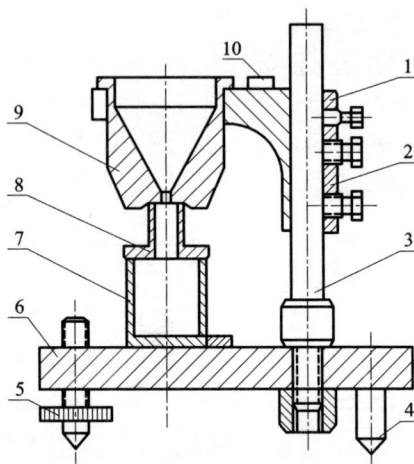

图 12－11　漏斗法松装密度测量装置图

1—支架；2—支撑套；3—支架柱；4—定位销；5—调节螺丝；
6—底座；7—圆柱杯；8—定位块；9—漏斗；10—水准器

后与振动法相同的方法称重和计算粉末的松装密度值，计算公式相同，但它用 ρ_{ao}—粉末松装密度（cm^3/g）。

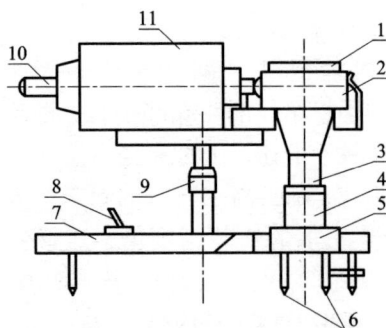

图 12－12　振动漏斗法松装密度测量装置图

1—漏斗；2—滑块；3—定位块；4—圆柱杯；5—杯座；6—调节螺丝钉；
7—底座；8—开关；9—振动器支架；10—振动幅调节钮；11—振支器

斯柯特容量法测量松装密度　斯柯特容量法装密度测量装置见图 12 - 13。测量时将粉末放入上部组合漏斗中的筛网上，自然或靠外力使粉末流入布料箱，交替经过而料箱中四块倾斜角为 25°的玻璃板和方形漏斗，最后流入已知容积的圆柱杯中，直到粉

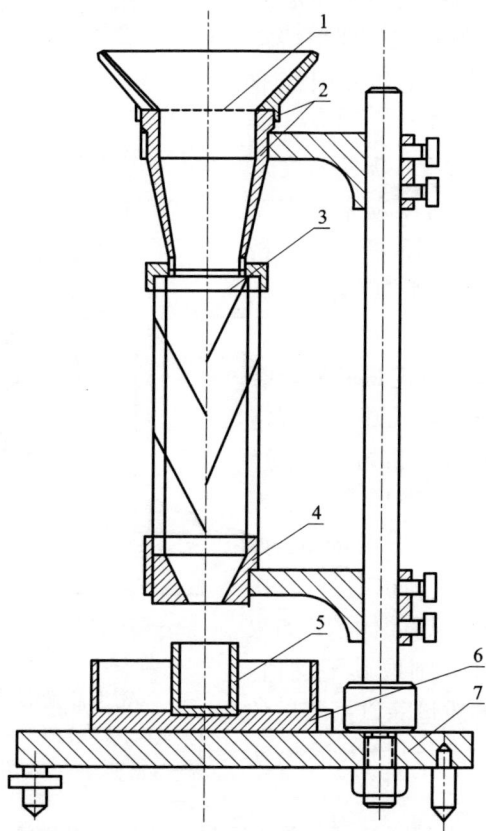

图 12 - 13　斯柯特容量法装密度测量装置图
1—黄铜筛布；2—组合漏斗；3—布料箱；4—方形漏斗；
5—圆柱形；6—溢料盘；7—台架构

末充满量杯并溢出为止，刮去高于杯口的粉末，然后称量圆柱杯中的金属粉末质量。本方法适用于不能自由流过漏斗法中孔径为 5 mm 的漏斗和用振动漏斗法易改变特性的金属粉末。斯柯特容量计法见中华人民共和国标准 GB/T 5060—1985。

粉末振实密度　振实密度是在振动或敲击之下，粉末紧密充填规定的容器后测得的密度。粉末振实密度测量装置见图12-14。

测量时，是将定量的粉末装在振动的容器（量筒）中，在规定的条件（时间和振动频率）下进行振动。当振动时间结束后，振动自动停止。然后取出量筒，如果粉末表面是水平的，就可直接读取粉末的振实后的体积；如果粉末表面不平，则取其平均值。然后用粉末的质量除以振实后的粉末体积，就得到粉末的振实密度。

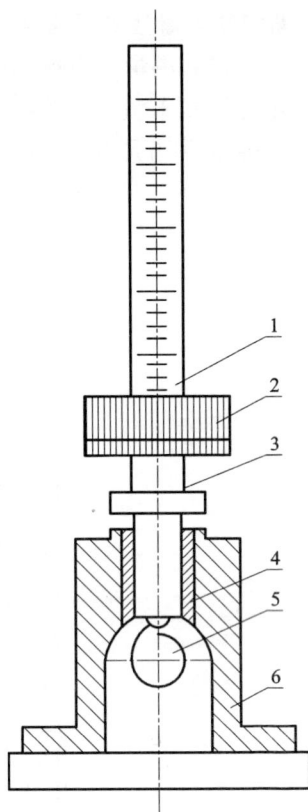

图 12-14　粉末振实密度测量装置图

1—量筒；2—支座；3—定向滑杆；
4—导向轴套；5—凸轮；6—砧座

它与筛网法不同的是：它的质量已定，变化的是体积。计算公式与筛网法相同，但它用 ρ_t—粉末振实密度（cm^3/g）。

流动性是 50 g 粉末从标准的流速漏斗流出所需的时间（s/50 g），标准漏斗是用 50 g 网目过筛后的金刚砂在 40 秒钟内流完。

球形粉末和等轴形粉末流动性好,粗粉比细粉流动性好,粉末体密度高的比密度低的流动性好。流动性的倒数是单位时间内流出的粉末重量,俗称为流速。

压缩性是代表粉末在压制过程中被压紧的能力,用规定的单位压力下粉末所达到的压坯密度表示。

成形性是指粉末压制后,压坯保持既定形状的能力,用粉末得以成形的最小单位压制压力表示,或者用压坯的强度来衡量。

孔隙度是孔隙体积与粉末所表示的体积之比,单位为%。

粉末粒度分布的测定　　粉末体中不同大小颗粒所占的百分比,通常称为粉末群的粒度分布。粉末粒度分布的测定方法有沉降天平法、声波筛分法和 X 射线小角射散法等。

沉降天平法是钨、钼粉末粒度分布测定采用的主要方法,其原理是根据粉末颗粒在静止液体介质中受自身重力作用发生沉降,而介质对粉末的浮力和介质阻止粉末下降的摩擦力与重力这三者之间的平衡时,粉末粒子将匀速下沉,用粒子大小与沉降速度的关系来计算各种粒度的百分比。其测定方法见中华人民共和国标准 GB/T 4195—1984。

声波筛分法主要适用于测定 $5 \sim 45\ \mu m$ 范围内的粉末粒度分布的方法,其原理是由声波发生器产生的一定频率和振幅的声波,迫使筛框内空气振动,粉末随振动的空气流在筛面上运动,小于筛孔的颗粒通过筛孔进入下一级筛,由此而达到筛分目的。筛分结束后,称量各级粉末的质量,即可得粉末的粒度分布。其测定方法见中华人民共和国标准 GB/T 13220—1991。

X 射线小角射散法是利用 X 射线小角射散效应测定 $1 \sim 300$ nm 范围内超细粉末粒度分布的方法,其原理是当一束极细的 X 射线穿过一超细粉末层时,经颗粒内电子的散射,就在原光束附近的极小角区域内分散开来,其射线强度分布与粉末的粒度分布密切相关,然后根据有关公式和方程组来计算出各种粒度所占的百分比。其测定方法见中华人民共和国标准 GB/T 13221—1991。

第四节　金属钼的物理性能测定

金属钼密度的测定　测定金属钼的密度一般都采用排水法。先将金属块在空气中称好重量，然后置于水中再称取重量，根据水的浮力，金属在水中的失去的重量就是金属的体积量，其计算公式：

$$P = \frac{m}{m - m_1}$$

式中：P——金属钼的密度；

　　　m——金属钼在空气中的重量；

　　　m_1——金属钼在水中的重量。

金属金相分析　金相学或显微镜学就是用显微镜研究金属或合金的组织特征。从科学和工艺观点看来，显微镜是冶金工作者极其重要的工具。冶金显微镜与生物显微镜的不同之处在于照明方式不同。由于光线透不过金相试样，所以试样必须用反射光照明。光学显微镜的最大放大倍数为 2000 倍左右，而电子显微镜的基本放大倍数为 1400 ~ 32000 倍，用附加透镜可以扩大到 200000 倍。

根据金相或显微组织的结果可以判断材料的断裂性质，韧性断裂是沿着某些晶面产生塑性变形（滑移或变形孪生）的剪切力的结果，属于穿晶断裂；而脆性断裂是产生晶体解理的拉力所引起，属于沿晶断裂。在多数断口中，上述两种断裂方式均以不同程度同时存在。

金属钼条孔隙度的测定　在放大 100 ~ 110 倍显微镜下观察未腐蚀的试样磨面，如果观察尺寸为 5 ~ 50 μm 的边界清楚的单个黑点，即为孔隙。

孔隙度是指某一视场内孔隙所占面积的百分数，即：

$$X = \frac{A}{B} \times 100$$

式中：X——孔隙度（%）；

    A——视场内孔隙所占面积；

    B——视场的总面积。

金属钼条污垢度的测定　在放大 100~110 倍显微镜下观察未腐蚀的试样磨面，如果观察尺寸大于 50 μm 的形状不规则的黑色孔洞，即为污垢。

污垢度是每 1 cm² 磨面面积上所有污垢的个数及其总长度。

在放大 100~110 倍显微镜下用目镜测微尺（直线型或网格型）测量磨面上每个污垢长度（即最大直径），然后计算出污垢的个数及总长度。

金属钼条晶粒度的测定　钼条的晶粒度可采用面积法和割线法两种方法进行测定：

面积法是在适当放大倍数的显微镜下，在测微网格的目镜内或在有网刻度的暗箱毛玻璃上，量出经腐蚀的试样磨面一定面积上的晶粒数，再算出磨面单位面积上的晶粒度。

在试样磨面同上任选一对角线，并确定三点作为测量位置。先在放大 200 倍下进行粗略观察，记下最大和最小晶粒的尺寸及其他特征，再根据试样晶粒大小，选择适当的放大倍数，使毛玻璃板网格上的晶粒数在 20~30 个范围内，以保证测量的准确度。选择测量位置时，应考虑到该处的组织具有代表性，个别晶粒较大和较小的地方不应作为测量位置。

在三点测完后，取其平均值，按下式计算试样的晶粒度：

$$N = \frac{AB^2}{2500}$$

式中：N——试样磨面单位面积上的晶粒数（个/mm²）；

    A——毛玻璃板网格上测得的晶粒数；

B——放大倍数；

2500——毛玻璃板网格的面积。

割线法是根据以一定长度的直线切割的晶粒数，经过计算而求得试样磨面单位面积上的晶粒数。

先在放大 225 倍下进行粗略观察，记下最大和最小晶粒的尺寸及其他特征，然后选择适当的放大倍数，测量如图所示的三点测量位置的晶粒数。目镜中测微直尺所切割的晶粒数应在 15~30 个范围内，以保证测量的准确度。在测完三点以后，取平均值，按下式计算试样的晶粒度：

$$N = \frac{A^2}{S}$$

式中：N——试样磨面单位面积上的晶粒数($个/mm^2$)；

A——用目镜测微直尺测得的晶粒数；

S——测微直尺长度的平方。

测微直尺的长度在不同放大倍数下是不同的，因此应先预先测出各种放大倍数下直尺的长度。

钼粉和钼的烧结制品金相图谱和粒度评级图见中华人民共和国标准 GBn 255—1985。

金属钼力学性能的测定　钼的力学性能测定主要有以下内容：

硬度是在特定试验中所获得的硬度值，只能作为不同材料或不同处理的一种比较关系。硬度试验可分为三类，即弹性硬度、抗切割或抗磨硬度及抗压痕硬度。一般使用抗压痕硬度试验最多，抗压痕硬度又分为布氏硬度试验、洛氏硬度试验、维氏硬度试验和显微硬度(是指痕印小)试验四种。

应力和应变是指当外力作用于物体上时，就有改变其大小和形状的倾向，物体也抵抗外力。物体内部的抗力称为应力，而相应的物体尺寸的变化称为形变或应变。总应力是作用在物体截面上的总内抗力。

拉伸试验是为了测定材料多种综合力学性能的一种常用方法。通过拉伸试验可测定材料的比例极限（应力－应变图）、弹性极限、屈服点、屈服强度、强度极限、断裂强度、塑性、伸长率、弹性模量等。

冲击试验是测定材料相对韧性的指标的方法，这对于材料的力学性能测定是一种很有用的方法。

疲劳试验是确定材料受到交变载荷时的或脉动载荷时的相对行为。其目的是模拟由于循环载荷周期的变化而在机器零件中所产生的应力状态。

蠕变试验是用来测定材料在高温下，经受低于屈服强度的应力时所发生的连续变形。

无损探伤是指在不损害物体以后的使用性能的任何一种检测方法。无损探伤包括金属射线照相法、磁粉探伤法、荧光渗透剂探伤法、超声波探伤法、涡流探伤法。最新技术是用全息术的三维空间照相记录干涉图像。

参 考 文 献

1　稀有金属手册编辑委员会编著. 稀有金属手册（下册）. 冶金工业出版社, 1995 年 12 月
2　有色金属工业分析丛书编辑委员会编. 难熔金属和稀散金属冶金分析. 冶金工业出版社, 1992 年 2 月
3　黄培云. 粉末冶金原理. 冶金工业出版社, 1982 年 11 月

附　　录

附录一　　溶剂萃取概述

溶剂萃取　是一种利用物质在互不混溶的两相中的不同分配特性进行分离的方法。通常是利用与水不混溶的有机溶剂，借助萃取的作用，使一种或几种组分进入有机相，而另外一些组分仍留在水中，从而达到分离和富集的目的。

溶剂萃取法具有选择性好，回收率高，设备简单，操作简便，快速，以及易于实现自动化控制等特点。但是该法的不足之处是，使用的萃取剂价格大多昂贵，有机溶剂较易挥发并有一定的毒性，多级萃取过程也较烦琐等。尽管如此，该法的主要特点仍使其一直受到广泛的重视。

溶剂萃取分离方法自出现以来，现已广泛用于分析化学、无机化学、放射化学、湿法冶金以及化工制备等领域。随着科研和生产的发展，该法正以更快的速度继续发展。

溶剂萃取体系类型　溶剂萃取体系可以根据萃取反应机理、萃取剂种类以及生成萃取物性质等不同方式进行分类。根据萃取物的性质，溶剂萃取体系常被分为螯合物萃取体系及离子缔合物萃取体系两种主要类型，其次还有酸性磷类萃取类型。

1. 螯合物萃取体系

螯合物是一种金属离子与多价配位体形成的具有环状结构的配合物，难溶于水而易溶于有机溶剂。螯合物萃取就是利用金属螯合物这一特性进行分离的。现已利用螯合物萃取分离的元素已达60多种，其中也包括钼。

2. 离子缔合物萃取体系

金属络离子与异性电荷离子借助静电引力作用结合形成的不带电化合物，称为离子缔合或离子对半化合物，也具有疏水性和可被有机溶剂萃取的特性。通常离子半径越大，电荷就越低，越容易形成疏水性离子缔合物。根据萃取金属离子所带的电荷不同，离子缔合物萃取体系可以分为金属络阳离子缔合体系、金属络阴离子缔合体系、溶剂化合物萃取体系和冠状化合物萃取体系。根据有机阳离子的结构和性质，该离子缔合体系又可分为碱性染料类和高分子铵类等萃取体系。高分子铵类对金属离子的萃取能力及选择性与铵的类型及结构有关。在盐酸、硝酸、氢氟酸和硫氰酸体系中，萃取能力及选择按以下次序减小：季铵盐 > 叔盐 > 仲盐 > 伯盐。在硫酸体系中则按伯盐 > 仲盐 > 叔盐的次序减弱，季铵盐与叔盐大致相同。用于钼萃取的 N－235 就是叔铵类的一种。

3. 酸性磷类萃取体系

是一种含有酸性基团的有机磷化合物。它主要是通过其结构中含的有一个或两个氢离子与水溶液中的金属阳离子相互交换而进行萃取。萃取机理与阳离子交换树脂吸附金属离子相类似，因此这类萃取剂又有液体阳离子交换剂之称。酸性磷类萃取剂能萃取大多数金属离子，选择性较差。但萃取速度快，价格便宜，在无机化学及放射化学萃取工艺流程中应用较多。

提高萃取率及选择性的方法　　不同的萃取体系，对萃取条件的要求不一样，提高选择性的方法也不尽相同。

1. 提高螯合物萃取及选择性的方法

主要有以下几种：

(1)改变酸度。根据萃取平衡方程，可以计算出不同价态金属离子的萃取率和分配比与 pH 的关系。对于不存在水解副反应的萃取体系，当 pH 增加一个单位，一价、二价、三价及四价金属离子的分配比将相应地增大 10、10^2、10^3 及 10^4 倍。对于容易形成羟基配合物和容易水解的金属离子，以及在高 pH 条件下形成稳定阴离子的金属，如 Mo(Ⅵ)，W(Ⅵ)，U(Ⅵ)，V(Ⅴ)等，将随着 pH 升高萃取率反而降低，因此，必须根据情况选择控制酸度。

(2)提高螯合剂的浓度。在一定酸度和溶剂条件下，金属离子的萃取程度也与螯合剂的浓度密切相关。萃取剂浓度[HA]愈高，分配比 (D)愈大。并且萃取曲线向酸性范围移动。从理论上计算，[HA]增大 10 倍，pH 改变一个单位，这对于易水解金属离子的萃取是有利的。但是，螯合剂在有机溶剂中的溶解度也是有限的，浓度过大也可能导致生成非萃取的较高配合络合物等副反应发生。

（3）有机溶剂的选择。有机溶剂的性质也影响螯合剂和萃取物的分配比。萃取剂在有机溶液中溶解度愈高，其分配常数也愈大。对于配位数未饱和的萃取物萃取，有机溶剂的适用性按以下次序排列：醇类 > 酮类 > 混合醚 > 简单醚 > 烃类的卤化衍生物 > 烃类。

（4）改变萃取温度。萃取通常在室温下进行，提高温度会使两相互溶度增大，两相区域缩小，以及萃取剂稳定常数减小等原因，使分配比降低，不利于萃取，并且操作也不方便。但是，对于存在聚合和水合的分子，提高温度有利于脱水和解聚，可使萃取率提高。

（5）掩蔽剂的选择。当两种或多种金属与螯合剂均可形成萃取的螯合物时，可加入掩蔽剂使其中的一种或多种金属离子形成易溶于水的配合物而相互分离。这是提高溶液萃取选择性的重要途径之一。

在一定的掩蔽剂存在下，通过改变萃取剂浓度及溶液 pH 值的方法，可进一步提高萃取的选择性。对于一些复杂的金属离子体系，单一掩蔽剂难以完全抑制干扰金属离子进入有机相时，还可以采用多种掩蔽剂进行联合掩蔽。

常用的掩蔽剂有 EDTA、酒石酸盐、柠檬酸盐及焦磷酸盐等。必须指出，在某些情况下掩蔽剂会影响分配比和萃取率，甚至会改变定量萃取的 pH 范围。

（6）利用协同萃取。在一些萃取体系中，两种或两种以上萃取剂的混合同时萃取某一金属离子或其化合物时，其分配比显著地大于每一种萃取剂在相同浓度下单独萃取的分配比之和，即产生协同萃取效应。利用协同萃取效应是提高萃取分离效果的有效方法之一，至今已有较多的研究和应用。协同萃取的程度与协萃剂、稀释剂的性质有关，也受金属离子及萃取剂性质的影响。

稀释剂的性质对协同萃取的程度的影响也较明显。随着稀释剂极性的降低，稀释剂在水中的溶解度减小，协萃分配系数随之增大。其顺序为：氯仿 < 甲基异丁酮 < 苯 < 四氯化碳 < 正己烷 < 环己烷。

此外，协萃程度与萃取剂性质也有关。萃取剂越稳定，生成混配物倾向越不明显，协萃效应越小。

（7）利用共萃取。共萃取是指某一元素（通常为微量元素）单独存在时不被萃取或萃取率很低，但有另一种元素（通常为常量元素）存在时，难以萃取的元素也能被萃取或萃取率显著增大的现象。

共萃取的机理比较复杂，大多数情况是由于形成混合配合物而造成的。共萃取现已成为预富集痕量元素的重要手段，特别是对于难萃取的碱金属和碱土金属，共萃取更是富集分离的新途径。

（8）反萃取。反萃取是指把已萃取物用适当试剂从有机相中重新分离出来的过程。用于反萃取的试剂称为反萃取剂。反萃条件的选择，一般要根据萃取机理决定。通常可以利用调节水相酸度、络合反萃、还原反萃或分步反萃等方法来实现。对于含氧萃取剂、中性磷类萃取剂、胺类萃取剂，降低酸度可使被萃取元素从有机相中反萃出来。对于酸性磷类萃取剂及螯合萃取剂则需要提高酸度。

（9）改变元素价态。不同价态金属离子，与萃取剂的反应特性不尽相同。因此利用预先氧化或还原的方法改变价态，也是提高萃取选择性的重要方法。

（10）利用萃取速率的差异。萃取速率影响因素较多，同一体系中，不同金属离子的萃取速率也存在差异。同样，利用反萃速率的不同也可以进行元素的分离。

2. 提高离子缔合物萃取率及选择性的方法

离子缔合物萃取体系的萃取率及选择性，也可采用各种不同的方法提高。其中不少的方法与螯合物萃取体系相似。例如，控制萃取酸度，选择萃取剂及其浓度，改变萃取溶液以及采用掩蔽等方法也同样可以获得好的萃取结果。值得强调的是利用盐析作用对提高离子缔合物萃取性能也是一种较为重要的方法。在离子缔合物萃取体系中，如果加入与被萃取化合物具有相同阴离子的盐或酸，往往可以显著地提高萃取率，这种作用称为盐析作用。加入的盐类称为盐析剂。实际应用的盐析剂常为易溶于水但不参加配合反应的无机盐，主要包括铵盐、锂盐、镁盐、铝盐及铁盐等。一般地说，离子价态越高，半径越小，其盐析作用越强。

盐析作用的本质，一般认为其基于以下原因：① 加入盐析剂使阴离子浓度增加，产生同离子效应，使萃取平衡朝发生萃取作用方向移动；② 盐析剂是电解质，其离子水化作用可使溶液中水分子活度减小，降低了萃取物与水分子的结合能力，因而有利于萃取；③ 高浓度电解质存在，使水的介电常数大为降低,水的偶极矩作用减弱,有利离子缔合物形成。

在为类萃取选择盐析剂的一般原则是:① 选用小半径高电荷阳离子盐。阳离子半径越小,价态越高,溶剂化作用越强。如下列阳离子的盐析作用按以下次序减弱:$Li^+ > Na^+$,$Be^{2+} > Li^+$。② 尽量使用高浓度盐析剂。浓度愈高,萃取效果愈好,但是不宜使用饱和浓度,否则容易析出结晶,影响操作。③ 盐析剂不应有副作用或干扰测定。④ 阴离子尽可能具有同离子效应。

不管何种萃取体系,增加萃取次数是提高萃取率的至关重要的首选方法。对于分配比不同的萃取体系,不同的萃取次数后留在水相中的被萃取物所占百分率见表附 1 - 1。

表附 1 - 1　分配比不同在不同萃取次数后被萃取物留在水相中的百分率/%

分配比	萃　取　次　数						
	0	1	2	3	…	9	10
$D = 1$	100	50	25	12.5	…	0.195	0.098
$D = 10$	100	9	0.8	0.07			
$D = 1000$	100	0.1					

分配比(D)就是当萃取达到平衡时,被萃取物在两相中总浓度的比值。
$D = [M]_o / [M]_w$

式中,$[M]_o$、$[M]_w$ 分别表示该被萃取物在有机相中和水相中的平衡浓度。

在两相中溶解度相等(水相和有机相中的被萃取物各占 50% 时),即 D = 1 的萃取体系中,从上表中可以看出,要萃取 10 次才能接近萃取完全。当 D = 10 的萃取体系却仅需要 3 次。当然萃取次数越多萃取效果就越好,但是也相应地增加了操作的工作量。所以应该根据萃取率的要求选择萃取次数。

萃取率计算　分配比表示的是被萃取物在一定的条件下进入有机相的程度。在实际工作中为了衡量萃取的完全程度,常用萃取率表示:
萃取率 = 被萃取物在有机相中的总量/被萃取物在两相中的总量

附录二　离子交换与吸附概述

利用离子交换剂与溶液中的离子发生交换反应进行分离的方法，称为离子交换分离法。该法分离效率高，既能利用带相同电荷离子间的分离，也能用于带相反电荷离子间的分离，还可用于痕量元素的富集和高纯物质的制备。离子交换分离法使用的设备简单，操作也不复杂，树脂又具有再生能力，可以反复使用，因此，它是一种应用广泛和重要的分离富集方法。其不足之处是分离时间长，耗时过多。

离子交换剂　离子交换剂通常是指固体离子交换剂，从广义上说，可指具有离子交换能力的所有物质，包括液体交换剂。某些固体离子交换剂既具有吸着性质又具有离子交换性质，因此又可称它为吸着离子交换剂。

离子交换剂的种类很多，主要分无机离子交换剂和有机离子交换剂两大类。无机离子交换剂由天然的(黏土、沸石类矿物)和合成的(合成沸石、分子筛、水合金属氧化物、多价酸性盐类、杂多酸盐等)化合物构成。天然离子交换剂由于在化学和物理机械性能上不够稳定，交换容量小，颗粒易碎不便于作柱上色层分离使用，因此在应用上受到限制。而合成离子交换剂在选择性、交换容量、物理性能等方面得到了很大改进，因而受到重视，新型合成无机离子交换剂的研究不断获得进展。有机离子交换剂则是人工合成的带有离子交换功能团的高分子聚合物，其中应用最为广泛的是离子交换树脂。

离子交换树脂的化学结构　离子交换树脂是一种高分子聚合物，主要由两部分组成：一部分称为骨架，这是具有立体网状结构的高分子聚合物，化学性质稳定，对酸、碱和一般溶剂都不起作用；另一部分是连接在骨架上可被交换的活性基团(交换基)，它对离子交换剂的交换性质起着决定作用，可与溶液中的离子进行离子交换反应。图附2-1为磺酸型阳离子交换树脂的结构示意图。图中以波形线条代表树脂的骨架，$-SO_3H$为离子交换基。

离子交换树脂的骨架，最常用的是由苯乙烯与二乙烯苯聚合所得的聚合物，再经浓H_2SO_4磺化而制得强酸性阳离子交换树脂。用作树脂骨架的还有乙烯吡啶系、环氧系、脲醛系、酚醛树脂等。离子交换树脂按骨架内的

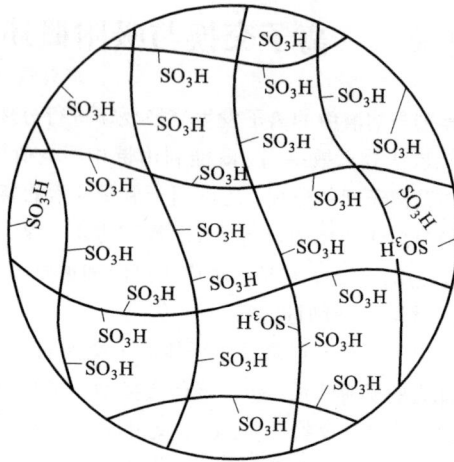

图附 2 - 1 磺酸型阳离子交换树脂结构示意图

网孔大小，可分为微孔树脂和大网树脂两大类。微孔树脂即凝胶型树脂，通常其网孔大小为 2 ~ 4 nm。网孔大小与交联度有关。大网树脂又称大孔树脂，孔径可达 20 ~ 100 nm，有较好的机械性能。

离子交换树脂的类型 离子交换树脂的分类方法有几种，但最重要是根据树脂的交换基进行分类，大致分为阳离子交换树脂、阴离子交换树脂、螯合型交换树脂和其他特种树脂等四大类。国产树脂按照交换基性质又分为强酸、弱酸、强碱、弱碱、螯合、两性及氧化还原等七类。

阳离子交换树脂 这类树脂的交换基是酸性基团，它的 H^+ 可被阳离子交换。根据交换基团酸性的强弱，可以分为强酸性、弱酸性两类。强酸性树脂含有磺酸基($-SO_3H$)，弱酸性树脂含有羧基($-COOH$)或酚羟基($-OH$)。

强酸性阳离子交换树脂的交换基，在溶液中完全溶解，在酸性、中性或碱性溶液中均能进行交换吸附，交换容量基本上一致，化学稳定性好。它的外形为细颗粒状(球形)，呈浅黄或深黄色。常见的有国产001×4、001×7，前苏联的 Сьс，美国的 Dowe×50 和 Am - berliteIR - 120，日本的 Di - aionSK - 1，英国的 Zerolit225 等树脂。磺酸型阳离子交换树脂与钠离子的交换反应表示如下，式中 R 代表树脂骨架：

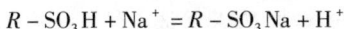

$$R - SO_3H + Na^+ = R - SO_3Na + H^+$$

弱酸性阳离子交换树脂含有羧基（-COOH），在溶液中的离解行为与弱酸相似，与 H^+ 的亲和力甚大，在酸溶液中仅微溶解。

阴离子交换树脂 这类树脂的交换基团是碱性基团，只与溶液中的阴离子进行交换。根据碱性基团的强弱，可分为强碱性和弱碱性两类。强碱性树脂含有季胺基（$-N(CH_3)_3$），弱碱性树脂含有伯、仲、叔胺基（$-NH_2$，$-NHR$，$-NR_2$）等。

强碱性阴离子交换树脂的交换容量不受溶剂中 pH 影响，羟型树脂似强碱一样，可完全离解。一般氧化剂不能破坏这类树脂，在有机溶剂中稳定。羟型树脂转变成盐型时体积变小，外形为业黄色球形。常见有国产的 201×2，201×4，201×7，美国的 Dowe×1×2，Amberlite IRA-400，英国的 Zerlot FF，俄罗斯的 3дэ-10п，日本的 Diaon SA-100 等树脂。

弱酸性阴离子交换树脂，其交换容量随溶液中 pH 值而变。

若一种树脂内既含有阳离子交换基，又含有阴离子交换基，此类树脂称为两性树脂，如含有胺基和羧酸基两性树脂，其化学结构与胺羧络合剂相似。

螯合型离子交换树脂 螯合树脂是将高选择性的有机试剂引入到树脂骨架中，使树脂具有交换性的能力。这类树脂用于分离时，在树脂上同时进行交换反应和螯合反应，从而呈现出高选择性和高稳定性。其稳定性是由于它与金属离子形成了内络盐的缘故，其选择性主要决定于树脂中螯合基的结构，因此对无机离子的分离和富集十分有用。现已合成许多类的螯合树脂，如国产的 401 型则属于氨羧基[$-N(CH_2COOH)_2$]螯合树脂。

螯合树脂按其含的官能团区分，大致分为亚氨二乙酸型树脂，偶氮、偶氮胂、8-羟基喹啉类树脂，水杨酸树脂，葡萄糖型树脂等。

特种树脂 普通离子交换树脂对一般元素分离有一定效果，操作简便，但交换速度较慢，洗脱体积大，时间较长，选择性较差，因此某些特种树脂应运而生。例如萃淋树脂和冠醚树脂。冠醚树脂对碱金属、碱土金属等有特殊的选择性，金属离子分离效果引人注目。其所含的冠醚结构与阳离子配位结合，一方面表现出对阳离子有选择性的吸附性能力，另一方面在吸附阳离子时又伴随吸附等量的阴离子，以保持其电中性，因此此类树脂均可用于阴、阳离子的分离。

离子交换反应　离子交换树脂在溶液中溶胀后，其交换基团所离解的离子可在树脂网状结构内部的水中自由移动。如果溶液中存在着离子，则在树脂和溶液之间可能发生等物质量的离子交换，并保持两相呈电中性，经过一段时间后达到平衡，整个过程是可逆过程。

例如，氢型阳离子交换树脂与溶液中一价阳离子发生交换反应，即

如果在交换柱上交换，随着溶液的下移，这种交换不断进行，直到溶液中的阳离子全部交换完毕为止。此时再向交换柱的顶端注入合适的洗提液时，则洗提液将树脂上已吸附的阳离子再交换到溶液中。

当这部分溶液与下层树脂接触时，又会与树脂发生交换，溶液中吸附能力强的阳离子把树脂上吸附能力弱的阳离子交换出来。如此反复进行，于是阳离子的移动速度有了差别，吸附能力弱的离子优先随洗提液流出，这就构成了离子交换色谱分离的基础。

离子交换的亲和力　离子在离子交换树脂的交换能力称为离子交换树脂对离子的亲和力。离子交换分离某些元素的主要依据就是离子交换树脂对离子的亲和力不同。

离子交换树脂对不同离子的亲和力会有差别，是因为离子在水溶液中以水合离子形式存在，阳离子的水合程度随离子半径的减小和电荷数的增大而增加，而树脂吸着离子主要靠静电引力。离子的体积越大，电荷越低，静电引力越小。因此树脂对离子的亲和力大小，就决定水合离子的大小和电荷数的多少。同价的离子其水合离子半径大，也就是原子半径小者或离子半径小者，其亲和力小，反之则大。螯合树脂对离子的亲和力决定于树脂上螯合基团的性质。

实验证明，常温下，在离子浓度不大的溶液中，离子交换树脂对离子的亲和力有如下规律：

（1）强酸性阳离子交换树脂对离子的亲和力随交换离子的价数增加而变大。对不同价的离子，电荷越高，亲和力越大，如 $Na^+ < Ca^{2+} < Al^{3+} < Th^{4+}$；对同价离子，如一价阳离子的亲和力顺序为：$Li^+ < H^+ < Na^+ < NH_4^+ < K^+ < Rb^+ < Cs^+ < Tl^+ < Ag^+$；二价阳离子的亲和力顺序为：$UO_2^{2+} < Mg^{2+} < Zn^{2+} < Co^{2+} < Cd^{2+} < Ni^{2+} < Ca^{2+} < Sr^{2+} < Pb^{2+} < Ba^{2+}$；三价阳离子的亲和力顺序为：$Al^{3+} < Sc^{3+} < Y^{3+} < Eu^{3+} < Pr^{3+} < La^{3+}$；但对稀土元素的亲和

力随原子序数增大而减小，这是由于镧系收缩现象所致，其原子序数增大，离子半径减小，而水合离子的离子半径增大，故：$La^{3+} > Ce^{3+} > Pr^{3+} > Nd^{3+} > Sm^{3+} > Eu^{3+} > Gd^{3+} > Tb^{3+} > Dy^{3+} > Y^{3+} > Ho^{3+} > Er^{3+} > Tm^{3+} > Yb^{3+} > Lu^{3+} > Sc^{3+}$。

（2）弱酸性阳离子交换树脂：H^+的亲和力比其他阳离子大，而其他阳离子的亲和力顺序与强酸性阳离子交换树脂相似。

（3）强碱性阴离子交换树脂亲和力的顺序为：$F^- < OH^- < CH_3COO^- < HCOO^- < Cl^- < NO_2^- < CN^- < Br^- < CrO_4^{2-} < NO_3^- < HSO_4^- < I^- < CrO_4^- < SO_4^{2-} <$ 柠檬酸根。

（4）弱碱性阴离子交换树脂亲和力的顺序为：$F^- < Cl^- < Br^- < CH_3COO^- < MoO_4^{2-} < PO_4^{3-} < NO_3^- <$ 酒石酸根 $<$ 柠檬酸根 $< CrO_4^{2-} < SO_4^{2-} < OH^-$。

离子交换的反应平衡常数　离子交换树脂对离子的亲和力常以离子的平衡常数和分配系数表示，若含阳离子 B^+ 溶液和离子交换树脂 $R - A^+$ 发生交换反应，则其反应式为：

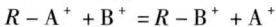

$$R - A^+ + B^+ = R - B^+ + A^+$$

则达到平衡常数 K 为：$K = \dfrac{[B^+]_r[A^+]}{[A^+]_r[B^+]}$

式中 $[B^+]_r$，$[A^+]_r$ 分别表示树脂相中 B^+，A^+ 的浓度；$[B^+]$，$[A^+]$ 分别表示 B^+，A^+ 溶液中的浓度。

在一定条件下，平衡常数 K 值的大小表示树脂对 B^+ 的吸附能力的强弱，即树脂对离子亲和力的大小。平衡常数又称为选择系数，表示同一种离子交换树脂对不同离子的吸附选择性。不同类型树脂的 K 值不同。

若 K 值 $=1$，表示树脂对 A^+，B^+ 两种离子的亲和力相等；若 K 值 >1，表示树脂对 B^+ 的亲和力大于 A^+ 的亲和力；若 K 值 <1，则表示树脂对 B^+ 的亲和力小于树脂对 A^+ 的亲和力。

若溶液中各种离子的浓度相同，则亲和力大的离子先被交换上去，亲和力小的后被交换上去。若选用适宜的洗涤液洗脱时，则后被交换上去的先洗脱下来，从而使各种离子彼此分离。

分配系数和分配因子　离子交换树脂对离子的亲和力取决于该离子的本性、树脂的种类与性质以及溶液中其他离子的影响。为方便地反映树脂对不同种类的亲和力大小，可用分配系数 D 表示。某离子 B^{n+} 和树脂进行交换达到平衡后，B^{n+} 离子在树脂相浓度和液相浓度之比值称为离子分配系数，类似于溶剂萃取过程中分配比，即

$$D = \frac{[B^{n+}]_r}{[B^{n+}]}$$

式中 $[B^{n+}]_r$，$[B^{n+}]$ 分别表示 B^{n+} 在树脂相、液相中的浓度。比较不同离子的分配系数的大小，反映出树脂对离子的亲和性。

离子交换树脂对两种离子的分离能力，又常以两种离子的分配系数 D_2、D_1 之比，即分离因子（a）表示：

$$a = \frac{D_2}{D_1}$$

若 $a \approx 1$，表示树脂对两种离子的吸附能力相同，两者难以分离；若分离因子偏离 1，则表示树脂对两种离子的吸附能力有差别；偏离越大则两者越易分离。因此，在离子交换分离体系中可用分离因子衡量两元素分离的可能性，要选择适当的离子交换树脂和洗提液以使两元素分离因子足够大，并且其中一个元素的分配系数极小或很小而不被吸附或很小吸附，这样就可用很少量的洗提液将它洗脱下来，另一种元素仍留在交换柱上。

离子交换分离方式　离子交换分离方式为静态和动态两种。在分析工作中为了分离和富集某种离子或某些离子，一般采用动态法在交换柱中进行。在实际工作中，根据所选择的交换条件、离子亲和力的大小、样品量、测量方法以及待测元素分离程度等要求，又可选用不同的操作方法如静态法或动态法。

静态法又称平衡法，是将离子交换树脂置于含有欲分离元素的溶液中，经不断搅拌或连续振荡，经过一定时间后，使之达到交换平衡，将离子交换树脂滤出后使两相分开，并用少量溶液洗涤，这样可使某些元素达到部分分离或几乎完全分离。静态法多用于分配系数的测量。若用于元素间的分离，则必须是一种或一些分配系数很大（$D > 10^4$），强烈地被吸附，另一种或另一些元素分配系数极度小（$D < 10^{-1}$），几乎完全不被吸附。这两个条件欲同时满足是很少的，不适宜工业性的生产。但可用阳离子交换树脂以静态法交换吸附稀土元素，以光谱定量法测定之。

动态法又称柱滤法，可以将交换柱比拟为过滤器，试样溶液经过交换

柱中的树脂时,从上到下一层层地发生交换过程。如果柱中装的是阳离子交换树脂,试液中的阳离子与树脂上的 H^+ 离子交换而随留于柱中,阴离子不交换而随溶液流出,阳离子和阴离子由此得以分离。如果柱中阴离子交换树脂,则阴离子留在交换柱中,阳离子随溶液流出,阳离子和阴离子亦可得以分离。然后用少量与交换液相同或相近溶液洗涤,便可将在柱上残留或吸附甚少的那些元素除去,合并流出液和洗涤液,即可分析测定其中的阳离子和阴离子。洗涤后的交换柱可以进行洗脱,以洗下交换在树脂上的离子,就可以在洗脱液中测定交换的离子。用这种离子交换分离法分离不同电荷的离子是十分方便的,例如去离子水的制备。柱石中装填树脂的量比实际需要常增加 $0.5\sim2$ 倍,以保证试液中欲被交换吸附的元素完全交换吸附而留在柱上。但这种方法要求欲分离的离子间的分配系数有较大的差别($D_1\geqslant10^2$ 和 $D_2\leqslant10^1$)。对于带相同电荷离子间的分离,由于它们的亲和力不同,在柱上交换后,形成不完全的重叠的吸附带,则可选择在适宜的洗提剂之间进行多次解吸、吸附、再解吸、再吸附的反复过程,随着洗提液不断流过,元素的吸附带逐渐地分开,便能在不同部分的流出液中收集而获得不同元素的组分。这种由洗提剂将交换吸附在交换柱上的离子洗脱出来的过程称为洗脱过程。

附录三　硝酸的性能

硝酸,别名:氢氮水、硝镪水。

分子式: HNO_3 ;分子量: 63.02。

相对密度 1.503(25 ℃)1.41(硝酸含量68%在 20 ℃时)。

熔点(-41.59)℃;(-37.68)℃一水物;沸点83 ℃, 120.5 ℃(68%硝酸)

工业浓硝酸技术要求见表附3 - 1;工业稀硝酸见表附3 - 2。

工业硝酸是透明、无色或浅黄色有独特的窒息性气味的腐蚀性液体,遇潮气或受热分解而成有刺鼻臭味的二氧化氮。硝酸化学性质活泼,能与多种物质反应,是一种强氧化剂,可腐蚀各种金属材料(除铝和特殊的铬合金钢)。硝酸在长期储存后(尤其是在光线照射下),会分解释放出二氧化氮。

表附 3 – 1　工业浓硝酸技术要求（GB/T337.1—2002）/%

级 别	硝酸（HNO_3）含量	亚硝酸（HNO_2）含量	硫酸含量	灼烧残渣含量
98 酸	≥98.0	≤0.5	≤0.08	≤0.02
97 酸	≥97.0	≤1.0	≤0.10	≤0.02

表附 3 – 2　工业稀硝酸技术要求（GB/T337.2—2002）/%

项　目	68 酸	62 酸	50 酸	40 酸
硝酸（HNO_3）含量 ≥	68.0	62.0	50.0	40.0
亚硝酸（HNO_2）含量 ≤	0.2	0.2	0.2	0.2
灼烧残渣含量 ≤	0.2	0.2	0.2	0.2

　　硝酸是一种极其重要化工原料之一，广泛用于化肥、国防、冶金、化纤、化工、染料、制药等工业。

　　硝酸本身不自燃，但能与多种物质如金属粉末、电石、硫化氢、松节油等猛烈反应，发生爆炸。与可燃物、还原剂和有机物如木屑、棉花、稻草或废纱头等接触，引起燃烧，并发出剧毒的棕色浓雾，与硝酸蒸气接触很危险。

　　硝酸液与硝酸蒸气对皮肤和黏膜有强烈的刺激和腐蚀作用。浓硝酸烟雾可释放出五氧化二氮（硝酐），遇水蒸汽形成酸雾，可迅速分解成二氧化氮，浓硝酸加热时可产生硝酸蒸气，也可分解产生二氧化氮，吸入硝酸烟雾可引起急性中毒；口服硝酸可引起腐蚀性口腔炎和胃肠炎，可出现休克或肾功能衰竭等；皮肤或眼接触硝酸液可引起灼伤，皮肤接触硝酸的部位呈褐黄色。

　　如吸入硝酸烟雾，应立即脱离事故现场至新鲜空气处；如误口服硝酸时应立即用清水漱口，如消化道损伤时洗胃需谨慎；如被浓硝酸灼伤皮肤应立即用大量清水冲洗 15 分钟以上或小苏打水清洗并送医院。

　　硝酸运输时包装标志必须注明"腐蚀性物品"字样；工业硝酸应装在铝制槽车或铝制容器中，封口严密。使用玻璃瓶装硝酸时，应外用木箱包装，内衬不燃材料；用耐酸坛装硝酸时，应外用木格箱、铝桶或不锈钢桶装，内衬不燃材料。搬运时要轻装轻卸，防止碰击、震动、斜倒。搬运人员应穿戴用耐酸材料制成的防护服(包括对眼、脸、手和臂的防护)。

　　工业硝酸宜单独存放在低温干燥通风的一级防火建筑库房;储存处要和其他仓库隔离,避光和远离热源;地面要使用耐酸材料,严实砌好。大量储存库要有围墙或门栏,以防万一漏出进而向外扩散,并备有中和剂。硝酸储存处必须与氧化剂、金属粉末、电石、硫化氢、碱性物质、松节油、有机酸以及各种可燃物(如木屑、稻草、纸张、废纱头等)、有机物或易氧化物相隔绝。硝酸是挥发性酸,不宜久储。储库外应备有消防龙头和氧气防毒面具,以应急救。

　　对硝酸泄漏处理时,操作人员须戴好防毒面具和手套。一旦泄漏立即用水冲洗。若大量溢出,则工作人员均要撤离储库,用水或碳酸钠中和硝酸,稀释的污水 pH 降至 5.5~8.5 排入废水系统。

附录四　　液氨和氨水的性质

氨水的理化性质　工业氨水分子式:NH_4OH(分子量:35.045),产品质量:产品符合 GB536—1988 技术标准,工业氨水技术标准见表附 4 - 1。

表附 4 - 1　工业氨水技术标准

指标名称	指　　标		
	优等品	一等品	合格品
氨含量/%	≥99.9	99.8	99.6
残留物含量/%	≤0.1(重量法)	0.2	0.4
水分/%	≤0.1	—	—
油含量/$mg·kg^{-1}$	≤5(重量法)	—	—
	2(红外光谱法)		
铁含量/$mg·kg^{-1}$	≤1	—	—

　　化工部标准 HG1 - 88 - 81《氨水》的技术指标要求工业用氨 NH_3 含量:(%)(一级) ≥ 25、(二级) ≥ 20 色度;(号)(一级)≤80、(二级)≤80 残渣含量;(g/L)(一级)≤0.3(二级)≤0.3。

氨水是气氨溶于水形成的水溶液。产品为无色的液体，呈弱碱性，易挥发，具有强烈的刺激性气味，同气氨一样能对人体起腐蚀和窒息作用。氨水是不燃烧、无爆炸危险的液体。在正常条件下，从氨水中分离的氨体具有强烈的气味、有毒、有燃烧和爆炸危险。氨具有强烈的明显刺激作用。相对密度小于1，浓度越高其相对密度越小。能与酸性物质及铜、锌等金属反应。

氨水常用作染料、制药和化工生产的原料；也可作氮肥施用。

氨水包装与储存时，应放在阴凉、避风、隔绝火源的场所，以减少氨水的挥发和避免发生爆炸事故。

如被氨水损伤皮肤时，应用水洗涤，然后用3% ~ 5%乙酸或柠檬酸冲洗。当发生氨中毒时应立即呼吸新鲜空气。

液氨的理化性质   液氨是一种无色气体，有刺激性恶臭味。分子式NH_3。分子量17.03。相对密度0.7714 g/L。熔点 -77.7 ℃。沸点 -33.35 ℃。自燃点651.11 ℃。蒸气密度0.6。蒸气压1013.08 kPa(25.7 ℃)。蒸气与空气混合物爆炸极限16% ~25%(最易引燃浓度17%)。氨在20 ℃水中溶解度34%，25 ℃时，在无水乙醇中溶解度10%，在甲醇中溶解度16%，溶于氯仿、乙醚，它是许多元素和化合物的良好溶剂。水溶液呈碱性，0.1 N水溶液pH值为11.1。液态氨将侵蚀某些塑料制品，橡胶和涂层。遇热、明火，难以点燃而危险性较低；但氨和空气混合物达到上述浓度范围遇明火会燃烧和爆炸，如有油类或其他可燃性物质存在，则危险性更高。与硫酸或其他强无机酸反应放热，混合物可达到沸腾。

不能与下列物质共存：乙醛、丙烯醛、硼、卤素、环氧乙烷、次氯酸、硝酸、汞、氯化银、硫、锑、双氧水等。

主要用于制造硝酸、炸药、合成纤维、化肥；也可用作制冷剂。

氨气对人体的损害，氨气主要经呼吸道吸入，人吸入 LCLo：5000 ppm/5M，大鼠吸入 LC50：2000 ppm/4H，小鼠吸入 LC50：4230 ppm/1H，对黏膜和皮肤有碱性刺激及腐蚀作用，可造成组织溶解性坏死。高浓度时可引起反射性呼吸停止和心脏停搏。人接触553 mg/m³可发生强烈的刺激症状，可耐受1.25分钟；3500 ~ 7000 mg/m³浓度下可立即死亡。

短期内吸入大量氨气急性中毒后可出现流泪、咽痛、声音嘶哑、咳嗽、痰中带血丝、胸闷、呼吸困难，可伴有头晕、头痛、恶心、呕吐、乏力等，可出现紫绀、眼结膜及咽部充血及水肿、呼吸率快、肺部罗音等。严重者可发生肺水肿、急性呼吸窘迫综合征，喉水肿痉挛或支气管黏膜坏死脱落致窒息，还可并发气胸、纵膈气肿。胸部 X 线检查呈支气管炎、支气管周围炎、肺炎或肺水肿表现。血气分析示动脉血氧分压降低。

　　误服氨水可致消化道灼伤，有口腔、胸、腹部疼痛，呕血、虚脱，可发生食道、胃穿孔。同时可能发生呼吸道刺激症状。吸入极高浓度可迅速死亡。眼接触液氨或高浓度氨气可引起灼伤，严重者可发生角膜穿孔。皮肤接触液氨可致灼伤。

　　氨气急性中毒者应迅速脱离现场，至空气新鲜处，维持呼吸功能，卧床静息，及时观察血气分析及胸部 X 线片变化。对症治疗，防治肺水肿、喉痉挛、水肿或支气管黏膜脱落造成窒息。合理氧疗，保持呼吸道通畅，应用支气管舒缓剂；早期、适量、短程应用糖皮质激素，如可按病情给地塞米松10~60 mg/d，分次给药，待病情好转后减量，大剂量应用一般不超过 3~5日。注意及时进行气管切开，短期内限制液体入量。合理应用抗生素，脱水剂及吗啡应慎用，强心剂应减量应用。误服者给饮牛奶，有腐蚀症状时忌洗胃。眼污染后立即用流动清水或凉开水冲洗至少 10 min。皮肤污染时立即脱去被污染的衣着，用流动清水冲洗至少 30 min。

附录五　微波烧结技术

　　微波加热在冶金中的应用是近年来发展起来的冶金新技术，世界上的一些发达国家如美国、英国、德国、日本、加拿大、澳大利亚等都很重视这一新技术的研究，我国也在 20 世纪 80 年代开始了这一领域的研究工作。微波加热在冶金中的应用虽然还处于发展阶段，但已经取得了很多极其重要的研究成果，例如：用微波(2450 MHz，800 W)对炭和17 种氧化物及硫化物进行辐射，一些化合物在一分钟内就能被加热到摄氏几百度。

　　由于微波是介于无线电和光波之间的超高电磁波(通常频率在 100~100000 MHz)，因此，微波对物料的加热升温速率首先取决于物料的电导和透射深度。研究表明：绝缘体型物质的电导很小($\sigma < 10^{-8} 1/\Omega m$)，几乎不能吸收微波，对微波是透明的；电导性物质具有很好的电导性能($\sigma > 10^6 1/\Omega m$)，微波在这类矿物中的能量损耗很大,但透射深度很小,因而升温速率不是很快;半导体型的物质($\sigma = 10^{-8} 1/\Omega m \sim 10^6 1/\Omega m$),其介电损耗因子较大,同时微波的透射深度较大,因而能很好地吸收微波,其升温速度一般较大。

微波烧结是利用它具有电的特殊波段与材料的细微结构耦合而产生热量,使其材料加热至烧结温度而实现材料的致密化的方法。微波加热与传统加热不同,它不需要由表及里的热传导,而是通过微波在物料内部的能量耗散来直接加热物料。根据物料性质(电导率、磁导率、介电常数)的不同,微波可以直接而有效地在整个物料内部产生热量。微波在冶金中的应用具有以下优点:

1. 电阻发热是通过热辐射致使被加热体由表及里逐渐升温,它会使被加热体产生不均匀的变形,因此,它必须缓慢地提高升温梯度,以保证其烧结体的质量。而微波加热对大多数粉末陶瓷材料有很大的穿透性,不存在高温下辐射传导的阴影效应,减小热变形,可均匀加热工件,从而可以减少高温烧结过程中的梯度,迅速升温,降低不均匀的材料变形,缩短烧结的时间,抑制晶粒长大,有利于改善材料的物理性能和力学性能。

2. 由于微波烧结的穿透性强,微波能量直接用于加热工件,能耗大幅度降低,不足烧结工艺的30%;它加热均匀,可提高被加热体的速度,微波加热速度可以高达1500 ℃/min,这是其他任何加热方式不可达到的,因此,它的加热效率高和烧结时间短。

3. 微波烧结能实现2000 ℃以上烧结温度,使烧结体具有极为细小的显微结构,使烧结纳米材料成为可能。它还可以降低烧结工件表面成分变化的可能性,保证被烧结体的成分均匀性。因此,微波烧结是一种无污染的烧结新技术。

4. 它具有能源利用率高的优点。由于它的快速升温,节省了升温时间也就是节约了能耗,如果不是连续24小时的生产的窑炉,还可节省停产保温的能耗,因此,它的能源利用率高。

微波在冶金中的应用具有以下传统加热方式无法比拟的优点:

(1)选择性加热物料,升温速率快,加热效率高;

(2)微波能够同时促进吸热反应和放热反应,对化学反应具有催化作用;

(3)用微波加热代替传统加热时,熔炼和其他高温化学反应可以在十分低的温度下进行，即微波加热具有降低化学反应温度的作用；

（4）微波能可以使原子和分子发生高速振动，从而为化学反应创造出更为有利的热力学条件；

（5）微波很容易使极性液体（例如水、乙醇、各种酸碱溶液等）加热，因而微波加热可以用来促进矿物在溶剂中的溶解，提高湿法冶金过程中的浸出速率和降低过程中的能耗；

（6）微波本身不产生任何气体，所需净化的只有还原或氧化反应产生的气体，因而利于环保；

（7）易于自动控制。

微波加热炉可用于钼精矿的氧化焙烧、钼酸铵干燥、钼酸铵煅烧等工序。

钼精矿的氧化焙烧如采用微波加热真空炉，在低温干燥物理水时，挥发出来的水蒸汽可直接对外排放，待温度升高到钼精矿开始氧化时，则将排气关闭进行二氧化硫的回收处理。如排气中的含硫浓度做硫酸不够时，也可不用空气而改用直接通氧氧化，可提高排气的硫含量。微波加热也可以做成管式炉来焙烧钼精矿。大型推车式微波真空中高温焙烧炉见图附 5-1。

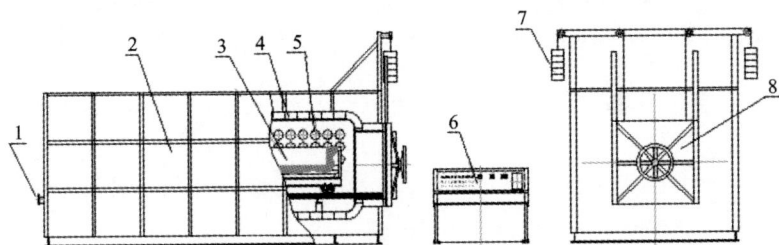

图附 5-1　大型推车式微波真空中高温焙烧炉
1—真空管道；2—机架；3—焙烧车；4—微波加热腔；
5—微波馈口；6—总控台；7—重锤；8—炉门

钼酸铵干燥、钼酸铵煅烧采用微波加热的盘式炉、钢带炉、链板炉、链式炉或管式炉均可，它只是改变加热方式，其他结构大致相似，微波加热的最大特点是节能。

微波加热还可用于还原和烧结,烧结气氛采用真空或其他保护性气体均可。微波真空盘式烧结炉示意图见图附5-2。

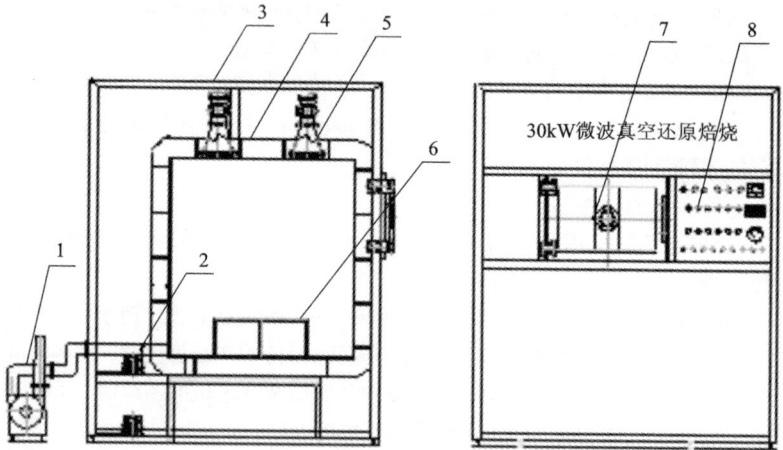

图附5-2 微波真空盘式烧结炉示意图

1—真空泵组合;2—变压器;3—机架;4—炉体;5—磁控管组合;
6—焙烧架;7—真空门;8—操作系统

附录六　筛网目数与孔径、粉末粒度的关系

粒　度	泰勒标准筛			英　国 标准筛	美　国标准筛		
	筛孔尺寸		目　数	目　数	筛孔尺寸		目　数
μm	mm	吋			mm	吋	
5660					5.66	0.233	3.2
5613	5.613	0.221	3.5				
4760					4.76	0.183	4
4699	4.699	0.185	4				
4000					4.00	0.157	5
3962	3.962	0.156	5				
3360					3.36	0.132	6
3327	3.327	0.131	6	5			
2830					2.83	0.111	7
2794	2.749	0.110	7	6			
2380					2.38	0.0937	8
2362	2.362	0.093	8	7			
2000					2.00	0.0787	10
1981	1.981	0.078	9	8			
1680					1.68	0.0661	12
1651	1.651	0.065	10	10			
1410					1.41	0.055	14
1397	1.397	0.055	12	12			
1190					1.19	0.0469	16
1168	1.168	0.046	14	14			
1000					1.00	0.0394	18
991	0.991	0.039	16	16			
840					0.84	0.0331	20
833	0.833	0.0328	20	18			
710					0.71	0.0280	25
701	0.701	0.0276	24	22			

续上表

粒 度	泰 勒 标 准 筛			英 国标准筛	美 国 标 准 筛		
	筛 孔 尺 寸		目 数	目 数	筛 孔 尺 寸		目 数
μm	mm	吋			mm	吋	
590					0.59	0.0232	30
589	0.589	0.0232	28	25			
500					0.50	0.0197	35
495	0.495	0.0195	32	30			
420					0.42	0.0165	40
417	0.417	0.0164	35	36			
351	0.351	0.0138	42	44			
350					0.35	0.0138	45
297					0.297	0.0117	50
295	0.295	0.0116	48	52			
250					0.250	0.0098	60
246	0.246	0.097	60	60			
210					0.210	0.0083	70
208	0.208	0.0082	65	72			
177					0.177	0.0070	80
175	0.175	0.0069	80	85			
149					0.149	0.0059	100
147	0.147	0.0058	100	100			
125					0.125	0.0049	120
124	0.124	0.0049	115	120			
105					0.105	0.0041	140
104	0.104	0.0041	150	150			
88	0.088	0.0035	170	170	0.088	0.0035	170
74	0.074	0.0029	200	200	0.074	0.0029	200
62					0.062	0.0024	230
61	0.061	0.0024	250	240			
53					0.053	0.0021	270
52	0.052	0.0021	270				
44	0.044	0.0017	325		0.044	0.0017	325
37	0.037	0.0015	400		0.037	0.0015	400

附录七　氢气的回收净化和安全使用

氢气是大规模工业生产制取金属钼粉的主要还原剂和整个钼粉冶的保护性气体，它的用量之大，要求之高，是组织安全生产和控制经营成本必须高度重视的一个极为重要方面。

还原的氢气用量　在钼粉冶中，氢气的用量是很大的。在 MoO_3 中正好有三分之一重量是氧组成的（MoO_3 的原子量为 144），在 MoO_3 还原成 Mo 粉时，这三分之一重量的氧全部要用氢化合成 H_2O，使氧从氧化钼中分离出来，最终钼粉中的氧含量不能超过 0.25%。在烧结中用氢气主要是作为保护性气氛，烧结中的脱氧量没有还原中的脱氧量的百分之一。因此，氢气主要是作为还原剂用，而主要又是用在钼的还原制粉。

例如，一台四管炉用二氧化钼为原料，每班产出钼粉 120 kg，所需氢气量的计算方法如下。

MoO_2 还原成 Mo 粉的反应式如下：

$$MoO_2 + 2H_2 = Mo + 2H_2O$$

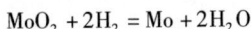

在反应式中，二氧化钼分子量的组成是：

$$MoO_2(128) = Mo(96) + O_2(32)$$

根据反应式的计算，生产 120 kg 钼粉需要 MoO_2：

$$Mo(96) : MoO_2(128) = 120\ kg : 160\ kg$$

根据反应式中分子量的组成计算，在 160 kg MoO_2 中，氧占有 40 kg 的重量。根据 H_2O 的分子式组成和分子量的变化，40 kg 氧需要 5 kg 氢气才能化合成水。以氢气在常压下 0.089 kg/m^3 的密度计算，5 kg 氢气应合 56.18 m^3。钼的二次还原在 973 ℃时的平衡常数为 0.29，要达到平衡常数，除了用去 56.18 m^3 氢气来化合氧生成 H_2O 外，还需要 193.72 m^3 的氢气才能达到平衡常数，因此，要达到平衡常数，一台四管炉还原 8 h 共需要 249.9 m^3 的氢气，即 31.23 m^3/h。

在还原过程中，氢气与水蒸汽的分压比必须打破平衡常数，反应才能进行，料层越厚，底层的水蒸汽分压越高，只有及时带走在还原反应时生成的水分，还原反应才能顺利进行，因此，平衡常值越低越好。钼的二次还原一般控制在 3 倍左右，进氢量每小时为 80 ~ 100 m³/台。按进炉时的氢气露点为 -40 ℃，其绝对含湿量为 0.09491 g/m³，出炉时的氢气绝对含湿量会达到 75.0 ~ 56.25 g/m³，露点为 43 ℃ ~ 47 ℃，见表附 4 - 1 气体露点、水蒸汽体积(V/V)、绝对湿度换算表。

氢气回收净化循环使用系统的基本原理　将用氢设备排出含有固体杂质和气体杂质的氢气，经布袋过滤收尘或静电收尘除去大部分固体杂质后，进入淋洗塔用水除去氨气和微尘，氢气温度将降到室温左右，从而也除去部分水分，然后进入冷却系统进行热交换，使氢气进一步冷却后又除去大部分水分，由出炉时的氢气露点 43 ℃ ~ 47 ℃，下降到氢气的温度(或露点) 4 ℃时，绝对含湿量会由 75.0 ~ 56.25 g/m³ 下降到 6.009 g/m³，在淋洗过程和冷却系统中将除去 90% 左右的水分。氢气中剩余的水分再进入干燥塔内，经硅胶或分子筛吸附后，达到所需要的露点，最后将回收净化后的氢气和补充原氢合并，送入用氢设备进行循环使用，其原理见图附 7 - 1。

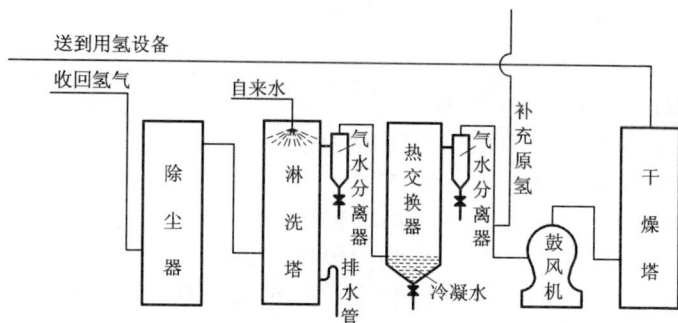

图附 7 - 1　氢气回收净化循环使用系统的基本原理图

表附 7 - 1　气体露点、水蒸汽体积(V/V)、绝对湿度换算表*

露点 /℃	(V/V) /×10⁻⁶	绝对湿度** /(g·m⁻³)	露点 /℃	(V/V) /×10⁻⁶	绝对湿度 /(g·m⁻³)	露点 /℃	(V/V) /×10⁻⁶	绝对湿度 /(g·m⁻³)
100	1000000	749.04	44	89805.6	67.27	0	6003	4.517
98	930622.7	697.07	42	80903.9	60.60	-1	5554	4.159
96	865390.3	648.21	40	72781.9	54.52	-2	5111	3.827
94	803908.0	602.16	38	65370.6	48.39	-3	4699	3.519

露点 /℃	(V/V) / ×10⁻⁶	绝对湿度** /(g·m⁻³)	露点 /℃	(V/V) / ×10⁻⁶	绝对湿度 /(g·m⁻³)	露点 /℃	(V/V) / ×10⁻⁶	绝对湿度 /(g·m⁻³)
92	646175.9	558.91	36	58620.3	43.91	-4	4318	3.233
90	691897.8	518.26	34	52482.0	39.31	-5	3965	2.967
88	640975.0	480.12	32	46906.1	35.13	-6	3640	2.725
86	593210.3	444.33	30	41853.4	31.35	-7	3339	2.500
84	548406.2	410.78	28	37284.1	27.93	-8	3060	2.292
82	506562.7	397.44	26	33158.9	24.84	-9	2803	2.099
80	467383.8	350.09	24	29428.6	22.04	-10	2566	1.921
78	430770.7	322.66	22	26073.2	19.53	-11	2346	1.757
76	396624.9	297.09	20	23063.3	17.28	-12	2145	1.606
74	364748.8	273.21	18	20349.4	15.24	-13	1960	1.467
72	335142.6	251.03	16	17929.5	13.43	-14	1789	1.339
70	307510.1	230.34	14	15763.3	11.81	-15	1632	1.222
68	281851.4	211.12	12	13830.1	10.36	-16	1487	1.113
66	259067.7	193.30	10	12108.9	9.070	-17	1354	1.014
64	235961.7	176.74	8	10579.3	7.924	-18	1233	0.9233
62	215533.4	161.44	6	9222.3	6.908	-19	1121	0.8397
60	196585.4	147.25	4	8022.3	6.009	-20	1019	0.7629
58	179088.1	134.14	2	6962.4	5.215	-21	925.9	0.6933
56	162942.8	122.05	0	6003.0	4.517***	-22	840.2	0.6291
54	148050.9	110.89				-23	761.8	0.5704
52	134343.2	100.63				-24	690.2	0.5169
50	121730.9	91.18				-25	624.9	0.4679
48	110154.9	82.51				-26	565.3	0.4233
46	99536.2	74.56				-27	510.9	0.3825
-28	461.3	0.3454	-53	26.71	0.02000	-78	0.7492	0.0005610
-29	416.3	0.3117	-54	23.51	0.01761	-79	0.6371	0.0004771
-30	375.3	0.2810	-55	20.68	0.01549	-80	0.5410	0.0004051
-31	338.1	0.2532	-56	18.16	0.01360	-81	0.4585	0.0003434
-32	304.2	0.2278	-57	15.93	0.01193	-82	0.3881	0.0002906
-33	273.6	0.2049	-58	13.96	0.01045	-83	0.3278	0.0002455
-34	245.8	0.1841	-59	12.21	0.009144	-84	0.2764	0.0002070
-35	220.6	0.1652	-60	10.68	0.007998	-85	0.2327	0.0001742
-36	197.8	0.1481	-61	9.324	0.006982	-86	0.1955	0.0001464

露点 /℃	(V/V) /×10⁻⁶	绝对湿度** /(g·m⁻³)	露点 /℃	(V/V) /×10⁻⁶	绝对湿度 /(g·m⁻³)	露点 /℃	(V/V) /×10⁻⁶	绝对湿度 /(g·m⁻³)
-37	177.3	0.1328	-62	8.128	0.006087	-87	0.1640	0.0001228
-38	158.7	0.1189	-63	7.077	0.005299	-88	0.1372	0.0001028
-39	142.0	0.1063	-64	6.154	0.004608	-89	0.1146	0.00008582
-40	126.8	0.09491	-65	5.345	0.004002	-90	0.09564	0.00007161
-41	113.1	0.08471	-66	4.635	0.003471	-91	0.07960	0.00005960
-42	100.9	0.07555	-67	4.014	0.003006	-92	0.06611	0.00004950
-43	89.93	0.06734	-68	3.471	0.002599	-93	0.05480	0.00004103
-44	80.03	0.05993	-69	2.997	0.002244	-94	0.04532	0.00003394
-45	71.15	0.05327	-70	2.584	0.001935	-95	0.03741	0.00002802
-46	63.19	0.04732	-71	2.226	0.001667	-96	0.03082	0.00002308
-47	56.05	0.04187	-72	1.914	0.001433	-97	0.02533	0.00001897
-48	49.67	0.03720	-73	1.643	0.001230	-98	0.02077	0.00001555
-49	43.35	0.03293	-74	1.409	0.001055	-99	0.01699	0.00001272
-50	38.41	0.02912	-75	1.205	0.0009026	-100	0.01387	0.00001039
-51	34.35	0.02572	-76	1.031	0.0007717			
-52	30.32	0.02270	-77	0.8794	0.0006585			

注: * 摘录 GB 5832.2—86; ** 绝对湿度是在 20 ℃, 101.3 kPa 条件下; ***
100 ~ 0 摘录。

当干燥塔内硅胶或分子筛吸附的水分达到饱和后, 需要脱水再生才能
重新使用。为了使整个系统能够连续运转, 因此, 系统中的干燥塔必须最
少有两个, 一个处于吸附水分的工作状态, 另一个处于脱水再生状态。

在氢气冷却系统中的热交换器温度越低, 必然会使氢气的温度降低而
导致水分降低, 从而减轻了干燥塔内硅胶或分子筛的吸附水分量, 延长了
它的工作时间, 因此, 一般的热交换器都专门配备了冷冻机以降低热交换
器的温度。

在温度不变的条件下, 相同体积的加压气体与常压气体中的水分饱和
含量相近, 但当加压气体减压到常压后, 此时在相同体积内的气体中水分
含量也将随压力的降低而降低。为了减少氢气中的水分含量, 降低氢气露
点, 在回收系统中的冷却和干燥部分进行加压脱水是降低氢气水分的一个
重要措施。在热交换器前加一个压缩机以增加气体压力, 在干燥后增加一

个减压阀，使气体恢复常压后再送入用氢设备。

干燥剂的选择　分子筛、硅胶和活性 Al_2O_3 吸附水蒸汽的比较见图附 7-2。

从图附 7-2 中可以看出，在氢气中的水蒸汽浓度比较低的情况下，分子筛比硅胶和活性 Al_2O_3 水蒸汽的吸附能力高，一般进入干燥塔的回收氢气是经过 0 ℃ ~ 5 ℃或露点 -10 ℃ ~ -15 ℃和原氢合并的氢气，其含水量都较低，所以干燥剂应采用吸附性能较好的分子筛为好。

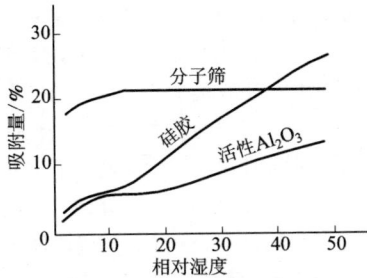

图附 7-2　分子筛、硅胶和活性 Al_2O_3 吸附水蒸汽的比较

分子筛又名人工合成沸石，是一系列具有晶体骨架结构，又有吸附性能好的多水合硅铝酸盐。分子筛的吸附作用发生在晶体结构的微体之中，由于微孔中强吸附势的叠加作用大大地增加了分子筛的吸附能力，使得分子筛具有较高吸附性能。分子筛吸附干燥后的氢气含量水一般可小于 10×10^{-6}。

从结构上比较，分子的机械强度比硅胶高得多，它又不溶于水，进行再生后可重复使用，性能不变，具有永久性 Al_2O_3 吸附水蒸汽的比较的优点。

分子筛使用一定时间后，随着吸附水分的增加，分子筛的吸附能力要逐渐下降，以至最后失效。但通过再生脱附后，分子筛可恢复活性重新使用。

分子筛再生通常先将分子筛加热至 200 ℃ ~ 220 ℃，让干燥氢气通过把脱附水蒸汽带走。这种方法在再生时要使用干燥氢气，这样就增加了干燥氢气的负担，另一方面也不可能将分子筛中的水分脱除干净。采用真空干燥法再生，是在再生时将整个容器的真空抽至 10^{-1} ~ 10^{-2}，然后把分子筛加热至 350 ℃ ~ 400 ℃。这时受热的水分子在真空条件下，很容易脱附下来，然后纷纷从分子筛的微孔往外钻，全部被机械泵抽走。这种再生方法既不用干燥氢气又可以把水分全部脱除干净，所以效果较好。尤其是经真空干燥后的分子筛其动态吸附性能较好，用于气质干燥效果好（刚出厂塑料袋封装的 1.5 kgF - 10 型分子筛，经几小时真空干燥后，从冷凝器中放出 120 g 的水）。

采用真空干燥再生方法，在设计时应注意几个问题。干燥塔的机械强度，容器的真空度在 10^{-1} ~ 10^{-2} 时，塔壁要承受 0.1 MPa 的大气压力，所以容器的厚度和形状要认真考虑；对阀门及容器有真空密封的要求；机械泵中不能使用一般的机械泵油，要用其他液体代替，因为大部分水蒸汽冷凝下来排出后，还有很少部分水汽进入机械泵，在机械泵旋片的搅动下水和油充分混合，使油的黏度越增越大，最后导致机械泵回油孔阻塞，引起机械泵喷油，使用其他液体后就避免了这种现象发生。

分子筛刚使用时，出口处的干燥氢气的露点可达 - 50 ℃ ~ - 60 ℃，经过一定使用时间后，分子筛的吸附能力开始下降，干燥后的氢气露点升高，当露点升高到设计的最低要求时，这时分子筛的吸水量为设计的有效吸水量，分子筛的有效吸水量一般是饱和吸水量的 1/2。

在设计中分子筛用量的计算方法举例：假设冷凝后的氢气露点为 4 ℃，经干燥后要求氢气露点为 - 60 ℃，每小时干燥氢气量为 1200 m^3，使用的分子筛每天再生一次，分子筛的饱和吸水量为 210 g/kg，露点为 - 60 ℃ 时的有效吸水量为饱和吸水量的 1/2，求最少要求使用的分子筛重量。

首先求出进出口氢气中露点差每立方米的含水量差别，氢气露点为 4 ℃ 时的含水量为 6.009 g/m^3，露点为 - 60 ℃ 时的含水量为 0.007998 g/m^3，气体在不同露点下的含水量见表附 7 - 1。

6.009 g/m^3 - 0.007998 g/m^3 = 6.001002 g/m^3

然后计算出每天需要干燥氢气量，再计算需要的分子筛量。

1200 m^3 × 24 h × 6.001002 g/m^3 = 172828.84 g

172828.84 g ÷ (210 g/kg × 1/2) = 1645.9889 kg

根据上述技术要求，需要的分子筛量约为 1646 kg。

根据分子筛的体积去设计干燥塔的尺寸和管道。

除氧剂的选择，氢中除氧的常用催化剂有活性氧化铜、钯型分子筛和活性氧化铝镀钯。根据综合考虑，一般工业性生产大多数选用钯型分子筛，经它除氧后的残余氧只有 2 ~ 5 × 10^{-6}，最少可 < 1 × 10^{-6}。

钯型分子筛除氧原理可以用分子筛作催化剂的载体，钯均匀地分布在分子筛晶体骨架表面上，使催化剂表面积大大增加，故催化活性也增高。

固体表面的气体吸附可分为物理吸附和化学吸附两个类型。物理吸附是分子因物理性质的力而被固在表面上。物理吸附发生时放出的热通常和气体液化的热相仿，分子筛吸收氢气中的水分就是一种物理吸附，它使氢气中的水汽变成水固化在分子筛多孔体的表面上。

钯吸附氧是一种化学吸附，钯吸收氧气时会放出热量，氢分子也会被钯吸附放出热量。吸附在钯表面的氢和氧发生反应生成 H_2O。由于水的吸附是物理吸附，其吸附力较弱，在一定的温度下会迁移到分子筛的表面上去，使金属钯仍然显露出来，继续起催化作用。钯的表面被水所覆盖后，其催化除氧能力减小，因此需要再生，钯型分子筛的再生方法与上述分子筛的方法相同。

基本原理和用途　氢气回收净化装置为还原炉的配套设备，净化装置以还原炉使用后的回收氢气为原料，氢站原氢为补充原料，经淋洗塔淋洗除尘、冷却、冷凝和吸附两级干燥去水，从而获得较低露点的氢气，满足还原生产工艺需要，并负责干燥吸附塔内的分子筛再生，使之反复使用。假如系统内一旦出现负压时，立即就有氮气补充，防止系统内负压进入空气而发生爆炸。

主要技术性能及指标　向还原炉输送氢气，含水量 $\leq 0.3\ g/m^3$，露点为 $-40\ ℃ \sim -55\ ℃$，压力为 5000 ~ 8000 Pa，系统补充氢气压力为 3000 ~ 5000 Pa，还原炉总回压力为 4000 ~ 2000 Pa，不得低于 1000 Pa；干燥后的总氢压力保持在 5000 ~ 8000 Pa，不得高于 8000 Pa。当压力低于 1000 Pa 时，氮气立即补充进去。

罗茨鼓风机的出口压力，按还原炉工艺所需要的压力由调压阀进行调节，进口压力控制在 3000 ~ 4000 Pa 之间，如压力过高时，应将补充原氢关小来保证进口压力，使回氢循环畅通；分子筛再生加热时，鼓风机进口压力应控制在 4000 ~ 5000 Pa 之间，出口压力不大于 8000 Pa。

还原炉回氢经淋洗后温度 $\leq 40\ ℃$，经换热器出口温度不大于 10 ℃，加热换热器加热时出口温度 $\leq 40\ ℃$，加热换热器的冷却水温度为 20 ℃ ~ 25 ℃；分子筛的再生温度为 200 ℃ ~ 220 ℃。

氢气流向　工作状态：还原炉回收氢→淋洗塔→气水分离器→大气水分离器→分气缸与氢站原氢会合→罗茨鼓风机→冷热交换器→气水分离器→干燥吸附塔→还原炉；再生状态：由干燥好的氢作补充氢→罗茨鼓风机→电加热塔→加热干燥再生塔→冷热交换器→气水分离器→罗茨鼓风机。

氢气净化装置系统开车和停车程序　开车前将本系统内空气吹扫干净，

采用氮气吹扫后进行检测。然后采用氢气将各部位死角的空气吹尽。氢气进行取样试爆，确定系统内无空气后方可使用。将罗茨鼓风机进出口阀门打开，两干燥吸附塔的阀门处于工作状态。还原炉的进出口阀门处于工作状态，勾通回路确无问题时将原氢阀门缓慢开启，使原氢进入本系统内（还原炉），并充满氢气，观察膜盒压力表在4000～5000 Pa时启动罗茨鼓风机，通过分气缸上各部阀门调整工艺所需要的压力及流量。加热罗茨鼓风机在启动前将进出口阀门打开，干燥吸附塔阀门处于再生状态，勾通回路确无问题时将补充氢气经流量计注入加热系统，压力升为4000～7000 Pa，关闭补充氢气阀门，电加热启动，放空阀、电磁阀同时启动，打开补充氢气阀门调整流量，从热换器出口放空或回收，由电磁阀前手动阀门进行调节。加热完成后停止加热，补充氢气阀门相应进行调节，罗茨鼓风机出口压力保持在6000～8000 Pa状态下进行吹冷。加热温度进口220 ℃，出口温度达到160 ℃时停止供电加热，加热氢气由上至下将分子筛内的水分排出。进行吹冷程序，出口温度140 ℃时吹冷的氢气流向进行倒换（由下至上），出口温度达到30 ℃～32 ℃时，工作再生两塔倒换程序。

停车前还原炉停止加料，待炉温降至300 ℃以下后，净化系统停止运行，切断电源，关闭各部阀门，保持内部正压，有利于下次开炉减少吹气时间。

干燥吸附塔的使用 干燥吸附塔的工作过程：当分子筛吸水接近饱和状态时应倒换工作塔，将其转入加热，将分子筛进行再生。分子筛再生温度控制在200 ℃，进入分子筛塔的氢气温度≤220 ℃，出口温度控制160 ℃。加热时观察换热器出口的气水分离器不滴水为止保温1 h停止供电加热。由加热转吹冷。出口温度达到30 ℃～32 ℃两塔才能倒换，由再生塔倒换为工作塔，由工作塔倒换为再生塔，需要特别注意的是倒换塔时阀门必须做到先开后关，13号阀门为漏点调节阀，见图附7-3干燥再生阀门倒换位置示意图。

干燥、再生倒换程序 1号塔由工作转换为再生，2号塔由再生转换为工作倒换阀门程序如下：首先打开1号和7号阀门，后关闭2号和8号阀门；先打开4号和6号阀门，后关闭3号和5号阀门。

2号塔由工作转换为再生，1号塔由再生转换为工作倒换阀门程序如下：首先打开2号和8号阀门，后关闭1号和7号阀门；先打开3号和5号阀门，后关闭4号和6号阀门。

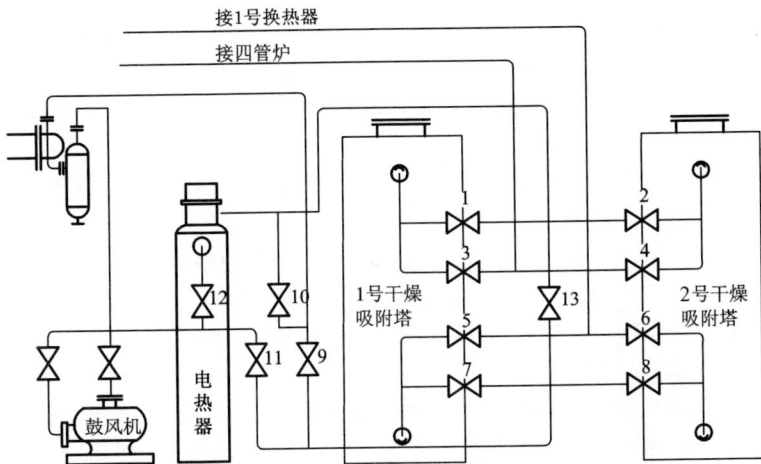

图附7-3　干燥再生阀门倒换位置示意图

加热阀门倒换程序：加热气体为氢气，干燥好的氢气经流量计进入罗茨鼓风机，由罗茨鼓风机出口进加热塔加热，气体是由上至下流动循环。阀门应倒换成，首先打开12号和9号阀门，后关闭10号和11号阀门，加热完成后进行吹冷。出口温度为140 ℃时，改变气体流向，由下至上进行吹冷，阀门应倒换成，先打开10号和11号阀门后，后关闭12号和9号阀门。出口温度达到30 ℃~32 ℃时再生完成，下次再生时按上述程序操作。工作、再生阀门倒换后，将加热进出口仪表温度调到工艺所需要的温度：进口200 ℃、出口160 ℃，启动加热开关，电加热器送电，当温度升至控制温度时自动切断电源停止送电，当温度下降时可自动送电加热。

热交换器的检查及使用要求　2号换热器供加热气体冷却，加热气体进入换热器进行冷热交换，实现气水分离。由2号罗茨鼓风机进行循环完成干燥塔分子筛脱水程序。冷却水的水温不得超过28 ℃，否则，脱水效果不佳。必须采取有效的措施，使冷却水的水温降低。1号换热器供还原炉的回收氢脱水，进行气水分离。由冷水机组提供的冷冻水冷却，使回收气体水分降低，延长干燥塔内分子筛的吸附时间，使干燥好的氢气露点提高。冷水机组所供的冷冻水只供1号换热器进行循环使用，温度控制在4 ℃以下，如果冷水机组前,有问题不能启动时,可采取自来水进入冷却,将冷冻水阀关闭。启动冷水机组前,首先检查是否正常,确定无故障后启动机组,当冷冻水水温达到 2 ℃时,机组会自动停止运行,当冷冻水温升为 4 ℃时,机组会自动启动。启动前,将循环水泵启动,打开冷却水,将阀门倒换成循环水位置,然后启动冷水机组。

分气缸上的压力调整 还原炉回氢压力为 1000 ~ 4000 Pa,压力过低及时补充原氢,防止回氢负压。当系统压力过低补充氢气还不够时,应有自动充氮系统并及时报警,防止整个系统负压。罗茨鼓风机压力调整为 6000 ~ 8000 Pa,如压力过高,应将压力调整阀打开进行调整。还原炉进口压力过高,应将调压阀调整为 5000 ~ 8000 Pa。加热罗茨鼓风机出口压力应大于进口压力 2000 ~ 3000 Pa。

氢气净化系统的故障及排除故障处理方法 在正常运转过程中突然停电,应及时观察,确定本系统的内部压力不能低于 2000 Pa,否则,应将原氢阀打开补充,还原炉停止装卸料。待电源恢复后逐步启动,调整好压力,恢复正常生产。回氢管压力偏低,应检查还原炉是否漏气、出口管道是否堵塞、原氢是否没有压力。换热器进出口的压力差较大时应及时清理内部管道。干燥吸附塔进出口的压力差较大时,应清理塔内分子筛或更换新的分子筛。本系统内运行过程中有不正常现象时(如有振动、杂音),应及时检查管道低处是否有存水现象,并及时将水放净。本系统有放水处,每班进行 1 ~ 2 次排放水。

检查及维修 检查设备运转的润滑油,发现油位不够时,应及时补充新油至油标位置;检查管路有无泄漏现象,发现泄漏现象应及时处理;检查冷却水的压力、流量、温度是否达到本系统的工艺要求,如果达不到时,应采取措施处理。

气水分离器的水封如有冒气现象,将氢气压力调至工艺压力,不能过高;加热换热器出口气水分离器的水封有冒气现象,将补充氢气关小或放空阀开大,使补充氢、排氢平衡,压力不大于 8000 Pa。

常见故障及排除方法 罗茨鼓风机常见故障及排除方法见表附 7 - 2,冷冻水循环水泵常见故障及排除方法见表附 7 - 3。

表附 7 – 2　罗茨鼓风机常见故障及排除方法

故障现象	故　障　原　因	排　除　方　法
风量不足	叶轮间隙过	校对和调整间隙
电机超载	管道压力损失过大;转子与墙间有磨损	校对鼓风机进出口压力差,清理设备和管道
过热	润滑油过多;外压增大	检查油面指示;检查吸入排气压力
敲击	可调齿轮和转子位置失调;不正常的压力上升	按规定位置矫正;检查排除压力上升因素
轴承齿轮损伤严重	超载造成齿轮磨损;润滑油不好;润滑油量不足	排除超载因素,更换可调齿轮;补充新油

表附 7 – 3　冷冻水循环水泵常见故障及排除方法

故障现象	故　障　原　因	排　除　方　法
启动后泵不出液	泵内有空气或进出口管路有杂物,连接处漏气,补充水不够,不上压;电机转向不对	排出泵内与管道内的空气;排出泵内与管道内的杂物和进出口的阻塞现象;补充水的出口水压升至 0.3 kPa;调整电机转向
流量或压力不足	泵内有空气漏入;工作介质黏度太大	排出泵内空气;减少管道弯头阻力
泵的振动和噪音	泵内及进口管道有气蚀现象或空气引起的水击;轴承磨损	排除气蚀和泵内空气;更换新轴承
轴承发热	润滑油不足或过多;润滑油污秽;轴承磨损	排除脏油,更换或加新油;更换新轴承

氨分解制氢　液氨在镍催化剂的作用,温度为 800 ℃ ~ 850 ℃,于常压下分解,可制得氢(75%)和氮(25%)的混合气体,其反应式如下:

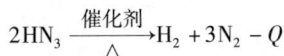

$$2HN_3 \xrightarrow[\triangle]{催化剂} H_2 + 3N_2 - Q$$

在上述条件下氨分解率可达 99.9%,反应温度愈高,分解得愈完全。每千克液氨可产生 2.6 m^3 混合气体。混合气体可用钯合金膜扩散法或分子筛吸附器纯化,制取杂质含量小于 0.1×10^{-6}、露点 – 70 ℃的高纯氢气。

液氨分解的气体发生装置工艺流程见图附 7 – 4,国内已能生产液氨分解 200 m^3/h 氢气的发生装置。该制氢方法设备简单,上马容易,越来越多中小企业采用此方法制氢,不少单位还用混合气体直接用作金属粉末还原和金属热加工的保护气体。

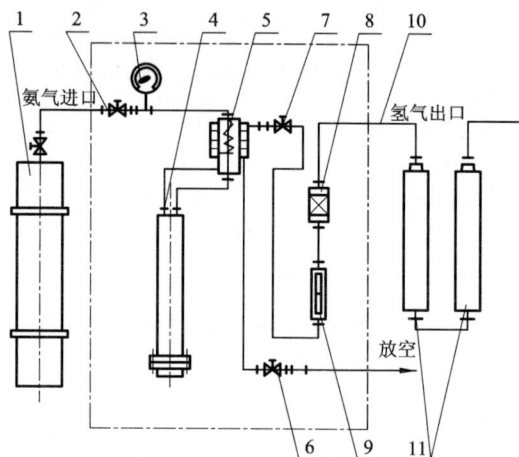

图附 7 − 4　液氨分解气体发生装置工艺流程图

1—氨瓶；2—氨阀；3—氨压表；4—分解炉；5—热交换器；
6—放空阀；7—氢阀；8—阻火器；9—流量计；10—机箱；11—纯化器

　　实验室的制氢还可以采用金属（钠、钾、钙）与水作用或金属（锌、锡、铝）与酸作用的方法。

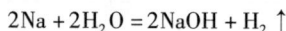

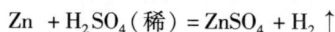

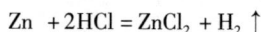

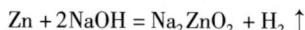

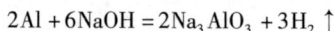

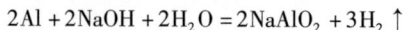

$$2Na + 2H_2O = 2NaOH + H_2 \uparrow$$

$$CaH_2 + 2H_2O = Ca(OH)_2 + 2H_2 \uparrow$$

$$Zn + H_2SO_4(稀) = ZnSO_4 + H_2 \uparrow$$

$$Zn + 2HCl = ZnCl_2 + H_2 \uparrow$$

$$Zn + 2NaOH = Na_2ZnO_2 + H_2 \uparrow$$

$$2Al + 6NaOH = 2Na_3AlO_3 + 3H_2 \uparrow$$

$$2Al + 2NaOH + 2H_2O = 2NaAlO_2 + 3H_2 \uparrow$$

　　还可以用甲烷裂化、甲烷与水蒸汽、甲烷与氧作用制氢，也可以用水煤气转换法等许多方法制取氢气。大规模工业生产都是采用电解水制氢，氢气纯度高，能满足生产的需要。

参 考 文 献

1　周春山. 化学分离富集方法及应用. 中南工业大学出版社, 1997 年 5 月
2　[日] 松山芳治, 三谷裕康, 铃木寿. 粉末冶金学. 科学出版社, 1978 年 4 月
3　气体中微量水分的测定露点法. 中华人民共和国国家标准 GB5632. 2—86
4　压缩空气站设计手册. 机械工业出版社, 1993 年 12 月第 1 版
5　徐铁民. 高效氢气纯化装置. 钨钼科技, 1983 年第 4 期
6　S·H·艾芙纳. 物理冶金学导论. 冶金工业出版社, 1982 年 5 月
7　马金龙、彭虎等. 烧结技术的革命. 新材料产业, 2001 年 11 月第 6 期

后 记

在 19 世纪末，人们发现钢中添加钼后，钢材的性能得到了很大的改善，从此，钼开始在钢铁行业中得到广泛的应用。20 世纪，钼作为高温材料、机械耐磨材料和化工原料，其使用范围逐渐由钢铁行业扩展到冶金、电子、机械、航天、航空、航海、石油化工、纺织印染、农业、医疗卫生等领域和行业中，成为国民经济发展中不可缺少的一种重要材料。

我国钼资源储量占世界第二位。作为一个发展中的国家，我国每年要消耗成千上万吨的金属钼。因此，如何利用好我国的钼资源，提高钼的冶金技术，开拓其使用范围，是每个从事钼业的人们的职责。

笔者自 20 世纪 60 年代以来一直从事钨钼行业的工作，先后分别在粉末冶金、压力加工、新产品研究、钼的湿法冶金和钨钼技改岗位上工作。笔者通过长期的工作实践和广泛的收集资料，以及向同行和专家取经，利用近三年的工余时间进行了总结，编著成本书，以此贡献给从事钼业的人们。

本书荣幸地得到高级工程师、株洲硬质合金厂厂长杨伯华先生主审；钼冶金概论、湿法冶金部分得到中南大学博士生导师李洪桂教授极为认真细致的斧正，在此表示衷心感谢！

本书还得到了教授级高级工程师林伯颖、张文征、裴立奋先生，高级工程师杨贵彬、文星照、张相一、王廉舫、章健、秦锋、赵宝华、谭日善先生和许洁瑜、周素容女士等人宝贵的修改意见与大力支持，在此一并表示感谢！

　　感谢株洲硬质合金厂、中国有色金属工业协会钼业分会和株洲硬质合金厂科学技术协会对本书的出版和发行给予的大力支持，并感谢湘潭市新大硬质合金设备有限公司等厂家为本书提供了部分粉末冶金设备的示意图。

　　本书特别荣幸地得到了教授级高级工程师、中国有色金属工业协会副会长周菊秋先生，以及高级工程师、中国有色金属工业协会钼业分会常务副会长卢景友先生的关心，并为本书作序，在此深表谢意。

　　本书中难免存在错误和缺点，希望能继续得到同行和专家们的指教。

　　　　　　　　　　　　　　　　　　　编著者　　向铁根

　　　　　　　　　　　　　　　　　　　2002 年 2 月 1 日

图书在版编目(CIP)数据

钼冶金/向铁根编著. —修订本. —长沙:中南大学出版社,2009

ISBN 978-7-81105-679-2

Ⅰ.钼… Ⅱ.向… Ⅲ.钼—有色金属冶金 Ⅳ. TF841.2

中国版本图书馆 CIP 数据核字(2009)第 227394 号

钼 冶 金
(修订版)

向铁根 编著

杨伯华 主审

□责任编辑 周兴武
□责任印制 汤庶平
□出版发行 **中南大学出版社**

社址:长沙市麓山南路 邮编:410083
发行科电话:0731-88876770 传真:0731-88710482

□印 装 长沙市华中印刷厂

□开 本 850×1168 1/32 □印张 18.5 □字数 457 千字 □插页:
□版 次 2009 年 12 月第 1 版 □2009 年 12 月第 1 次印刷
□书 号 ISBN 978-7-81105-679-2
□定 价 68.00 元

图书出现印装问题,请与经销商调换